普通高等教育物理类专业"十四五"系列教材

原子物理学教程

（第2版）

黄永义 赵永涛 任雪光 编著

西安交通大学出版社
XI'AN JIAOTONG UNIVERSITY PRESS

内容简介

本书是西安交通大学本科"十四五"规划教材,是作者在为物理类专业学生讲授原子物理学课程的教学实践经验基础上精心编写而成的。本书着力阐述量子论中的基本概念和原子物理的基本知识,用普通物理的教学风格,以原子结构及光谱为主线,联系实际应用,深入浅出地介绍原子物理的主要内容。本书第1版曾获得西安交通大学第十三届优秀教材奖二等奖。

全书共分八章,内容有 Rutherford 核式原子模型、Bohr 氢原子理论、量子力学初步、单价电子原子、多电子原子、X 射线、原子核和分子。各章内容编排都遵循一般的认知规律,从实验现象到实验结果分析,在分析结果产生的原因时引入新的物理知识,学生掌握新知识后能更深入地理解实验结果,每章末还介绍了主要科学家的科学贡献。

本书可作为高等学校物理类专业原子物理或近代物理课程的教材,也可作为有关教学、科研人员的参考用书。

图书在版编目(CIP)数据

原子物理学教程/黄永义,赵永涛,任雪光编著. —2 版. —西安:西安交通大学出版社,2023.12
ISBN 978 - 7 - 5693 - 3427 - 2

Ⅰ.①原… Ⅱ.①黄… ②赵… ③任… Ⅲ.①原子物理学—高等学校—教材
Ⅳ.①O562

中国国家版本馆 CIP 数据核字(2023)第 172225 号

YUANZI WULIXUE JIAOCHENG

书　　名	原子物理学教程(第 2 版)
编　　著	黄永义　赵永涛　任雪光
责任编辑	邓　瑞
责任校对	王　娜
装帧设计	伍　胜
出版发行	西安交通大学出版社
	(西安市兴庆南路 1 号　邮政编码 710048)
网　　址	http://www.xjtupress.com
电　　话	(029)82668357　82667874(市场营销中心)
	(029)82668315(总编办)
传　　真	(029)82668280
印　　刷	西安日报社印务中心
开　　本	787mm×1092mm　1/16　　印张　25.125　　字数　578 千字
版次印次	2023 年 12 月第 2 版　　2023 年 12 月第 1 次印刷
书　　号	ISBN 978 - 7 - 5693 - 3427 - 2
定　　价	50.00 元

如发现印装质量问题,请与本社市场营销中心联系。
订购热线:(029)82665248　(029)82667874
投稿热线:(029)82668818
读者信箱:457634950@qq.com

第 2 版前言

作者对第 1 版作了较多的修改和增添,本书第 2 版阐述了原子物理的基础知识,较详细地介绍了原子物理的前沿进展、相关的应用,以及基于原子物理的旧量子论到量子力学的发展过程。第 2 版的内容比第 1 版更加丰富、通俗易懂,也更便于学生进行学习和领悟。

具体说,第 2 章中修改了描述热辐射的几个物理量和 Wien 定律的导出过程,增添了从 Wien 定律到 Wien 公式的理由、黑体辐射定律应用在宇宙微波背景的例子和两个附录(黑体空腔中的热平衡条件和 Einstein 光量子的发现),修改、增添了 Bohr 对应原理。第 3 章中改写了量子力学哥本哈根解释一节,增添了 Heisenberg 矩阵力学诞生的背景(如 Bohr‐Kramers‐Slater 理论、Ladenburg 色散理论、Kramers 色散理论、Kuhn‐Thomas 求和规则等)、基于正则变换的矩阵力学的微扰论,以简并微扰为例,删减了 Dirac 量子泊松括号的知识,修改并增添了波动力学和矩阵力学等价性的内容(从矩阵的乘法规则、基本对易关系的矩阵形式、算符的 Heisenberg 运动方程、正则变换等方面详细论证了两种力学的等价性)和 Kramers 的简介。第 4 章中增添了氢原子波函数的实数形式、单电子原子辐射跃迁选择定则的物理解释、附录原子中电子的四个量子数、jj 耦合时的 Landé 因子导出。第 5 章中修改了附录 Pauli 不相容原理的发现。第 7 章中增添了原子核液滴模型的解释、氢原子的 21 厘米线、中微子探测的方法和强流离子束驱动的高能量密度物质的物理一节,修改了光线引力红移公式的导出,更新了世界核电站的数据和热核聚变的数据。第 8 章中修改完善了双原子分子的电子态一节,增添了电子与原子、分子及团簇的碰撞电离的实际应用一节和附录 Born‐Oppenheimer 近似。

另外,第 2 版增添了若干习题,采用了最新版的物理常数、原子电离能、原子核的数据。

在此感谢西安交通大学本科生教材出版基金的资助和物理学院、钱学森学院在本书出版过程中给予的支持;感谢科技部、国家自然科学基金委等的资助和课题组老师及研究生的付出。由于作者学识有限,书中错漏或不妥之处在所难免,恳请读者对本书提出批评和建议,以便再版时改正。

作 者
2023 年 12 月于西安交通大学

第 1 版前言

本书根据作者在西安交通大学为理学院物理类专业(应用物理、材料物理、光信息)讲授原子物理学的讲义修改和补充而成。原子物理学既是普通物理学的最后一部分,又是学习近代物理的开端,为后续量子力学的学习提供丰富的实验现象和深刻的感性认识。

原子概念最早是古希腊哲学家 Leucippcus 和 Democritus 提出的,Leucippcus 认为世间万物都是由不可分割的物质——原子组成的,宇宙的原子是无穷无尽的,它们的大小、形状、重量等各自不同,不能毁灭也不能被创造出来;Democritus 进一步发展了 Leucippcus 的主张,认为宇宙万物皆由大量的极微小的、硬的、不可穿透的、不可分割的粒子,即原子组成,各种原子没有质的区别,只有大小、形状和位置的不同,整个物质世界就是原子和虚空,而原子在虚空中不停地运动。Leucippcus 和 Democritus 原子论被后来古希腊的 Epicurus 和古罗马的 Lucretius 进一步发展,他们认为原子在本质上也有差异。而差不多同时代的 Aristotle 和 Anaxagoras 等人却持与原子论相反的观点,认为物质是连续的,可以无限制地分割下去。

我国古代思想家也持有类似的两种观点。战国时期墨家的著作《墨经》记载"端,体之无序最前者也",意为存在一种叫"端"的东西,它是物质的最小结构单元。名家学派的惠施提出"至小无内,谓之小一"的观点,小到没有结构的东西,称为小一。儒家的《中庸》记载"语小,天下莫能破焉",宋代朱熹解释为"天下莫能破是无内,谓如物有至小而可破作两者,是中着得一物在",若无内则是至小,更不容破了。"莫能破"和"无内"就是不可分割的意思。主张物质无限分割的是战国时期的公孙龙,其名言为:"一尺之棰,日取其半,万世不竭。"

17 世纪至 19 世纪科学的发展使得物质的原子观占据优势,逐渐为人们所接受。Boyle 在 1661 年出版的《怀疑派的化学家》一书中建立了元素的明确的新准则:元素是一种基质,能与其他元素结合成化合物,任何一种元素从一种化合物中分离出来后,就不能再分解为任何更简单的物质了。Lavoisier 写出了第一个化学反应方程式,在 1789 年《化学概要》里列出了 33 种元素。1806 年 Proust 提出了化合物分子的组成定律,如不同方法制备碳酸铜,铜、碳和氧的质量比为 $5:4:1$。1807 年 Dalton 发现了倍比定律,提出了近代的原子论,Dalton 认为:①一切物质都是由极小的不可再分的物质微粒——原子组成的,化学反应中原子保持本来的性质;②同一元素的所有原子质量和其他性质相同,不同元素的原子具有不同的性质;③不同元素发生化学反应生成化合物时存在简单的数值比。1808 年 Gay - Lussac 提出了气体反应中的化合体积定律,气体化学反应中,反应物和生成物各组分的体积比不变。1811 年 Avogadro 提出了 Avogadro 定律,同一温度、同一压强下,体积相同的任何气体所含的分子数都相同。1826 年 Brown 观察到了液体中悬浮微粒的无规则运动。1833 年 Faraday 提出了电解定律,物质在电解过程中参与电极反应的质量和通过电极的电量成正比。1869 年 Mendeleev 发现了元素周期律。

19 世纪末的三大发现，1895 年 Röntgen 发现了 X 射线，1896 年 Becquerel 发现了铀盐放射性，1897 年 Thomson 发现了电子，都证明原子不过是物质结构的一个层次，原子是由更小的粒子构成的。1911 年 Rutherford 提出了原子的核式模型，原子是由带正电的几乎集中了所有原子质量的原子核和核外电子构成的。1913 年 Bohr 综合了 Einstein 光量子理论和 Rutherford 原子核式模型提出了具有里程碑意义的原子的量子理论。Bohr 原子理论能够成功地预测氢原子和类氢离子的光谱，但对多电子原子的光谱预测不那么成功，对原子光谱的强度也没有给出一个系统的计算方法。一个能完全处理原子问题的逻辑上自洽的严密的理论体系是 1925 年至 1927 年由 Heisenberg、Schrödinger、Born、Jordan、Dirac 建立的量子力学，其核心思想是 1923 年由 de Broglie 提出的物质粒子的波粒二象性，1927 年 Heisenberg 不确定关系形象而严格地描述了波粒二象性。

国内量子力学方面的书籍汗牛充栋，而有关量子力学基本概念的发展，不管是原子物理或近代物理的教材，还是有关量子力学发展史的书籍，都很少系统地讲述这些知识。因此本书重要的任务就是详细地介绍量子力学基本概念的由来，如 Planck 常数、Einstein 光量子理论、de Broglie 物质波、Heisenberg 矩阵力学思想、Schrödinger 方程、Pauli 不相容原理等，还介绍近代物理中重要的方法或思想，如 Sommerfeld 理论、力学和光学的相似性、对应原理、量子力学哥本哈根解释、Thomas 进动、Hund 定则理论解释等，以弥补国内教材这方面的不足。通过对这部分内容的阅读，学生不但能了解量子力学概念的发展过程，而且也能领略到大师们面对物理谜团时处理问题的思路和方法。

本书的主要任务是用普通物理的风格讲述原子物理的知识，借助简单有效的方法处理原子的问题，注重实验事实和实验结果的物理解释。着重回答原子是由什么组成的，这些组成物是如何运动的，它们之间又是如何相互作用的。在解释丰富多彩的原子现象时，我们会用到量子力学的一些概念，但原子物理毕竟不同于量子力学，原子物理并不严格地解决问题，常采用定性或半定量的方法对实验结果进行分析，以此来培养学生的物理直觉，使他们较深入地理解和分析微观尺度中的实验现象。

本书第 1 章讲述 Rutherford 有核原子模型，内容包括电子的发现、α 粒子散射实验、Coulomb 散射公式、Rutherford 散射公式、原子核大小的估计以及 Rutherford 有核模型的困难。第 2 章讲述 Bohr 为了克服 Rutherford 模型的困难而提出的革命性的氢原子理论，内容包括 Planck 黑体辐射公式、Einstein 光量子理论、Bohr 氢原子理论及类氢离子能级和光谱、Franck-Hertz 实验、Bohr 理论的 Sommerfeld 推广。第 3 章介绍量子力学基础知识，内容包括微观粒子的波粒二象性、波函数 Born 解释、Heisenberg 不确定关系、Schrödinger 方程及应用举例以及矩阵力学、波动力学的建立过程。第 4 章讲述碱金属原子能级和光谱结构、磁场中的原子，内容包括氢原子 Schrödinger 方程的解给出的量子力学的主要结论、碱金属原子光谱特征及物理机制轨道贯穿和原子实极化、Stern-Gerlach 实验由实验结果引入电子自旋的概念、碱金属原子光谱的精细结构的解释、原子磁矩和磁场中原子光谱的 Zeeman 效应。第 5 章讲述多电子原子能级和光谱,内容包括中心力场近似和电子组态、Pauli 不相容原理、原子壳层结构、元素周期律、LS 耦合和原子态、jj 耦合和多电子原子选择定则,并简要介绍激光的基本原理。第 6 章讲述 X 射线物理,内容包括 X 射线的发现和本性、X 射线连续谱和标识谱物理机制及 Moseley 定律、X 射线被物质散射的 Compton 效应和 X 射线吸收。第 7 章讲述原子核物理,内容包括原子核的组成、质量和结合能、原子核的量子性质(包括核自旋、核磁矩、原子超精细结构等)、核力和核结构、放射性衰变、原子核反应等。第 8 章介绍分子的基本知识,内容包括分子键和分子的形成、双原子分子的振转能级和光谱特征、Raman 散射和光谱等。

许多重要的原子物理的规律都是由大师们发现的,正是大师们的工作极大地推动了原子物理甚至是整个物理学的进步。本书每章末介绍了主要物理学家在科学上的成就。在赞叹大师们获得的卓越的科学成就时,也激励学生积极投身科学研究,力争成为科学大师,进一步提升我国在科学技术领域的创新能力。

感谢西安交通大学理学院在本书出版过程中给予的支持。由于作者学识有限,书中还有许多不妥之处,恳请读者对本书提出批评和建议,以便再版时改正。

黄永义

2012 年 11 月于西安交通大学

中英文人名对照表

A

Amaldi 阿马尔迪
Ambartsumian 阿巴尔楚米扬
Anaxagoras 阿那克萨哥拉
Ångström 埃格斯特朗
Aristotle 亚里士多德
Avogadro 阿伏伽德罗
Auger 俄歇

B

Back 巴克
Balmer 巴耳末
Barkla 巴克拉
Basov 巴索夫
Bayes 贝叶斯
Becker 贝克尔
Becquerel 贝可勒尔
Beer 比尔
Bergmann 伯格曼
Berkeley 贝克莱
Biot 毕奥
Bloch 布洛赫
Bohr 玻尔
Boltzmann 玻尔兹曼
Born 玻恩
Bose 玻色
Bothe 博特
Boyle 波意耳
Brackett 布拉开
Bragg 布拉格
Brown 布朗
Bunsen 本生

C

Chadwick 查德威克
Cleve 克莱夫
Cockcroft 考克饶夫
Compton 康普顿
Corson 科森
Coster 科斯特
Coulomb 库仑
Cowan 科万
Crookes 克鲁克斯
Critchfield 克里奇菲尔德
Curie Marie 玛丽·居里
Curie Pierre 皮埃尔·居里

D

Dalitz 达里兹
Davis 戴维斯
Davisson 戴维孙
de Boisbaudran 德·布瓦博德兰
de Broglie 德布罗意
Debye 德拜
Delafontaine 德拉方丹
Dalton 道尔顿
Democritus 德谟克利特
Descartes 笛卡儿
Dirac 狄拉克
Doppler 多普勒
Duane 杜安

E

Eckart 埃卡特
Ehrenfest 埃伦菲斯特

Einstein 爱因斯坦

Epicurus 伊壁鸠鲁

Evans 伊文思

Everett Ⅲ 埃弗里特三世

F

Faraday 法拉第

de Fermat 费马

Fermi 费米

Feyman 费曼

Foley 福利

Fourier 傅里叶

Fowler 福勒

Franck 弗兰克

von Fraunhofer 夫琅禾费

Friedrich 弗里德里希

Frisch 弗里施

Fuchs 富克斯

G

de Galilei 伽利略

Gamow 伽莫夫

Gauss 高斯

Gay－Lussac 盖吕萨克

Geiger 盖革

Gellmann 盖尔曼

Gerlach 格拉赫

Germer 革末

Glendenin 格伦丹宁

Goeppert－Mayer 梅耶夫人

Goldstein 戈尔德施泰因

Goodspeed 古德斯皮德

Goudsmit 古德斯密特

Gray 戈瑞

Griffiths 格里菲斯

Grotian 格罗蒂安

H

Hahn 哈恩

Hallwachs 哈尔瓦克斯

Hamilton 哈密顿

Hänsch 汉施

Heisenberg 海森伯

Hermite 厄米

Hertz 赫兹

von Hevesy 赫维西

Hund 洪德

Hunt 亨特

Huyghens 惠更斯

I

Ivanenko 伊万年科

J

Jacobi 雅可比

Jeans 金斯

Jensen 延森

Joliot－Curie Frédéric 弗雷德里克·约里奥·居里

Joliot－Curie Irène 伊雷娜·约里奥·居里

Jönsson 约恩孙

Jordan 若尔当

K

Kastler 卡斯特勒

Kaufmann 考夫曼

Kirchhoff 基尔霍夫

Knipping 克尼平

König 柯尼西

Koshiba 小柴

Kossel 科塞尔

Kramers 克拉默斯

Krönig 克勒尼希

Kuhn 库恩

Kusch 库施

L

Ladenburg 拉登堡

Laguerre 拉盖尔
Lamb 兰姆
Lambert 兰贝特
Landé 朗德
de Laplace 拉普拉斯
Laporte 拉波特
Larmor 拉莫尔
von Laue 劳厄
de Lavoiser 拉瓦锡
Lawson 劳森
Legendre 勒让德
Lenard 莱纳德
Lenz 楞次
Leucippcus 留基伯
Lorentz 洛伦兹
titus Lucretius 卢克莱修
Lummer 陆末
Lyman 莱曼

M

Maiman 梅曼
Marsden 马斯登
de Maupertuis 莫佩尔蒂
Maxwell 麦克斯韦
McCarthy 麦卡锡
Meitner 迈特纳
Mendeleev 门捷列夫
Michelson 迈克耳孙
Millikan 密立根
Morley 莫雷
Moseley 莫塞莱
Mössbauer 穆斯堡尔
Mottelson 莫特尔松

N

Newton 牛顿
Noddack 诺达克

O

Oppenheimer 奥本海默

P

Pais 派斯
Paschen 帕邢
Pauli 泡利
Penzias 彭齐亚斯
Perey 佩雷
Perrier 佩里尔
Perrin 皮兰
Pfund 普丰德
Pickering 皮克林
Planck 普朗克
Plücker 普吕克
Poisson 泊松
Poincaré 庞加莱
Pound 庞德
Powell 鲍威尔
Preston 普雷斯顿
Pringsheim 普林斯海姆
Prokhorov 普罗霍罗夫
Proust 普鲁斯特
Purcell 珀塞尔

R

Rabi 拉比
Rayleigh 瑞利
Raman 拉曼
Rebka 雷勃卡
Reich 赖希
Reines 莱因斯
Retherford 雷瑟福
Richter 里希特
Röntgen 伦琴
Rydberg 里德伯
Rubens 鲁本斯
Runge 龙格

Russell 罗素
Rutherford 卢瑟福

S

Saunders 桑德斯
Savart 萨伐尔
Saxon 萨克森
Schack Ruediger 沙克
Scherrer 谢勒
Schmidt 施密特
Schrödinger 薛定谔
Schüler 舒勒
Schuster 舒斯特
Schwinger 施温格尔
Segrè 塞格雷
Sievert 希沃特
Slater 斯莱特
Smekal 斯梅卡尔
Smith 史密斯
Sommerfeld 索末菲
Soret 索雷特
Stark 斯塔克
Stefan 斯特藩
Stern 施特恩
Stirling 斯特林
Stokes 斯托克斯
Stoletov 斯托列托夫
Stoner 斯托纳
Stoney 斯托尼
Strassmann 施特拉斯曼
Strutt 斯特拉特
Szilárd 齐拉

T

Thomas 托马斯

Thomson 汤姆孙
Tomonaga 朝永
Townes 汤斯

U

Uhlenbeck 乌伦贝克
Urbain 于尔班

V

Vaidman 威德曼
van der Waals 范德瓦耳斯
Varley 瓦利
Villard 维拉德
von Neumann 冯·诺伊曼
von Welsbach 冯·韦尔斯巴赫

W

Walton 沃尔顿
Weigold 魏戈尔德
von Weizsäcker 魏茨泽克
Wheeler 惠勒
Wien 维恩
Wigner 维格纳
Wilson 威尔逊
Wollaston 沃拉斯顿
Woods 伍兹

Y

Yukawa 汤川

Z

Zavoisky 柴伏依斯基
Zeeman 塞曼
Zeno 芝诺
Zinn 津恩

目　录

第 1 章 Rutherford 核式原子模型

原子概念起源于古希腊哲学,在古希腊哲学初期,它是 Leucippus 和 Democritus 唯物主义的中心概念,距今已有两千多年的历史。现代原子概念是在 20 世纪初才形成的,它是随着近代物理学的发展而逐步发展起来的。实验事实表明原子是物质结构的一个层次,可以继续分割下去。原子是由什么组成的,组成物是如何运动的,这是原子物理学的主要问题。

本章先介绍原子的质量和大小,让读者对原子有个感性的认识;进一步介绍原子的构成即原子核和电子。阴极射线的研究促成了电子的发现,α 粒子散射实验的结果为 Rutherford 提出原子核的概念提供了必要的实验基础。本章对电子的发现和 Rutherford 的核式原子模型作详细的阐述。

1.1 原子的质量与大小

人们日常生活中看见的物体,如桌椅、家用电器、机器零件等,称量它们的质量多用千克作单位,量度它们的尺寸多用米作单位。当人们把物体不断分割后,它会变得越来越小,当然随着分割越来越精细,称量它们的质量和尺寸的单位也越来越小,如对质量的称量单位从千克到克、毫克、微克,尺寸的单位从米到分米、厘米、毫米、微米、纳米。

当人们不断分割物体时,就引入了一个问题,那就是物体能否被无限分割。这个古老的问题在古希腊和古代中国都有针锋相对的两个观点。古希腊的 Democritus 认为物质不可无限分割,物质存在一个最小的单元,并将这个单元命名为"原子"。我国战国时墨家、儒家也有类似的观点,墨家的著作《墨经》记载"端,体之无序最前者也",意思是端是组成物体不可分割的最原始的东西;儒家的著作《中庸》记载"语小,天下莫能破焉",宋代朱熹解释说"天下莫能破是无内,谓如物有至小而可破作二者,是中着得一物在",若无内则是至小,更不能破了。相反地,古希腊的 Aristotle、Anaxagoras 认为,物质是连续的,可以无限分割下去,我国战国时公孙龙也主张这种观点,"一尺之棰,日取其半,万世不竭"就是其观点恰当的表述。在欧洲,物质可无限分割的观点在中世纪占优势,随着实验技术的发展,物质的原子观在 16 世纪后为人们所接受,Galilei、Descartes、Boyle、Newton 都支持物质的原子观。特别是 19 世纪 Proust、Dalton、Gay-Lussac、Avogadro、Faraday 等人的发现,使得物质的原子论被普遍接受。

既然物质是由原子构成的,那么原子到底有多重,或者说它的质量有多少? 原子的线度又是多少呢? 对于原子的质量,很显然,采用千克来称量显得很不合适,因为原子实在太轻,质量太小,千克这个单位确实太大了。原子的质量常用原子质量单位 u 来称量,而原子质量单位 u 是这样定义的:一个基态中性碳原子 ^{12}C 质量的 1/12。采用原子质量单位 u,原子质量的表示方便多了,如一个氢原子质量为 1.008 u,一个氦原子质量为 4.003 u,这样表示的原子质量通常称为元素的原子量,即相对原子质量。知道了元素的原子量,就可通过 Avogadro 定律确定原子质量的绝对值(以千克作单位)。Avogadro 定律说,1 mol 原子的物质中,不论哪种元素,都含有同一数量的原子,这个数量称为 Avogadro 常数,常用 N_A 表示。测定 N_A 可用多种方法,如从电解测得 Faraday 常数 $F=96\,486.70$ C/mol,这个常数表示 1 mol 带单个电量的离子所带的总电量,一价离子所带电量为一个电子电量 e,则有

$$N_A = \frac{F}{e} = 6.022\,169 \times 10^{23} \text{ mol}^{-1}$$

原子质量的绝对值就等于

$$M_A = \frac{A}{N_A}$$

式中,A 为 1 mol 物质的质量,数值上等于该物质的原子量,g。以此计算,一个氢原子的质量为 $1.673\,67 \times 10^{-27}$ kg。原子质量单位 u 也可以通过这种方法得到其绝对值:

$$12\text{ u} = \frac{12\text{ g}}{N_A} \Rightarrow 1\text{ u} = \frac{1\text{ g}}{N_A}$$

借助于 N_A,容易算出 1 u$=1.660\,538\,73 \times 10^{-27}$ kg,这样 Avogadro 常数作为一个桥梁就将微观原子质量单位 u 和宏观质量单位 kg 联系起来了,N_A 的巨大数值也说明了相对于宏观世界来说微观世界的细小。

我们清楚了原子质量的量级,那么原子占据多大的空间,即原子的体积是多大的量级呢?这个乍看很难的问题却可以通过多种方法加以估计。

(1)晶体中原子是按一定规律排列的,设这种原子构成的晶体的质量为 A(单位为 g),晶体中包含 N_A 个原子,晶体的密度为 ρ(单位为 g/cm³),为简化起见,假定晶体中的原子是相互接触的球体,原子半径为 r,则

$$\frac{4}{3}\pi r^3 N_A = \frac{A}{\rho} \Rightarrow r = \sqrt[3]{\frac{3A}{4\pi \rho N_A}}$$

以此估算,不同的原子半径的量级为 10^{-10} m,如 Li 为 1.6、Al 为 1.6、Cu 为 1.4、S 为 1.8、Pb 为 1.9,单位均为 10^{-10} m。

(2)通过气体分子运动论也可以估计原子大小。气体平均自由程有一个理论公式:

$$\lambda = \frac{1}{4\sqrt{2}\,N\pi r^2}$$

其中,λ 为分子平均自由程;N 为单位体积的分子数;r 为假定分子为球形的半径,对单原子分子来说,r 就是原子半径。

(3)利用 van der Waals 方程也可以估算原子半径的量级:

$$\left(P + \frac{a}{V^2}\right)(V - b) = RT$$

式中,b 的值理论上等于 1 mol 分子体积的 4 倍,由实验测定 b 就知道了原子半径。

用上述三种办法估计原子半径大小有所不同,但量级都是 10^{-10} m。

1.2　电子的发现

原子真的不能再分了吗?如果能再分,原子里还有什么东西呢?这个问题还要从阴极射线的研究说起。

1.2.1　阴极射线

阴极射线是在人们研究气体放电时发现的。图 1.2.1 是气体放电管的示意图,一般管子里充以几毫米汞柱压力的气体,在阴极和阳极间加上几百伏到几千伏的电压,在管内两个电极间的区域就会出现辉光,在阳极附近的荧光屏上可以观察到荧光,其斑点大小和阳极上小孔的大小有关。1859 年,Plücker 发现当把阴极射线管内的气压进一步降到一个标准大气压的百万分之一时,放电管不发生辉光放电,在正对阴极的管壁上发现了绿色荧光,他很快意识到有一种射线射向对面的管壁(荧光屏)而产生了荧光,并认为这种射线是从阴极发出的,则称其为阴极射线。1879 年 Crookes 通过实验发现阴极射线在电场和磁场中会偏转,由偏转的方向,可以证实阴极射线是带负电的粒子,因而阴极射线管又称为 Crookes 管。

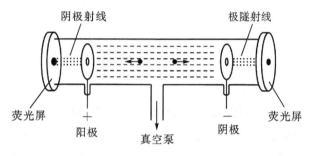

图 1.2.1　气体放电管

自被发现以来,阴极射线一直都是一个令人感兴趣的重要课题,人们尚未清楚其本性时,与阴极射线相关的研究就有一些发现,其中最重要的是 1895 年 Röntgen 发现的 X 射线。图 1.2.2 是 X 射线管的示意图。Röntgen 在暗室中做阴极射线管气体放电实验,为了避免紫外线和可见光的影响,他用黑纸将阴极射线管包了起来,但还是发现了一段距离外的荧光屏上有微弱的荧光。经过多次实验,他发现这种荧光来自阴极射线管而绝非阴极射线本身,此外,他还发现了这种射线的穿透性,并且利用这种射线观察他夫人手指骨的轮廓,这种神秘的射线被命名为 X 射线。

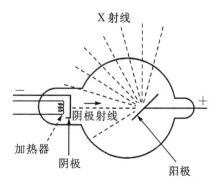

图 1.2.2　X 射线管

　　1892年 Lenard 研制出了带有"Lenard 窗"的阴极射线管,如图 1.2.3 所示,正对阴极管端用微米量级的铝箔将阴极射线管封闭,管内保持高度真空,阴极射线却能穿过铝箔。该装置可以导引阴极射线离开电离空间,从而能够进一步独立地研究放电过程。他测量了各种样品对阴极射线的吸收,发现物体对阴极射线的吸收与其密度成反比,阴极射线在物体中的穿透能力随着电压的升高而增强。他还发现高能阴极射线能够穿过原子,并从这一现象出发正确地推断出原子内部的空间相对来说是空虚的。Rutherford 通过 α 粒子散射实验也得到了同样的证据,进而提出了后人普遍接受的核式原子模型。

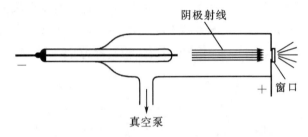

图 1.2.3　带 Lenard 窗的阴极射线管

　　阴极射线的研究硕果累累,然而却不能回避一个重要的问题,阴极射线本质到底是什么,是带电粒子还是电磁波动? 电磁波发现者 Hertz 曾做过让阴极射线在静电场、静磁场中偏转的实验,但当时阴极射线管内的真空不高,残余分子在电场的作用下离解成正、负离子,它们分别跑到负极板和正极板,电场消失导致观察不到阴极射线在静电场中的偏转,Hertz 误认为阴极射线是类似于紫外线的电磁波动(当时称为以太波)。Lenard 依据阴极射线穿透薄铝板的事实,认为阴极射线是一种波动,因为只有波动才能像光穿过透明物质那样穿透金属箔。而另一种观点是,阴极射线是带负电的粒子流,主要的依据是 1871 年 Varley 发现的阴极射线在磁场中的偏转与带电粒子很相近的事实,1895 年 Perrin,1897 年 Wien、Thomson 的研究更是确认了这一点,Crookes、Schuster 等人都赞同这个结论。这些实验中尤以 Thomson 的研究最具说服力,因为他不但确认了阴极射线是带负电的粒子流,而且还测出了该粒子的荷质比,这个结果出乎了所有人的预料。

1.2.2　电子的发现

　　为了弄清楚阴极射线的本性,Thomson 设计了如图 1.2.4 所示的实验装置。在阴极 C 和阳极 A 之间加上高压,阴极射线透过空心阳极 A 经准直狭缝 D 穿过长 5 cm、宽 2 cm、极板间距 1.5 cm 的平行板电场区,平行板电场为零时,阴极射线打到观察屏的标尺零点 S,当平行板上加竖直向下的静电场时,阴极射线从标尺零点 S 向上偏离 h,设平行板长度为 l,其中心到观察屏的距离为 L。在平行板有电场并设场强为 E 时,要使阴极射线回到原来的标尺零点,则需要在平行板电场区加上磁场,磁场 B 的方向垂直于纸面向里,在阴极射线回到原来的标尺零点时,阴极射线受到的静电力和磁场力相等,有

$$eE = evB \Rightarrow v = \frac{E}{B}$$

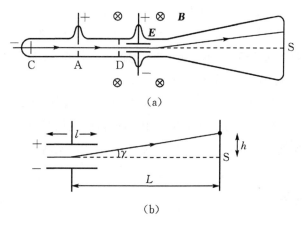

图 1.2.4　Thomson 实验示意图

由题设条件图 1.2.4(b)容易证明得到

$$\frac{e}{m} = \frac{Eh}{LlB^2} = \frac{Eh/L}{B^2l} = \frac{E\gamma}{B^2l}$$

可以看到在 Thomson 实验中，E、h、L、l、B 都是实验测量值，例如，阴极材料是铝，玻璃管充有残余空气时，$\gamma = \frac{13~\mathrm{cm}}{110~\mathrm{cm}}$，$l = 5~\mathrm{cm}$，$E = 1.5 \times 10^4~\mathrm{V/m}$，$B = 6.6 \times 10^{-4}~\mathrm{T}$，$v = 2.3 \times 10^9~\mathrm{cm/s}$，由此得到阴极射线的荷质比为

$$\frac{e}{m} = 8.1 \times 10^{10}~\mathrm{C/kg}$$

这个荷质比比由电解方法得到的氢离子的荷质比 $9.6 \times 10^7~\mathrm{C/kg}$ 大约高 1000 倍。

　　阴极射线的物理本性到底是什么呢？Thomson 在放电管中充以不同的气体，采用不同的材料做阴极，测量得到的结果都相同，这说明阴极射线是各种原子所共有的东西。1833 年 Faraday 发现了电解定律，1 mol 任何原子单价离子永远带有相同的电量，这个电量就是 Faraday 常数 F。1874 年 Stoney 依据 Faraday 电解定律推知，原子所带的电量应该是一基本电荷的整数倍，他将这个基本电荷命名为电子。于是 Thomson 确定所谓阴极射线实际上就是 Stoney 所设想的电子，也即基本电荷。

　　电子的发现结束了阴极射线本性之争，打破了原子不可再分的物质观，向人们宣告了原子也不是构成物质的最小单元，它具有内部结构，开辟了原子物理学这个崭新的领域，自此以后原子中电子的运动规律、电子对晶体的衍射都是物理学家感兴趣的课题，也开辟了电子技术的新时代。Thomson 也被誉为"一位最先打开通向基本粒子物理学大门的伟人"。

1.2.3　电子的电荷和质量

　　Thomson 通过阴极射线管测出电子的荷质比为 $8.1 \times 10^{10}~\mathrm{C/kg}$，后来通过更精确的测量给出了电子的荷质比为 $1.758 \times 10^{11}~\mathrm{C/kg}$。由 Faraday 电解定律，可以算出氢离子的荷质比为 $9.6 \times 10^7~\mathrm{C/kg}$。由此可知电子的质量约为氢离子质量的 1/1836。要想得到电子的电荷、质量,只要能得到电子的电荷就够了。1899 年 Thomson 用 Wilson 发明的云雾室测定了电子电荷,结果表明电子电荷和氢离子电荷很相近为 1.6×10^{-19} C。电子电荷精确测定方法是1910 年 Millikan 的"油滴实验",他测得的结果为 1.59×10^{-19} C。1929 年有学者发现 Millikan 的实验结果中有来自对空气黏滞性测量的偏离 1% 的误差,电子电荷的现代值 $e = 1.602\ 177\ 33(49) \times 10^{-19}$ C,括号里的 49 表示最后两位数字的误差为 33 ± 49。有了电荷和荷质比,可以确定电子的质量 $m = 9.109\ 389\ 7(54) \times 10^{-31}$ kg。1897 年 Kaufman 发现电子的荷质比 e/m 随着电子速度的增加而减小。由于电子电荷不随速度的变化而变化,因而可以确定的是电子的质量随着其速度的增大而增加。关于物体质量随速度的变化关系,Einstein 狭义相对论给出了非常精确的解释。

1.3 α 粒子散射实验

Thomson 发现电子后于 1898 年提出了一个原子结构模型,设想原子带正电部分是一个原子那么大的、具有弹性的、冻胶状的球,正电荷均匀分布,带负电的电子在球内或球上嵌着。电子可以在它们的平衡位置振动,观察到的原子光谱的频率相当于这些振动的频率。Thomson 的原子模型似乎能够解释当时的实验结果。为了解释元素周期表,1904 年他又作了改进,进一步假设原子中的电子分布在一个个同心圆环上,每个圆环包含有限个电子。后来 Thomson 的"葡萄干布丁"原子模型被实验否定,但其每个同心圆环上只包含有限数目电子的思想是十分可贵的。

Thomson 的原子模型没有经受住实验的考验,1903 年 Lenard 所做的电子在金属膜上的散射实验,表明原子内部是十分空虚的,而非 Thomson 所设想的:原子是一个实心的球体。

1896 年 Becqueral 发现了放射性现象,并将一种带正电的射线称为 α 射线。Rutherford 对 α 射线作了系统的研究,确认了 α 射线实际上就是高速运动的二价氦离子,即氦的原子核,其质量为电子质量的 7300 倍。放射性衰变产生的 α 粒子的动能一般为 4～9 MeV。1909 年 Rutherford 的两个学生 Geiger 和 Marsden 所做的 α 粒子轰击金属薄膜的散射实验彻底地否定了 Thomson 的"葡萄干布丁"原子模型。α 粒子散射实验的实验装置示意图如图 1.3.1 所示。R 为被铅块包围的 α 粒子源,F 为金属薄膜(最初实验用的金属有铅、金、铂、锡、银、铜、铁、铝等),厚度约为微米量级,屏 S 上的闪烁计数器(玻璃上涂 ZnS,散射的 α 粒子打到 ZnS 上会发出微弱的闪光)通过显微镜 M 观察,R 和 F 装在一个固定的管 T 上,T 连接真空泵保持反应室内较高真空,M 和 S 构成的探测器固定于金属匣 B 上,而 B 固定于有刻度盘的圆盘 A 上,A、B 可以在光滑的套轴 C 上转动,这样就可以将探测器转动到任意想探测的散射位置上了。

Geiger 和 Marsden 的实验结果可以归纳如下:①绝大多数 α 粒子经过铂的散射后只有很小的角度偏转,偏转角小于 $2°$;②有约 1/8000 的 α 粒子,它们的散射角大于 $90°$。

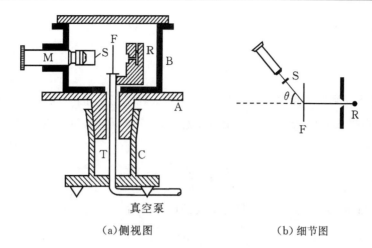

（a）侧视图　　　　　　　　　（b）细节图

A—圆盘；B—金属匣；C—套轴；F—金属薄膜；M—显微镜；R—α粒子源；S—屏；T—管。

图 1.3.1　α粒子散射实验装置

这个实验结果使 Rutherford 非常吃惊，"就像发射一枚 15 英寸的炮弹，打在一张纸上，又被反弹回来击中自己一样，简直令人难以置信"。α粒子散射实验的结果也是 Thomson 原子模型无法解释的，Thomson 原子模型中的静电力如图 1.3.2(a)所示，最大 Coulomb 力发生在掠射，即 $r=R$（原子半径），有

$$F_{\max} = \frac{1}{4\pi\varepsilon_0}\frac{2Ze^2}{R^2}$$

α粒子与原子发生碰撞经历的时间为 $2R/v$，α粒子受原子散射而引起的动量的变化为

$$\Delta p = F_{\max} \cdot \Delta t = \frac{Ze^2}{\pi\varepsilon_0 R v}$$

如图 1.3.2(b)所示。

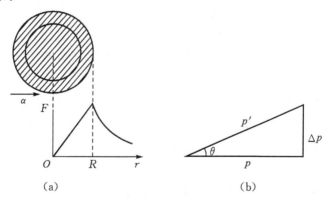

（a）　　　　　　　　　　　　（b）

图 1.3.2　Thomson 原子模型静电力

散射引起的最大散射角为

$$\tan\theta = \frac{\Delta p}{p} = \frac{Ze^2/(\pi\varepsilon_0 R v)}{m_\alpha v} = \frac{Ze^2}{\pi\varepsilon_0 R m_\alpha v^2} = \frac{2Ze^2/(4\pi\varepsilon_0 R)}{m_\alpha v^2/2}$$

由组合常量 $\dfrac{e^2}{4\pi\varepsilon_0}=1.44$ fm·MeV[①]，$R\sim0.1$ nm，可以得到

$$\tan\theta \approx 3\times10^{-5}\frac{Z}{E_\alpha}$$

上述结果是 α 粒子受到原子正电荷作用的结果，至于 α 粒子与电子的作用，由于电子质量只有 α 粒子质量的 1/8000，因此电子的作用完全可以忽略，即使是正碰，电子对 α 粒子引起的动量变化为

$$\frac{\Delta p}{p} \approx \frac{2m_e}{m_\alpha} \sim 10^{-4}$$

所以 α 粒子与 Thomson 原子碰撞引起的最大的偏转角为

$$\theta < 10^{-4}\frac{Z}{E_\alpha}$$

如用 5 MeV 的 α 粒子轰击铂($Z=78$)的薄膜，最大偏转角为 10^{-3} rad，要发生大于 90°的大角度偏转的概率为 $1/10^{2000}$，估算如下：

$$f(\theta)\mathrm{d}\theta = \frac{1}{\sqrt{2\pi\overline{\theta^2}}}\exp\left(-\frac{\theta^2}{\overline{\theta^2}}\right)\mathrm{d}\theta$$

上式中散射角的均方值为

$$\overline{\theta^2} = N\theta_1^2$$

上式中 N 为碰撞次数，θ_1 为单次碰撞偏转角，则

$$N = \frac{10^{-6}}{10^{-10}} = 10^4$$

$$\sqrt{\overline{\theta^2}} = 100\times0.01° = 1°$$

由此可得大角度散射 $\theta>90°$的概率为

$$\int_{\frac{\pi}{2}}^{\pi} f(\theta)\mathrm{d}\theta < 10^{-2000}$$

依据 Thomson 原子模型，α 粒子和铂箔的碰撞是多次散射过程，α 粒子的偏转方向是随机的，服从 Gauss 分布。

　　这个预测直接与 Geiger 和 Marsden 的 1/8000 的实验结果相矛盾。也可以说，α 粒子散射实验彻底否定了 Thomson 的"葡萄干布丁"的原子模型。α 粒子散射实验表明原子应该是什么样的结构呢？Rutherford 给出了正确的答案。

1.4　Rutherford 核式原子模型概述

　　在 α 粒子散射实验结果中，多数 α 粒子小角度散射表明原子内部大部分区域是空的，而大于 90°的大角度散射暗示着 α 粒子被大质量的物体挡回来了，鉴于 α 粒子为氦的原子核，这个大质量的物体应该带正电。由于电子的质量比 α 粒子质量小很多，因此合理的推断是电子对

---

① 　fm，飞米。1 fm$=10^{-15}$m。后同。

α粒子大角度散射基本上没有什么贡献。经过对 α 粒子散射实验结果近两年的分析,Ruther-ford 提出了核式原子模型:原子中所有正电荷集中在原子中心很小的区域内,并且原子几乎全部质量也集中在这一区域,电子分布在这个区域外面,而这个带正电的大质量的部分称为原子核。核式原子模型可以定性地解释大角度散射的可能性,电子质量很轻,α 粒子和电子的作用对 α 粒子的运动没什么影响,可以暂不用考虑,α 粒子进入原子时,基本上是在原子核外,因此会受到全部正电荷的 Coulomb 排斥力,当它与原子核距离很小时,Coulomb 排斥力可以很大,因此有发生大角度散射的可能。当然只有定性的解释自然不够,Rutherford 依据核式原子模型,还导出了可以与实验相比较的结果。我们先来看看 α 粒子被一个原子核散射的情况,导出 Coulomb 散射公式。

1.4.1　Coulomb 散射公式

当质量为 m、能量为 E、带电量为 $Z_1 e(Z_1 = 2)$ 的 α 粒子以速率 v 经过质量为 M、带电量为 $Z_2 e$ 的靶核时,会受到 Coulomb 排斥力的作用。设靶核静止,α 粒子的运动轨迹如图 1.4.1 所示。设 α 粒子入射方向与靶核之间的距离为 b,称为瞄准距离或碰撞参数。由于 $m \ll M$,可以假定整个散射过程中靶核是静止的。取靶核为坐标原点,α 粒子和靶核之间的矢径为 r,Cou-lomb 力 F 为有心力,作用方向在矢径上,整个散射过程 α 粒子对原点角动量守恒。由理论力学可知,α 粒子的运动轨迹是双曲线,而两条渐近线的夹角即为散射角 θ。

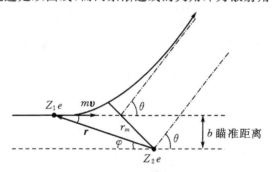

图 1.4.1　α 粒子被原子核散射

α 粒子被靶核散射时,由 Newton 第二定律得

$$F = \frac{1}{4\pi\varepsilon_0} \frac{Z_1 Z_2 e^2}{r^2} r^0 = m \frac{\mathrm{d}\boldsymbol{v}}{\mathrm{d}t} \tag{1.4.1}$$

其中,r^0 表示矢径方向,长度为 1。有心力场中 α 粒子对靶核的角动量守恒表现为整个散射过程中角动量大小不变而且等于初始的角动量,有

$$L = mvb$$

$$|\boldsymbol{L}| = |\boldsymbol{r} \times \boldsymbol{p}| = rmv\sin\varphi = rmr\omega = mr^2 \frac{\mathrm{d}\varphi}{\mathrm{d}t} = mvb \Rightarrow \frac{\mathrm{d}\varphi}{\mathrm{d}t} = \frac{vb}{r^2} \tag{1.4.2}$$

将 Newton 定律式(1.4.1)改写为

$$\frac{1}{4\pi\varepsilon_0} \frac{Z_1 Z_2 e^2}{r^2} r^0 = \frac{\mathrm{d}\boldsymbol{v}}{\mathrm{d}\varphi} m \frac{\mathrm{d}\varphi}{\mathrm{d}t} = \frac{\mathrm{d}\boldsymbol{v}}{\mathrm{d}\varphi} \frac{L}{r^2}$$

进一步整理为

$$\mathrm{d}\boldsymbol{v} = \frac{Z_1 Z_2 e^2}{4\pi\varepsilon_0 L}\boldsymbol{r}^0 \mathrm{d}\varphi \tag{1.4.3}$$

将散射过程中 α 粒子速度矢量的变化用图 1.4.2 表示，整个过程系统能量守恒，得

$$E = \frac{1}{2}m|\boldsymbol{v}_i|^2 = \frac{1}{2}m|\boldsymbol{v}_f|^2$$

即初末速率相等。由图 1.4.2 所示，式(1.4.3)左边积分即初末速度的变化为

$$\int \mathrm{d}\boldsymbol{v} = 2v\sin\frac{\theta}{2}\boldsymbol{e}_u \tag{1.4.4}$$

其中，$\boldsymbol{e}_u = -\boldsymbol{i}\sin\dfrac{\theta}{2} + \boldsymbol{j}\cos\dfrac{\theta}{2}$ 表示速度变化的方向，事实上，由等腰三角形的底角 $\dfrac{\pi-\theta}{2}$ 知 $\boldsymbol{e}_u$ 与

y 轴夹角为 $\dfrac{\pi}{2} - \dfrac{\pi-\theta}{2} = \dfrac{\theta}{2}$。式(1.4.3)右边积分主要看下式，因为 $\dfrac{Z_1 Z_2 e^2}{4\pi\varepsilon_0 L}$ 可视为不变量：

$$\begin{aligned}\int \boldsymbol{r}^0 \mathrm{d}\varphi &= \int_0^{\pi-\theta} (-\boldsymbol{i}\cos\varphi + \boldsymbol{j}\sin\varphi)\mathrm{d}\varphi \\ &= 2\cos\frac{\theta}{2}\left(-\boldsymbol{i}\sin\frac{\theta}{2} + \boldsymbol{j}\cos\frac{\theta}{2}\right) \\ &= 2\cos\frac{\theta}{2}\boldsymbol{e}_u \end{aligned} \tag{1.4.5}$$

将式(1.4.4)和(1.4.5)代入式(1.4.3)可得

$$b = \frac{Z_1 Z_2 e^2}{8\pi\varepsilon_0 E}\cot\frac{\theta}{2} = \frac{a}{2}\cot\frac{\theta}{2} \tag{1.4.6}$$

其中，Z_1、Z_2 分别为 α 粒子、靶核的核电荷数；ε_0 为真空介电常数；E 为入射 α 粒子的动能；$a\equiv$

$\dfrac{1}{4\pi\varepsilon_0}\dfrac{Z_1 Z_2 e^2}{E}$。式(1.4.6)称为 **Coulomb 散射公式**。

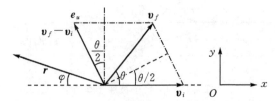

图 1.4.2　α 粒子散射中初末速度的变化

　　Coulomb 散射公式很好地说明了瞄准距离 b 和散射角 θ 之间的关系，当入射能量一定时，瞄准距离越小，散射角就越大。例如，能量为 7.68 MeV 的 α 粒子被金箔散射时，瞄准距离为 100 fm，对应散射角为 16.9°；而瞄准距离为 10 fm 时，散射角为 112°。在导出 Coulomb 散射公式时，忽略了靶核的反冲，事实上靶核总会有反冲，只是 α 粒子的质量远小于靶核质量时，靶核反冲可以暂不考虑。当考虑靶核反冲时，Coulomb 散射公式依然成立，不过其中的物理量应理解为质心系里的量。如散射角 θ 为质心系中的散射角 θ_C，原 α 粒子的动能应理解为质心系中 α 粒子和靶核的动能之和，$E_C = \dfrac{1}{2}\mu v^2$，折合质量 $\mu = \dfrac{mM}{m+M}$。显然

$$E_C = \frac{M}{m+M}E_L$$

其中，$E_L = \dfrac{1}{2}mv^2$ 为实验室系 α 粒子动能。当 $m \ll M$ 时，$E_C \approx E_L$。质心系能量近似等于实验室系入射粒子的动能，靶核的反冲效应可以忽略。Coulomb 散射公式很重要，但却无法在实验中应用，因为瞄准距离是一个不可控的量。

1.4.2　Rutherford 散射公式

为了导出可以和实验相比较的理论结果，Rutherford 对理论条件作如下假设：①α 粒子与靶核只发生单次散射；②α 粒子与靶核只有 Coulomb 作用，核外电子的作用在 α 粒子散射实验忽略；③靶核静止。

实验中这些条件基本上得到了满足。当金属箔做得很薄达到微米量级就可以保证靶核互不遮蔽，α 粒子与靶核发生单次碰撞。以金原子为例，原子直径为 3×10^{-10} m，金属箔厚度为 5×10^{-7} m，这个厚度可容纳 10^3 个原子，原子核半径和原子半径之比可达 10^{-4}，几何截面之比为 10^{-8}（一个原子中可容纳 10^8 个原子核），可见靶核互相遮蔽的可能性不大，自然 α 粒子单次碰撞条件也能得到满足。由于电子质量远小于 α 粒子的质量，α 粒子散射实验中电子对于 α 粒子轨迹的影响就可以忽略，剩下尺寸达 10^{-15} m 的原子核与 α 粒子的作用当然只有 Coulomb 作用，α 粒子也可以撞击到原子核，概率很小。上述讨论中，靶核的质量远大于 α 粒子质量时，靶核可以看成是静止不动的。

Coulomb 散射公式揭示的是碰撞参数与散射角之间的关系。由于碰撞参数不可控使得 Coulomb 散射公式不能直接和实验比较，实验观察到的是被散射的 α 粒子与散射角之间的关系，而借助于 Coulomb 散射公式就可以导出能和实验比较的公式。由式（1.4.6）的 Coulomb 散射公式，可知若 α 粒子打在外径为 b、内径为 $b-\mathrm{d}b$ 的环形面积内，则被散射的 α 粒子定然落在散射角为 θ 到 $\theta+\mathrm{d}\theta$ 的空心圆锥内，如图 1.4.3 所示。由 Coulomb 散射公式可以得到这个环形面积为

$$\mathrm{d}\sigma = 2\pi b \mid \mathrm{d}b \mid = \frac{\pi a^2}{4} \frac{\cos\dfrac{\theta}{2}}{\sin^3\dfrac{\theta}{2}}\mathrm{d}\theta = \frac{\pi a^2}{8} \frac{\sin\theta}{\sin^4\dfrac{\theta}{2}}\mathrm{d}\theta \qquad (1.4.7)$$

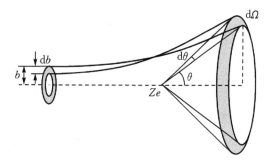

图 1.4.3　瞄准距离和散射角的关系

空心圆锥立体角 $\mathrm{d}\Omega$ 和散射角 θ 之间的关系为

$$\mathrm{d}\Omega = \frac{2\pi r^2 \sin\theta\mathrm{d}\theta}{r^2} = 2\pi\sin\theta\mathrm{d}\theta \qquad (1.4.8)$$

由式(1.4.7)和式(1.4.8),可以得到原子环形面积为

$$\mathrm{d}\sigma = \frac{a^2}{16}\,\frac{\mathrm{d}\Omega}{\sin^4\dfrac{\theta}{2}} = \left(\frac{1}{4\pi\varepsilon_0}\,\frac{Z_1 Z_2 e^2}{4E}\right)^2 \frac{\mathrm{d}\Omega}{\sin^4\dfrac{\theta}{2}} \tag{1.4.9}$$

式中,$\mathrm{d}\sigma$ 为金属薄膜中一个原子的有效散射截面,由于它以微分形式表示出来,也称它为微分截面,它表示 α 粒子散射到 θ 方向每个原子的有效散射截面。$\mathrm{d}\sigma$ 的量纲为面积量纲,通常以靶恩(b)为单位,$1\ \mathrm{b}=10^{-24}\ \mathrm{cm}^2=10^{-28}\ \mathrm{m}^2$。当一束 α 粒子打在金箔薄膜上,设靶的厚度为 t,面积为 A,金属薄膜中单位体积中的原子数为 N,考虑到金属薄膜很薄,金属薄膜中的原子对射来的 α 粒子可保证互相不遮蔽,如图 1.4.4 所示,对于瞄准距离为 b(对应散射角为 θ)的所有原子的有效散射面积为

$$\mathrm{d}S = NSt \cdot \mathrm{d}\sigma$$

当 α 粒子束流的面密度相同时,入射到有效面积被探测到的 α 粒子的概率(入射在有效截面以外的 α 粒子不会被探测器探测到)为

$$\frac{\mathrm{d}n}{n} = \frac{\mathrm{d}S}{S} = Nt \cdot \mathrm{d}\sigma = Nt\left(\frac{1}{4\pi\varepsilon_0}\,\frac{Z_1 Z_2 e^2}{4E}\right)^2 \frac{\mathrm{d}\Omega}{\sin^4\dfrac{\theta}{2}} \tag{1.4.10}$$

由 Coulomb 散射公式得到了可以和实验相比较的理论公式,已知入射 α 粒子的束流强度,由上式结果可以计算出探测器在 θ 散射角上探测到的 α 粒子数目,由此可以验证式(1.4.10)的正确性。定义如下截面:

$$\sigma_{\mathrm{C}}(\theta) \equiv \frac{\mathrm{d}n}{nNt \cdot \mathrm{d}\Omega} = \frac{\mathrm{d}\sigma}{\mathrm{d}\Omega} = \left(\frac{1}{4\pi\varepsilon_0}\,\frac{Z_1 Z_2 e^2}{4E}\right)^2 \frac{1}{\sin^4\dfrac{\theta}{2}} \tag{1.4.11}$$

这就是著名的 Rutherford 公式,σ_{C} 具有面积量纲,单位是米²/球面度(m²/sr),有时用靶/球面度(b/sr),它的物理意义为 α 粒子散射到 θ 方向单位立体角内每个原子的有效散射截面。

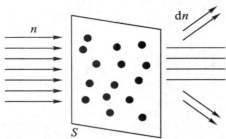

图 1.4.4 入射在有效散射截面内的 α 粒子才能被探测到

需要指出,上述推导假定原子核不动,考虑原子核反冲,上述公式在质心系中依然是成立的,式中的散射角 θ 和能量 E 都是质心系中的物理量,实际使用时(如 Rutherford 背散射技术)需要利用守恒关系 $\sigma_{\mathrm{C}}(\theta_{\mathrm{C}})\sin\theta_{\mathrm{C}}\mathrm{d}\theta_{\mathrm{C}} = \sigma_{\mathrm{L}}(\theta_{\mathrm{L}})\sin\theta_{\mathrm{L}}\mathrm{d}\theta_{\mathrm{L}}$ 将质心系中的 Rutherford 公式转换到实验室坐标系中来:

$$\sigma_{\mathrm{L}}(\theta_{\mathrm{L}}) = \left(\frac{1}{4\pi\varepsilon_0}\,\frac{Z_1 Z_2 e^2}{2E_{\mathrm{L}}\sin^2\theta_{\mathrm{L}}}\right)^2 \frac{\left[\cos\theta_{\mathrm{L}} + \sqrt{1-\left(\dfrac{m_1}{m_2}\sin\theta_{\mathrm{L}}\right)^2}\right]^2}{\sqrt{1-\left(\dfrac{m_1}{m_2}\sin\theta_{\mathrm{L}}\right)^2}}$$

式中，σ_L、θ_L、E_L（单位为 MeV）均为实验室系的值；Z_1、m_1、Z_2、m_2 分别为入射粒子、靶核的核电荷数和质量。α 粒子散射后的动能 E_L 由散射角 θ_L 和靶核质量 m_2 决定，有

$$E_L = \left[\frac{m_1\cos\theta_L + \sqrt{m_2^2 - m_1^2\sin^2\theta_L}}{m_1 + m_2}\right]^2 E_0$$

式中，E_0 为入射 α 粒子动能。固定一个散射角 θ_L，探测 α 粒子的动能 E_L 就可以检测靶核种类 m_2。

由上述公式可以看出实验室系中的有效散射截面与质心系中的差别与 m_1/m_2 有关，当 m_1/m_2 很小时，实验室系中的截面表达式回归到质心。例如，α 粒子轰击金箔的实验 $m_1/m_2 \sim 0.005$，质心系中的结果和实验室系的结果几乎一样。

由 Rutherford 公式（1.4.11）也可以看出当 $\theta \to 0$ 时 $\sigma \to \infty$，这个结果物理上不能接受。出现这种情况是因为散射角很小时，瞄准距离也很大，这时核外电子的作用不可忽略，这与我们开始推导 Rutherford 公式的前提（忽略了电子的作用）相矛盾，也就是说考虑电子作用后，Rutherford 公式就不再正确了。作个极端的推测，散射趋于 0 时，瞄准距离很大，当 α 粒子跑到原子之外时，原子呈电中性，这时连 Coulomb 作用也没有了。

例 1.1　束流强度 10 nA，能量为 $E_p = 2$ MeV 的质子束入射到金箔上，$\rho t = 1.0$ mg/cm^2，$A = 197$，探测器直径为 4.0 mm，距离散射点 10 cm，求 10 min 内探测器在 160° 散射角处探测到的质子数，如图 1.4.5 所示。

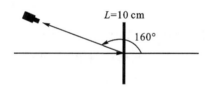

图 1.4.5　例 1.1 图

解
$$dn = nNt\,d\sigma = nNt\,\frac{d\sigma}{d\Omega}\Delta\Omega$$

而

$$\Delta\Omega = \frac{\pi\left(\frac{d}{2}\right)^2}{L^2} = 1.26\times10^{-3}\ \text{sr}$$

$$n = \frac{Q}{e} = \frac{10\times10^{-9}}{1.6\times10^{-19}}\ \text{个/s} = 6.25\times10^{10}\ \text{个/s}$$

$$Nt = \rho t\,\frac{N_A}{A} = \frac{6.02\times10^{23}\times10^{-3}}{197}\ \text{个/cm}^2 = 3.06\times10^8\ \text{个/cm}^2$$

$$\left.\frac{d\sigma}{d\Omega}\right|_{\theta=160°} = \frac{a^2}{16\sin^4(160°/2)} = \frac{(79\times1.44\times10^{-13}/2)^2}{16\sin^4(160°/2)} = 2.15\times10^{-24}\ \text{cm}^2$$

每秒探测到质子 $dn = 518$ 个，10 min 探测到的质子数为
$$dn' = 518\times10\times60\ \text{个} = 3.1\times10^5\ \text{个}$$

例 1.2　被电势差 $U = 4.0$ MV 加速的 α 粒子束垂直入射到质量厚度为 $\rho t = 2.0$ mg/cm^2 的金箔上，有 0.45% 的 α 粒子散射角为 $10° < \theta < 30°$。求阿伏加德罗常数 N_A。

解
$$Nt = \frac{\rho N_A}{A} t = 1.015 \times 10^{-5} N_A$$

$$\frac{\mathrm{d}n}{n} = Nt\,\mathrm{d}\sigma = Nt\,\frac{\pi a^2}{4}\,\frac{\cos(\theta/2)}{\sin^3(\theta/2)}\mathrm{d}\theta$$

$$\Rightarrow \int \frac{\mathrm{d}n}{n} = Nt\,\frac{\pi a^2}{4}\int_{\theta_1}^{\theta_2}\frac{\cos(\theta/2)}{\sin^3(\theta/2)}\mathrm{d}\theta$$

$$= Nt\,\pi\,\frac{a^2}{4}\left(\cot^2\frac{\theta_1}{2} - \cot^2\frac{\theta_2}{2}\right)$$

$$= 116.7 \times Nt \times \pi\,\frac{a^2}{4}$$

由 $a_a = 28.44$ fm 求得 $N_A = 6.0 \times 10^{23}$。

本题也可借助 Coulomb 碰撞参数来求:

$$\frac{\mathrm{d}n}{n} = Nt\,\pi[b^2(\theta_1) - b^2(\theta_2)]$$

式中,$b = \frac{a}{2}\cot\left(\frac{\theta}{2}\right)$ 为 Coulomb 散射公式。二者结果一致,读者试证之。

1.4.3　Rutherford 理论的实验验证

1. Rutherford 理论的实验验证

Rutherford 核式原子模型结构揭示了原子有一个核的存在,这个原子核集中了原子所有的正电荷和几乎所有的原子质量。基于此模型的 Rutherford 散射公式(1.4.11)可以和实验结果相比较。结合式(1.4.10)和式(1.4.11)得

$$\frac{\mathrm{d}n}{\mathrm{d}\Omega}\sin^4\frac{\theta}{2} = Nnt\left(\frac{1}{4\pi\varepsilon_0}\,\frac{Z_1 Z_2 e^2}{4E}\right)^2 = Nnt\left(\frac{1}{4\pi\varepsilon_0}\,\frac{Ze^2}{2E}\right)^2 \qquad (1.4.12)$$

当入射的 α 粒子束流强度一定时,上式右端就是一常量。Rutherford 散射公式的一个最主要的推论有以下四点:

(1)$\frac{\mathrm{d}n}{\mathrm{d}\Omega}\sin^4\frac{\theta}{2}$ 为常量,其中 $\frac{\mathrm{d}n}{\mathrm{d}\Omega}$ 表示单位立体角探测到的 α 粒子数。实验探测时并不是全部的空心立体角,而是探测器荧光屏在空心立体角内所张的一个小的立体角 $\mathrm{d}\Omega'$,当散射角 θ 一定时,$\frac{\mathrm{d}n'}{\mathrm{d}\Omega'} = \frac{\mathrm{d}n}{\mathrm{d}\Omega}$。

(2)用同一 α 粒子源和同一种材料的散射物,在同一 θ 散射角 $\frac{\mathrm{d}n'}{\mathrm{d}\Omega'}$ 与散射物厚度 t 成正比。

(3)同一散射物,同一 θ 散射角,$\frac{\mathrm{d}n'}{\mathrm{d}\Omega'}E^2$ 为一常量。

(4)同一 α 粒子源,同一散射角,同一 Nt 值,$\frac{\mathrm{d}n'}{\mathrm{d}\Omega'} \sim Z^2$。

α 粒子在不同角被金箔散射时的数据如表 1.4.1 所示。由于不同散射角 $\mathrm{d}\Omega'$ 也是一常量,因此检验 $\mathrm{d}n'\sin^4\frac{\theta}{2}$ 即可。由数据看到散射角范围为 $45° \sim 150°$,理论与实验符合得很好;而小

于 45°时,由于 Rutherford 散射的条件得不到满足,因而与实验有较大的差别。

表 1.4.1　α 粒子不同角上被金箔散射

$\theta/(°)$	dn'	$dn'\sin^4\dfrac{\theta}{2}$
150	33.1	28.8
135	43.0	31.2
120	51.9	29.0
105	69.5	27.5
75	211	29.1
60	477	29.8
45	1 435	30.8
37.5	3 300	35.3
30	7 800	35.0
22.5	27 300	39.6
15	132 000	38.4

散射粒子数与散射物厚度 t 成比例的关系。曾对金、银、铜、铝等金属进行测量,观察到在一定散射角上一定时间内的散射粒子数 dn' 确与金属箔的厚度成正比。至于第三项预测和实验比较即 $dn'v^4$,Geiger 和 Marsden 也进行了实验,他们把镭(B+C)α 粒子通过不同厚度的云母片得到不同的速度,再把 α 粒子分别在同一金属箔(金或银)上散射并在同一角度上观察,获得结果如表 1.4.2 所示。理论和实验结果符合得很好。

表 1.4.2　α 粒子散射与其初速的关系

v^{-4} 的相对值	闪烁数 dn'	$(dn')v^4$
1.0	24.7	25
1.21	29.0	24
1.50	33.4	22
1.91	44	23
2.84	81	28
4.32	101	23
9.22	255	28

第四项预测 $dn'\sim Z^2$,Geiger 和 Marsden 用原有仪器未能准确测定 Z。1920 年Chadwick改装了仪器,才引用式(1.4.12)较准确地测定了原子序数 Z,他测得铜、银、铂的 Z 值(见表 1.4.3)与这些元素原子序数符合,由此证明了原子的电荷数就等于元素的原子序数。Rutherford 公式与实验结果的比较全部得到了较好的验证,从而确定了核式原子模型的正确性。

表 1.4.3   原子正电荷数测定

原子	铜	银	铂
原子序数	29	47	78
原子正电荷数测定值	29.3	46.3	77.4

例 1.3 用 10.0 MeV 的 α 粒子束在厚度为 t 的金箔上散射。金的密度 $\rho = 1.93 \times 10^4 \ \text{kg/m}^3$，$A = 197, Z = 79$。探测器计数每分钟有 100 个 α 粒子在 45°角散射。若：

(1)入射 α 粒子能量增到 20.0 MeV；

(2)改用 10.0 MeV 的质子束；

(3)探测器转到 135°处；

(4)金箔厚度增加为 $2t$。

求：每分钟散射粒子的计数。

解 单位立体角内的散射粒子数为

$$\frac{\mathrm{d}n}{\mathrm{d}\Omega} = nNt \left(\frac{1}{4\pi\varepsilon_0} \ \frac{Z_1 Z_2 e^2}{4E} \right)^2 \frac{1}{\sin^4 \dfrac{\theta}{2}}$$

(1) $\Delta N \propto E^{-2}$，$\Delta N' = \dfrac{2^{-2}}{1} \Delta N = 25$ 个/min

(2) $\Delta N \propto Z_1^2$，$\Delta N' = \dfrac{1}{2^2} \Delta N = 25$ 个/min

(3) $\Delta N \propto \sin^{-4} \dfrac{\theta}{2}$，$\Delta N' = \dfrac{\sin^{-4} 67.5°}{\sin^{-4} 22.5°} \Delta N = 2.9$ 个/min

(4) $\Delta N \propto t$，$\Delta N' = \dfrac{2}{1} \Delta N = 200$ 个/min

2. 原子核大小估计

Rutherford 理论与实验相符，确定了理论的正确性，也表明了 α 粒子仍然在原子核外受 Coulomb 力运动，因为如果 α 粒子跑到原子核内，其相互作用就不再是 Coulomb 力了。我们可以按理论来推断 α 粒子与原子核能够靠近的最小距离，这个距离就是原子核的上限。

设 α 粒子距离原子核很远时，速度为 v，动能为 $\frac{1}{2}mv^2$，α 粒子感受到原子核的 Coulomb 作用距离原子核最近时，速度为 v'，动能为 $\frac{1}{2}mv'^2$，由能量守恒、角动量守恒得

$$\begin{cases} E = \dfrac{1}{2}mv^2 = \dfrac{1}{2}mv'^2 + \dfrac{Z_1 Z_2 e^2}{4\pi\varepsilon_0 r_{\mathrm{m}}} \\ mvb = L(常量) \end{cases}$$

α 粒子最靠近原子核时，只有切向速度 v'，于是有 $L = mvb = mr_{\mathrm{m}}v'$，综合以上我们得到 α 粒子能够到达原子核的最小距离为

$$r_{\mathrm{m}} = \frac{1}{4\pi\varepsilon_0} \ \frac{Z_1 Z_2 e^2}{2E} \left(1 + \frac{1}{\sin \dfrac{\theta}{2}} \right) = \frac{a}{2} \left(1 + \csc \frac{\theta}{2} \right) \tag{1.4.13}$$

当 $\theta=180°$ 时，$r_m=a$，参数 a 表示 α 粒子与原子核对心碰撞时所能到达原子核的最小距离，利用能量守恒可以很简便地导出 180° 时 α 粒子到达原子核的最小距离，如图 1.4.5 所示。

α 粒子由无限远处正碰原子核，最小距离时，α 粒子速度为零，由能量守恒得

$$E = \frac{1}{2}mv^2 = \frac{Z_1 Z_2 e^2}{4\pi\varepsilon_0 r_m} \Rightarrow r_m = \frac{Z_1 Z_2 e^2}{4\pi\varepsilon_0 E} \equiv a$$

式(1.4.13)对所有散射角 θ 都成立，参数 a 为 r_m 的最小值。用 r_m 或者 a 来估算原子核半径的上限，Rutherford 观察镭 C′ 的 α 粒子在金箔上的散射，在散射角 150° 时，Rutherford 散射公式有效，镭 C′ 的 α 粒子的速度为 $0.064c(7.6\text{ MeV})$，金的原子序数为 79，得 $r_m=30\text{ fm}$，同样铜原子核 $r_m=11\text{ fm}$，银原子核 $r_m=18\text{ fm}$。从其他实验测得的原子核的数量级范围为 $10^{-15} \sim 10^{-14}\text{ m}$，与 α 粒子散射实验测定的结果相符合，原子的半径为 10^{-10} m，可见原子核在原子中是非常小的。

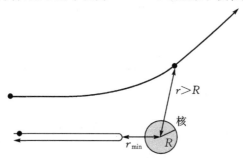

图 1.4.6　α 粒子与原子核能够靠近的最小距离

1.4.4　Rutherford 核式原子模型的意义和困难

1. 意义

（1）Rutherford 理论最重要的是提出了原子的"核式结构"，即以核为中心的概念，从而将原子分为核内与核外两部分，通过实验解决了原子中正、负电荷的分布问题，使人们认识到原子中的正电荷集中在核上，且认识到高密度的原子核的存在，Rutherford 也被认为是"原子核之父"。

（2）Rutherford 散射为人类开辟了一条研究微观粒子结构的新途径。以散射为手段来探测，获得微观粒子内部信息的方法，为近代物理实验奠定了基础，对近代物理有着巨大的影响。

（3）Rutherford 散射为材料分析提供了一种手段，Rutherford 谱仪已成为商品。理论依据是在固定散射角下通过测量散射粒子的能量，可以确定靶原子的质量，进而能够分析出靶物质的成分。一般散射角选择大于 90°，称为 Rutherford 背散射。

2. 困难

Rutherford 核式原子模型将原子分为原子核和核外电子，从导出 Rutherford 散射公式时可以看到，核式原子模型几乎没有考虑到核外电子的作用，也就是说 Rutherford 理论只是简单假设核外有电子的存在，但核外电子如何运动，Rutherford 理论没有涉及。既然理论肯定了电子绕核运动，这立即引出了一个经典物理无法解决的矛盾，原子不稳定，很快会坍塌。因为绕核运动的电子一定做加速运动，依据 Maxwell 电磁理论，加速运动的电子会辐射出电磁波，电磁波携带能量导致核外电子的能量不断减少，以至于电子的轨道半径不断减小，于是电子便向着原子核做螺旋形运动，在非常短的时间内（小于 10^{-9} s）使得正电、负电中和，原子坍塌。现实世界没有人看到原子坍塌，这点 Rutherford 核式原子模型无法解释。核外电子的运动规

律将在下一章详细讨论。

下面我们定量估计电子落入原子核的时间。以氢原子为例,电子绕原子核做圆周运动,设电子初始半径为 10^{-10} m,由经典电磁理论,加速度为 a 的带电粒子辐射功率为

$$P = \frac{1}{4\pi\varepsilon_0} \frac{2}{3} \frac{e^2 a^2}{c^3}$$

其中,a 为加速度,有

$$a = \frac{v^2}{r} = \frac{1}{4\pi\varepsilon_0} \frac{e^2}{mr^2}$$

于是可得辐射功率为

$$P = \frac{e^6}{96\pi^3 \varepsilon_0^3 c^3 m^2 r^4}$$

原子体系的能量为

$$E = \frac{1}{2}mv^2 - \frac{1}{4\pi\varepsilon_0} \frac{e^2}{r} = -\frac{1}{8\pi\varepsilon_0} \frac{e^2}{r}$$

上式两边对时间微分得

$$-P = \frac{\mathrm{d}E}{\mathrm{d}t} = \frac{1}{8\pi\varepsilon_0} \frac{e^2}{r^2} \frac{\mathrm{d}r}{\mathrm{d}t}$$

即

$$\frac{\mathrm{d}r}{\mathrm{d}t} = -\frac{e^4}{12\pi^2 \varepsilon_0^2 c^3 m^2 r^2}$$

解此微分方程得电子落入核的时间为

$$t = -\frac{12\pi^2 \varepsilon_0^2 c^3 m^2}{e^4} \int_{r_0}^{0} r^2 \mathrm{d}r \sim 10^{-10} \text{ s}$$

附录 A   原子物理中常用单位和常数

本书采用国际单位制 SI,但原子和原子核层次的单位有比 SI 制更为方便和更为习惯的选择。为了便于读者阅读,我们列举出原子物理中常用的单位和一些组合常数。

原子物理中,长度多用纳米 nm、埃 Å、飞米 fm[①] 作单位,它们和米 m 之间的关系如下:

$$1 \text{ nm} = 10^{-9}\text{m}, 1 \text{ Å} = 10^{-10} \text{ m}, 1 \text{ fm} = 10^{-15} \text{ m}$$

能量多用电子伏 eV、千电子伏 keV、兆电子伏 MeV、吉电子伏 GeV,相互转换关系如下:

$$1 \text{ eV} = 1.602\ 176\ 620\ 8(98) \times 10^{-19} \text{ J}$$

$$1 \text{ keV} = 10^3 \text{ eV}, 1 \text{ MeV} = 10^6 \text{ eV}, 1 \text{ GeV} = 10^9 \text{ eV}$$

质量以原子质量单位 u 作单位:

$$1 \text{ u} = 1.660\ 539\ 040(20) \times 10^{-27} \text{ kg}$$

$$= 931.494\ 095\ 4(57) \text{ MeV}/c^2$$

电子质量和质子质量分别为

$$m_{\mathrm{e}} = 0.510\ 998\ 946\ 1(31) \text{ MeV}/c^2$$

---

①   有些书中写成费密(Fermi),1 Fermi=1 fm=10^{-15}m。根据最新国家标准,现已不推荐使用费密。

$$m_p = 938.272\ 081\ 3(58)\ \text{MeV}/c^2$$

两个基本的物理常数,光速 c 和 Planck 常数 h 分别为

$$c = 2.99\ 792\ 458 \times 10^8\ \text{m/s}$$

$$h = 6.626\ 070\ 040(81) \times 10^{-34}\ \text{J} \cdot \text{s}$$

它们的乘积

$$hc = 1239.841\ 973\ 9(75)\ \text{eV} \cdot \text{nm}$$

$$\hbar c = hc/2\pi = 197.326\ 978\ 8(12)\ \text{eV} \cdot \text{nm}$$

Boltzmann 常数为

$$k_B = 1.380\ 648\ 52(79) \times 10^{-23}\ \text{J/K}$$

$$= 8.617\ 330\ 33(49) \times 10^{-5}\ \text{eV/K}$$

$$\Rightarrow 1\ \text{eV} \sim 11\ 605\ \text{K}$$

Coulomb 因子的组合常数

$$\frac{e^2}{4\pi\varepsilon_0} = 1.439\ 964\ 5(88)\ \text{eV} \cdot \text{nm} = 1.439\ 964\ 5(88)\ \text{MeV} \cdot \text{fm}$$

问题

1. 动能为 5.0 MeV 的 α 粒子垂直入射到厚度为 0.1 μm、质量密度为 1.93×10^4 kg/m³ 的金箔上,求散射角大于 90° 的粒子数占入射粒子的百分比。

2. 能量为 7.7 MeV 的 α 粒子被厚度为 0.3 μm 的金的薄膜散射,求散射角大于 45° 的 α 粒子占入射 α 粒子的百分比。已知金的密度为 1.93×10^4 kg/m³,原子序数为 79,原子质量为 197 u。

3. 能量为 1.0 MeV 的窄质子束垂直地入射到质量厚度为 1.5 mg/cm² 的金箔上,若金箔中含有 30% 的银,求散射角大于 30° 的质子占总质子数的百分比。

4. 动能为 1.0 MeV 的窄质子束垂直入射到质量厚度(ρt)为 1.5 mg/cm² 的金箔上,计数器记录以 60° 角散射的质子,计数器圆形输入孔的面积为 1.5 cm²,离金箔散射区的距离为 10 cm,输入孔对着且垂直射到它上面的质子,求散射到计数器输入孔的质子数与入射到金箔的质子数之比。

5. α 粒子被铝箔在某方向和立体角内每秒散射 10^3 个,若将铝箔换成同样形状的金箔,则在同一方向和立体角每秒会散射多少 α 粒子?

6. 5.0 MeV 的 α 粒子靠近金原子核时,碰撞参数为 2.6×10^{-13} m,求 α 粒子的散射角。

7. 4.5 MeV 的 α 粒子与金原子核对心碰撞时的最小距离是多少?

8. 8.3 MeV 的 α 粒子束垂直地入射铝的薄膜,发现散射角超过 60° 时 Rutherford 散射公式不适用。忽略 α 粒子的半径,估计铝原子核的半径。

9. 求 10 MeV 和 80 MeV 的质子和金原子核对头碰的最近距离。比较最近距离和原子核半径的大小,哪种情况下质子已接触到原子核?

10. 1913 年 Geiger 和 Marsden 测量 α 粒子轰击金箔或银箔的实验中记录到每分钟散射到 θ 方向的 α 粒子的计数如下。

散射角 $\theta/(°)$	45	75	135
金箔的计数	1435	211	43
银箔的计数	989	136	27.4

金箔厚度为 1.86 μm,银箔厚度为 2.82 μm,密度分别为 1.93×10^4 kg/m^3 和 1.05×10^4 kg/m^3,比较每一散射角处的实际计数比值和 Rutherford 公式的比值,哪个散射角的比值和理论值更符合,原因是什么?

11. 在狭义相对论中光子的质量可视为 $m = E/c^2$,光线经过太阳时受到太阳的万有引力发生偏转,仿照 Coulomb 散射公式的推导方法求出光线经过太阳边缘时的偏转角度。已知太阳的质量和半径分别为 2.0×10^{30} kg 和 7.0×10^8 m。

人物简介

Julius Plücker(普吕克,1801-06-16—1868-05-22),德国数学家,物理学家。他在 1858 年研究了磁场对稀薄气体中放电现象的作用,发现了气体放电引起真空管玻璃壁荧光发光(这个光会被加在真空管的电磁场漂移),预见了 Bunsen、Kirchhoff 光谱线是由化学物质发出的特征谱线。1865 年他发明了线性几何,学生有 Klein、Beer 等。1866 年获 Copley 奖。

William Crookes(克鲁克斯,1832-06-17—1919-04-04),英国化学家,物理学家。他在 1861 年借助于 Bunsen、Kirchhoff 发明的光谱分析发现了元素铊(Tl),1863 年被选为英国皇家学会会员。他研究了阴极射线的性质,发现其直线传播,撞击物体时发出磷光并发热,错误地认为阴极射线就是普通分子流。他关于阴极射线的研究导致 Thomson 发现了电子。他还从事放射性研究,发现放射性物质打在 ZnS 上会发光。1888 年获 Davy 奖,1904 年获 Copley 奖。

Philipp Lenard(莱纳德,1862-06-07—1947-05-20),德国物理学家。他发明了"Lenard 窗",发现了阴极射线吸收率正比于辐射物质质量,证明了光电效应发射电子的速度与光的强度无关,而是依赖于光的频率,为 Einstein 光电效应定律创立了实验基础。他还证实了原子作用中心在核上,核的线度比原子的线度小很多,解释了磷光机制,证明了电子要有确定最小能量才能电离原子,引入了"电子伏"

(eV)作为测量单位。1905年获诺贝尔物理学奖。

Joseph John Thomson(汤姆孙,1856-12-18—1940-08-30),英国物理学家。1897年他在研究阴极射线性质时发现阴极射线就是电子束,是构成原子的一种粒子。1906年他证明了每个氢原子只有一个电子。1913年他发明了质谱仪,发现了氖的同位素。学生有Barkla、Wilson、Aston、Oppenheimer、Richardson、Bragg、Born、Langevin等。1906年获诺贝尔物理学奖。

Heinrich Rudolf Hertz(赫兹,1857-02-22—1894-01-01),德国物理学家。1888年他发现了Maxwell预言的电磁波,证明了紫外光对放电现象的影响,导致Hallwachs发现了光电效应。1892年他观察到了阴极射线透过薄金属板,引导Lenard发明了"Lenard窗"。1890年获Rumford奖。

Robert Andrews Millikan(密立根,1868-03-22—1953-12-19),美国物理学家。1909—1913年他采用"油滴实验"精确地测定了电子电荷。1916年他研究了光电效应,由Einstein光电效应方程精确地测定了Planck常数。1921—1945年他在加州理工学院从事宇宙射线研究。学生有Pickering、赵忠尧等。1923年获诺贝尔物理学奖。

Ernest Rutherford(卢瑟福,1871-08-30—1937-10-19),英国物理学家、化学家。1899年他为了描述钍(Th)和铀(U)不同穿透能力的放射性,提出了α衰变和β衰变的概念;1903年为γ射线命名;1907年证实了α射线就是氦的原子核;1911年在α粒子散射实验的基础上提出了核式原子模型;1919年完成了人类第一次核反应,用α粒子轰击氮原子使之嬗变成氧原子;1921年预言了原子核里中子的存在。学生有Appleton、Walton、Powell、Blackett、Bohr、Hahn、Kapitsa、Cockcroft、Chadwick、Soddy等。1908年获诺贝尔化学奖。

第 2 章　Bohr 氢原子理论

　　Rutherford 由 α 粒子散射实验提出了原子核式模型,该模型肯定了原子中有一个带有所有正电荷几乎且集中了原子所有质量的原子核的存在,电子在核外运动,原子核式模型没有提供任何核外电子的运动规律。核与电子之间有 Coulomb 作用,如果把电子绕核运动类比成行星绕太阳运动(1/r^2 的万有引力),那么电子会发出电磁波并很快坍塌到核里面。Bohr 综合了量子论和 Rutherford 原子核式模型提出的原子理论很好地解释了核外电子的运动规律。

　　为了深入地理解 Bohr 的原子理论,本章首先较详细地介绍 Planck 量子论的来龙去脉,引入能量量子化的观念,介绍 Einstein 为解释光电效应规律提出的光量子理论。而后讲述氢原子光谱的实验规律和描述光谱的 Rydberg 公式,详细介绍 Bohr 氢原子理论及其应用如类氢离子光谱。接下来介绍 Bohr 理论最直接的实证实验 Franck-Hertz 实验,即用电子轰击原子观测到原子定态的存在。最后介绍 Bohr 理论的 Sommerfeld 推广,将 Bohr 圆轨道推广到椭圆轨道,非相对论情形推广到相对论情形,还要介绍 Bohr 对应原理的思想,看 Bohr 如何借助于对应原理得到他的氢原子理论。

2.1　Planck 量子论

2.1.1　热辐射

　　具有一定温度的所有物体,都向周围空间发射电磁波,而辐射的频率覆盖从无线电波到 X 射线的各个频段,这种由温度决定的辐射称为热辐射。物体这种无时不在无处不在的热辐射是热力学原理的一种表现。热力学原理告诉我们,热量只能从高温物体自动地向低温物体流动,热辐射是热量传递的一种方式。由于物体总与其他物体有热交换,因此物体与物体之间总存在一定的热辐射。非平衡状态下,温度高的物体失掉的热量多于温度低的物体得到的热量,温度低的物体正好相反,这样物体与物体之间才能到达热平衡。显然,热平衡时物体辐射的电磁波和吸收电磁波的量相等,物体的温度也不再变化。物体的热辐射并不神秘,我们日常生活中处处都能看到。例如,白炽灯的钨丝,不通电时显示黑色,通电时随着通过钨丝电流的增大,钨丝的温度由常温 20℃逐渐升高至 2500℃,钨丝由暗红到红色、橘黄,最后发出刺眼的白光。事实上,这是物体热辐射的一个规律,即随着物体温度的升高,物体单位时间内向外发射的辐射能也增大,当然温度恒定时,物体在辐射电磁波时也在等量地吸收着电磁波,以达到热辐射的平衡。物体温度低时也向外辐射电磁波,辐射能量很小的红外线,军事上用的红外夜视仪就是基于这个事实。总结一下热辐射的特点:辐射的电磁波连续;频谱分布随温度变化而变化;温度越高,辐射能力越强;平衡时,辐射本领越大,吸收本领也越大。

为了定量地描述辐射场和它与物体之间的各种能量转移,我们需要引入几个物理量。

(1)辐射场能量密度 $\rho(T)$,表示温度为 T 的辐射场单位体积的辐射能量,单位为 $\mathrm{J/m^3}$,它与谱能量密度 $\rho(\nu,T)$[单位为 $\mathrm{J/(m^3 \cdot Hz)}$]之间的关系为

$$\rho(T) = \int_0^\infty \rho(\nu,T)\mathrm{d}\nu \tag{2.1.1}$$

(2)辐照度 E,表示单位时间内照射在物体单位表面积的辐射能量,单位为 $\mathrm{W/m^2}$。E 与其谱辐照度 $E(\nu,T)$[单位为 $\mathrm{W/(m^2 \cdot Hz)}$]之间的关系为

$$E(T) = \int_0^\infty E(\nu,T)\mathrm{d}\nu \tag{2.1.2}$$

(3)辐射本领 $R(T)$(辐射出射度),表示温度为 T 的辐射体,从单位表面积在单位时间向外发出的辐射能量。辐射本领 $R(T)$ 和单色辐出度 $R(\nu,T)$[单位为 $\mathrm{W/(m^2 \cdot Hz)}$]之间的关系为

$$R(T) = \int_0^\infty R(\nu,T)\mathrm{d}\nu = \int_0^\infty R(\lambda,T)\mathrm{d}\lambda \tag{2.1.3}$$

将关系式 $c=\lambda\nu$ 微分,得 $\mathrm{d}\nu = -\dfrac{c}{\lambda^2}\mathrm{d}\lambda$,代入上式得到

$$R(\lambda,T) = \frac{c}{\lambda^2}R(\nu,T)$$

(4)吸收本领 $\alpha(\nu,T)$ 指在频率 ν 附近,在单位时间单位频率间隔内被物体吸收的辐射能量与照射在该物体上的辐射能量之比,是频率 ν 和温度 T 的函数,无量纲的量。显然

$$0 \leqslant \alpha(\nu,T) \leqslant 1$$

寻找谱辐照度和谱能量密度的关系,如图 2.1.1 所示。设均匀的各向同性的辐射场的谱辐照度为 $E(\nu,T)$,谱能量密度为 $\rho(\nu,T)$,则单位立体角内的谱能量密度为 $\rho(\nu,T)/(4\pi)$,面积 $\mathrm{d}S$、时间 $\mathrm{d}t$ 内的辐射能量为

$$E(\nu,T)\mathrm{d}\nu \cdot \mathrm{d}t \cdot \mathrm{d}S = \int \frac{\rho(\nu,T)}{4\pi}\mathrm{d}\Omega\mathrm{d}\nu \cdot c\mathrm{d}t\cos\theta \cdot \mathrm{d}S = \int \frac{c\rho(\nu,T)}{4\pi}\sin\theta\cos\theta\mathrm{d}\theta\mathrm{d}\varphi\mathrm{d}\nu \cdot \mathrm{d}t \cdot \mathrm{d}S$$

$$= \frac{c\rho(\nu,T)}{4\pi}\mathrm{d}\nu \cdot \mathrm{d}t \cdot \mathrm{d}S \int_0^{\pi/2}\sin\theta\cos\theta\mathrm{d}\theta \int_0^{2\pi}\mathrm{d}\varphi = \frac{c\rho(\nu,T)}{4}\mathrm{d}\nu \cdot \mathrm{d}t \cdot \mathrm{d}S$$

式中,c 为光速,于是得到

$$E(\nu,T) = \frac{c\rho(\nu,T)}{4} \tag{2.1.4}$$

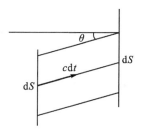

图 2.1.1　辐照度和能量密度

2.1.2　Kirchhoff 定律

1859 年 Kirchhoff 总结出了一个普遍的规律,即任何物体在同一温度 T 下单色辐出度

$R(\nu, T)$ 和吸收本领 $\alpha(\nu, T)$ 成正比,这个比值只和频率 ν、温度 T 有关,与物质本身性质无关,是个普适函数,于是有

$$\frac{R(\nu, T)}{\alpha(\nu, T)} = F(\nu, T) \tag{2.1.5}$$

一个显然的推论是,某温度下物体吸收某一频率范围内的热辐射本领越大,同一温度下发射这一频率范围的热辐射本领也越大。

　　Kirchhoff 定律可通过如图 2.1.2 所示的理想实验从热力学原理导出。设想在器壁为理想反射体密封容器的 C 内放置若干物体 $A_1, A_2, \cdots, A_n$,将容器内部抽成真空,从而各物体间只能通过热辐射交换能量。物体 $A_1, A_2, \cdots, A_n$ 和辐射场组成一个体系,由热力学原理,这个体系总能量守恒,且经过内部热交换,最后各物体一定趋于同一温度 T,达到热力学平衡态。平衡态下辐射场均匀、恒定、各向同性,显然其能谱密度 $\rho(\nu, T)$ 在各处具有相同的函数形式和数值,由 ν、T 唯一地决定,不可能因与之平衡的物质材料而异,否则辐射场不可能与不同质料的物体共处于热平衡状态。$\rho(\nu, T)$ 是一个与物质无关的普适函数。

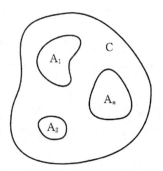

图 2.1.2　Kirchhoff 定律推导

　　物体与辐射场之间的能量交换,平衡态下从每个物体单位面积发出的能量 $R(\nu, T)$ 和吸收的能量 $\alpha(\nu, T)E(\nu, T)$ 相等,即

$$\begin{cases} R_1(\nu, T) = \alpha_1(\nu, T)E_1(\nu, T) \\ R_2(\nu, T) = \alpha_2(\nu, T)E_2(\nu, T) \\ \vdots \\ R_n(\nu, T) = \alpha_1(\nu, T)E_n(\nu, T) \end{cases} \tag{2.1.6}$$

注意到式(2.1.4),有

$$E_1(\nu, T) = E_2(\nu, T) = \cdots = \frac{c}{4}\rho(\nu, T)$$

结合式(2.1.6)就有了 Kirchhoff 定律

$$\frac{R_1(\nu, T)}{\alpha_1(\nu, T)} = \frac{R_2(\nu, T)}{\alpha_2(\nu, T)} = \cdots = \frac{c}{4}\rho(\nu, T) \equiv F(\nu, T) \tag{2.1.7}$$

由上式得到 Kirchhoff 定律式(2.1.5)的普适常数 $F(\nu, T)$ 为

$$F(\nu, T) = \frac{c}{4}\rho(\nu, T)$$

2.1.3　黑体辐射

什么是黑体？颜色是黑色的物体，如烟煤，也只能达到理想黑体的 99%。理想黑体是一类什么物质呢？可以这样给它下一个定义：所谓理想黑体，简称黑体，就是对任何光都吸收而无反射也无透射的物体。理想黑体是不存在的，就像质点、刚体、电偶极子等物理概念一样，是一个理想化的物理模型。物理上可以用如图 2.1.3 所示的装置来模拟黑体。

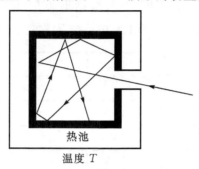

热池

温度 T

图 2.1.3　绝对黑体的模拟

耐火材料做成的物体内部挖空一部分区域，并且在物体一个面开一个非常小的小孔，一旦光线射进小孔后，在空腔内壁经过多次吸收和反射，几乎完全被吸收掉，再跑出小孔的概率很小，因此可以把空腔的这个小孔视为黑体的表面。黑体能吸收掉所有频率的电磁波而不反射，那么它的吸收本领 $\alpha(\nu)=1$。任何一个物体，当它的温度恒定时，它辐射的电磁波和吸收的电磁波达到平衡，由于黑体吸收本领最强，因此对于同一温度的物体，黑体的辐射本领也是最大的。从小孔逸出的辐射称为黑体辐射。黑体辐射的研究对于热辐射的规律具有普适的意义，这点可以从 Kirchhoff 定律看出来。由 Kirchhoff 定律有

$$\frac{R(\nu,T)}{\alpha(\nu,T)} = \frac{c}{4}\rho(\nu,T) \equiv F(\nu,T)$$

对黑体而言有 $\alpha(\nu,T)=1$，由此得到黑体的单色辐出度为

$$R_0(\nu,T) = \frac{c}{4}\rho_0(\nu,T) \equiv F(\nu,T) \tag{2.1.8}$$

其中，$\rho_0(\nu,T)$ 为空腔内电磁波的谱能量密度。式(2.1.8)意味着黑体的单色辐出度 $R_0(\nu,T)$ 等于 Kirchhoff 定律里面的普适常量，因此研究黑体辐射的物理价值是不言而喻的。

19 世纪末，物理学家 Rubens、Pringsheim、Lummer 等已对黑体辐射作出了相当精确的测定，图 2.1.4 是黑体辐射的实验装置。空腔辐射器用耐火材料做成，用电炉加热到各种温度，由小孔发出的辐射经分光系统按频率或波长分开，用涂黑的热电偶探测各频段辐射能的强度，并记录下来。由于测量黑体辐射时都用空腔辐射器，因而黑体辐射又称为空腔辐射。事实上，设光栅常数为 d、透镜焦距为 f、热电偶口径为 Δx、热电偶面积为 ΔS、热电偶在 x 处(对应一级主极大波长 $\lambda=d\sin\varphi=xd/f$，波长间隔 $\Delta\lambda=d\Delta x/f$)测得功率为 ΔP，则在波长 λ 处的单色辐出度为

$$R(\lambda,T) = \frac{\Delta P}{\Delta S \cdot \Delta \lambda} = \frac{\Delta P \cdot f}{\Delta S \cdot \Delta x \cdot d}$$

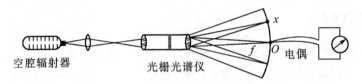

图 2.1.4 黑体辐射测量实验装置

图 2.1.5 是黑体辐射的实验结果。从实验结果来看,有两个实验定律,它们是 Stefan-Boltzmann 定律和 Wien 位移定律。图 2.1.5 中虚线反映的是 Wien 位移定律。

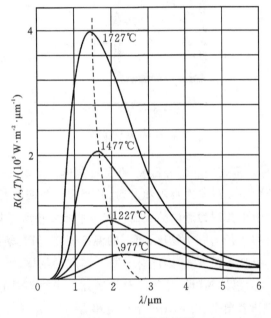

图 2.1.5 黑体辐射谱

1. Stefan-Boltzmann 定律

1879 年 Stefan 发现,1884 年由 Boltzmann 从热力学上证明的黑体辐射本领为

$$R_0(T) = \int_0^\infty R_\lambda(T) \mathrm{d}\lambda = \sigma T^4 \tag{2.1.9}$$

其中,$\sigma = 5.670\ 367(13) \times 10^{-8}\ \mathrm{W/(m^2 \cdot K^4)}$,为 Stefan-Boltzmann 常数。

Boltzmann 的论证如下:

电磁学理论证明黑体辐射的电磁波辐射压强 $p = \dfrac{1}{3}\rho_0$,将辐射压代入热力学的内能方程有

$$\left(\frac{\partial U}{\partial V}\right)_T = T\left(\frac{\partial p}{\partial T}\right)_V - p$$

注意到 $\left(\dfrac{\partial U}{\partial V}\right)_T = \rho_0$,得

$$\rho_0 = \frac{1}{3}T\frac{\mathrm{d}\rho_0}{\mathrm{d}T} - \frac{1}{3}\rho_0$$

积分上式,得 $\rho_0 = \sigma' T^4$,即 $R_0(T) = \sigma T^4$。

2. Wien 位移定律

1893 年,Wien 注意到黑体辐射谱峰值波长 λ_m 和温度 T 之间的关系,发现二者的乘积位移为常量,即 Wien 位移定律:

$$\lambda_m T = b = 2.897\ 772\ 9(17) \times 10^{-3}\ \mathrm{m \cdot K} \tag{2.1.10}$$

由于黑体辐射谱单色辐出度仅与 λ、T 有关,与腔的大小、形状和腔壁无关,这意味着 Wien 位移定律的常数 b 为一普适常数。借助于 Wien 位移定律可以方便地估算出高温物体的温度,因为高温不容易直接测量,但只要从它发出的谱线峰值波长就能估计出物体的温度了。太阳光谱的峰值波长为 $0.47\ \mu m$,因而太阳表面温度为 6166 K(太阳表面的实际温度为 5770 K)。

2.1.4　Planck 量子论概述

虽然从实验的黑体辐射谱曲线得到了两个经验定律,但鉴于黑体辐射对于研究物体热辐射的普适意义,人们还是很希望得到黑体辐射谱的解析公式的,这个困难的问题逐步得到解决。

1893 年,Wien 利用热力学和电磁学理论证明了黑体辐射中电磁波谱密度具有如下公式:

$$R_0(\lambda, T) = \frac{c^5}{\lambda^5} \varphi\left(\frac{c}{\lambda T}\right) \quad 或 \quad R_0(\nu, T) = c\nu^3 \varphi\left(\frac{\nu}{T}\right) \tag{2.1.11}$$

式中,c 为光速。上式的意义在于把两个独立变量 ν 和 T 的二元函数 $R_0(\nu, T)$ 归纳为一个已知的函数 ν^3 和一个宗量为 ν/T 的函数。在函数 $R_0(\nu, T)$ 中,将独立变量改为 $(\nu, \nu/T)$ 后,与 ν 的关系为 ν^3,这样就把一个寻找两个独立变量的函数 $R_0(\nu, T)$ 的问题归结为寻找函数 $\varphi(\nu/T)$ 了。

下面来简述 Wien 公式(2.1.11)的导出。Wien 假设辐射"气体"被封闭在完美的、可逆的、绝热膨胀的球壳内,如图 2.1.6 所示,设腔内辐射的能量密度为 $\rho_0(\nu)$,辐射压 $p = \frac{1}{3}\rho_0$,于是由热力学第一和第二定律,$T\mathrm{d}S = \mathrm{d}(\rho_0 V) + p\mathrm{d}V$ 化为

$$T\mathrm{d}S = \frac{4}{3}\rho_0 \mathrm{d}V + V\mathrm{d}\rho_0 \tag{2.1.12}$$

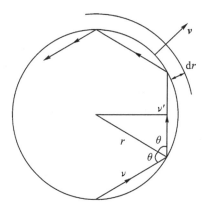

图 2.1.6　电磁波在绝热膨胀的球壳内反射时它的波长会变长

将 Stefan-Boltzmann 定律 $\rho_0 = \sigma' T^4$ 代入式(2.1.12)得

$$dS = \frac{4}{3}\sigma' T^3 dV + 4\sigma' T^2 V dT$$

此方程式的解为

$$S = \frac{4}{3}\sigma' T^3 V + 常数 \tag{2.1.13}$$

球壳做可逆的绝热膨胀,熵为一常数,即 $T^3 V = 常数$。又 $V = 4\pi r^3/3$,得到

$$T \propto r^{-1} \tag{2.1.14}$$

球壳沿半径方向可逆绝热膨胀的速度为 v,频率为 ν 的辐射从与半径夹角为 θ 方向射向球面,由纵向 Doppler 效应得反射后频率为

$$\nu' = \nu \left(\sqrt{\frac{c - v\cos\theta}{c + v\cos\theta}} \right)^2 \simeq \nu \left(1 - \frac{2v}{c}\cos\theta \right)$$

这样经过一次反射辐射的频率增量为

$$d\nu = \nu' - \nu = -\nu \frac{2v}{c}\cos\theta$$

相应地,波长增量为

$$\lambda = c/\nu \Rightarrow d\lambda = -\frac{c}{\nu^2}d\nu = \lambda \frac{2v}{c}\cos\theta, d\lambda \ll \lambda$$

如图 2.1.6 所示,在 dt 时间内辐射在球面反射的次数为 $\dfrac{dt}{2r\cos\theta/c}$,这样辐射波长的总增量为

$$d\lambda = \lambda \frac{2v}{c}\cos\theta \cdot \frac{dt}{2r\cos\theta/c} = \lambda \frac{v dt}{r} = \lambda \frac{dr}{r} \tag{2.1.15}$$

式(2.1.15)积分后得 $r \propto \lambda$,由式(2.1.14)得

$$T \propto \lambda^{-1} \tag{2.1.16}$$

式(2.1.16)是 Wien 位移定律的一般形式,由此可知,温度为 T_1 的黑体辐射谱线的某个波长 λ_1 对应于温度为 T_2 的谱线的波长 $\lambda_2 = \lambda_1 T_1/T_2$;更进一步,温度为 T_2 的黑体辐射谱线可以依据该定律由温度为 T_1 的谱线的移位而得到。特别地,将式(2.1.16)用于黑体辐射的峰值波长时得 $\lambda_{\max} \propto T^{-1}$,此即我们熟悉的 Wien 位移定律的形式。

波长间隔 $\lambda_1 \to \lambda_1 + d\lambda_1$ 内辐射的能量密度为 $\rho_0(\lambda_1)d\lambda_1$,由 Stefan-Boltzmann 定律得

$$\frac{\rho_0(\lambda_1)d\lambda_1}{\rho_0(\lambda_2)d\lambda_2} = \left(\frac{T_1}{T_2} \right)^4 \tag{2.1.17}$$

又 $\lambda_1 T_1 = \lambda_2 T_2$,得 $d\lambda_1 = (T_2/T_1)d\lambda_2$,代入式(2.1.17)得到 $\dfrac{\rho_0(\lambda_1)}{\rho_0(\lambda_2)} = \left(\dfrac{T_1}{T_2} \right)^5$。由式(2.1.16)得

$$\rho_0(\lambda)/T^5 = 常数 \Rightarrow \rho_0(\lambda)\lambda^5 = 常数 \tag{2.1.18}$$

同样由式(2.1.16),辐射的 λ 和 T 组合只能是 λT,且 λT 在球壳可逆绝热膨胀过程中是常数,这样式(2.1.18)的能量密度总可以由包含 λT 的函数构造出来,于是得到 $\rho_0(\lambda)\lambda^5 = \varphi(\lambda T)$,或者写为

$$\rho_0(\lambda, T) = \lambda^{-5}\varphi(\lambda T) \tag{2.1.19}$$

由 $R_0(\lambda, T) = \dfrac{c}{\lambda^2}R_0(\nu, T) = c\rho_0(\lambda, T)/4$ 和式(2.1.19)可得 Wien 公式为

$$R_0(\lambda, T) = \frac{c^5}{\lambda^5}\varphi\left(\frac{c}{\lambda T}\right) \quad \text{或} \quad R_0(\nu, T) = \nu^3\varphi\left(\frac{\nu}{T}\right)$$

即式(2.1.11)。

Wien 找到的公式(2.1.11)可以导出 Stefan-Boltzmann 定律和 Wien 位移定律。由式 (2.1.11)得

$$R_0(T) = \int_0^\infty R_0(\lambda, T)\mathrm{d}\lambda = \int_0^\infty \frac{c^5}{\lambda^5}\varphi\left(\frac{c}{\lambda T}\right)\mathrm{d}\lambda$$

$$= -cT^4\int_0^\infty \left(\frac{c}{\lambda T}\right)^3 \varphi\left(\frac{c}{\lambda T}\right)\mathrm{d}\frac{c}{\lambda T} = \sigma T^4 \qquad (2.1.20)$$

式中，

$$\sigma = -c\int_0^\infty \left(\frac{c}{\lambda T}\right)^3 \varphi\left(\frac{c}{\lambda T}\right)\mathrm{d}\frac{c}{\lambda T}$$

其中，σ 系数为未知函数 $\varphi\left(\frac{c}{\lambda T}\right)$ 的积分，无法算出数值，但原则上是存在的，实验也能测出，即 Stefan-Boltzmann 常数。将 $R_0(\lambda, T)$ 对 λ 微分，并令其等于零得

$$\frac{\mathrm{d}R_0(\lambda, T)}{\mathrm{d}\lambda}\bigg|_{\lambda=\lambda_m} = 0 \Rightarrow -5\varphi\left(\frac{c}{\lambda_m T}\right) + \lambda_m T\frac{\mathrm{d}\varphi\left(\frac{c}{\lambda_m T}\right)}{\mathrm{d}\lambda_m T} = 0 \qquad (2.1.21)$$

令 $\lambda_m T \equiv b$，方程变为 $-5\varphi(b) + b\dfrac{\mathrm{d}\varphi(b)}{\mathrm{d}b} = 0$，原则上由此方程解出 b 即得 Wien 位移定律。由于 $\varphi\left(\dfrac{c}{\lambda T}\right)$ 是未知的，因此无法从式(2.1.21)推出 Wien 位移定律中常数 b 的值。为拟合黑体辐射的实验数据，1896 年 Wien 假设辐射场波长 λ 和单色辐出度 $R_0(\lambda, T)$ 只是分子速率 v 的函数，反过来 v^2 也是 λ 的函数。Maxwell 速率分布律为

$$\frac{\mathrm{d}N}{N} \propto v^2 \mathrm{e}^{-v^2/(aT)}\mathrm{d}v$$

对给定气体，式中 a 为常数。Wien 推测单色辐出度为

$$R_0(\lambda, T) = g(\lambda)\mathrm{e}^{-f(\lambda)/T}$$

式中，$g(\lambda)$、$f(\lambda)$ 为未知函数。比较式(2.1.11)得到 Wien 公式，有

$$R_0(\nu, T) = c_1\nu^3 \mathrm{e}^{-\frac{c_2'\nu}{T}} \quad \text{或} \quad R_0(\lambda, T) = c_1'\lambda^{-5}\mathrm{e}^{-\frac{c_2'}{\lambda T}} \qquad (2.1.22)$$

这个结果只在高频部分和实验相符，而低频部分和实验不符合，如图 2.1.7 所示。

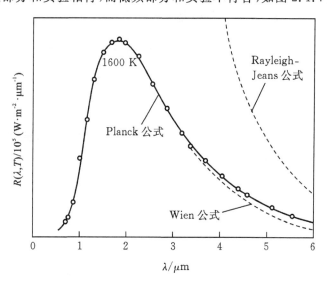

图 2.1.7　三种不同的黑体辐射公式与实验的比较

另一个较为成功的公式是基于经典电动力学和统计力学导出的 Rayleigh-Jeans 公式,如图 2.1.7 所示。Rayleigh-Jeans 公式适用于低频部分的黑体辐射实验结果。为了简述该公式的导出过程,先来导出空腔中单位体积内频率在 $\nu\sim\nu+\mathrm{d}\nu$ 间隔内电磁波的振动模式数目。

Kirchhoff 定律表明,黑体辐射的谱能量密度与辐射空腔的性质、形状无关,不失一般性,选择空腔的形状为一立方体。在立方体空腔满足周期性边界条件下,腔内的电磁波可以等效地当作一组做简谐振动的谐振子,辐射场可视为许多谐振子做简谐振动发出单色平面波的叠加,这些平面波的光速为 c。对于一维驻波来说,在长度为 L 的区间形成驻波的条件是

$$L = n\frac{\lambda}{2} \quad \text{或} \quad k = \frac{2\pi}{\lambda} = \frac{n\pi}{L} \tag{2.1.23}$$

其中,λ 为波长;n 为正整数。依此类推,在一个边长为 L 的立方体内形成三维驻波的条件是(图 2.1.8 所示为二维驻波条件)

$$\begin{cases} L\cos\theta_1 = n_1\dfrac{\lambda}{2} \\[2mm] L\cos\theta_2 = n_2\dfrac{\lambda}{2} \quad \text{或} \\[2mm] L\cos\theta_3 = n_3\dfrac{\lambda}{2} \end{cases} \begin{cases} k_1 = k\cos\theta_1 = \dfrac{n_1\pi}{L} \\[2mm] k_2 = k\cos\theta_2 = \dfrac{n_2\pi}{L} \\[2mm] k_3 = k\cos\theta_3 = \dfrac{n_3\pi}{L} \end{cases} \tag{2.1.24}$$

其中,n_1、n_2、n_3 均为正整数,而每一组 (n_1,n_2,n_3) 对应一个驻波模式;$\cos\theta_1$、$\cos\theta_2$、$\cos\theta_3$ 为波矢 $\boldsymbol{k}$ 的方向余弦,满足条件 $\cos^2\theta_1+\cos^2\theta_2+\cos^2\theta_3=1$,可以得到

$$k^2 = \left(\frac{\pi}{L}\right)^2 (n_1^2 + n_2^2 + n_3^2) \tag{2.1.25}$$

在 $\boldsymbol{k}$ 空间中,以 π/L 为间隔,将 $\boldsymbol{k}$ 空间分割成许多小立方相格,每个相格的体积为 $(\pi/L)^3$,每个相格代表一个可能的驻波模式。所以在 $0\sim k$ 区间驻波模式的数目等于以 k 为半径的球体包含的相格数 $N(k)$,即球体的体积除以相格的体积:

$$N(k) = \frac{1}{8}\cdot\frac{4\pi k^3}{3}\times\left(\frac{L}{\pi}\right)^3 = \frac{k^3 L^3}{6\pi^2} = \frac{4\pi\nu^3 L^3}{3c^3} \tag{2.1.26}$$

式中,1/8 因子源于 n_1、n_2、n_3 都只能取正值,k 空间的球体取第一象限的体积,上式最后一个等号在于 $k=2\pi\nu/c$。单位体积、ν 附近单位频率区间内电磁波独立自由度数目,即振动模式数目为

$$g(\nu) = \frac{2}{L^3}\frac{\mathrm{d}N(\nu)}{\mathrm{d}\nu} = \frac{8\pi\nu^2}{c^3} \tag{2.1.27}$$

其中的因子 2 源于电磁波的横波特性,每一个波矢 $\boldsymbol{k}$ 可以有两个不同的彼此独立的偏振方向,每个偏振方向对应着不同的振动。

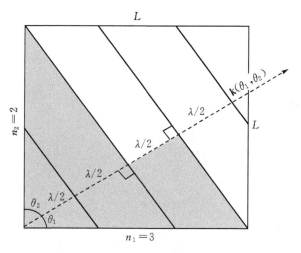

图 2.1.8　二维驻波条件

现在可以导出 Rayleigh-Jeans 公式了，空腔内电磁波和腔壁做简谐振动的原子交换能量达到平衡时满足的条件是

$$\rho(\nu, T) = g(\nu)\bar{\varepsilon}(\nu, T) \tag{2.1.28}$$

该平衡条件可以通过电动力学的方法导出。谐振子的平均能量 $\bar{\varepsilon}(\nu, T)$ 可通过能量均分定理得到：

$$\bar{\varepsilon}(\nu, T) = \frac{\displaystyle\int_0^\infty \varepsilon e^{-\varepsilon/(k_B T)}\, d\varepsilon}{\displaystyle\int_0^\infty e^{-\varepsilon/(k_B T)}\, d\varepsilon} = k_B T \tag{2.1.29}$$

将式(2.1.27)和式(2.1.29)代入式(2.1.28)，就可以得到黑体辐射的 Rayleigh-Jeans 公式：

$$\rho_0(\nu, T) = g(\nu)\bar{\varepsilon}(\nu, T) = \frac{8\pi}{c^3} k_B T \nu^2$$

或者写为

$$R_0(\lambda, T) = \frac{c}{\lambda^2}\frac{c}{4}\rho_0(\nu, T) = \frac{2\pi c}{\lambda^4} k_B T \tag{2.1.30}$$

如图 2.1.7 所示，Rayleigh-Jeans 公式仅在低频部分和实验结果符合，高频部分当 $\lambda \to 0$ 时，$R(\lambda, T) \to \infty$，但实验结果为 $R_0(\lambda, T) \to 0$，这个荒谬的推论在历史上称为紫外灾难。

Wien 公式和 Rayleigh-Jeans 公式分别在黑体辐射的高频部分和低频部分成立，显然还需要一个更好的公式在整个频率范围内都成立。谐振子的平均能量的 Wien 表达式为

$$\bar{\varepsilon}(\nu, T)_W = c_1 \nu e^{-\frac{c_2 \nu}{T}}$$

而温度

$$\frac{1}{T} = -\frac{1}{c_2 \nu}\ln\frac{\bar{\varepsilon}_W}{c_1 \nu}$$

1900 年，Planck 从热力学的角度发现，谐振子的平均能量 Wien 表达式对应的熵对平均能量的一阶导数为

$$\frac{\partial S}{\partial \bar{\varepsilon}_W} = \frac{1}{T} = -\frac{1}{c_2 \nu} \ln \frac{\bar{\varepsilon}_W}{c_1 \nu}$$

进一步得二阶导数为

$$\frac{\partial^2 S}{\partial \bar{\varepsilon}_W^2} = -\frac{1}{c_2 \nu \bar{\varepsilon}_W} \quad \text{即} \quad \frac{d^2 S}{d\bar{\varepsilon}^2} \sim -\frac{1}{\bar{\varepsilon}}$$

而谐振子平均能量的 Rayleigh-Jeans 表达式为

$$\bar{\varepsilon}(\nu, T)_{RJ} = k_B T$$

得到 $\frac{1}{T} = \frac{k_B}{\varepsilon_{RJ}}$。熵对平均能量的一阶导数为

$$\frac{\partial S}{\partial \bar{\varepsilon}_{RJ}} = \frac{1}{T} = \frac{k_B}{\varepsilon_{RJ}}$$

熵对平均能量的二阶导数为

$$\frac{\partial^2 S}{\partial \bar{\varepsilon}_{RJ}^2} = -\frac{k_B}{\bar{\varepsilon}_{RJ}^2} \quad \text{即} \quad \frac{d^2 S}{d\bar{\varepsilon}^2} \sim -\frac{1}{\bar{\varepsilon}}$$

Planck 想到用内插法把 Wien 公式和 Rayleigh-Jeans 公式综合起来,得到

$$\frac{d^2 S}{d\bar{\varepsilon}^2} = -\frac{\alpha}{\bar{\varepsilon}(\beta + \bar{\varepsilon})}$$

注意到关系式 $\frac{dS}{d\bar{\varepsilon}} = \frac{1}{T}$,对上式求积分得 $\bar{\varepsilon} = \frac{\beta}{e^{\beta/(\alpha T)} - 1}$,再由式(2.1.27)和 Wien 公式(2.1.11)的要求,Planck 得到了一个完整描述黑体辐射谱的公式:

$$\rho_0(\nu, T) d\nu = \frac{C_2 \nu^3}{e^{C_1 \nu/T} - 1} d\nu$$

或者写为

$$\begin{cases} R_0(\nu, T) d\nu = \dfrac{C_2 \nu^3}{e^{C_1 \nu/T} - 1} d\nu \\ R_0(\lambda, T) d\lambda = \dfrac{c}{\lambda^2} R_0(\nu, T) d\lambda = \dfrac{C'_2 \lambda^{-5}}{e^{C'_1/(\lambda T)} - 1} d\lambda \end{cases} \tag{2.1.31}$$

由于式(2.1.31)能和最精确的黑体辐射公式相符合,使得 Planck 决心不惜一切代价找到一个物理解释。经过两个月的奋斗,他终于给出了一个同经典概念严重背离的物理解释:黑体空腔器壁上的原子谐振子的能量是量子化的,而且谐振子与腔内电磁波的能量交换也是量子化的。至于电磁波本身是否是量子化的,他的量子论并没有涉及。把电磁波看成光子的集合,是 Einstein 的工作,将电磁波看成光子气也能导出 Planck 公式。下面就看看如何从谐振子能量量子化导出 Planck 公式。

由 Planck 的解释,谐振子能量值只能取某个基本单元的整数倍,即

$$\varepsilon = \varepsilon_0, 2\varepsilon_0, 3\varepsilon_0, \cdots$$

则谐振子的平均能量就不能用式(2.1.29)进行计算了,因为式(2.1.29)包含了谐振子能量可以无限可分的思想。既然谐振子能量是量子化的,那么谐振子的平均能量计算将式(2.1.29)中的积分改成级数求和:

$$\bar{\varepsilon}(\nu, T) = \frac{\sum\limits_{n=0}^{\infty} n\varepsilon_0 e^{\frac{-n\varepsilon_0}{k_B T}}}{\sum\limits_{n=0}^{\infty} e^{\frac{-n\varepsilon_0}{k_B T}}} = -\left[\frac{\partial}{\partial \beta} \ln\left(\sum\limits_{n=0}^{\infty} e^{-n\varepsilon_0 \beta}\right)\right]_{\beta = \frac{1}{k_B T}} \tag{2.1.32}$$

利用等比级数求和公式

$$\sum_{n=0}^{\infty} e^{-n\varepsilon_0\beta} = \frac{1}{1 - e^{-\varepsilon_0\beta}}$$

式(2.1.32)可化为

$$\bar{\varepsilon}(\nu,T) = \frac{\varepsilon_0}{e^{\frac{\varepsilon_0}{k_B T}} - 1}$$

将式(2.1.27)和上式代入式(2.1.28),得到

$$\rho_0(\nu,T) = g(\nu)\bar{\varepsilon}(\nu,T) = \frac{8\pi\nu^2}{c^3}\frac{\varepsilon_0}{e^{\frac{\varepsilon_0}{k_B T}} - 1} \tag{2.1.33}$$

由此可以得到

$$R_0(\nu,T) = \frac{c}{4}\rho_0(\nu,T) = \frac{2\pi\nu^2}{c^2}\frac{\varepsilon_0}{e^{\frac{\varepsilon_0}{k_B T}} - 1} \tag{2.1.34}$$

要使得式(2.1.34)符合 Wien 定律式(2.1.11)的普遍情况,必须令 $\varepsilon_0 = h\nu$,这里的 h 是由实验数据确定的比例系数。这样式(2.1.33)和式(2.1.34)就化为

$$\rho_0(\nu,T) = \frac{8\pi h\nu^3}{c^3}\frac{1}{e^{\frac{h\nu}{k_B T}} - 1} \tag{2.1.35}$$

$$R_0(\nu,T) = \frac{2\pi h\nu^3}{c^2}\frac{1}{e^{\frac{h\nu}{k_B T}} - 1} \tag{2.1.36}$$

$$R_0(\lambda,T) = \frac{2\pi hc^2}{\lambda^5}\frac{1}{e^{\frac{hc}{k_B\lambda T}} - 1} \tag{2.1.37}$$

式(2.1.37)即黑体辐射的 Planck 公式。式(2.1.37)和式(2.1.31)比较知

$$C_1' = \frac{hc}{k_B}, C_2' = 2\pi hc^2$$

用式(2.1.37)去拟合最精确的黑体辐射的数据,发现和实验结果符合得很好,如图 2.1.7 所示,由数据拟合 Planck 还给出了式中常量 h 的数值:

$$h = 6.55 \times 10^{-34}\ \text{J} \cdot \text{s}$$

比现代值低 1%,同时还能导出 Boltzmann 常数:

$$k = 1.346 \times 10^{-23}\ \text{J/K}$$

比现代值低 2.5%。

从 Kirchhoff 定律可以知道,黑体辐射的实验数据具有普适性,由黑体辐射实验数据拟合得到的 Planck 常数必然是自然界的普适常数。许多科学家都试图精确地测定 Planck 常数,我国学者叶企孙于 1921 年与 Duane 和 Palmer 合作测定:

$$h = 6.556(9) \times 10^{-34}\ \text{J} \cdot \text{s}$$

被国际物理学界沿用达 16 年。Planck 常数 2018 年推荐值为

$$h = 6.626\ 070\ 040(81) \times 10^{-34}\ \text{J} \cdot \text{s}$$

导出 Planck 公式谐振子的能量值为 $\varepsilon_0 = h\nu$ 的整数倍,$h\nu$ 称为能量子,这样一个假设就是 **Planck 量子假说**。从经典物理学的眼光看,这个假说如此不可思议,就连 Planck 本人也感到难以置信。Planck 黑体辐射公式综合了 Wien 公式和 Rayleigh-Jeans 公式,因此用 Planck 公

式导出 Stefan-Boltzmann 定律和 Wien 位移定律是自然的,下面作一个简短的叙述。

记 $c_1 = 2\pi hc^2$, $x = \dfrac{hc}{\lambda kT}$, $\mathrm{d}x = -\dfrac{kT}{hc}x^2\mathrm{d}\lambda$, Planck 公式为

$$R_0(\lambda, T) = \frac{c_1 k^5 T^5}{h^5 c^5}\,\frac{x^5}{\mathrm{e}^x - 1}$$

由此得到黑体的辐射本领为

$$R_0(T) = \int_0^\infty R_0(\lambda, T)\mathrm{d}\lambda = \frac{c_1 k^4 T^4}{h^4 c^4}\int_0^\infty \frac{x^3}{\mathrm{e}^x - 1}\mathrm{d}x$$

$$= 6.494\,\frac{c_1 k^4 T^4}{h^4 c^4} = \sigma T^4$$

上式即 Stefan-Boltzmann 定律,式中 σ 为 5.67×10^{-8} W/(m^2 · K^4)。

令 Planck 公式两边对波长微分等于零 $\dfrac{\partial R_0(\lambda, T)}{\partial \lambda} = 0$,得

$$5\mathrm{e}^{-x} + x - 5 = 0$$
$$x = 5(1 - \mathrm{e}^{-x}) \Rightarrow x = 4.965$$

于是得到 Wien 位移定律

$$\lambda_\mathrm{m} T = \frac{hc}{kx} = 2\,898\times10^{-6}\ \mathrm{m}\cdot\mathrm{K}$$

例 2.1 根据大爆炸宇宙论,宇宙原初火球在大爆炸的膨胀中温度不断下降。大爆炸发生 137 亿年后,有实验证实宇宙处于热平衡的背景辐射温度约为 2.7 K,而且背景辐射谱是完美的黑体辐射谱。求:

(1)背景辐射的极值波长;

(2)辐射光子的能量密度;

(3)辐射光子的数密度;

(4)辐射光子的平均波长。

解 (1)由黑体辐射定律 Wien 位移定律 $\lambda_\mathrm{m} T = b$,得

$$\lambda_\mathrm{m} = \frac{b}{T} = \frac{2.9\times10^{-3}}{2.7}\ \mathrm{mm} = 1.07\ \mathrm{mm}$$

此波长落在电磁波波谱的微波波段,由 Gamow 在 1940 年预言的宇宙微波背景辐射在 1964 年被 Penzias 和 Wilson 的观测所证实。

(2)由 Stefan-Boltzmann 定律 $R(T) = \sigma T^4$ 和 $R(T) = c\rho(T)/4$,得宇宙微波背景辐射光子的能量密度为

$$\rho(T) = \frac{4}{c}\sigma T^4 = \frac{4\times5.67\times10^{-8}\times2.7^4}{3\times10^8}\ \mathrm{J/m^3} = 4.02\times10^{-14}\ \mathrm{J/m^3}$$

实验值为 4.16×10^{-14} J/m^3。

(3)在 $\nu \to \nu + \mathrm{d}\nu$ 频率范围内,单位体积的辐射能量为

$$\rho_\nu \mathrm{d}\nu = \frac{8\pi h\nu^3}{c^3}\,\frac{1}{\mathrm{e}^{h\nu/(k_\mathrm{B} T)} - 1}\mathrm{d}\nu$$

光子数为

$$\mathrm{d}n = \frac{\rho_\nu \mathrm{d}\nu}{h\nu} = \frac{8\pi}{c^3}\,\frac{\nu^2\,\mathrm{d}\nu}{\mathrm{e}^{h\nu/(k_\mathrm{B} T)} - 1}$$

因此全频率范围内的光子数密度为

$$\int \mathrm{d}n = \frac{8\pi}{c^3} \int_0^\infty \frac{\nu^2 \, \mathrm{d}\nu}{\mathrm{e}^{h\nu/(k_\mathrm{B}T)} - 1} = 19.2\pi \left(\frac{k_\mathrm{B}T}{hc}\right)^3$$

代入 $T = 2.7$ K 的数据得 3.94×10^8 m^{-3}。实验测量的光子数密度为 4.10×10^8 m^{-3}。

(4)光子的平均能量为

$$\bar{\varepsilon} = \frac{\rho}{\int \mathrm{d}n} = \frac{4.02 \times 10^{-14}}{3.94 \times 10^8 \times 1.6 \times 10^{-19}} \text{ eV} = 6.37 \times 10^{-4} \text{ eV}$$

光子的平均波长为

$$\lambda = \frac{hc}{\bar{\varepsilon}} = \frac{1240}{6.37 \times 10^{-4}} \text{ mm} = 1.95 \text{ mm}$$

2.2　Einstein 光量子理论

2.2.1　光电效应

　　1887 年，Hertz 做证实 Maxwell 电磁理论的火花放电实验时，用了两套放电电极，一套产生振荡，发出电磁波，另一套作为接收器。他意外地发现，如果接收电磁波的电极受到紫外光的照射，火花放电就变得容易产生。他的《紫外线对放电的影响》一文引起物理学界广泛注意。1888 年 Hallwachs 发现了清洁而绝缘的锌板在紫外光照射下获得正电荷，而带负电的板在光照下失掉其负电荷。1899—1902 年，Lenard 对光电效应做了系统的研究，他发现在电极间加一可调节反向电压，直到使光电流截止，从反向电压的截止值可以推算电子逸出金属表面时的最大速度，入射光的频率增大，反向电压截止值越大，与入射光强度无关。

　　观察光电效应的实验装置如图 2.2.1 所示，高真空的石英管内，有阳极和阴极，两端加上电压。没有光照时回路没有电流，单色光投射到阴极金属板上，引起光电子的逸出，回路中有了电流。设电子从阴极逸出的动能为 $\frac{1}{2}mv^2$，阴极和阳极间加上反向电压满足下面的关系时，回路中的光电流为零：

$$eV_0 = \frac{1}{2}mv_\mathrm{m}^2 \tag{2.2.1}$$

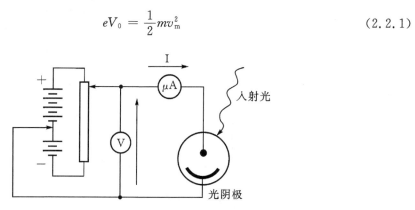

图 2.2.1　光电效应实验示意图

系统的光电效应实验发现了如下的实验规律:

(1)当光的强度和频率一定时,光电流几乎是瞬时产生的,即当光照射到金属表面时,电流在小于 10^{-9} s 内发生。

(2)当阴极和阳极间所加电压、入射光频率固定时,Stoletov 最早发现了光电流的大小与入射光的强度成正比,即单位时间逸出的电子的数目正比于光的强度,如图 2.2.2 所示。

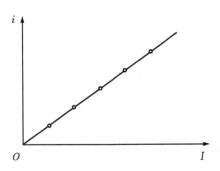

图 2.2.2 光电流与入射光强成正比

(3)当入射光的频率、强度不变时,光电流随着阴极、阳极两端电压的增大而增大,但当电压增大到一定程度时,光电流达到了饱和。当阴极、阳极间加反向电压时,光电流减小,继续加大反向电压,光电流可以变为零,如图 2.2.3 所示。

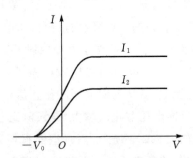

图 2.2.3 光电效应伏安特性曲线

(4)当反向电压加到一定程度时,光电流变为零,此时称反向电压为遏止电压。Lenard 发现遏止电压与入射光频率的存在线性关系,如图 2.2.4 所示。Lenard 的结果表明了光电效应发生时,入射光的频率必须大于某个阈值频率 ν_0,如果入射光的频率低于 ν_0,则光电效应不会发生。

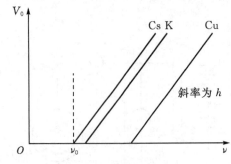

图 2.2.4 特定金属表面,遏止电压 V_0 与频率 ν 的关系

对于 Hertz 意外发现的光电效应，经典物理理论无法解释。实验发现光强为 $1~\mu W/m^2$ 的光照到钠金属表面就可以发生光电效应，一个平方的面积上有钠原子约 10^{19} 个，假定入射光被十层原子所吸收，每个原子得到能量为 10^{-26} W(约 10^{-7} eV/s)，要使这个电子获得 1 eV 的能量，需要的时间 10^7 s，这与实验观测到的 10^{-9} s 严重矛盾。波动的能量与波的强度有关，这样光电子的最大初动能与光强有关而与频率无关，这个实验结果正好相反，那么光电效应的这些与经典概念严重背离的现象如何解释呢？

2.2.2　Einstein 光量子理论概述

1900 年，Planck 给出了黑体辐射公式，为了给这个与实验结果符合得很好的公式找一个物理解释，Planck 不得不假定原子做简谐振动时能量是量子化的，光以不连续方式从光源发出，但在空间仍以波的方式传播。1905 年，Einstein 发展了 Planck 的量子假说，在黑体辐射的 Wien 辐射区间中，谱能量密度为

$$\rho_0(\nu, T) = \alpha\nu^3 e^{-\frac{\beta\nu}{T}}$$

一种能量为 E，所占空间为 V，频率在 $\nu \sim \nu + d\nu$ 之间的辐射，辐射熵的表达式为

$$S = -\frac{E}{\beta\nu}\left(\ln\frac{E}{V\alpha\nu^3 d\nu} - 1\right)$$

限于研究熵对辐射所占体积的关系，用 S_0 表示辐射在占有体积为 V_0 的熵，得到

$$S - S_0 = \frac{E}{\beta\nu}\ln\frac{V}{V_0} = \frac{R}{N}\ln\left(\frac{V}{V_0}\right)^{\frac{N}{R}\frac{E}{\beta\nu}} \tag{2.2.2}$$

其中，R 为绝对气体常数，N 为 Avogadro 常数。设想在体积 V_0 的箱子里有 n 个质点运动，在 V_0 中有一个大小为 V 的分体积，若全部 n 个质点转移到体积 V 中，体系不发生其他变化。n 个质点在 V 中的状态相对于原来状态的统计概率为 $W = \left(\frac{V}{V_0}\right)^n$，于是 n 个质点从 V_0 到 V 转移后熵的变化为

$$S - S_0 = \frac{R}{N}\ln W = \frac{R}{N}\ln\left(\frac{V}{V_0}\right)^n \tag{2.2.3}$$

比较式(2.2.2)和式(2.2.3)得到 $W = \left(\frac{V}{V_0}\right)^{\frac{N}{R}\frac{E}{\beta\nu}}$。从热学方面看，能量密度小的单色辐射就好像它是由一些互不相关、能量大小为 $R\beta\nu/N$ 的能量子所组成的，这些能量子实际上就是光量子。Einstein 用到的符号之间的关系有 $R/N = k_B$，$\alpha = 8\pi h/c^3$ 和 $\beta = h/k_B$，因此每个光量子的能量为

$$\frac{R\beta\nu}{N} = k_B\frac{h}{k_B}\nu = h\nu$$

即 Planck 常数 h 与频率 ν 的乘积。

Einstein 光量子理论认为光不仅在发出时是量子化的，而且在空间中传播时也是量子化的，他大胆假设，光是由一个一个光子组成的，每个光子的能量为 $E = h\nu$，在光与物质相互作用时，光子不能再分割，只能整个地被吸收或者发射。由狭义相对论能量动量关系 $E = \sqrt{p^2c^2 + m_0^2c^4}$，令光子的静止质量 $m_0 = 0$，Einstein 还得到光子的动量为 $p = \dfrac{E}{c} = \dfrac{h\nu}{c} = \dfrac{h}{\lambda}$。

按 Einstein 的观点,当光射到金属表面时,能量为 $h\nu$ 的光子被电子吸收,电子获得光子的能量后,一部分克服金属表面对它的束缚,另一部分就是电子离开金属表面后的动能,Einstein 写出了它们之间的关系式

$$\frac{1}{2}mv_m^2 = h\nu - A \tag{2.2.4}$$

上式就是 **Einstein 光电效应方程**,式中 $\frac{1}{2}mv_m^2$ 是电子离开金属表面的最大初动能。实验中,$\frac{1}{2}mv_m^2 = eV_0$,V_0 为遏止电压,$h\nu$ 为光子能量,A 为金属逸出功。实际上 Einstein 光电效应方程就是包含光子、电子在金属表面的能量守恒的表达式。

借助于光电效应方程,Einstein 轻松地解释了光电效应的实验结果。当光子入射到金属表面时,整个光子被电子吸收后,电子立刻离开金属表面,不需要能量积累,这个过程的时间为 10^{-9} s。光的强度决定于光子数目 $I = Nh\nu$,N 表示在单位时间垂直到达单位面积的光子数,因此当电压一定时,光电流的大小与入射光的强度成正比。光电效应中饱和电流的现象是显而易见的,因为光强一定时,继续增大加速电压也不能使光电流继续增大。光电子最大初动能 $\frac{1}{2}mv_m^2$ 和遏止电压之间的关系是式(2.2.1),Einstein 光电效应方程(2.2.4)可变为

$$V_0 = \frac{h}{e}\left(\nu - \frac{A}{h}\right) \tag{2.2.5}$$

式(2.2.5)解释了遏止电压与频率之间的线性关系,及电子的动能与频率有关、与光的强度无关的实验事实,遏止电压 V_0 和入射光频率 ν 之间的函数关系如图 2.2.5 所示,理论预测的 V_0-ν 关系和实验结果图 2.2.4 完全吻合,由图中还可以看到入射光的频率必须大于阈值频率 ν_0(红限)才能发生光电效应。

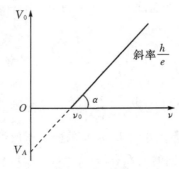

图 2.2.5　Einstein 方程解释光电效应实验

Einstein 光电效应方程除了解释光电效应实验结果外,还有一个独立方法验证其正确性。由图 2.2.5 可知,纵坐标是遏止电压,横坐标是入射光频率,作出来是一条直线,直线的斜率就是 h/e,截距就是金属的逸出功,如表 2.2.1 所示。由 Einstein 光电效应方程可以测量出 Planck 常数的大小。1916 年 Millkan 从实验上对 Einstein 方程作了仔细的验证,并由此实验得到了 Planck 常数的值,测量的 Planck 常数的值与 Planck 根据黑体辐射拟合出来的结果符合得很好。这说明了一方面 Einstein 光电效应方程是可靠测量 Planck 常数的一种方法,另一方面基于光子概念的 Einstein 光电效应方程具有正确性。

表 2.2.1　几种金属的逸出功和极限波长

金属	逸出功 W/eV	极限波长 $\lambda_{max}/\mu m$	原子电离能/eV
钾	2.25	0.551	4.318
钠	2.29	0.541	5.12
锂	2.69	0.461	5.363
铷	2.13	0.582	4.183
铯	1.94	0.639	3.9
铂	5.36	0.231	8.97
钙	3.20	0.387	6.09
镁	3.67	0.338	7.61
铬	4.37	0.284	6.74
钨	4.54	0.274	8.1
铜	4.36	0.284	7.68
银	4.63	0.268	7.542
金	4.80	0.258	9.18

　　事实上,Einstein 光子是一个非常重要的概念,它使得人们对于光的本性的认识又进了一步。Newton 主张光的微粒说,Huyghens 主张光的波动说,他们各自都有成功的地方。到了 20 世纪,由于 Einstein 的工作,人们认识到光是波动性和粒子性的统一,即光具有波粒二象性。光传播时具有波动性,在与物质作用时显示出粒子性,波动性和粒子性不会同时显示出来。波动性和粒子性相互排斥,但要全面描述光的性质,二者又缺一不可。光具有波粒二象性的观念启发了 de Broglie,1924 年他提出了微观粒子也具有波粒二象性;1926 年 Schrödinger 找到了描述微观粒子波动性的 Schrödinger 方程,该方程是量子力学的核心方程。然而新的观念让人们接受起来不那么容易,Planck 和 Bohr 都曾拒绝接受光子的概念,Millikan 用 Einstein 光电效应方程测量了 Planck 常数,但对光子的概念依然持怀疑态度,光子概念被普遍接受是在 1923 年 Compton 发现 Compton 效应以后。

2.3　氢原子光谱

2.3.1　光谱和光谱仪

　　光谱是电磁辐射的波长成分和强度分布的记录,有时只有波长成分的记录。光谱是研究原子结构的重要途径之一,也为研究物质微观结构提供了丰富的信息。Newton 在 1704 年说过,若要了解物质内部情况,只要看其光谱就可以了。Newton 在 1666 年发现通过小孔的太阳光在透过棱镜时其后面形成了一条彩色带,这样他就把太阳光分解为七种颜色的单色光,红橙黄绿蓝靛紫。

光谱可以提供物质内部的信息主要在于光谱测量的灵敏度和较高的分辨率,光谱的测量需要光谱仪,光谱仪的构成如图 2.3.1 所示,有三个部分:光源、分光器(棱镜或光栅)、记录仪。光源就是要研究的对象,如要研究氢原子光谱就用氢灯作光源。光源发光的方式有很多种,如火焰、高温炉、电弧、火花放电、气体放电、化学发光、荧光等。分光器是把不同频率的光分开,棱镜和光栅都能做到这一点,即色散功能。棱镜的色散是因为光的折射率与其频率有关,因此不同的频率的光折射率角不同,从而把光分开;光栅的色散是基于光栅方程 $d\sin\theta = n\lambda (n = 0,1,2,\cdots)$,同一干涉级次下,不同频率的光的衍射角不同,进而将光分开。记录仪主要把不同成分的光强记录下来,如照相底片。

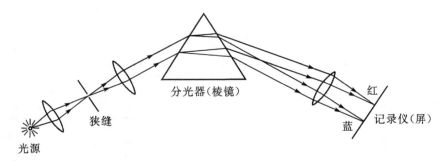

图 2.3.1　光谱仪的原理

从形状区分,光谱可分为线状光谱、带状光谱和连续光谱。线状光谱指光谱带上的谱线是分明的、清楚的,波长的数值有一定的间隔,这类光谱由原子发出。带状光谱谱线分段密集,每段中不同波长的数值很多,相近的差别很小,用分辨率不高的摄谱仪观察,密集的谱线并在一起,好像是连续的带子,这类光谱一般由分子发出。连续光谱指波长差别极微或者说连续变化,一般固体加热就会发出连续光谱,如白炽灯。

光源发出的光谱称为发射光谱。还有一种观测光谱的办法是吸收,把要研究的样品放在发射连续谱的光源和光谱仪之间,光源的光通过样品后进入光谱仪。这样一部分光就被样品吸收,所得光谱上就会看到连续背景上的暗线,这些暗线就是样品的吸收光谱。

Bunsen 和 Kirchhoff 分析了元素加热后的发射光谱,发现了每种元素都有其独特的光谱,由此发明了光谱分析技术,并用光谱分析技术于 1860 年发现了铯元素($Z=55$),1861 年发现了铷元素($Z=37$)。利用 Bunsen 和 Kirchhoff 发明的光谱分析技术,人们又陆续发现了许多元素,1861 年 Crookes 发现了铊($Z=81$),1863 年 Reich 和 Richter 发现了铟($Z=49$),1875 年和 1879 年 de Boisbaudran 发现了镓($Z=31$)和钐($Z=62$),1878 年 Soret 和 Delafontaine 发现了钬($Z=67$),1879 年 Cleve 发现了铥($Z=69$),1885 年 von Welsbach 发现了钕($Z=60$)。

1802 年 Wollaston 用一条很细的狭缝取代了 Newton 的小孔,他发现在七种彩色的光谱中存在几条很细的暗线。1814 年 Fraunhofer 发明了光谱仪,用新仪器他发现了太阳光谱中的574 条暗线。图 2.3.2 是 1987 年德国邮政为纪念 Fraunhofer 诞辰两百周年而发行的纪念邮票,上面能清楚地看到太阳光谱连续背景里许许多多的暗线。

图 2.3.2　Fraunhofer 诞辰两百周年纪念邮票

Kirchhoff 注意到元素加热后发射的光谱有某些亮线,当波长连续的光穿越由该元素制成的稀薄冷蒸气时,在光谱中原先亮线的位置就会出现暗线。由这个经验规律使 Kirchhoff 马上意识到 Fraunhofer 发现的许多太阳的暗线正是太阳上的吸收光谱。既然元素吸收光谱与发射光谱相互对应,那么只要将 Fraunhofer 线与已知元素发射线相比较,就可以证认太阳上的元素。利用 Kirchhoff 的发现,科学家们很快就在太阳光谱中证认出了大量和地球上相同的元素。古代"天贵地贱"的观念被彻底打破,因为这个观念主张完美的天体和卑贱的地球是由完全不同的质料组成的。

2.3.2　氢原子光谱概述

早在 1853 年 Ångström 就从氢放电管中获得了氢原子光谱,在可见光范围内有 4 条,分别用 H_α、H_β、H_γ、H_δ 表示。H_α 呈红色,波长为 656.210 nm,强度最强;H_β 呈深绿色,波长为 486.074 nm,次强;H_γ 呈青色,波长为 434.01 nm,强度再次之;H_δ 呈紫色,波长为 410.12 nm,强度最弱。至 1885 年,人们从某些星体的光谱中观察到的氢光谱达 14 条。Balmer 仔细分析了这些谱线的数据,发现这些谱线的波长可归结为如下简单的关系:

$$\lambda = B\,\frac{n^2}{n^2-4} \qquad n = 3,4,5,\cdots \qquad (2.3.1)$$

公式(2.3.1)称为 Balmer 公式,当 $n\rightarrow\infty$ 时,谱线系的最短波长即公式中的常数 $B = 364.56$ nm。图 2.3.3 为氢原子 Balmer 系和系限外边的连续谱。

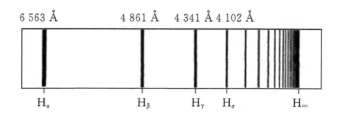

图 2.3.3　氢光谱 Balmer 系和系限外连续谱

Balmer 公式也可写为另一种形式:

$$\tilde{\nu} \equiv \frac{1}{\lambda} = \frac{4}{B}\left(\frac{1}{2^2} - \frac{1}{n^2}\right) \qquad n = 3,4,5,\cdots$$

式中,$\tilde{\nu} \equiv \dfrac{1}{\lambda}$ 称为谱线的波数(波长倒数)。1889 年 Rydberg 提出了氢光谱的一个普遍的方程:

$$\tilde{\nu}_{mn} = \frac{1}{\lambda} = R_H \left(\frac{1}{m^2} - \frac{1}{n^2} \right) \qquad (2.3.2)$$

式中，$m=1,2,3,\cdots;n=m+1,m+2,\cdots$。对应每一个 m 就构成一个谱线系，方程(2.3.2)称为 Rydberg 公式，对比 Balmer 公式(2.3.1)会发现 Rydberg 常数为 $R_H = \dfrac{4}{B}$，从更精密的氢光谱的测量获得

$$R_H = 1.096\ 775\ 8 \times 10^7\ \text{m}^{-1}$$

引入光谱学里的光谱项 $T(n) = \dfrac{R_H}{n^2}$，Rydberg 公式(2.3.2)也可以写成

$$\tilde{\nu} \equiv \frac{1}{\lambda} = T(m) - T(n) \qquad (2.3.3)$$

即任意谱线的波数等于两个光谱项之差。

Rydberg 公式预言的各个线系被陆续发现，如：

$m=1$ 时，$n=2,3,4,\cdots$，此谱线系位于紫外区，1906 年由 Lyman 发现，称为 Lynman 线系。

$m=2$ 时，$n=3,4,5,\cdots$，此谱线系位于可见区，最早由 Augström 发现，称为 Balmer 系 (1885 年)。

$m=3$ 时，$n=4,5,6,\cdots$，此谱线系位于红外区，1908 年由 Paschen 发现，称为 Paschen 系。

$m=4$ 时，$n=5,6,7,\cdots$，此谱线系位于红外区，1922 年由 Brackett 发现，称为 Brackett 系。

$m=5$ 时，$n=6,7,8,\cdots$，此谱线系位于红外区，1924 年由 Pfund 发现，称为 Pfund 系。

如此复杂的光谱现象，竟然能和一个完全凭经验凑出来的 Rydberg 公式符合得如此之好，这在这个经验公式提出后的 30 年内一直都是个谜。

2.4　Bohr 的氢原子理论

1911 年 Rutherford 基于 α 粒子被金箔散射的实验结果提出了核式原子模型，但对于原子中电子的运动规律没有给予任何说明。从经典的观点看 Rutherford 的核式原子模型虽然非常好地解释了 α 粒子被金属箔散射的实验结果，但有些困难还是难以克服，如电子肯定绕核做加速运动。依据 Maxwell 电磁学理论，电子的能量因不断辐射电磁波而逐渐减小，在 10^{-9} s 的时间内，电子就会坍塌到原子核上，原子不复存在，但现实中谁也没有见到坍塌的原子。电子坍塌到原子核的过程应该会发出连续光谱，但是观测到的氢光谱都是分立谱。这些经典物理方面的考虑直接和实验事实相矛盾。如何解决这些问题，如何破解氢光谱 Rydberg 公式符合之谜呢？

2.4.1　Bohr 理论的三个假设

1913 年 Bohr 在 Planck 黑体辐射量子论和 Einstein 光量子概念的启发下，将量子概念用于 Rutherford 原子系统，原子中电子在原子核 Coulomb 引力的作用下在以原子核为中心的圆轨道上运动，其运动规律服从经典力学的规律，并且提出了三个假设作为其理论的出发点。

1. 定态假设

Bohr 假设电子绕原子核做圆周运动,但不向外辐射电磁波,原子在不同的圆轨道上具有不同的能量,这些能量是分立的,分别以 $E_1, E_2, E_3, \cdots, E_n$ 表示。人们观察到的原子非常稳定,实验观测的氢光谱不是连续谱而是分立的线状光谱,种种迹象表明经典规律在原子尺度下会失效。虽然 Bohr 的这个定态假设很不符合经典的规律,但基于实验事实不妨把这个合理的假设提升为理论的出发点,这正是 Bohr 的过人之处。

2. 频率条件

电子在定态轨道不辐射电磁波,什么时候会辐射电磁波呢?Bohr 假定当电子从一个定态轨道跃迁到另一个定态轨道时,就辐射或吸收电磁波,而辐射或吸收电磁波频率满足下面的频率条件:

$$\nu = \frac{E_{n'} - E_n}{h} \tag{2.4.1}$$

其中,h 为 Planck 常数。由于 Einstein 光量子论中光子的能量为 $h\nu$,我们看到 Bohr 的频率条件说明电子在不同轨道之间跃迁时会发射或吸收一个光子。

3. 角动量量子化

Bohr 假设原子中电子在不同的圆轨道上,其绕核的角动量是量子化的,即

$$L = mvr = n\frac{h}{2\pi} = n\hbar \qquad n = 1, 2, 3, \cdots \tag{2.4.2}$$

式中,n 只能取正整数,意味着角动量是量子化的。

2.4.2　Bohr 氢原子理论概述

有了这三个假设为出发点,就可以导出 Bohr 理论的全部内容。电子绕原子核做圆周运动,其半径为 r,如图 2.4.1 所示。

由 Newton 第二定律得

$$m\frac{v^2}{r} = \frac{1}{4\pi\varepsilon_0}\frac{Ze^2}{r^2} \tag{2.4.3}$$

结合角动量量子化假设式(2.4.2)得第 n 个定态的轨道半径为

$$r_n = n^2 \frac{4\pi\varepsilon_0}{mZe^2}\left(\frac{h}{2\pi}\right)^2 = n^2 \frac{4\pi\varepsilon_0 \hbar^2}{mZe^2} \qquad n = 1, 2, 3, \cdots \tag{2.4.4}$$

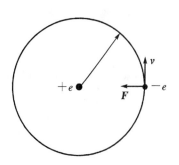

图 2.4.1　氢原子中电子
受 Coulomb 力

当 $n=1$ 时,r_1 为氢原子的第一 Bohr 半径,使用组合常量 $e^2/4\pi\varepsilon_0 = 1.44$ nm · eV,$hc = 1240$ nm · eV 或 $\hbar c = 197.3$ nm · eV,$mc^2 = 0.511$ MeV,易得第一 Bohr 半径 $a_1 \equiv a_0 = 0.053$ nm。氢原子的电子轨道如图 2.4.2 所示。从式(2.4.4)可以看出,氢原子的圆轨道半径是量子化的。

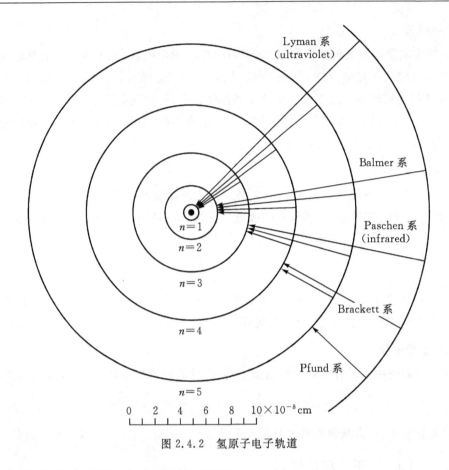

图 2.4.2　氢原子电子轨道

电子绕原子核做圆周运动,原子的总能量为

$$E = \frac{1}{2}mv^2 - \frac{1}{4\pi\varepsilon_0}\frac{Ze^2}{r}$$

由 Newton 第二定律式(2.4.3)得,原子的能量为

$$E = -\frac{1}{4\pi\varepsilon_0}\frac{Ze^2}{2r} \tag{2.4.5}$$

将电子轨道半径式(2.4.4)代入上式得电子在圆轨道上的原子能量为

$$E_n = -\frac{mc^2Z^2}{2}\left(\frac{e^2}{4\pi\varepsilon_0\hbar c}\right)^2\frac{1}{n^2} \tag{2.4.6}$$

式(2.4.6)中的 $\frac{e^2}{4\pi\varepsilon_0\hbar c}\equiv\alpha\simeq\frac{1}{137}$ 为无量纲常数,称为精细结构常数。令式(2.4.6)中的 $n=1$ 得

$$E_1 = -\frac{mc^2Z^2}{2}\left(\frac{e^2}{4\pi\varepsilon_0\hbar c}\right)^2$$

于是有

$$E_n = \frac{E_1}{n^2}$$

当 $n=1$ 时,氢原子的能量 $E_1 = -13.6$ eV,这个最低的能量为氢原子的基态;$n>1$ 时,E_n 为氢原子激发态。由氢原子能量表达式(2.4.6)可以算出氢原子基态时的电离能为

$$E_n = 0 - \left[-\frac{1}{2}m(\alpha c)^2 \right] = 13.6 \text{ eV}$$

由上式可以看到基态时,电子的速度为光速的 $1/137$ 倍,速度不太大,一般不用考虑相对论效应。由式(2.4.2)和式(2.4.4)易得氢原子电子的速度表达式为

$$v_n = \frac{Z\alpha c}{n} \qquad\qquad (2.4.7)$$

显然电子在不同轨道运动的速度也是量子化的。氢原子能级与主量子数 n 平方成反比,能级之间间隔不是均匀的,即

$$\Delta E = E_{n+1} - E_n = -\frac{(2n+1)E_1}{n^2(n+1)^2}$$

容易知道 n 越大,ΔE 越小,即能级越密。氢原子能级示意图如图 2.4.3 所示。在 $n \gg 1$ 为大量子数情况下,能级跃迁的量子频率 $\omega_{n+1,n} = (E_{n+1} - E_n)/\hbar$ 近似等于电子绕核的经典频率

$$\omega_c = \frac{v_n}{r_n} \approx \frac{mZ^2}{\hbar n^3}\left(\frac{e^2}{4\pi\varepsilon_0 \hbar} \right)^2$$

此即对应原理。

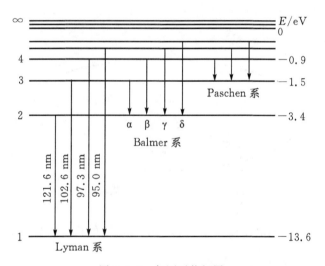

图 2.4.3　氢原子能级图

图中每条横线代表一个能级,横线之间的间隔表示能级之差,能级之间可以直接加减。由 Bohr 的频率条件假设,氢原子的 Lyman、Balmer、Paschen 等线系清晰地反映在能级图中,如 Balmer 线系就是电子从 $n = 3, 4, 5, \cdots$ 能级轨道跃迁到 $n = 2$ 的能级轨道。由此,氢原子的 Bohr 模型成功地解释了氢光谱,也解开了近 30 年的 Rydberg 公式之谜。

Bohr 理论除了解开 Rydberg 公式之谜,还能用一些基本常数来表示 Rydberg 常数,导出的 Rydberg 常数和实验结果的符合程度超过了一般的期望。下面来看看如何用 Bohr 理论从一些基本常数来导出 Rydberg 常数。

由 Bohr 频率条件式(2.4.1)和氢原子能级公式(2.4.6)得波数为

$$\tilde{\nu}_{n'n} \equiv \frac{1}{\lambda} = \frac{\nu}{c} = \frac{1}{hc}(E_{n'} - E_n) = \frac{E_1}{2\pi\hbar c}\left(\frac{1}{n'^2} - \frac{1}{n^2} \right)$$

$$= \frac{2\pi^2 Z^2 m e^4}{(4\pi\varepsilon_0)^2 h^3 c}\left(\frac{1}{n^2} - \frac{1}{n'^2}\right)$$

氢光谱 Rydberg 公式为

$$\tilde{\nu}_{n'n} = \frac{1}{\lambda} = T(n) - T(n') = R_H\left(\frac{1}{n^2} - \frac{1}{n'^2}\right)$$

$$R = \frac{2\pi^2 m e^4}{(4\pi\varepsilon_0)^2 h^3 c} = \frac{mc^2 e^4}{4\pi(4\pi\varepsilon_0)^2 (c\hbar)^3} \tag{2.4.8}$$

而氢原子 Bohr 能级也可以表示为光谱项：

$$E_n = -hcT(n) = -\frac{hcRZ^2}{n^2} \tag{2.4.9}$$

将一些组合常量代入式(2.4.8)得到 Rydberg 常数的理论值 $R_{理} = 1.097\ 373\ 2 \times 10^7\ \text{m}^{-1}$ 和实验值 $R_H = 1.096\ 775\ 8 \times 10^7\ \text{m}^{-1}$ 符合得很好。Rydberg 常数首次得到了理论解释,这是 Bohr 理论一个超出预想的成功。理论值和实验值的差值超过万分之五,而当时光谱学的实验精度已达万分之一,显然这一差值不能归结为实验误差,Fowler 对这一与实验有明显不同差值提出了疑问。Bohr 在 1914 年给出了解释,原来理论把原子核当作是静止的,但由于氢核的质量并不是无穷大的,实际上当电子绕核运动时核不再静止,而是电子和原子核绕着它们的质心运动,如图 2.4.4 所示。

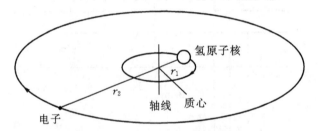

图 2.4.4　电子和氢核绕质心运动

于是 Rydberg 常数中的电子质量 m 应该以电子氢核的折合质量 μ 代替,$\mu = \frac{mM}{m+M}$,M 为核的质量,实际原子的 Rydberg 常数为

$$R_A = \frac{\mu c^2 e^4}{4\pi(4\pi\varepsilon_0)^2 (c\hbar)^3} = R_\infty \frac{1}{1 + m/M} \tag{2.4.10}$$

上式中的 R_∞ 为把核看成无穷大质量时的 Rydberg 常数,由式(2.4.10)也可以得到 $M \to \infty$ 时,$R_A \to R_\infty$。表 2.4.1 列出了几个具体的例子。

表 2.4.1　不同原子的 Rydberg 常数 R_A ($\times 10^7\ \text{m}^{-1}$)

原子	R_A	原子	R_A
^{1}H	1.096 775 8	^{4}He$^+$	1.097 222 7
^{2}D	1.097 074 2	^{7}Li^{2+}	1.097 288 0
^{3}T	1.097 173 5	^{9}Be^{3+}	1.097 307 0

由表 2.4.1 中的数据可以看出,原子序数越大,原子核的质量就越大,Rydberg 常数越接近无穷大质量的数值。而由式(2.4.10)得到的氢原子 Rydberg 常数和实验值高度吻合,消除了 Bohr 理论值和实验值万分之五的误差。下面对上面的论述作一简单的推导。

令 M 和 m 分别代表核与电子的质量,如图 2.4.4 所示,设核与电子到质心的距离分别为 r_1 和 r_2,电子与核的距离为 r,则有

$$r_1 + r_2 = r$$
$$Mr_1 = mr_2$$

由上两式得

$$r_1 = \frac{m}{m+M}r$$

$$r_2 = \frac{M}{m+M}r$$

核与电子绕质心转动,二者对质心具有相同的角速度 ω,核与电子线速度分别为

$$V = r_1\omega, v = r_2\omega \tag{2.4.11}$$

两体系统受到的向心力为同一 Coulomb 力

$$\frac{MV^2}{r_1} = \frac{mv^2}{r_2} = \frac{Ze^2}{4\pi\varepsilon_0 r^2} \tag{2.4.12}$$

考虑到式(2.4.11),式(2.4.12)可写为

$$\frac{Mm}{M+m}r\omega^2 = \mu r\omega^2 = \frac{Ze^2}{4\pi\varepsilon_0 r^2} \tag{2.4.13}$$

式中,μ 为核与电子的折合质量,即 $\mu \equiv \dfrac{mM}{m+M}$。

由 Bohr 角动量量子化假设,体系的角动量为

$$MVr_1 + mvr_2 = n\hbar \qquad n = 1,2,3,\cdots$$

由折合质量的定义,上式可写为

$$\mu r^2 \omega = n\hbar \tag{2.4.14}$$

联合式(2.4.13)和式(2.4.14),消去 ω 得核与电子之间的距离为

$$r_n = n^2 \frac{4\pi\varepsilon_0 \hbar^2}{\mu e^2 Z} \tag{2.4.15}$$

原子体系能量为

$$E = \frac{1}{2}MV^2 + \frac{1}{2}mv^2 - \frac{Ze^2}{4\pi\varepsilon_0 r}$$

$$= \frac{1}{2}\mu r^2 \omega^2 - \frac{Ze^2}{4\pi\varepsilon_0 r}$$

考虑到式(2.4.13),体系的总能量为

$$E = -\frac{e^2}{4\pi\varepsilon_0}\frac{Z}{2r}$$

将式(2.4.15)代入上式得到原子能量为

$$E_n = -\frac{\mu e^4 Z^2}{2(4\pi\varepsilon_0)^2 \hbar^2}\frac{1}{n^2} \tag{2.4.16}$$

将式(2.4.16)与式(2.4.9)即 $E_n = -hcT(n) = -\dfrac{hcRZ^2}{n^2}$ 比较,得到 Rydberg 常数为

$$R_A = \frac{\mu c^2 e^4}{4\pi(4\pi\varepsilon_0)^2(c\hbar)^3}$$

上式即为 Bohr 提出的核与电子绕质心运动的 Rydberg 常数表达式(2.4.10)。Rydberg 常数随不同核质量的变化直接导致了氢的同位素氘的发现。我们来定量地看看氢(氕)和氘的 Balmer 线系 H_α 光谱线的波长差。

氘核质量约为氕核质量的 2 倍,即 $M_D \approx 2M_H$,由式(2.4.10)得

$$R_H = R_\infty \frac{M_H}{M_H + m}, R_D = R_\infty \frac{M_D}{M_D + m} = R_\infty \frac{2M_H}{2M_H + m}$$

氕的 Balmer 线系 H_α 的波长为

$$\lambda_H = \frac{1}{\tilde{\nu}_H} = \frac{1}{R_H(1/2^2 - 1/3^2)} = \frac{36}{5R_H}$$

同理,氘的 Balmer 线系 H_α 的波长为

$$\lambda_D = \frac{36}{5R_D}$$

Balmer 线系 H_α 的波长之差为

$$\Delta\lambda = \lambda_H - \lambda_D = \frac{36}{5} \times \left(\frac{1}{R_H} - \frac{1}{R_D}\right)$$

$$= \frac{36}{5R_\infty} \times \frac{m}{2M_H}$$

由于 $m/M_H = 1/1\,836$,故得 $\Delta\lambda = 0.179$ nm。

起初有人从原子质量测量问题估计有质量为 2 单位的重氢存在,但它的丰度非常小,一时难以确定。1932 年 Urey 在 14 K 低温下把 3 L 液氢蒸发到不足 1 mL,这样提高了剩余液氢中重氢的含量,将其装入放电管摄取其光谱,发现氢的 H_α 线(656.279 nm)旁边还有一条谱线(656.100 nm),二者之差为 0.179 nm。实验值与上面的计算吻合得很好,由此 Urey 确定了氢的同位素氘的存在。

例 2.2　电子偶素是由一个电子和一个正电子组成的一种类氢束缚系统,求:

(1)基态时电子和正电子的距离;

(2)基态和第一激发态能量;

(3)Lyman 线系最长波长。

解　电子偶素的折合质量

$$\mu = \frac{m_e m_e^+}{m_e^+ + m_e^+} = \frac{1}{2}m_e$$

(1)由 Bohr 半径公式得

$$r_1' = \frac{4\pi\varepsilon_0 \hbar^2}{\mu e^2} = 2a_1 = 1.06 \times 10^{-10} \text{ m}$$

(2)基态能量

$$E_1' = \frac{-\mu e^4}{2(4\pi\varepsilon_0)^2 \hbar^2} = \frac{1}{2}E_1 = -6.8 \text{ eV}$$

第一激发态能量为

$$E'_2 = \frac{E'_1}{n^2} = \frac{1}{4}E'_1 = -1.7 \text{ eV}$$

（3）电子偶素 Rydberg 常数为

$$R_{ee^+} = R_\infty \frac{\mu}{m_e} = \frac{1}{2}R_\infty$$

由 Lyman 线系 Rydberg 公式得

$$\frac{1}{\lambda'} = R_{ee^+}\left(1 - \frac{1}{2^2}\right) \Rightarrow \lambda' = 243.1 \text{ nm}$$

除了电子偶素以外，人们还观察到了一些很特别的原子，如 Rydberg 原子，原子中有一个外层电子被激发到主量子数 n 很大的高激发态的原子；氢 μ 原子，由一个质子和一个 μ^- 子构成的原子；氢 π 原子，由一个质子和一个 π^- 子构成的原子；氢反质子原子，由一个质子和一个反质子构成的原子；氢 K 原子：由一个质子和一个 K^- 子构成的原子；μ 子素，由一个电子和一个 μ^+ 子构成；反氢原子，由正电子和反质子构成的原子。

由 Balmer 线系光谱图 2.3.3 可见，右侧系限外有一个连续谱，它是由具有正能量的原子产生的。当电子离原子核很远时，势能为 0，电子的动能为原子能量，它为正值，它的轨道是非封闭的双曲线的一支，如图 2.4.5 所示。

$$E = \frac{1}{2}mv_0^2 = \frac{1}{2}mv^2 - \frac{Ze^2}{4\pi\varepsilon_0 r}$$

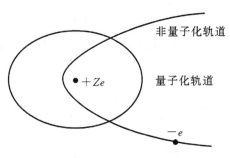

图 2.4.5　非量子化轨道

当电子从一个非量子化轨道跃迁到量子化轨道时，发射光子的能量为

$$h\nu = E - E_n = \frac{1}{2}mv_0^2 + \frac{hcRZ^2}{n^2}$$

上式右边第二项与主量子数有关，但第一项是可以连续变化的原子的初始能量，因此原子发射的光谱是连续谱，光谱朝着短波方向延伸。

2.5　类氢离子光谱

类氢离子是原子核外只有一个电子的原子体系，但其原子核的核电荷数大于 1。这些离子具有和氢原子类似的结构，如 He^+、Li^{2+}、Be^{3+} 离子，常把它们记为 He II，Li III，Be IV，把氢原子记为 H I。利用加速器技术，能产生 O^{7+}、Cl^{16+}、Al^{17+} 甚至 U^{91+} 那样高 Z 的类氢离子。

1897 年 Pickering 在观察船舻座 ζ 星（中国名称为弧矢增二十二）光谱时发现了一个很像氢

原子 Balmer 系的光谱线系，称为 Pickering 线系，如图 2.5.1 所示。从谱线上可以看到Pickering线系与 Balmer 线系每隔一条就几乎重合，二者的波长只有很小的差别，在相邻两条Balmer线系之间又有一条 Pickering 线。Rydberg 指出 Pickering 线系的波数可用下式表示：

$$\tilde{\nu} = R\left(\frac{1}{2^2} - \frac{1}{n^2}\right) \qquad n = \frac{5}{2}, 3, \frac{7}{2}, 4, \frac{9}{2}, \cdots \qquad (2.5.1)$$

公式形式和氢光谱的 Balmer 系一样，不过 n 的取值除了有整数以外还有半整数。起先人们以为这是氢的谱线，但实验室总观察不到这类谱线，认为这类氢只存在于宇宙星体光谱中，Pickering线系的这个氢被称为宇宙氢。

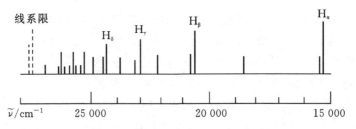

图 2.5.1　Pickering 线系与 Balmer 线系

Bohr 从他的理论出发，郑重指出，Pickering 线系不是氢发出的，而是属于 He$^+$ 的。Evans 听到 Bohr 的见解后立即去实验室仔细观察了氦离子的光谱，这些光谱在纯氢的装置中始终找不到，结果证实了 Bohr 判断的正确性。

我们来看看如何从 Bohr 理论给出 Pickering 线系的 Rydberg 公式。考虑到类氢离子中电子受到的 Coulomb 力为 $-\dfrac{1}{4\pi\varepsilon_0}\dfrac{Ze^2}{r^2}$，因此只需把氢原子公式中的 e^2 换成 Ze^2 即可，于是类氢离子的能级公式有

$$r_n = n^2\,\frac{4\pi\varepsilon_0\hbar^2}{mZe^2}$$

$$E_n = -\frac{mc^2Z^2}{2}\left(\frac{e^2}{4\pi\varepsilon_0\hbar c}\right)^2\frac{1}{n^2} \qquad (2.5.2)$$

能级公式也可以用 Rydberg 常数表示：

$$E_n = -\frac{hcRZ^2}{n^2} \qquad (2.5.3)$$

式中，R 为类氢离子的 Rydberg 常数，有

$$R_A = R_\infty\,\frac{1}{1+\dfrac{m}{M_A}}$$

由于类氢离子的核的质量 M_A 比氢核质量都要大，因此 R_A 大于 R_H，更趋近于 R_∞。由 Bohr 的频率条件得

$$\tilde{\nu} = \frac{1}{\lambda} = \frac{E_n - E_m}{hc} = Z^2 R_A\left(\frac{1}{m^2} - \frac{1}{n^2}\right) \qquad n = m+1, m+2, \cdots \qquad (2.5.4)$$

将类氢离子的波数公式(2.5.4)用于氦离子 He$^+$，有

$$\tilde{\nu} = 4R_{He}\left(\frac{1}{m^2} - \frac{1}{n^2}\right) \qquad (2.5.5)$$

取 $m=4$，则 $n=5,6,7,\cdots$，式(2.5.5)变为

$$\tilde{\nu} = R_{\mathrm{He}}\left(\frac{1}{2^2} - \frac{1}{k^2}\right) \qquad k = \frac{n}{2} = \frac{5}{2}, 3, \frac{7}{2}, 4, \frac{9}{2}, \cdots \tag{2.5.6}$$

此式正是 Pickering 线系的 Rydberg 公式。由于 $R_{\mathrm{He}} > R_{\mathrm{H}}$，Pickering 线系与 Balmer 线系相邻近几乎重合的谱线位于 Balmer 线系左侧，相应谱线的波数大于氢光谱 Balmer 线系的波数。想想看，为什么 Pickering 线系中 $k=5/2$ 的谱线没有显示在图 2.5.1 中呢？

之后，氢离子 He^+ 另一些谱线也被发现了。1914 年 Fowlor 发现了 $m=3$ 的线系，1916 年 Lyman 发现了 $m=1$ 和 $m=2$ 的线系，它们的 Rydberg 公式表述如下：

$$\tilde{\nu} = 4R_{\mathrm{He}}\left(\frac{1}{3^2} - \frac{1}{n^2}\right) \qquad n = 4,5,6,7,\cdots \quad (1914 \text{ 年 Fowlor 发现})$$

$$\tilde{\nu} = 4R_{\mathrm{He}}\left(\frac{1}{1^2} - \frac{1}{n^2}\right) \qquad n = 2,3,4,5,\cdots \quad (1916 \text{ 年 Lyman 发现})$$

$$\tilde{\nu} = 4R_{\mathrm{He}}\left(\frac{1}{2^2} - \frac{1}{n^2}\right) \qquad n = 3,4,5,6,\cdots \quad (1916 \text{ 年 Lyman 发现})$$

Bohr 理论解释了类氢光谱，促使人们信服了它的可靠性，当 Bohr 理论对类氢离子光谱成功解释的消息传到 Einstein 那儿时，他表示心悦诚服，称赞 Bohr 的理论是一个伟大的发现。

2.6　Franck-Hertz 实验

Bohr 理论的要点是原子存在一些稳定的状态，原子在这些状态上不发出也不吸收电磁波，当电子在量子态之间跃迁时，原子会发射或吸收电磁波。理论非常好地解释了氢光谱，对类氢离子的描述也非常成功，但这些证据毕竟是间接的。任何重要的物理规律都必须得到至少两种独立的实验方法的验证。1914 年 Franck 和 Hertz 用电子轰击原子的方法，使原子从低能级被激发到高能级，直接证明了原子中定态能级的存在。

2.6.1　Franck-Hertz 实验概述

为什么选用电子轰击原子呢？设中性原子的质量为 M，基态能级和第一激发态能级分别为 E_1 和 E_2，某粒子速度为 v，动量为 p，对处于静止的原子进行非弹性碰撞，我们来看看入射粒子的最小动能。设碰撞后粒子的动量为 p'，原子的动量为 p'_{a}，粒子和原子碰撞前后能量守恒，得

$$\frac{p^2}{2m} = \frac{p'^2}{2m} + \frac{p'^2_{\mathrm{a}}}{2M} + (E_2 - E_1) \tag{2.6.1}$$

碰撞前后质心速度不变

$$v_{\mathrm{c}} = \frac{m}{m+M} v \tag{2.6.2}$$

由力学 König 定理知，碰撞后粒子和原子相对质心静止时，粒子提供的能量才是最小的，于是有

$$p' = m v_{\mathrm{c}}, \quad p'_{\mathrm{a}} = M v_{\mathrm{c}} \tag{2.6.3}$$

将式(2.6.3)代入式(2.6.1)，并考虑到式(2.6.2)，得粒子的最小能量为

$$E_{kmin} = \frac{p^2}{2m} = E_2 - E_1 + E_{kmin}\frac{m}{m+M} \Rightarrow E_{kmin} = \left(1 + \frac{m}{M}\right)(E_2 - E_1) \quad (2.6.4)$$

由式(2.6.4)知道入射粒子的最小能量与入射粒子的质量有关,质量越小,入射粒子使原子激发的最小能量也就越小。Franck、Hertz用电子轰击原子验证Bohr理论是非常合理的。

　　Franck-Hertz实验的示意图如图2.6.1所示。在玻璃容器中充入待测气体,电子从容器内阴极K发出后被K和栅极G之间的电场加速,栅极G和接收极之间加0.5 V的反向电压。当电子通过KG区(4 cm)与原子碰撞后进入GA区(1~2 mm)后,若有较大的能量,则电子可以克服反向电压到达接收极A,从而形成电流;若电子把自己的能量都给了原子,则电子剩下的能量就很小,以至于不足以克服反向电压到达A,若能量较小的电子数目很多,接收极A回路中的电流就会减小。

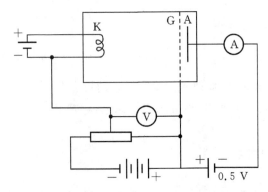

图 2.6.1　Franck-Hertz 实验示意图

　　最初Franck-Hertz实验往玻璃容器中充入的是汞蒸气(压强约1.33 Pa),图2.6.2给出了他们实验的结果,横坐标是KG极的加速电压V,纵坐标是GA间的电流I_p,随着电压的增大,电流也增大,当$V=4.9$ V后,I_p开始下降。这表明电子在栅极G附近发生了非弹性碰撞,失去了4.9 eV的能量,失去能量后,电子不能再加速,故电流I_p下降。而当$V<4.9$ V时,I_p随着电压V的增大而增大,表明汞原子不接受电子的能量,电子和汞原子发生了弹性碰撞,几乎不损失什么能量。当$V>4.9$ V时,电子到达G以前发生了非弹性碰撞,失去了4.9 eV的能量,此后电子还要被加速一段路程才能到栅极G,因此电子有机会获得能量克服0.5 V的反向电压到达极板A,电流I_p继续上升。当电压加至9.8 V时,会发生两次非弹性碰撞,第一次是在KG的途中,第二次是在G的附近,故电流又会突然下降,形成第二个峰。如此继续下去,每隔4.9 V便会出现一个峰值电流。Franck-Hertz实验现象表明,4.9 eV是汞原子基态与第一激发态之间的能量间隔。若果真如此,则实验中应该能观察到的汞原子发光的波长为

$$\frac{hc}{\lambda} = E_2 - E_1 \Rightarrow \lambda = \frac{hc}{E_2 - E_1} = 253.6 \text{ nm}$$

实验中确实观察到了波长为253.7 nm的光谱线,与上面的估算符合。这样Franck-Hertz实验就清楚地证实了原子中定态能级的存在。

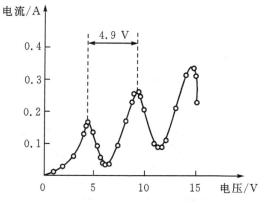

图 2.6.2　汞原子第一激发电势的测量

Franck-Hertz 在 1914 年的实验图 2.6.1 有一个缺点,电子的能量难以超过 4.9 eV,因为一旦加速达到了 4.9 eV,电子就会把 4.9 eV 的能量交给汞原子,这样实验只能观察到汞原子的第一激发态能级,而无法使汞原子激发到更高的能级。

2.6.2　改进的 Franck-Hertz 实验

1920 年,Franck 将图 2.6.1 的实验装置作了改进,改进后的实验装置如图 2.6.3 所示。与图 2.6.1 比较,新的实验装置在三个方面作了改进:

(1)在原来的阴极 K 前面加了一个极板,旁热式加热使电子均匀发射;

(2)在靠近阴极 K 处加了一个栅极 G_1,让管内气体更加稀薄,使得 KG_1 的间距小于电子在汞蒸气中的平均自由程,建立了一个无碰撞的加速区 KG_1;

(3)让栅极 G_1 和 G_2 处于等电位,G_1G_2 区为碰撞区而没有加速。

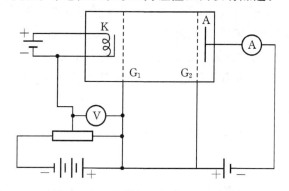

图 2.6.3　改进的 Franck-Hertz 实验

改进后的装置把加速区和碰撞区分在两个区域进行,避免了原来装置加速和碰撞都在一个区域 KG 的缺点。改进后的 Franck-Hertz 仪器所得到的结果如图 2.6.4 所示。图中有许多电流下降,这些出现在 KG_1 间的电压为 4.68 V、4.9 V、5.29 V、5.78 V、6.73 V 等值,其中 4.9 V 就是汞原子的第一激发态电势。其他激发态电势只有 6.73 V 有相应的光谱线被观察到,波长为 184.9 nm,其余的相当于原子被激发到一些状态,从那里很难自发跃迁而发出电磁波,光谱中不出现相应的谱线,这些激发态称为亚稳态。一些元素的第一激发态电势如下:汞

4.9 V,钠 2.12 V,钾 1.63 V,氮 2.1 V。

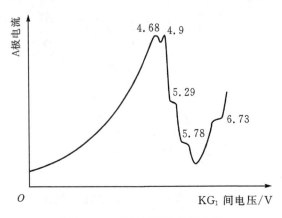

图 2.6.4　汞原子的激发态电势

　　从 Franck-Hertz 的实验可以看到,原子被激发到不同状态,吸收一定的能量,这些数值是不连续的,足见原子内部能量是量子化的。也就是说,Franck-Hertz 实验直接证实了原子定态能级的存在,因而该实验在近代物理中占据了重要的地位。

2.7　Sommerfeld 理论、对应原理及 Bohr 理论的地位

2.7.1　Sommerfeld 理论

　　Bohr 于 1913 年提出的氢原子理论,假定电子绕核运动的轨道为圆轨道,借用定态假设和频率条件得到了氢原子的能级公式,并且很好地解释了氢原子的光谱。1916 年 Sommerfeld 就将 Bohr 的圆轨道推广到椭圆轨道,进一步又考虑电子运动的相对论效应,给出了氢原子能级的精细结构。将圆轨道推广到椭圆轨道的一个理由是电子在核的 Coulomb 场中运动受到的 Coulomb 力和行星绕日运动的万有引力都是与距离平方反比,而行星的轨道被证明是个椭圆,电子绕核运动的轨迹自然也有可能是椭圆。下面就来看看 Sommerfeld 的理论。

1. 量子化条件和椭圆轨道
Bohr 氢原子理论的一个推论是角动量量子化

$$L = rmv = n\frac{h}{2\pi} \qquad n = 1,2,3,\cdots$$

不久之后 Wilson 在 1913 年,石原在 1915 年,Sommerfeld 在 1916 年各自提出了量子化的通用法则,即将角动量量子化推广为下式:

$$\oint p \mathrm{d}q = nh \qquad n = 1,2,3,\cdots \tag{2.7.1}$$

式中,$\mathrm{d}q$ 为位移或角位移;p 为与 q 对应的动量或角动量;积分上的圈表示对一个周期的积分。

　　将式(2.7.1)用于圆轨道,$p = L = rmv$,由于 Coulomb 力是有心力,根据角动量守恒知 p 为常量可以从积分号提出,于是式(2.7.1)可变为

$$L\oint \mathrm{d}\varphi = L2\pi = nh \Rightarrow L = n\frac{h}{2\pi} = n\hbar$$

上式正是 Bohr 的角动量量子化条件。电子绕核在一个平面上做椭圆运动是二自由度的运动。建立图 2.7.1 所示的极坐标,极坐标零点在核的位置,坐标为 r 和 φ,对应的动量为沿矢径 $\boldsymbol{r}$ 方向的 $p_r = m\dot{r}$ 和垂直于 r 方向的角动量 $p_\varphi = mr^2\dot{\varphi}$。体系的总能量为

$$E = \frac{1}{2}m(\dot{r}^2 + r^2\dot{\varphi}^2) - \frac{Ze^2}{4\pi\varepsilon_0 r} = \frac{1}{2m}\left[(m\dot{r})^2 + \frac{m^2 r^4 \dot{\varphi}^2}{r^2}\right] - \frac{Ze^2}{4\pi\varepsilon_0 r} \tag{2.7.2}$$

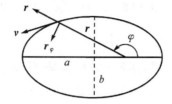

图 2.7.1　电子绕核运动的椭圆轨道

令 $k = \dfrac{Ze^2}{4\pi\varepsilon_0}$,$u = 1/r$,则有

$$\dot{r} = \frac{\mathrm{d}r}{\mathrm{d}\varphi}\dot{\varphi} = \frac{\mathrm{d}r}{\mathrm{d}\varphi}\frac{p_\varphi}{mr^2} = -\frac{p_\varphi}{m}\frac{\mathrm{d}}{\mathrm{d}\varphi}\left(\frac{1}{r}\right) = -\frac{p_\varphi}{m}\frac{\mathrm{d}u}{\mathrm{d}\varphi} \tag{2.7.3}$$

由角动量 p_φ 表达式和式(2.7.3),可将系统能量表达式化为

$$\left(\frac{\mathrm{d}u}{\mathrm{d}\varphi}\right)^2 = \frac{2mE}{p_\varphi^2} + \frac{2mk}{p_\varphi^2}u - u^2$$

上式两边开方积分得

$$\int \frac{\mathrm{d}u}{\sqrt{\dfrac{2mE}{p_\varphi^2} + \dfrac{2mk}{p_\varphi^2}u - u^2}} = \varphi + C \tag{2.7.4}$$

由积分公式 $\displaystyle\int \frac{\mathrm{d}x}{\sqrt{ax^2 + bx + c}} = \frac{-1}{\sqrt{-a}}\arcsin\frac{2ax + b}{\sqrt{b^2 - 4ac}}$,其中 $a < 0$,得式(2.7.4) 为

$$\arcsin\left(\frac{u - mk/p_\varphi^2}{\sqrt{m^2 k^2/p_\varphi^4 + 2mE/p_\varphi^2}}\right) = \varphi + C$$

或者

$$\arccos\left(\frac{u - mk/p_\varphi^2}{\sqrt{m^2 k^2/p_\varphi^4 + 2mE/p_\varphi^2}}\right) = -\varphi + \frac{\pi}{2} + C \tag{2.7.5}$$

选择适当的坐标轴,可使 $\pi/2 + C$ 等于零,因此式(2.7.5)化简为

$$\cos\varphi = \frac{u - mk/p_\varphi^2}{\sqrt{m^2 k^2/p_\varphi^4 + 2mE/p_\varphi^2}}$$

考虑到 $u = 1/r$,上式变为

$$r = \frac{\dfrac{p_\varphi^2}{mk}}{1 + \sqrt{1 + \dfrac{2Ep_\varphi^2}{mk^2}}\cos\varphi} \tag{2.7.6}$$

式(2.7.6)与圆锥曲线标准方程比较,有

$$r = \frac{p}{1 + e\cos\varphi} \tag{2.7.7}$$

由于系统能量 $E < 0$，电子运动轨迹的偏心率 $0 < e < 1$，轨迹为椭圆，则

$$e = \sqrt{1 + \frac{2Ep_\varphi^2}{mk^2}} \tag{2.7.8}$$

$$p = \frac{p_\varphi^2}{mk} \Rightarrow p_\varphi^2 = mkp = mka(1 - e^2) \tag{2.7.9}$$

式(2.7.9)中的 a 为椭圆半长轴。由式(2.7.8)和式(2.7.9)可得体系能量为

$$E = -\frac{k}{2a} \tag{2.7.10}$$

式(2.7.10)的意义：平方反比的体系，其系统总能量只与椭圆半长轴 a 有关。

下面使用通用量子化法则式(2.7.1)导出椭圆轨道氢原子能级和轨道形状。在力学体系上对每一个坐标均引入量子化条件，角位移和角动量的量子化条件为

$$\oint p_\varphi \mathrm{d}\varphi = n_\varphi h$$

由有心力场中的角动量守恒，可以把 p_φ 直接从积分号里面提出来：

$$p_\varphi \oint \mathrm{d}\varphi = p_\varphi 2\pi = n_\varphi h \Rightarrow p_\varphi = mr^2 \dot\varphi = n_\varphi \frac{h}{2\pi} \tag{2.7.11}$$

由于椭圆轨道的原因，角量子数 n_φ 不能为零，可以取 $n_\varphi = 1, 2, 3, \cdots$，对位移和动量引入量子化条件得

$$\oint p_r \mathrm{d}r = n_r h \qquad n_r = 0, 1, 2, \cdots$$

圆轨道时 $n_r = 0$，下文会看到 n_r 有一个上限值。上式可作如下变形：

$$n_r h = \oint p_r \mathrm{d}r = \oint m\dot\varphi \frac{\mathrm{d}r}{\mathrm{d}\varphi} \mathrm{d}r$$

$$= \oint mr^2 \dot\varphi \frac{1}{r^2} \frac{\mathrm{d}r}{\mathrm{d}\varphi} \frac{\mathrm{d}r}{\mathrm{d}\varphi} \mathrm{d}\varphi = p_\varphi \oint \left(\frac{1}{r} \frac{\mathrm{d}r}{\mathrm{d}\varphi}\right)^2 \mathrm{d}\varphi \tag{2.7.12}$$

由椭圆方程(2.7.7)得

$$\frac{1}{r} \frac{\mathrm{d}r}{\mathrm{d}\varphi} = \frac{e\sin\varphi}{1 + e\cos\varphi}$$

将上式代入式(2.7.12)并考虑到式(2.7.11)，得

$$2\pi \frac{n_r}{n_\varphi} = \oint \left(\frac{e\sin\varphi}{1 + e\cos\varphi}\right)^2 \mathrm{d}\varphi \tag{2.7.13}$$

右边进行如下积分

$$\oint \left(\frac{e\sin\varphi}{1 + e\cos\varphi}\right)^2 \mathrm{d}\varphi = \oint \frac{-e\sin\varphi}{(1 + e\cos\varphi)^2} \mathrm{d}(e\cos\varphi + 1)$$

$$= \oint e\sin\varphi \, \mathrm{d}\frac{1}{e\cos\varphi + 1}$$

$$\overset{\text{分部积分}}{=} -\oint \frac{e\cos\varphi}{e\cos\varphi + 1} \mathrm{d}\varphi$$

$$= -\int_0^{2\pi} \frac{e\cos\varphi}{e\cos\varphi + 1} \mathrm{d}\varphi$$

$$= 2\pi\left(-1+\sqrt{\frac{1}{1-e^2}}\right) = 2\pi\left(-1+\frac{a}{b}\right) \qquad (2.7.14)$$

式(2.7.14)使用了公式

$$\frac{1}{2\pi}\int_0^{2\pi}\frac{\mathrm{d}\varphi}{e\cos\varphi+1} = \frac{1}{\sqrt{1-e^2}}$$

其中，b 为椭圆半短轴，由式(2.7.13)和式(2.7.14)得到

$$\frac{b}{a} = \frac{n_\varphi}{n_r+n_\varphi} \equiv \frac{n_\varphi}{n} \qquad (2.7.15)$$

由此可得椭圆的偏心率为

$$1-e^2 = \frac{b^2}{a^2} = \frac{n_\varphi^2}{n^2}$$

由上式、角动量量子化式(2.7.11)和椭圆偏心率的表达式(2.7.8)，得到体系能量为

$$E = -\frac{mk^2}{2\hbar^2 n^2} = -\frac{Z^2 me^4}{(4\pi\varepsilon_0)^2 2\hbar^2 n^2} \qquad (2.7.16)$$

式(2.7.16)正是氢原子 Bohr 能级公式，可以看出在椭圆轨道里，氢原子的能级只与主量子数 $n=n_r+n_\varphi$ 有关。由式(2.7.16)和式(2.7.10)得到椭圆的半长轴为

$$a = \frac{\hbar^2}{mk}n^2 = \frac{4\pi\varepsilon_0\hbar^2}{Zme^2}n^2 = n^2\frac{a_1}{Z} \qquad (2.7.17)$$

由式(2.7.15)得到椭圆半短轴为

$$b = nn_\varphi\frac{a_1}{Z} \qquad (2.7.18)$$

当主量子数 n 确定时，n_r、n_φ 可以有不同的值，$n_\varphi=1,2,3,4,\cdots,n$；相应地，$n_r=0,1,2,3,\cdots,$ $n-1$。n_r 和标准量子力学中的轨道角动量量子数 l 相当，由式(2.7.17)和式(2.7.18)椭圆长短半轴的定量关系知，此时电子共有 n 个不同的椭圆轨道，当 $n_r=0$、$n_\varphi=n$ 时为 Bohr 圆轨道，图 2.7.2 所示为 $n=3$ 时的椭圆轨道。显然 Sommerfeld 的椭圆轨道是对 Bohr 圆轨道理论的一个合理的推广。

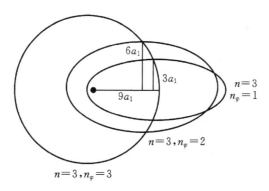

图 2.7.2　同一能级的不同椭圆轨道

由原子能级式(2.7.16)知，能级只取决于主量子数 n，与 n_φ 无关，n 一定时，n_φ 可以取 n 个值，这些轨迹对应相同的能量，我们说这时原子能级是 n 重简并的。在非相对论情况下，能级确实 n 重简并；在相对论情况下，这 n 个椭圆，它们的能级并不是 n 重简并的，也就是说不同的

椭圆轨迹对应着不同的能级,这是 Sommerfeld 对 Bohr 理论的又一推广。

2. 相对论效应

在 1896 年,Michelson 和 Morley 发现了氢光谱 H_α 是双线结构,相距 $0.36\ cm^{-1}$,后来在高分辨率谱仪中观察到了 3 条紧靠的谱线,为了解释这一实验事实,Bohr 猜测,它可能是由于电子在椭圆轨道上运动时作慢进动所引起的。按此想法 Sommerfeld 做了定量的计算,用相对论力学中的质量随速度的增加而增大和量子化通则得到椭圆轨道的相对论修正氢原子能级公式为

$$E = -\mu c^2 + \mu c^2 \left[1 + \frac{\alpha^2 Z^2}{[n_r + (n_\varphi^2 - \alpha^2 Z^2)^{1/2}]^2} \right]^{-\frac{1}{2}} \tag{2.7.19}$$

式中,$\alpha = \dfrac{e^2}{4\pi\varepsilon_0 \hbar c}$ 为精细结构常数,$\mu = \dfrac{m_e M}{m_e + M}$ 为折合质量。为了便于应用,常将式(2.7.19)按 α 级数展开为

$$E = -\frac{hcRZ^2}{n^2} - \frac{hcRZ^4\alpha^2}{n^4} \left(\frac{n}{n_\varphi} - \frac{3}{4} \right) + \cdots \tag{2.7.20}$$

式中的 α^4、α^6 等可忽略。第一项正是 Bohr 理论的结果,第二项是相对论效应的结果,对同一 n 的值,n_φ 可以有 n 个不同的值 $n_\varphi = 1, 2, 3, \cdots, n$,对应的能级也有 n 个不同的能级,严格来说氢原子的能级并不简并,但 n 个能级之间相差微小。如果不考虑相对论效应,虽然轨道有 n 个椭圆,但能量还是一样的,即非相对论下,氢原子能级 n 度简并。Sommerfeld 的理论一出现,立刻由 Paschen 在 1916 年对氦离子光谱的精确度量而得到了较好的证实,由于 Sommerfeld 给出的选择定则为 $\Delta n_\varphi = \pm 1$,理论和实验有稍许差别。但能级公式(2.7.19)和相对论量子力学的 Dirac 方程给出的结果却完全一样,由此可见,系统的量子力学体系诞生之前也会有很天才的人算出和量子力学一致的结果,当然这些正确结果的出发点和思维方式可能并不那么可靠。下面我们看看如何导出 Sommerfeld 公式(2.7.19)。

按相对论,电子以速度 v 运动的动能为

$$T = m_0 c^2 \left(\frac{1}{\sqrt{1-\beta^2}} - 1 \right)$$

其中,$\beta = v/c$。类氢离子总能量为

$$E = m_0 c^2 \left(\frac{1}{\sqrt{1-\beta^2}} - 1 \right) - \frac{1}{4\pi\varepsilon_0} \frac{Ze^2}{r}$$

由上式得

$$\frac{1}{\sqrt{1-\beta^2}} = 1 + \frac{1}{m_0 c^2} \left(E + \frac{1}{4\pi\varepsilon_0} \frac{Ze^2}{r} \right) \tag{2.7.21}$$

由式(2.7.11),本质上有心力场中角动量守恒,$p_\varphi = mr^2 \dot{\varphi}$,$p_r = m\dot{r}$,得

$$\beta^2 = \frac{v^2}{c^2} = \frac{1}{c^2}(\dot{r}^2 + r^2\dot{\varphi}^2) = \frac{1}{m^2 c^2}\left(p_r^2 + \frac{1}{r^2}p_\varphi^2 \right) = \frac{1-\beta^2}{m_0^2 c^2}\left(p_r^2 + \frac{1}{r^2}p_\varphi^2 \right)$$

此式和式(2.7.21)联立,消去 β^2,得

$$1 + \frac{1}{m_0^2 c^2}\left(p_r^2 + \frac{1}{r^2}p_\varphi^2 \right) = \left[1 + \frac{1}{m_0 c^2}\left(E + \frac{1}{4\pi\varepsilon_0} \frac{Ze^2}{r} \right) \right]^2 \tag{2.7.22}$$

令 $s = 1/r$,注意到

$$\frac{p_r}{p_\varphi} = \frac{m\dot{r}}{mr^2\dot{\varphi}} = \frac{1}{r^2}\frac{\mathrm{d}r}{\mathrm{d}\varphi} = -\frac{\mathrm{d}}{\mathrm{d}\varphi}\left(\frac{1}{r}\right)$$

得

$$\frac{p_r}{p_\varphi} = -\frac{\mathrm{d}s}{\mathrm{d}\varphi}$$

将上式代入式(2.7.22)得

$$1 + \frac{p_\varphi^2}{m_0^2 c^2}\left[\left(\frac{\mathrm{d}s}{\mathrm{d}\varphi}\right)^2 + s^2\right] = \left[1 + \frac{E + \dfrac{Ze^2}{4\pi\varepsilon_0}s}{m_0 c^2}\right]^2$$

将此式对 φ 求导,并注意到 Coulomb 力下 p_φ 和能量 E 均为恒量,得

$$\frac{\mathrm{d}^2 s}{\mathrm{d}\varphi^2} + \left[1 - \frac{Z^2 e^4}{(4\pi\varepsilon_0)^2 p_\varphi^2 c^2}\right]s - \left(1 + \frac{E}{m_0 c^2}\right)\frac{m_0 Z c^2}{4\pi\varepsilon_0 p_\varphi^2} = 0 \qquad (2.7.23)$$

令

$$1 - \frac{Z^2 e^4}{(4\pi\varepsilon_0)^2 p_\varphi^2 c^2} = \omega^2, \quad \frac{\left(1 + \dfrac{E}{m_0 c^2}\right)\dfrac{m_0 Z c^2}{4\pi\varepsilon_0 p_\varphi^2}}{1 - \dfrac{Z^2 e^4}{(4\pi\varepsilon_0)^2 p_\varphi^2 c^2}} = k$$

代入式(2.7.23)有

$$\frac{\mathrm{d}^2 s}{\mathrm{d}\varphi^2} + \omega^2(s - k) = 0 \qquad (2.7.24)$$

此简谐振动方程的解为

$$s = k + A\cos\omega\varphi + B\sin\omega\varphi$$

若 φ 由近核点量起,则 $\varphi=0$ 时,$\dfrac{\mathrm{d}r}{\mathrm{d}\varphi}=0$,$\dfrac{\mathrm{d}s}{\mathrm{d}\varphi}$ 也为零。把这个初始条件代入得 $B=0$,有

$$s = \frac{1}{r} = k + A\cos\omega\varphi \qquad (2.7.25)$$

此方程与非相对论椭圆轨道方程 $\dfrac{1}{r} = \dfrac{1 + e\cos\varphi}{a(1 - e^2)}$ 形式一样,但极角变为 $\varphi\omega$。由式(2.7.23)知 $c\to\infty$ 时,$\omega\to 1$,相对论形式的轨迹趋于椭圆轨道。然而光速 c 毕竟有限,ω 略小于 1,这时电子的真实轨迹如图 2.7.3 所示。因为电子从近核点开始运动,当 $\varphi\omega$ 变化 2π 后,矢径回复到初值处,由于 $\varphi = \dfrac{2\pi}{\omega}$ 略大于 2π,说明近核点与核的连线较前转了一个 $\dfrac{2\pi}{\omega} - 2\pi = \Delta\varphi$ 的角度。这样产生的效果是,电子的轨道不是闭合的,好像一个个连着的进动的椭圆轨道。这个进动椭圆由两种运动叠加而成,一种是电子绕核椭圆运动,另一种是椭圆长轴绕核缓缓转动,二者转向相同。

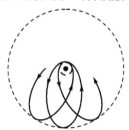

图 2.7.3　相对论影响下电子的运动轨迹

由 Sommerfeld 量子化通则知 $p_\varphi = n_\varphi \hbar$，下面来看看另一个量子化条件 $\oint p_r \mathrm{d}r = n_r h$ 所蕴含的物理意义。由式(2.7.22)和 $p_\varphi = n_\varphi \hbar$ 得到

$$p_r = \sqrt{2m_0 E + 2m_0 \frac{Ze^2}{4\pi\varepsilon_0 r} + \frac{E^2}{c^2} + \frac{2EZe^2}{4\pi\varepsilon_0 c^2 r} + \frac{Z^2 e^4}{(4\pi\varepsilon_0)^2 c^2 r^2} - \frac{1}{r^2} n_\varphi^2 \hbar^2} \qquad (2.7.26)$$

令

$$2m_0 E + \frac{E^2}{c^2} = -A, \quad m_0 \frac{Ze^2}{4\pi\varepsilon_0} + \frac{EZe^2}{4\pi\varepsilon_0 c^2} = B, \quad \frac{Z^2 e^4}{(4\pi\varepsilon_0)^2 c^2} - n_\varphi^2 \hbar^2 = -C \qquad (2.7.27)$$

有

$$p_r = \sqrt{-A + 2B/r - C/r^2}$$

将上式代入量子化条件得

$$\oint p_r \mathrm{d}r = \oint \sqrt{-A + 2B/r - C/r^2}\, \mathrm{d}r = n_r h$$

积分结果为

$$2\pi \left(\frac{B}{\sqrt{A}} - \sqrt{C} \right) = n_r \hbar \qquad (2.7.28)$$

注意到式(2.7.27)，则式(2.7.28)可化简为

$$E = -m_0 c^2 + m_0 c^2 \left\{ 1 + \frac{\alpha^2 Z^2}{[n_r + (n_\varphi^2 - \alpha^2 Z^2)^{1/2}]^2} \right\}^{-\frac{1}{2}} \qquad (2.7.29)$$

考虑到电子和核两体运动实为绕质心运动，则式(2.7.29)中电子质量应以折合质量 $\mu = \dfrac{m_e M}{m_e + M}$ 代入，α 为精细结构常数，这样式(2.7.29)就化为式(2.7.19)。对于 n 相同而 n_φ 不同的轨道，进动情况不完全相同，因此这些轨道运动的能量略有差别，即相对论情况下氢原子能量非简并。

2.7.2 对应原理

在量子力学出现以前，由 Bohr 提出的对应原理在 1913—1925 年间对原子物理学和量子理论的发展有极其深刻的影响，该原理在经典概念和量子概念之间建立了特殊的联系。事实上，当人们在量子理论范围内解释原子结构的许多问题遇到严重困难时，对应原理便成了获取新成果时带有指导性的思维方法。

Bohr 关于对应原理比较精确而晦涩的表述为：没有关于定态间跃迁机制的详细理论，当然不能普遍地得到两个这种定态之间自发跃迁的概率的严格确定法，除非各个 n 数值较大，…，对于并不是很大的那些 n 值，在一个给定跃迁的概率和两个定态中粒子位移表示式的Fourier 系数值之间也必定存在一种密切的联系。

我们通过 Bohr 的定态假设和跃迁假设导出氢原子能级和角动量量子化，引出对应原理，利用该原理给出原子发射光谱的强度和选择定则。电子在 Coulomb 场中运动有

$$V = -\frac{k}{r}$$

式中，系数 $k = \dfrac{Ze^2}{4\pi\varepsilon_0}$，电子绕核运动，角动量守恒：

$$p_\varphi = mr^2 \frac{\mathrm{d}\varphi}{\mathrm{d}t} \tag{2.7.30}$$

由上式得

$$\mathrm{d}t = \frac{mr^2}{p_\varphi}\mathrm{d}\varphi \Rightarrow T = \int \mathrm{d}t = \frac{2m}{p_\varphi} \int_0^{2\pi} \frac{r^2}{2} \mathrm{d}\varphi = \frac{2m}{p_\varphi}\pi ab \tag{2.7.31}$$

上式积分 $\int_0^{2\pi} \frac{r^2}{2}\mathrm{d}\varphi = \pi ab$ 为椭圆面积，a 和 b 分别为椭圆半长轴和半短轴，设椭圆偏心率为 e，则半短轴 b 和半长轴 a 及偏心率 e 的关系为

$$b = a\sqrt{1-e^2}$$

联合上式和式(2.7.9)，得到

$$b^2 = \frac{p_\varphi^2 a}{mk} \Rightarrow \frac{b}{p_\varphi} = \sqrt{\frac{a}{mk}}$$

将上式代入椭圆周期公式(2.7.31)得

$$T = 2m\pi a\sqrt{\frac{a}{mk}} = 2\pi\sqrt{\frac{ma^3}{k}}$$

考虑到式(2.7.10)得电子椭圆轨道的频率和体系的能量 $|E|$ 之间的关系为

$$T = \pi k\sqrt{\frac{m}{2}\frac{1}{|E|^3}} \Rightarrow \nu = \frac{1}{T} = \frac{1}{\pi k}\sqrt{\frac{2}{m}}\,|E|^{3/2} \tag{2.7.32}$$

这一结论常称为 Kepler 第三定律。

Bohr 认为，经典轨道中只有某些离散的能量所对应的状态才是稳定的，这些离散的能量用正整数 n 标记，Bohr 进一步假定

$$E(n) = -h\nu(E)f(n) \tag{2.7.33}$$

由对应原理的精神，Bohr 提出当量子数 n 很大，Δn 很小时，量子论得到的结果和经典力学的结果相同。式(2.7.33)中 $\nu(E)$ 为经典频率，由 Kepler 第三定律式(2.7.32)和式(2.7.33)可得

$$E(n) = -\frac{\pi^2 k^2 m}{2h^2 f^2(n)} \tag{2.7.34}$$

由 Bohr 频率条件 $h\nu_{nm} = E_n - E_m$(跃迁假设)得

$$\nu_{nm} = \frac{E_n - E_m}{h} = \frac{\pi^2 k^2 m}{2h^3}\left[\frac{1}{f^2(m)} - \frac{1}{f^2(n)}\right] \tag{2.7.35}$$

对比 Rydberg 公式 $\nu_{nm} = R\left(\frac{1}{m^2} - \frac{1}{n^2}\right)$，可令

$$f(n) = Ln \tag{2.7.36}$$

式(2.7.36)中 L 为待定常数。为了确定 L 的值，考虑大量子数 $N(N \gg n > 1)$ 向 $N-1$ 跃迁的情况，此时的量子频率为

$$\nu_{N,N-1} = \frac{\pi^2 k^2 m}{2h^3 L^2}\left[\frac{1}{(N-1)^2} - \frac{1}{N^2}\right] = \frac{\pi^2 k^2 m}{2h^3 L^2}\frac{2N-1}{(N-1)^2 N^2} \approx \frac{\pi^2 k^2 m}{h^3 L^2}\frac{1}{N^3} \tag{2.7.37}$$

而大量子数 N 时，电子绕核运动的经典频率(也近似等于 $N-1$ 时的经典频率)为

$$\nu_N(E) = \frac{-E(N)}{hf(N)} = \frac{\pi^2 k^2 m}{2h^3 f^3(N)} = \frac{\pi^2 k^2 m}{2h^3 L^3 N^3} \approx \nu_{N-1}(E)$$

由对应原理知,大量子数 N 向 $N-1$ 跃迁的量子频率和经典频率相等 $\nu_{N,N-1}=\nu_N(E)$,得 $L=1/2$,于是得到氢原子的能级公式:

$$E(n) = -\frac{2\pi^2 k^2 m}{n^2 h^2} = -\frac{Z^2 m e^4}{(4\pi\varepsilon_0)^2 2\hbar^2 n^2} \tag{2.7.38}$$

上式正是量子数 $n \gg 1$ 时的氢原子能级公式。根据对应原理的精神,Bohr 合理地设想,对于量子数 n 小的轨道该公式也适用,式(2.7.38)就是氢原子(类氢离子)的 Bohr 能级公式,式中 $n=1,2,3,\cdots$ 为主量子数。

设电子绕原子核做圆周运动,原子体系的总能量为

$$E = T + V = \frac{1}{2}mv^2 - \frac{1}{4\pi\varepsilon_0}\frac{e^2}{r} = -\frac{1}{2}\frac{1}{4\pi\varepsilon_0}\frac{e^2}{r} \tag{2.7.39}$$

电子运动的频率为

$$f = \frac{v}{2\pi r} = \frac{e}{2\pi}\sqrt{\frac{1}{4\pi\varepsilon_0 m r^3}} \tag{2.7.40}$$

由式(2.7.38)和式(2.7.39)得到

$$r_n = \frac{4\pi\varepsilon_0 \hbar^2}{m e^2}n^2 \tag{2.7.41}$$

电子绕核做圆轨道运动的角动量等于

$$L = mvr = mr\sqrt{\frac{e^2}{4\pi\varepsilon_0 m r}} = \sqrt{\frac{m e^2 r}{4\pi\varepsilon_0}} = n\hbar \qquad n = 1,2,3,\cdots \tag{2.7.42}$$

式(2.7.42)就是我们所说的角动量量子化。一般教材都把角动量量子化作为 Bohr 理论的第三个假设,其实角动量量子化是在 Bohr 理论两个假设的基础上应用对应原理导出的一个推论。

对周期运动体经典频率和它辐射的量子频率的相关性可作更一般的说明。一个具有自由度的体系,它辐射的频率为

$$\nu = \frac{E - E'}{h} = \frac{\Delta E}{h} \tag{2.7.43}$$

考虑到量子化条件

$$J = \oint p\,\mathrm{d}q = nh$$

状态如果改变,作用量 J 也要改变:

$$\Delta J = \Delta n \cdot h \equiv \tau h \tag{2.7.44}$$

由式(2.7.43)和式(2.7.44)消去 h 得到

$$\nu = \frac{\Delta E}{h} = \tau\frac{\Delta E}{\Delta J} \tag{2.7.45}$$

式(2.7.45)是一个自由度体系辐射频率的一般表达式。经典理论辐射频率等于辐射体的运动频率,辐射体的能量为

$$E = \frac{p^2}{2m} + V$$

一个周期的作用量为

$$J = \oint p\,\mathrm{d}q = \oint \sqrt{2m(E - V)}\,\mathrm{d}x \tag{2.7.46}$$

经典理论中 E 可以连续变化,求 J 对 E 的导数

$$\frac{\mathrm{d}J}{\mathrm{d}E} = \oint \frac{m}{\sqrt{2m(E-V)}} \mathrm{d}x = \oint \frac{m}{p} \mathrm{d}x$$

$$= \oint \frac{\mathrm{d}x}{v} = \oint \frac{\mathrm{d}x}{\mathrm{d}x/\mathrm{d}t} = \oint \mathrm{d}t = T \tag{2.7.47}$$

这就是辐射体的振动周期,频率为 $1/T$,即

$$\nu_{\mathrm{el}} = \frac{1}{T} = \frac{\mathrm{d}E}{\mathrm{d}J} \tag{2.7.48}$$

对于更复杂的振动,按 Fourier 分析,可以看作许多谐振动的叠加,这些振动是基频的整数倍,即

$$\nu_{\mathrm{ec}} = \tau \frac{\mathrm{d}E}{\mathrm{d}J} \tag{2.7.49}$$

当量子数 n 很大,而 $\Delta n = \tau$ 很小时,量子论式(2.7.45)的有限值之比就等于式(2.7.49)的经典频率。

在定态 N 向定态 $N-n$ $(n \ll N)$ 跃迁情况下,得量子频率为

$$\nu_{N,N-n} \approx n \frac{4\pi^2 k^2 m}{h^3 N^3} = n\nu_N$$

即量子频率是经典的电子绕核频率的 n 倍,按经典电动力学,氢原子辐射的光波可以按 Fourier 级数展开为具有频率 $\nu_N, 2\nu_N, 3\nu_N, \cdots$ 的各种成分。条件周期系统中,如果周期性级次为 s,系统的定态也由 s 个量子数 $n_1, n_2, n_3, \cdots, n_s$ 决定,为不引起混淆,每个量子数 n_i 的经典频率用 ν_{ei} 表示。如果 s 个自由度对应于 s 个频率,则系统是非简并的,若频率数小于自由度 s,则系统是简并的,不失一般性,我们来分析非简并系统。

令 T 为比所有振荡周期大得多的时间,在此时间内,系统近似回到原状态,则各周期 T_i 发生的次数 N_i 满足的条件为

$$T = N_1 T_1 = N_2 T_2 = N_3 T_3 = \cdots = N_s T_s$$

各经典频率为

$$\nu_{\mathrm{el}} = \frac{1}{T_1} = \frac{N_1}{T}, \nu_{e2} = \frac{N_2}{T}, \cdots, \nu_{es} = \frac{N_s}{T}$$

对第 i 级次的周期,其量子化条件为

$$I_i = \oint p_i \mathrm{d}q_i = \int_0^{T_i} p_i \mathrm{d}q_i = n_i h$$

一方面,时间 T 内系统定态的作用量为

$$I = \int_0^T \sum_{k=1}^s p_k \dot{q}_k \mathrm{d}t = \sum_{k=1}^s \int_0^{N_k T_k} p_k \dot{q}_k \mathrm{d}t = \sum_{k=1}^s N_k \int_0^{T_k} p_k \dot{q}_k \mathrm{d}t = \sum_{k=1}^s N_k I_k$$

另一方面,$\delta I = \int_0^T \delta E \mathrm{d}t = T \delta E$,可得

$$\delta E = \frac{\delta I}{T} = \frac{N_1 \delta I_1 + N_2 \delta I_2 + \cdots + N_s \delta I_s}{T} = \nu_{\mathrm{el}} \delta I_1 + \nu_{e2} \delta I_2 + \cdots + \nu_{es} \delta I_s$$

对大量子数情况有 $\delta E = h\nu$(系量子频率),$\delta I_i = h\Delta n_i$,得

$$\nu = \Delta n_1 \nu_{\mathrm{el}} + \Delta n_2 \nu_{e2} + \cdots + \Delta n_s \nu_{es} \tag{2.7.50}$$

上式右侧为经典频率。

将原子中电子在给定方向的位移(等价为原子的电偶极矩)展开成 s 重 Fourier 无穷级数时,按经典电动力学得

$$\xi = \sum C_{\tau_1 \tau_2 \cdots \tau_s} \cos 2\pi \left[(\tau_1 \nu_{e1} + \tau_2 \nu_{e2} + \cdots + \tau_s \nu_{es}) t + c_{\tau_1 \tau_2 \cdots \tau_s} \right] \tag{2.7.51}$$

这里的取和是对所有正的、负的 τ 进行的。由此可见,在 $\tau_1 = \Delta n_1, \tau_2 = \Delta n_2, \cdots, \tau_s = \Delta n_s$ 的情况下,对大的量子数来说,量子频率和经典计算的频率值相吻合,而式(2.7.51)的系数 $C_{\tau_1 \tau_2 \cdots \tau_s}$ 应与跃迁概率相关,该系数的模平方决定了谱线的强度和偏振。式(2.7.51)可视为对应原理的数学表示,应当注意,量子频率和经典计算的频率的这种联系多半是形式上的,二者的辐射机制是不同的:经典计算诠释中所有频率是同时发射的,而量子理论中对应每一个跃迁只有一种频率的发射。对应原理中"除非各个 n 的数值较大"的这句话为人们提供了对应原理的具体使用方法。

对应原理要求当主量子数 n 很大时光谱的量子频率过渡到经典的频率,即

$$\tau \nu_e = \tau \frac{dE}{dJ} = \tau \frac{1}{h} \frac{dE}{dn} \to \nu(n, n-\tau) = \frac{E(n) - E(n-\tau)}{h}$$

得

$$\tau \frac{dE}{dn} \to E(n) - E(n-\tau)$$

将能量 $E(n)$ 推广到主量子数为 n 的任意函数 $f(n)$,可得

$$\tau \frac{df(n)}{dn} \to f(n) - f(n-\tau) \tag{2.7.52}$$

即 Bohr 对应原理要求将经典情况函数 f 对量子数 n 微商替换为量子论情况下差分的形式,此即 Born 对应规则,是对应原理的应用之一,也是 Heisenberg 创建量子力学的关键步骤。

对应原理除了原子辐射频率能和经典频率对应起来外,还有一个很大用途就是通过经典理论给出原子光谱的强度,也可以确定原子发光的选择定则。设原子从 $E(n)$ 能级自发辐射到较低的 $E(n-\tau)$ 能级,由 Einstein 的理论,单位时间辐射的能量为

$$\frac{dE}{dt} = h \nu_\tau A_n^{n-\tau} \tag{2.7.53}$$

自发辐射的谱线的强度与 $A_n^{n-\tau}$ 有关。当 $n \gg 1, n \gg \tau$ 时,自发辐射的频率为 $\nu_\tau = \tau \nu_c$,经典电动力学中,把电偶极矩 P 作 Fourier 展开

$$P = \sum_{\tau=-\infty}^{\infty} P_\tau \exp(2\pi i \tau \nu_c t) \tag{2.7.54}$$

容易得到

$$\ddot{P}^2 = (2\pi \nu_c)^4 \sum_{\tau, \tau'} P_\tau P_{\tau'} \tau^2 \tau'^2 \exp[2\pi i (\tau + \tau') \nu_c t]$$

上式对时间求平均,利用公式

$$\frac{1}{2\pi} \int_0^{2\pi} e^{i(\tau + \tau') \omega t} d(\omega t) = \delta(\tau + \tau')$$

只有 $\tau' = -\tau$ 的项不为零,即

$$\overline{\ddot{P}^2} = (2\pi \nu_c)^4 \sum_{\tau=-\infty}^{\infty} |P_\tau|^2 \tau^4 \tag{2.7.55}$$

由经典电动力学,偶极振荡单位时间辐射的能量为

$$\frac{\mathrm{d}E}{\mathrm{d}t} = \frac{2}{3c^3}\overline{\dddot{P}^2}$$ (2.7.56)

比较式(2.7.53)和式(2.7.56),局限于讨论 $\nu_\tau = \tau\nu_c$ 的辐射,得自发辐射系数为

$$A_n^{n-\tau} = \frac{4}{3hc^3}(2\pi)^4 \nu_\tau^3 \mid P_\tau \mid^2$$ (2.7.57)

由式(2.7.53)和式(2.7.57)知,处于激发态为 ϕ_n、数目为 N_n 的原子向低能态 ϕ_m 跃迁,发出频率为 ν_τ 的光强正比于辐射功率,有

$$J_n^{n-\tau} = N_n h\nu_\tau A_n^{n-\tau} = N_n \frac{4}{3c^3}(2\pi)^4 \nu_\tau^4 \mid P_\tau \mid^2$$ (2.7.58)

式中,$\tau = n - m$。由对应原理确定,光谱强度和频率的四次方成正比,也正比于原子电偶极矩 Fourier 振幅的模平方。

一维谐振子的电偶极矩为

$$p = ex_0\cos\omega_0 t = \frac{ex_0}{2}(\mathrm{e}^{\mathrm{i}\omega_0 t} + \mathrm{e}^{-\mathrm{i}\omega_0 t}) = \sum_{-\infty}^{\infty} D_\tau \mathrm{e}^{\mathrm{i}\tau\omega_0 t}$$

为了找到 Fourier 系数,两边乘 $\mathrm{e}^{-\mathrm{i}\tau'\omega_0 t}$,然后对一个周期积分,不为零的 Fourier 系数对应于 $\tau=1$ 和 $\tau=-1$,即

$$\begin{cases} D_1 = D_{-1} = \dfrac{ex_0}{2} & \tau = \pm 1 \\ D_\tau = 0 & \tau \neq \pm 1 \end{cases}$$ (2.7.59)

一维谐振子发光的选择定则为

$$\Delta n = n - m = \tau = \pm 1$$

考虑到一维谐振子的能级为

$$E_n = n\hbar\omega = \frac{m\omega_0^2 x_0^2}{2}$$

由式(2.7.58)可得一维谐振子的光谱强度为

$$J_n^{n-1} = N_n \frac{2\omega_0^3 \mathrm{e}^2 \hbar}{3mc^3}n$$

用同样的方法也可以确定氢原子两个定态跃迁的选择定则,不过计算的过程更加复杂一些。

1925 年 Heisenberg 关于矩阵力学的第一篇文章的内容就是多次运用对应原理发现矩阵乘法运算规则,矩阵力学可以说是对应原理的逻辑结果。1925—1927 年 Heisenberg、Born、Jordan、Schrödinger、Dirac 创立发展了量子力学后,对应原理在今天已无重要性。既然 Bohr 并未提出小量子数情形下跃迁概率与经典振幅之间普遍而定量的关联,对应原理在旧量子论中为何还如此有用,以至于 Bohr 和 Born 对它作出了这么高的评价? 这是因为,对应原理虽未能给出计算跃迁概率的普遍方法,但 Bohr 所说的跃迁概率与经典振幅之间的"密切的联系"包含了一些重要的定性对应,如可以通过对经典振幅的分析确定量子跃迁为零的情形,这样就可以导出量子跃迁的选择定则、光谱强度以及跃迁辐射的偏振性质,而这些在旧量子论(the old quantum theory)时期具有极大的重要性。

2.7.3　Bohr 理论的地位

在原子的 Rutherford 核式原子模型的基础上发展起来的 Bohr 的原子理论第一次把光谱纳入一个理论体系中。Bohr 理论指出经典物理的规律不能完全适用于原子内部,微观体系应该有特有的量子规律。Bohr 理论中普遍的规律如下:

(1)原子具有能量不连续的定态,原子只能较长时间停留在这些定态,定态上的原子不发射也不吸收能量;

(2)原子从一个定态跃迁到另一个定态发射或吸收电磁波的频率是一定的,满足频率条件

$$h\nu_{kn} = E_k - E_n$$

Bohr 理论指出了当时原子物理发展的方向,推动了实验工作(如 Franck-Hertz 实验,Stern-Gerlach 实验)和理论工作(如 Sommerfeld 椭圆轨道和相对论效应修正、Einstein 光和原子的相互作用理论、Kramers-Heisenberg色散理论)的进行,承前启后,是原子物理一个非常重要的进展。

Bohr 理论虽然成就巨大,但也有其局限性,它只能计算氢原子、类氢离子光谱,对于稍微复杂的氦原子,理论不能给出能级和光谱,Bohr 理论也不能处理光谱强度的问题。主要的原因是该理论还是建立在经典力学的基础上,作了量子条件假定而发展起来的。由于量子条件假设和经典理论不符,所以 Bohr 理论自身是一个似乎缺乏逻辑统一的理论。一个自洽的微观理论是 1925—1927 年由 Heisenberg、Schrödinger、Dirac、Born、Jordan 通过不同的途径建立起来的量子力学,量子力学的第一种有效形式矩阵力学正是由 Bohr 理论发展的对应原理的逻辑结果。

总之,Bohr 理论作为一个半经典理论取得了巨大的成就,在原子物理中起到了承前启后的作用,初学者学习这个理论能很好地由浅入深地逐步了解微观体系的现象和规律,同时也能领略到科学家在处理问题时的一种思维方法。

附录 B　黑体空腔中热平衡条件的电动力学导出

导出 Rayleigh–Jeans 公式时,1900 年 Rayleigh 直觉地给出了原子的电偶极振子和腔内电磁波交换能量达到热平衡时的条件为

$$\rho(\nu, T) = g(\nu)\bar{\varepsilon}(\nu, T) \tag{b1}$$

式中,$g(\nu) = \dfrac{8\pi\nu^2}{c^3}$,为腔内电磁波在频率 ν 附近单位频率间隔单位体积的驻波模式数;$\bar{\varepsilon}(\nu, T)$为腔壁原子的电偶极振子的平均能量。1899 年 Planck 从电偶极振子辐射电磁波和吸收电磁波平衡也导出了这个平衡条件,依据 Planck 的思路,我们导出这一条件。

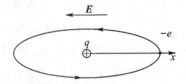

图 B.1　电场中的原子可视为一维电偶极振子

如图 B.1 所示,电场中的原子可视为一维电偶极振子,该振子在腔内电磁波环境中做受迫振动时满足的运动方程为

$$\ddot{x} + \gamma \dot{x} + \omega_0^2 x = eE_0 \cos(\omega t)/m \tag{b2}$$

式中,m 为电子质量;E_0、ω 分别为电磁波的振幅和圆频率,电动力学教材给出的辐射阻尼系数为

$$\gamma = \frac{\alpha}{m} = \frac{e^2 \omega_0^2}{6\pi\varepsilon_0 c^3 m} \tag{b3}$$

可以通过多种方法(如复数法)求出方程(b2)的稳态解为

$$x = \frac{eE_0/m}{\sqrt{(\omega_0^2 - \omega^2)^2 + \gamma^2 \omega^2}} \cos(\omega t + \varphi) \tag{b4}$$

式中,稳态解的相位小于零,$\sin\varphi = \dfrac{-\gamma\omega}{\sqrt{(\omega_0^2 - \omega^2)^2 + \gamma^2 \omega^2}}$,落后于策动力的相位 0。电磁阻尼使得电偶极振子辐射电磁波,其一个周期内能量损失的平均值为

$$P' = -\alpha \dot{x}^2 = -m\gamma \dot{x}^2 = -m\gamma \left[\frac{eE_0 \omega/m}{\sqrt{(\omega_0^2 - \omega^2)^2 + \gamma^2 \omega^2}} \right]^2 \langle \sin^2(\omega t + \varphi) \rangle$$

$$= -\frac{m\gamma}{2} \left[\frac{eE_0 \omega/m}{\sqrt{(\omega_0^2 - \omega^2)^2 + \gamma^2 \omega^2}} \right]^2 = -\gamma\varepsilon \tag{b5}$$

式中,$\varepsilon = \dfrac{kA^2}{2} = \dfrac{m\omega^2}{2} \left[\dfrac{eE_0/m}{\sqrt{(\omega_0^2 - \omega^2)^2 + \gamma^2 \omega^2}} \right]^2$ 为一维电偶极振子的能量;$\langle \sin^2(\omega t + \varphi) \rangle = \dfrac{1}{T} \displaystyle\int_t^{t+T} \sin^2(\omega t + \varphi) dt = \dfrac{1}{2}$。能够被该振子接收的电磁波对该振子做功,一个周期内给该振子补充能量的平均值为

$$P = eE_0 \langle \cos\omega t \cdot \dot{x} \rangle = \frac{-(eE_0)^2 \omega/m}{\sqrt{(\omega_0^2 - \omega^2)^2 + \gamma^2 \omega^2}} \langle \sin(\omega t + \varphi)\cos\omega t \rangle$$

$$= \frac{(eE_0)^2 \omega/m}{2\sqrt{(\omega_0^2 - \omega^2)^2 + \gamma^2 \omega^2}} (-\sin\varphi) = \frac{m\gamma}{2} \left[\frac{eE_0 \omega/m}{\sqrt{(\omega_0^2 - \omega^2)^2 + \gamma^2 \omega^2}} \right]^2 \tag{b6}$$

式中,$\langle \sin(\omega t + \varphi)\cos\omega t \rangle = \dfrac{1}{T} \displaystyle\int_t^{t+T} \sin(\omega t + \varphi)\cos(\omega t) dt = \dfrac{\sin\varphi}{2}$。从式(b5)和式(b6)看,一个周期内电偶极谐振子损失能量和获得能量相等,也是意料中的事。事实上,电偶极振子和电磁波都在完美反射的封闭空腔里,电偶极振子辐射阻尼损失的能量变成电磁波,电磁波对电偶极振子做功又把能量还给振子,电偶极振子和电磁波的总能量不会损失,Planck 将空腔里电偶极振子的辐射阻尼称为守恒阻尼。

电磁波对电偶极振子做功给与的能量为式(b6),这就要求该电偶极振子能够接收此电磁波的辐照能量。当入射电磁波的电场垂直于电偶极振子的方向时,该电偶极振子不会接收到该电磁波的辐照能量,实际空腔内的电磁波会来自某电偶极振子的任何一个方向,如何保证电偶极振子能接收各个方向电磁波的辐照能量呢? Feynman 给出了答案,电偶极矩相互垂直的三个电偶极振子系统像一个振子一样能够接收来自任何方向电磁波的辐照能量。从式(b5)和式(b6),得到三个电偶极振子系统辐射阻尼损失的能量和从各种振幅为 E_{0i}、频率为 ω 的电磁波辐照获得的能量达到平衡的条件为

$$3\gamma\varepsilon = \frac{\gamma e^2}{2m} \frac{\omega^2}{(\omega_0^2 - \omega^2)^2 + \gamma^2\omega^2} \sum_i E_{0i}^2 \tag{b7}$$

式中,各种振幅的求和 $\sum_i E_{0i}^2$ 可以用频段 $\omega \to \omega + \mathrm{d}\omega$ 里的光强 $I(\omega)$ 表示:

$$I(\omega)\mathrm{d}\omega = \frac{1}{2}\sqrt{\frac{\varepsilon_0}{\mu_0}} \sum_i E_{0i}^2 = \frac{\varepsilon_0 c}{2} \sum_i E_{0i}^2 \tag{b8}$$

将式(b8)代入式(b7)得

$$\varepsilon = \frac{e^2}{3m\varepsilon_0 c} \frac{\omega^2 I(\omega)\mathrm{d}\omega}{(\omega_0^2 - \omega^2)^2 + \gamma^2\omega^2} \tag{b9}$$

一个电偶极振子接收的不只是单一频率 ω 的电磁波,而是零到无穷的所有频率的电磁波,此时需要对式(b9)右侧进行积分

$$\varepsilon = \frac{e^2}{3m\varepsilon_0 c} \int_0^\infty \frac{\omega^2 I(\omega)\mathrm{d}\omega}{(\omega_0^2 - \omega^2)^2 + \gamma^2\omega^2} \tag{b10}$$

在辐射阻尼 γ 非常小的情况下电偶极振子的响应曲线 $f(\omega) = \dfrac{\omega^2}{(\omega_0^2 - \omega^2)^2 + \gamma^2\omega^2}$ 在 ω_0 附近十分陡峭,相对地,光强 $I(\omega)$ 则可以视为 ω_0 附近的缓变函数。在 $\omega \to \omega_0$ 时,式(b10)的积分变为

$$\varepsilon = \frac{e^2}{3m\varepsilon_0 c} \int_0^\infty \frac{\omega_0^2 I(\omega_0)\mathrm{d}\omega}{(\omega_0 + \omega)^2 (\omega_0 - \omega)^2 + \gamma^2\omega_0^2} = \frac{e^2}{3m\varepsilon_0 c} \int_0^\infty \frac{\omega_0^2 I(\omega_0)\mathrm{d}\omega}{4\omega_0^2 (\omega_0 - \omega)^2 + \gamma^2\omega_0^2}$$

$$= \frac{e^2 I(\omega_0)}{12m\varepsilon_0 c} \int_0^\infty \frac{\mathrm{d}\omega}{(\omega_0 - \omega)^2 + \gamma^2/4} = \frac{e^2 I(\omega_0)}{12m\varepsilon_0 c} \int_{-\infty}^{\omega_0} \frac{\mathrm{d}\omega'}{\omega'^2 + \gamma^2/4} \tag{b11}$$

式(b11)中用了变量代换 $\omega' = \omega_0 - \omega$,由于 $\dfrac{1}{\omega'^2 + \gamma^2/4}$ 离开峰值 $\omega' = 0$ 后快速趋于零,可以将式(b11)的上限取到无穷大。利用

$$\int_{-\infty}^\infty \frac{\mathrm{d}\omega'}{\omega'^2 + \gamma^2/4} = \frac{2\pi}{\gamma}$$

式(b11)积分可得

$$I(\omega_0) = \frac{6m\varepsilon_0 c\gamma}{\pi e^2} \varepsilon \tag{b12}$$

考虑到辐射阻尼系数式(b3),光强和能量密度的关系为

$$I(\omega_0) = \rho(\omega_0)c = \frac{\rho(\nu_0)c}{2\pi}$$

式(b12)变为

$$\rho(\nu_0) = \frac{8\pi\nu_0^2}{c^3} \varepsilon \tag{b13}$$

去掉式(b13)中的 0 角标(因为这个结果可用于平衡时的所有频率),用腔壁上很多原子的电偶极振子的平均能量 $\bar\varepsilon$ 代入式(b13),就得到了黑体空腔中原子的电偶极振子和腔内电磁波交换能量满足的热平衡条件:

$$\rho(\nu) = \frac{8\pi\nu^2}{c^3} \bar\varepsilon \tag{b14}$$

Planck 先于 Rayleigh 导出了热平衡条件,因此他最早给出了正确的黑体辐射谱的公式。

附录 C　Planck 导出黑体辐射公式的过程

1900 年 Planck 内插得到的黑体辐射公式(2.1.33)很准确地描述了黑体辐射的规律,以至于 Planck 决心不惜一切代价找到一个物理解释。经过两个月的奋斗,他终于给出了一个同经典概念严重背离的物理解释:黑体空腔器壁上的原子谐振子的能量是量子化的,而且谐振子与腔内电磁波的能量交换也是量子化的。下面就看看 Planck 最初是如何基于谐振子能量量子化假说导出黑体辐射公式的。

将能量 E 划分为 P 个相等的能量单元 ε,于是有

$$E = P\varepsilon_0 \tag{c1}$$

这些能量单位 ε_0 可以按不同的比例分配给 N 个谐振子。由于这些能量单元 ε_0 都是不可区分的,因此分配方案有所讲究。为了搞清楚这种分配方案,我们以 $P=10$ 个能量单元 ε_0 分配到 $N=5$ 个谐振子上为例探讨总共有多少分配方案。如图 C.1 所示。

图 C.1　10 个不可区分的能量单元分配到 5 个谐振子的分配方案

图中的小黑点代表一个能量单元 ε_0,两个实竖线间隔代表一个谐振子,实线可以有不同的排列,虚线竖线代表边界固定。显然小黑点和实线共有的排列数为 $[10+(5-1)]!$。由于能量单元不可区分,小黑点的任意排列数 $10!$ 不会带来能量分配的任何变化;同样,实竖线的任何排列 $(5-1)!$ 也不会带来能量分配的任何变化。因此 10 个能量单元 ε_0 分配到 5 个谐振子的分配方案数共有 $\dfrac{[10+(5-1)]!}{10!\ (5-1)!}$ 种。推而广之,P 个能量单元分配到 N 个谐振子的分配方案数共有

$$\Omega = \frac{(P+N-1)!}{P!(N-1)!} \tag{c2}$$

显然由于 $P\gg 1$,$N\gg 1$,可以采用 Stering 近似公式 $N! = N^N$,式(c2)化为

$$\Omega = \frac{(P+N)^{P+N}}{P^P N^N} \tag{c3}$$

分配方案数 Ω 和 N 个谐振子的 Boltzmann 熵 S_N 之间的关系为

$$S_N = k\ln\Omega$$

式中,k 为 Boltzmann 常数。将式(c3)代入上式得到

$$S_N = k\big[(P+N)\ln(P+N) - P\ln P - N\ln N\big]$$
$$= Nk\left[\left(1+\frac{P}{N}\right)\ln\left(1+\frac{P}{N}\right) - \frac{P}{N}\ln\frac{P}{N}\right] \tag{c4}$$

总能量 $E=P\varepsilon_0$ 分配给 N 个谐振子,每个谐振子的平均能量 $\bar{\varepsilon}$ 为

$$\bar{\varepsilon} = \frac{E}{N} = \frac{P\varepsilon_0}{N}$$

将谐振子平均能量代入式(c4)得到 N 个谐振子的熵 S_N 为

$$S_N = Nk\left[\left(1+\frac{\bar{\varepsilon}}{\varepsilon_0}\right)\ln\left(1+\frac{\bar{\varepsilon}}{\varepsilon_0}\right)-\frac{\bar{\varepsilon}}{\varepsilon_0}\ln\frac{\bar{\varepsilon}}{\varepsilon_0}\right] \tag{c5}$$

又 N 个谐振子的熵是单个谐振子熵的 N 倍，即 $S_N = NS$，于是单个谐振子的熵为

$$S = k\left[\left(1+\frac{\bar{\varepsilon}}{\varepsilon_0}\right)\ln\left(1+\frac{\bar{\varepsilon}}{\varepsilon_0}\right)-\frac{\bar{\varepsilon}}{\varepsilon_0}\ln\frac{\bar{\varepsilon}}{\varepsilon_0}\right] \tag{c6}$$

由热力学公式 $\dfrac{1}{T}=\dfrac{\mathrm{d}S}{\mathrm{d}\bar{\varepsilon}}$，将式（c6）对 $\bar{\varepsilon}$ 微分，得

$$\frac{1}{T} = \frac{k}{\varepsilon_0}\left[\ln\left(1+\frac{\bar{\varepsilon}}{\varepsilon_0}\right)-\ln\frac{\bar{\varepsilon}}{\varepsilon_0}\right]$$

由上式得到谐振子的平均能量为

$$\bar{\varepsilon} = \frac{\varepsilon_0}{\mathrm{e}^{\varepsilon_0/(kT)}-1} \tag{c7}$$

将平均能量式（c7）代入式（2.1.30），注意到 $R(\nu,T)=\dfrac{c}{4}\rho(\nu,T)$，得黑体辐射本领为

$$R(\nu,T) = \frac{2\pi\nu^2}{c^2}\frac{\varepsilon_0}{\mathrm{e}^{\varepsilon_0/(kT)}-1} \tag{c8}$$

考虑到 Wien 定律式（2.1.13）的要求，谐振子的能量单元必然正比于辐射场的频率。令 $\varepsilon_0 = h\nu$，便得到了 Planck 的黑体辐射公式

$$R_0(\nu,T) = \frac{2\pi h\nu^3}{c^2}\frac{1}{\mathrm{e}^{h\nu/(kT)}-1}$$

或者

$$R_0(\lambda,T) = \frac{2\pi hc^2}{\lambda^5}\frac{1}{\mathrm{e}^{hc/(k\lambda T)}-1} \tag{c9}$$

Planck 黑体辐射公式中包含了 Boltzmann 常数 k 和一个新的常数 h，Planck 用黑体辐射公式（c9）去拟合当时最精确的黑体辐射谱的实验结果，得到 h 的值为

$$h = 6.55\times10^{-34}\ \mathrm{J\cdot s}$$

比现代值低 1%，同时还给出了 Boltzmann 常数

$$k = 1.346\times10^{-23}\ \mathrm{J/K}$$

比现代值低 2.5%。这个新的常数 h 也被称为 Planck 常数。

附录 D　Einstein 光量子的发现

　　Einstein 在 1905 年《关于光的产生和转化的一个启发性观点》文章中提出的光量子是近代物理发展中一个十分重要的概念，借用光量子的概念 Einstein 轻而易举地解释了当时难以理解的光电效应实验定律。光量子概念也启发 de Broglie 提出了微观粒子具有波动性的想法，更进一步，Schrödinger 在 de Broglie 物质波的基础上创立了量子力学的第二种形式，波动力学。

　　经典 Maxwell 电磁理论表明对一切电磁现象，当然也包括光，应当把能量看作是连续的空间函数，如一个点源发射出来的光束的能量在一个不断增大的体积中连续的分布。用连续空间函数计算的光的波动理论在描述纯粹光学现象时十分地成功，如光的衍射、反射、折射和色散等。一个有质量的物体的能量，应当用其中原子所带能量的总和表示，一个有质量的物体

的能量不可能分成任意多、任意小的部分。因此可以设想当人们把连续空间函数计算的光的理论应用到光的产生和转化的现象时,会导致和实验相矛盾的结果。

　　在黑体辐射中把光的能量看成是连续空间分布时会产生矛盾。Planck 导出了黑体辐射中电磁波和黑体空腔器壁上原子谐振子交换能量的动态平衡条件:

$$\rho(\nu, T) = g(\nu)\bar{\varepsilon}(\nu, T) \tag{d1}$$

式中,$\rho(\nu, T)$ 为黑体辐射腔内电磁波的谱能量密度,即 $\rho(\nu, T)d\nu$ 表示频率介于 ν 和 $\nu + d\nu$ 时辐射在单位体积的能量;$g(\nu)$ 为单位体积、ν 附近单位频率间隔内电磁波独立自由度数目,即振动模式数目 $g(\nu) = 8\pi\nu^2/c^3$,c 为光在真空中的速率;$\bar{\varepsilon}(\nu, T)$ 为温度为 T 时空腔器壁上原子谐振子的平均能量,由于原子在器壁上的自由度为 2,统计物理中的能均分定理得 $\bar{\varepsilon}(\nu, T) = kT$,$k$ 为 Boltzmann 常数。由式(d1)得到了一个荒谬的结果,即电磁波具有无限大能量:

$$\int_0^\infty \rho(\nu, T)d\nu = \frac{8\pi kT}{c^3}\int_0^\infty \nu^2 d\nu \to \infty$$

Planck 拟合黑体辐射数据时提出的谱能量密度表示式为

$$\rho(\nu, T) = \frac{\alpha\nu^3}{e^{\beta\nu/T} - 1} \tag{d2}$$

其中,$\alpha = 6.10 \times 10^{-56}$;$\beta = 4.866 \times 10^{-11}$。在 T/ν 很大,即大的辐射密度和长波长的极限下,Planck 谱能量密度变为 $\rho(\nu, T) = \alpha\nu^2 T/\beta$,将该式和式(d1)比较得 $8\pi k/c^3 = \alpha/\beta$,Planck 给出的 Boltzmann 常数与用其他方法求得的结果一致,由此说明了在电磁波能量密度越大、波长越长的情况下,经典 Maxwell 电磁理论越适用,反之在小波长、小能量密度下,经典 Maxwell 电磁理论(将电磁波看成是连续的波动)就完全不适用了,那么此时电磁波的图像是什么呢?

　　电磁波在黑体辐射腔壁中的变化可视为绝热可逆的过程,可知电磁波在腔中存在一个确定的熵。通过 Wien 给出的谱能量密度公式,可以求出辐射密度小的单色电磁波熵的表达式。电磁波在黑体辐射腔的可逆过程的热力学第一、第二定律为

$$TdS = dE + pdV \tag{d3}$$

式中,S 为腔内辐射的熵;E 为腔内辐射的内能;p 为辐射对腔壁的压强;V 为辐射腔体积。设频率介于 ν 和 $\nu + d\nu$ 时辐射在单位体积的谱熵密度为 $\varphi(\nu, T)$、谱能量密度为 $\rho(\nu, T)$,容易得到

$$S = V\int_0^\infty \varphi(\nu, \rho)d\nu, E = V\int_0^\infty \rho(\nu, T)d\nu$$

由于黑体辐射腔的体积 V 一般是固定不变的,即 $pdV = 0$,由式(d3)容易得到

$$\frac{\partial\varphi}{\partial\rho} = \frac{1}{T} \tag{d4}$$

Einstein 的原文是用变分原理导出上式的。要求出辐射密度小、波长短时黑体辐射的熵,需借助式(d4)先求出黑体辐射的谱熵密度 $\varphi(\nu, T)$。

　　辐射密度小、波长长,即 ν/T 很大时,经典 Maxwell 电磁理论失效了,在此极限下由 Planck 给出的谱能量密度式(d2)得到最先由 Wien 得到的谱能量密度为

$$\rho(\nu, T) = \alpha\nu^3 e^{-\beta\nu/T} \tag{d5}$$

由式(d5)得到

$$\frac{1}{T} = -\frac{1}{\beta\nu}\ln\frac{\rho}{\alpha\nu^3}$$

将上式代入式(d4)，两边积分得到

$$\varphi(\nu,\rho) = -\frac{\rho}{\beta\nu}\left(\ln\frac{\rho}{\alpha\nu^3} - 1\right) \tag{d6}$$

考虑频率介于 ν 和 $\nu+\mathrm{d}\nu$ 时辐射的熵，注意到内能 $E=\rho V\mathrm{d}\nu$，由式(d6)可得

$$S = V\varphi(\nu,\rho)\mathrm{d}\nu = -\frac{E}{\beta\nu}\left(\ln\frac{E}{V\alpha\nu^3\mathrm{d}\nu} - 1\right) \tag{d7}$$

若只研究辐射的熵对体积的依赖关系，设 S_0 表示体积 V_0 时辐射的熵，由式(d7)得

$$S - S_0 = \frac{E}{\beta\nu}\ln\frac{V}{V_0} \tag{d8}$$

熵是多粒子体系运动混乱程度（或有序程度）的量度，粒子运动越杂乱，越无规则，活动方式越多，体系的熵就越大，显然平衡态包含的微观状态数目越多，熵就越大，在最概然分布下体系的熵最大。设 n 个原子组成的粒子体系在某宏观平衡态下的微观状态数目为 W，则体系的熵由 Boltzmann 公式给出

$$S = k\ln W \tag{d9}$$

显然，如果 n 个原子在体积为 V_0 的空间运动，平衡态时体系包含的微观状态数为 W_0，体系的熵为

$$S_0 = k\ln W_0$$

设体积 V_0 中有一个大小为 V 的分体积，全部 n 个原子都转移到体积 V 中而没有使体系发生其他变化，平衡后体系包含的微观状态数为 W，体系的熵变为 $S=k\ln W$。显然，n 个原子从体积 V_0 空间全都转移到分体积 V 中而没有发生其他变化的概率为

$$\frac{W}{W_0} = \left(\frac{V}{V_0}\right)^n$$

于是得到

$$S - S_0 = k\ln\frac{W}{W_0} = k\ln\left(\frac{V}{V_0}\right)^n \tag{d10}$$

将式(d8)改写为

$$S - S_0 = k\ln\left(\frac{V}{V_0}\right)^{\frac{E}{k\beta\nu}} \tag{d11}$$

把式(d11)和 Boltzmann 原理的一般公式(d10)比较，体积 V_0 中频率为 ν、能量为 E 的单色电磁波在热学方面看来像由一些互不相关的、大小为 $\varepsilon_0=k\beta\nu$ 的能量子组成，即

$$E = n\varepsilon_0 = nk\beta\nu$$

需要说明的是，式中的常数 β 即黑体辐射的 Planck 谱能量密度式(d2)中的 β，采用 Planck 常数 h 后常数 β 表示为 $\beta=h/k$，所以每个光量子的能量为 $\varepsilon_0=h\nu$。

采用经典的 Maxwell 电磁理论很难解释光电效应实验定律，而用光量子可以很轻松地解释光电效应实验定律。光电效应实验定律是大家熟知的：

(1)存在红限，即当光的频率低于某个值时不发生光电效应；

(2)光电流遏止电压和入射光频率存在线性关系；

(3)光电效应发生的时间非常短，在 10^{-9} s 以内。

Einstein 认为金属表面的电子吸收入射光光量子后脱离金属表面就发生光电效应了，设

入射光的频率为 ν，金属逸出功为 A，由能量守恒得到 Einstein 光电效应方程为

$$\frac{m_e v_m^2}{2} = h\nu - A \tag{d12}$$

光电子的最大初始动能与遏止电压 U 的关系为

$$\frac{m_e v_m^2}{2} = eU$$

所以 Einstein 光电效应方程也可写为

$$eU = h\nu - A \tag{d13}$$

由于电子最大初始动能大于等于零，由式(d12)知光电效应的红限为 A/h。从式(d13)可以看出遏止电压与入射光频率是线性关系。光电子吸收一个光量子立即发生光电效应，不需要时间积累。由光量子概念 Einstein 轻松地解释了光电效应的实验结果。

问题

1. 太阳辐射到地球大气层外表面单位面积的辐射功率为 I_0，称为太阳常量，实际测得其值为 $I_0 = 1.35~\text{kW/m}^2$，太阳半径约为 7×10^8 m，日地平均距离为 1.5×10^{11} m，把太阳近似当作黑体，试求太阳表面的温度。

2. 天文学中常用 Stefan-Boltzmann 定律确定恒星的半径。已知某恒星到达地球的每单位面积的辐射功率为 1.2×10^{-8} W/m^2，恒星离地球距离为 4.3×10^{17} m，表面温度为 5200 K，若该恒星辐射与黑体类似，求该恒星的半径。

3. 已知氢弹爆炸时火球瞬时温度为 3×10^7 K，用 Wien 位移定律计算热辐射最强的波长及相应光子的能量和动量。

4. 一温度为 5700℃ 的空腔，壁上开有直径为 0.10 mm 的小孔，求通过小孔辐射波长在 $550.0 \sim 551.0$ nm 的光的功率；如果辐射是以发射光子的形式进行的，求光子的发射率。

5. 一个 660 Hz 的音叉可视为振动能量为 0.04 J 的谐振子，比较音叉的能量子和发射吸收 5.0×10^{14} Hz 光的原子振子能量子的大小，依此说明音叉可以用经典物理描述而原子振子不能用经典物理描述的原因。

6. 人的视网膜感受到黄光的功率为 1.8×10^{-18} W，黄光的波长约 600 nm，求人眼每秒收到的光子数。

7. 一光电管阴极红限波长为 600 nm。现某入射单色光的光电流遏止电压为 2.5 V，求这束光的波长。

8. 2 MeV 能量的光子与原子核碰撞产生一个正负电子对，如果正电子和负电子获得相同的能量，忽略电子和正电子间的静电相互作用，求电子和正电子的动能(已知电子和正电子的质量为 0.511 MeV/c^2)。

9. 波长为 350 nm、强度为 1.0 W/m^2 的紫外光照射到钾的表面上。

(1)求光电子最大初动能。

(2)设有 0.5% 的光子产生光电子，1.0 cm^2 的钾表面每秒发射多少光电子？

10. 一个金属表面被 8.5×10^{14} Hz 的光照射,光电子动能为 0.52 eV。同样的金属表面被 12.0×10^{14} Hz的光照射,光电子的动能为 1.97 eV。求 Planck 常数和金属的逸出功。

11. 证明自由电子不能吸收一个光子的全部动能和动量(这就是光电效应只在光子和束缚电子之间碰撞才能发生的原因)。

12. 氢原子 Balmer 线系的波长为 366.942 nm、377.006 nm、383.540 nm、397.007 nm 和 434.047 nm,画出波数 $\tilde{\nu}$ 和 n 的关系图,确定这 5 条谱线对应的 n 的值。

13. 量子数 n 很大的氢原子在实验室和太空中被观察到,这类原子称为 Rydberg 原子。

(1)半径为 0.01 mm 的 Rydberg 原子的量子数是多少?

(2)这个量子态的 Rydberg 原子的能量为多大?

14. 在猎户座 A 星云观察到氢原子 $n=110$ 能级跃迁到 $n=109$ 能级的射频谱线 H109α,求该谱线的频率和波长。

15. 为了产生氢原子 $n=50$ 的 Rydberg 态,基态氢原子需要相继吸收两束激光的能量,第一束激光光子的能量为 11.5 eV,则第二束激光的波长为多少? 如果要产生主量子数为 n 的 Rydberg 态,两束激光最大可能的线宽为多少?

16. 试计算:

(1)氢原子从 $n'=351$ 跃迁到 $n=350$ 时辐射的光子的频率;

(2)氢原子处于 $n=350$ 能级时电子绕原子核做圆周运动的旋转频率;

(3)比较两个频率的大小。

17. 求氢原子 Balmer 系最长的波长。

18. 从含有氢和氦的放电管内得到的光谱中,在氢原子 Balmer 线系第一条谱线 H$_\alpha$(波长为 656.279 nm)附近发现了一条比 H$_\alpha$ 波长小 0.267 4 nm 的谱线,这一谱线被归于一次电离的氦原子能级之间的跃迁。

(1)找出 He$^+$ 这一跃迁中涉及的能级的主量子数。

(2)已知 H 的 Rydberg 常数为 $R_H=1.096\ 775\ 8 \times 10^7$ m^{-1},计算 He$^+$ 的 Rydberg 常数(单位为 m^{-1})。

19. 若基态氢原子吸收能量为 12.09 eV 的光子。

(1)氢原子将被激发到哪个能态?

(2)受激发的氢原子向较低能级跃迁时,会发出哪些波长的光谱线?

20. 对于一价电离的氦离子 He$^+$ 和两次电离的锂离子 Li^{2+},计算:

(1)电子的第一 Bohr 半径;

(2)电子处在基态时的能量;

(3)电子由第一激发态跃迁到基态时发射电磁波的波长。

21. 一次电离的氦离子从第一激发态向基态跃迁时,辐射的光子能使基态氢原子电离吗? 如果能,求被电离出的电子的动能。

22. 下图为某类氢离子的光谱,长线所示为氢原子 Balmer 线系,则该类氢离子的核电荷数是多大?

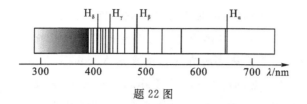

题 22 图

23. μ^- 静止质量是电子质量的 207 倍,带一个单位负电荷,它被质子俘获成 μ 原子,求:

(1)第一 Bohr 半径;

(2)基态能量;

(3)Lyman 线系最长波长。

24. 计算 ^{3}He 和 ^{4}He 第一、第三 Pickering 线的波数差。已知 ^{3}He 质量为 3.016 03 u, ^{4}He 的质量为 4.002 60 u。

25. 氢原子发射谱用光栅常数 $d=2\ \mu m$ 的光栅光谱仪测量。

(1)求衍射角为 $29°5'$ 处恰为第二级次主极大谱线波长,该谱线对应的氢原子激发态主量子数 n 为多大?

(2)若某光栅光谱仪第一级衍射谱能分辨氢原子 Balmer 线系前 30 条光谱,则该光谱仪光栅所需最少的刻痕为多少?

26. 当静止氢原子从第三激发态向基态跃迁发射一个光子时,则氢原子的反冲动能、反冲动量各是多少? 反冲动能和发射光子的能量之比是多少?

27. 两个分别处于基态、第一激发态的氢原子以速率 v 相向运动,如果原来处于基态的氢原子吸收从激发态氢原子发出的光的能量之后刚好跃迁到第二激发态,求这两个氢原子相向运动的速率 v(已知光的 Doppler 效应 $\nu=\sqrt{\dfrac{1+v/c}{1-v/c}}\nu_0$)。

28. 将地球绕日运动视为一个类氢原子系统,地球质量为 6.0×10^{24} kg,地球绕日半径为 1.5×10^{11} m,轨道速度为 3.0×10^4 m/s,求地日系统对应的量子数为多少?

29. 求 $n=2$ 和 $n=15$ 时氢原子中电子在激发态平均寿命 10^{-8} s 内绕核转动的圈数,并和地球绕日在 4.5×10^9 a 内转的圈数作比较。

人物简介

Gustav Kirchhoff(基尔霍夫,1824 - 03 - 12—1887 - 10 - 17),德国物理学家。1845 年他还是学生的时候发现了电路中的 Kirchhoff 定律;1859 年提出了热辐射的 Kirchhoff 定律;1861 年给出了热辐射 Kirchhoff 定律的证明;1861 年和 Bunsen 一起从事光谱研究发现了铯(Cs)和铷(Rb)。他发现元素加热后发射谱中的亮线位置和当光穿过该元素制成的稀薄冷蒸气吸收谱的暗线位置重合,导致了 Alter 和 Ångström 的发现。他详细求解了 Maxwell 方程组,为 Huygen 原理提供了坚实的基础。1862 年获 Rumford 奖,1877 年获 Davy 奖。

Ludwig Eduard Boltzmann(玻尔兹曼,1844 - 02 - 20—1906 - 09 - 05),奥地利物理学家。1884 年他在热力学框架下导出了空腔辐射的 Stefan-Boltzmann 定律,科学贡献主要有气体速度的 Maxwell-Boltzmann 分布律、经典统计力学基础的 Maxwell-Boltzmann 统计、从微观角度阐明了温度的实质、提出了熵和概率的关系 $S = k\ln W$、给出了热力学第二定律的统计解释、提出了描写理想气体动力学的 Boltzmann 方程。他笃信原子论,认为原子与分子的真实存在,而反对原子的唯能论科学家认为的原子和分子不是真实的而是处理问题的一个方式。学生有 Ehrenfest、Herglotz、Meitner 等。

Wilhelm Wien(维恩,1864 - 01 - 13—1928 - 08 - 30),德国物理学家。1893 年他用热力学和电磁理论导出了黑体辐射的 Wien 公式,这个定律只在高频区域成立。Planck 在 Wien 定律的基础上导出了黑体辐射公式,但 Wien 位移定律 $\lambda_{max} T = C$ 依然成立。1898 年研究电离气体束流时,他确认了带正电的粒子质量等于氢原子质量,这个工作奠定了质谱仪基础;1913 年 Thomson 改进了他的装置进一步做了实验;1919 年 Rutherford 的工作使他的正电粒子被接受并将其命名为质子。1911 年获诺贝尔物理学奖。

John William Strutt,3rd Baron Rayleigh(瑞利,1842 - 11 - 12—1919 - 06 - 30),英国物理学家。他和 Ramsay 发现了氩(Ar)元素,发现了 Rayleigh 散射并以此解释了天空为什么是蓝的,预言了 Rayleigh 表面波,提出了 Rayleigh 判据,发展了声速理论和 Duplex 理论。学生有 J. T. Thomson、G. P. Thomson、Bose。1904 年获诺贝尔物理学奖。

Max Planck(普朗克,1858 - 04 - 23—1947 - 10 - 04),德国物理学家。1885 年他深入研究熵及其物理化学的应用,为 Arrhenius 的电解理论提供了热力学基础。1894 年他把注意力转向黑体辐射,在 1900 年 10 月提出了和实验完全吻合的黑体辐射的 Planck 公式,在 1900 年 12 月为 Planck 公式找到了一个物理假设——谐振子能量量子化,这个假设被视为量子论的开端。学生有 Hertz、Meissner、Schottky、Von Laue、Bothe 等。1918 年获诺贝尔物理学奖。

Albert Einstein(爱因斯坦,1879 - 03 - 14—1955 - 04 - 18),德国物理学家。1905 年他对 Brown 运动进行研究,确立了分子的存在,提出了光量子概念,解释了光电效应,创立了狭义相对论,提出了质能关系 $E=mc^2$;1906 年用 Planck 量子论解释了固体比热随温度变化;1907 年发现了等效原理,即引力质量和惯性质量相等,定性预言了光线在引力场中会弯曲,引力红移;1909 年发现了 Planck 能量子必须有一个很好的动量定义,阐明了光的波粒二象性;1913 年和 Stern 合作基于双原子分子的热力学,阐明了零点能的存在;1915 年创立了广义相对论,将引力解释为物质引起的时空结构的弯曲,定量计算出了光线在太阳引力下的弯曲角度,并在后来初步地证实了这个预言,和 de Haas 合作揭示了物质磁性是由于电子的运动(电子自旋)产生的,被称为 Einstein-de Haas 效应;1916 年预言了引力波的存在;1917 年用广义相对论考查了整个宇宙的结构,创立了现代宇宙学,提出了受激辐射的概念,使激光的诞生成为可能;1924 年发展了光子 Bose 统计法,预言了冷原子的 Bose-Einstein 凝聚现象;为了将自旋粒子纳入广义相对论框架,20 世纪 20 年代提出了 Einstein-Cartan 理论;1926 年和 Szilárd 合作发明了吸收式电冰箱,1930 年取得了专利;1935 年和 Podolsky、Rosen 合作提出了 EPR 佯谬,旨在揭示量子现象与人们直觉的差异,和 Rosen 合作在理论上预言了 Einstein-Rosen 桥(虫洞)的存在;1922 年起从事统一场论的工作,但没有取得实质性的结果。他关心政治,反对军国主义和法西斯主义,九一八事变后他呼吁各国联合制止日本对华军事侵略。1921 年获诺贝尔物理学奖。

Joseph von Fraunhofer(夫琅禾费,1787 - 03 - 06—1826 - 06 - 07),德国物理学家。1814 年他发明了分光计,发现了太阳光谱中的 574 条暗线,后被 Kirchhoff 和 Bunsen 证明为原子吸收谱线;1821 年发展了衍射光栅,发现了天狼星和其他星体的发射光谱不同,也和太阳发射谱不同,奠定了恒星光谱学基础。

Niels Henrik David Bohr(玻尔,1885 - 10 - 07—1962 - 11 -18),丹麦物理学家。1913 年他发表了氢原子理论解释氢光谱的规律;1922 年从原子结构理论出发解释了元素周期表的形成;1928 年提出了互补(并协)性原理,是量子力学哥本哈根解释的主要作者之一;1936 年提出了复合核的概念解释核反应;1939 年和 Wheeler 合作用液滴模型研究核裂变时,指出由慢中子引起核裂变的是 ^{235}U 而非 ^{238}U。1922 年获诺贝尔物理学奖。人造 107 号元素 Bohrium 的命名就是为了纪念 Bohr。

James Franck(弗兰克,1882 - 08 - 26—1964 - 05 - 21),德国物理学家。1914 年他和 Hertz 合作完成了 Franck-Hertz 实验,证实了 Bohr 原子理论中原子定态能级的存在;1927 年提出了 Franck-Condon 原理;1945 年报告并告诫人们使用原子弹的政治和经济后果。1925 年获诺贝尔物理学奖。

Gustav Ludwig Hertz(赫兹,1887 - 07 - 22—1975 - 10 - 30),德国物理学家,是 Heinrich Rudolf Hertz 的侄子。1914 年他和 Franck 合作完成了 Franck-Hertz 实验,证实了 Bohr 原子理论中原子定态能级的存在;1928 年发展了通过气体扩散来实现的同位素分离技术;1932 年建立了包含很多单个步骤的级联扩散分离同位素技术,在苏联他用这一方法以很大的技术规模进行了 ^{235}U 的提纯。1925 年获诺贝尔物理学奖。

Arnold Johannes Wilhelm Sommerfeld(索末菲,1868 - 12 - 05—1951 - 04 - 26),德国物理学家。1900 年他发展了流体力学理论;1915 年发现了 Bohr-Sommerfeld 量子化条件;1916 年引入了精细结构常数;1919 年发现了 Sommerfeld-Kossel 位移定律;1927 年将 Fermi-Dirac 统计用于金属中电子的 Drude 模型,计算了电子气体的热容量,解决了经典理论的困难。学生有 Heisenberg、Pauli、Debye、Bethe、Fröhlich、Kossel、Lande、Laporte、Lenz、Peierls、Wentzel、Pauling、Heitler 等。1931 年获 Planck 奖,1939 年获 Lorentz 奖,1949 年获 Oersted 奖。

Johann Jakob Balmer(巴耳末,1825 - 05 - 01—1898 - 03 - 12),瑞士数学家、物理学家。1885 年他发现了氢光谱 Balmer 线系公式,由 Balmer 公式预言的光谱线此前已被 Ångström 观测到。

Johannes Robert Rydberg(里德伯,1854 - 11 - 08—1919 - 12 - 28),
瑞典物理学家。1888 年他发现的 Rydberg 公式总结了氢原子的发射光
谱,主量子数很大时的原子被称为 Rydberg 原子。

Edward Charles Pickering(皮克林,1846 - 07 - 19—1919 - 02 -
03),美国物理学家。1897 年他发现了氦离子的 Pickering 系。

第 3 章　量子力学初步

　　基于经典力学和定态及跃迁条件假设的 Bohr 原子理论能很好地解释氢原子、类氢离子的光谱,借助于对应原理甚至还可以对光谱的偏振、强度及跃迁定则作出尝试性的讨论,但其理论局限性也十分明显,如无法解释氦原子的光谱,其原因在于 Bohr 假设和经典物理的不相容,使得 Bohr 理论本身不是一个自洽的理论。1925—1927 年 Heisenberg、Schrödinger、Dirac、Born、Jordan 创立的量子力学完整地解决了原子问题,其成为原子分子物理、凝聚态物理、原子核物理、量子化学、粒子物理等领域的计算基础,和相对论一起构成近代物理学的两大理论支柱。

　　本章先介绍量子力学的核心概念波粒二象性,包括力学和光学的相似性、de Broglie 物质波和 Davisson-Germer 实验,介绍物质波波函数和其统计解释,即波函数的模平方表示粒子出现的概率。然后介绍 Heisenberg 不确定关系,这也是量子力学核心概念,较详细地介绍在 Bohr 并协性原理和 Heisenberg 不确定关系基础发展起来的量子力学的哥本哈根解释。再次介绍量子力学中基本方程 Schrödinger 方程及其导出和简单应用。最后介绍量子力学的建立过程,包括矩阵力学、波动力学建立过程和二者的等价性(本章中矩阵以白体表示)。

3.1　波粒二象性

3.1.1　力学与光学的相似性

　　人们很早就知道了几何光学是波动光学的短波极限,而最早注意到经典力学和几何光学有很好的类比关系的是 Hamilton。1834 年他发现 Hamilton 主函数 S 和光的等相面的运动具有相同的数学结构,意味着经典力学可以看成某种波的短波极限。但当时经典力学处于全盛时期,他的工作没有引起注意。下面来看力学和光学的相似性。

　　光的标量波动方程

$$\nabla^2 \Phi - \frac{n^2}{c^2} \frac{\partial^2 \Phi}{\partial t^2} = 0 \tag{3.1.1}$$

式中,Φ 为电磁场的标势;c 为真空中的光速;n 为介质折射率。方程(3.1.1)的解可写为

$$\Phi = \exp\{A(r) + ik_0[L(r) - ct]\} \tag{3.1.2}$$

式中,$L(r)$ 为光程;$\exp(A)$ 为振幅;$k_0 = k/n$ 为真空中的波数。算符 ∇ 对式(3.1.2)作用两次得

$$\nabla^2 \Phi = \Phi[\nabla^2 A + ik_0 \nabla^2 L + (\nabla A)^2 - k_0^2 (\nabla L)^2 + 2ik_0 \nabla A \cdot \nabla L] \tag{3.1.3}$$

式(3.1.2)对时间的两次导数为

$$\frac{\partial^2 \Phi}{\partial t^2} = -\Phi k_0^2 c^2 \tag{3.1.4}$$

将式(3.1.3)和式(3.1.4)代入式(3.1.1)得

$$ik_0(\nabla^2 L + 2\,\nabla A \cdot \nabla L) + [\nabla^2 A + (\nabla A)^2 - k_0^2(\nabla L)^2 + k_0^2 n^2] = 0$$

A 和 L 都是实数,上式的实部和虚部都应等于零:

$$\nabla^2 A + (\nabla A)^2 + k_0^2[n^2 - (\nabla L)^2] = 0 \tag{3.1.5}$$

$$\nabla^2 L + 2\,\nabla A \cdot \nabla L = 0$$

当光波的波长跟介质的任何变化线度相比都很小时,折射率不发生大的变化,这正是几何光学的情况,波长小时 $k_0^2 = \dfrac{4\pi^2}{\lambda_0^2}$ 将变得很大,式(3.1.5)中的 $\nabla^2 A + (\nabla A)^2$ 不再重要,而式(3.1.5)也可近似用下式表示:

$$(\nabla L)^2 = n^2 \tag{3.1.6}$$

上式称为光学的**程函方程**,显然程函方程表述的是波动光学短波极限下的几何光学的物理规律。

能量 E 一定时,经典力学的 Hamilton-Jacobi 方程为

$$\frac{1}{2m}\left[\left(\frac{\partial W}{\partial x}\right)^2 + \left(\frac{\partial W}{\partial y}\right)^2 + \left(\frac{\partial W}{\partial z}\right)^2\right] + V = E \tag{3.1.7}$$

式中,W 为 Hamilton 特征函数,上式也可写为

$$(\nabla W)^2 = 2m(E - V) \tag{3.1.7'}$$

光学程函方程(3.1.6)和 Hamilton-Jacobi 方程(3.1.7′)具有完全相同的数学形式,这是 1834 年首先由 Hamilton 认可的。既然程函方程是波动光学短波极限的近似,依此类推,人们自然想到了经典力学的 Hamilton-Jacobi 方程也是某种波动的短波近似,对应物质的这种波就是后来发现的 de Broglie 物质波。

在能量 E 一定的条件下,经典力学的 Hamilton-Jacobi 方程为

$$\frac{\partial S(q,t)}{\partial t} + E = 0 \tag{3.1.8}$$

式中,$S(q,t)$ 为 Hamilton 主函数。上式对时间积分得

$$S(q,t) = W(q) - Et \tag{3.1.9}$$

式中,W 为满足式(3.1.7)的 Hamilton 特征函数。上式表明等 S 曲面和光的波前类似,等 S 面随着时间的推移将向前运动。比较光学中式(3.1.2)的指数部分和经典力学结果的式(3.1.9),时间 t 前面的系数应差一常数

$$E = \frac{h'}{2\pi}k_0 c$$

上式可稍作运算写为

$$E = \frac{h'}{2\pi}k_0 c = \frac{h'}{2\pi}c\,\frac{k}{n} = \frac{h'}{2\pi}v\,\frac{2\pi}{\lambda} = h'\,\frac{v}{\lambda} = h'\nu \tag{3.1.10}$$

即光学和力学的相似性意味着粒子能量与粒子的波的频率相差一常数 h'。

为了更深刻地探讨力学和光学间的类比关系,还要将更基本的 Maupertuis 变分原理和 Fermat 定理进行对比。质点 m 在一势能为 $V(x,y,z)$ 的保守力场中运动时,设从定点 A 以一定的速度和给定的能量 E 开始运动,让它沿一个明确的方向开始运动,则它可以到达任意选定的点 B,如图 3.1.1 所示。从经典力学看,已定能量的质点,总有一条确定的动力学轨道从点 A 到点 B,这条轨道满足 Maupertuis 变分原理(Hamilton 最小作用量原理的另一种形式):

$$\delta\int_A^B 2T\mathrm{d}t = 0 \tag{3.1.11}$$

其中，T 为动能。令 $v=\dfrac{\mathrm{d}s}{\mathrm{d}t}$ 为质点速度，动能项表示如下：

$$2T = mv^2 = vmv = \frac{\mathrm{d}s}{\mathrm{d}t}\sqrt{2m(E-V)}$$

方程(3.1.11)变为

$$\delta\int_A^B \sqrt{2m(E-V)}\,\mathrm{d}s = 0 \tag{3.1.12}$$

这个形式的优点在于变分原理应用在一个纯粹的几何积分上，不包含时间变量，还能自动照顾到能量守恒的条件。

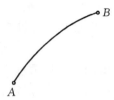

图 3.1.1　质点运动轨迹

现在转到光的运动，设图 3.1.1 相关联的是一个任意不均匀的光学介质，在点 A 有一盏探照灯，射出一束轮廓分明的光束，只要探照灯适当地瞄准，一般就能够照亮任意选定的点 B。光线从点 A 到点 B 的轨迹遵循 Fermat 原理，即在不均匀的光学介质中，实际的光线(能量传播的轨迹)由最小时间决定，即

$$\delta\int_A^B \frac{\mathrm{d}s}{u} = 0 \tag{3.1.13}$$

这里的 u 表示光在介质中的速度，是坐标 x,y,z 的函数。由于经典力学和光学的相似性，它们应具有相同的数学结构，令

$$u = \frac{K}{\sqrt{2m(E-V)}} \tag{3.1.14}$$

式(3.1.14)中的常数 K 不是 x,y,z 的函数，但可以是能量 E 的函数。光速 u 不仅是坐标 x,y,z 的函数，还依赖于能量 E。综合式(3.1.12)、式(3.1.13)和式(3.1.14)，经典力学的 Maupertuis原理与光学的 Fermat 原理就完全等同，质点和光学的一个统一的图像建立起来了，即可能的光线簇和在 $V(x,y,z)$ 力场中以已定能量 E 运动质点 m 动力学轨道簇就重合起来了，这个不均匀的色散的介质用它的光线提供了一幅关于粒子的一切动力学轨迹的图像。

式(3.1.14)中包含一个能量函数的常量 K，如何确定它呢？质点的速度为

$$v = \frac{\sqrt{2m(E-V)}}{m} \tag{3.1.15}$$

光信号传输能量以群速度运动，由群速度的定义 $g=\dfrac{\mathrm{d}\omega}{\mathrm{d}k}$，得

$$\frac{1}{g} = \frac{\mathrm{d}}{\mathrm{d}\nu}\left(\frac{\nu}{u}\right)$$

考虑到式(3.1.10)，群速度 g 用下式求出：

$$\frac{1}{g} = \frac{\mathrm{d}}{\mathrm{d}E}\left(\frac{E}{u}\right) \tag{3.1.16}$$

既然质点和光线已构成了一个统一的图景,那么传输能量的质点的速度和光线的群速度应该相等,令 $g=v$ 便可以得到式(3.1.14)里面的常数 K,由 $1/v=1/g$ 得

$$\frac{m}{\sqrt{2m(E-V)}} = \frac{\mathrm{d}}{\mathrm{d}E}\left(\frac{E}{u}\right) = \frac{\mathrm{d}}{\mathrm{d}E}\left[\frac{E\sqrt{2m(E-V)}}{K}\right]$$

上式左侧写为对 E 微分的形式得到

$$\frac{\mathrm{d}}{\mathrm{d}E}\left[\sqrt{2m(E-V)}\right] = \frac{\mathrm{d}}{\mathrm{d}E}\left[\frac{E\sqrt{2m(E-V)}}{K}\right]$$

既然 V 含有坐标,K 又必须是 E 的函数,最简单的关系是 $K=E$,由此得到了质点对应的波的速度:

$$u = \frac{E}{\sqrt{2m(E-V)}} \tag{3.1.17}$$

由式(3.1.10)和式(3.1.17),得到经典力学对应的波的波长为

$$\lambda = \frac{u}{\nu} = \frac{h'}{\sqrt{2m(E-V)}} = \frac{h'}{p} \tag{3.1.18}$$

式(3.1.10)和式(3.1.18)中的常数 h' 是考虑力学和光学的相似性得到的,它联系着质点能量、动量和质点的波的频率与波长,显然仅仅依靠力学光学的相似无法得到常数 h' 的任何数值估计。确定 h' 的数值和意义是 de Broglie 在 1923 年的关于物质波的工作,下面来看 de Broglie 物质波的论述。

3.1.2 de Broglie 物质波

1905 年 Einstein 提出了光量子理论,认为光不但具有波动性,还具有粒子性,可以把光看成一束粒子流,每个光子的能量和其频率通过 Planck 常数联系起来,即

$$E = h\nu$$

于是光电效应的实验结果得到了很好的解释。1917 年 Einstein 在《辐射的量子理论》一文中明确指出物质在辐射基元过程中交换能量 $h\nu$ 的同时必然伴随冲量 $h\nu/c$ 的传递。1923 年 Compton 的 X 射线散射实验证明了电磁辐射的量子在参与基元的过程中,就像物质粒子一样贡献能量 $h\nu$ 和动量 $h\nu/c$,从而保证整个散射过程的能量和动量守恒,至此光的粒子性被确认,光的波粒二象性新观念得到了大家的一致认同。

1923 年 de Broglie 试着把光的波粒二象性推广到像电子那样的微观粒子,提出"任何运动着的物体都会有一种波动伴随着,不可能将物体的运动和波的传播拆开"。他提出物质波的理由:一方面,并不能认为光的量子论令人满意,因为 $E=h\nu$ 定义了光子能量,这个方程包含着频率 ν,在一个单纯的粒子理论中,没有什么可以使人们定义频率,单单这一点就迫使人们在光的情形中必须同时引入粒子概念和周期性概念;另一方面,在原子中电子稳定运动的确立,引入了整数,在物理学中涉及整数的现象只有干涉和振动的简正模式。这一事实使 de Broglie 产生了如下想法:不能把电子简单的看成粒子,必须同时赋予它一个周期性,应把它们视为一种振动。下面来看 de Broglie 的论证过程。

设一个对粒子静止的参考系为 S_0,粒子具有静止能量 $E_0=m_0c^2$,粒子的能量也可以用

Planck 能量子表示 $E_0 = h\nu_0$，粒子可以看成按频率为 ν_0 的振动，振幅为 $\cos \dfrac{2\pi}{h} E_0 t'$。站在与 S_0 以速度为 v 相对运动的参考系 S 观测，由 Lorentz 变换

$$t' = \frac{\left(t - \dfrac{v}{c^2} x\right)}{\sqrt{1 - v^2/c^2}}$$

此时 S_0 中的振动变成了一种波，这个波的振幅为

$$\cos\left[\frac{\dfrac{2\pi}{h} E_0 \left(t - \dfrac{v}{c^2} x\right)}{\sqrt{1 - v^2/c^2}}\right] \tag{3.1.19}$$

从式(3.1.19)可以得到这种波动的频率为

$$\nu = \frac{E_0 / \sqrt{1 - v^2/c^2}}{h} \tag{3.1.20}$$

而在 S 参考系中粒子的能量为

$$E = mc^2 = \frac{m_0 c^2}{\sqrt{1 - v^2/c^2}} = \frac{E_0}{\sqrt{1 - v^2/c^2}} \tag{3.1.21}$$

将式(3.1.21)代入式(3.1.20)得 de Broglie 的相位波频率为

$$\nu = \frac{E}{h} \tag{3.1.22}$$

从式(3.1.19)可知相位波相速度为

$$u = \frac{x}{t} = \frac{c^2}{v}$$

由于相速度大于光速，物质的波不表示能量的传输，而是代表粒子相位的空间分布，de Broglie 称这种波称为相位波。由相速度的 $u = \nu\lambda$ 得相位波的波长为

$$\lambda = \frac{u}{\nu} = \frac{c^2}{\nu v} = \frac{hc^2}{vh\nu} = \frac{h}{vE/c^2} = \frac{h}{m_0 v / \sqrt{1 - v^2/c^2}} = \frac{h}{p} \tag{3.1.23}$$

式(3.1.22)和式(3.1.23)称为 de Broglie 关系，相位波波幅为 $\cos\left[\dfrac{2\pi}{h}(Et - px)\right]$。将式(3.1.22)、式(3.1.23)和式(3.1.10)、式(3.1.18)作比较，终于清楚与质点对应的波实际上就是 de Broglie的相位波，即随时伴随运动质点的波，而且式(3.1.10)和式(3.1.18)中的常数 h' 就等于 Planck 常数 h。

de Broglie 相位波的群速度 g 等于多少呢？

$$g = \frac{\mathrm{d}\omega}{\mathrm{d}k} \tag{3.1.24}$$

式中，$\omega = E/\hbar$，$k = p/\hbar$，且 $E = \sqrt{p^2 c^2 + m_0^2 c^4}$，由式(3.1.24)得相速度为

$$g = \frac{\mathrm{d}E}{\mathrm{d}p} = \frac{pc^2}{\sqrt{p^2 c^2 + m_0^2 c^4}} = \frac{p}{E/c^2} = v \tag{3.1.25}$$

波的色散理论中除去吸收区域，能量传递的速度等于群速度，对于相位波也可以说物体能量转移的速度(群速度)就等于物体的运动速度。

例 3.1　计算经过电势差 $U_1 = 150$ V 和 $U_2 = 10^4$ V 加速的电子的 de Broglie 波长(不考虑

相对论效应)。

解　根据

$$\frac{1}{2}m_0 v^2 = eU$$

得加速后电子的速度为

$$v = \sqrt{\frac{2eU}{m_0}}$$

由 de Broglie 公式得电子的波长为

$$\lambda = \frac{h}{p} = \frac{h}{m_0 v} = \frac{hc}{\sqrt{2m_0 c^2 e}}\frac{1}{\sqrt{U}} = \frac{1.225}{\sqrt{U}}\ \text{nm}$$

于是 150 V 和 10^4 V 加速后电子波长 $\lambda_1 = 0.1$ nm，$\lambda_2 = 0.0123$ nm。

对比光子，150 eV 的光子波长为 8.27 nm，可见一般情况下，电子波长比光子波长小很多，特别情况下比可见光的波长还要小，显微镜的分辨本领与波长成反比，所以电子显微镜要比光学显微镜的分辨本领大很多。读者可以思考，多大电压加速电子时，计算电子波长需要考虑相对论效应？如果粒子很重，则 de Broglie 波长会小到没有实际意义，如质量 $m = 10\ \mu g$ 的尘埃，设速度为 0.01 m/s，它的波长为 6.6×10^{-24} m，实际观察不到波动效应。相对论情形下的 de Broglie 波长为

$$\lambda = \frac{hc}{pc} = \frac{hc}{\sqrt{E_k^2 + 2m_0 c^2 \cdot E_k}}$$

式中，E_k 为粒子的动能。

de Broglie 从物质波概念可以导出 Bohr 原子理论中的角动量量子化，原子能级这两个最主要的结论，第一次给 Bohr 原子理论一个比较合理的物理解释。图 3.1.2 给出了原子轨道的 de Broglie 驻波图像，de Broglie 认为只有当轨道的长度等于电子波长的整数倍时，电子的运动才是稳定的，即有

$$2\pi r = n\lambda = n\frac{h}{mv} \qquad n = 1,2,3,\cdots \tag{3.1.26}$$

上式可改写为

$$rmv = n\frac{h}{2\pi} = n\hbar \tag{3.1.27}$$

很明显式(3.1.27)就是 Bohr 原子理论中给出的角动量量子化条件 $L = n\hbar$。

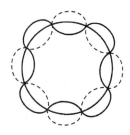

图 3.1.2　原子轨道的 de Broglie 驻波($n=4$)

由 Newton 第二定律得

$$\frac{mv^2}{r} = \frac{e^2}{4\pi\varepsilon_0 r^2} \Rightarrow rmvv = \frac{e^2}{4\pi\varepsilon_0}$$

考虑到式(3.1.27)有

$$v_n = \frac{e^2}{4\pi\varepsilon_0 n\hbar} \tag{3.1.28}$$

而原子体系的能量为

$$E_n = \frac{1}{2}mv^2 - \frac{e^2}{4\pi\varepsilon_0 r} = -\frac{1}{2}mv^2$$

将式(3.1.28)代入上式即得到 Bohr 原子能级公式为

$$E_n = -\frac{1}{n^2}\frac{me^4}{8\varepsilon_0^2 h^2}$$

由 de Broglie 物质波概念和驻波条件导出 Bohr 氢原子理论的主要结论，使得 de Broglie 理论有了一个比较坚实的基础，至少和原有的理论不相矛盾。作为 Bohr 理论的第一假设的定态，在 de Broglie 理论中也有了一个很好的物理解释。1924 年 Einstein 将 Bose 对粒子数不守恒的光子的统计方法推广到粒子数守恒的原子，预言了 Bose-Einstein 凝聚现象，即当这类原子温度足够低时发生相变，所有的原子会突然聚集在一种尽可能低的能量状态。Einstein 借用了 de Broglie 理论解释这种新现象，在极低温度下原子的 de Broglie 波长为

$$\lambda = \frac{h}{(2\pi mkT)^{1/2}}$$

显然温度越低，波长越大，当 λ 大于原子间平均线度 $(V/N)^{1/3}$，量子效应非常显著，原子以相干的方式相互叠加，并聚集在最低的能级，即大量粒子处于基态上。

　　尽管 de Broglie 的理论看起来很有道理，而且也能对已有的事实作出合理的解释，但理论是否正确仍然需要实验来判决，最早证明 de Broglie 物质波假说的是 1927 年 Davisson 和 Germer 完成的电子在镍单晶上的衍射实验。1928 年 Thomson 用 10～40 keV 的电子束射向多晶金属箔，并在后面一段距离用一张照相底片接收电子，获得同心圆的衍射图样也证实了 de Broglie 物质波理论。1928 年菊池正士把电子射到云母薄片上获得了单晶透射衍射图样，同年塔尔塔科夫斯基把电子打在金属箔上也获得了电子的衍射图样，1961 年 Jönsson 成功地得到了电子双缝干涉的实验结果，也都直接证实了 de Broglie 物质波的假说。下面详细介绍 Davisson-Germer 实验。

3.1.3 Davisson-Germer 实验

Davisson-Germer 实验装置如图 3.1.3 所示，电子枪射出一定能量的电子束，垂直投到镍单晶表面，用电子探测器收集散射电子，完成了两个测量任务：

　　(1)加速电压一定，测量散射束强度和散射角 φ 之间的关系；

　　(2)在固定散射角 φ 后，测量电子束强度和加速电压的关系，以此证明 de Broglie 关系为

$$\lambda = \frac{h}{p}$$

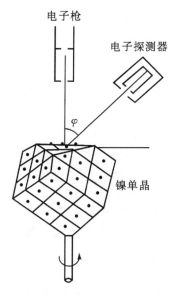

图 3.1.3 Davisson-Germer 实验示意图

Davisson 和 Germer 用 $U=54$ V 的加速电压,得到的散射电子强度和散射角之间的关系如图 3.1.4 所示,在 50°处,散射电子束强度出现极大值。选择散射角 $\varphi=80°$ 时,他们得到散射电子束随 $\sqrt{U}$ 的变化曲线如图 3.1.5 所示,从图中可以看到散射电子束强度出现了一个个的峰,峰与峰是等距离的,而且这个距离为 3.06。峰的位置为标明 1,2,3,…那些线的位置,但和实际情况稍有不同。

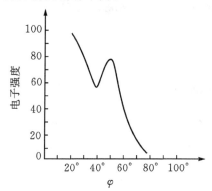

图 3.1.4　加速电压 54 V 时,散射电子
强度和散射角 φ 之间的关系

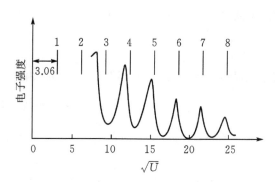

图 3.1.5　散射角 80°时,散射电子
强度和加速电压平方根 $\sqrt{U}$ 的关系

为了能更好地理解 Davisson-Germer 实验结果,定量地证明 de Broglie 物质波,还需要了解电子束在晶体表面束衍射的规律。电子束在晶体表面的散射过程如图 3.1.6 所示,一束电子束打在晶体上。晶体是由有规则排列起来的原子层面构成的,每个原子都落在原子层面上。图 3.1.6 所示的晶体由三个等间距的原子层面构成,原子层间隔设为 d。电子束中两条射线 1 和 2 分别落在相邻平面的两个原子 A 和 B 上,散射线就会以 A 和 B 为中心向四面射出,设电子束与原子层夹角为 θ,散射束 $1'$ 和 $2'$ 和原子层夹角也为 θ,$1'$、$2'$ 两个散射束之间的路径长度差为 $2d\sin\theta$,显然这个路程差为电子波长的整数倍,则 $1'$、$2'$ 两个散射束会干涉加强。因此有

这样的一个规律:当一束电子束射入晶体而发生衍射时,从任何一组晶面上,出射方向对原子层夹角等于入射方向对原子层夹角,如果满足

$$2d\sin\theta = n\lambda \qquad n = 1, 2, 3, \cdots \tag{3.1.29}$$

出射电子束就会干涉加强。式(3.1.29)被称为 Bragg 公式。

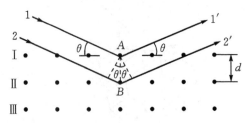

图 3.1.6　电子束被晶体散射

从图 3.1.7 中看到晶体中原子间隔 l 和原子层间距 d 的关系为 $d = l\cos\theta$。设电子枪的加速电压为 U,则电子动量为 $mv = \sqrt{2meU}$,由 de Broglie 关系知电子的波长为

$$\lambda = \frac{h}{mv} = \frac{h}{\sqrt{2meU}} = \frac{1.225 \text{ nm}}{\sqrt{U(\text{V})}}$$

考虑到 Bragg 公式(3.1.29),上式变为

$$U^{1/2} = n\frac{1.225}{2d\sin\theta} \tag{3.1.30}$$

由 $d = l\cos\theta$,得

$$2d\sin\theta = 2l\cos\theta\sin\theta = l\sin2\theta = l\sin(\pi - 2\theta) = l\sin\varphi$$

代入上式,得

$$U^{1/2} = n\frac{1.225}{l\sin\varphi} \tag{3.1.31}$$

对于镍晶体,$l = 0.215$ nm,当 $U = 54$ V 时,由式(3.1.31)即得到

$$\sin\varphi = n\frac{1.225}{lU^{1/2}} = 0.776n$$

显然 n 只能等于 1,对应的散射电子束极大值出现在散射角

$$\varphi = \arcsin 0.776 \approx 50.8°$$

这与实验结果图 3.1.4 符合得很好,但理论值偏大一点。主要是因为电子进入晶格后,由于晶格电场加速,能量增大,于是极大值处的散射角减小,考虑到晶格电场对电子的影响,实验结果和理论预测符合得很好。镍晶体的原子层间距 $d = 0.203$ nm,当入射电子束与原子层夹角 $\theta = 80°$时,由式(3.1.30)得到

$$U^{1/2} = n\frac{1.225}{2d\sin\theta} = n \times 3.06 \tag{3.1.32}$$

对于入射角一定时,加速电压满足式(3.1.32)时,散射电子束的强度就会出现极大值,这和图 3.1.5 的实验结果符合得较好,实验结果的电子束强度峰值间距就是 3.06,但峰值位置与理论有差距。理论上入射方向与原子层的夹角为 θ,实际观察的 θ 是在晶体外面测量的。由于入射电子进出晶体时在晶体表面上有折射,测量的 θ 不等于晶体内部的 θ 值,折射率随波长变化,

因此也随着加速电压变化。这解释了实验结果和理论的差异,如果导出公式(3.1.32)时考虑到折射率的影响,实验和理论就符合得很好了。de Broglie 关系频率不具有观测效应,实验表现出来的只是两能级频率差,而波长却可以测量,因此实验主要证实 $\lambda = h/p$ 公式的正确性。

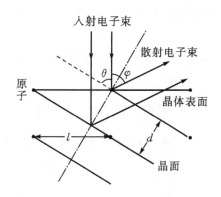

图 3.1.7　Davisson-Germer 实验结果分析

微观粒子波粒二象性是一个普遍的真理,微观粒子某些条件下表现出粒子性(如光与物质作用时表现粒子性),另一些条件下表现出波动性(光在空间传播时表现波动性)。粒子性和波动性决不会在同一观测中同时出现,不会在同一实验中直接冲突,波动性和粒子性在描述微观现象时是互相排斥的,这个事实很明显,因为粒子是限制在很小体积内的实体而波是扩展到一个大空间的场。两种概念在描述微观现象、解释实验时又都是不可缺少的,企图放弃哪一个都不行,在这个意义上说它们又是互补的,Bohr 称之为并协的,波动性和粒子性实际就是微观粒子一体两面。图 3.1.8 形象地表现出了两种视角相互排斥但又互补的情形,当关注画中人的背面时,浮现在我们脑海的是美丽的少女,当关注画中人的侧面时,一个面目怪异的老妇跃然纸上,我们决不可能同时看到少女和老妇,这个是少女视角和老妇视角的排斥性;对于同一幅画,如果我们只说这个就只有美丽的少女或者只有丑陋的老妇,显然获得这幅画的知识是片面的不完整的,当将这幅画的少女形象和老妇形象合起来时,才获得了这幅画完整的知识,少女视角和老妇视角的互补性或者并协性表现出来了。这幅奇怪的画,我们可以说画中人既是少女又是老妇,也可以说画中人既不是少女也不是老妇,那么画中到底是什么? 实际上画中就是一堆线条,不过这些线条的组合给出了相互排斥而又互补的少女和老妇的形象。对于微观粒子(如光子、电子等),我们也可以这样说,微观粒子既是粒子又是波,或者说既不是粒子也不是波,那么微观粒子是什么? 那么微观粒子就是一客观实在,具有相互排斥又互补的粒子性和波动性。

图 3.1.8　少女? 老妇? (Hill,1915 年)

3.2 波函数及其统计解释

波动是振动状态在介质中的传播,如图 3.2.1 所示,在 O 点处的电磁振荡的振动方程为

$$E = E_0 \cos(2\pi\nu t) \tag{3.2.1}$$

经过一段时间 t 后,振动状态传播到平面 ABC 处,显然波前的相位落于振源相位,于是在平面 ABC 处的振动为

$$\boldsymbol{E} = \boldsymbol{E}_0 \cos 2\pi\nu \left(t - \frac{\boldsymbol{n} \cdot \boldsymbol{r}}{v} \right) \tag{3.2.2}$$

式中,$\boldsymbol{n}$ 为电磁波的传播方向;v 为波速,当然真空中电磁波波速等于光速 c。

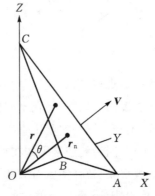

图 3.2.1 单色平面波

可以将式(3.2.2)写成复数形式:

$$\boldsymbol{E} = \boldsymbol{E}_0 \, \mathrm{e}^{\mathrm{i}2\pi\left(\frac{\boldsymbol{n}\cdot\boldsymbol{r}}{\lambda}-\nu t\right)} = \boldsymbol{E}_0 \, \mathrm{e}^{\mathrm{i}(\boldsymbol{k}\cdot\boldsymbol{r}-\omega t)} \tag{3.2.3}$$

式中,$\boldsymbol{k} = \frac{2\pi}{\lambda}\boldsymbol{n}$ 为波矢;ω 为圆频率。式(3.2.3)为电磁波电矢量表示的波函数,对比单色平面电磁波波函数,自由粒子的波函数需要借助于 de Broglie 关系写出,将 $E = h\nu$、$\boldsymbol{p} = \frac{h}{\lambda}\boldsymbol{n}$ 代入式(3.2.3)得自由粒子波函数为

$$\psi = \psi_0 \, \mathrm{e}^{\frac{\mathrm{i}}{\hbar}(\boldsymbol{p}\cdot\boldsymbol{r}-Et)} \tag{3.2.4}$$

势场中的粒子的波函数为 $\psi(\boldsymbol{r},t) = \psi(\boldsymbol{r})\mathrm{e}^{-\mathrm{i}Et/\hbar}$ 自由粒子波函数并不像电磁波波函数那样具有物理实在性,为了探讨物质波波函数的物理意义,将其和光的情况进行类比是方便的,因为光和实物粒子一样都具有波粒二象性。

单色光的单缝衍射图样如图 3.2.2 所示,一束光通过一个和光的波长相比拟的狭缝,在远离狭缝的观测屏上就会看到明暗相间的衍射图样。从光的粒子性观点看,光强 $I = Nh\nu$,其中 N 为光的通量,即单位时间到达单位垂直面积的光子数,显然 N 越大,光子出现的概率就越大。观测屏上的明暗相间的条纹,明条纹处出现的光子数要比暗条纹更多。从光的波动性来看,明暗条纹的区别在于条纹处光强的大小,而光强的大小取决于波函数的模平方,即 $I\frac{\varepsilon_0 c}{2}E_0^2 \propto |E|^2$,显然明条纹的光强大于暗条纹的光强。这样通过单缝衍射明暗条纹图样的分析,就清楚地知道了光的波函数模平方正比于 N,即 $|E|^2 \propto N$,光的波函数的模平方表示光

子出现的概率,Einstein 将 $|E|^2$ 解释为"光子密度的概率量度"。由于电子单缝衍射的图样和单色光单缝衍射图样几乎完全一样,因此,效仿 Einstein 对 $|E|^2$ 的概率解释,1926 年 Born 将物质波波函数模平方 $|\psi|^2$ 解释为在给定时间、在矢径 $\pmb{r}$ 处单位体积中发现一个粒子的概率,空间一个状态就有一个由伴随这状态的 de Broglie 波确定的概率。Born 波函数概率解释是量子力学基本原理之一,也是量子力学哥本哈根解释的理论依据之一。

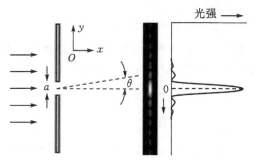

图 3.2.2　单色光的单缝衍射

波函数概率解释意味着波函数的模平方 $|\psi|^2$ 为概率密度,则 t 时刻在矢径 $\pmb{r}$ 处 $\mathrm{d}\tau$ 体积内发现粒子的概率为

$$\mathrm{d}W = |\psi(\pmb{r},t)|^2 \mathrm{d}\tau = \psi^*(\pmb{r},t)\psi(\pmb{r},t)\mathrm{d}\tau \tag{3.2.5}$$

如果要求有限体积的概率,对式(3.2.5)两端积分即可,而整个空间的积分为 1:

$$\iiint |\psi(\pmb{r},t)|^2 \mathrm{d}\tau = 1$$

上式为归一化条件。波函数的模平方表示发现粒子的概率,这样实际上对波函数本身就有了要求:在空间任何地方概率只有一个,要求波函数具有单值性;概率不会突变,要求波函数具有连续性;概率不能无限大,要求波函数有限。

例 3.2　作一维运动的粒子被束缚在 $0<x<a$ 的范围内,已知其波函数为

$$\psi(x) = A\sin\frac{\pi x}{a}$$

求:(1)常数 A;

　　(2)粒子在 0 到 $a/2$ 区域内出现的概率;

　　(3)粒子在何处出现的概率最大?

解　(1)由归一化条件得

$$\int_{-\infty}^{\infty} |\psi|^2 \mathrm{d}x = A^2 \int_0^a \sin^2\frac{\pi x}{a}\mathrm{d}x = 1$$

$$A = \sqrt{\frac{2}{a}}$$

(2)粒子的概率密度

$$|\psi|^2 = \frac{2}{a}\sin^2\frac{\pi x}{a}$$

则粒子在 $0\sim a/2$ 内出现的概率

$$\int_0^{a/2} |\psi|^2 \mathrm{d}x = \frac{2}{a}\int_0^{a/2}\sin^2\frac{\pi x}{a}\mathrm{d}x = \frac{1}{2}$$

(3)概率最大位置满足

$$\frac{\mathrm{d}}{\mathrm{d}x}\mid\psi\mid^2=\frac{2\pi}{a}\sin\frac{2\pi x}{a}=0$$

上式解得

$$\frac{2\pi x}{a}=k\pi \qquad k=0,\pm1,\pm2,\cdots$$

因为 $0<x<a$,得 $x=a/2$ 时粒子出现的概率最大。

　　量子力学中的波函数还有一个非常奇怪的性质叫作态叠加原理,如果初始状态 i 和末状态 f 之间存在着几种物理上不可区分的途径,那么初态 i 到末态 f 的波函数等于各种可能发生过程的波函数之和,有

$$\psi=\sum_n\psi_n \tag{3.2.6}$$

式中,n 表示不同途径。为了明确这个奇怪的性质,下面来看电子束双缝干涉例子。

　　一束电子束从电子源发出,经过两个狭缝 S_1 和 S_2 后打到观察屏上,如图 3.2.3 所示。

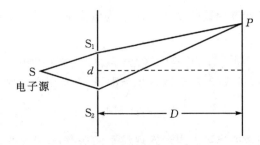

图 3.2.3　电子束双缝干涉实验

　　由态叠加原理知屏幕上 P 点的波函数 ψ 为

$$\psi=\psi_1+\psi_2 \tag{3.2.7}$$

式中,ψ_1、ψ_2 分别为电子在狭缝 S_1、S_2 单独打开时打在屏幕上的波函数。设 $\psi_1=\mid\psi_1\mid\mathrm{e}^{\mathrm{i}\varphi_1}$,$\psi_2=\mid\psi_2\mid\mathrm{e}^{\mathrm{i}\varphi_2}$,电子在观察屏上的分布情况就是波函数的模平方,即

$$\begin{aligned}
\mid\psi(r,t)\mid^2&=\mid\psi_1(r,t)+\psi_2(r,t)\mid^2=[\psi_1^*(r,t)+\psi_2^*(r,t)][\psi_1(r,t)+\psi_2(r,t)]\\
&=\mid\psi_1(r,t)\mid^2+\mid\psi_2(r,t)\mid^2+\psi_1(r,t)\psi_2^*(r,t)+\psi_1^*(r,t)\psi_2(r,t)\\
&=\mid\psi_1(r,t)\mid^2+\mid\psi_2(r,t)\mid^2+2\mid\psi_1\mid\mid\psi_2\mid\cos(\varphi_1-\varphi_2)
\end{aligned} \tag{3.2.8}$$

上式第一、二项表示电子穿过 S_1 和 S_2 到达观察屏 P 点的概率;第三项是干涉项,当相位差 $\varphi_1-\varphi_2=2\pi n$,屏上出现明纹,当相位差 $\varphi_1-\varphi_2=\pi(2n-1)$,屏上出现暗纹。电子双缝干涉实验图样证实了干涉项的存在,当然也表明态叠加原理的正确性,当然波动的相位差可以通过条纹移动检测到。态叠加原理式(3.2.7)表明一个电子同时从 S_1 和 S_2 经过,最后打到观察屏上,这点令人费解,因为电子的 de Broglie 波长要比狭缝间距离小很多,电子为何能同时穿过两个缝到达观察屏呢?直接论证似乎很难说清楚,不妨考虑一个极端情况,若关闭 S_1 缝,则电子必定通过 S_2 缝到达观察屏,此时电子在观察屏上的分布如图 3.2.4 所示;若关闭 S_2 缝,则电子必定通过 S_1 缝到达观察屏,相应的分布也已画出。这两种情况都清楚电子到底从哪个缝到达观察屏,结果观察屏上不显示明暗相间的干涉条纹。同时打开两个狭缝 S_1 和 S_2,若电子要

么通过狭缝 S₁，要么通过狭缝 S₂，则观察屏上显示出的电子分布应该介于单独打开狭缝 S₁ 和单独打开狭缝 S₂ 时的电子分布，图 3.2.4 第三种分布就是这个理想情况，显然观察屏上也不显示出明暗相间的干涉条纹。实际情况是同时打开两个狭缝，观察屏上必定会出现明暗相间的干涉条纹，这意味着电子并不是人们想象的要么通过狭缝 S₁ 要么通过狭缝 S₂ 到达观察屏，而是同时通过两个狭缝到达观察屏，至于电子怎样同时从两个狭缝通过，量子力学似乎不关心，人们也不清楚其中的经过。上述情况是极端情况，即直接关闭其中一个狭缝。如果同时打开两个狭缝，用光源发出的光子撞击通过两个狭缝后的电子，通过探测被散射的光子来确定电子到底是通过哪个狭缝到达观察屏的。人们吃惊地发现，此时确定电子不是通过狭缝 S₁ 就是通过狭缝 S₂ 到达观察屏，即知道了电子的行走路径，但观察屏上的干涉条纹也消失了。反复的实验结果表明，想要确切知道电子是通过狭缝 S₁ 还是 S₂ 而又不破坏干涉图样是不可能的，电子就是同时通过两个狭缝后到达观察屏从而在观察屏上显示出明暗相间的干涉条纹的。追踪电子迹径影响观察屏干涉条纹的实验是一个很好的例子，它十分清楚地显示出微观世界里人们的观测活动如何影响着实验现象的发生，或者说实验现象依赖于我们的观测方式。

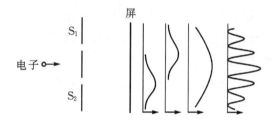

图 3.2.4　电子从双缝通过到达观察屏

3.3　Heisenberg 不确定关系

不确定关系，又称不确定原理、测不准原理、测不准关系，是 1927 年 Heisenberg 从量子力学普遍定律出发导出的，它反应了微观粒子运动的基本规律，是微观粒子波粒二象性的形象而定量的描述。常见的不确定关系有如下的关系式：

$$\Delta x \Delta p_x \geqslant \frac{\hbar}{2} \tag{3.3.1}$$

$$\Delta E \Delta t \geqslant \frac{\hbar}{2} \tag{3.3.2}$$

式中，Δx、Δp_x、ΔE、Δt 为物理量偏差的方均根即

$$\Delta A = \sqrt{\overline{(A - \overline{A})^2}} = \sqrt{\overline{A^2} - \overline{A}^2}$$

不确定关系式(3.3.1)表明粒子在客观上不能同时具有确定的位置坐标和相应的动量，当然不能同时测量粒子的位置和相应的动量，如果要测量，则位置和动量的不确定度满足不确定关系式(3.3.1)。倘若粒子的位置 x 完全确定，即 $\Delta x \to 0$，则粒子的动量完全不确定 $\Delta p_x \to \infty$；反之，若粒子的动量 p_x 完全确定，即 $\Delta p_x \to 0$，则粒子的位置完全不确定 $\Delta x \to \infty$。可以这样理解式(3.3.1)：粒子位置指空间某点坐标，由粒子 de Broglie 关系 $p = h/\lambda$ 知，粒子的动量和波长

联系起来,波长在空间用长度度量,则空间的点(位置)和表示波长的线段(动量)之间肯定是相互排斥的,定量的表述就是式(3.3.1)位置和动量的不确定关系。式(3.3.2)表示能量和时间的不确定关系,例如,原子中的能级 E 往往都有一定的宽度 ΔE,而电子处在不同能级上的时间 Δt 与能级宽度有关,一般用 Δt 来表示能级的平均寿命,电子在基态的时间 $\Delta t \rightarrow \infty$,基态能级的宽度 $\Delta E \rightarrow 0$。电子在激发态能级的时间 Δt 有限,由式(3.3.2)的不确定关系知,激发态能级展宽 $\Delta E \approx \dfrac{\hbar}{2\Delta t}$。不确定关系的根源为微观粒子波粒二象性。下面介绍不确定关系式(3.3.1)一种简单的导出方法。

3.2.1 Heisenberg 不确定关系的导出

不确定关系存在的原因是微观粒子具有波粒二象性,电子单缝衍射实验很好地显示了电子的波动性,因此从电子单缝衍射导出不确定关系是十分形象而又具有启发意义的。图3.3.1是电子单缝衍射的示意图,一束动量为 p 沿 y 方向传播的电子束垂直穿过一个宽度为 Δx 的狭缝,在 Δx 和电子 de Broglie 波相近时,观察屏上显示出明暗相间的衍射条纹,电子具有波动性,衍射条纹和单色光单缝衍射的衍射条纹完全相似。入射电子束经过狭缝散射后在 x 方向的位置的不确定度为 Δx,动量的情况呢,由于电子具有波动性,因此电子束通过狭缝后发生众所周知的衍射效应而偏离原来的方向。

我们来考查第一级次暗纹处 x 方向动量的增量 Δp,由图 3.3.1 所示,视电子和狭缝的碰撞为弹性碰撞有

$$| \, p' \, | = | \, p \, |$$
$$\Delta p \geqslant p \sin\theta \tag{3.3.3}$$

单缝衍射第一级次暗纹所张的角满足暗纹条件,即

$$\sin\theta = \frac{\lambda}{\Delta x} \tag{3.3.4}$$

将式(3.3.4)代入式(3.3.3),再考虑到 de Broglie 关系 $p = h/\lambda$ 得

$$\Delta x \Delta p \geqslant h \tag{3.3.5}$$

式(3.3.5)虽然很粗糙,但包含不确定关系最本质的内容,它表示狭缝处同时测量 x 方向上电子的位置和动量,它们的不确定度满足式(3.3.5)所给出的不确定关系。由量子力学基本原理导出更严格的式(3.3.1),本章后面会介绍到。

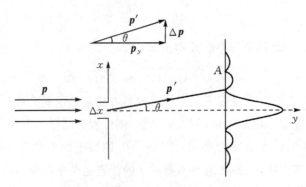

图 3.3.1 电子单缝衍射导出不确定关系

时间和能量的不确定关系式(3.3.2)可以从式(3.3.1)导出,为了使结论具有普遍性,从相对论能量动量关系出发,有

$$E = \sqrt{c^2 p^2 + m_0^2 c^4} \tag{3.3.6}$$

两边微分得

$$\Delta E = \frac{c^2 p \Delta p}{\sqrt{c^2 p^2 + m_0^2 c^4}} = \frac{c^2 m v \Delta p}{m c^2} = v \Delta p = \frac{\Delta x \Delta p}{\Delta t}$$

考虑到位置动量的不确定关系式(3.3.1)和上式得

$$\Delta E \Delta t = \Delta x \Delta p \geqslant \frac{\hbar}{2}$$

此式正是能量时间的不确定关系式(3.3.2)。

例 3.3　原子的线度约为 10^{-10} m,求原子中电子速度的不确定量。

解　由不确定关系

$$\Delta x \Delta p_x \geqslant \frac{\hbar}{2}$$

得电子速度的不确定度为

$$\Delta v_x = \frac{\Delta p_x}{m} \geqslant \frac{\hbar}{2m \Delta x} = \frac{6.63 \times 10^{-34}}{4 \times 3.14 \times 9.1 \times 10^{-31} \times 10^{-10}} \text{ m/s} = 5.8 \times 10^5 \text{ m/s}$$

我们知道氢原子中电子的速率量级为 10^6 m/s,速率不确定度和速率本身一个数量级,原子中电子的轨道变得没有意义。

例 3.4　由不确定关系,求一维谐振子基态能量。

解　一维谐振子总能量为

$$E = \frac{p^2}{2m} + \frac{1}{2} m \omega^2 x^2$$

设振子运动范围为 a,即 $\Delta x = a$,由位置动量不确定关系得 $\Delta p = \hbar/2a$,对于谐振子的束缚态有 $\bar{x} = \bar{p} = 0$,于是有

$$(\Delta x)^2 = \overline{\Delta x^2} = \overline{(x - \bar{x})^2} = \overline{x^2} = a^2$$

$$(\Delta p)^2 = \overline{\Delta p^2} = \overline{(p - \bar{p})^2} = \overline{p^2} = \frac{\hbar^2}{4a^2}$$

将上式代入总能量表达式得

$$\overline{E} = \frac{\hbar^2}{8ma^2} + \frac{1}{2} m \omega^2 a^2 \tag{3.3.7}$$

基态能量一定是能量的极小值,上式对 a 的导数等于 0,得

$$\frac{\mathrm{d}\overline{E}}{\mathrm{d}a} = 0 \Rightarrow a^2 = \frac{\hbar}{2m\omega}$$

代入能量表达式(3.3.7)得一维谐振子基态能量

$$\overline{E} = \frac{\hbar\omega}{2}$$

本题的结果从经典物理观点来看不可理解,谐振子系统的最小能量应该是在振子静止、弹簧恢复原长的时候,此时最小能量应该等于零,但量子力学的结论是一维谐振子最小能量为一

个不为零的最小值,这个能量称为零点能。零点能是一维谐振子的完全量子效应。

例 3.5 求光谱线的自然线宽。

光谱线是由电子在两个能级间跃迁产生的,如前所述,基态原子能级寿命为无穷大,因此能级没有展宽,但激发态的寿命不是无穷大而是有限时间 10^{-8} s(如氢原子 $2p \rightarrow 1$ s 的寿命为 1.596 ns),则激发态能级必定有一个展宽

$$\Delta E \geqslant \frac{\hbar}{2\Delta t} = \frac{\hbar c}{2\Delta tc} \sim 3.3 \times 10^{-8} \text{ eV}$$

谱线不是一条理想的几何线,谱线的自然宽度即激发态能级的展宽。谱线的自然线宽是没有任何办法能消除的,实际上,能级寿命有时受到外界条件的影响,如气体原子间碰撞,碰撞使得激发态原子损失激发能,激发态寿命缩短,依据不确定关系,激发态能级宽度变大,因此谱线的实际宽度常常大于自然线宽。为了减少碰撞,光谱研究中往往将光源处于低气压状态。

经典物理和量子物理的界限这样界定:某个具体问题 h 可忽略即 $h \rightarrow 0$,这个问题可按经典规律处理;h 不可忽略,则要考虑量子效应。不确定关系给出了微观粒子一对力学量之间不确定度范围。宏观现象体现不出这种不确定关系,因为此时 $h \rightarrow 0$,微观领域中 h 不能忽略,不确定关系对微观粒子而言就成为十分重要的规律了。由于 Heisenberg 不确定关系在量子力学测量问题上给出的测量精度的基本限制,使得量子力学导出的这个不确定关系被提升到第一性原理的地位,因此 Heisenberg 不确定关系有时也称为 Heisenberg 不确定原理。事实上 Heisenberg 不确定关系还是量子力学哥本哈根解释中的理论支柱之一。下面对量子力学哥本哈根解释作一个概括的介绍。

3.3.2　量子力学哥本哈根解释

量子力学奠定了不同物理学分支的理论基础,直接推动了核能、激光和半导体等现代技术的创新,量子力学成功地预言了各种物理效应并解释了诸多方面的科学实验,成为了当代物质科学发展的基石。量子力学的数学公式建立以后,人们就努力挖掘这些公式的内涵,理解量子力学对自然的描述,从而形成了量子力学的解释。在诸多量子力学解释中,哥本哈根解释出现得最早,将测量仪器设定成经典仪器后,又唯象地引入波函数坍缩假设,哥本哈根解释变成了理解量子力学描述自然的十分简洁而又有效的认识论。根据哥本哈根解释,人们甚至能预测不同测量过程可能产生的观测效应,由此哥本哈根解释赢得了大多数物理学家的支持,从而成为了量子力学的正统解释,对人们的哲学观念产生了深远的影响。严格地讲,哥本哈根学派并没有关于哥本哈根解释的统一的观点,而是集中了以 Bohr 为首的这个圈子中若干相似的观点,这些观点之间有时各有不同甚至有冲突,因而很难说清楚这个学派的确切论点。本节整理了大师们的著作,较准确、较完整地阐述了哥本哈根解释,阐明了该解释对经典因果律的看法,列举了基于该解释的三个典型的测量实例,即测量确定双缝干涉的电子经过的狭缝、Wheeler延迟选择实验和没有相互作用的相互作用,概要地介绍了其他有影响力的量子力学解释,如Everett Ⅲ多世界解释,Griffiths 和 Gell - Mann 的自洽历史理论,Fuchs、Schack 等人的量子贝叶斯模型等。

1. 基本原理

当看到理论在各种情况下的实验结果,同时检查出理论的应用不包含内部矛盾时,才能理

解理论的物理内容。例如，能理解 Einstein 时空概念的物理内容，因为能前后一致地看到 Einstein 时空概念的实验结果，当然这些结果有时会和日常的时空物理概念不符。量子力学的物理内容（解释）充满了内部矛盾，因为它包含了相互矛盾的经典物理学的语言（人们日常的语言被推广和严格量化后成为经典物理学语言），如粒子和波，连续和不连续。在经典物理中给定一个质点，我们很容易理解这个质点的位置和速度。然而在量子力学中质点的位置和速度（动量）的基本对易关系 $qp-pq=i\hbar$ 成立，每次不加修正地使用质点的位置和速度就变得十分不准确，甚至会出现矛盾。当承认不连续是在小的区域、很短的时间内发生的某种典型的过程，质点的位置和速度矛盾就变得相当尖锐。如图 3.3.2 所示，我们考虑一个质点的一维运动，从连续视角看其位移和时间的变化关系，质点某时刻的速度为曲线上该时刻点的切线的斜率。而从不连续视角看，图中的曲线被一系列有限距离的点代替。在此情况下，谈论某位置的速度是没有意义的，因为一方面两点才能定义速度，另一方面任何一点总是和两个速度相联系。由此意识到使用通常的经典物理学的语言来理解量子力学的物理内容是不可能的。量子力学的数学方案不需要任何的修改，因为它已被无数实验所证实。能否不使用经典物理学的语言描述量子力学的物理内容呢？不行，必须认识到人们使用经典术语描述实验现象的必要性，因为经典物理学概念正是日常生活概念的提炼，并且是构成全部自然科学基础的语言中的一个主要部分，正如 von Weizsäcker 指出的，自然比人类更早，而人类比自然科学更早。如何调和经典概念在描述量子现象时出现的矛盾呢？1927 年 Bohr 提出了并协性原理，同时 Heisenberg 提出了不确定原理。

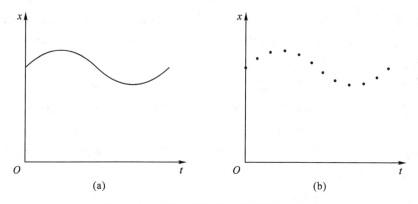

图 3.3.2　连续和不连续视角下质点的运动

　　Bohr 并协性原理：描述自然规律的一些经典概念的应用不可避免地排除另外一些经典概念的应用，而这另外一些经典概念在另一些条件下又是描述现象不可缺少的，必须而且只需将所有这些既互斥又互补的概念汇集在一起，才能对现象作出详尽无遗的描述。

　　Heisenberg 不确定原理：粒子在客观上不能同时具有确定的位置坐标和相应的动量。

　　我们认为 Bohr 并协性原理和 Heisenberg 不确定原理都抓到了问题的实质，认识到了经典概念的局限性，在描述量子现象时会相互矛盾，Bohr 并协性原理强调了相互矛盾的经典概念在各自的应用场合是相互排斥的，对研究现象作出详尽无遗的描述必须而且只需将所有这些互斥概念汇集在一起，体现了经典概念的互补性。Heisenberg 不确定原理则定量地给出了相互矛盾的物理量被同时测量时的误差之间的关系。Bohr 并协性原理和 Heisenberg 不确定原理的表述方式体现了 Bohr 和 Heisenberg 的研究特点,Bohr 直觉强大,喜欢描述性的论述,Heisenberg 则用定量的数学结果描述他的思想。有了并协性原理和不确定原理,能否用经典概念达到对量子力学物理内容的准确理解呢? Bohr 并协性原理的回答是能,Heisenberg 不确定原理则要求经典概念使用时要受到它的限制。Bohr 并协性原理和 Heisenberg 不确定原理是量子力学统计特性的根源,因为不确定原理同时测量两个共轭量,则两个量均出现测量误差,有误差必然存在平均值,有平均值则测量物理量时必然出现一系列的测量值。我们知道可以用波函数的 Born 规则来计算物理量的平均值,事实上波函数的 Born 规则在哥本哈根解释中只是计算物理量观测值的工具,并未达到原理的高度。

2. 主要内容

哥本哈根解释的两个核心假设:经典仪器和波函数坍缩。将微观系统的观测仪器设定为经典仪器,这个设定是哥本哈根解释最微妙、最务实的地方之一,因为观测者是宏观世界的人,观测者使用的仪器也是经典的仪器。经典仪器的功能有两个,一是它可以被实验者感知和操作,二是用经典仪器测量微观系统时会引起系统波函数的坍缩。波函数坍缩是哥本哈根解释的唯象假设,这个假设是有效的、实用的、简洁的,当然也是成功的。经典仪器的多个自由度使得它对系统测量时会对系统产生不可控制的干扰,测量过程是不可逆的,测量时会随机得到系统的某个本征值,波函数会瞬间坍缩到系统相应的某个本征态,波函数坍缩过程不遵循 Schrödinger 方程。

在量子力学中,如果对云室中一个电子的运动感兴趣,并且能用某种观测决定电子的初始位置和速度,那么这个测定结果将不是准确的,它至少包含由于不确定关系而引起的不准确度,可能还包括由于实验困难产生的更大误差,正是由于这些不准确度,才容许人们将观测结果转换成量子力学的数学方案。波函数在初始时间通过了观测者的测量后,人们就能够根据量子力学计算出以后任何时间的波函数,并能由此通过一次测量给出被测量的某一特殊值的概率。当对系统的某种性质做新测量时,波函数才能和实在联系起来,而测量结果还是用经典物理学的术语叙述的。对一个实验进行理论解释需要有三个明显的步骤:

(1)人们必须用经典物理学的术语来描述第一次观测的实验装置,并将初始实验状况转换成一个概率函数,即制备初态。

(2)系统随时间变化的波函数服从量子力学的定律按 Schrödinger 方程演化,它随时间的变化关系能从初始条件计算出来。波函数结合了客观与主观的因素,包含了关于系统可能性或较大倾向的陈述,而这些陈述是完全客观的,它们并不依赖于任何观测者。同时它也包含了关于人们对系统知识的陈述,这是主观的,因为它们对不同的观测者可能有所不同。正是由于这个原因,观测结果一般不能准确地被预料到,能够预料的只是得到某种观察结果的概率,而关于这种概率的陈述能够以重复多次的实验来加以验证。波函数不描述一个确定事件而描述种种可能事件的整个系综,至少在观测的过程中如此。

(3)关于对系统所做的新测量的陈述,测量结果可以从波函数推算出来。对于第一个步骤,满足不确定关系是一个必要的条件。第二个步骤不能用经典概念的术语描述,因为这个步骤需要完全不同于经典物理的量子力学。这里没有关于初始观测和第二次测量之间系统所发生的事情的描述,因为经典概念不能用于两次观测之间的间隙,只能用于观测的那个时刻,而要求对两次观测之间所发生的事情进行描述在哥本哈根解释看来是自相矛盾的。例如,初始观测发现电子处于氢原子激发态,第二次观测发现电子处于基态,人们无法描述两次观测之间(电子从激发态向基态跃迁过程中)电子的运动状况。只有到第三个步骤,人们才又从可能转变到现实。观测本身不连续地改变了系统的波函数,系统从所有可能的事件中选出了实际发生的事件。因为通过观测,人们对系统的知识已经不连续地改变了,它的数学表示也经受了不连续的变化,这个过程被称为量子跳变。只有当对象与测量仪器发生相互作用时,从可能到现实的转变才会发生,它与观测者用心智来记录结果的行为是没有联系的。然而,系统波函数中的不连续变化是与仪器记录的行为一同发生的,因为正是在记录的一瞬间,人们关于研究对象知识的不连续变化在波函数的不连续变化中有了映象,实质上就是系统的波函数在经典仪器测量的一瞬间坍缩到某个本征态。

关于观测,哥本哈根学派还有这些共同的观点。量子力学中波函数是一个对粒子状态的完备描述,量子态包含了关于这个粒子运动状态的一切信息,不存在任何其他的"尚未发现"的额外的信息,哥本哈根解释不认可隐变量理论。系统的量子态有一个非常奇特的性质,那就是态叠加原理,任何一个量子态都可以看作是其他若干量子态相互叠加的结果。与量子态对应的是可观察量,即当我们观察粒子某个可观察物理量时,能够实际得到的结果。量子态的态叠加原理使得将要发生的可观察量的测量结果总是不确定的,粒子不会"既在这儿又在那儿",观测的结果只能是不确定的情形:粒子或者在这儿或者在那儿。一旦系统被制备到某个量子态,测量时可以得到物理量的某个本征值,同时系统波函数坍缩到本征值对应的本征态。如果重复制备同样的量子态,同样的测量会产生不同的结果。每个测量值出现的概率用 Born 规则即波函数模平方来确定,测量值的概率或是连续的(如位置或动量)或是分立的(如自旋),这取决于被测的物理量,测量过程被认为是随机的和不可逆的。在哥本哈根解释中,观测本身也有特殊的不确定性,人们既可以把研究对象算在被观测体系中,又可以把它们看成一种观测手段。

现代量子力学认为当我们观察一个粒子的时候,会发生种种奇怪而神秘的事情。粒子原本的叠加态本来是可以按照任意的方式来叠加的,由于我们想要观察的可观测量并不相同,粒子有着不完全自由的选择,只能从其中的一组本征态中选择,而其他的叠加方式都不存在。例如,我们观察动量的时候,实际上就限制了这个粒子,让粒子只能在一组动量本征态中选择它的观测结果。在观察的瞬间,我们迫使这个粒子从这些本征态中随机地选择其中一个本征态,而扔掉其余所有的状态,变成了一种确定的状态,这就是波函数坍缩。这个过程是在 Born 规则支配下的完全随机的过程。当我们完成观察以后,粒子就会呆在它所坍缩到的状态上。也就是说,我们的观察使得量子态发生了一个随机的突变,让它从一个叠加态变成了某一组确定的本征态的其中之一。这个世界会根据我们想观测的变量的不同(位置、动量、能量⋯⋯),变幻它的面目来响应!如此渺小的人类,在宇宙间犹如沧海一粟,我们的一个"我想要观察一下"这样的决定竟然导致了整个宇宙的巨变!Bohr 认为"按量子力学,仪器对客体有相互作用,只有当决定某一物理量的实验装置选定后,人们才能谈论、预言这个量的值。离开了仪器,观测结果就毫无确定性可言,要准确地预言什么,就得知道用什么观测仪器"。Bohr 还认为"在微观领域内,可观测的物理量本身都离不开测量装置,物理实在只有在测量手续、实验安排等完全给定的意义下才能在量子力学中毫不含糊地使用"。

哥本哈根解释明确地反对独立于观察者的客观现实这种概念,如果不观察一个系统,这个系统的真实状态实在毫无意义。因为不管人们怎么描述它,都无法确知描述是否正确。因而,那些所谓对真实客观现实的描述都是一种随意的呓语:没有观察它,谈何真实? Heisenberg说:"我们观察到的不是自然界本身,而是自然界根据我们的观察方法展示给我们的东西。"Wheeler 也说:"现象在没有被观测到时,决不是现象。"波函数就是、也只能是一种概率波,它不是真实的物理状态,而只是告诉了我们能够对现实期望些什么,也即我们对现实的认知,而不是现实本身。在哥本哈根解释看来,现实是什么完全依赖我们对其的观察,只有当我们真正观察到了,才能有信心说明它的真实状态。因而,一个不依赖于观察者的现实无异于胡说八道。真正的现实不是现实本身,而是我们看到了什么,这当然就取决于我们如何去看。由此看出,哥本哈根解释本身就是典型的实证主义。哥本哈根解释如何看待 Schrödinger 猫佯谬呢?在我们不观察猫的时候,它是死的还是活的? 哥本哈根解释认为这种问题是自相矛盾的,在不观察的前提下,根本就谈不到事物的真实状态;不存在一种不依赖于观察的现实! 自然而然地,哥本哈根解释不屑于去回答"叠加态到底是什么?"这种问题,真正的问题是,当我们观察时,我们会看到什么,以及用何种观察手段会看到何种现象。实验者观测到活猫就是活猫,观测到死猫就是死猫。半死半活的猫是什么? 没有观测到,就不关心猫是什么状态。类似地,Einstein 就很困惑地问 Pais:"你是否相信,月亮只有在你看着它的时候才真正存在?"Einstein的问题暗示着如果人们不观测月亮,月亮就不存在,很有唯心主义哲学家 Berkeley"存在即感知"的意思。月亮不被观测时当然是存在的,但是我们无法知道它的真实状态,只有我们用不同观察手段才能从不同角度揭示月亮的性质,从而获得月亮各个方面的知识。

3. 哥本哈根解释中的因果律

事实上,经典物理学的因果律在哥本哈根解释看来也不再成立了,因为经典因果律暗示着一个确定的结果联系于一个确定的原因。显然因果律只有在人们能够对原因和结果进行观测,且在观测过程中对它们不产生影响时才有意义。但哥本哈根解释认为人们对研究对象特别是原子物理中的现象的每一次观测都会引起有限、一定程度上不可控制的干扰。此时就既不能赋予现象又不能赋予观察仪器以一种通常物理意义下的独立实在性了。因此在哥本哈根解释中任何观测的进行都以放弃研究对象的观测现象的过去和将来之间的联系为代价,因为每次观测都打断知识或事件的连续演化,并突然引进新的起始条件(波包坍缩),事实上只要观测取决于研究对象被包括在所要观测的体系之内,观测的概念就是不确定的。从而很小但不为零的 Planck 常数使人们完全无法在现象和观测现象的测量仪器之间画一条明确的分界线。这种分界线是经典物理中观测的依据,从而形成经典运动概念的基础,因果律是经典物理中一个基本的规律。经典物理中的一个基本特征是物理规律的时空标示和因果律要求的无矛盾的结合,量子力学的本性使人们不得不承认物理规律的时空标示和因果律要求是依次代表着观察的理想化和定义的理想化的一些互补而又互斥的描述特点。量子力学中一方面定义一个物理体系的状态要求消除一切外来干扰,但依据量子力学,没有测量仪器和对象的不可控的测量的干扰,任何观察都将是不可能的,此时时空的概念也不再有直接意义;另一方面,如果人们为了使观察成为可能而承认体系和不属于体系的观察仪器之间有某些相互作用,体系状态的单一定义就不成立,从而通常意义下的因果性问题也就不复存在。经典意义的因果律在量子力学中不再成立还可以用一个简化的方法进行论证,由于不确定关系的存在,任何仪器都不能同时准确地测量一个粒子的位置和动量。因为人们无法准确地知道现在粒子的位置和动量,所以一定不能确切地同时知道未来粒子的位置和动量。粒子未来的状态不能由现在的状态推知,经典的因果律在量子力学范畴内也就失去了意义。简言之,人们不能确切地知道现在,也就不能确切地知道未来,经典因果律用到量子力学范畴不是结论有问题而是前提出了问题。

量子力学已有一套精确严密的数学定律,这些形式上因果律的数学关系不能表述为时间、空间上存在着各个客体之间的简单关系。理论所给出的能够观测验证的预言只能近似地用时间、空间上各个客体来描述,原子过程的时间、空间的不确定性是人类观测行为不确定性的直接后果。而当用时空描写客体现象时,必须加上不确定关系的限制才能在一定程度上用于原子现象,在量子理论中两种方法的描述之间有统计上的关系。Bohr 互补的概念也不仅仅是粒子图景和波动图景的互补,描述自然现象的严密因果律和时间空间描述方法之间也不可能同时完全被满足,二者之间既有互相排斥又有互相补充的联系。放弃经典的因果律绝不意味着量子力学描述范畴的任何局限,因果律合理的定义即一个场合和另一场合之间定量定律的关系,预示着互补性观点是因果概念的一种合理的推广。

4. 哥本哈根解释和量子测量实例

依据哥本哈根解释,人们对量子体系的观测都会对被测系统产生有限的、一定程度上不可控制的干扰。并且由人们想要观察的可观测量,系统波函数只能选择这些可观测量的一组本征态的叠加,而其他的叠加方式都不存在。人们观察的瞬间,观测行为迫使系统从这些叠加的本征态中随机地选择一个本征态。因此量子测量有时会产生新的物理(观测)效应,如 Schrödinger 猫、Wheeler 延迟选择实验、量子 Zeno 效应、Vaidman 炸弹检测器等,Wheeler 更是将哥本哈根解释的精髓归结为"现象在没有被观测到时,决不是现象"。下面列出三个例子可以很好地理解哥本哈根解释的意义,也可以感受量子力学中的现象和人们日常的直觉之间的巨大差别。

第一个实例是电子束的双缝干涉图样的问题,一束电子均匀地打在两个靠得很近的细狭缝上,在狭缝后面的观察屏上会看到和单色光类似的明暗相间的干涉条纹。进一步地分析发现电子的干涉条纹暗示着人们无法区分电子的路径,即人们无法区分电子从狭缝 1 通过还是从狭缝 2 通过,哥本哈根解释还预测如果人们一旦设法观测到电子的路径,观测屏上的干涉条纹将消失。这是个很巧妙的预测,因为它很符合哥本哈根解释的精神但不符合人们的日常生活的观念,即观测活动明显地影响着观测结果,人们观测电子通过狭缝的路径时观察屏上就没有干涉条纹,当人们不去观测电子的路径时,观察屏上的干涉条纹又重新出现,而实验的结果恰如哥本哈根解释预测的那样。

第二个典型的例子是 1978 年 Wheeler 提出的延迟选择实验,其实验示意图如图 3.3.3 所示,激光脉冲源发射的光子经过分光镜 BS1(光子有一半的概率穿过反射镜到达 M2,一半概率被反射镜反射到达 M1),两个全反射镜 M1 和 M2 把两个路径的光子汇集起来,从探测器 D_1 和 D_2 的嘀嗒声可以判断光子的路径是 BS1—M1 或者 BS1—M2。在光子的交汇处再放置和 BS1 一样的分光镜 BS2,调整 BS1—M1—BS2 和 BS1—M2—BS2 的相位,可使得两个路径的光子在 BS2 处发生反相干涉,即

$$\langle a_{\text{out}}^{\dagger} a_{\text{out}} \rangle = \sin^2\left(\frac{\varphi}{2}\right),\ \langle b_{\text{out}}^{\dagger} b_{\text{out}} \rangle = \cos^2\left(\frac{\varphi}{2}\right)$$

反相干涉的产生必定是一个光子同时从 BS1—M1—BS2 和 BS1—M2—BS2 两个路径到达 BS2 处相干叠加形成的,因为光子单独走 BS1—M1—BS2 或 BS1—M2—BS2 路径都不会产生干涉现象;如果不放置分光镜 BS2,则一个光子通过分光镜 BS1 后到达 BS2 要么沿 BS1—M1—BS2 路径到达 BS2 要么沿 BS1—M2—BS2 路径到达 BS2 处,没有干涉现象,即

$$\langle a_{\text{out}}^{\dagger} a_{\text{out}} \rangle = \langle b_{\text{out}}^{\dagger} b_{\text{out}} \rangle = \frac{1}{2}$$

放置 BS2 时光子表现出波动性,同时走 BS1—M1—BS2 和 BS1—M2—BS2 两个路径形成干涉图样,不放置 BS2 光子表现出粒子性,或者走 BS1—M1—BS2 路径,或者走 BS1—M2—BS2 路径,干涉图样消失,这正是哥本哈根解释的精髓,人们的观测活动改变了量子系统的状态,即光子行走的路径。如果在光子通过 BS1 快到达而还没有到达交汇点时,人们把 BS2 放置在交汇点,会出现什么现象呢? 按通常的观念,光子通过 BS1 后光子的路径已经确定了,即要么沿 BS1—M1—BS2 路径到达交汇处要么沿 BS1—M2—BS2 路径到达交汇处,但无论光子沿哪条路径,探测器 D_1、D_2 都不会观测到干涉条纹,但 2007 年法国一个研究小组的实验结果表明,探测器 D_1、D_2 依然观测到了干涉条纹。结果意味着虽然光子已经经过 BS1,但它的飞行路径依然随着人们的观测活动而改变,这个现象就是 Wheeler 延迟选择实验。通俗一点来说,人们现在的观测活动改变了光子过去的飞行路径,人们可以在事情发生之后再来决定它之前是如何发生的,经典物理学的因果律遭到了彻底的颠覆。

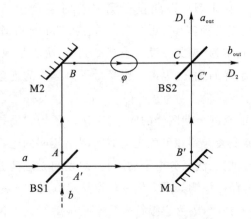

图 3.3.3　Wheeler 延迟选择实验

第三个例子是没有相互作用的相互作用(interaction without interaction)。我们在研究利用离子束探测简谐振动时,提出了一个新的没有相互作用的相互作用量子测量效应[①]。如图 3.3.4 所示,当一束离子束受交变电场的作用在垂直与束流方向做简谐振动时(图中用圈叉表示),离子探测器在小于振动周期 T 的 Δt 时间内的计数存在一个由简谐振动引起的修正因子 $\Delta t/T$,即

① HUANG Y Y. One atomic beam as a detector of classical harmonic vibrations with micro amplitudes and low frequencies [J]. J. Korea. Phys. Soc., 2014,64(6), 775 - 779.

$$N' = N \cdot \frac{\Delta t}{T}$$

式中,T 为简谐振动的周期;N 为没有横向简谐振动时 Δt 时间内离子的数目。事实上离子束的横向简谐振动和纵向飞行的平移运动相互垂直,没有相互作用,但当测量与纵向平移运动有关的物理量-离子数目时,横向简谐振动也会对离子数目的测量结果产生影响,多出一个振动因子,因此命名为没有相互作用的相互作用量子测量效应。简言之,两个运动本来没有相互作用,一旦进行测量它们就产生了相互作用,故没有相互作用的相互作用是对这个理论预言形象而准确的描述。该测量效应本质很简单,因为离子束横向振动和纵向平移运动没有相互作用,故 Hamiltonian 量可写为

$$H = H_A + H_B$$

体系的量子态为

$$\rho = \rho_A \otimes \rho_B$$

式中,下标"A"代表离子的纵向平移运动,"B"代表离子束的横向简谐振动。探测器测量到的纵向的离子数目为

$$\langle N \rangle = Tr_A(\rho_A N) \cdot Tr_B(\rho_B)$$

通常 $Tr_B(\rho_B) = 1$,故没有相互作用的两种运动对各自对应的物理量的测量没有影响。然而如果探测时间 Δt 小于振动周期 T,那么就有

$$Tr_{B,\Delta t}(\rho_B) = \frac{\Delta t}{T} < 1$$

于是出现了我们得到的结果,即探测器记录的原子的数目小于实际入射的原子数目。原本没有相互作用的两种运动也会对彼此对应的物理量的测量产生影响,它的本质当然是一种量子测量效应。该量子测量效应可视为宏观量子效应,因为经典简谐振动和离子数目能被离子探测器记录的都是宏观事件。简谐振动对离子束计数的修正因子与简谐振动的振幅和相位无关,表明无论多么小振幅的简谐振动都能被检测到,这个量子测量效应有可能为引力波探测提供新的方法。

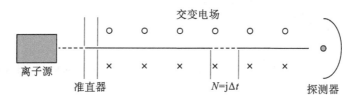

图 3.3.4　离子束探测简谐振动

新的没有相互作用的相互作用量子测量效应可以用哥本哈根解释给出满意的说明[1]。在小于一个周期时间内测量的离子数目小于入射的离子数目,离子跑哪去了呢?实际测量离子数目时,要求探测器和离子束同频共振。在入射方向垂直的横向上离子束和探测器是相对静止的,被探测器记录的离子数目(假设探测器的探测效率为 1)应该等于入射的离子数目,既然

① HUANG Y Y. The quantum measurement effect of interaction without interaction for an atomic beam[J]. Results in Physics,2017(7):238-240.

如此为什么还会出现一个所谓的振动因子 $\Delta t/T$ 呢？没有被量子力学迷惑过,就不会理解它。其实所有的秘密都藏在离子探测器里面,按量子力学的哥本哈根解释,量子测量过程中被测对象必然和经典实验仪器相互作用,对象的测量过程必然存在一定程度上的不可控制的干扰,此时被测对象和经典仪器都不再拥有经典物理世界的那种独立实在性。它们之间也不再有明确的分界:被测对象既是被测对象,又是测量手段;经典仪器既是测量手段,又是被测对象。在离子束探测的问题上,离子探测器和离子束同频共振,它们具有完全相同的相位、振幅和频率。横坐标 x 代表离子束和探测区域振动的位移,纵坐标是简谐振动的概率密度,即波函数的模平方,如图 3.3.5 所示。探测器便具有了双重功能:①记录到达探测器的离子的数目;②抽取离子束横向简谐振动的信息,包括相位、振幅和频率。搞清楚了探测器的作用,以上两个问题就迎刃而解了。离子束的离子跑哪去了呢？因为探测器和离子束同频共振,横向的探测器相对于离子束是静止的,所以所有的离子都跑到探测器中了。既然如此,所谓的振动因子从何而来呢？如图所示,在小于周期的时间间隔 Δt 内,探测器从 x 振动到 $x+\mathrm{d}x$,而探测器在 x 到 $x+\mathrm{d}x$ 范围内的概率恰好为 $\Delta t/T$。这样探测器测量的离子数目就等于入射的离子数目 N 乘以探测器本身在 x 到 $x+\mathrm{d}x$ 范围内的概率 $\Delta t/T$,与理论计算的结果完全一致,正是探测器从离子束抽取的简谐振动的信息产生了奇特的振动因子。

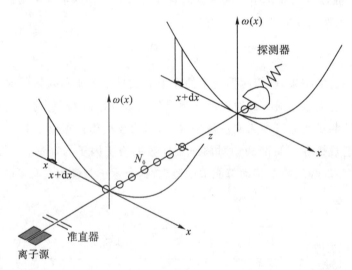

图 3.3.5　当离子束有一个整体的横向的经典谐振动时,小于周期的时间间隔 Δt 内探测的离子数会变少

5. 量子力学解释的发展

哥本哈根解释强调了经典物理学语言描述量子世界时的互补性,在同一实验中经典概念又相互排斥,Bohr 并协性原理和 Heisenberg 不确定原理是量子力学概率性的根源。哥本哈根解释派认为经典仪器对系统测量时必然有不可控制的干扰,测量影响了观测结果,只有当决定某一物理量的实验装置选定后,人们才能谈论预言这个量的值。实验者对系统所做的实验意图、测量仪器安排和实验手续都是主观的,这样看来人们把一个主观论因素引入了理论,即系统所发生的事情依赖于人们观测它的方法,或者依赖于人们观测它这个事实。这似乎表明,观测在系统演化中起着决定性作用,并且实在因人们是否观测系统而有所不同。1935 年 von

Neumann 在哥本哈根解释的基础上提出了一般的量子测量理论,该理论形象地看,好像一条无限延伸的仪器链。该理论的推论是波函数的坍缩最后归结为人的意识,是人的意识决定了量子测量的结果。

针对量子力学的哥本哈根解释,Einstein 等人坚持认为,物质世界的客观性是人类通过科学阐释自然规律的必要基础。寻求一个没有意识介入的客观的量子力学诠释无论对物理学还是对认识论都具有根本的意义。1957 年 Everett III 提出了多世界解释,该解释认为世界遵循量子力学的规律,测量仪器、被测系统和观察者整体构成了一个宇宙波函数。测量前宇宙波函数是系统、仪器和观察者的乘积,测量后,宇宙波函数变成若干乘积态的相干叠加。以 Schrödinger 猫为例,测量前原子处于激发态和基态叠加态,猫是活的,人准备观察;测量发生后,原子、猫和人构成的宇宙波函数瞬时分裂为两个宇宙,人也分裂到两个宇宙里。在一个宇宙里人看到了死猫和原子辐射,在另一个宇宙里人看到了活猫和原子不辐射,量子测量使得宇宙分裂为多个宇宙,每个宇宙间不能交流和通信。

后来 Everett III 本人也坚信量子力学普适性,宇宙不可分裂。多世界解释启发了人们把量子测量视为一种客观的、没有意识介入的物理过程。Griffiths、Gellmann 发展的自洽历史理论认为宇宙中的物理过程,没有外部测量、也没有外部环境,一切都在宇宙内部衍生,宇宙就可以看成从量子化宇宙约化出来的经典世界。量子力学一切都是离散而非连续的,所以我们讨论的"一段时间",实际上是包含了所有时刻的集合,即 $t_0, t_1, t_2, \cdots, t_n$,量子力学的历史是指在对应时刻 t_k,系统有相应的量子态 A_k。自洽历史理论赋予每个历史一个经典概率,对任何瞬间宇宙发生的事情作精细化描述,就得到了一个完全精粒化历史(completely fine‑grained history)。不同精粒化的历史相互干涉,此过程是量子演化过程,不能用独立的经典概率加以描述,如电子的双缝干涉实验,电子通过左缝和通过右缝两个历史不是独立自主的,是相互干涉相互纠缠在一起的,即电子同时通过了双缝。由于宇宙内部的观测者能力的局限性或不同需求,只能用简化的图像描述,本质上对大量精粒化历史进行分类粗粒化(coarse‑grained)描述。如一场足球比赛,甲队获胜是粗粒化历史,而甲队和乙队比赛 1∶0、2∶1、2∶0、3∶1⋯这些可能的比分会以一定概率出现,它们是精粒化历史。类内运动、无规运动抹除了各类粗粒化历史之间的相干性,使得粗粒化历史成为一种退相干的历史。我们只关心比赛的胜负结果,而不关心具体比分时,事实上就是对每一种可能的比分遍历求和。当所有精粒历史被加遍以后,它们之间的干涉往往会完全抵消,或几乎完全抵消,这时两个粗粒历史的概率又变得像经典概率一样可加了。也许我们分不清一场比赛是 1∶0 还是 2∶0,但粗粒历史的赢或平总能分清,而粗粒历史的赢或平之间不再是相干的。现在考虑 Schrödinger 猫的情况,那个决定猫命运的原子经历着衰变或不衰变的精粒历史,猫死或猫活是模糊的陈述,是两大类历史的总和。当我们计算猫死和猫活之间的干涉时,其实穷尽了这两大类历史下每一对精粒历史(10^{27} 量级的原子)之间的干涉,而它们绝大多数都最终抵消掉了。猫死和猫活两类粗粒历史之间相互干涉相互纠缠的联系被切断,它们退相干,最终只有其中一个真正发生,或者猫死或者猫活,这样就解释了 Schrödinger 猫佯谬。

20 世纪 90 年代末,尤其是 2000 年之后,随着量子计算和量子信息方面研究进展,战场上又一股新势力渐渐崛起,这就是量子信息解释,最典型的就是量子 Bayes 模型(quantum

Bayesianism),简称为量贝模型(QBism)。量贝模型的主张是从认识概率的本质入手,提出了一些极为大胆的新观念。如果说高冷傲娇的哥本哈根解释,只是摆出"事实就是这样,你不理解我也没办法"的姿态;外表妖艳内心善良的多世界解释则在想尽办法帮助人们形象地理解量子理论;那么霸道的量子信息解释,则像是大声地怒吼:"放弃一切还原论的幻想吧,地球人!构成世界的基础根本不是什么物质,而是纯粹的信息。而且这些信息,也只是你头脑中的主观投射结果而已。"

量贝模型将量子理论与 Bayes 派的概率观点结合起来,它也认为波函数并非客观实在,只是观察者所使用的数学工具,波函数非客观实在也就没有什么量子叠加态,如此便能避免解释产生的悖论。根据量贝模型,概率的发生不由物质内在结构决定,而与观察者对量子系统不确定性的置信度有关。量贝解释将与概率有关的波函数定义为某种主观信念,观察者得到新的信息之后,根据 Bayes 定理的数学法则得到后验概率,不断地修正观察者的主观信念。尽管认为波函数是主观的,但量贝模型并不是虚无主义理论否认一切真实。量子系统是独立于观察者而客观存在的。每个观察者使用不同的测量技术,修正他们的主观概率,对量子世界作出判定。在观察者测量的过程中,真实的量子系统并不会发生奇怪的变化,变化的只是观察者选定的波函数。对同样的量子系统,不同观察者可能得出全然不同的结论。观察者彼此交流,修正各自的波函数来解释新获得的知识,于是就逐步对该量子系统有了更全面的认识。根据量贝模型,盒子里的 Schrödinger 猫并没有处于什么既死又活的恐怖状态,但盒子外的观察者对里面的猫态的认识不够,不足以准确确定它的死活,便主观想象它处于一种死活二者并存的叠加态,并使用波函数的数学工具来描述和更新观察者自己的这种主观信念。量贝模型创建者之一的 Fuchs 证明了计算概率的 Born 规则几乎可以用概率论彻底重写,而不需要引入波函数。因此,也许只用概率就可以预测量子力学的实验结果了。Fuchs 希望,Born 规则的新表达能够成为重新解释量子力学的关键,企图用概率论来重新构建量子力学的标准理论,量贝模型为量子力学的解释提供了一种新的视角。

哥本哈根解释给了人们一个信念:微观世界也是可以被人们认知的,实验者使用可以被其操作和感知的经典仪器对量子系统进行测量,就可以从微观世界提取经典实验者可以感知的信息。当测量仪器和研究对象发生相互作用之后,系统波函数只能选择被观察的可观测量的一组本征态的叠加,人们的观察行为迫使系统从这些叠加的本征态中随机地选择其中一个本征态,不同的观测者测量的结果往往是随机的、不可逆的。

依据哥本哈根解释,人们对量子体系进行主观期望的某物理量的测量时,测量会对系统产生干扰,测量有时会产生新的物理(观测)效应,如 Schrödinger 猫态、Wheeler 延迟选择实验、量子 Zeno 效应、Vaidman 炸弹检测器、没有相互作用的相互作用、量子信息擦除、量子鬼成像等。现在火热的量子信息学所有涉及的测量问题,也都是直接使用哥本哈根解释的结果。

哥本哈根解释与其说是量子力学的解释,倒不如说它是经典仪器测量系统引起波函数坍缩的一个理论模型,这个理论是有效的、简洁的、实用的、睿智的、成功的,当然也是唯象的。理论中的唯象假设也是哥本哈根解释不足的地方,它只给出了经典仪器测量时系统波函数会坍缩的结论,却回答不了"波函数为什么会坍缩以及怎么坍缩?"这样深层次的问题。这些问题引导人们研究开放的量子系统,促进量子理论的发展,如 Zurek 提出了环境诱导超选择理论(environment induced superselection,简写为 Einselection)。

哥本哈根解释还有一个问题没有解决,经典理论是独立于量子理论的存在,而并不能从量子理论中合理推论出来。Bohr 认为我们不能指望从量子力学中得到我们对观察结果的合理解释,因为我们作为宏观物体必然是经典的,所需要的观察仪器也是经典的。这种经典-量子边界就在观察过程中起到了迫使波函数坍缩的作用:波函数生活在微观领域,我们对观察结果的接收必然处在宏观领域,那么对波函数的观察,必然要使得观察结果穿越这种边界,从量子变为经典,从"既此又彼"的叠加态变为"非此即彼"的概率。如果真的存在经典-量子这样的边界,那么这个边界在哪里? 对于这样一种十分重要的界线,Heisenberg 说:"一边是我们用来帮助观察的仪器,因而必须看作是我们(经典世界)的一部分,另一边则是我们想要研究的物理系统,数学上表现为波函数,在这中间我们需要划分一条分界线。……这条划分被观察系统和被观察仪器的分界线是由我们所研究的问题本身的性质决定的,但是很显然在这种物理过程中不应该有不连续性。因而这条线在什么位置就有着完全的自由度。"哥本哈根解释宣称存在这么一个边界,然后却不说它在哪儿。事实上,直到今天人们一直都在寻找这个边界是否存在,人们在越来越大尺度的物体上观测到了量子现象,例如,双缝干涉实验已经做到了由 810 个原子组成的巨大分子尺度,仍然能发现量子现象的存在。随着人们在越来越宏观尺度上直接观测到量子效应,人们完全有理由相信,宏观物体从根本上讲,也遵循着量子规律。

哥本哈根解释是一个具有深远影响的量子哲学,它告诉人们如何从宏观经典世界认识和改造微观的量子世界,但它不会也不可能是终极理论,它的不足也能促进量子理论的发展。哥本哈根解释还催生了量子力学的其他解释,如在寻求一个没有意识介入的客观的量子力学解释时 Everett Ⅲ 提出了多世界解释,Griffiths 和 Gellmann 发展了自洽历史理论,Fuchs、Schack 等人又提出了一种量贝模型,企图用概率论来重新构建量子力学的标准理论。各式各样的量子哲学都试图从各自的视角探究着宇宙中最深奥的秘密。

3.4 Schrödinger 方程

我们知道几何光学是波动光学的短波极限,de Broglie 发现了微观粒子的波动性,很自然地人们想到通常的经典力学也是 de Broglie 波长趋于零时的短波极限。这样的类比具有重要的意义,由此可立即掌握经典力学完全失效的量级。由 Bohr 角动量量子化条件 $L = pa = n\dfrac{h}{2\pi}$ (a 为原子半径)和 de Broglie 关系式 $\lambda = \dfrac{h}{p}$ 得

$$\frac{\lambda}{a} = \frac{2\pi}{n} \tag{3.4.1}$$

当量子数 $n \gg 1$ 时,$\lambda \ll a$,质点的波动性无法表现,经典力学是很可靠的,但是当 n 变得越来越小时,λ 对 a 的比率越来越不利,物质波动性越来越明显,经典力学不再那么可靠了。可以预料对于 n 具有一定数量级的区域,即原子半径的量级 10^{-10} m,经典力学将遭到完全的失败。物体运动尺寸达到原子半径量级时,经典力学无法处理,经典力学代之以波动的力学(简称波动力学)。建立起波动力学的方程就成为必然的工作,非相对论波动方程是 Schrödinger 在

1926 年首先提出的,下面来看 Schrödinger 的波动方程是如何建立起来的。

3.4.1　Schrödinger 方程的引出

一个装在已定外壳中的弹性流体,其压力 p 满足标准的波动方程:

$$\nabla^2 p - \frac{1}{u^2}\ddot{p} = 0 \tag{3.4.2}$$

式中,u 为纵波传播的速度,纵波是在流体情况下唯一可能发生的波。求解式(3.4.2)的标准方法就是分离变量,令

$$p(x,y,z,t) = \psi(x,y,z)\mathrm{e}^{\mp 2\pi \mathrm{i} \nu t}$$

将上式代入方程(3.4.2)得关于 ψ 的方程

$$\nabla^2 \psi + \frac{4\pi^2 \nu^2}{u^2}\psi = 0 \tag{3.4.3}$$

式中,ψ 和 p 服从同样的边界条件。波动方程的解满足一定边界条件时必定出现分立的频率,这些频率称为本征频率,方程的正则解是无穷分立频率的集合,则

$$p = \sum_k c_k \psi_k \mathrm{e}^{2\pi \mathrm{i}(\nu_k t + \varphi_k)}$$

如果(ψ_k, ν_k)完备,则上式确实是方程(3.4.2)的普遍解。de Broglie 波也必须有某个量 p 满足像式(3.4.2)那样的波动方程。由 de Broglie 关系 $\lambda = h/p = h/\sqrt{2m(E-V)}$ 和 $\nu = E/h$ 得物质波的波速

$$u = \nu\lambda = \frac{E}{\sqrt{2m(E-V)}}$$

显然 u 依赖于坐标 x, y, z 的同时也依赖能量 E 或者频率($\nu = E/h$),因此 p 对时间的依赖关系只能是

$$p \sim \mathrm{e}^{\mp \frac{2\pi \mathrm{i} E t}{h}} \Rightarrow \ddot{p} = -\frac{4\pi^2 E^2}{h^2}p \tag{3.4.4}$$

将 u 表达式和式(3.4.4)代入波动方程式(3.4.2)得

$$\nabla^2 \psi + \frac{8\pi^2 m}{h^2}(E-V)\psi = 0 \tag{3.4.5}$$

或者稍微改写一下

$$-\frac{\hbar^2}{2m}\nabla^2 \psi + V\psi = E\psi \tag{3.4.6}$$

方程(3.4.6)被称为定态 Schrödinger 方程,乍一看无法理解,没有边界条件怎么会出现本征频率呢,其实不然,恰恰是由于势能 $V(x,y,z)$ 这个系数的出现起到了通常边界条件所起的作用,即对能量确定值的选择作用,因此求解定态 Schrödinger 方程也会出现本征频率和本征函数。

　定态 Schrödinger 方程仅仅提供振幅在空间的分布,ψ 对时间的依赖总是由下式决定

$$\psi \sim \mathrm{e}^{\mp \frac{2\pi \mathrm{i} E t}{h}} \tag{3.4.7}$$

频率 E 在方程中出现,事实上定态 Schrödinger 方程是一组方程,每个方程只对一个特殊本征频率(能量)成立。如何找到像波动方程(3.4.2)那样的含时方程呢?做法很简单,只要消除掉

定态 Schrödinger 方程中的能量 E 即可,由式(3.4.7)得

$$\dot{\psi} = \mp \frac{2\pi \mathrm{i}E}{h}\psi \Rightarrow E\psi = \pm \frac{h}{2\pi}\mathrm{i}\dot{\psi}$$

将上式代入定态 Schrödinger 方程,消去 E 得

$$\nabla^2 \psi - \frac{8\pi^2 mV}{h^2}\psi \pm \frac{4\pi mi}{h}\dot{\psi} = 0$$

稍微改写一下,得

$$-\frac{\hbar^2}{2m}\nabla^2\psi + V\psi = \pm \mathrm{i}\hbar\dot{\psi}$$

波函数 ψ 及其复共轭 ψ^* 必定满足上式两个方程中的一个,Schrödinger 把上式中的"+"号给了波函数 ψ 本身,把"−"号给了波函数的复共轭 ψ^*,这样 Schrödinger 得到了最终的含时 Schrödinger 方程:

$$\mathrm{i}\hbar \frac{\partial \psi}{\partial t} = -\frac{\hbar^2}{2m}\nabla^2\psi + V\psi \tag{3.4.8}$$

从建立含时 Schrödinger 方程的过程看,波函数必定是复数。一般势能不显含时间,可以采用分离变量法将波函数写成时间部分和空间部分的乘积,含时 Schrödinger 方程化为空间波函数的定态 Schrödinger 方程和时间波函数的方程,而时间波函数一般都具有这个形式 $\mathrm{e}^{-\mathrm{i}Et/\hbar}$。

事实上令式(3.4.8)中的波函数为

$$\psi(\boldsymbol{r}, t) = \psi(\boldsymbol{r})T(t)$$

将上式代入式(3.4.8)中得

$$\frac{\mathrm{i}\hbar}{T}\frac{\mathrm{d}T}{\mathrm{d}t} = \frac{1}{\psi}\left[-\frac{\hbar^2}{2m}\nabla^2 + V\right]\psi \equiv E$$

式子左边只和时间有关,而右边只和空间坐标有关,唯一的可能就是该方程等于某个常数 E,该常数和时间、空间坐标都无关,于是有

$$\left[-\frac{\hbar^2}{2m}\nabla^2 + V(\boldsymbol{r})\right]\psi(\boldsymbol{r}) = E\psi(\boldsymbol{r}) \tag{3.4.9}$$

即定态 Schrödinger 方程,则

$$\frac{\mathrm{i}\hbar}{T}\frac{\mathrm{d}T}{\mathrm{d}t} = E \Rightarrow T(t) = T_0 \mathrm{e}^{-\mathrm{i}Et/\hbar} \tag{3.4.10}$$

解出定态 Schrödinger 方程的空间波函数 $\psi(\boldsymbol{r})$ 再乘以 $\mathrm{e}^{-\mathrm{i}Et/\hbar}$ 就得到微观粒子总的波函数 $\psi(\boldsymbol{r})\mathrm{e}^{-\mathrm{i}Et/\hbar}$ 了。与自由粒子波函数比较发现,这个常数 E 就是体系的总能量即粒子的动能和系统的势能之和。

从"导出"Schrödinger 方程的过程,能清楚地看到 Schrödinger 方程起源于标准的波动方程(3.4.2),这是波动力学的"波动"二字的由来。由于 de Broglie 发现的微观粒子具有波动性的事实必然要求新力学中的方程能够描述微观粒子的波动性,因此 Schrödinger 从标准波动方程出发寻找波动力学中的粒子遵循的方程就是一个非常自然而合理的做法了。其实人们并不特别在意从何种出发点、用何种方法导出 Schrödinger 方程,而是关心 Schrödinger 方程能否真实描述发生的物理现象。1926 年 Schrödinger 将他的方程用于氢原子,得到了氢原子的 Bohr 能级和波函数,Schrödinger 基于定态方程(3.4.6)发展了定态微扰论,以此计算了氢原

子 Stark 效应,与实验结果符合得很好。这些巨大的成功一举奠定了 Schrödinger 方程坚实的基础。

3.4.2　Schrödinger 方程实例

经典力学是波动力学的短波极限,许多问题的 Schrödinger 方程的解会有异于经典力学的奇特现象,下面举一些典型的例子。

例 3.6　粒子在一维无限深势阱中的运动。

势能曲线如图 3.4.1 所示,势能函数为

$$V(x) = \begin{cases} 0 & 0 < x < a \\ \infty & x < 0, x > a \end{cases} \tag{3.4.11}$$

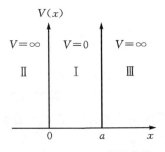

图 3.4.1　一维无限深势阱

在 $x < 0$ 和 $x > a$ 区域,$\psi(x) = 0$,因为由定态 Schrödinger 方程(3.4.6)知,势能 $V \to \infty$ 时,如果波函数 $\psi(x) \neq 0$,则方程两边不可能相等,于是有 $\psi(x) = 0$。在 $0 < x < a$ 区域,$V = 0$ 的定态 Schrödinger 方程(3.4.6)可写为

$$\frac{d^2\psi(x)}{dx^2} + \frac{2mE}{\hbar^2}\psi(x) = 0 \tag{3.4.12}$$

令 $k^2 = \dfrac{2mE}{\hbar^2}$,方程(3.4.12)的通解为

$$\psi(x) = A\sin kx + B\cos kx$$

波函数在 $x = 0$ 处连续得

$$\psi(0) = A\sin k \cdot 0 + B\cos k \cdot 0 = 0$$

得 $B = 0$,波函数化为

$$\psi(x) = A\sin kx$$

再由波函数 $x = a$ 处连续,得

$$\psi(a) = A\sin ka = 0$$

得

$$k = \frac{n\pi}{a} \qquad n = 1, 2, 3, \cdots$$

由 k 的定义可知,一维无限深势阱的能量表达式为

$$E_n = n^2 \frac{\pi^2 \hbar^2}{2ma^2} = n^2 E_1$$

相应的波函数为

$$\psi_n(x) = A_n \sin \frac{n\pi}{a} x$$

常数 A_n 由归一化条件 $\int_{-\infty}^{+\infty} |\psi_n(x)|^2 \mathrm{d}x = 1$ 得

$$A_n = \pm\sqrt{\frac{2}{a}}$$

于是波函数为

$$\psi_n(x) = \pm\sqrt{\frac{2}{a}} \sin \frac{n\pi}{a} x$$

Born 概率分布为

$$|\psi_n(x)|^2 = \frac{2}{a} \sin^2 \frac{n\pi}{a} x$$

一维无限深势阱粒子能级和概率分布如图 3.4.2 所示。

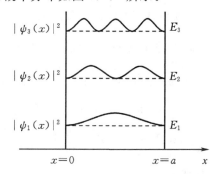

图 3.4.2　一维无限深势阱粒子的能级和 Born 概率分布

求解定态 Schrödinger 方程可以得到粒子波函数,同时也得到了能谱。进一步一维有限深势阱势能函数为

$$V(x) = \begin{cases} 0 & |x| < d/2 \\ V_d & |x| \geqslant d/2 \end{cases}$$

如图 3.4.3 所示,有限深势阱的解法可仿照无限深势阱来解,在 $|x| < d/2$ 范围内波函数就是一正弦或余弦函数,在阱外 $|x| \geqslant d/2$,体系满足的 Schrödinger 方程为

$$\frac{\mathrm{d}^2 \psi(x)}{\mathrm{d}x^2} = \frac{2m(V_d - E)}{\hbar^2} \psi(x) \equiv k_d^2 \psi(x)$$

该方程的解为

$$\psi(x) = \begin{cases} B_1 \mathrm{e}^{k_d x} & x \leqslant -d/2 \\ B_2 \mathrm{e}^{-k_d x} & x \geqslant d/2 \end{cases}$$

式中,B_1、B_2、k_d 都为常数。由波函数的 Born 统计解释,$|\psi(x)|^2$ 表示粒子出现的概率,显然在 $|x| \geqslant d/2$ 区域粒子出现的概率不等于零,也就是说,尽管粒子的能量低于势阱的高度,粒子还是有一定的概率越过这个势阱跑到阱外去。这是一个与经典物理有很大差异的结果,因为经典情况下粒子能量低于势阱高度,粒子只能呆在势阱中,绝没有逃脱势阱的可能。

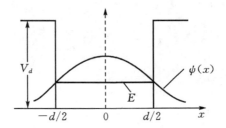

图 3.4.3　一维有限深势阱($E < V_d$)

例 3.7　一维谐振子势能曲线为

$$V(x) = \frac{1}{2}kx^2 = \frac{1}{2}m\omega^2 x^2$$

m 为振子质量，x 为位移，ω 为固有频率。定态 Schrödinger 方程为

$$-\frac{\hbar^2}{2m}\frac{\mathrm{d}^2\psi}{\mathrm{d}x^2} + \frac{1}{2}m\omega^2 x^2\psi = E\psi$$

这里不作具体计算，给出最后的能级和对应的波函数分别为

$$E_n = (n + \frac{1}{2})\hbar\omega = (n + \frac{1}{2})h\nu$$

$$\psi_n(x) = [\alpha/(\sqrt{\pi}2^n \cdot n!)]^{1/2}\mathrm{e}^{-\alpha^2 x^2/2}H_n(\alpha x)$$

式中，$\alpha = \sqrt{m\omega/\hbar}$；$H_n(\alpha x)$ 为 Hermite 多项式，它的表达式为

$$H(\xi) = (-1)^n\mathrm{e}^{\xi^2}\frac{\mathrm{d}^n}{\mathrm{d}\xi^n}\mathrm{e}^{-\xi^2}$$

一维谐振子势能级和概率分布如图 3.4.4 所示。

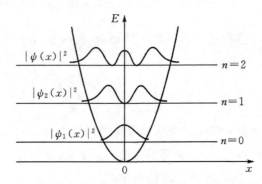

图 3.4.4　一维谐振子势能级和概率分布

　　量子力学的一维谐振子势的能级最小值并不为零，而是等于 $\frac{1}{2}h\nu$，该能量称为零点能，完全是一种量子效应，前文用不确定关系也得到过这个零点能。

　　例 3.8　势垒贯穿效应。

　　方势垒函数为

$$V(x) = \begin{cases} 0 & x < 0, x > a \\ V_0 & 0 < x < a \end{cases}$$

图像如图 3.4.5 所示。定态 Schrödinger 方程为

$$\frac{\mathrm{d}^2 \psi}{\mathrm{d}x^2} + \frac{2m}{\hbar^2}(E - V)\psi = 0$$

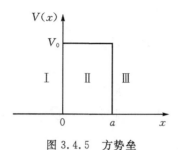

图 3.4.5　方势垒

由于 I、II、III 势能曲线不同,因此三个区域定态 Schrödinger 方程分别为

I 区:$\dfrac{\mathrm{d}^2 \psi_1(x)}{\mathrm{d}x^2} + k_1^2 \psi_1(x) = 0$　　$k_1^2 = \dfrac{2mE}{\hbar^2}$

II 区:$\dfrac{\mathrm{d}^2 \psi_2(x)}{\mathrm{d}x^2} + k_2^2 \psi_2(x) = 0$　　$k_2^2 = \dfrac{2m(E - U_0)}{\hbar^2}$

III 区:$\dfrac{\mathrm{d}^2 \psi_3(x)}{\mathrm{d}x^2} + k_1^2 \psi_3(x) = 0$

三个区域波函数通解为

$$\psi(x) = A\mathrm{e}^{\mathrm{i}kx} + B\mathrm{e}^{-\mathrm{i}kx}$$

如果考虑波函数的时间部分,总的波函数为

$$\psi(x, t) = \psi(x)\mathrm{e}^{-\mathrm{i}Et/\hbar}$$

但由于势能不显含时间,因此讨论问题时不考虑时间因子 $\mathrm{e}^{-\mathrm{i}Et/\hbar}$,这里也不考虑与时间有关的波函数。

I 区:$\psi_1(x) = A_1 \mathrm{e}^{\mathrm{i}k_1 x} + B_1 \mathrm{e}^{-\mathrm{i}k_1 x}$

II 区:$\psi_2(x) = A_2 \mathrm{e}^{\mathrm{i}k_2 x} + B_2 \mathrm{e}^{-\mathrm{i}k_2 x}$

III 区:$\psi_3(x) = A_3 \mathrm{e}^{\mathrm{i}k_1 x}$

其中,A_1、A_2、A_3 表示粒子物质波透射的概率幅,B_1、B_2 为粒子物质波反射的概率幅。

定义反射系数为

$$R = \frac{|B_1|^2}{|A_1|^2}$$

透射系数为

$$T = \frac{|A_3|^2}{|A_1|^2}$$

由波函数在 $x = 0$ 和 $x = a$ 处的连续性得

$$\psi_1(0) = \psi_2(0) \qquad \frac{\mathrm{d}\psi_1}{\mathrm{d}x}\bigg|_{x=0} = \frac{\mathrm{d}\psi_2}{\mathrm{d}x}\bigg|_{x=0}$$

$$\psi_2(a) = \psi_3(a) \qquad \frac{\mathrm{d}\psi_2}{\mathrm{d}x}\bigg|_{x=a} = \frac{\mathrm{d}\psi_3}{\mathrm{d}x}\bigg|_{x=a}$$

当 $E>V_0$ 时，反射系数为

$$R = \frac{(k_1^2 - k_2^2)^2 \sin^2(k_2 a)}{(k_1^2 - k_2^2)^2 \sin^2(k_2 a) + 4k_1^2 k_2^2}$$

透射系数为

$$T = \frac{4k_1^2 k_2^2}{(k_1^2 - k_2^2)^2 \sin^2(k_2 a) + 4k_1^2 k_2^2}$$

反射、透射系数满足关系式

$$R + T = 1$$

在粒子能量大于势垒高度时，粒子也不可能完全透过势垒，依然有一定反射概率。

当 $E<V_0$ 时，反射系数为

$$R = \frac{(k_1^2 + k_3^2)^2 \text{sh}^2(k_3 a)}{(k_1^2 + k_3^2)^2 \text{sh}^2(k_3 a) + 4k_1^2 k_3^2}$$

透射系数为

$$T = \frac{4k_1^2 k_3^2}{(k_1^2 + k_3^2)^2 \text{sh}^2(k_3 a) + 4k_1^2 k_3^2}$$

其中

$$k_3 = \sqrt{\frac{2m(V_0 - E)}{\hbar^2}}, \text{sh}x = \frac{\text{e}^x - \text{e}^{-x}}{2}$$

这里的现象就很奇怪了，粒子能量低于势垒高度，其依然有一定的透射概率穿过势垒，它是怎么过去的呢？量子力学的结果使得人们很形象地假设微观世界的粒子有着特殊的本领，那就是在势垒中开凿隧道，从隧道中透过势垒。其实本质原因还是微观粒子波动性的表现，即对于隧道贯穿的粒子不能简单地把它视为一个微粒，同时它还有波动性，进而有穿越势垒的可能，图 3.4.6 形象地表述了势垒贯穿的过程。

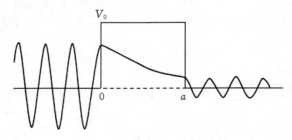

图 3.4.6 微观粒子势垒贯穿

如果粒子的能量很小，$k_3 a \gg 1$，则透射系数近似为

$$T \approx 16 \frac{E(V_0 - E)}{V_0^2} \exp\left[-\frac{2a}{\hbar} \sqrt{2m(V_0 - E)}\right]$$

显然透射系数与势垒宽度 a、粒子质量 m 和能量差 $V_0 - E$ 都有关系，例如，1 eV 的电子穿越宽度为 2×10^{-10} m、势垒高度为 2 eV 的势垒，透射系数为 0.62；若将电子换成质子，则透射系数为 3×10^{-19}，几乎不可能透过去。微观粒子势垒贯穿称为量子隧道效应，这个效应有着巨大的应用前景，扫描隧道显微镜、隧穿二极管都是量子隧道效应的应用。

3.5 力学量用算符表达

3.5.1 力学量平均值

由于微观粒子的波粒二象性,粒子的位置和对应的动量不能同时确定,测量它们的偏差满足 Heisenberg 不确定关系。这决定了量子力学本质上是一个统计规律,力学量有误差 ΔA,就有平均值 $\overline{A}$,有平均值 $\overline{A}$ 则力学量一定存在多值 $A_1, A_2, A_3, \cdots$,每个值 A_i 的统计权重由波函数的统计解释决定。由本征值方程 $\hat{F}\varphi = \lambda\varphi$ 知该算符 $\hat{F}$ 会有多个本征值 $\lambda_1, \lambda_2, \lambda_3, \cdots$,每个本征值 λ_i 有一个或多个本征态。从力学量的多值性和算符本征值的多值性可知,量子力学的力学量可以用相应的算符方便地表示。

以一维情况为例,由加权情况下的平均值的计算方法,可以得到位置的平均值为

$$\overline{x} = \int_{-\infty}^{+\infty} x\psi^*(x)\psi(x)\mathrm{d}x = \int_{-\infty}^{+\infty} \psi^*(x)x\psi(x)\mathrm{d}x \tag{3.5.1}$$

式中,$\psi^*(x)\psi(x)$ 是 Born 概率分布。三维情况位置的平均值如法炮制:

$$\overline{\boldsymbol{r}} = \int_{-\infty}^{+\infty} \psi^*(\boldsymbol{r})\boldsymbol{r}\psi(\boldsymbol{r})\mathrm{d}\boldsymbol{r}$$

式中,体积元 $\mathrm{d}\boldsymbol{r} = \mathrm{d}x\mathrm{d}y\mathrm{d}z$。任何位置函数的力学量的平均值都可以通过类似式(3.5.1)的方法计算:

$$\overline{f(x)} = \int_{-\infty}^{+\infty} \psi^*(x)f(x)\psi(x)\mathrm{d}x \tag{3.5.2}$$

那么是否能用式(3.5.1)的形式算出动量的平均值? 即

$$\overline{p_x} = \int_{-\infty}^{+\infty} \psi^*(x)p_x\psi(x)\mathrm{d}x \tag{3.5.3}$$

答案是不可以。因为微观粒子波粒二象性,位置和相应动量不能同时有确定值,当波函数用位置坐标表示时,意味着位置 $\Delta x \to 0$ 完全确定,由 Heisenberg 不确定关系,粒子的动量完全不能确定 $\Delta p_x \to \infty$,这样用式(3.5.3)完全不能计算动量的平均值。

那怎么办呢? 如果我们写出动量表示的波函数,借用式(3.5.1)的思路求动量平均值就和不确定关系不矛盾了。动量表示的波函数 $\varphi(p)$ 和位置表示的波函数 $\psi(x)$ 之间满足 Fourier 变换式

$$\begin{cases} \varphi(p) = \dfrac{1}{\sqrt{2\pi\hbar}} \displaystyle\int_{-\infty}^{+\infty} \psi(x)\mathrm{e}^{-\mathrm{i}px/\hbar}\mathrm{d}x \\[3mm] \psi(x) = \dfrac{1}{\sqrt{2\pi\hbar}} \displaystyle\int_{-\infty}^{+\infty} \varphi(p)\mathrm{e}^{\mathrm{i}px/\hbar}\mathrm{d}p \end{cases} \tag{3.5.4}$$

式中,p 为一维情况下 x 方向的动量 p_x。这样动量的平均值为

$$\overline{p} = \int_{-\infty}^{+\infty} \varphi^*(p)p\varphi(p)\mathrm{d}p \tag{3.5.5}$$

将(3.5.4)和 p_x 表达式代入上式得

$$\overline{p} = \int_{-\infty}^{+\infty} \varphi(p)^* p\varphi(p)\,\mathrm{d}p = \frac{1}{2\pi\hbar}\int_{-\infty}^{+\infty}\mathrm{d}p\left[\int_{-\infty}^{+\infty}\psi(x)^*\,\mathrm{e}^{\mathrm{i}px/\hbar}\,\mathrm{d}x\right]p\left[\int_{-\infty}^{+\infty}\psi(x')\,\mathrm{e}^{-\mathrm{i}px'/\hbar}\,\mathrm{d}x'\right]$$

$$= \frac{1}{2\pi\hbar}\int_{-\infty}^{+\infty}\mathrm{d}p\left[\int_{-\infty}^{+\infty}\psi(x)^*\,\mathrm{e}^{\mathrm{i}px/\hbar}\,\mathrm{d}x\right]\left[\int_{-\infty}^{+\infty}\psi(x')\,(\mathrm{i}\hbar)\frac{\partial \mathrm{e}^{-\mathrm{i}px'/\hbar}}{\partial x'}\,\mathrm{d}x'\right]$$

$$\mathrm{i}\hbar\int_{-\infty}^{+\infty}\psi(x')\frac{\partial \mathrm{e}^{-\mathrm{i}px'/\hbar}}{\partial x'}\,\mathrm{d}x' = \mathrm{i}\hbar\psi(x')\,\mathrm{e}^{-\mathrm{i}px'/\hbar}\Big|_{-\infty}^{+\infty} - \mathrm{i}\hbar\int_{-\infty}^{+\infty}\mathrm{e}^{-\mathrm{i}px'/\hbar}\,\mathrm{d}\psi(x') = -\mathrm{i}\hbar\int_{-\infty}^{+\infty}\mathrm{e}^{-\mathrm{i}px'/\hbar}\frac{\partial\psi(x')}{\partial x'}\,\mathrm{d}x'$$

这里使用了条件：波函数无穷远处为零 $\psi(\pm\infty)=0$，于是动量平均值为

$$\overline{p} = \frac{1}{2\pi\hbar}\int_{-\infty}^{+\infty}\mathrm{d}p\left[\int_{-\infty}^{+\infty}\psi(x)^*\,\mathrm{e}^{\mathrm{i}px/\hbar}\,\mathrm{d}x\right]\left[\int_{-\infty}^{+\infty}\mathrm{e}^{-\mathrm{i}px'/\hbar}\,(-\mathrm{i}\hbar)\frac{\partial\psi(x')}{\partial x'}\,\mathrm{d}x'\right]$$

$$= \int_{-\infty}^{+\infty}\int_{-\infty}^{+\infty}\mathrm{d}x\mathrm{d}x'\,\psi(x)^*\,(-\mathrm{i}\hbar)\frac{\partial\psi(x')}{\partial x'}\frac{1}{2\pi\hbar}\int_{-\infty}^{+\infty}\mathrm{e}^{\mathrm{i}p(x-x')/\hbar}\,\mathrm{d}p$$

上式第二个等号，交换 x、x' 和 p 的积分次序，划线部分等于 $\delta(x-x')$ 函数。于是，

$$\overline{p} = \int_{-\infty}^{+\infty}\psi(x)^*\left(-\mathrm{i}\hbar\frac{\partial}{\partial x}\right)\psi(x)\,\mathrm{d}x \qquad (3.5.6)$$

比较上式和式(3.5.1)发现，可以使用位置坐标的波函数来求动量的平均值，不过在坐标空间中，动量不再是一个普通的量，而是一个算符，从式(3.5.6)可知这个动量算符为

$$\hat{p}_x = -\mathrm{i}\hbar\frac{\partial}{\partial x} \qquad (3.5.7)$$

这里用力学量上面加个尖帽子代表算符。在坐标空间，坐标的算符就是坐标本身，即 $\hat{x}=x$。同样步骤，求解动量空间的位置、动量平均值可得算符：$\hat{x}=\mathrm{i}\hbar\partial/\partial p_x$，$\hat{p}_x=p_x$。一般来说，任何一个包含位置和动量的算符平均值都可以下式求出来

$$\overline{A(x,p_x)} = \int_{-\infty}^{+\infty}\psi(x)^*\hat{A}\left(x,-\mathrm{i}\hbar\frac{\partial}{\partial x}\right)\psi(x)\,\mathrm{d}x$$

3.5.2 力学量的算符表示

其他动量分量算符为

$$\hat{p}_y = -\mathrm{i}\hbar\frac{\partial}{\partial y},\quad \hat{p}_z = -\mathrm{i}\hbar\frac{\partial}{\partial z}$$

$$\hat{p}^2 = -\hbar^2\,\nabla^2 \equiv -\hbar^2\left(\frac{\partial^2}{\partial x^2}+\frac{\partial^2}{\partial y^2}+\frac{\partial^2}{\partial z^2}\right)$$

$$\hat{\boldsymbol{p}} = -\mathrm{i}\hbar\,\nabla \equiv -\mathrm{i}\hbar\left(\frac{\partial}{\partial x}\boldsymbol{e}_x+\frac{\partial}{\partial y}\boldsymbol{e}_y+\frac{\partial}{\partial z}\boldsymbol{e}_z\right)$$

定态 Schrödinger 方程

$$\left[-\frac{\hbar^2}{2m}\,\nabla^2+V(\boldsymbol{r})\right]\psi(\boldsymbol{r}) = E\psi(\boldsymbol{r})$$

这类偏微分方程通常称为本征方程，定义 Hamilton 算符 $\hat{H}\equiv-\dfrac{\hbar^2}{2m}\,\nabla^2+V(\boldsymbol{r})$，Hamilton 算符的本征值就是方程右边的能级，与能级相应的是本征函数，即定态波函数。Hamilton 算符就是系统的能量算符，由含时 Schrödinger 方程有

$$\mathrm{i}\hbar\frac{\partial\psi(\boldsymbol{r},t)}{\partial t} = \left[-\frac{\hbar^2}{2m}\,\nabla^2+V(\boldsymbol{r},t)\right]\psi(\boldsymbol{r},t)$$

可知能量算符也可以用时间的偏导数表示

$$\hat{E} \rightarrow \mathrm{i}\hbar \frac{\partial}{\partial t}$$

角动量用位置和动量定义

$$\boldsymbol{L} = \boldsymbol{r} \times \boldsymbol{p}$$

角动量的分量及其算符表示如下

$$L_x = yp_z - zp_y = -\mathrm{i}\hbar \left(y \frac{\partial}{\partial z} - z \frac{\partial}{\partial y} \right)$$

$$L_y = zp_x - xp_z = -\mathrm{i}\hbar \left(z \frac{\partial}{\partial x} - x \frac{\partial}{\partial z} \right)$$

$$L_z = xp_y - yp_x = -\mathrm{i}\hbar \left(x \frac{\partial}{\partial y} - y \frac{\partial}{\partial x} \right)$$

球坐标下的角动量分量算符为

$$L_x = \mathrm{i}\hbar \left(\sin\varphi \frac{\partial}{\partial \theta} + \cot\theta\cos\varphi \frac{\partial}{\partial \varphi} \right)$$

$$L_y = \mathrm{i}\hbar \left(-\cos\varphi \frac{\partial}{\partial \theta} + \cot\theta\sin\varphi \frac{\partial}{\partial \varphi} \right)$$

$$L_z = -\mathrm{i}\hbar \frac{\partial}{\partial \varphi}$$

角动量平方的算符表示为

$$L^2 = L_x^2 + L_y^2 + L_z^2 = -\hbar^2 \left[\frac{1}{\sin\theta} \frac{\partial}{\partial \theta} \left(\sin\theta \frac{\partial}{\partial \theta} \right) + \frac{1}{\sin^2\theta} \frac{\partial^2}{\partial \varphi^2} \right]$$

L^2 和 L_z 算符具有共同的本征函数,球谐函数 $Y_{lm}(\theta, \varphi)$,则

$$\begin{cases} L^2 Y_{lm} = l(l+1)\hbar^2 Y_{lm} \\ L_z Y_{lm} = m\hbar Y_{lm} \end{cases}$$

式中,$l = 0, 1, 2, \cdots$;$m = 0, \pm 1, \pm 2, \cdots, \pm l$。

3.5.3 Heisenberg 不确定关系严格导出

一般两个算符的作用次序不能颠倒,即 $\hat{F}\hat{G} - \hat{G}\hat{F} \neq 0$。下面来看动量算符式(3.5.7)和坐标算符的关系,为此将 $[\hat{x}, \hat{p}_x] \equiv \hat{x}\hat{p}_x - \hat{p}_x\hat{x}$ 作用到任一函数 $\psi(x)$ 上:

$$[\hat{x}, \hat{p}_x]\psi(x) \equiv \hat{x}\hat{p}_x\psi(x) - \hat{p}_x\hat{x}\psi(x)$$

$$= x\left(-\mathrm{i}\hbar \frac{\mathrm{d}}{\mathrm{d}x}\psi \right) - \left(-\mathrm{i}\hbar \frac{\mathrm{d}}{\mathrm{d}x} \right)(x\psi) = \mathrm{i}\hbar\psi(x)$$

由于 $\psi(x)$ 的任意性,得到关系式

$$[\hat{x}, \hat{p}_x] = \mathrm{i}\hbar \tag{3.5.8}$$

由于位置和动量算符交换次序不相等,因此称位置和动量是不对易的。令

$$\Delta\hat{x} = \hat{x} - \overline{x}, \Delta\hat{p}_x = \hat{p}_x - \overline{p}_x$$

下面的积分

$$I(\xi) = \int |(\xi\Delta\hat{x} - \mathrm{i}\Delta\hat{p}_x)\psi|^2 \mathrm{d}\tau \geqslant 0 \tag{3.5.9}$$

式中,ξ 为实参数,因为被积函数不小于零,积分区间又在体积空间,积分不小于零是显然的。

$$I(\xi) = \int |(\xi\Delta\hat{x} - i\Delta\hat{p}_x)\psi|^2 d\tau$$

$$= \int [\xi\Delta\hat{x}\psi - i\Delta\hat{p}_x\psi][\xi(\Delta\hat{x}\psi)^* + i(\Delta\hat{p}_x\psi)^*]d\tau$$

$$= \xi^2\int (\Delta\hat{x}\psi)(\Delta\hat{x}\psi)^* d\tau - i\xi\int [(\Delta\hat{p}_x\psi)(\Delta\hat{x}\psi)^* - (\Delta\hat{x}\psi)(\Delta\hat{p}_x\psi)^*]d\tau +$$

$$\int (\Delta\hat{p}_x\psi)(\Delta\hat{p}_x\psi)^* d\tau$$

$$= \xi^2\int \psi^*(\Delta\hat{x})^2\psi d\tau - i\xi\int \psi^*(\Delta\hat{x}\Delta\hat{p}_x - \Delta\hat{p}_x\Delta\hat{x})\psi d\tau + \int \psi^*(\Delta\hat{p}_x)^2\psi d\tau \qquad (3.5.10)$$

计算中使用量子力学算符的关系式,即

$$\int (\Delta\hat{A}\psi)(\Delta\hat{A}\psi)^* d\tau = \int \psi^*(\Delta\hat{A})^2\psi d\tau$$

注意到

$$\Delta\hat{x}\Delta\hat{p}_x - \Delta\hat{p}_x\Delta\hat{x} = (\hat{x} - \overline{x})(\hat{p}_x - \overline{p}_x) - (\hat{p}_x - \overline{p}_x)(\hat{x} - \overline{x}) = \hat{x}\hat{p}_x - \hat{p}_x\hat{x} = i\hbar$$

则式(3.5.10)变为

$$I(\xi) = \overline{(\Delta\hat{x})^2}\xi^2 + \hbar\xi + \overline{(\Delta\hat{p}_x)^2} \geqslant 0$$

二项式恒大于零,必须有

$$\overline{(\Delta\hat{x})^2} \cdot \overline{(\Delta\hat{p}_x)^2} \geqslant \frac{\hbar^2}{4} \qquad (3.5.11)$$

定义方均根不确定度 $\Delta x = \sqrt{\overline{(\Delta\hat{x})^2}}$, $\Delta p_x = \sqrt{\overline{(\Delta\hat{p}_x)^2}}$,将式(3.5.11)两边开方即得

$$\Delta x \Delta p_x \geqslant \frac{\hbar}{2}$$

此即位置和动量的 Heisenberg 不确定关系式(3.5.1)。

3.6 量子力学的建立过程

量子力学共有三种有效形式:1925 年由 Heisenberg、Born、Jordan、Dirac 创立的矩阵力学,1926 年由 Schrödinger 创立的波动力学,1948 年由 Feynman 创立的路径积分。本节简述矩阵力学和波动力学建立过程。

3.6.1 矩阵力学的建立

1. Kramers 色散理论

Compton 效应的实验使人们不得不承认 Einstein 光量子理论的正确,但这就势必要推翻现有的电磁理论体系,而 Maxwell 电磁理论看上去又是如此牢不可破,无法动摇。1924 年 Bohr、Kramers、Slater 发表了 Bohr - Kramers - Slater(BKS)理论,试图解决光波的连续性和原子跃迁的不连续这个两难问题。在 BKS 理论看来,虚辐射场是虚振子产生的,虚振子又和原子内部的电子运动相关联并具有原子跃迁的各种频率。一个 B 原子的虚辐射场可以诱发

别的 A 原子跃迁,但二者的跃迁是独立的,没有前后的因果关系,这样 A 原子和 B 原子跃迁的能级可以不同。由此原子跃迁前后的能量守恒不是基元过程(即一个原子发射一个光子)的守恒,而是多个原子跃迁后的统计守恒。同样地,A 原子被 B 原子的虚辐射场诱导,A 原子的动量和 B 原子的虚辐射场中的电磁波动量相同;A 原子被自己的虚辐射场诱导后自发跃迁,则 A 原子的动量在各个方向都有一定的概率分布。这样 A 原子的动量分布由其他原子跃迁后的动量进行统计补偿,动量守恒也是多个原子跃迁后的统计守恒。按 BKS 理论,电子对入射 X 射线的散射,可视为被与入射 X 射线相干的虚辐射场照射后的二次波源,电子的出射或运动方向与虚辐射场中 X 射线方向相同,电子发出的散射 X 射线则与经典的被 X 射线照射后的电子的受迫振动相联系,电子和散射的 X 射线便没有方向上和时间上的关联。BKS 理论的结论是能量、动量守恒只在统计意义上成立,而在基元过程不严格成立。能量、动量不守恒代价太大,遭到了 Einstein、Pauli 等人的强烈反对。1925 年 Bothe 和 Compton 等人独立地从实验上否定了 BKS 理论,证实了光子和电子相互作用的基元过程能量和动量守恒也精确成立。他们对 Compton 效应实验进行细致研究,实验结果显示 Compton 散射中反冲电子和散射光子存在明显的同时性和角度关联,这和 BKS 理论完全矛盾,因为后者预言散射光的发射在时间和方向上都是随机的,与反冲电子之间不存在显著的同时性和角度相关性。

虽然 BKS 理论被否定,但它的一些思想也不是毫无意义的,Kramers 利用虚拟振子的思想研究了色散现象并取得了积极的结果。为此,先介绍经典的色散理论,一个原子和一个价电子被视为一个电偶极振子,一束偏振的单色光 $E = E_0 \cos(2\pi\nu t)$ 照射该原子时,会产生和光偏振方向相同的电偶极矩 $p = -ex$,由牛顿第二定律可得电偶极矩满足的方程为

$$\ddot{p} + \omega_0^2 p = \frac{e^2 E_0}{m} \cos(2\pi\nu t) \tag{3.6.1}$$

式中,m 为电子质量,$\omega_0^2 = k/m$ 振子的本征频率。式(3.6.1)的稳态解为

$$p = \frac{e^2}{4\pi^2 m} \frac{E_0 \cos(2\pi\nu t)}{\nu_0^2 - \nu^2} \tag{3.6.2}$$

如果原子有 k 种极化,每种极化有 f_k 个电子,则原子的极化强度为

$$p = \left(\frac{e^2}{4\pi^2 m \varepsilon_0} \sum_k \frac{f_k}{\nu_{0k}^2 - \nu^2} \right) \varepsilon_0 E_0 \cos(2\pi\nu t) \equiv \varepsilon_0 \chi_e E_0 \cos(2\pi\nu t) \tag{3.6.3}$$

由此可得

$$\chi_e = \frac{e^2}{4\pi^2 m \varepsilon_0} \sum_k \frac{f_k}{\nu_{0k}^2 - \nu^2} \tag{3.6.4}$$

式(3.6.4)的电极化率 χ_e 和原子对光的折射率 n 联系在一起有

$$1 + \chi_e = n^2$$

因此称原子对光的响应为色散理论。

以上是原子对光色散的经典结果,1921 年 Ladenburg 将经典的色散理论的强度因子 f 和 Einstein 自发辐射系数 A 联系在一起,得到

$$f_{ki} = \frac{3mc^3}{8\pi^2 e^2} \frac{A_k^i}{\nu_{ki}^2}$$

其中,$\nu_{ki} = (E_k - E_i)/h$,h 为 Planck 常数。将经典形式的式(3.6.3)改写为量子形式

$$P_{\text{Ladenburg}} = \frac{3c^3 E_0 \cos(2\pi\nu t)}{32\pi^4} \sum_{k, E_k > E_i} \frac{A_k^i}{\nu_{ki}^2 (\nu_{ki}^2 - \nu^2)} \tag{3.6.5}$$

式(3.6.5)中的 i 表示原子的基态，k 表示激发态。这种形式的色散体现了原子对光的吸收，原子吸收光，同时原子的能级由基态 i 向高能级 k 跃迁。1924 年 Kramers 将 i 推广为激发态，将 Ladenburg 色散公式(3.6.5)改写为

$$P_{\text{Kramers}} = \frac{3c^3 E_0 \cos(2\pi\nu t)}{32\pi^4} \left[\sum_{k, E_k > E_i} \frac{A_k^i}{\nu_{ki}^2 (\nu_{ki}^2 - \nu^2)} - \sum_{k', E_{k'} < E_i} \frac{A_i^{k'}}{\nu_{ik'}^2 (\nu_{ik'}^2 - \nu^2)} \right] \tag{3.6.6}$$

其中，$\nu_{ik'} = (E_i - E_{k'})/h$。式(3.6.6)第一项含义和同式(3.6.5)相同，第二项对低于 i 能级的 k' 能级求和。第二项表示原子吸收光，同时原子的能级由高能级 i 向低能级 k' 跃迁，这种负吸收对应于 Einstein 受激辐射。反常色散的第二项后来被 Ladenburg 等人的一系列实验证实。1924 年 Kramers、Born 和 van Vleck 独立地借助于 Bohr 对应原理推出了 Kramers 色散公式(3.6.6)。

将 Ladenburg 关系 $f_{ki} = \dfrac{3mc^3}{8\pi^2 e^2} \dfrac{A_k^i}{\nu_{ki}^2}$ 代回式(3.6.6)得

$$P = \frac{e^2 E_0 \cos(2\pi\nu t)}{4\pi^2 m} \left(\sum_{k, E_k > E_i} \frac{f_{ki}}{\nu_{ki}^2 - \nu^2} - \sum_{k', E_{k'} < E_i} \frac{f_{ik'}}{\nu_{ik'}^2 - \nu^2} \right) \tag{3.6.7}$$

考虑极限情况 ν_{ki}、$\nu_{ik'} \ll \nu$，式(3.6.7)过渡到经典的原子对 X 射线色散的 Thomson 公式

$$P_{\text{Thomson}} = -\frac{e^2 E_0 \cos(2\pi\nu t)}{4\pi^2 m \nu^2} \tag{3.6.8}$$

于是得到

$$\sum_k f_{ki} - \sum_{k'} f_{ik'} = 1 \tag{3.6.9}$$

此式为 Kuhn - Thomas 求和规则，很明显该式是 Bohr 对应原理的产物。

1925 年 Kramers 和 Heisenberg 采用了 Born 的做法，即把对作用量 J 的微商改写为差分，导出了完全量子化的 Kramers - Heisenberg 色散公式：

$$P_{\text{Kramers-Heisenberg}} = \frac{2e^2 E_0 \cos(2\pi\nu t)}{h} \left[\sum_{k, \nu_{ki} > 0} \frac{|x_{ki}|^2 \nu_{ki}}{\nu_{ki}^2 - \nu^2} - \sum_{k', \nu_{ik'} > 0} \frac{|x_{ik'}|^2 \nu_{ik'}}{\nu_{ik'}^2 - \nu^2} \right] \tag{3.6.10}$$

式(3.6.10)和式(3.6.6)比较，得到 Einstein 自发辐射系数

$$A_k^i = \frac{4(2\pi)^4 \nu_{ki}^3}{3hc^3} e^2 |x_{ki}|^2$$

由对应原理得到

$$A_n^{n-\tau} = \frac{4(2\pi)^4 \nu_\tau^3}{3hc^3} e^2 |x_\tau|^2$$

比较两个自发辐射系数，可知式(3.6.10)中的 x_{ki} 是与位置坐标 $x = \sum_{\tau=-\infty}^{\infty} x_\tau \mathrm{e}^{\mathrm{i}2\pi\nu t}$ 中 Fourier 系数 x_τ 对应的量子物理量，只与两个定态跃迁相关，$|x_{ki}|^2 = x_{ki}^* x_{ki}$ 为物理量 x_{ki} 的模平方；量子频率 ν_{ki} 和经典频率 ν_τ 相对应。由于物理量 $|x_{ki}|^2$ 和 Einstein 自发辐射系数 A_k^i 联系起来，因此它决定了谱线的强度。为了计算色散公式(3.6.10)中的 $|x_{ki}|^2$，必须弄清楚位置坐标 x 中 Fourier 系数 x_τ 对应的这个量子物理量 x_{ki} 的物理本质到底是什么、其遵循的运动方程、x_{ki} 的

具体形式和两个 x_{ki} 的之间的运算规则,特别是乘法规则。Born、Heisenberg、Jordan 讨论后认为物理量 x_{ki} 的乘法不同于一般物理量的乘法,而应该遵守未知的某种符号乘法规则,那种神秘的符号乘法规则到底是什么呢? 这些问题都是当时量子理论亟需解决的,对当时量子理论的发展具有极大的重要性。1925 年 Heisenberg 天才地把位置坐标 $x = \sum_\tau x_\tau \mathrm{e}^{\mathrm{i}2\pi\nu t}$ 改写成矩阵,其矩阵元为 $x_{ki} \mathrm{e}^{\mathrm{i}2\pi\nu_{ki}t}$。这样,物理量 x_{ki} 的物理本质就是位置坐标的矩阵元(除去时间相关的相位因子 $\mathrm{e}^{\mathrm{i}2\pi\nu_{ki}t}$),两个物理量 x_{ki} 的符号乘法即简单的矩阵相乘。Heisenberg 解决了上述问题,很快创立了矩阵力学。

2. 一人文章

1925 年 Heisenberg 从 Bohr 频率条件和 Kramers 色散理论看到了矩阵力学的端倪,他试图借助可观察量,运用对应原理将物理量写成无限维方矩阵,得到了量子化条件和谐振子能级公式。Bohr 的氢原子理论中一系列定态对应于一个能量 $E(n)$、$E(l)$ 等,两个能级直接的跃迁原子会放出一个光子,光子的频率满足 Bohr 的频率条件

$$\omega(n,l) = \frac{\left[E(n) - E(l)\right]}{h} \tag{3.6.11}$$

显然就频率而论,满足 Ritz 组合定则,即

$$\omega(n,k) + \omega(k,l) = \omega(n,l) \tag{3.6.12}$$

经典方法用振幅和频率描述运动,必须把坐标写成 Fourier 级数

$$x(t) = \sum_\tau x_\tau \mathrm{e}^{\mathrm{i}\tau\omega(n)t} \tag{3.6.13}$$

其中,τ 在无穷范围内取整数;$\omega(n)$ 为基频;$\tau\omega(n)$ 为谐频;$x(t)$ 是实数,使得式子 $x_{-\tau} = x_\tau^*$ 成立。量子论中代替式(3.6.13)表述原子的信息,Heisenberg 用频率和振幅的新形式

$$x(n,l)\mathrm{e}^{\mathrm{i}\omega(n,l)t} \tag{3.6.14}$$

整体来代替式(3.6.13)。式(3.6.14)中 $n - l = \tau$ 与式(3.6.13)中的各项对应,并且假定 $x(l,n) = x(n,l)^*$ 和 $\omega(l,n) = -\omega(n,l)$ 成立,这样一种替换是思维的质的飞跃,它将矩阵引入了量子力学。下面的分析会看到 $x(n,l)$ 就是一个无限维方矩阵。

看一看 $x(t)^2$ 的表达式的经典方法和量子论方法的不同,借助于 Fourier 变换中卷积定理易得

$$x(t)^2 = \sum_{-\infty}^{+\infty} B_\beta(n)\mathrm{e}^{\mathrm{i}\omega(n)\beta t}$$

其中

$$B_\beta(n)\mathrm{e}^{\mathrm{i}\omega(n)\beta t} = \sum_{-\infty}^{+\infty} x_\tau(n)x_{\beta-\tau}(n)\mathrm{e}^{\mathrm{i}\omega(n)\left[\tau + (\beta-\tau)\right]t} \tag{3.6.15}$$

由式(3.6.14),式(3.6.15)合理地转译至量子论形式

$$B(n,n-\beta)\mathrm{e}^{\mathrm{i}\omega(n,n-\beta)t} = \sum_{-\infty}^{+\infty} x(n,n-\tau)x(n-\tau,n-\beta)\mathrm{e}^{\mathrm{i}\omega(n,n-\beta)t} \tag{3.6.16}$$

Heisenberg 将式(3.6.15)转译至式(3.6.16)的形式不是没有理由的,主要的原因是使其理论满足 Ritz 组合定则式(3.6.12)的要求。事实上,量子论中的光是原子中电子在初末状态跃迁的结果,经典情况下频率关系为

$$\tau\omega(n) + (\beta - \tau)\omega(n) = \beta\omega(n)$$

按照 Ritz 组合定则要求,与经典频率关系对应的量子论中频率关系为

$$\omega(n, n - \tau) + \omega(n - \tau, n - \beta) = \omega(n, n - \beta)$$

按此对应关系,式(3.6.15)必然转录成式(3.6.16)的形式。如果是不同的两个物理量,则

$$x(t) = \sum x_{\tau} e^{i\tau\omega t}, \quad y(t) = \sum y_{\rho} e^{i\rho\omega t}$$

的乘积,经典的形式为

$$z(t) = \sum z_{\tau} e^{i\tau\omega t} = \sum_{\tau} \sum_{\sigma} x_{\sigma} y_{\tau-\sigma} e^{i[\sigma + (\tau-\sigma)]\omega t}$$

即

$$z_{\tau} = \sum_{\sigma} x_{\sigma} y_{\tau-\sigma} \tag{3.6.17}$$

上式转译至量子论为

$$z(n, l) = \sum_{-\infty}^{+\infty}{}_{k} x(n, k) y(k, l) \tag{3.6.18}$$

量子论中两个物理量乘积的表达式(3.6.18)实质上就是数学上两个矩阵的乘积。

有了量子论中物理量是矩阵的崭新思想,就可以考查一下 Bohr-Sommerfeld 量子化条件

$$J = \oint p \mathrm{d}q = nh \tag{3.6.19}$$

具有的新形式了。为此还是从经典表达式(3.6.13)出发,借助对应原理将量子化条件转译至量子论的表述。由式(3.6.13)得

$$m\dot{x} = m \sum_{\tau} x_{\tau} i\tau\omega(n) e^{i\tau\omega(n)t}$$

量子论条件表述为

$$\oint m\dot{x}\,\mathrm{d}x = \oint m\dot{x}^2 \mathrm{d}t = 2\pi m \sum_{-\infty}^{\infty}{}_{\tau} x_{\tau} x_{-\tau} \tau^2 \omega(n) = 2\pi m \sum_{-\infty}^{\infty}{}_{\tau} \mid x_{\tau} \mid^2 \tau^2 \omega(n) \tag{3.6.20}$$

得出上式时使用了

$$\delta(\tau + \tau') = \frac{1}{2\pi} \int_0^{2\pi} e^{i(\tau+\tau')t\omega} \mathrm{d}(\omega t)$$

对应原理的要求,量子化条件式(3.6.19)不能和量子动力学一致,用下面的表达式更自然一些:

$$\frac{\mathrm{d}}{\mathrm{d}n}(nh) = \frac{\mathrm{d}}{\mathrm{d}n} \oint p \mathrm{d}q = \frac{\mathrm{d}}{\mathrm{d}n} \oint m\dot{x}^2 \mathrm{d}t$$

考虑到式(3.6.20),上式为

$$h = 2\pi m \sum_{-\infty}^{\infty}{}_{\tau} \tau \frac{\mathrm{d}}{\mathrm{d}n} \left[\tau\omega(n) \mid x_{\tau} \mid^2 \right] \tag{3.6.21}$$

现在需要将式(3.6.21)通过对应原理转译至量子论中。经典频率向量子频率过渡按

$$\tau\omega = \tau \frac{1}{\hbar} \frac{\mathrm{d}E}{\mathrm{d}n} \rightarrow \omega(n, n - \tau)$$

对应原理要求上式的过渡,即当主量子数 n 很大时光谱的量子频率过渡到经典的频率,参照 Bohr 的频率条件式(3.6.11),有

$$\tau \frac{dE}{dn} \rightarrow E(n) - E(n-\tau) \Rightarrow \tau \frac{df(n)}{dn} \rightarrow f(n) - f(n-\tau)$$

上式中 $f(n)$ 为任意函数,即 Bohr 对应原理要求将经典情况函数 f 对量子数 n 微商替换为量子论情况下差分的形式。Heisenberg 从 Born 那学到了将式(3.6.21)转译为满足 Kramers 的色散公式或 Kuhn-Thomas 求和公式的差分形式:

$$h = 2\pi m \sum_{-\infty}^{\infty} {}_\tau [\mid x(n+\tau,n) \mid^2 \omega(n+\tau,n) - \mid x(n,n-\tau) \mid^2 \omega(n,n-\tau)] \quad (3.6.22)$$

上式也可写为

$$\hbar = m \sum_{-\infty}^{\infty} {}_\tau [\mid x(n+\tau,n) \mid^2 \omega(n+\tau,n) - \mid x(n,n-\tau) \mid^2 \omega(n,n-\tau)]$$

$$= -2m \sum_{-\infty}^{\infty} {}_\tau \mid x(n,n-\tau) \mid^2 \omega(n,n-\tau) \quad (3.6.23)$$

式(3.6.23)为 Heisenberg 量子化条件,其是对应原理的必然结果。

Heisenberg 用上述思想考查了非简谐振子,不失一般性,利用 Heisenberg 的新思想求解谐振子,比较量子力学的谐振子和经典情况下的有什么区别。

谐振子的经典运动方程式为

$$\ddot{x} + \omega_0^2 x = 0$$

将位置函数式(3.6.13)代入上式得

$$\omega = \omega_0, \tau = \pm 1, x = x_1 e^{i\omega_0 t} + x_{-1}(x_1^*) e^{-i\omega_0 t} \quad (3.6.24)$$

利用式(3.6.14),将式(3.6.24)转译至量子论,为

$$x(n,n\pm 1) e^{\mp i\omega_0 t}$$

由上式的振幅矩阵元,可写出振幅的矩阵为

$$x = \begin{bmatrix} 0 & x(01)e^{-i\omega_0 t} & 0 & 0 \\ x(10)e^{i\omega_0 t} & 0 & x(12)e^{-i\omega_0 t} & 0 \\ 0 & x(21)e^{i\omega_0 t} & 0 & x(23)e^{-i\omega_0 t} \\ \vdots & \vdots & \vdots & \vdots \end{bmatrix} \quad (3.6.25)$$

经典谐振子的能量通过其运动方程积分可得

$$E = \frac{m}{2}(\dot{x}^2 + \omega_0^2 x^2)$$

将式(3.6.25)代入上式得

$$E = m\omega_0^2 \begin{bmatrix} x(01)x(10) & 0 & 0 & \cdots \\ 0 & x(10)x(01) + x(12)x(21) & 0 & \cdots \\ 0 & 0 & x(21)x(12) + x(23)x(32) & \cdots \\ \vdots & \vdots & \vdots & \end{bmatrix}$$

$$(3.6.26)$$

量子数 n 对应的激发态的谐振子能级为

$$E_n = E_{nm}\delta_{nm} = m\omega_0^2(\mid x(n,n-1) \mid^2 + \mid x(n,n+1) \mid^2) \quad (3.6.27)$$

谐振子的 Heisenberg 量子化条件式(3.6.23)可化为

$$| x(n,n+1) |^2 - | x(n,n-1) |^2 = \frac{\hbar}{2m\omega_0} \tag{3.6.28}$$

这个递推公式中,必须有一个最低的能态。令 $n=0$,此时 $x(0,-1)=0$,于是

$$| x(01) |^2 = \frac{\hbar}{2m\omega_0}$$

$$| x(12) |^2 = 2\frac{\hbar}{2m\omega_0}$$

$$\vdots$$

$$| x(n-1,n) |^2 = n\frac{\hbar}{2m\omega_0}$$

$$| x(n,n+1) |^2 = (n+1)\frac{\hbar}{2m\omega_0}$$

忽略掉矩阵元的相位因子,得到振幅的矩阵表示

$$x = \sqrt{\frac{\hbar}{2m\omega_0}}
\begin{bmatrix}
0 & \sqrt{1}\,e^{-i\omega_0 t} & 0 & 0 & \cdots \\
\sqrt{1}\,e^{i\omega_0 t} & 0 & \sqrt{2}\,e^{-i\omega_0 t} & 0 & \cdots \\
0 & \sqrt{2}\,e^{i\omega_0 t} & 0 & \sqrt{3}\,e^{-i\omega_0 t} & \cdots \\
\vdots & \vdots & \sqrt{3}\,e^{i\omega_0 t} & \vdots &
\end{bmatrix}$$

将上式的振幅矩阵元代入谐振子能量式(3.6.26)得

$$E = \hbar\omega_0
\begin{bmatrix}
1/2 & 0 & 0 & \cdots \\
0 & 3/2 & 0 & \cdots \\
0 & 0 & 5/2 & \cdots \\
\vdots & \vdots & \vdots &
\end{bmatrix} \tag{3.6.29}$$

量子论中谐振子激发态的能量可由式(3.6.27)得

$$E_n = m\omega_0^2(| x(n,n-1) |^2 + | x(n,n+1) |^2)$$

$$= m\omega_0^2(2n+1)\frac{\hbar}{2m\omega_0} = \left(n + \frac{1}{2}\right)\hbar\omega_0$$

上式实为式(3.6.29)的对角元。区别于旧量子论里的 Planck 能级公式 $E=n\hbar\omega_0$,当 $n=0$ 时,谐振子的能量并不为零,而是等于 $\hbar\omega_0/2$,这个能量称为**零点能**。

从 Heisenberg 计算结果知能量没有非对角矩阵元,而谐振子能量的对角化形式意味着用 Heisenberg 新思想处理谐振子时采用的是能量表象。学过量子力学后我们知道物理量在自身的表象中必然是对角的,因此 Heisenberg 得到谐振子的能量矩阵必定是对角形式。

3. 两人文章

Heisenberg 发表了他的新力学后,Born 和 Jordan 进一步发展了 Heisenberg 的思想,他们做的最重要的工作是将 Heisenberg 量子化条件式(3.6.23)改写为一个更简洁的形式。

Bohr-Sommerfeld 量子化条件式(3.6.19)可写为

$$J = \oint p\mathrm{d}q = nh = \int_0^{2\pi/\omega} p\dot{q}\,\mathrm{d}t \tag{3.6.30}$$

经典动量、位置的表达式为

$$p = \sum_{\tau} p_{\tau} e^{i\tau\omega t}, \quad q = \sum_{\tau} q_{\tau} e^{i\tau\omega t}$$

显然

$$\dot{q} = \sum_{\tau} i\omega\tau q_{\tau} e^{i\tau\omega t}$$

将这些表达式代入量子化条件的式(3.6.30)并在方程的两边对 J 偏微分得

$$1 = 2\pi i \sum_{-\infty}^{\infty} \tau \frac{\partial}{\partial J}(q_{\tau} p_{-\tau}) = 2\pi i \sum_{-\infty}^{\infty} \tau \frac{\partial}{\partial J}(q_{\tau} p_{\tau}^{*}) \tag{3.6.31}$$

得到上式时用到了关系式

$$\delta(\tau + \tau') = \frac{1}{2\pi} \int_0^{2\pi} e^{i(\tau+\tau')t\omega} d(\omega t)$$

注意到 $J = nh$,由对应原理可知,式(3.6.31)转译至量子论后具有如下的形式:

$$1 = \frac{2\pi i}{h} \sum_{\tau=-\infty}^{\infty} \left[p^{*}(n+\tau, n)q(n+\tau, n) - q(n, n-\tau)p^{*}(n, n-\tau) \right]$$

$$= \frac{2\pi i}{h} \sum_{\tau=-\infty}^{\infty} \left[p(n, n+\tau)q(n+\tau, n) - q(n, n-\tau)p(n-\tau, n) \right] \tag{3.6.32}$$

物理量 q、p 在量子论中显然是矩阵形式。上式可以写成简洁的形式如下:

$$pq - qp = -i\frac{h}{2\pi} \quad \text{或} \quad qp - pq = i\frac{h}{2\pi} \equiv i\hbar \tag{3.6.33}$$

由于位置和动量都是矩阵,令 $p = m\dot{q}$,则

$$q_{nk} = q(n, k)e^{i\omega(nk)t}, \quad p_{nk} = m\dot{q}_{nk} = mi\omega(nk)q(n, k)e^{i\omega(nk)t}$$

将上面两式代入式(3.6.32)得

$$im \sum_k \left[\omega(n, k)q(n, k)q(k, n) - q(n, k)\omega(k, n)q(k, n) \right] = \frac{h}{i}$$

上式进一步化简得

$$-2m \sum_k \omega(n, k) \mid q(n, k) \mid^2 = \hbar$$

这个结果正是 Heisenberg 量子化条件式(3.6.23)。位置和坐标之间的对易关系式(3.6.33)是量子论中最基本对易关系,Born 认为导出这个关系式是自己一生中最重要的发现。Dirac 从量子 Poisson 括号出发也得到了式(3.6.33),不过比 Born、Jordan 稍晚一点。

4. 三人文章

Heisenberg、Born、Jordan 三人完成了矩阵力学的完整表述,主要内容包括 Heisenberg 的对易关系多自由度推广、Born 的正则变换和 Jordan 的角动量研究。设 f 为 q、p 的所有有理函数,由基本对易关系式(3.6.33)得到

$$\frac{\hbar}{i} \frac{\partial f}{\partial p} = fq - qf, \quad \frac{\hbar}{i} \frac{\partial f}{\partial q} = pf - fp \tag{3.6.34}$$

令 f 等于系统 Hamilton 量 H,Hamilton 正则方程:

$$\dot{p} = -\frac{\partial H}{\partial q}, \quad \dot{q} = \frac{\partial H}{\partial p}$$

则式(3.6.34)变为

$$\frac{\hbar}{i} \dot{q} = Hq - qH, \quad \frac{\hbar}{i} \dot{p} = Hp - pH \tag{3.6.35}$$

这样所有是 q、p 的有理函数 $O(p,q)$ 的运动方程为

$$\frac{\hbar}{i}\dot{O} = HO - OH \quad \text{或} \quad i\hbar\dot{O} = OH - HO \equiv [O, H] \tag{3.6.36}$$

事实上关于 q、p 的任何有理函数 $O(p,q)$ 总可以表示为 $O = \sum a_{klmn}p^k q^l p^m q^n$ 形式，不失一般性，设 $O = pqpq$，由式（3.6.36）得

$$i\hbar\dot{O} = i\hbar\frac{d(pqpq)}{dt} = i\hbar(\dot{p}qpq + p\dot{q}pq + pq\dot{p}q + pqp\dot{q})$$

$$= [p, H]qpq + p[q, H]pq + pq[p, H]q + pqp[q, H] = [O, H]$$

式（3.6.36）得证。

　　运动方程（3.6.36）最早出现在 Born、Jordan 两人的文章中，而两人对于矩阵函数对矩阵微商的定义不够恰当，以至于在直角坐标下 Hamilton 量中的变量可分离，作了坐标变换 Hamilton 量中的变量变得不可分离了。运动方程（3.6.36）按两人文章中的定义不再成立。运动方程（3.6.36）也出现在 Heisenberg、Born、Jordan 三人的文章中，在三人的文章中 Heisenberg 对于矩阵函数对矩阵的微商给出了一个更为合理的定义：

$$\frac{\partial f}{\partial X_1} = \lim_{\varepsilon \to 0}\frac{1}{\varepsilon}[f(X_1 + \varepsilon, X_2, \cdots) - f(X_1, X_2, \cdots)]$$

式中，f 为矩阵 X_1、X_2 等的函数。新定义下的矩阵函数对矩阵的微商不论 Hamilton 量能否分离，运动方程（3.6.36）都能成立，Heisenberg 的定义还能保证正则变换下矩阵微商不变，而两人文章中的定义却不能。运动方程也出现在 Dirac 关于量子力学的第一篇文章中，他是从量子 Poisson 括号角度导出的，式（3.6.36）通常称为算符的 Heisenberg 运动方程。该方程以物理量为时间的函数，从标准量子力学的角度看，实际上是 Heisenberg 绘景（Picture）下表示物理量的算符的运动方程。

　　Heisenberg 运动方程（3.6.36）和 Bohr 频率条件相吻合，事实上假设经过幺正变换，Hamilton 量 H 为对角矩阵 $H_{mn} = H_m\delta_{mn}$，式（3.6.35）左边矩阵元 mn 为

$$(Hq - qH)_{mn} = \sum_k (H_{mk}q_{kn} - q_{mk}H_{kn}) = (H_m - H_n)q_{mn}$$

式中，q_{mn} 为坐标矩阵 q 的矩阵元 mn，坐标矩阵可写为 $q = q_{mn}e^{i2\pi\nu_{mn}t}$，则式（3.6.35）右边矩阵元 mn 为

$$\left(\frac{\hbar}{i}\frac{dq}{dt}\right)_{mn} = \frac{\hbar}{i}(i2\pi\nu_{mn})(qe^{i2\pi\nu t})_{mn} = h\nu_{mn}q_{mn}$$

左边和右边相等，得到 $H_m - H_n = h\nu_{mn}$，此式正是 Bohr 理论中定态跃迁的频率条件。

　　三人文章将正则变换引进量子力学，保持对易关系式（3.6.33）不变的变换为正则变换。设变换为

$$\overline{p} = SpS^{-1}, \overline{q} = SqS^{-1}$$

变换后的对易关系为

$$\overline{q}\,\overline{p} - \overline{p}\,\overline{q} = i\hbar$$

则有

$$SqS^{-1}SpS^{-1} - SpS^{-1}SqS^{-1} = SqpS^{-1} - SpqS^{-1} = i\hbar SS^{-1} = i\hbar$$

相应的正则变换矩阵 S 满足

$$SS^{-1} = S^{-1}S = I$$

式中，I 为单位矩阵，即 S 为幺正矩阵，则

$$S^{-1} = S^{+}$$

$$A(\bar{p}, \bar{q}) = SA(p, q)S^{-1}$$

式中，实量 A 为 Hermite 矩阵，矩阵元满足 $A_{nk} = A_{kn}^{*}$。算符的 Heisenberg 运动方程的积分问题可以转变为这样的做法：找到算符 O（如动量 p 或位移 q）满足的变换 S，即

$$\overline{O} = SOS^{-1}$$

系统的 Hamilton 量可以通过同样的变换 S 变为对角化矩阵，即

$$SHS^{-1} = W$$

于是求解一个量子力学问题就意味着从某些适当的正则矩阵 p, q 出发，通过正则变换 S 将系统 Hamilton 量对角化。对于 Hermite 二次型对角化问题等价于本征值问题：

$$\sum_{l} H_{kl} x_l - E x_k = 0$$

以确定所谓的主轴，式中 H_{kl} 为 Hamilton 矩阵元，$(x_1, x_2, x_3, \cdots)$ 为本征矢，以此式研究非简并微扰论和简并微扰，运算过程比正则变换更简单。

利用正则变换还可以进行微扰计算，非简并、简并和含时微扰，不失一般性，这里给出简并微扰的结果。首先系统经过正则变换可以得到系统的能量本征值

$$W = SHS^{-1} \tag{3.6.37}$$

将此正则变换用到微扰情况，有

$$H = H^{(0)} + \lambda H^{(1)} + \lambda^2 H^{(2)} + \cdots \tag{3.6.38}$$

$$W = W^{(0)} + \lambda W^{(1)} + \lambda^2 W^{(2)} + \cdots \tag{3.6.39}$$

因为是简并微扰，所以在未加入微扰作用时，有 $IW_n^{(0)} = S^{(0)} H^{(0)} S^{(0)-1}$，即等式左侧为常数矩阵，而变换矩阵只能是以下形式：

$$S = S^{(0)}(I + \lambda S^{(1)} + \lambda^2 S^{(2)} + \cdots) \tag{3.6.40}$$

其逆矩阵为

$$S^{-1} = [I - \lambda S^{(1)} + \lambda^2 (S^{(1)2} - S^{(2)}) + \cdots] S^{(0)-1} \tag{3.6.41}$$

将式(3.6.38)至式(3.6.41)代入式(3.6.37)得各阶微扰为

$$S^{(0)} H^{(0)} S^{(0)-1} = W^{(0)} = IW_n^{(0)} \tag{3.6.42a}$$

$$S^{(0)} S^{(1)} H^{(0)} S^{(0)-1} - S^{(0)} H^{(0)} S^{(1)} S^{(0)-1} + S^{(0)} H^{(1)} S^{(0)-1} = W^{(1)} \tag{3.6.42b}$$

$$S^{(0)} S^{(2)} H^{(0)} S^{(0)-1} - S^{(0)} H^{(0)} S^{(2)} S^{(0)-1} + S^{(0)} H^{(2)} S^{(0)-1} -$$

$$S^{(0)} H^{(1)} S^{(1)} S^{(0)-1} + S^{(0)} S^{(1)} H^{(1)} S^{(0)-1} - S^{(0)} S^{(1)} H^{(0)} S^{(1)} S^{(0)-1} = W^{(2)} \tag{3.6.42c}$$

由于式(3.6.42a)为常数矩阵，式(3.6.42b)一阶微扰为

$$S^{(0)} S^{(1)} S^{(0)-1} S^{(0)} H^{(0)} S^{(0)-1} - S^{(0)} H^{(0)} S^{(0)-1} S^{(0)} S^{(1)} S^{(0)-1} + S^{(0)} H^{(1)} S^{(0)-1}$$

$$= (S^{(0)} S^{(1)} S^{(0)-1})(IW_n^{(0)}) - (IW_n^{(0)})(S^{(0)} S^{(1)} S^{(0)-1}) + S^{(0)} H^{(1)} S^{(0)-1}$$

$$= S^{(0)} H^{(1)} S^{(0)-1} = W^{(1)} \tag{3.6.43}$$

式(3.6.43)得到了一阶简并微扰的能级，从两边取矩阵元 kl 可以看出

$$\sum_{ij} S_{ki}^{(0)} H_{ij}^{(1)} S_{jl}^{(0)-1} = \sum_{ij} S_{ki}^{(0)} H_{ij}^{(1)} S_{lj}^{(0)*} = W^{(1)} \delta_{kl} \tag{3.6.44}$$

简并微扰的实质是重新选取零级波函数并使微扰项 $H^{(1)}$ 在简并子空间对角化。

作为应用的例子,三人文章导出了有关角动量的许多定理,得到了角动量分量之间的对易关系及角动量平方的本征值为 $J(J+1)\hbar^2$,角动量任意分量的本征值为 $(J, J-1 \cdots -J+1, -J)\hbar$,还用这样方法验证了已发现的原子光谱强度定则和选择定则,讨论了 Zeeman 效应和耦合振子等问题。

Pauli 利用三人文章的矩阵力学,借助于 Runge - Lenz 矢量将能量 H、角动量 $\boldsymbol{p}^2$ 平方,角动量 P_z 分量对角化,得到了氢原子能量本征值的 Bohr 公式。不仅如此,Pauli 运用微扰论轻而易举地解决了 Stark 效应和交叉电、磁场作用下氢原子光谱的分裂,这一问题对于旧量子论一直存在着不可克服的困难。Pauli 关于氢原子的工作证实了三人文章的量子力学至少同旧量子论同样有效,另外也给 Bohr 的原子理论提供了严格的理论依据。受 Heisenberg 工作的启发,1925 年 Dirac 发展了非对易动力学变量的量子理论-量子 Poisson 括号,得到了量子力学的基本方程(3.6.36)并且用它研究了氢原子,形式上给出了能级的 Bohr 公式,时间上比 Pauli 稍微晚一点。

3.6.2　波动力学的建立

受 Einstein 光量子理论的启发,1923 年 de Broglie 试着把光的波粒二象性推广到像电子那样的微观粒子,de Broglie 提出:"任何运动着的物体都会有一种波动伴随着,不可能将物体的运动和波的传播拆开。"他给出了微观粒子波粒二象性的基本公式:

$$E = h\nu, \; p = h/\lambda \tag{3.6.45}$$

当 de Broglie 的博士论文传到瑞士苏黎世时,Schrödinger 作了一个 de Broglie 物质波的报告,报告清楚地介绍了一个波怎么和粒子联系起来,由 de Broglie 公式(3.6.34)怎么得到了 Bohr 角动量量子化条件,Debye 作了评注:"有了波,就得有个波动方程吧。"几个星期后,Schrödinger 果然给出了一个方程,就是 Schrödinger 方程。

在 1926 年 Schrödinger 第一篇波动力学的文章中使用经典力学的 Hamilton 理论,建立定态的波动方程,给出了氢原子的 Bohr 能级公式,并力图掩盖与 de Broglie 物质波的联系。下面来看定态 Schrödinger 方程的建立过程。

氢原子的 Hamilton 函数为

$$H = \frac{1}{2m}(p_x^2 + p_y^2 + p_z^2) - \frac{e^2}{4\pi\varepsilon_0 r}$$

经典力学的 Hamilton-Jocobi 方程可写为

$$\frac{1}{2m}\left[\left(\frac{\partial W}{\partial x}\right)^2 + \left(\frac{\partial W}{\partial y}\right)^2 + \left(\frac{\partial W}{\partial z}\right)^2\right] - \frac{e^2}{4\pi\varepsilon_0 r} = E \tag{3.6.46}$$

式中的 $r = \sqrt{x^2+y^2+z^2}$,$W = W(x,y,z)$ 为 Hamilton 作用函数,Schrödinger 对 W 作了变换

$$W = \hbar\ln\psi \tag{3.6.47}$$

将式(3.6.47)代入式(3.6.46)整理后可得

$$\left(\frac{\partial \psi}{\partial x}\right)^2 + \left(\frac{\partial \psi}{\partial y}\right)^2 + \left(\frac{\partial \psi}{\partial z}\right)^2 - \frac{2m}{\hbar^2}\left(E + \frac{e^2}{4\pi\varepsilon_0 r}\right)\psi^2 = 0 \tag{3.6.48}$$

Schrödinger 认为电子为非经典粒子,具有波粒二象性,粒子性体现在由 Hamilton-Jocobi 方程和变换式(3.6.47)导出的式(3.6.48),波动性体现在将式(3.6.48)的左边视为电子波的 Lagrange密度,因此氢原子中电子的动力学方程应从下面的变分得来:

$$\delta I = \delta \iiint \left[\left(\frac{\partial \psi}{\partial x}\right)^2 + \left(\frac{\partial \psi}{\partial y}\right)^2 + \left(\frac{\partial \psi}{\partial z}\right)^2 - \frac{2m}{\hbar^2}\left(E + \frac{e^2}{4\pi\varepsilon_0 r}\right)\psi^2\right]\mathrm{d}x\mathrm{d}y\mathrm{d}z = 0 \tag{3.6.49}$$

上式变分的过程如下:

$$\delta I = \delta \iiint \left[\left(\frac{\partial \psi}{\partial x}\right)^2 + \left(\frac{\partial \psi}{\partial y}\right)^2 + \left(\frac{\partial \psi}{\partial z}\right)^2 - \frac{2m}{\hbar^2}\left(E + \frac{e^2}{4\pi\varepsilon_0 r}\right)\psi^2\right]\mathrm{d}x\mathrm{d}y\mathrm{d}z$$

$$= \iiint \left[2\frac{\partial \psi}{\partial x}\delta\left(\frac{\partial \psi}{\partial x}\right) + 2\frac{\partial \psi}{\partial y}\delta\left(\frac{\partial \psi}{\partial y}\right) + 2\frac{\partial \psi}{\partial z}\delta\left(\frac{\partial \psi}{\partial z}\right) - \frac{2m}{\hbar^2}\left(E + \frac{e^2}{4\pi\varepsilon_0 r}\right)2\psi\delta\psi\right]\mathrm{d}x\mathrm{d}y\mathrm{d}z$$

$$= \iiint \left[2\frac{\partial \psi}{\partial x}\frac{\mathrm{d}(\delta\psi)}{\mathrm{d}x} + 2\frac{\partial \psi}{\partial y}\frac{\mathrm{d}(\delta\psi)}{\mathrm{d}y} + 2\frac{\partial \psi}{\partial z}\frac{\mathrm{d}(\delta\psi)}{\mathrm{d}z} - \frac{2m}{\hbar^2}\left(E + \frac{e^2}{4\pi\varepsilon_0 r}\right)2\psi\delta\psi\right]\mathrm{d}x\mathrm{d}y\mathrm{d}z$$

$$= \iiint 2\frac{\partial \psi}{\partial x}\mathrm{d}(\delta\psi)\mathrm{d}y\mathrm{d}z + 2\frac{\partial \psi}{\partial y}\mathrm{d}(\delta\psi)\mathrm{d}x\mathrm{d}z + 2\frac{\partial \psi}{\partial z}\mathrm{d}(\delta\psi)\mathrm{d}x\mathrm{d}y -$$

$$\frac{2m}{\hbar^2}\left(E + \frac{e^2}{4\pi\varepsilon_0 r}\right)2\psi\delta\psi\mathrm{d}x\mathrm{d}y\mathrm{d}z \tag{3.6.50}$$

对式中第一项作分部积分得

$$\int \frac{\partial \psi}{\partial x}\mathrm{d}(\delta\psi) = \frac{\partial \psi}{\partial x}\delta\psi\Big|_1^2 - \int \delta\psi\mathrm{d}\frac{\partial \psi}{\partial x} = \frac{\partial \psi}{\partial x}\delta\psi\Big|_{-\infty}^{+\infty} - \int \frac{\partial^2 \psi}{\partial x^2}\delta\psi\mathrm{d}x$$

对式(3.6.50)中的前三项都作分部积分得

$$\delta I = \iiint 2\left[\frac{\partial \psi}{\partial x}\delta\psi\mathrm{d}y\mathrm{d}z + \frac{\partial \psi}{\partial y}\delta\psi\mathrm{d}x\mathrm{d}z + \frac{\partial \psi}{\partial z}\delta\psi\mathrm{d}x\mathrm{d}y\right] +$$

$$\iiint \left[-2\left(\frac{\partial^2 \psi}{\partial x^2} + \frac{\partial^2 \psi}{\partial y^2} + \frac{\partial^2 \psi}{\partial z^2}\right) - 2\frac{2m}{\hbar^2}\left(E + \frac{e^2}{4\pi\varepsilon_0 r}\right)\psi\right]\delta\psi\mathrm{d}x\mathrm{d}y\mathrm{d}z$$

$$= 2\oiint \frac{\partial \psi}{\partial n}\delta\psi\mathrm{d}f - 2\iiint \left[\frac{\partial^2 \psi}{\partial x^2} + \frac{\partial^2 \psi}{\partial y^2} + \frac{\partial^2 \psi}{\partial z^2} + \frac{2m}{\hbar^2}\left(E + \frac{e^2}{4\pi\varepsilon_0 r}\right)\psi\right]\delta\psi\mathrm{d}x\mathrm{d}y\mathrm{d}z \tag{3.6.51}$$

上式第一项为包围氢原子的一个封闭曲面的面积分,n 为曲面的法线方向。当 f 取得足够大时,$\psi = 0$,$\frac{\partial \psi}{\partial n} = 0$,所以第一项面积分等于零。由于 $\delta\psi$ 是任意的变分,因此第二项中的被积函数等于零,即

$$\frac{\partial^2 \psi}{\partial x^2} + \frac{\partial^2 \psi}{\partial y^2} + \frac{\partial^2 \psi}{\partial z^2} + \frac{2m}{\hbar^2}\left(E + \frac{e^2}{4\pi\varepsilon_0 r}\right)\psi = 0$$

整理一下得

$$-\frac{\hbar^2}{2m}\left(\frac{\partial^2 \psi}{\partial x^2} + \frac{\partial^2 \psi}{\partial y^2} + \frac{\partial^2 \psi}{\partial z^2}\right) - \frac{e^2}{4\pi\varepsilon_0 r}\psi = E\psi \tag{3.6.52}$$

式(3.6.52)正是氢原子的定态 Schrödinger 方程,由该方程 Schrödinger 解出了氢原子的能级,即 Bohr 在 1913 年得到的能级公式,此公式在稍早几天由 Pauli 从 Heisenberg、Born、Jordan、Dirac 建立的矩阵力学中得到(1926 年)。

  Schrödinger 从他的波动方程理论中很自然地得到了氢原子能级公式,他不把量子化作为基本假设,他认为量子化的本质是微分方程的本征值问题。关于引导从 Hamilton-Jacobi 理论建立定态 Schrödinger 方程的变换式(3.6.47),Schrödinger 在第二篇文章中提到"把 Kepler 问题作为力学问题的 Hamilton-Jacobi 方程和波动方程之间存在着普遍的对应关系……我们用本身难以理解的变换式(3.6.47)和同样难以理解的把等于零的表达式(3.6.48)变为式(3.6.49)的空间积分应保持稳定的假设,来描述这一对应关系",他还表示"对于变换式(3.6.47)将不再作进一步的讨论"。对于式(3.6.47)和式(3.6.49)的来源,他本人不作解释,读者只好自行猜想和理解了。

  Schrödinger 波动力学的第二篇文章利用 de Broglie 物质波的观点,导出了 Schrödinger 方程,其过程大致和 3.4 节的内容相同。Schrödinger 用他的方程研究了具有固定轴的刚性转子、自由转子问题,还研究了双原子分子的振动和转动。Schrödinger 在"第三次通告"中发展了波动力学的微扰论,他考虑了一些不容易处理的力学系统,假定 Hamilton 量具有如下形式:

$$H = H^{(0)} + \lambda H^{(1)}$$

相应地,Schrödinger 方程的解的形式为

$$E_n = E_n^{(0)} + \lambda E_n^{(1)} + \lambda^2 E_n^{(2)} + \cdots \tag{3.6.53}$$

$$\psi_n = \psi_n^{(0)} + \lambda \psi_n^{(1)} + \lambda^2 \psi_n^{(2)} + \cdots \tag{3.6.54}$$

将上两式代入定态 Schrödinger 方程得

$$(H_0 + \lambda H')(\psi_n^{(0)} + \lambda \psi_n^{(1)} + \lambda^2 \psi_n^{(2)} + \cdots)$$
$$= (E_n^{(0)} + \lambda E_n^{(1)} + \lambda^2 E_n^{(2)} + \cdots)(\psi_n^{(0)} + \lambda \psi_n^{(1)} + \lambda^2 \psi_n^{(2)} + \cdots) \tag{3.6.55}$$

比较上式两端 λ 的同次幂,得到各级近似的方程式

$$\begin{cases} \lambda^0 : H_0 \psi_n^{(0)} = E_n^{(0)} \psi_n^{(0)} \\ \lambda^1 : (H_0 - E_n^{(0)}) \psi_n^{(1)} = -(H' - E_n^{(1)}) \psi_n^{(0)} \\ \lambda^2 : (H_0 - E_n^{(0)}) \psi_n^{(2)} = -(H' - E_n^{(1)}) \psi_n^{(1)} + E_n^{(2)} \psi_n^{(0)} \end{cases} \tag{3.6.56}$$

这样就可以通过逐次迭代法求解系统的 Schrödinger 方程。非简并情况下,一级微扰的能级和波函数分别为

$$E_n^{(1)} = H'_{mn} = \int \psi_n^{(0)*} H' \psi_n^{(0)} \mathrm{d}x$$

$$\psi_n^{(1)} = \sum_{k \neq n} \frac{H'_{kn}}{E_n^{(0)} - E_k^{(0)}} \psi_k^{(0)}$$

进一步迭代得到系统的二级微扰能级和波函数分别为

$$E_n^{(2)} = \sum_{l \neq n} \frac{|H'_{ln}|^2}{E_n^{(0)} - E_l^{(0)}}$$

$$\psi_n^{(2)} = \sum_{k \neq n} \Big[\sum_{l \neq n} \frac{H'_{kl} H'_{ln}}{(E_n^{(0)} - E_k^{(0)})(E_n^{(0)} - E_l^{(0)})} - \frac{H'_{kn} H'_{nn}}{(E_n^{(0)} - E_k^{(0)})^2} \Big] \psi_k^{(0)} - \frac{1}{2} \sum_{m \neq n} \frac{|H'_{mn}|^2}{(E_n^{(0)} - E_m^{(0)})^2} \psi_n^{(0)}$$

对于简并微扰,归结为求解久期方程

$$\det |H'_{n_\mu, n_\nu} - E^{(1)} \delta_{\mu\nu}| = 0 \tag{3.6.57}$$

式(3.6.57)中 Hamilton 矩阵元为

$$H'_{n\mu, n\nu} = \int \psi_{n\mu}^{(0)*} H' \psi_{n\nu}^{(0)} \, d\tau$$

由简并微扰 Schrödinger 得到和实验结果吻合的氢原子的 Stark 效应,得到了选择定则及光谱线强度。

定态 Schrödinger 方程仅仅提供振幅在空间的分布,在 Schrödinger 关于波动力学的第四篇文章中指出 ψ 对时间的依赖总是由下式决定:

$$\psi \sim e^{\mp \frac{2\pi i E t}{h}} \qquad (3.6.58)$$

频率 E 在方程中出现,事实上定态 Schrödinger 方程是一组方程,每个方程只对一个特殊本征频率(能量)成立。如何找到像标准波动方程 $\nabla^2 p - \dfrac{1}{u^2} \ddot{p} = 0$ 那样的含时方程呢? 做法很简单,只要消除掉定态 Schrödinger 方程中的能量 E 即可,由式(3.6.58)得

$$\dot{\psi} = \mp \frac{2\pi i E}{h} \psi \Rightarrow E\psi = \pm \frac{h}{2\pi} i \dot{\psi}$$

将上式代入定态 Schrödinger 方程(3.6.52)消去 E 得

$$\nabla^2 \psi - \frac{8\pi^2 m V}{h^2} \psi \pm \frac{4\pi m i}{h} \dot{\psi} = 0$$

稍微改写一下得

$$-\frac{\hbar^2}{2m} \nabla^2 \psi + V\psi = \pm i\hbar \dot{\psi}$$

波函数 ψ 及其复共轭 ψ^* 必定满足上式两个方程中的一个,Schrödinger 把上式中的"+"号给了波函数 ψ 本身,把"−"号给了波函数的复共轭 ψ^*,这样 Schrödinger 得到了最终的含时 Schrödinger 方程

$$i\hbar \frac{\partial \psi}{\partial t} = -\frac{\hbar^2}{2m} \nabla^2 \psi + V\psi \qquad (3.6.59)$$

从建立含时 Schrödinger 方程的过程看,波函数必定是复数。Schrödinger 将方程(3.6.59)作为具有变化频率(能量)的波的基本方程,他用这个方程处理了与时间有关的势能的系统,并由此建立了色射理论。Schrödinger 还将他的方程作了相对论推广,推广后的方程习惯上被称为 Klein - Gordon 方程。

3.6.3 矩阵力学与波动力学的等价性

1926 年 Schrödinger、Pauli 和 Eckart 各自独立证明了波动力学和矩阵力学的等价性。下面采用 Schrödinger 的思路从以下几个方面证实两种力学的等价性。

在矩阵力学中任何两个力学量相乘满足矩阵的乘法:

$$(FG)_{nm} = \sum_l F_{nl} G_{lm}$$

波动力学可以证明它。事实上在坐标空间取一套正交完备归一基 $u_1(q), u_2(q), u_3(q), \cdots$,两个力学量的矩阵元为

$$F_{nl} = \int u_n^*(q) F u_l(q) \, dq, \quad G_{lm} = \int u_l^*(q) G u_m(q) \, dq$$

则得

$$
\begin{aligned}
\sum_l F_{nl} G_{lm} &= \sum_l \int u_n^*(q) F u_l(q) \mathrm{d}q \int u_l^*(q') G u_m(q') \mathrm{d}q' \\
&= \sum_l \int \left[(F u_n(q))^* u_l(q) \right] \mathrm{d}q \int \left[u_l^*(q') (G u_m(q')) \right] \mathrm{d}q' \\
&= \int (F u_n(q))^* (G u_m(q)) \mathrm{d}q \\
&= \int u_n^*(q) F G u_m(q) \mathrm{d}q = (FG)_{nm}
\end{aligned} \tag{3.6.60}
$$

命题得证,证明的过程中使用了 F 算符、G 算符的厄米性和基矢的完备性关系:

$$
\sum_l \int f u_l(q) \mathrm{d}q \cdot \int g u_l^*(q') \mathrm{d}q' = \int fg \, \mathrm{d}q
$$

矩阵力学有基本对易关系

$$
\sum_{l=-\infty}^{\infty} \left[p(n,l) q(l,n) - q(n,l) p(l,n) \right] = -\mathrm{i}\hbar
$$

波动力学也能证明这个关系,坐标空间中动量算符为

$$
p = -\mathrm{i}\hbar \frac{\partial}{\partial q}
$$

于是得到动量算符和坐标 q 算符的对易关系

$$
pq - qp = -\mathrm{i}\hbar
$$

在坐标空间取一套正交完备归一基 $u_1(q), u_2(q), u_3(q), \cdots$,在此基矢下动量矩阵元为

$$
p(nl) = \int u_n^* \frac{\hbar}{\mathrm{i}} \frac{\partial}{\partial q} u_l \mathrm{d}q
$$

坐标矩阵元为

$$
q(\ln) = \int u_l^* q u_n \mathrm{d}q
$$

于是得

$$
\begin{aligned}
&\sum_{l=-\infty}^{\infty} \left[p(n,l) q(l,n) - q(n,l) p(l,n) \right] \\
&= \sum_{l=-\infty}^{\infty} \left[\int u_n^* \frac{\hbar}{i} \frac{\partial}{\partial q} u_l \mathrm{d}q \int u_l^* q' u_n \mathrm{d}q' - \int u_n^* q u_l \mathrm{d}q \int u_l^* \frac{\hbar}{i} \frac{\partial}{\partial q} u_n \mathrm{d}q' \right] \\
&= \sum_{l=-\infty}^{\infty} \left[\int \left(\frac{\hbar}{i} \frac{\partial}{\partial q} u_n \right)^* u_l \mathrm{d}q \int u_l^* (q' u_n) \mathrm{d}q' - \int (q u_n)^* u_l \mathrm{d}q \int u_l^* \left(\frac{\hbar}{i} \frac{\partial}{\partial q} u_n \right) \mathrm{d}q' \right] \\
&= \int u_n^* \left(\frac{\hbar}{i} \frac{\partial}{\partial q} q \right) u_n \mathrm{d}q - \int u_n^* \left(q \frac{\hbar}{i} \frac{\partial}{\partial q} \right) u_n \mathrm{d}q = \int u_n^* \left(\frac{\hbar}{i} \right) u_n \mathrm{d}q = -\mathrm{i}\hbar
\end{aligned}
$$

$$\tag{3.6.61}$$

上式即是矩阵力学的基本对易关系,证明的过程中使用了位置、动量算符的厄米性和基矢的完备性关系。

还可以用波动力学导出矩阵力学中力学量矩阵满足的 Heisenberg 运动方程:

$$
\mathrm{i}\hbar \dot{o} = oW - Wo
$$

式中, o 为力学量在能量表象下的矩阵; W 为对角化的 Hamilton 量。为此在坐标空间取正交完备归一的基矢 $u_1(q), u_2(q), u_3(q), \cdots$ 为能量本征函数,则有

$$
\begin{aligned}
(oH - Ho)_{nm} &= \sum_l \left[\int u_n^*(q) o u_l(q) \mathrm{d}q \int u_l^*(q') H u_m(q') \mathrm{d}q' - \int u_n^*(q) H u_l(q) \mathrm{d}q \int u_l^*(q') o u_m(q') \mathrm{d}q' \right] \\
&= \sum_l [o_{nl} W_m \delta_{lm} - W_l \delta_{nl} o_{lm}] = (oW - Wo)_{nm} = (W_m - W_n) o_{nm} \quad (3.6.62)
\end{aligned}
$$

又矩阵力学的基本假设为

$$
o_{nm}(t) = o_{nm} \mathrm{e}^{\mathrm{i}\omega_{nm} t}
$$

式中跃迁频率满足 Bohr 频率条件 $\hbar\omega_{nm} = W_n - W_m$,由此可得

$$
\mathrm{i}\hbar\dot{o}_{nm} = \mathrm{i}\hbar(\mathrm{i}\omega_{nm}) o_{nm} = -\hbar\omega_{nm} o_{nm} = (W_m - W_n) o_{nm} \quad (3.6.63)
$$

由式(3.6.62)和式(3.6.63)得到力学量矩阵元的 Heisenberg 运动方程

$$
\mathrm{i}\hbar\dot{o}_{nm} = (oW - Wo)_{nm}
$$

进而得到力学量矩阵的 Heisenberg 运动方程 $\mathrm{i}\hbar\dot{o} = oW - Wo$。对力学量矩阵 o 和系统 Hamilton 量 W 作正则变换,有

$$
O = S^{-1} o S, \quad H = S^{-1} W S
$$

代入 Hamilton 量对角化的 Heisenberg 运动方程,得到一般情况下的力学量矩阵所满足的 Heisenberg 运动方程

$$
\mathrm{i}\hbar\dot{O} = OH - HO
$$

由 Schrödinger 方程还可以导出矩阵力学的正则变换,两种表象或同一表象(如能量)的不同基的完备性记为

$$
\sum_n |n\rangle\langle n| = I, \quad \sum_\alpha |\alpha\rangle\langle\alpha| = I \quad (3.6.64)
$$

Schrödinger 方程在 α 表象下

$$
\mathrm{i}\hbar \frac{\partial\langle\alpha|\psi\rangle}{\partial t} = \sum_\beta \langle\alpha|H|\beta\rangle\langle\beta|\psi\rangle \quad (3.6.65)
$$

α 表象下 Hamilton 量不一定是对角化的,设 Hamilton 量在 n 表象下是对角化的,下面将 Schrödinger 方程从变换 α 表象到 n 表象,式(3.6.65)两边插入完备性关系式(3.6.64)得

$$
\mathrm{i}\hbar \sum_n \frac{\partial\langle\alpha|n\rangle\langle n|\psi\rangle}{\partial t} = \sum_{n,\beta} \langle\alpha|H|\beta\rangle\langle\beta|n\rangle\langle n|\psi\rangle \quad (3.6.66)
$$

式(3.6.66)两边左乘 $\langle n''|\alpha\rangle$,然后对 α 求和得

$$
\begin{aligned}
\mathrm{i}\hbar \sum_{n,\alpha} \langle n''|\alpha\rangle \frac{\partial\langle\alpha|n\rangle\langle n|\psi\rangle}{\partial t} &= \mathrm{i}\hbar \sum_{n,\alpha} \left(\langle n''|\alpha\rangle \frac{\partial\langle\alpha|n\rangle}{\partial t}\langle n|\psi\rangle + \langle n''|\alpha\rangle\langle\alpha|n\rangle \frac{\partial\langle n|\psi\rangle}{\partial t} \right) \\
&= \sum_{n,\alpha,\beta} \langle n''|\alpha\rangle\langle\alpha|H|\beta\rangle\langle\beta|n\rangle\langle n|\psi\rangle \quad (3.6.67)
\end{aligned}
$$

式(3.6.67)进一步化简得

$$
\mathrm{i}\hbar \frac{\partial\langle n''|\psi\rangle}{\partial t} = \sum_{n,\alpha,\beta} \langle n''|\alpha\rangle\langle\alpha|H|\beta\rangle\langle\beta|n\rangle\langle n|\psi\rangle - \mathrm{i}\hbar \sum_{n,\alpha} \langle n''|\alpha\rangle \frac{\partial\langle\alpha|n\rangle}{\partial t}\langle n|\psi\rangle
$$

$$
(3.6.68)
$$

记表象变换矩阵元和 Hamilton 矩阵元分别为

$$S_{\beta n}^{-1} = S_{\beta n}^{+} = \langle \beta \mid n \rangle, S_{n''\alpha} = \langle n'' \mid \alpha \rangle$$

$$H_{\alpha\beta} = \langle \alpha \mid H \mid \beta \rangle$$

式(3.6.68)可写为

$$i\hbar \frac{\partial \langle n'' \mid \psi \rangle}{\partial t} = \sum_{n,\alpha,\beta} S_{n''\alpha} H_{\alpha\beta} S_{\beta n}^{-1} \langle n \mid \psi \rangle - i\hbar \sum_{n,\alpha} S_{n''\alpha} \frac{\partial S_{\alpha n}^{-1}}{\partial t} \langle n \mid \psi \rangle \qquad (3.6.69)$$

我们知道 n 表象下 Hamilton 量是对角化的,即

$$i\hbar \frac{\partial \langle n'' \mid \psi \rangle}{\partial t} = \sum_{n} \langle n'' \mid H \mid n \rangle \langle n \mid \psi \rangle = \sum_{n} W \delta_{nn''} \langle n \mid \psi \rangle \qquad (3.6.70)$$

式(3.6.69)和式(3.6.70)右侧相等,得

$$\sum_{n} W \delta_{nn''} \langle n \mid \psi \rangle = \sum_{n,\alpha,\beta} S_{n''\alpha} H_{\alpha\beta} S_{\beta n}^{-1} \langle n \mid \psi \rangle - i\hbar \sum_{n,\alpha} S_{n''\alpha} \frac{\partial S_{\alpha n}^{-1}}{\partial t} \langle n \mid \psi \rangle \qquad (3.6.71)$$

作用在波函数 $|\psi\rangle$ 的 n 分量为 $\langle n|\psi\rangle$,前面的矩阵相等,即得矩阵力学的正则变换为

$$W = SHS^{-1} - i\hbar S \frac{\partial S^{-1}}{\partial t} \qquad (3.6.72)$$

式(3.6.72)的正则变换可以得到量子系统的能量本征值,也可以通过正则变换进行非简并微扰,简并微扰和含时微扰的计算。从上述论证看,Schrödinger 波动力学和 Heisenberg、Born、Jordan 矩阵力学确实是等价的。

1926 年 Dirac 和 Jordan 独立完成了表象变换理论,将矩阵力学和波动力学统一起来,得到了量子力学的各种不同的形式,具体来说,体系的量子态可以用不同的表象描述,而不同表象间通过一个幺正变换相联系。还是在 1926 年,Born 阐明了波函数的统计解释,即波函数的模平方 $|\psi|^2 = \psi^* \psi$ 表示发现粒子的概率。1927 年 Heisenberg 发现了不确定关系,即位置和动量不能同时具有确定的值:

$$\Delta x \Delta p_x \geqslant \frac{\hbar}{2} \qquad (3.6.73)$$

非相对论量子力学的理论在 1925—1927 年已全部完成,从此两种理论统称为量子力学,不再保留各自的名称。相对论量子力学乃至由 Dirac 方程发展起来的量子场论则是 1928 年以后的事。

问题

1. 已知电子动能分别为 1 MeV 和 1 GeV,求它们的 de Broglie 波长。

2. 求质量为 46 g 速度为 30 m/s 的高尔夫球的 de Broglie 波长。

3. 中子质量为 1.675×10^{-27} kg,求常温 25℃时热中子动能及对应的 de Broglie 波长。设 NaCl 晶体的镜面距离 $d = 0.282$ nm,由 Bragg 公式求第一级次衍射电子与晶面的夹角(也是电子入射与晶面的夹角)。

4. 若电子离质子很远且都静止,质子吸引使电子被吸引到距离为 0.05 nm 处,求此时电子的 de Broglie 波长。

5. 一维粒子的波函数为

$$u(x) = \begin{cases} cx\mathrm{e}^{-ax} & x \geqslant 0 \\ 0 & x < 0 \end{cases}$$

式中 $a > 0$。试求:

(1)归一化常数 c;

(2)在何处发现粒子的概率最大?

6. 粒子沿 x 轴运动的波函数 $\psi = ax, x \in [0,1]$,a 为常量,在其他地方波函数为零,求:

(1)常数 a 的值;

(2)粒子在 $[0.45, 0.55]$ 出现的概率;

(3)粒子位置的平均值。

7. 某一维运动粒子的波函数 $\psi = A\cos^2 x, x \in [-\pi/2, \pi/2]$,求:

(1)常数 A;

(2)粒子在 $[0, \pi/4]$ 出现的概率。

8. 证明粒子的角动量 L 和角位移 θ 之间有不确定关系 $\Delta L \Delta \theta \geqslant \dfrac{\hbar}{2}$(考虑粒子以速度 v 在半径为 r 的圆周上运动)。

9. 由不确定关系估算基态氢原子半径和基态能量。

10. 典型的原子核半径为 5.0×10^{-15} m,若原子核中存在电子,用不确定关系估计电子的动能(需考虑相对论效应)。

11. 氦氖激光器所发红光波长 $\lambda = 632.8$ nm,谱线宽度 $\Delta\lambda = 10^{-5}$ nm,求当这种光子沿 x 方向传播时,它的坐标不确定度(波列长度)。

12. 子弹($m = 0.10$ g,$v = 200$ m/s)穿过 0.2 cm 宽的狭缝,求沿缝方向子弹的速度不确定量。

13. 设 φ_1 和 φ_2 为定态 Schrödinger 方程的解,其 Hamilton 算符的本征值分别为 E_1 和 E_2。

(1)证明 $\psi = c_1 \mathrm{e}^{-\mathrm{i}E_1 t/\hbar} \varphi_1 + c_2 \mathrm{e}^{-\mathrm{i}E_2 t/\hbar} \varphi_2$ 满足含时 Schrödinger 方程;

(2)求波函数 ψ 满足归一化条件时,c_1 和 c_2 满足的关系式。

14. 函数 $\sin nx, n = 1, 2, 3, \cdots$ 是算符 $\dfrac{\mathrm{d}^2}{\mathrm{d}x^2}$ 的本征函数吗?如果是,求该算符的本征值。

15. 一维无限深势阱 $x \in [0, L]$ 中粒子的波函数为 $\psi = A\sin\dfrac{n\pi x}{L}$,证明 $n \to \infty$ 时在区间 $x \to x + \Delta x$ 发现粒子的概率为 $\Delta x/L$ 与 x 无关。这实际上是经典物理的结果,符合 Bohr 对应原理的要求。

16. 能量为 1.0 eV 和 2.0 eV 的电子入射到高度为 10.0 eV、宽度为 0.5 nm 的势垒,求其穿透概率。

17. 证明 Gauss 型波函数

$$\psi = \left(\frac{\pi}{a}\right)^{-1/4} \mathrm{e}^{-ax^2/2} \mathrm{e}^{\mathrm{i}p_0 x/\hbar}$$

式中,a、p_0 为常数,对应的不确定关系为 $\Delta x \Delta p = \hbar/2$。

人物简介

William Rowan Hamilton（哈密顿，1805 - 08 - 04—1865 - 09 - 02），爱尔兰物理学家、天文学家、数学家。1824 年他提交了有关焦散曲线（caustics）的文章；1827 年发表了《光线系统理论》，建立了光线的数学理论；1832 年完成了历史性文章 *On a general method in dynamics*，阐明了 Hamilton 变分原理，建立了等价于 Newton 力学和 Lagrange 力学的 Hamilton 力学；1843 年发明了四元数（quanternions）。

Pierre de Fermat（费马，1601 - 08 - 17—1665 - 01 - 12），法国数学家、律师。1629 年以前他用代数方法重写了古希腊阿波罗尼奥斯的平面轨迹一书，对圆锥曲线作了总结和整理；1630 年撰写了《平面与立体轨迹引论》，独立于 Descartes 发现了解析几何基本原理。在微积分领域，他建立了求切线、极值和定积分的方法。他和 Pascal 的通信及著作中建立了概率中数学期望值的概念。在数论领域，他发现了 Fermat 大定理（1995 年 Wiles 给出了证明）、Fermat 小定理。在光学领域，他提出了最短时间作用原理。

Louis Victor de Broglie（德布罗意，1892 - 08 - 15—1987 - 03 - 19），法国物理学家。1924 年他发现了物质波，提出了微观粒子和光一样具有波粒二象性，后来致力于发展波动理论的因果律解释及 de Broglie-Bohn 理论。1929 年获诺贝尔物理学奖。

Hendrik Anthony Kramers（克拉默斯，1894 - 12 - 17—1952 - 04 - 24），荷兰物理学家。1919 年他在 Bohr 的指导下完成了关于氢原子在电场中的和精细结构谱线的强度的博士论文并获得了博士学位；1924 年和 Bohr、Slater 合作提出了 Bohr - Kramers - Slater 理论，基于对应原理和原子的虚场模型提出了 Kramers 色散理论；1925 年和 Heisenberg 合作提出了 Kramers - Heisenberg 色散公式；1927 年提出了色散理论的复数形式，即 Kramers - Krönig 关系；1930 年提出了 Kramers 简并的概念；1947 年在谢尔特岛会议提出了电子质量重整化概念；曾任国际纯粹和应用物理联合会主席。1947 年获 Lorentz 奖，1951 年获 Hughes 奖。

Max Born(玻恩,1882 - 12 - 11—1970 - 01 - 05),德国物理学家、数学家。1925 年和 Heisenberg、Jordan 合作创立了量子力学第一种有效形式——矩阵力学;1926 年给出了 Schrödinger 方程中波函数的概率解释。他还在固体物理、光学领域有重要贡献。学生有 Oppenheimer、Delbrück、Hund、Jordan、Mayer、程开甲、彭桓武、杨立铭、黄昆等,在 Göttingen 的助教 Fermi、Heisenberg、Herzberg、Pauli、Wigner 都是诺贝尔奖获得者。1954 年获诺贝尔物理学奖。

Werner Heisenberg(海森伯,1901 - 12 - 05—1976 - 02 - 01),德国物理学家。1925 年他和 Born、Jordan 创立了量子力学第一种有效形式——矩阵力学;1926 年发现了 Fermi 子波函数交换对称性,解决了氦原子光谱之谜;1927 年发现了不确定关系;1928 年使用 Pauli 不相容原理解决了铁磁之谜;1929 年和 Pauli 合作创立了量子场论;1932 年阐明了原子核由质子中子两种核子构成,引入了同位旋概念;1933 年发展了正电子理论;1936 年给出了宇宙射线簇射理论;1942 年提出了从核裂变提取能量的可能性,发展了粒子物理中的 S 矩阵理论,和 Wheeler 同为 S 矩阵之父;1947 年对理解超导现象作出了贡献;1948 年兴趣短暂地回到了湍流理论;1953 年后兴趣集中在基本粒子的统一场论;1957 年对等离子体物理和核聚变感兴趣。学生有 Bloch、Teller、Peierls、Jahn、Fano、王福山等。1932 年获诺贝尔物理学奖。

Pascual Jordan(若尔当,1902 - 10 - 18—1980 - 07 - 31),德国物理学家。1925 年他和 Heisenberg、Born 合作创建了量子力学第一种有效形式——矩阵力学;1926 年完成了量子力学表象变换理论,将矩阵力学和波动力学统一了起来。他发展了 Fermi 子反对易关系,还在量子场论作出了大的贡献,发明了 Jordan 代数,后来广泛涉足生物学、心理学。

Erwin Rudolf Josef Alexander Schrödinger(薛定谔,1887 - 08 - 12—1961 - 01 - 04),奥地利物理学家。1926 年他写出了 Schrödinger 方程,创立了量子力学第二种有效形式——波动力学;1935 年提出了 Schrödinger 猫思想实验;1944 年完成了《生命是什么?》,激励 Watson 研究基因,致 DNA 双螺旋结构的发现。1933 年获诺贝尔物理学奖。

Paul Adrien Maurice Dirac(狄拉克,1902 - 08 - 08—1984 - 10 - 20),英国物理学家。1925 年他借助于量子 Poisson 括号发展了量子力学的 q 数理论,被证明和矩阵力学完全等价;1926 年独立于 Fermi 提出了 Fermi 子遵循的 Fermi-Dirac 统计,独立于 Jordan 完成了量子力学表象变换理论;1927 年将电磁场量子化;1928 年写出了相对论性的电子的方程 Dirac 方程,由该方程自然导出了电子的自旋;1930 年在出版的《量子力学原理》一书提出了 δ 函数;1931 年预言了正电子的存在(正电子于 1932 年被 Anderson 观察到);1933 年预言了磁单极子的存在;考查了量子力学中的 Lagrange 量,为 Feynman 的路径积分提供了线索,并于 20 世纪 30 年代早期提出了真空极化的概念;1937 年提出了宇宙学的大数假说。20 世纪 50 年代早期他发展了约束 Hamilton 理论,20 世纪 50 年末期将 Einstein 广义相对论写成了 Hamilton 形式,为量子化引力作了准备。1933 年获诺贝尔物理学奖。

Pierre-Louis Moreau de Maupertuis(莫佩尔蒂,1698 - 07 - 17—1759 - 07 - 27),法国数学家、哲学家、作家。他宣扬泛生论,批判自然神学说,1744 年提出了 Maupertuis 最小作用量原理。

Clinton Joseph Davisson(戴维孙,1881 - 10 - 22—1958 - 02 - 01),美国物理学家。1927 年他和 Germer 合作完成了电子在镍晶体表面的衍射实验,证实了 de Broglie 物质波假说。1937 年获诺贝尔物理学奖。

Lester Halbert Germer(革末,1896 - 10 - 10—1971 - 10 - 03),美国物理学家。1927 年他和 Davisson 合作完成了电子在镍晶体表面的衍射实验,证实了 de Broglie 物质波假说,还研究了热离子学、金属腐蚀、接触物理。

第4章　单价电子原子

氢原子及类氢离子的光谱频率可以通过 Bohr-Sommerfeld 理论得到很好的解决。碱金属原子和氢原子、类氢离子有某些相似的结构，Bohr-Sommerfeld 理论适当地改进后，也可以描述碱金属原子的结构和光谱。

本章先简单介绍用量子力学求解氢原子得到的结果，这些结果不但包含了 Bohr-Sommerfeld 理论的全部，而且还揭示出新的物理内涵，如角动量空间量子化。之后介绍碱金属原子的能级和光谱规律，着重介绍电子自旋的概念，有了电子自旋，碱金属谱线的精细结构就可以得到定量的解释。此外，还对氢原子的光谱规律作了简述。

原子磁性是理解原子结构的重要途径，本章在介绍原子磁矩时引入 Landé 因子。将原子置于磁场中，原子磁矩在磁场中会发生 Lamor 进动，磁场使得原来简并的能级发生 Zeeman 能级分裂，原来一条谱线分裂为多条偏振的谱线，这个现象就是 Zeeman 效应。本章详细地阐述 Zeeman 效应，最后简要地介绍顺磁共振。

4.1　氢原子的 Schrödinger 方程解

4.1.1　氢原子的定态 Schrödinger 方程及其解

考虑一个电子和一个原子核体系，核电荷 Ze（氢原子 $Z=1$），核质量 M，电子电荷 $-e$，质量为 m，由于 $M \gg m$，假设原子核静止，坐标原点就取在原子核上。体系的势能为

$$V(r) = -\frac{Ze^2}{4\pi\varepsilon_0 r} \tag{4.1.1}$$

其中，r 为电子到原子核的距离，定态 Schrödinger 方程为

$$\left(-\frac{\hbar^2}{2m}\nabla^2 - \frac{Ze^2}{4\pi\varepsilon_0 r}\right)\psi(r) = E\psi(r) \tag{4.1.2}$$

势能是球对称的，因此在球坐标下求解式(4.1.2)很方便。球坐标和直角坐标的变换关系为

$$x = r\sin\theta\cos\varphi,\ y = r\sin\theta\sin\varphi,\ z = r\cos\theta$$

球坐标下 Laplace 算符为

$$\nabla^2 = \frac{1}{r^2}\frac{\partial}{\partial r}\left(r^2\frac{\partial}{\partial r}\right) + \frac{1}{r^2\sin\theta}\frac{\partial}{\partial\theta}\left(\sin\theta\frac{\partial}{\partial\theta}\right) + \frac{1}{r^2\sin^2\theta}\frac{\partial^2}{\partial\varphi^2}$$

定态 Schrödinger 方程(4.1.2)变为

$$-\frac{\hbar^2}{2mr^2}\left[\frac{\partial}{\partial r}\left(r^2\frac{\partial}{\partial r}\right) + \frac{1}{\sin\theta}\frac{\partial}{\partial\theta}\left(\sin\theta\frac{\partial}{\partial\theta}\right) + \frac{1}{\sin^2\theta}\frac{\partial^2}{\partial\varphi^2}\right]\psi - \left(E + \frac{Ze^2}{4\pi\varepsilon_0 r}\right)\psi = 0 \tag{4.1.3}$$

分离变量，令 $\psi(r,\theta,\varphi) = R(r)Y(\theta,\varphi)$，代入式(4.1.3)得

$$\frac{1}{R}\frac{\mathrm{d}}{\mathrm{d}r}\left(r^2\frac{\mathrm{d}R}{\mathrm{d}r}\right) + \frac{2mr^2}{\hbar^2}\left(E + \frac{Ze^2}{4\pi\varepsilon_0 r}\right) = -\frac{1}{Y}\left[\frac{1}{\sin\theta}\frac{\partial}{\partial\theta}\left(\sin\theta\frac{\partial Y}{\partial\theta}\right) + \frac{1}{\sin^2\theta}\frac{\partial^2 Y}{\partial\varphi^2}\right] \equiv \lambda \tag{4.1.4}$$

上式左边只和 r 有关,而右边只和 θ、φ 有关,两边相等,只能都等于一个与 r、θ、φ 都无关的常数 λ。式(4.1.4)可化为两个微分方程:

$$\frac{1}{r^2}\frac{\mathrm{d}}{\mathrm{d}r}\left(r^2\frac{\mathrm{d}R}{\mathrm{d}r}\right)+\left[\frac{2m}{\hbar^2}\left(E+\frac{Ze^2}{4\pi\varepsilon_0 r}\right)-\frac{\lambda}{r^2}\right]R=0 \tag{4.1.5}$$

$$-\left[\frac{1}{\sin\theta}\frac{\partial}{\partial\theta}\left(\sin\theta\frac{\partial Y}{\partial\theta}\right)+\frac{1}{\sin^2\theta}\frac{\partial^2 Y}{\partial\varphi^2}\right]=\lambda Y \tag{4.1.6}$$

方程(4.1.5)称为氢原子径向方程,而方程(4.1.6)称为角方程。

角方程(4.1.6)又可以进一步分离变量,$Y(\theta,\varphi)=\Theta(\theta)\Phi(\varphi)$,角方程(4.1.6)变为

$$\frac{\sin\theta}{\Theta}\frac{\mathrm{d}}{\mathrm{d}\theta}\left(\sin\theta\frac{\mathrm{d}\Theta}{\mathrm{d}\theta}\right)+\lambda\sin^2\theta=-\frac{1}{\Phi}\frac{\mathrm{d}^2\Phi}{\mathrm{d}\varphi^2}\equiv\nu \tag{4.1.7}$$

方程的左边只和 θ 有关,右边只和 φ 有关,二者相等必定只能等于一个既与 θ 无关又与 φ 无关的常数 ν。方程(4.1.7)又分化为两个方程:

$$\frac{1}{\sin\theta}\frac{\mathrm{d}}{\mathrm{d}\theta}\left(\sin\theta\frac{\mathrm{d}\Theta}{\mathrm{d}\theta}\right)+\left(\lambda-\frac{\nu}{\sin^2\theta}\right)\Theta=0 \tag{4.1.8}$$

$$\frac{\mathrm{d}^2\Phi}{\mathrm{d}\varphi^2}+\nu\Phi=0 \tag{4.1.9}$$

将方程(4.1.8)和方程(4.1.9)的解分别给出:

$$\Theta_{lm}(\theta)=\sqrt{\frac{(l-m)!(2l+1)}{2(l+m)!}}\,\mathrm{P}_l^m(\cos\theta),\ \Phi_m(\varphi)=\sqrt{\frac{1}{2\pi}}\,\mathrm{e}^{im\varphi}$$

解中的参数 $l=0,1,2,\cdots$;$m=0,\pm1,\pm2,\cdots,\pm l$;$\lambda=l(l+1)$。$\mathrm{P}_l^m(x)$ 为连带 Legendre 函数,其解析的表达式为

$$\mathrm{P}_l^m(x)=\frac{1}{2^l l!}(1-x^2)^{\frac{m}{2}}\frac{\mathrm{d}^{l+m}}{\mathrm{d}x^{l+m}}(x^2-1)^l \qquad m\geqslant 0$$

$$\mathrm{P}_l^{-m}(x)=(-1)^m\frac{(l-m)!}{(l+m)!}\mathrm{P}_l^m(x) \qquad m\geqslant 0$$

这样角方程(4.1.6)的解表示为

$$\mathrm{Y}_{lm}(\theta,\varphi)=(-1)^m\sqrt{\frac{(l-m)!(2l+1)}{4\pi(l+m)!}}\,\mathrm{P}_l^m(\cos\theta)\mathrm{e}^{im\varphi} \tag{4.1.10}$$

$\mathrm{Y}_{lm}(\theta,\varphi)$ 就是我们熟悉的球谐函数,本征值 λ 为 $\lambda=l(l+1)$。$l=0,1,2$ 时的 $\Theta(\theta)$、$\Phi(\varphi)$ 函数如表 4.1.1 所示。

表 4.1.1　$l=0,1,2$ 时的 $\Theta(\theta)$,$\Phi(\varphi)$ 函数

l	m	$\Theta(\theta)$	$\Phi(\varphi)$
0	0	$\Theta_{00}=\dfrac{1}{\sqrt{2}}$	$\Phi_0=\dfrac{1}{\sqrt{2\pi}}$
1	0	$\Theta_{10}=\sqrt{\dfrac{3}{2}}\cos\theta$	$\Phi_0=\dfrac{1}{\sqrt{2\pi}}$
1	±1	$\Theta_{1\pm1}=\pm\sqrt{\dfrac{3}{4}}\sin\theta$	$\Phi_{\pm1}=\dfrac{1}{\sqrt{2\pi}}\mathrm{e}^{\pm i\varphi}$

l	m	$\Theta(\theta)$	$\Phi(\varphi)$
2	0	$\Theta_{20} = \sqrt{\dfrac{5}{8}}\,(3\cos^2\theta - 1)$	$\Phi_0 = \dfrac{1}{\sqrt{2\pi}}$
2	± 1	$\Theta_{2\pm 1} = \pm\sqrt{\dfrac{15}{4}}\,\sin\theta\cos\theta$	$\Phi_{\pm 1} = \dfrac{1}{\sqrt{2\pi}}\mathrm{e}^{\pm \mathrm{i}\varphi}$
2	± 2	$\Theta_{2\pm 2} = \sqrt{\dfrac{15}{16}}\,\sin^2\theta$	$\Phi_{\pm 2} = \dfrac{1}{\sqrt{2\pi}}\mathrm{e}^{\pm 2\mathrm{i}\varphi}$

当原子体系的能量 $E > 0$ 时,任何正值都满足标准条件的解 $R(r)$,这表明原子系统处于游离态,能量可以连续变化。显然我们更关心束缚态的情况,此时 $E < 0$。

当原子体系的能量 $E < 0$ 时,径向方程(4.1.5)为

$$\frac{1}{r^2}\frac{\mathrm{d}}{\mathrm{d}r}\left(r^2\frac{\mathrm{d}R}{\mathrm{d}r}\right) + \left[\frac{2m}{\hbar^2}\left(E + \frac{Ze^2}{4\pi\varepsilon_0 r}\right) - \frac{l(l+1)}{r^2}\right]R = 0 \tag{4.1.11}$$

方程(4.1.11)的求解过程在任何一本标准的量子力学书中都可以找到,这里只列出最后的结果:

$$R_{nl} = N_{nl}\,\mathrm{e}^{-\frac{Z}{na_0}r}\left(\frac{2Z}{na_0}r\right)^l \mathrm{L}_{n+l}^{2l+1}\left(\frac{2Z}{na_0}r\right) \tag{4.1.12}$$

式中

$$\mathrm{L}_{n+l}^{2l+1}(\rho) = \sum_{k=0}^{n-l-1}(-1)^{k+1}\frac{[(n+l)!]^2\rho^k}{(n-l-1-k)!(2l+1+k)!k!}$$

为关联 Laguerre 多项式,归一化常数

$$N_{nl} = -\sqrt{\left(\frac{2Z}{na_0}\right)^3\frac{(n-l-1)!}{2n[(n+l)!]^3}}$$

求解的过程中的两个要求成立,$n \geq l+1$,则

$$\frac{Ze^2}{4\pi\varepsilon_0\hbar}\left(\frac{m}{2|E|}\right)^{1/2} = n \tag{4.1.13}$$

$n = 1, 2, 3$ 时的径向波函数 R_{nl} 如表 4.1.2 所示。解径向方程时,条件(4.1.13)实际上就是氢原子的能级,由式(4.1.13)易得

$$E_n = -\frac{mc^2Z^2}{2n^2}\left(\frac{e^2}{4\pi\varepsilon_0\hbar c}\right)^2 \qquad n = 1, 2, \cdots \tag{4.1.14}$$

下面将总结求解氢原子定态 Schrödinger 方程的结果。

表 4.1.2　氢原子径向波函数 R_{nl}

n	l	R_{nl}
1	0	$R_{10}(r) = 2\left(\dfrac{Z}{a_0}\right)^{3/2}\mathrm{e}^{-Zr/a_0}$
2	0	$R_{20}(r) = \left(\dfrac{Z}{2a_0}\right)^{3/2}\left(2 - \dfrac{Zr}{a_0}\right)\mathrm{e}^{-Zr/2a_0}$

n	l	R_{nl}
2	1	$R_{21}(r) = \left(\dfrac{Z}{2a_0}\right)^{3/2} \dfrac{Zr}{\sqrt{3}\,a_0} \mathrm{e}^{-Zr/2a_0}$
3	0	$R_{30}(r) = \left(\dfrac{Z}{3a_0}\right)^{3/2} \left[2 - \dfrac{4Zr}{3a_0} + \dfrac{4}{27}\left(\dfrac{Zr}{a_0}\right)^2\right] \mathrm{e}^{-Zr/3a_0}$
3	1	$R_{31}(r) = \left(\dfrac{2Z}{a_0}\right)^{3/2} \left[\dfrac{2}{27\sqrt{3}} - \dfrac{Zr}{81\sqrt{3}\,a_0}\right] \dfrac{Zr}{a_0} \mathrm{e}^{-Zr/3a_0}$
3	2	$R_{32}(r) = \left(\dfrac{2Z}{a_0}\right)^{3/2} \dfrac{1}{81\sqrt{15}} \left(\dfrac{Zr}{a_0}\right)^2 \mathrm{e}^{-Zr/3a_0}$

1. 波函数和能级

氢原子波函数 $\psi_{nlm}(r,\theta,\varphi) = R_{nl}(r)Y_{lm}(\theta,\varphi)$，式中

$$R_{nl} = N_{nl}\,\mathrm{e}^{-\frac{Z}{na_0}r}\left(\frac{2Z}{na_0}r\right)^l \mathrm{L}_{n+l}^{2l+1}\left(\frac{2Z}{na_0}r\right)$$

$$N_{nl} = -\sqrt{\left(\frac{2Z}{na_0}\right)^3 \frac{(n-l-1)!}{2n[(n+l)!]^3}}$$

$\mathrm{L}_{n+l}^{2l+1}(\rho)$ 为关联 Laguerre 多项式；球谐函数为

$$Y_{lm}(\theta,\varphi) = (-1)^m \sqrt{\frac{(l-m)!(2l+1)}{4\pi(l+m)!}}\,\mathrm{P}_l^m(\cos\theta)\,\mathrm{e}^{\mathrm{i}m\varphi}$$

$\mathrm{P}_l^m(x)$ 连带 Legendre 函数的解析表达式为

$$\mathrm{P}_l^m(x) = \frac{(1-x^2)^{\frac{m}{2}}}{2^l l!}\frac{\mathrm{d}^{l+m}}{\mathrm{d}x^{l+m}}(x^2-1)^l \qquad m \geqslant 0$$

$$\mathrm{P}_l^{-m}(x) = (-1)^m \frac{(l-m)!}{(l+m)!}\mathrm{P}_l^m(x) \qquad m \geqslant 0$$

其量子数 n、l、m 满足的关系为

$$\begin{cases} n = 1,2,\cdots \\ l = 0,1,2,\cdots,n-1 \\ m = 0,\pm 1,\pm 2,\cdots,\pm l \end{cases}$$

氢原子完整的波函数为

$$\psi_{nlm}(\boldsymbol{r},t) = \psi_{nlm}(r,\theta,\varphi)\mathrm{e}^{-\mathrm{i}E_n t/\hbar} = R_{nl}(r)Y_{lm}(\theta,\varphi)\mathrm{e}^{-\mathrm{i}E_n t/\hbar}$$

式中，E_n 为氢原子本征函数 $\psi_{nlm}(r,\theta,\varphi)$ 对应的能级，即

$$E_n = -\frac{mc^2 Z^2}{2n^2}\left(\frac{e^2}{4\pi\varepsilon_0 \hbar c}\right)^2$$

由量子数之间的关系易得能级的简并度为

$$\sum_{l=0}^{l=n-1}(2l+1) = n^2$$

所谓简并度指同一能级对应的量子态的数目。

复数形式的波函数很难在三维空间中给出图像，它们在三维空间的分布取向也不明确。化学关心的是波函数的取向，研究的是原子如何结合成分子。实数形式的波函数是角向波函

数线性叠加而成的,利用 Euler 公式

$$e^{ix} + e^{-ix} = 2\cos x, e^{ix} - e^{-ix} = 2i\sin x$$

直角坐标与球坐标的关系 $\begin{cases} x = r\sin\theta\cos\varphi \\ y = r\sin\theta\sin\varphi \\ z = r\cos\theta \end{cases}$ 可以实现。如

$$p_x = \frac{1}{\sqrt{2}}(Y_{1-1} - Y_{1+1}) = \sqrt{\frac{3}{4\pi}}\sin\theta\cos\varphi = \sqrt{\frac{3}{4\pi}}\frac{x}{r}$$

$$p_y = \frac{i}{\sqrt{2}}(Y_{1+1} + Y_{1-1}) = \sqrt{\frac{3}{4\pi}}\sin\theta\sin\varphi = \sqrt{\frac{3}{4\pi}}\frac{y}{r}$$

$$p_z = Y_{10} = \sqrt{\frac{3}{4\pi}}\cos\theta = \sqrt{\frac{3}{4\pi}}\frac{z}{r}$$

$$d_{xz} = \frac{1}{\sqrt{2}}(Y_{2-1} - Y_{2+1}) = \sqrt{\frac{15}{4\pi}}\sin\theta\cos\varphi\cos\theta = \sqrt{\frac{15}{4\pi}}\frac{xz}{r^2}$$

$$d_{yz} = \frac{i}{\sqrt{2}}(Y_{2+1} + Y_{2-1}) = \sqrt{\frac{15}{4\pi}}\sin\theta\sin\varphi\cos\theta = \sqrt{\frac{15}{4\pi}}\frac{yz}{r^2}$$

$$d_{z^2} = Y_{20} = \sqrt{\frac{5}{16\pi}}(3\cos^2\theta - 1) = \sqrt{\frac{5}{16\pi}}\left[3\left(\frac{z}{r}\right)^2 - 1\right]$$

$$d_{x^2-y^2} = \frac{1}{\sqrt{2}}(Y_{2+2} + Y_{2-2}) = \sqrt{\frac{15}{16\pi}}\sin^2\theta(\cos^2\varphi - \sin^2\varphi) = \sqrt{\frac{15}{16\pi}}\frac{x^2-y^2}{r^2}$$

$$d_{xy} = \frac{1}{i\sqrt{2}}(Y_{2+2} - Y_{2-2}) = \sqrt{\frac{15}{4\pi}}\sin^2\theta\sin\varphi\cos\varphi = \sqrt{\frac{15}{4\pi}}\frac{xy}{r^2}$$

图 4.1.1 是 s、p、d 电子轨道实波函数的二维角度分布图形,图的中心为原子核位置,某个 θ 和 φ 角下的极坐标轴和图形交点的弦长表示实数波函数在此方向上的相对大小,图形表示轨道实波函数随 θ 和 φ 的变化关系。从图中可以看到 s 轨道与角度无关,其他轨道都是各向异性的,波函数随方位角变化。这种图形对研究分子的成键作用和价键的方向性以及几何构型等化学问题能提供直观的图像。

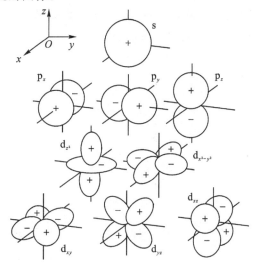

图 4.1.1　s、p、d 电子轨道实波函数的二维角度分布图形

2. 角动量

球坐标下,角动量平方 L^2 的算符表达式为

$$\hat{L}^2 = -\hbar^2 \left[\frac{1}{\sin\theta} \frac{\partial}{\partial\theta} \left(\sin\theta \frac{\partial}{\partial\theta} \right) + \frac{1}{\sin^2\theta} \frac{\partial^2}{\partial\varphi^2} \right]$$

由求解角方程的结果知

$$-\hbar^2 \left[\frac{1}{\sin\theta} \frac{\partial}{\partial\theta} \left(\sin\theta \frac{\partial}{\partial\theta} \right) + \frac{1}{\sin^2\theta} \frac{\partial^2}{\partial\varphi^2} \right] Y_{lm} = l(l+1)\hbar^2 Y_{lm}$$

即 $\hat{L}^2$ 的本征函数为 $Y_{lm}(\theta,\varphi)$,本征值为 $l(l+1)\hbar^2$,角动量平方的大小为

$$L^2 = l(l+1)\hbar^2$$

或者

$$L = \sqrt{l(l+1)}\,\hbar$$

由于 $l=0,1,2,3,\cdots,n-1$,可见角动量的大小是量子化的。

球坐标下角动量 z 方向的分量算符

$$\hat{L}_z = -\mathrm{i}\hbar \frac{\partial}{\partial\varphi}$$

显然有

$$\hat{L}_z \Phi_m(\varphi) = -\mathrm{i}\hbar \frac{\partial}{\partial\varphi} \Phi_m(\varphi) = m\hbar \Phi_m(\varphi)$$

$\hat{L}_z$ 的本征函数为 $\Phi_m(\varphi) = \sqrt{\frac{1}{2\pi}} \mathrm{e}^{\mathrm{i}m\varphi}$,$\hat{L}_z$ 本征值为 $m\hbar$,L_z 的大小为 $L_z = m\hbar$,其中 $m=0,\pm1,$ $\pm2,\cdots,\pm l$。L_z 也是量子化的,称为角动量的空间量子化。由于 $\Phi_m(\varphi) = \sqrt{\frac{1}{2\pi}} \mathrm{e}^{\mathrm{i}m\varphi}$ 为球谐函数的分量 φ 部分,L_z 和 L^2 还同时具有确定的值。例如,$l=2$ 的电子,角动量的大小为 $L = \sqrt{2\times(2+1)}\,\hbar = \sqrt{6}\,\hbar$,而 $L_z = 2\hbar,\hbar,0,-\hbar,-2\hbar$;角动量及其在 z 方向的投影可以用图 4.1.2形象表示。角动量空间量子化的根本原因还在于不确定关系的存在,由于不确定关系,电子的轨道角动量方向不是固定的,这样 L_z 就会有多个值,而 L_x、L_y 的平均值却为零。事实上,如图 4.1.3 所示,如果轨道角动量方向固定(不失一般性,设沿 z 方向),则 $\Delta z = 0$,这意味着 $\Delta p_z \to \infty$,原子中的电子的动量不可能为无穷大。

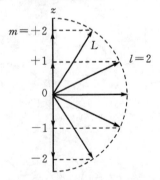

图 4.1.2 $l=2$ 的电子的角动量及其在 z 方向的投影

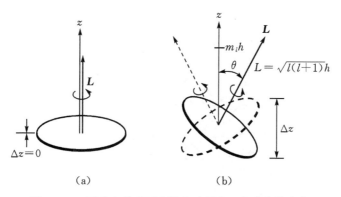

图 4.1.3　不确定关系不允许角动量有一个确定的方向

3. 量子数 *n*、*l*、*m* 的意义

氢原子的波函数 $\psi_{nlm}(r,\theta,\varphi)=R_{nl}(r)Y_{lm}(\theta,\varphi)$ 包含三个量子数（n、l、m），由定态 Schrödinger 方程解得的能级公式

$$E_n=-\frac{mc^2Z^2}{2n^2}\left(\frac{e^2}{4\pi\varepsilon_0\hbar c}\right)^2$$

知氢原子的能量取决于 n，因此 n 常称为主量子数。而量子数 l 决定着电子绕核做轨道运动的角动量的大小

$$L=\sqrt{l(l+1)}\,\hbar$$

l 常称为轨道角动量量子数，简称角量子数。m 量子数表示轨道角动量在 z 方向分量的大小 $L_z=m\hbar$，$L_z=m\hbar$ 只能取 $2l+1$ 个取向。这个特定的 z 方向可能是由外磁场确定的，原子的能量便与量子数 m 有关系了，因此 m 常称为轨道磁量子数。如果没有外磁场，z 的方向将是任意的，轨道角动量在任意方向的分量都将是 $m_l\hbar$。外磁场的存在提供了实验上有意义的参考方向，当然外磁场不是唯一的，对氢分子而言两个氢原子的连线也是一个有意义的参考方向。三个量子数 n、l、m 满足的关系为

$$\begin{cases}n=1,2,\cdots\\l=0,1,2,\cdots,n-1\\m=0,\pm1,\pm2,\cdots,\pm l\end{cases}$$

4.1.2　氢原子中电子的概率分布

发现电子的概率密度为

$$\rho=\psi_{nlm}^*(\boldsymbol{r},t)\psi_{nlm}(\boldsymbol{r},t)=\psi_{nlm}^*(r,\theta,\varphi)\psi_{nlm}(r,\theta,\varphi)$$

将氢原子定态波函数代入得

$$\rho_{nlm}(r,\theta,\varphi)=R_{nl}^2Y_{lm}^*Y_{lm}=R_{nl}^2\Theta_{lm}^2\Phi_m^*\Phi_m \tag{4.1.15}$$

其中，$Y_{lm}^*Y_{lm}=\Theta_{lm}^2\Phi_m^*\Phi_m$ 代表概率的角分布；R_{nl}^2 代表概率随矢径的分布。波函数的归一化表示全空间发现粒子的概率为 1，有

$$\int\rho_{nlm}(r,\theta,\varphi)\mathrm{d}\tau=\int\psi_{nlm}\psi_{nlm}^*\mathrm{d}\tau=1$$

体积元如图 4.1.4 所示，其中

$$\mathrm{d}\tau=r^2\sin\theta\mathrm{d}r\mathrm{d}\theta\mathrm{d}\varphi$$

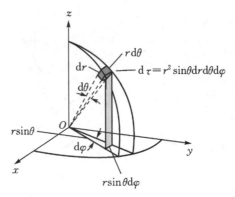

图 4.1.4　球坐标下的体积元

归一化条件化为矢径部分和角部分，即

$$\int \rho_{nlm}(r,\theta,\varphi)\mathrm{d}\tau = \int_0^\infty R_{nl}^2(r)r^2\mathrm{d}r \int_0^\pi \Theta_{lm}^2 \sin\theta\mathrm{d}\theta \int_0^{2\pi} \Phi_m \Phi_m^* \mathrm{d}\varphi = 1$$

由径向波函数和球谐函数的表达式得

$$\int_0^\pi \Theta_{lm}^2 \sin\theta\mathrm{d}\theta = 1, \int_0^{2\pi} \Phi_m \Phi_m^* \mathrm{d}\varphi = 1, \int_0^\infty R_{nl}^2(r)r^2\mathrm{d}r = 1 \qquad (4.1.16)$$

1. 概率随 φ、θ 角的分布

由 $\Phi_m(\varphi) = \sqrt{\dfrac{1}{2\pi}} \mathrm{e}^{im\varphi}$ 得到

$$\Phi_m(\varphi)\Phi_m^*(\varphi) = \frac{1}{2\pi}$$

这个结果表明电子概率随 φ 分布是均匀的，也就是说概率绕 z 轴旋转是对称的。

在方向 $(\theta \to \theta + \mathrm{d}\theta, \varphi \to \varphi + \mathrm{d}\varphi)$，立体角 $\mathrm{d}\Omega = \sin\theta\mathrm{d}\theta\mathrm{d}\varphi$ 内找到电子的概率为 $Y_{lm}^* Y_{lm} \sin\theta\mathrm{d}\theta\mathrm{d}\varphi = \dfrac{\Theta_{lm}^2(\theta)}{2\pi}\mathrm{d}\Omega$，此即电子概率随方向 (θ,φ) 的分布函数为 $\dfrac{\Theta_{lm}^2}{2\pi}$。而 $l=0,1,2$ 时，Θ_{lm}^2 随 θ 的变化如图 4.1.5 所示，注意这些图像绕 z 轴旋转是对称的。电子云图实际上就是电子随 φ、θ 角的分布。

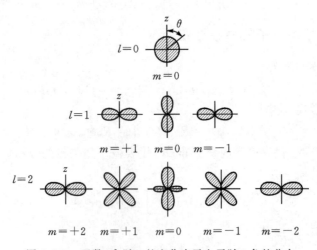

图 4.1.5　函数 Θ_{lm}^2 随 θ 的变化表示电子随 θ 角的分布

2. 概率随 r 的分布

由式(4.1.16),电子概率随 r 的分布为 $P_{nl}(r)=R_{nl}^2(r)r^2$,$n=0,1,2$ 时,$P_{nl}(r)$ 随 r 的变化如图 4.1.6 所示。由矢径分布函数 $P_{nl}(r)=R_{nl}^2(r)r^2$ 可以求出 r^k 的平均值为

$$\langle r^k \rangle = \int_0^\infty R_{nl}^2 r^{k+2} \, \mathrm{d}r \tag{4.1.17}$$

对于氢原子、类氢离子、碱金属原子,有

$$\langle r \rangle = \left[3n^2 - l(l+1) \right] \frac{a_0}{2Z}$$

$$\langle r^2 \rangle = \frac{1}{2} \left[5n^2 + l - 3l(l+1) \right] n^2 \left(\frac{a_0}{Z} \right)^2$$

$$\langle r^{-1} \rangle = \frac{1}{n^2} \left(\frac{Z}{a_0} \right)$$

$$\langle r^{-2} \rangle = \frac{2}{(2l+1)n^3} \left(\frac{Z}{a_0} \right)^2$$

$$\langle r^{-3} \rangle = \frac{2}{l(l+1/2)(l+1)n^3} \left(\frac{Z}{a_0} \right)^3$$

基态类氢离子的平均势能为

$$\langle V \rangle = \left\langle -\frac{Ze^2}{4\pi\varepsilon_0 r} \right\rangle = -\frac{Ze^2}{4\pi\varepsilon_0} \int R_{1,0}^{\ 2}(r) r \mathrm{d}r = -\frac{Ze^2}{4\pi\varepsilon_0} \int_0^\infty 4\left(\frac{Z}{a_1} \right)^3 \mathrm{e}^{-\frac{2Zr}{a_1}} r \mathrm{d}r = -\frac{Z^2 e^2}{4\pi\varepsilon_0 a_1}$$

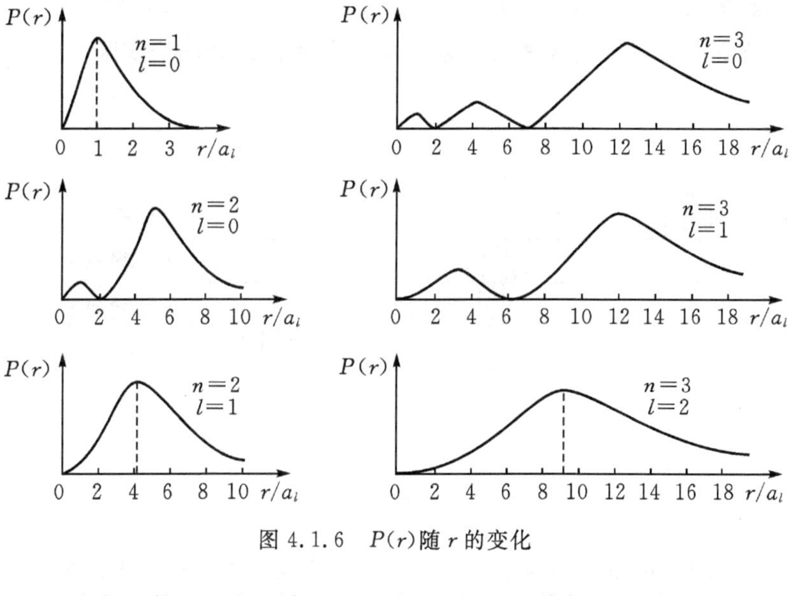

图 4.1.6 $P(r)$ 随 r 的变化

由氢原子矢径分布函数可以得到氢原子最概然半径及其与原子半径有关的量的平均值,比如基态氢原子径向波函数为

$$R_{1,0} = 2\left(\frac{1}{a_1} \right)^{3/2} \mathrm{e}^{-\frac{r}{a_1}}$$

式中,a_1 为 Bohr 半径。矢径分布函数为

$$P_{1,0} = R_{1,0}^2(r)r^2 = 4\left(\frac{1}{a_1} \right)^3 \mathrm{e}^{-\frac{2r}{a_1}} r^2$$

于是

$$\frac{\mathrm{d}P_{1,0}(r)}{\mathrm{d}r} = 0 \Rightarrow r_{\max} = a_1$$

根据 Heisenberg 不确定关系,氢原子中电子没有经典的轨道,所谓圆轨道的 Bohr 半径实际上是电子径向概率分布极大值的位置。如图 4.1.6 所示,$R_{2,1}$ 和 $R_{3,2}$ 激发态对应的轨道角动量量子数为 $l=1$ 和 $l=2$,按 Bohr-Sommerfeld 理论,此时的电子轨道是圆轨道,其最概然半径正好是 Bohr 圆轨道半径 $4a_1$ 和 $9a_1$。

4.2　碱金属原子光谱

4.2.1　碱金属原子光谱实验规律

几种碱金属原子光谱具有相仿的结构,一般都可以观察到四个线系:主线系、第一辅线系、第二辅线系、Bergmann 系。图 4.2.1 显示了锂原子的这四个线系。主线系(principal)最亮,第一条是红色,其余在紫外区;第一辅线系又叫漫线系(diffuse),分布在可见区,边缘有些模糊;第二辅线系又叫锐线系(sharp),第一条在红外,其余在可见区,谱线清晰而狭窄。第一、二辅线系的系限相同,所以均称为辅线系。Bergmann 系又称基线系(fundamental),全在红外区,它的光谱项和氢的光谱项相差很小。各线系在照片上同时出现,叠加在一起,从谱线形状的粗细、光强的强弱并参考它们频率的间隔,就可以把不同线系的谱线区分开来。

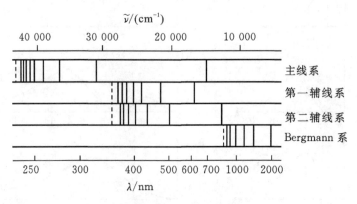

图 4.2.1　锂原子光谱线系

与氢光谱比较,Rydberg 得到了碱金属原子光谱线的波数也可以表示为两项之差的结论:

$$\tilde{\nu}_n = \tilde{\nu}_\infty - \frac{R}{n^{*2}} \tag{4.2.1}$$

式中,$\tilde{\nu}_n$ 表示谱线波数(波长倒数);$\tilde{\nu}_\infty$ 为线系限波数;R 为 Rydberg 常数;由实验得到的 n^* 为有效量子数,碱金属的这个有效量子数 n^* 不是整数,这点和氢光谱不同。对每一个谱线系,测出各谱线的波数后,经过数据处理可以得到线系限波数 $\tilde{\nu}_\infty$。将每一条谱线的波数 $\tilde{\nu}_n$ 代入谱线系的公式(4.2.1)就能得到第二项的光谱项的值 R/n^{*2},从而可以求出有效量子数 n^*,即

$$n^* = \sqrt{\frac{R}{T}}$$

其中,n^* 一般比 n 略小或者相等,二者之差定义为量子数亏损,$\Delta = n - n^*$。

表 4.2.1 列出了锂原子各谱线系第二光谱项的值,从列表中的数据看同一谱线系的量子数亏损 Δ 差不多相同,不同线系轨道角动量量子数 l 越大,量子数亏损 Δ 越大。

表 4.2.1　锂原子第二光谱项的值

数据来源	电子态	cm⁻¹	$n=2$	3	4	5	6	7	Δ
第二辅线系	s, $l=0$	T	43 484.4	16 280.5	8 474.1	5 186.9	3 499.6	2 535.3	0.40
		n^*	1.589	2.596	3.598	4.599	5.599	6.579	
主线系	p, $l=1$	T	28 581.4	12 559.9	7 017.0	4 472.8	3 094.4	2 268.9	0.05
		n^*	1.960	2.956	3.954	4.954	5.955	6.954	
第一辅线系	d, $l=2$	T		12 202.5	6 862.5	4 389.2	3 046.9	2 239.4	0.001
		n^*		2.999	3.999	5.000	6.001	7.000	
Bergmann 系	f, $l=3$	T			6 855.5	4 381.2	3 031.0		0.000
		n^*			4.000	5.004			
氢		T	27 419.4	12 186.4	6 854.8	4 387.1	3 046.6	2 238.3	

遵从光谱学习惯,$l = 0,1,2,3,4,\cdots$ 的电子分别用字母 s,p,d,f,g,$\cdots$ 表示。从碱金属光谱数据研究中我们还可以看到每个线系的系限波数恰好等于另一个线系的第二项的最大值,比如锂原子辅线系的系限波数恰好等于主线系第二光谱项最大的那个值,即

$$\frac{R}{(2-\Delta_p)^2} = 28\ 581.4\ \text{cm}^{-1}$$

Bergmann 系的系限波数等于第一辅线系第二光谱项最大的值,即

$$\frac{R}{(3-\Delta_d)^2} = 12\ 202.5\ \text{cm}^{-1}$$

主线系的系限波数为 43 484.4 cm⁻¹,和第二辅线系第二光谱项在同类,列为数值最大的项为

$$\frac{R}{(2-\Delta_s)^2} = 43\ 484.4\ \text{cm}^{-1}$$

4.2.2　线系公式和能级

由以上规律得到锂原子各谱线系的波数表达式:

主线系

$$_p\tilde{\nu} = \frac{R}{(2-\Delta_s)^2} - \frac{R}{(n-\Delta_p)^2} \qquad n = 2,3,4,\cdots$$

第二辅线系

$$_s\tilde{\nu} = \frac{R}{(2-\Delta_p)^2} - \frac{R}{(n-\Delta_s)^2} \qquad n = 3,4,5,\cdots$$

第一辅线系

$$_\mathrm{d}\widetilde{\nu} = \frac{R}{(2-\Delta_\mathrm{p})^2} - \frac{R}{(n-\Delta_\mathrm{d})^2} \qquad n = 3,4,5,\cdots$$

Bergmann 系

$$_\mathrm{f}\widetilde{\nu} = \frac{R}{(3-\Delta_\mathrm{d})^2} - \frac{R}{(n-\Delta_\mathrm{f})^2} \qquad n = 4,5,6,\cdots$$

碱金属的能级与光谱项的关系为

$$E_{nl} = -hcT_{nl} = -\frac{hcR}{(n-\Delta_l)^2}$$

由于量子数亏损和轨道角动量量子数 l 有关,因此不同于氢原子,碱金属原子的能级除了与主量子数 n 有关以外,还依赖于价电子轨道角动量量子数 l。由实验规律得到锂原子各谱线系的 Rydberg 公式,可以推知锂原子的能级图,如图 4.2.2 所示。图中还标出了各谱线系的跃迁,为了便于比较,图的最右侧还画出了氢原子能级。

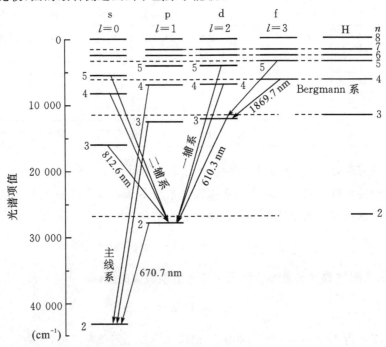

图 4.2.2　锂原子的能级图

钠原子的谱线系和锂原子完全类似,钠原子的各谱线系的公式如下:

主线系

$$_\mathrm{p}\widetilde{\nu} = \frac{R}{(3-\Delta_\mathrm{s})^2} - \frac{R}{(n-\Delta_\mathrm{p})^2} \qquad n = 3,4,5,\cdots$$

第二辅线系

$$_\mathrm{s}\widetilde{\nu} = \frac{R}{(3-\Delta_\mathrm{p})^2} - \frac{R}{(n-\Delta_\mathrm{s})^2} \qquad n = 4,5,6,\cdots$$

第一辅线系

$$_\mathrm{d}\widetilde{\nu} = \frac{R}{(3-\Delta_\mathrm{p})^2} - \frac{R}{(n-\Delta_\mathrm{d})^2} \qquad n = 3,4,5,\cdots$$

Bergmann 系

$$_f\tilde{\nu} = \frac{R}{(3-\Delta_d)^2} - \frac{R}{(n-\Delta_f)^2} \qquad n = 4,5,6,\cdots$$

由钠原子各谱线系的 Rydberg 公式,不难画出钠原子的能级和各谱线的跃迁示意图,如图 4.2.3 所示。

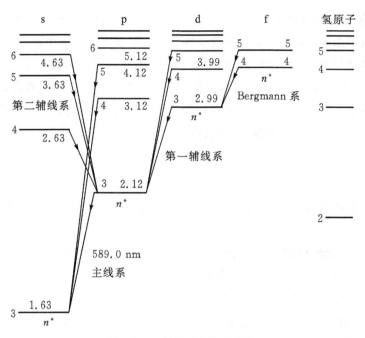

图 4.2.3　钠原子能级和光谱

例 4.1　钾原子基态为 4s,主线系第一条谱线的波长为 766.5 nm,主线系的线系限为 285.8 nm,求 4s 和 4p 谱项的量子数亏损。

解　主线系线系限波数为

$$\frac{1}{\lambda_\infty} = \frac{R}{(4-\Delta_{4s})^2}$$

于是得

$$\Delta_{4s} = 4 - \sqrt{R\lambda_\infty} = 4 - \sqrt{1.097 \times 10^7 \times 285.8 \times 10^{-9}} = 2.23$$

主线系第一条谱项的 Rydberg 公式为

$$\frac{1}{\lambda_1} = \frac{R}{(4-\Delta_{4s})^2} - \frac{R}{(4-\Delta_{4p})^2}$$

$$\frac{1}{\lambda_1} = \frac{1}{\lambda_\infty} - \frac{R}{(4-\Delta_{4p})^2}$$

$$\Rightarrow \Delta_{4p} = 4 - \sqrt{\frac{R\lambda_1\lambda_\infty}{\lambda_1 - \lambda_\infty}} = 4 - \sqrt{\frac{1.097 \times 10^7 \times 766.5 \times 285.8 \times 10^{-18}}{(766.5 - 285.8) \times 10^{-9}}} = 1.76$$

4.2.3　原子实极化和轨道贯穿

比较锂原子能级图和氢原子能级图可以看到,氢原子的能级只取决于主量子数 n,而锂原子的能级除了取决于主量子数 n 以外,还与轨道角动量量子数 l 有关。对于同一主量子数 n,

$l=0,1,2,\cdots,n-1$ 共 n 个取值,氢原子只有一个能级,锂原子的能级有 n 个。有这样的差别,首先归因于氢原子和锂原子结构的不同。氢原子的核就是一个质子,核的半径非常小,几乎可将其视为几何点,锂原子当然也有原子核,核外电子的排布可写成 $3=2\times1^2+1$,钠原子核外电子的排布可写成 $11=2\times(1^2+2^2)+1$,钾原子核外电子的排布可写成 $19=2\times(1^2+2^2+2^2)+1$。我们看到,碱金属原子存在完整的结构外,多余出一个电子,这个完整稳固的结构称为原子实,多余出来的价电子决定了碱金属原子的化学性质和光谱性质。碱金属原子可视为由原子实和一个价电子构成的。价电子不能占据原子实的电子的轨道,例如,锂原子的价电子只能占据 $n\geqslant2$ 的轨道,钠原子的价电子只能占据 $n\geqslant3$ 的轨道,钾原子的价电子只能占据 $n\geqslant4$ 的轨道。

　　碱金属的原子实的尺寸远大于原子核的尺寸,原子实自然不能看作一个几何点,这样价电子和原子实之间就会发现两种现象,原子实极化和轨道贯穿,这两种现象都会对碱金属原子的能级产生影响。

1. 原子实极化

　　原子实是球对称结构,球心是原子核带电量 Ze,原子实的 $(Z-1)$ 个电子球对称分别在核的周围,价电子感受到一个正电荷的 Coulomb 场。价电子的出现对原子实也有作用,如图 4.2.4所示,由于静电吸引价电子使得原子核靠近价电子,而原子实中的电子集体远离价电子。这样原本原子实正负电荷中心重合,经由价电子的作用,原子实的正负电荷中心不再重合,这时的原子实等价于一个电偶极子,这就是原子实的极化。电子电场使得原子实极化,极化的原子实变成一个电偶极子,它的电场又作用于价电子。价电子除了受到 Coulomb 力以外,还受到电偶极子的吸引力,从而导致了碱金属原子能量的降低。对于同一个 n 值,l 越小,原子实极化越强,碱金属原子能级越低;l 越大,价电子距离原子实越远,原子实极化就弱,碱金属原子能级降低得越少。

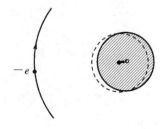

图 4.2.4　原子实极化

2. 轨道贯穿

　　从锂原子、钠原子能级图看到锂的 s 能级,钠的 s、p 能级都要比对应的氢原子能级低得多,这说明除了原子实极化,还有别的因素影响着碱金属原子的能级。轨道角动量量子数较小($l=0,1$)时椭圆偏心率很大,很可能接近原子实的那部分轨道穿过了原子实,如图 4.2.5(a)所示,这种现象称为原子实轨道贯穿效应。

　　原子实的轨道贯穿对原子能量有什么影响呢?如果价电子没有穿越原子实,原子实的有效电荷数 $Z^*=1$,当价电子穿过原子实时,由于原子实中的部分电子的屏蔽作用消失,对于价电子而言,原子实的有效电荷数 $Z^*>1$。将价电子的非贯穿轨道[见图 4.2.5(b)]和贯穿轨道综合考虑,平均的原子实的有效电荷数 $Z^* > 1$。

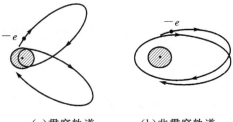

(a)贯穿轨道　　　　(b)非贯穿轨道

图 4.2.5　碱金属原子价电子轨道运动

碱金属原子的光谱项为

$$T = Z^{*2} \frac{R}{n^2} = \frac{R}{\left(\dfrac{n}{Z^*}\right)^2} = \frac{R}{n^{*2}} \tag{4.2.2}$$

由于 $Z^* > 1$,因此 $n^* < n$,这说明为什么碱金属有效量子数总小于主量子数 n。对应于同一主量子数,碱金属原子的光谱项大于氢原子光谱项,$T_{Li} = \dfrac{R}{n^{*2}} > \dfrac{R}{n^2} = T_H$,原子能级和光谱项之间的关系为 $E_{nl} = -hcT_{nl}$,因此同一主量子数 n,碱金属原子的总是小于氢原子的能级。进一步的理论研究表明原子实的轨道贯穿效应所引起的量子数亏损只与轨道角动量量子数 l 有关,与主量子数 n 无关。轨道贯穿只发生在偏心率大的轨道即轨道角动量量子数较小的情况,对于轨道量子数较大的轨道,发生轨道贯穿的概率很小,对碱金属原子的能级影响也较小。

原子实极化和轨道贯穿效应对碱金属原子能级的影响是一致的,即轨道量子数 l 越小,两种效应的影响越大,从而同一主量子数 n,l 较小的能级比 l 较大的能级更小。

4.3　电子自旋

4.3.1　原子的轨道磁矩

Bohr 氢原子理论解释了氢原子、类氢离子的光谱,甚至对碱金属原子的光谱也给出了很好的解释。Bohr 理论还预示着原子磁矩的存在,因为电子的轨道运动等价于载流线圈,如图 4.3.1 所示。

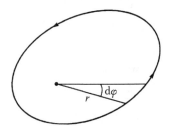

图 4.3.1　原子轨道磁矩的产生

原子轨道磁矩大小为

$$\mu = iA \tag{4.3.1}$$

式中，$i = \dfrac{e}{\tau}$，表示电流；τ 为电子运动的周期；A 为电子轨道包围的面积，即

$$A = \int dA = \int_0^{2\pi} \frac{1}{2} r \cdot r d\varphi = \frac{1}{2m} \int_0^{\tau} mr^2 \omega dt \tag{4.3.2}$$

中心力场电子的角动量守恒，即 $L = mr^2 \omega$ 为常量，可以从式(4.3.2)中提出，即

$$A = \frac{L}{2m} \int_0^{\tau} dt = \frac{L\tau}{2m}$$

将面积 A 的表达式和电流 i 的表达式代入式(4.3.1)，得到

$$\mu = \frac{e}{2m} L \tag{4.3.3}$$

考虑到电子带电量 $-e$，将式(4.3.3)写为矢量表达式：

$$\boldsymbol{\mu}_l = -\frac{e}{2m} \boldsymbol{L} \tag{4.3.4}$$

轨道角动量的大小为

$$L = \sqrt{l(l+1)}\, \hbar \qquad l = 0,1,2,\cdots,n-1$$

由式(4.3.4)知原子轨道磁矩的大小为

$$\mu_l = \sqrt{l(l+1)}\, \frac{e\hbar}{2m} \tag{4.3.5}$$

定义 Bohr 磁子 $\mu_B \equiv \dfrac{e\hbar}{2m}$，它的大小为

$$\mu_B = 9.274 \times 10^{-24} \text{ J/T} = 5.788 \times 10^{-5} \text{ eV/T}$$

轨道角动量 z 方向分量 $L_z = m_l \hbar$（其中 $m_l = 0, \pm 1, \pm 2, \cdots, \pm l$）是量子化的，由式(4.3.4)可知，轨道磁矩在 z 方向的分量为

$$\mu_{lz} = -\frac{e}{2m} L_z = -m_l \mu_B \tag{4.3.6}$$

按照 Bohr 原子理论，从式(4.3.5)和式(4.3.6)可以看出原子的轨道磁矩大小和在 z 方向的投影均是量子化的。

4.3.2　Stern-Gerlach 实验

原子中电子的轨道角动量是量子化的和空间量子化的（角动量空间量子化早在 1916 年就被 Sommerfeld 预测到了），原子轨道磁矩的大小及其在 z 方向的分量都是量子化的，这些只是理论预言。任何理论想保留下来，都必须经得起实验的检验。

1921 年 Stern 和 Gerlach 设计了实验并直接观察到原子在外磁场中取向量子化，这样以外磁场为参考方向，通过观察原子束在外磁场中的运动来确定角动量空间量子化。Stern-Gerlach 实验装置如图 4.3.2(a)所示，一个装有银的炉子 O 加热到 1000℃得到了银的蒸气，经两个宽度为 0.103 mm 的狭缝 S_1 和 S_2 的准直后，通过一个长为 3.5 cm 非均匀的偏转磁场，磁场的强度为 0.1 T，梯度为 10 T/cm，如图 4.3.2(b)所示，最后在观察屏 P 看到了图

4.3.2(c)中的银原子束劈裂为 0.2 mm。

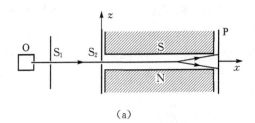

(a)

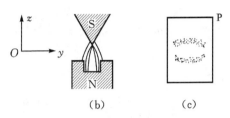

(b)　　　　(c)

图 4.3.2　Stern-Gerlach 实验装置

为什么实验中要用非均匀偏转磁场呢？这是因为原子磁矩在均匀磁场中不会受力。原子磁矩在磁场中的势能为

$$U_B = -\boldsymbol{\mu} \cdot \boldsymbol{B} \tag{4.3.7}$$

受到的力为

$$\boldsymbol{F} = -\nabla U = -\left(\frac{\partial U}{\partial x}\boldsymbol{i} + \frac{\partial U}{\partial y}\boldsymbol{j} + \frac{\partial U}{\partial z}\boldsymbol{k} \right)$$

在 z 方向的分力为

$$F_z = -\frac{\partial U}{\partial z} = \mu_x \frac{\partial B_x}{\partial z} + \mu_y \frac{\partial B_y}{\partial z} + \mu_z \frac{\partial B_z}{\partial z}$$

若偏转磁场是均匀的,则 z 方向的分力必定为零,$F_z = 0$。由此可见 Stern-Gerlach 实验中的非均匀偏转磁场的设计成为实验成功的关键,实验中的磁场设计使得

$$F_z = \mu_z \frac{\partial B_z}{\partial z} \tag{4.3.8}$$

磁场的梯度为 $\dfrac{\partial B_z}{\partial z} = 10$ T/cm。

下面来看 Stern 和 Gerlach 的实验预想。从观察屏上得到原子在磁场中空间取向即分立的原子沉积线,可以确认原子束在 z 方向的受力是分立的,由式(4.3.8)知,原子轨道磁矩 μ_z 的取值是分立的,由式(4.3.6)知,轨道角动量在 z 方向的投影 L_z 也是分立的,这样 Stern 和 Gerlach 就证实了原来理论的预言:轨道角动量、原子轨道磁矩都是空间量子化的。

实验的结果分析令人大惑不解,按照经典物理,原子磁矩方向是随机的,磁偏转只会导致原子束的加宽而不会分裂。Stern-Gerlach 实验结果表明银原子束经过非均匀磁场后发生了分裂,直接否定了经典预测。但用量子论的观点来分析,也让人不太满意。实验所用的银原子的基态主量子数 $n=5$、轨道量子数 $l=0$、轨道磁量子数 $m=0$,实验预想观察到的银原子束应该是$(2l+1)=1$ 条,即使实验中的银原子束不在基态,即 $l \neq 0$,那么观察到的分立的原子沉积线也应该是奇数条,但实验观察到的银原子束沉积线是两条。实验中炉子的温度为 1 000℃,折合能量为 0.11 eV,远小于银第一激发态 3.66 eV,绝大多数的银原子都处于基态,即 $l=0$、$m=0$,由式(4.3.6)可知银原子轨道磁矩在 z 方向分量 μ_z 应该为零。Stern 和 Gerlach 的实验甚至测出了 μ_z 的值,据能均分定理 $mv^2/2=3kT/2$,得到银原子的速度为

$$v = \sqrt{\frac{3N_A kT}{M_{Ag}}} = \sqrt{\frac{3 \times 6.02 \times 10^{23} \times 1.38 \times 10^{-23} \times 1\,273}{0.108}}\ \text{cm/s} = 54\,200\ \text{cm/s}$$

观察屏上观测到的分立的银原子束距离为

$$\Delta z = 2 \cdot \frac{1}{2} at^2 = 2 \cdot \frac{1}{2} \frac{\mu_z \frac{dB}{dz}}{\frac{M_{Ag}}{N_A}} \left(\frac{d}{v}\right)^2$$

由此得到银原子磁矩 z 方向的分量为

$$\mu_z = \frac{\Delta z M_{Ag}}{N_A \frac{dB}{dz} \left(\frac{d}{v}\right)^2} = \frac{0.2 \times 10^{-3} \times 0.108}{6.02 \times 10^{23} \times 10 \times 10^2 \times (3.5/54\,200)^2 \times 1.6 \times 10^{-19}}\ \text{eV/T}$$

$$= 5.378 \times 10^{-5}\ \text{eV/T} \approx \mu_B$$

1927 年用氢原子束代替银原子束做 Stern-Gerlach 实验也得到了基态氢原子束分裂为两条原子沉积线的结果。Stern-Gerlach 的实验表明电子还有尚未被发现的性质,这个新的属性是什么呢?

4.3.3　电子自旋

为了解释 Bohr 从经验得到的原子闭壳层上的电子数目 $2n^2$,如 2、8、18 等,Pauli 在 1925 年提出了 Pauli 不相容原理。Pauli 预测电子的运动应该有四个自由度,在三个量子数(n、l、m)基础上再加上一个自由度,并且认为第四个自由度应该是半整数并且可能有两个值,经典上无法描述。Kronig 最先提出了 Pauli 第四自由度的物理解释,即电子绕自身的轴旋转,Pauli 批评说电子的切线速度超过光速,违反了狭义相对论,因而 Krönig 没有勇气发表他的看法。同年,Uhlenbeck 和 Goudsmit 发表了电子自旋假说,也遭到了很多人的反对,但他们的导师 Ehrenfest 已把稿子寄出并鼓励他们说,他们还年轻,有些荒唐没关系。后来的事实证明,电子自旋是一个非常基本的概念,借用电子自旋,银原子的 Stern-Gerlach 实验结果、碱金属原子光谱的精细结构、反常 Zeeman 效应这些难题都迎刃而解了。

Uhlenbeck 和 Goudsmit 的电子自旋假说内容包括以下几点。

(1)电子不是点电荷,除了具有轨道角动量外,还有内禀的自旋运动。所谓内禀是指电子固有的性质。电子自旋运动对应的自旋角动量的大小为

$$|s| = \sqrt{s(s+1)}\,\hbar \tag{4.3.9}$$

式中,s 为自旋角动量量子数。自旋角动量在 z 方向的投影只有两个值,即

$$s_z = m_s \hbar \tag{4.3.10}$$

式中,m_s 为自旋磁量子数。类似于轨道角动量,自旋磁量子数 m_s 的取值数目为 $2s+1=2$,得自旋角动量量子数 $s=\frac{1}{2}$,而自旋磁量子数 $m_s=\pm\frac{1}{2}$。于是电子自旋角动量的大小为 $|s|=$

$\sqrt{\frac{1}{2}\left(\frac{1}{2}+1\right)}\hbar=\sqrt{\frac{3}{4}}\hbar$，自旋角动量在 z 方向的投影为 $s_z=\pm\dfrac{\hbar}{2}$，其示意图如图4.3.3所示。

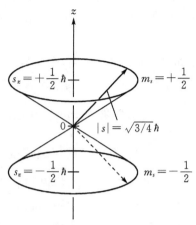

图 4.3.3　自旋角动量在 z 方向只有两个分量

（2）自旋磁矩和自旋角动量的关系为

$$\boldsymbol{\mu}_s=-\frac{e}{m}\boldsymbol{s} \tag{4.3.11}$$

由式（4.3.9）和式（4.3.10）得自旋磁矩的大小为 $\mu_s=\dfrac{\sqrt{3}\,e\hbar}{2m}=\sqrt{3}\,\mu_{\mathrm{B}}$，自旋磁矩在 z 方向的投影为

$$\mu_{sz}=-\frac{e}{m}s_z=-2m_s\frac{e\hbar}{2m}=-2m_s\mu_{\mathrm{B}}$$

由于 $m_s=\pm\dfrac{1}{2}$，得 $\mu_{sz}=\pm\mu_{\mathrm{B}}$。

引入电子自旋，Pauli 所预测的原子中电子的四个自由度为 n、l、m_l、m_s，分别指主量子数、轨道角动量量子数、轨道磁量子数和自旋磁量子数，有读者说还应有一个自旋角动量量子数 s，但 $s=1/2$ 是常量，所以没有计入。四个量子数的取值为 $n=1,2,3,\cdots$；$l=0,1,2,\cdots,n-1$；$m_l=0,\pm1,\pm2,\cdots\pm l$；$m_s=\pm\dfrac{1}{2}$。相应的原子中描述电子运动的波函数为空间部分 $\psi_{nlm_l}(\boldsymbol{r})$ 和自旋部分 $\chi_{m_s}(s_z)$ 的乘积为

$$\psi=\psi_{nlm_l}(\boldsymbol{r})\,\chi_{m_s}(s_z)$$

有了电子自旋的概念，Stern-Gerlach 银原子束实验结果就有了一个合理的解释。在 1000℃炉温下，银原子处于基态，银原子外价电子的四个量子数 $n=5$、$l=0$、$m_l=0$、$m_s=\pm1/2$，知银原子的轨道角动量为零，而银原子价电子的自旋磁矩 $\mu_{sz}=\pm\mu_{\mathrm{B}}$ 有两个分量，银原子束在非均匀偏转磁场中的受力为

$$F_z=\mu_{sz}\frac{\partial B}{\partial z}$$

就有沿 z 轴（外磁场）正方向和负方向两个力，因此银原子束会分裂为两条原子沉积线。Stern 和 Gerlach 实验测出的原子磁矩 z 方向的分量 μ_z 也正好等于电子自旋磁矩在 z 方向的分量

μ_B,电子自旋假设就和 Stern-Gerlach 实验定量地吻合了。用氢原子束做实验,氢原子基态 $n=1$、$l=0$、$m_l=0$、$m_s=\pm1/2$,所有的情况和银原子束情况类似。这样 Stern-Gerlach 实验可以说是种瓜得豆,原本想证实原子轨道角动量空间量子化,却无意当中证实了电子自旋的存在。

需要指出的是,电子自旋正如 Pauli 预测的那样,完全是电子一个固有的非经典(量子)性质,不能用经典的看法理解它。如果将电子自旋看成像地球那样绕自己中心轴的机械自转,就会得出荒谬的结论。电子绕中心轴的转动惯量为 $\frac{2}{5}mr^2$,相应的角动量为 $\frac{2}{5}mr^2\omega=\frac{2}{5}mrv$,自旋角动量的大小为 $\frac{\sqrt{3}}{2}\hbar$,有 $\frac{2}{5}mrv=\frac{\sqrt{3}}{2}\hbar$,得电子的切线速度 $v=\frac{5}{4}\frac{\sqrt{3}\hbar}{mr}$,将电子质量 $m=9.11\times10^{-31}$ kg、半径 $r=2.8\times10^{-15}$ m 代入速度表达式,得到电子的切线速度达 9.0×10^{10} m/s,远超自然界最高速度——光速,从而违反了狭义相对论。在非相对论量子力学中,电子自旋是作为假定引入的,1928 年 Dirac 建立了相对论量子力学,电子自旋很自然地从 Dirac 方程中导出。Dirac 方程所预测的电子磁矩与 Uhlenbeck 和 Goudsmit 假设的式(4.3.11)完全符合,1947 年 Kusch 和 Foley 用微波方法,精密测得电子磁矩为

$$\mu_s=-2.002\,29(8)\frac{e}{2m}s$$

与 Dirac 方程所预测的式(4.3.11)的偏差直接导致量子电动力学的建立。

4.4 碱金属原子光谱精细结构

4.4.1 碱金属原子光谱实验现象

当使用高分辨率光谱仪观察碱金属原子光谱时,发现原来的一条光谱线都是由两条或三条靠得很近的光谱线组成的,这种现象称为光谱线的精细结构。具体来说主线系和第二辅线系的光谱线由两条线构成,第一辅线系和 Bergmann 系的光谱线由三条线构成。主线系、第二辅线系、第一辅线系的精细结构如图 4.4.1 所示。

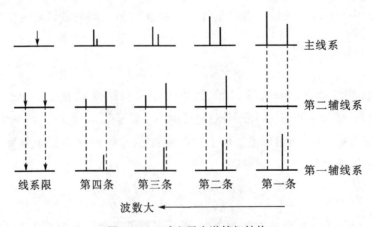

图 4.4.1 碱金属光谱精细结构

从碱金属光谱精细结构看到的现象:主线系的两条线间隔随着波数的增加而减小,最后两条线合并成一个线系限;第二辅线系的间隔随着波数增加保持不变;第一辅线系由三条线构成,其中外面两条光谱线的间隔和第二辅线系两条光谱线的间隔始终相同,中间的一条线与右侧波数小的光谱线的间距随着波数的增加而减小,最后这两条谱线并成一个线系限。从碱金属光谱的精细结构,能够推测出碱金属能级的什么信息呢? 以锂原子光谱为例,主线系是 $np{\rightarrow}2s$ 能级跃迁的结果,第二辅线系是 $ns{\rightarrow}2p$ 能级跃迁的结果,这两个光谱系都由双线构成。随着波数的增加,主线系的两条谱线间隔减小,第二辅线系的两条谱线间隔不变。一个合理的推测就是 s 能级是单层的,而最低 p 能级是双层的,随着波数的增加,主线系两条谱线的间隔减小表明所有 p 能级都是双层能级的,量子数 n 越大,p 能级双层能级间隔越小。因为 s 能级是单层的,所以第二辅线系的两条谱线的间隔不变。由于 p、d、f 能级没有本质的差别,p 能级是双层的,d 和 f 能级也都应该是双层的,而且双层能级的间隔随着量子数 n 的增大而减小。双层 d 能级往双层 p 能级的跃迁似乎有四种可能,但实验结果给出了第一辅线系和第二辅线系精细结构的关系,即 d 能级往 p 能级跃迁只能有三种可能,而且跃迁只可能如图 4.4.2 所示。由此可以确定第一辅线系外面两条谱线的间隔始终和第二辅线系两条谱线的间隔相同,量子数 n 增大,双层 d 能级的间隔减小,因此中间一条谱线和右侧波数较小的谱线的间隔也在减小。$n{\rightarrow}\infty$ 时,双层 d 能级的间隔趋于零,两条谱线的线系限就自然重合了。从上面的讨论可以得到结论:碱金属原子的 s 能级是单层的,p、d、f 等能级都是双层的,随着量子数 n 增大,双层能级间的间隔逐渐减小。

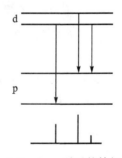

图 4.4.2　d→p 跃迁的精细结构

4.4.2　原子的总角动量

为了解释碱金属能级的双线结构,需要考虑电子自旋磁矩对原子能量的影响,这涉及两个角动量的合成。在所有标准量子力学书中都可以找到两个角动量的合成满足一定的法则,这里不加证明地给出其结果:两个角动量 $\boldsymbol{p}_1$、$\boldsymbol{p}_2$ 合成总角动量

$$\boldsymbol{p} = \boldsymbol{p}_1 + \boldsymbol{p}_2$$

两个角动量的大小可以用它们的量子数 p_1、p_2 表示:

$$\begin{cases} |\boldsymbol{p}_1| = \sqrt{p_1(p_1+1)}\,\hbar \\ |\boldsymbol{p}_2| = \sqrt{p_2(p_2+1)}\,\hbar \end{cases} \tag{4.4.1}$$

总的角动量 $\boldsymbol{p}$ 的大小也可以用式(4.4.1)的形式表示:

$$|\boldsymbol{p}| = \sqrt{p(p+1)}\hbar \qquad (4.4.2)$$

其中,总角动量量子数 p 与分角动量量子数 p_1、p_2 的关系是

$$p = p_1 + p_2, p_1 + p_2 - 1, p_1 + p_2 - 2, \cdots, |p_1 - p_2|$$

总角动量在 z 方向的投影为

$$p_z = m_p \hbar \qquad (4.4.3)$$

式中,磁量子数 $m_p = -p, -p+1, \cdots, p-1, p$,共 $2p+1$ 个值,当 p 为半整数时,m_p 同样也有 $2p+1$ 个值。量子力学中的两个角动量矢量求和的法则,可以通过两个分角动量在 z 方向的投影之和予以很好的解释。例如,一个 $l_1 = 1$ 的轨道角动量,$m_{l_1} = 0, \pm 1$;另一个 $l_2 = 2$ 的轨道角动量,$m_{l_2} = 0, \pm 1, \pm 2$,则两个轨道角动量在 z 方向的投影之和 $m_{l_1} + m_{l_2} = m_L$ 可按如下方法求出:

$$
\begin{array}{ccc}
m_{l_1} & + \quad m_{l_2} & = \quad m_L
\end{array}
$$

$$
\begin{pmatrix} 1 \\ 0 \\ -1 \end{pmatrix} + \begin{pmatrix} 2 \\ 1 \\ 0 \\ -1 \\ -2 \end{pmatrix}
\qquad
\begin{array}{l}
3 \quad 2 \;\big|\; 1 \quad 0 \quad -1 \quad L=1 \\
2 \;\big|\; 1 \quad 0 \quad -1 -2 \quad L=2 \\
\hline
1 \quad 0 \quad -1 -2 -3 \quad L=3
\end{array}
$$

仔细分析 m_L 的结果,会发现 $m_L = 1, 0, -1$ 恰好是合成后的总轨道角动量 $L=1$ 磁量子数,类似地,$L=2,3$ 的磁量子数也在上面的求和结果中。由于 m_{l_1}, m_{l_2} 均可以取相差 1 的值,总轨道角动量量子数 L 在最大值 $L_{\max}$ 和最小值 $L_{\min}$ 之间取值也依次相差 1。由此得到 $l_1 = 1$ 的轨道角动量量子数与 $l_2 = 2$ 轨道角动量量子数之和的总轨道角动量量子数 $L = 1, 2, 3$,与量子力学给出的角动量求和法则一致。

原子中电子轨道角动量和自旋角动量合成的总角动量为

$$\boldsymbol{J} = \boldsymbol{L} + \boldsymbol{S} \qquad (4.4.4)$$

总角动量的大小为

$$J = \sqrt{j(j+1)}\hbar$$

其中,$j = l+s, l+s-1, \cdots, |l-s|$,电子轨道角动量量子数 $l = 0, 1, 2, \cdots, n-1$,自旋角动量量子数 $s = 1/2$。因此当 $l=0$ 时,$j=1/2$;当 $l \neq 0$ 时,$j = l + \frac{1}{2}, l - \frac{1}{2}$。总角动量磁量子数 $m_j = -j, -j+1, \cdots, j-1, j$,共 $2j+1$ 个值。价电子的运动可用四个量子数 n、l、m_l、m_s 描述,也可以用四个量子数 n、l、j、m_j 描述。

例 4.2　求 $l=1$ 电子的轨道角动量、自旋角动量和总角动量的大小,及轨道角动量和自旋角动量的夹角。

解　轨道角动量大小为

$$L = \sqrt{l(l+1)}\hbar = \sqrt{2}\hbar$$

自旋角动量大小为

$$S = \sqrt{s(s+1)}\hbar = \frac{\sqrt{3}}{2}\hbar$$

自旋角动量是电子固有的量,无论电子轨道角动量多大,自旋角动量的大小都不变。总角动量的量子数 $j = \frac{3}{2}, \frac{1}{2}$,对应的总角动量的大小分别为

$$J = \sqrt{j(j+1)}\hbar = \frac{\sqrt{15}}{2}\hbar$$

$$J = \sqrt{j(j+1)}\hbar = \frac{\sqrt{3}}{2}\hbar$$

由于总角动量的大小不等于轨道角动量大小和自旋角动量大小的和或差,可以判断轨道角动量和自旋角动量一定不在一条直线上,如图 4.4.3 所示。要求其夹角,由式(4.4.4)得

$$J^2 = L^2 + S^2 + 2LS\cos\theta$$

进而

$$\cos\theta = \frac{J^2 - L^2 - S^2}{2LS} = \frac{j(j+1) - l(l+1) - s(s+1)}{2\sqrt{l(l+1)}\ \sqrt{s(s+1)}}$$

式中,$s = 1/2$。当 $j = l + 1/2$ 时,得到夹角 $\cos\theta = \frac{1}{\sqrt{l(l+1)}}\ \frac{s}{\sqrt{s(s+1)}} > 0, \theta < 90°$,称 L 和 S 平行。$l = 1$ 时 $\cos\theta = \frac{1}{\sqrt{6}}$。当 $j = l - 1/2$ 时,$\cos\theta = -\frac{l+1}{\sqrt{l(l+1)}}\ \frac{s}{\sqrt{s(s+1)}} < 0, \theta > 90°$,称 L 和 S 反平行。$l = 1$ 时,$\cos\theta = -\frac{2}{\sqrt{6}}$。

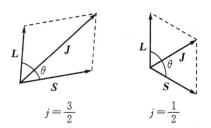

图 4.4.3　轨道角动量和自旋角动量合成总角动量

4.4.3　电子自旋与轨道相互作用

由电磁学中的 Biot-Savart 定律可以导出荷电粒子在空间某点产生的磁感应强度为

$$\boldsymbol{B} = \frac{\mu_0}{4\pi}\ \frac{q\boldsymbol{v} \times \boldsymbol{r}}{r^3} \tag{4.4.5}$$

注意式中的 $\boldsymbol{r}$ 表示从荷电粒子到空间点的矢径。原子实坐标系中原子里电子绕有效电荷数 Z^* 的原子实运动如图 4.4.4(a)所示,而站在电子参考系中看,原子实则绕电子运动,如图 4.4.4(b)所示。原子实必然在电子的位置产出磁场,由式(4.4.5)判定磁场的方向是竖直向上的。

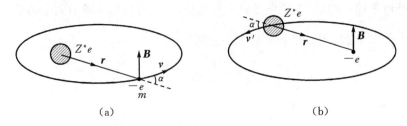

图 4.4.4　电子绕核轨道运动,感受到核的磁场

在电子系中感受到原子实的磁感应强度为

$$\boldsymbol{B} = \frac{\mu_0}{4\pi} \frac{Z^* e \boldsymbol{v}' \times \boldsymbol{r}}{r^3} \tag{4.4.6}$$

式中,$\boldsymbol{v}'$ 为电子系中原子实的速度,大小等于在原子实系中电子的速度 $\boldsymbol{v}$,但方向相反,即 $\boldsymbol{v}' = -\boldsymbol{v}$,代入式(4.4.6)得

$$\boldsymbol{B} = \frac{\mu_0}{4\pi} \frac{Z^* e(-\boldsymbol{v}) \times \boldsymbol{r}}{r^3} = \frac{\mu_0}{4\pi} \frac{Z^* e}{m} \frac{\boldsymbol{r} \times m\boldsymbol{v}}{r^3} = \frac{\mu_0}{4\pi} \frac{Z^* e}{m} \frac{\boldsymbol{L}}{r^3} \tag{4.4.7}$$

注意式中的 $\boldsymbol{L}$ 为电子在原子实坐标系中的角动量。磁矩在磁场中产生附加能量,即

$$\Delta E = -\boldsymbol{\mu} \cdot \boldsymbol{B}$$

电子自身有自旋,自旋磁矩 $\boldsymbol{\mu}_s = -\dfrac{e}{m}\boldsymbol{S}$ 在原子实的磁场中产生的附加能量为

$$\Delta E_{ls} = -\boldsymbol{\mu}_s \cdot \boldsymbol{B} = -\frac{\mu_0}{4\pi} \frac{Z^* e}{m} \frac{\boldsymbol{\mu}_s \cdot \boldsymbol{L}}{r^3} = \frac{\mu_0}{4\pi} \frac{Z^* e^2}{m^2} \frac{\boldsymbol{S} \cdot \boldsymbol{L}}{r^3}$$

将 $\mu_0 \varepsilon_0 = \dfrac{1}{c^2}$ 代入上式,得

$$\Delta E_{ls} = \frac{1}{4\pi\varepsilon_0} \frac{Z^* e^2}{m^2 c^2} \frac{\boldsymbol{S} \cdot \boldsymbol{L}}{r^3} \tag{4.4.8}$$

这是在电子系中观察到的自旋与轨道相互作用能,把它变换到原子实系需要考虑 Thomas 进动,需要在式(4.4.8)中乘以因子 1/2,即在原子实系观察,电子自旋与轨道相互作用能为

$$\Delta E_{ls} = \frac{1}{8\pi\varepsilon_0} \frac{Z^* e^2}{m^2 c^2} \frac{\boldsymbol{S} \cdot \boldsymbol{L}}{r^3} \tag{4.4.9}$$

Thomas 给出电子自旋与轨道相互作用能正确的表达式(4.4.9)以后,Pauli 写信给 Bohr 表示支持电子自旋的概念,并且很快就给出了描述自旋的数学工具——Pauli 矩阵。

在量子力学中式(4.4.9)的平均值可以用量子数表示,由 $\boldsymbol{J} = \boldsymbol{L} + \boldsymbol{S}$ 得

$$\boldsymbol{L} \cdot \boldsymbol{S} = \frac{1}{2}(J^2 - L^2 - S^2) = \frac{j(j+1) - l(l+1) - s(s+1)}{2}\hbar^2$$

而平均值

$$\langle r^{-3} \rangle = \frac{Z^{*3}}{a_1^3 n^3 l\left(l + \dfrac{1}{2}\right)(l+1)}$$

式中,$a_1 = \dfrac{4\pi\varepsilon_0 \hbar^2}{me^2}$ 为第一 Bohr 半径。将 $\boldsymbol{L} \cdot \boldsymbol{S}$ 和平均值 $\langle r^{-3} \rangle$ 代入式(4.4.9)得到

$$\overline{\Delta E_{ls}} = \frac{1}{4\pi\varepsilon_0} \frac{Z^* e^2}{2m^2 c^2} \frac{j(j+1) - l(l+1) - s(s+1)}{2} \hbar^2 \frac{Z^{*3}}{a_1^3 n^3 l\left(l+\frac{1}{2}\right)(l+1)}$$

$$= \frac{hc\alpha^2 R Z^{*4}}{n^3 l\left(l+\frac{1}{2}\right)(l+1)} \frac{j(j+1) - l(l+1) - s(s+1)}{2} \tag{4.4.10}$$

式中，$\alpha = \dfrac{e^2}{4\pi\varepsilon_0\hbar c} \approx \dfrac{1}{137}$ 为精细结构常数；$R = \dfrac{mc^2 e^4}{4\pi(4\pi\varepsilon_0)^2(c\hbar)^3} \propto \alpha^2$，为 Rydberg 常数。从表达式 (4.4.10)来看电子自旋与轨道相互作用能为

$$\overline{\Delta E_{ls}} \propto \alpha^4$$

而粗能级

$$E = -\frac{hc R Z^{*2}}{n^2} \propto \alpha^2$$

精细结构常数是相互作用强度的一个量度，显然电子自旋与轨道相互作用弱于电子与原子核的静电作用。

令

$$a_{nl} = \frac{\alpha^2 R Z^{*4}}{n^3 l\left(l+\frac{1}{2}\right)(l+1)}$$

则式(4.4.10)化为

$$\overline{\Delta E_{ls}} = hc a_{nl} \frac{j(j+1) - l(l+1) - s(s+1)}{2} \tag{4.4.11}$$

需要说明的是，导出电子自旋与轨道相互作用能式(4.4.10)暗示着 $l \neq 0$，当 $l=0$ 时式(4.4.10)分子和分母均为零，但从物理上来看，$l=0$ 时 $|\boldsymbol{L}| = \sqrt{l(l+1)}\,\hbar = 0$，必然有 $\boldsymbol{L} \cdot \boldsymbol{S} = 0$，这时也没有电子自旋与轨道相互作用能了。碱金属原子能级表达式为

$$E_{nlj} = E_{n,l} + \overline{\Delta E_{ls}}$$

$$= -hc \frac{R}{(n-\Delta_{nl})^2} + \frac{hc\alpha^2 R Z^{*4}}{n^3 l\left(l+\frac{1}{2}\right)(l+1)} \frac{j(j+1) - l(l+1) - s(s+1)}{2} \tag{4.4.12}$$

是粗结构能级 $E_{n,l}$ 与自旋与轨道相互作用能 $\overline{\Delta E_{ls}}$ 之和。量子数 n 和 l 相同时，$j = l \pm 1/2$，$\overline{\Delta E_{ls}}$ 将会发生分裂（$l=0$ 时无自旋与轨道相互作用能，s 能级不会分裂），利用式(4.4.11)求出分裂的能级间隔，即

$$j = l + \frac{1}{2},\ \overline{\Delta E_{j=l+\frac{1}{2}}} = \frac{hcal}{2}$$

$$j = l - \frac{1}{2},\ \overline{\Delta E_{j=l-\frac{1}{2}}} = -\frac{hca(l+1)}{2}$$

由电子自旋与轨道相互作用产生的两个分裂能级的间隔为

$$\Delta E = \overline{\Delta E_{j=l+\frac{1}{2}}} - \overline{\Delta E_{j=l-\frac{1}{2}}} = \frac{hc\alpha^2 R Z^{*4}}{n^3 l(l+1)} (\sim 10^{-5}\ \text{eV}) \tag{4.4.13}$$

从式(4.4.13)看出，n 一定时，l 越大，ΔE 越小；l 一定时，n 越大，ΔE 也越小。

在讨论碱金属原子能级精细结构时一般忽略电子动质量引起的相对论修正，这个相对论

效应引起的附加能量于 1926 年由 Heisenberg 和 Jordan 算出：

$$\Delta E_{\mathrm{r}} = -\frac{hc\alpha^2 RZ^{*4}}{n^3}\left(\frac{1}{l+1/2} - \frac{3}{4n}\right)$$

它的量级和自旋与轨道相互作用能相同,远小于原子实极化、轨道贯穿的粗结构能级,对于相同的量子数 n、l,ΔE_{r} 也不会引起能级的分裂,所以一般说到碱金属原子能级,就是粗结构和自旋与轨道相互作用能,而略去动质量引起的相对论修正。

　　从碱金属原子能级式(4.4.12)可以看出,能级取决于三个量子数 n、l、j,双层能级中总角动量量子数 j 越大,对应的分裂能级就越高。具有不同量子数 n、l、j 的碱金属原子,对应不同的状态,用符号 $^{2s+1}L_j$ 标记碱金属原子的原子态,从原子态就能很快意识到其能级的高低。符号中 $2s+1$ 为原子态能级的层数,$s=1/2$ 即碱金属原子能级都是双层的,$l=0$ 时原子能级是单层的,但为了统一,把 $l=0$ 的原子态也标记为双层能级。L 同轨道角动量量子数 l 不同的是,表示 $l=0,1,2,3,\cdots$ 的电子态用小写字母 s,p,d,f,g,$\cdots$ 来标记,在原子态中的 $L=0,1,2,3,\cdots$ 用大写字母 S,P,D,F,G,$\cdots$ 来标记。j 就是总角动量量子数,对于碱金属原子,$j=l\pm1/2$。例如,锂原子 $l=1$,$s=1/2$,$j=1/2,3/2$,不同的 j 的原子态分别为 $^2\mathrm{P}_{1/2}$ 和 $^2\mathrm{P}_{3/2}$；$l=0$ 时,$j=1/2$,相应的原子态为 $^2\mathrm{S}_{1/2}$。

4.4.4　单电子辐射跃迁选择定则

　　原子辐射跃迁的选择定则源于 Laporte 在 1924 年铁原子光谱的实验结果,他指出铁原子能级分为两类,一切跃迁仅仅发生在相异的两类能级间。1927 年 Wigner 提出了 Laporte 规则,实质上是辐射跃迁仅在宇称相反的态之间发生,从量子力学也可以导出这个结论。这里不加证明地给出单电子原子如下选择定则：

$$\Delta l = \pm 1 \quad \Delta j = 0,\pm 1 \quad \Delta m = 0,\pm 1 \tag{4.4.14}$$

事实上光子的宇称为 -1,原子的宇称由原子的轨道角动量量子数决定 $(-1)^l$,原子发光之前和发光之后宇称守恒,即

$$(-1)^{l_i} = (-1)(-1)^{l_f}$$

于是得

$$\Delta l = l_i - l_f = \pm 1$$

光子的角动量量子数 $s_{\text{光}}=1$,原子发光之前和发光之后角动量守恒：

$$\boldsymbol{j}_i = \boldsymbol{j}_f + \boldsymbol{s}_{\text{光}}$$

由角动量耦合规则得

$$\Delta j = j_i - j_f = 0,\pm 1$$

有了电子自旋与轨道相互作用引起的能级分裂和单电子辐射跃迁的选择定则,就可以讨论碱金属原子的光谱精细结构了。由碱金属原子能级式(4.4.12)画出锂原子的能级图,如图4.4.5所示,图中虚线表示氢原子能级。

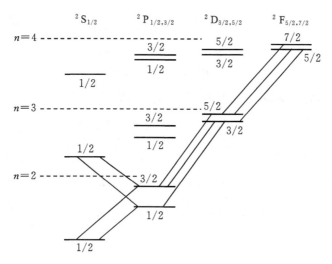

图 4.4.5　考虑精细结构的锂原子的能级图

考虑到跃迁定则式(4.4.14),锂原子的四个光谱系形成如下:

主线系　　　　$n^2 P_{1/2} \rightarrow 2^2 S_{1/2}$
　　　　　　　$n^2 P_{3/2} \rightarrow 2^2 S_{1/2}$　,$n \geqslant 2$

第二辅线系　　$n^2 S_{1/2} \rightarrow 2^2 P_{1/2}$
　　　　　　　$n^2 S_{1/2} \rightarrow 2^2 P_{3/2}$　,$n \geqslant 3$

第一辅线系　　$n^2 D_{3/2} \rightarrow 2^2 P_{1/2}$
　　　　　　　$n^2 D_{3/2} \rightarrow 2^2 P_{3/2}$　,$n \geqslant 3$
　　　　　　　$n^2 D_{5/2} \rightarrow 2^2 P_{3/2}$

Bergmann 系　$n^2 F_{5/2} \rightarrow 3^2 D_{3/2}$
　　　　　　　$n^2 F_{5/2} \rightarrow 3^2 D_{5/2}$　,$n \geqslant 4$
　　　　　　　$n^2 F_{7/2} \rightarrow 3^2 D_{5/2}$

第一辅线系和 Bergmann 系不会出现四条谱线,因为受 $\Delta j = 0, \pm 1$ 的限制。

例 4.3　自旋-轨道耦合把钠原子的 3P→3S 跃迁放出的黄光分裂成 589.0 nm 和 589.6 nm 两条,分别相应于 $3^2 P_{3/2} \rightarrow 3^2 S_{1/2}$ 和 $3^2 P_{1/2} \rightarrow 3^2 S_{1/2}$。试用这些波长计算:

(1)能级 $3^2 P_{3/2}$ 和 $3^2 P_{1/2}$ 间隔;

(2)钠原子外层电子由于其轨道运动而受到的有效磁感应强度。

解　(1)由钠原子主线系知

$$
\begin{cases}
E(3^2 P_{3/2}) - E(3^2 S_{1/2}) = \dfrac{hc}{\lambda_1} \\[2mm]
E(3^2 P_{1/2}) - E(3^2 S_{1/2}) = \dfrac{hc}{\lambda_2}
\end{cases}
$$

能级差为

$$
\Delta E = E(3^2 P_{3/2}) - E(3^2 P_{1/2}) = \frac{hc}{\lambda_1} - \frac{hc}{\lambda_2}
$$

$$= 1\ 239.84 \times \left(\frac{1}{589.0} - \frac{1}{589.6}\right)\text{eV} = 0.002\ 14\ \text{eV}$$

（2）电子自旋与轨道相互作用能为

$$\Delta E_{ls} = (-\boldsymbol{\mu}_s) \cdot \boldsymbol{B}$$

二者的夹角恰好为自旋角动量和轨道角动量的夹角，即

$$\boldsymbol{l} + \boldsymbol{s} = \boldsymbol{j} \Rightarrow \cos\theta_j = \frac{\boldsymbol{j}^2 - \boldsymbol{l}^2 - \boldsymbol{s}^2}{2 \mid \boldsymbol{l} \mid \cdot \mid \boldsymbol{s} \mid}$$

于是

$$\Delta E_{ls} = (-\boldsymbol{\mu}_s) \cdot \boldsymbol{B} = \mid \boldsymbol{\mu}_s \mid \cdot \mid \boldsymbol{B} \mid \cdot \cos\theta_j$$

$$\Rightarrow \Delta E = \mid \boldsymbol{\mu}_s \mid \cdot \mid \boldsymbol{B} \mid \cdot (\cos\theta_{3/2} - \cos\theta_{1/2}) = \mid \boldsymbol{\mu}_s \mid \cdot \mid \boldsymbol{B} \mid \cdot \frac{\boldsymbol{j}_2^2 - \boldsymbol{j}_1^2}{2 \mid \boldsymbol{l} \mid \cdot \mid \boldsymbol{s} \mid}$$

$$\mid \boldsymbol{\mu}_s \mid = \frac{e}{m_e}\frac{\sqrt{3}\,\hbar}{2} = \sqrt{3}\,\mu_B, \quad \frac{\boldsymbol{j}_2^2 - \boldsymbol{j}_1^2}{2 \mid \boldsymbol{l} \mid \cdot \mid \boldsymbol{s} \mid} = \frac{3/2 \times 5/2 - 1/2 \times 3/2}{2 \times \sqrt{1 \times 2} \cdot \sqrt{1/2 \times 3/2}} = \frac{\sqrt{3}}{\sqrt{2}}$$

$$\mid \boldsymbol{B} \mid = \frac{\Delta E}{\mid \boldsymbol{\mu}_s \mid \cdot \frac{\boldsymbol{j}_2^2 - \boldsymbol{j}_1^2}{2 \mid \boldsymbol{l} \mid \cdot \mid \boldsymbol{s} \mid}} = \frac{0.002\ 14}{\sqrt{3}\,\mu_B \times \sqrt{3}/\sqrt{2}}\text{T} = \frac{0.002\ 14}{3 \times 5.788 \times 10^{-5}/\sqrt{2}}\text{T} = 17.4\text{T}$$

4.5 氢原子光谱的精细结构

4.5.1 氢原子能级

1913 年 Bohr 在 Rutherford 核式原子模型和 Einstein 光量子理论的基础上建立了 Bohr 氢原子理论，Bohr 理论给出的能级为

$$E_{\text{Bohr}} = -hc\,\frac{R}{n^2} \tag{4.5.1}$$

Bohr 理论给出的 Rydberg 常数和实验符合得很好。

1916 年 Sommerfeld 发展了 Bohr 的理论，将圆轨道推广到椭圆轨道，并且考虑了相对论效应的修正，得到的能级为

$$E_{\text{Sommerfeld}} = -\frac{hcR}{n^2} - \frac{hcR\alpha^2}{n^3}\left(\frac{1}{n_\varphi} - \frac{3}{4n}\right) \tag{4.5.2}$$

式中，$n_\varphi = 1, 2, 3, \cdots, n$，依赖于量子数 n，如 $n = 2$，则 $n_\varphi = 1, 2$。Sommerfeld 的能级取决于量子数 n, n_φ 和 Dirac 方程得到的结果完全相同，但选择定则 $\Delta n_\varphi = \pm 1$ 的限制使得理论和实验还有微小的差别。

1928 年 Dirac 创立相对论量子力学自然导出了自旋，Dirac 方程解出的氢原子能级为

$$E_{\text{Dirac}} = -\frac{hcR}{n^2} - \frac{hcR\alpha^2}{n^3}\left(\frac{1}{j + 1/2} - \frac{3}{4n}\right) \tag{4.5.3}$$

式中，$j = l \pm 1/2$ 为总角动量量子数。Dirac 方程得到的能级公式依赖于量子数 n 和 j。式

(4.5.3)和式(4.5.2)很巧合地重合了。事实上式(4.5.3)精细结构项的第二项是动质量相对论修正和自旋与轨道相互作用之和,即

$$\Delta E_r = -\frac{hcR\alpha^2}{n^3}\left(\frac{1}{l+1/2} - \frac{3}{4n}\right)$$

$$\Delta E_{ls} = \frac{hcR\alpha^2}{n^2 l\left(l+\frac{1}{2}\right)(l+1)}\frac{j(j+1) - l(l+1) - s(s+1)}{2}$$

由于氢原子没有原子实极化和轨道贯穿效应,而动质量的相对论修正能量虽不会造成能级分裂,但和自旋与轨道相互作用能是同一个量级,因此氢原子能级中必须同时考虑两个效应。相比较而言,碱金属原子的能级只需要考虑原子实极化、轨道贯穿粗结构能级和自旋与轨道相互作用能级就可以了。

　　氢原子能级的精细结构如图 4.5.1 所示,Bohr 粗结构就是 $n=2$ 和 $n=3$ 两条能级,从 Sommerfeld 理论来看,$n=2$ 的 Bohr 能级分裂为两个能级,即 $n_\varphi = 1,2$;当 $n=3$ 时,Bohr 能级分裂为三个能级,即 $n_\varphi = 1,2,3$。Dirac 方程解出的氢原子能级实际上是动能的相对论修正和自旋与轨道相互作用能之和,但由于 Dirac 能级只取决于两个量子数 n 和 j,因此 $2^2 S_{1/2}$ 和 $2^2 P_{1/2}$ 能级重合,$3^2 S_{1/2}$ 和 $3^2 P_{1/2}$ 能级重合,$3^2 P_{3/2}$ 和 $3^2 D_{3/2}$ 能级重合,最终还是三条能级。j 的取值使得氢原子 Dirac 能级和 Sommerfeld 能级非常巧合地重合在一块。

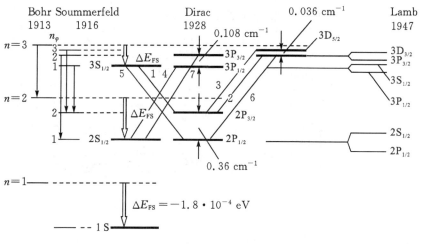

图 4.5.1　氢原子能级精细结构

　　实验结果如图 4.5.2 所示,根据 Sommerfeld 理论,谱线 6、7 会重合,由选择定则 $\Delta n_\varphi = \pm 1$,谱线 2、4、5 不能发生,因此 Sommerfeld 预计的谱线实际上只有 1、3、67 三条线。光谱线 45 存在由 67 所形成光谱线的不对称轮廓,因此实验结果对 Sommerfeld 的理论不利。Dirac 能级和单电子辐射跃迁选择定则预计的谱线有 5 条,即 1、2、3、45、67,而 45、67 两条谱线是重合在一起的。在光谱测量精度范围内,Dirac 方程给出的氢原子能级和跃迁定则预计的光谱比 Sommerfeld 理论和实验符合得更好。但 Dirac 相对论量子力学对于氢原子能级的描述也没有给出最终的结论,早在 20 世纪 30 年代,我国学者谢玉铭等人就对谱线 3 和 67 之间的频率间隔进行了非常精确的测量,发现实验值达到理论预测的 96%,这意味着 6 和 7 并不精确重

合，$2^2S_{1/2}$ 可能比 $2^2P_{1/2}$ 要稍微高一点。但由于 6 和 7 这个差值太小，又由于 Doppler 效应的关系不易将它们分开。Lamb 和 Retherford 测量了 $2^2S_{1/2}$ 和 $2^2P_{1/2}$ 的能级差，这个能级差约 0.033 cm^{-1} 的波数，即 $2^2S_{1/2}$ 往上移 0.033 cm^{-1} 而 $3^2S_{1/2}$ 往上移 0.01 cm^{-1}，因此 6 和 7 相差约 0.033 cm^{-1}，而 4 和 5 相差约 0.043 cm^{-1}。图 4.5.3 给出了 Hänsch 等人在 1972 年测量的结果，所谓的 Lamb 移位十分清楚地被展示出来。

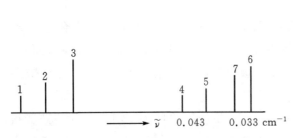

图 4.5.2 氢原子 Balmer 系第一条谱线的精细结构

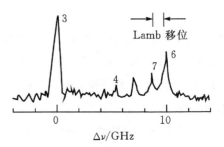

图 4.5.3 H_α 线精细结构

4.5.2 Lamb 移位

1947 年 Lamb 和 Retherford 很巧妙地用射频波谱学方法测量了 $2^2S_{1/2}$ 和 $2^2P_{1/2}$ 的能级差，发现 $2^2S_{1/2}$ 比 $2^2P_{1/2}$ 要高出 1057.77 MHz，相当于 0.035 cm^{-1}，人们称这个能级差为 Lamb 移位。Lamb 和 Retherford 的实验装置如图 4.5.4 所示。

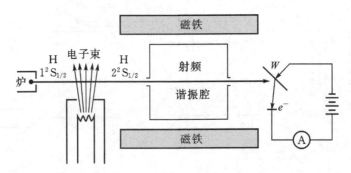

图 4.5.4 Lamb-Retherford 实验装置图

整个装置处于真空室中，把装满氢气的炉子加热到 2 500 K 时，64％的氢分子离解，略高于 10.2 eV 的电子束轰击氢原子使得氢原子从基态跃迁到 $n=2$ 的第一激发态 $2^2S_{1/2}$ 和 $2^2P_{1/2,3/2}$，由单电子辐射跃迁选择定则，$2^2P_{1/2,3/2} \rightarrow 1^2S_{1/2}$，$2^2P_{1/2,3/2}$ 的寿命很短暂约 1.6 ns，而 $2^2S_{1/2}$ 不能自发跃迁至基态，因此 $2^2S_{1/2}$ 为亚稳态，寿命达 1/7 s，这样只有亚稳态 $2^2S_{1/2}$ 和基态 $1^2S_{1/2}$ 氢原子进入射频谐振腔。处于亚稳态 $2^2S_{1/2}$ 的氢原子撞击钨板，调整射频腔的频率使 $2^2S_{1/2}$ 和 $2^2P_{3/2}$ 发生共振，这样很多亚稳态 $2^2S_{1/2}$ 的氢原子跑到了激发态 $2^2P_{3/2}$，而 $2^2P_{3/2}$ 向基态跃迁，最终导致亚稳态 $2^2S_{1/2}$ 氢原子的数目大大减小，于是探测器电流出现低谷。按 Dirac 理论，$2^2S_{1/2}$ 的能级与 $2^2P_{1/2}$ 能级相同，而能量差 $E(2^2P_{3/2}) - E(2^2P_{1/2}) = 10\ 970$ MHz，约 0.365 cm^{-1}，因此理论预测射频腔频率调至 10 970 MHz 时，探测器电流出现低谷。然而实验的结果是射频腔频率调至 9 907 MHz 时，$2^2S_{1/2}$ 和 $2^2P_{3/2}$ 发生共振，探测器电流出现低谷。这个惊人的实验结果表明能级 $2^2\mathrm{S}_{1/2}$ 比能级 $2^2\mathrm{P}_{1/2}$ 高出 1 000 MHz(精确值 1 057.77 MHz),约 0. 033 cm^{-1},Lamb 和 Retherford 后来的实验证实了能级 $3^2\mathrm{S}_{1/2}$ 比能级 $3^2\mathrm{P}_{1/2}$ 高出了 0.01 cm^{-1}。 Lamb 移位连同 Kusch 反常电子磁矩的发现,暴露了 Dirac 相对论量子力学的不足,在寻求这些现象的解释过程中 Tomonaga、Schwinger、Feynman 和 Dyson 发展了量子电动力学。按量子电动力学,Lamb 移位的形成是由于自由电子和Coulomb场中的电子与真空间电磁场的相互作用的差别而造成的。

附录 E　用 Lorentz 变换导出 Thomas 进动角速度

下面来看 Thomas 进动,为此先建立原子实和电子间的坐标系图 E.1。t 时刻原子实在 O 系原点,t' 时刻电子处于 O' 系原点以速度 v 和加速度 a 相对原子实运动,速度方向 v 沿圆切线,加速度 a 方向垂直于速度指向圆心。dt 时间后 t'' 时刻电子运动到随动坐标系 O'' 处的原点,电子的速度增量为 d$v=a$dt,方向指向圆心。在 $t''=t'+$dt 时刻保持 O、O'、O'' 坐标系平行,但此时 O' 系相对于 O 系已经有一个转动角速度了。由于电子做圆周加速运动,O' 系相对 O 系牵连速度为 v,沿 x 正方向,O'' 系相对 O' 系牵连速度为 v',沿 y' 正方向。定义

$$\gamma = 1\Big/\sqrt{1-\frac{v^2}{c^2}}\,,\gamma' = 1\Big/\sqrt{1-\frac{v'^2}{c^2}}$$

O 系和 O' 系,O' 和 O'' 系之间的 Lorentz 变换关系有

$$x' = \gamma(x-vt)\,,t' = \gamma\Big(t-\frac{vx}{c^2}\Big)\,,y' = y$$

$$y'' = \gamma'(y'-v't')\,,t'' = \gamma'\Big(t'-\frac{v'y'}{c^2}\Big)\,,x'' = x'$$

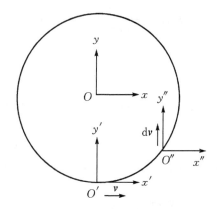

图 E.1　原子实和电子的相对运动

原子实 O 和电子 O'' 连线在 O 坐标系中与 x 轴的夹角 θ 如图 E.2 所示,则

$$\tan\theta = \frac{y}{x} = \frac{y'}{vt} = \frac{\gamma'(y''+v't'')}{vt}\Big|_{y''=0} = \frac{\gamma'v't''}{vt}$$

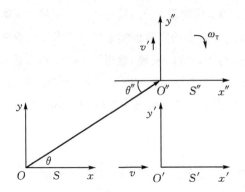

图 E.2　Lorentz 坐标变换导出 Thomas 进动角速度

令 $y''=0$ 意义很明显,因为电子位于在 t'' 时刻的 O'' 系中的坐标原点。而

$$t = \gamma\left(t' + \frac{vx'}{c^2}\right)\Big|_{x'=0} = \gamma t' = \gamma\gamma'\left(t'' + \frac{v'y''}{c^2}\right)\Big|_{y''=0} = \gamma\gamma't''$$

上式中 $x'=0$ 和 $y''=0$ 的意义同上,电子在 t' 时刻的 O' 系和 t'' 时刻的 O'' 中的坐标原点,自然有 $x'=0$ 和 $y''=0$。

$$\tan\theta = \frac{\gamma'v't''}{v\gamma\gamma't''} = \frac{v'}{\gamma v} \tag{e1}$$

原子实 O 和电子 O'' 连线在 O'' 坐标系中与 x'' 轴的夹角 θ'' 为

$$\tan\theta'' = \frac{y''}{x''} = \frac{\gamma'(y' - v't')}{x'}\Big|_{y'=0} = \frac{-\gamma'v't'}{x'}$$
$$= \frac{-\gamma'v't'}{\gamma(x - vt)}\Big|_{x=0} = \frac{\gamma'v't'}{\gamma vt}$$

式中

$$t' = \gamma\left(t - \frac{vx}{c^2}\right)\Big|_{x=0} = \gamma t$$

得

$$\tan\theta'' = \frac{\gamma'v'}{v} \tag{e2}$$

原子实 O 与电子 O'' 的连线在 O 系和 O'' 系分别与 x 轴和 x'' 轴的夹角之差为

$$\delta\theta = \theta'' - \theta = \tan^{-1}\left(\frac{\gamma'v'}{v}\right) - \tan^{-1}\left(\frac{v'}{\gamma v}\right) \tag{e3}$$

在极短时间 $\mathrm{d}t$ 内,则 O' 系中沿 y' 方向的 $v'=\mathrm{d}v$ 是个小量,在 O 系中沿 y 方向有

$$\Delta v = \mathrm{d}v\sqrt{1 - \frac{v^2}{c^2}} = \frac{\mathrm{d}v}{\gamma} = a\mathrm{d}t$$

见式(e13)。有

$$\gamma = \frac{1}{\sqrt{1 - \dfrac{v^2}{c^2}}} = 1 + \frac{v^2}{2c^2}$$

$$\gamma' = \frac{1}{\sqrt{1 - \dfrac{\mathrm{d}v^2}{c^2}}} \approx 1$$

而式（e3）可化为

$$\mathrm{d}\theta = \theta'' - \theta \approx \gamma'\frac{v'}{v} - \frac{v'}{\gamma v} = \frac{\Delta v}{v}\gamma\left(\gamma - \frac{1}{\gamma}\right) = \frac{\Delta v}{v}(\gamma - 1) \simeq \frac{v}{2c^2}a\mathrm{d}t$$

同一个直线在两个坐标系中与 x、x'' 轴的夹角不同，意味着在原子实 O 坐标系（实验室系）观察到了电子随动 O' 坐标系有一个进动。定义 Thomas 进动角速度

$$\omega_\mathrm{T} = \frac{\mathrm{d}\theta}{\mathrm{d}t} = \frac{va}{2c^2} \tag{e4}$$

式中，a 为电子做圆周运动的向心加速度，Thomas 进动角速度写成矢量形式有

$$\boldsymbol{\omega}_\mathrm{T} = \frac{\boldsymbol{a} \times \boldsymbol{v}}{2c^2} \tag{e5}$$

式中加速度为

$$\boldsymbol{a} = \frac{\boldsymbol{F}}{m} = -\frac{Z^* e^2}{4\pi\varepsilon_0 m}\frac{\boldsymbol{r}}{r^3}$$

代入式（e5）得

$$\boldsymbol{\omega}_\mathrm{T} = -\frac{Z^* e^2}{8\pi\varepsilon_0 mc^2}\frac{\boldsymbol{r} \times \boldsymbol{v}}{r^3} = -\frac{Z^* e^2}{8\pi\varepsilon_0 m^2 c^2}\frac{\boldsymbol{r} \times m\boldsymbol{v}}{r^3} = -\frac{Z^* e^2}{8\pi\varepsilon_0 m^2 c^2}\frac{\boldsymbol{L}}{r^3} \tag{e6}$$

电子自旋磁矩在 O' 系中受到原子实轨道运动的磁场作用，会发生类似 Larmor 进动的现象，即电子自旋磁矩绕磁场做进动，有

$$\frac{\tilde{\mathrm{d}}\boldsymbol{S}}{\mathrm{d}t} = \boldsymbol{\mu}_s \times \boldsymbol{B}' = -\frac{e}{m}\boldsymbol{S} \times \boldsymbol{B}' = \frac{e}{m}\boldsymbol{B}' \times \boldsymbol{S} = \boldsymbol{\omega}' \times \boldsymbol{S}$$

电子自旋 $\boldsymbol{S}$ 进动的角速度为

$$\boldsymbol{\omega}' = \frac{e}{m}\boldsymbol{B}'$$

将式（4.4.7）代入上式得

$$\boldsymbol{\omega}' = \frac{1}{4\pi\varepsilon_0}\frac{Z^* e^2}{m^2 c^2}\frac{\boldsymbol{L}}{r^3} \tag{e7}$$

这样在原子实 O 坐标系中观察到的电子的自旋总进动为式（e6）和式（e7）之和，事实如下

$$\frac{\mathrm{d}\boldsymbol{S}}{\mathrm{d}t} = \frac{\tilde{\mathrm{d}}\boldsymbol{S}}{\mathrm{d}t} + \boldsymbol{\omega}_\mathrm{T} \times \boldsymbol{S} = (\boldsymbol{\omega}' + \boldsymbol{\omega}_\mathrm{T}) \times \boldsymbol{S} = \boldsymbol{\omega} \times \boldsymbol{S} \tag{e8}$$

于是可得

$$\boldsymbol{\omega} = \boldsymbol{\omega}' + \boldsymbol{\omega}_\mathrm{T} = \frac{1}{8\pi\varepsilon_0}\frac{Z^* e^2}{m^2 c^2}\frac{\boldsymbol{L}}{r^3} \tag{e9}$$

在原子实 O 坐标系中观察到电子自旋的运动方程为

$$\frac{\mathrm{d}\boldsymbol{S}}{\mathrm{d}t} = \boldsymbol{\mu}_s \times \boldsymbol{B}_\mathrm{lab} = -\frac{e}{m}\boldsymbol{S} \times \boldsymbol{B}_\mathrm{lab} = \frac{e}{m}\boldsymbol{B}_\mathrm{lab} \times \boldsymbol{S} \tag{e10}$$

比较式（e8）和式（e10），可得 O 系中电子感受到原子实相对运动产生的磁场为

$$\boldsymbol{\omega} = \frac{e}{m}\boldsymbol{B}_\mathrm{lab} \tag{e11}$$

将式（4.4.17）代入上式得

$$\boldsymbol{B}_\mathrm{lab} = \frac{1}{8\pi\varepsilon_0}\frac{Z^* e}{mc^2}\frac{\boldsymbol{L}}{r^3} \tag{e12}$$

将自旋磁矩 $\boldsymbol{\mu}_s = -\dfrac{e}{m}\boldsymbol{S}$ 和式（e12）的 $\boldsymbol{B}_{\text{lab}}$ 代入 $\Delta E_{ls} = -\boldsymbol{\mu}_s \cdot \boldsymbol{B}_{\text{lab}} = \boldsymbol{\omega} \cdot \boldsymbol{S}$，即得考虑 Thomas 进动后的电子自旋与轨道相互作用能式（4.4.9）。

还可以用 Lorentz 速度变换导出 Thomas 进动，建立惯性系如图 E.1 所示，t 时刻原子实在 O 系原点，t' 时刻电子在 O' 系原点，$t'' = t' + \mathrm{d}t$ 时刻电子在 O'' 系原点。由于电子绕原子实做圆周加速运动，O' 相对 O 系的牵连速度为 v，沿 x 轴方向，O'' 系相对于 O' 系牵连速度为 $v' = \mathrm{d}v$，沿 y' 方向。

以 $\boldsymbol{u}(u_x, u_y)$ 表示 O 系测得 O''（电子）的速度，$\boldsymbol{u}'(u'_x, u'_y)$ 表示 O' 系中测得的 O'' 的速度，可将 O 系视为静止系，而将 O' 系视为运动系，由 Lorentz 速度变换公式得

$$u_x = \frac{u'_x + v}{1 + \dfrac{v}{c^2}u'_x}, \quad u_y = \frac{\sqrt{1 - \dfrac{v^2}{c^2}}}{1 + \dfrac{v}{c^2}u'_x}u'_y$$

O' 系中观察到 O'' 的速度 $u'_x = 0$，$u'_y = \mathrm{d}v$，于是有

$$u_x = \frac{u'_x + v}{1 + \dfrac{v}{c^2}u'_x} = v, \quad u_y = \Delta v = \frac{\sqrt{1 - \dfrac{v^2}{c^2}}}{1 + \dfrac{v}{c^2}u'_x}u'_y = \mathrm{d}v\sqrt{1 - \frac{v^2}{c^2}} \tag{e13}$$

显然 O 系中 O'' 运动速度方向与 x 轴的夹角为

$$\tan\theta = \frac{u_y}{u_x} = \frac{\mathrm{d}v}{v}\sqrt{1 - \frac{v^2}{c^2}} \tag{e14}$$

以 $\boldsymbol{u}''(u''_x, u''_y)$ 表示在 O'' 系测得的 O 点（原子实）速度，以 $\boldsymbol{w}'(w'_x, w'_y)$ 表示 O' 系中测得的 O 点速度，这里 O'' 视为静止系，O' 系视为运动系，O' 系相对 O'' 系的牵连速度为 $-\mathrm{d}v$，方向沿 y'' 负方向。由 Lorentz 速度变换公式得

$$u''_x = \frac{\sqrt{1 - \dfrac{\mathrm{d}v^2}{c^2}}}{1 + \dfrac{-\mathrm{d}v}{c^2}w'_y}w'_x, \quad u''_y = \frac{w'_y + (-\mathrm{d}v)}{1 + \dfrac{-\mathrm{d}v}{c^2}w'_y}$$

在动系 O' 中观察 O 点的运动，$w'_x = -v$，$w'_y = 0$，于是有

$$u''_x = \frac{\sqrt{1 - \dfrac{\mathrm{d}v^2}{c^2}}}{1 + \dfrac{-\mathrm{d}v}{c^2}w'_y}w'_x = -v\sqrt{1 - \frac{\mathrm{d}v^2}{c^2}}, \quad u''_y = \frac{w'_y + (-\mathrm{d}v)}{1 + \dfrac{-\mathrm{d}v}{c^2}w'_y} = -\mathrm{d}v \tag{e15}$$

在 O'' 系中观察 O（原子实）的运动速度与 x'' 轴的夹角为

$$\tan\theta'' = \frac{u''_y}{u''_x} = \frac{-\mathrm{d}v}{-v\sqrt{1 - \mathrm{d}v^2/c^2}} = \frac{\mathrm{d}v}{v\sqrt{1 - \mathrm{d}v^2/c^2}} \tag{e16}$$

在 O 系和 O'' 系中，$\boldsymbol{u}$ 与 $\boldsymbol{u}''$ 是共线反向的，$\theta \neq \theta''$ 说明在原子实 O 坐标系中观察到电子 O'' 坐标系有一个转动，如图 E.3 所示，即

$$\mathrm{d}\theta \approx \theta'' - \theta = \frac{\mathrm{d}v}{v}\left(\frac{1}{\sqrt{1 - \mathrm{d}v^2/c^2}} - \sqrt{1 - v^2/c^2}\right) \tag{e17}$$

由于 $\mathrm{d}v$ 是个小量,即

$$\frac{1}{\sqrt{1-\dfrac{\mathrm{d}v^2}{c^2}}} \approx 1, \Delta v = \frac{\mathrm{d}v}{\gamma}, \Delta \boldsymbol{v} = \boldsymbol{a}\,\mathrm{d}t$$

又

$$\gamma = \frac{1}{\sqrt{1-\dfrac{v^2}{c^2}}} \simeq 1 + \frac{v^2}{2c^2}$$

式(e17)变为

$$\mathrm{d}\theta = \frac{\Delta v}{v}\gamma\left(1-\frac{1}{\gamma}\right) = \frac{\Delta v}{v}(\gamma-1) = \frac{va\,\mathrm{d}t}{2c^2} \tag{e18}$$

定义 Thomas 进动角速度为

$$\omega_{\mathrm{T}} \equiv \frac{\mathrm{d}\theta}{\mathrm{d}t} = \frac{va}{2c^2}$$

写成矢量形式的进动角速度为

$$\boldsymbol{\omega}_{\mathrm{T}} = \frac{\boldsymbol{a} \times \boldsymbol{v}}{2c^2}$$

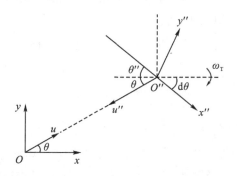

图 E.3　Lorentz 速度变换导出 Thomas 进动角速度

附录 F　原子中电子的四个量子数

1913 年,Bohr 在定态假设和跃迁假设的基础上利用对应原理提出了氢原子理论,给出了氢原子的能级公式

$$E_n = -\frac{hcRZ^2}{n^2} \tag{f1}$$

式中,Z 为类氢离子的核电荷数;n 为取自然数的主量子数(principal quantum number),它决定了原子的主要能量,是原子中电子的第一个量子数。1916 年,Sommerfeld 就将 Bohr 的圆轨道推广到了椭圆轨道,进一步又考虑电子运动的相对论效应给出了氢原子能级的精细结构。如图 F.1 所示,电子绕核在一个平面上做椭圆运动是二自由度的运动,极坐标零点在核的位置,坐标是 r 和 φ,对应的动量为沿矢径 $\boldsymbol{r}$ 方向的 $p_r = m\dot{r}$ 和垂直于 $\boldsymbol{r}$ 方向的角动量 $p_\varphi = mr^2\dot{\varphi}$。对极角动量和极径动量分别使用量子化通则

$$\oint p_\varphi \mathrm{d}\varphi = k_1 h, \oint p_r \mathrm{d}r = n_r h$$

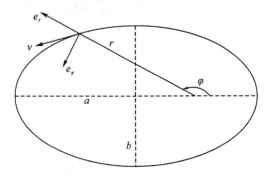

图 F.1　电子绕核运动的椭圆轨道

由有心力作用下的角动量守恒可得

$$p_\varphi = k_1 \hbar, \frac{b}{a} = \frac{k_1}{n_r + k_1} \equiv \frac{k_1}{n}$$

式中，$\hbar = h/(2\pi)$ 为约化 Planck 常数；a 为椭圆半长轴；b 为椭圆半短轴；n 为主量子数，$n_r = 0,$
$1,2,3,\cdots,n-1$；$k_1 = 1,2,3,\cdots,n$，被称为方位角量子数(azimuthal quantum number)，它决定
了椭圆的形状。n_r 最小值可以为零，表示没有径向运动，但 k_1 最小值只能为 1，如果为 0，则电
子没有轨道运动，这种情况不会出现。进一步考虑到电子运动的相对论效应，利用量子化通则
可得氢原子的能级为

$$E = -\frac{hcRZ^2}{n^2} - \frac{hcRZ^4 \alpha^2}{n^4}\left(\frac{n}{k_1} - \frac{3}{4}\right) + \cdots \tag{f2}$$

式中，$\alpha \approx 1/137$，为精细结构常数，而氢原子的能级依赖于主量子数 n，还依赖于方位角量子数
k_1，因此方位角量子数 k_1 是原子中电子的第二个量子数。对比碱金属原子的光谱线系的跑动
项，$k_1 = 1,2,3,\cdots,n$，也可以用英文字母 s，p，d，f，g，$\cdots$ 表示，其中前四个字母有确切的含义，分
别为锐线系(sharp)、主线系(principal)、漫线系(diffuse)、基线系(fundamental)的首个字母。

　　如果原子处于磁场中，电子的轨道运动不再是平面，而是三维空间的曲线。磁场不够强，
它对电子运动的影响不够大，电子的运动仍可以近似地看作是一个平面上的运动，轨道平面绕
着磁场方向缓慢旋进，此时三维运动实际上是研究在磁场下电子轨迹的取向问题。如图 F.2
所示，Ze 表示原子核，$-e$ 表示电子，电子的位置可以用三个球坐标 (r,θ,ψ) 表示，对应的线动
量角动量分别为 (p_r,p_θ,p_ψ)，它们满足的量子化条件为

$$\oint p_r \mathrm{d}r = n_r h, \oint p_\theta \mathrm{d}\theta = n_\theta h, \oint p_\psi \mathrm{d}\psi = n_\psi h$$

式中，量子数 n_r、n_θ、n_ψ 都取整数。显然角动量 p_ψ 为上文极角动量的分量，即

$$p_\psi = p_\varphi \cos\alpha \tag{f3}$$

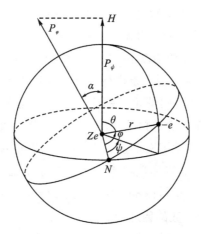

图 F.2　有磁场时电子做三维运动

由于电子运动的 Hamilton 量为

$$H = \frac{1}{2m}\left(p_r^2 + \frac{1}{r^2}p_\theta^2 + \frac{1}{r^2\sin^2\theta}p_\psi^2\right) - \frac{Ze^2}{4\pi\varepsilon_0 r}$$

上式不含 ψ,由正则方程 $\dot{p}_\psi = -\partial H/\partial\psi = 0$ 得

$$p_\psi = 常量$$

考虑到量子化条件 $\oint p_\psi \mathrm{d}\psi = n_\psi h$,得

$$p_\psi = n_\psi \hbar$$

将此结果代入式(f3)有

$$\cos\alpha = \frac{n_\psi}{k_1} \tag{f4}$$

式中,$k_1 = n_\theta + n_\psi$,由 $-1 \leqslant \cos\alpha \leqslant 1$,得

$$n_\psi = -k_1, -k_1+1, \cdots, 0, \cdots, k_1-1, k_1 \tag{f5}$$

式中,n_ψ 共有 $2k_1+1$ 个取值。$n_\psi = 0$ 时电子轨道平面包含了磁场方向,1918 年 Bohr 认为这种情况下的电子轨道平面不稳定,$n_\psi = 0$ 被禁止,因此 n_ψ 共有 $2k_1$ 个取值。极角动量 p_φ 在磁场方向的分量 $p_\psi = n_\psi \hbar$ 取 $2k_1$ 分立的值的现象被称为角动量的空间量子化,而 Bohr 的主张也十分重要,后文会看到四个量子数的取值如果不考虑 Bohr 的意见就得不到正确的结果。基态银原子束的 Stern-Gerlach 实验结果也能得到巧合的解释,基态银原子的两个量子数 $n = 5$,$k_1 = 1$,则 $n_\psi = \pm 1$,银原子束在非均匀磁场中受力为

$$F_z = \frac{\partial B}{\partial z}\mu_z = \frac{\partial B}{\partial z}n_\psi\mu_\mathrm{B} = \pm\frac{\partial B}{\partial z}\mu_\mathrm{B}$$

式中,$\mu_\mathrm{B} = e\hbar/(2m_\mathrm{e})$ 为 Bohr 磁子,银原子束经过非均匀磁场后分裂为两束。由实验参数测量的 Bohr 磁子和理论预测的一致,这使得一度怀疑 Bohr 氢原子理论的 Stern 也不得不承认 Bohr 理论的正确。

1916 年 Debye 和 Sommerfeld 使用 Bohr-Sommerfeld 理论引入磁量子数成功解释了正常 Zeeman 效应,这个磁量子数恰好就是 n_ψ。磁量子数的引入使得人们认识到仅有两个量子数还不能完全描述电子的状态,碱金属原子的光谱更能说明这一点。1922 年人们通过高分辨率

光谱仪观察到了光谱,已经很清楚地知道了元素原子的能级重数,如碱金属原子是双重态,碱土金属原子是单态和三重态,第三列元素原子是双重态和四重态,等等。光谱证据表明并不是所有的光谱线都满足频率的 Ritz 组合定律,如碱金属原子的漫线系光谱项 d 向光谱项 p 跃迁,应该有四条光谱,而实验只观察到三条谱线。这些未出现的谱线给 Sommerfeld 提供了重要的线索:应该还存在某种选择定则禁止了那些未出现的光谱线。为了发现这个选择定则,Sommerfeld 在两个量子数的基础上试探性地引入第三个量子数——内部量子数(inner quantum number)。这样原子的能级就用三个量子数来标记,如 $n=5, k_1=1, k_2=3$,则有光谱项符合 $^5 s_3$。分析了碱金属原子双层能级和漫线系光谱的三条精细结构后,Sommerfeld 总结出了内部量子数的选择定则 $\Delta k_2=0, \pm 1$,Landé 很快指出 $k_2=0$ 到 $k_2=0$ 的跃迁是禁止的。此时,选择定则还没有揭示出内部量子数的物理含义。

Sommerfeld 和 Landé 还提出了和当时实验数据吻合的磁性原子实假说(magnetic-core hypothesis),认为原子实具有角动量和对应的磁矩。类比于经典物理角动量合成的矢量模型,早在 1919 年,Landé 提出了原子的角动量合成的矢量模型,将原子多重能级归因于原子实磁矩和外层电子磁矩的相互作用。原子角动量合成的矢量模型揭示了内部量子数的物理内涵,事实上,原子实的角动量为 R(大小为 $s \cdot \hbar$),价电子的角动量为 K(大小为 $k_1 \cdot \hbar$),原子总的角动量为

$$J = R + K$$

而 Sommerfeld 的内部量子数 k_2 被认为是总角动量的量子数,总角动量 J 的大小为 $k_2 \cdot \hbar$,因为内部量子数 k_2 代表了原子总角动量的大小,其物理的重要性也由此确立。由经典的矢量合成规则,就可以得到内部量子数的量子的取值范围为

$$|k_1 - s| \leqslant k_2 \leqslant k_1 + s$$

价电子角动量和原子实角动量的耦合产生了分立的附加能量(正比于 $R \cdot K$),此即碱金属原子能级的精细结构。Landé 用原子实、电子的角动量矢量模型研究了反常 Zeeman 效应,取得了相当不错的结果。内部量子数 k_2 到底取什么值呢?事实上 k_2 可能取整数,也可能取半整数。Sommerfeld 设定 s 谱项的单态 $k_2=0$,三重态单态 $k_2=1$,五重态单态 $k_2=2$,等等;p 谱项的单态 $k_2=1$,三重态单态 $k_2=2,1,0$,五重态单态 $k_2=3,2,1$,等等;d 谱项的单态 $k_2=2$,三重态单态 $k_2=3,2,1$,五重态单态 $k_2=4,3,2,1,0$,等等。而谱项为偶数重时 k_2 必须取半整数,这些结果和现代结论是一致的。由双重态碱金属原子的反常 Zeeman 效应的谱线可以推测出,给定方位角量子数 k_1 的能级,其内部量子数 k_2 有两个值 k_1 和 k_1-1。通过双重态的碱金属原子确定内部量子数是比较重要的,因为由碱金属原子一个价电子和一个原子实的构型确定的内部量子数可能更简单也更基本。

原子放在磁场中会发生 Zeeman 效应,原子的总角动量 J(大小为 $k_2 \cdot \hbar$)在磁场中也会出现角动量空间量子化。可以用总磁量子数,即第四个量子数 m_1,描述总角动量在磁场方向的分量,它表示弱磁场存在时原子能级分裂的个数(原子总磁矩在外磁场中附加磁能的个数)。总磁量子数 m_1 取什么值呢?方位角量子数 k_1 对应的轨道角动量 $k_1 \cdot \hbar$ 是空间量子化的,在外磁场方向的投影共有 $2k_1$ 个。由碱金属原子确定的内部量子数 k_2 有两个值 k_1 和 k_1-1,对应两个轨道角动量 $k_1 \cdot \hbar$ 和 $(k_1-1) \cdot \hbar$,因此总角动量 $k_2 \cdot \hbar$ 的两个角动量在外磁场方向分

别有 $2k_1$ 和 $2(k_1-1)$ 个投影,统一表示成 $2k_2$ 个投影,显然这个结果已经考虑到了 Bohr 的意见。总磁量子数即第四个量子数 m_1 有 $2k_2$ 个取值也和碱金属原子能级在磁场中分裂的个数完全一致。

四个量子数齐全了,主量子数 n 取自然数,表示原子的粗能级;方位角量子数 k_1 取值为 $k_1=1,2,3,\cdots,n$,表示电子轨道角动量的大小;由碱金属原子确定的内部量子数 k_2,只能取 k_1,k_1-1,表示原子的总角动量的大小;总磁量子数 m_1 有 $2k_2$ 个取值,表示总角动量在外磁场方向的空间量子化。四个量子数 (n,k_1,k_2,m_1) 的现代符号为 (n,l,j,m_j),它们的取值不完全相同。具体来说,主量子数 n 和现代值一样;方位角量子数 k_1 和现代的轨道角动量量子数 l 的关系为

$$l=k_1-1$$

由碱金属原子确定的内部量子数 k_2 和总角动量量子数 j 的关系为

$$j=k_2-\frac{1}{2}$$

碱金属原子可以取 $j=k_1-1/2$ 或 $k_1-3/2$;总磁量子数 m_1 有 $2k_2$ 个取值,将 $k_2=j+1/2$ 代入 $2k_2$,就得到现代总磁量子数 m_j 有 $2j+1$ 个取值。

1925 年 Pauli 在四个量子数 (n,k_1,k_2,m_1) 的基础上发现了 Pauli 不相容原理,该原理对 1922 年 Bohr 提出的多电子原子的电子壳层结构给出了满意的说明,还解决了多电子原子态的相关问题,如碱土金属最低的原子态是 $^1S_0$,而非 $^3S_1$。在强磁场(Paschen-Back 效应)情况下 Pauli 还用了另一组量子数描述原子中电子的状态 (n,k_1,m_1,m_2),类似于现代符号 (n,l,m_j,m_s)。m_2 表示价电子磁矩在外磁场方向的分量,它决定了电子在磁场中附加的能量,m_2 的值只能取 $m_1+1/2$ 和 $m_1-1/2$,磁反常和碱金属原子光谱的双线结构预测了电子的第四自由度的存在。Pauli 预测表征电子的第四自由度的量子数应该是半整数的,由第四自由度的量子数计算出的碱金属 s 谱项的 Landé 因子等于 2,第四自由度的磁量子数应该是双值的,电子的第四自由度应该是经典物理无法描述的。后来 Uhlenbeck 和 Goudsmit 提出:电子的第四自由度就是电子的自旋角动量。

问题

1. 氢原子基态径向波函数为 $R_{1,0}=2\left(\dfrac{1}{a_1}\right)^{3/2}\mathrm{e}^{-\frac{r}{a_1}}$,求出平均原子半径。

2. 根据 Bohr 模型,计算 $n=1$ 和 $n=2$ 类氢离子电子绕核做轨道运动产生的电流和在质子处产生的磁场。

3. 在氢原子 $n=1$ 的基态,电子绕原子核做圆周运动产生的轨道磁矩多大? 将电子换成 μ^- 子,则基态的 μ^- 子原子的轨道磁矩是多大? 基态的电子偶素的轨道磁矩又是多大? 已知 $m_{\mu^-}=207m_e$。

4. 锂原子电离能为 5.39 eV,用 Bohr 理论估算价电子在 2s 轨道所感受到原子实的有效电荷数。

5. 锂原子主线系第一条谱项波长为 670.8 nm,辅线系线系限波长 350.0 nm。

(1)求基态到第一激发态的激发能。

(2)求锂原子基态的电离能。

(3)若锂原子蒸气被选择性地激发至 3p 态,则激发态至基态能观察到几条光谱线? 这些谱线的波长为多少?

6.锂原子序数 $Z=3$,np 能级向 2s 能级跃迁产生的主线系光谱可表示为 $\tilde{\nu}=R/1.6^2-R/(n-0.04)^2$,已知锂原子电离成 Li^{3+} 需要 203.44 eV 的能量,不考虑锂原子能级的精细结构,求:

(1)锂原子的电离能;

(2)二价锂离子 Li^{2+} 的电离能;

(3)Li^+ 离子电离为 Li^{2+} 离子需要的能量。

7.钠原子原子实的有效电荷数为 1.84,估算钠原子电离能。

8.钠原子基态为 3 s,主线系第一条谱项波长为 589.3 nm、线系限波长为 241.3 nm,求(Rydberg 常数取 1.097×10^7 m^{-1}):

(1)钠原子基态的光谱项 T_{3s}、电离能、能量值 E_{3s} 和量子数亏损 Δ_{3s};

(2)钠原子 3p 态的光谱项 T_{3p}、能量值 E_{3p} 和量子数亏损 Δ_{3p}。

9.已知铯原子光谱第二辅线系的第一条谱线双线结构 $7^2S_{1/2}\to6^2P_{3/2,1/2}$ 的波数分别为 $\tilde{\nu}_1=6\ 805$ cm^{-1} 和 $\tilde{\nu}_2=7\ 359$ cm^{-1}。

(1)求 $6^2P_{3/2,1/2}$ 能级差。

(2)若认为能量差是由价电子自旋磁矩与价电子轨道运动在价电子处产生的磁场间的作用引起的,估算该内部磁场的磁感应强度。

10.求电子自旋角动量和外磁场所在 z 轴的可能夹角。

11.钠原子基态和第一激发态原子态分别为 $3^2S_{1/2}$ 和 $3^2P_{1/2}$,列出每个原子态对应的量子数 n,l,j,m_j。

12.d 电子贡献了某原子全部角动量,求:

(1)j 的值;

(2)对应电子角动量的大小;

(3)自旋角动量和轨道角动量夹角;

(4)该原子的原子态。

13.计算氢原子 $n=30$、$l=29$ 的 Rydberg 态电子自旋轨道耦合引起的能级劈裂的间隔。

14.计算氢原子 Lyman 系第一条谱线精细结构分裂的波数差和 2p 分裂的能级差。此能级差是由于电子自旋与轨道相互作用引起的,估计氢原子内部的磁场。

4.6 原子磁矩

4.6.1 单电子原子磁矩

原子中电子除了绕核做轨道运动以外,自身还有一个内禀的自旋角动量,电子轨道运动有

一个轨道角动量 $\boldsymbol{\mu}_L = -\dfrac{e}{2m_e}\boldsymbol{L}$，自旋角动量也有自旋磁矩 $\boldsymbol{\mu}_s = -\dfrac{e}{m_e}\boldsymbol{s}$，因此总的原子磁矩等于电子轨道磁矩和自旋磁矩的矢量和，即

$$\boldsymbol{\mu} = \boldsymbol{\mu}_l + \boldsymbol{\mu}_s = -\frac{e}{2m_e}\boldsymbol{l} - \frac{e}{m_e}\boldsymbol{s} = -\frac{e}{2m_e}(\boldsymbol{l} + 2\boldsymbol{s}) = -\frac{e}{2m_e}(\boldsymbol{j} + \boldsymbol{s}) \tag{4.6.1}$$

由上式可得原子磁矩与原子总角动量一定不是共线的，而是有一个大于 $90°$ 的夹角，如图 4.6.1 所示。轨道角动量、自旋角动量绕总角动量旋转，原子磁矩 $\boldsymbol{\mu}$ 也绕着总角动量 $\boldsymbol{j}$ 旋转。原子磁矩 $\boldsymbol{\mu}$ 可分解为平行于 $\boldsymbol{j}$ 和垂直于 $\boldsymbol{j}$ 的两个分量 $\boldsymbol{\mu}_j$、$\boldsymbol{\mu}_\perp$。垂直于总角动量的分量 $\boldsymbol{\mu}_\perp$ 由于绕 $\boldsymbol{j}$ 旋转，因而对外的平均效果为零，对外起作用的只是 $\boldsymbol{\mu}_j$，因此常常把 $\boldsymbol{\mu}_j$ 称为原子磁矩。

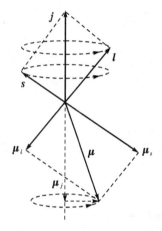

图 4.6.1 原子磁矩与角动量

$\boldsymbol{\mu}_j$ 是在 $\boldsymbol{\mu}$ 在 $\boldsymbol{j}$ 方向上的投影，即

$$\boldsymbol{\mu}_j = \frac{\boldsymbol{\mu} \cdot \boldsymbol{j}}{|\boldsymbol{j}|^2}\boldsymbol{j} = -\frac{e}{2m_e}(\boldsymbol{j} + \boldsymbol{s}) \cdot \boldsymbol{j}\,\frac{\boldsymbol{j}}{|\boldsymbol{j}|^2}$$

$$= -\frac{e}{2m_e}(|\boldsymbol{j}|^2 + \boldsymbol{s} \cdot \boldsymbol{j})\frac{\boldsymbol{j}}{|\boldsymbol{j}|^2} = -\frac{e}{2m_e}\left(1 + \frac{\boldsymbol{s} \cdot \boldsymbol{j}}{|\boldsymbol{j}|^2}\right)\boldsymbol{j} \tag{4.6.2}$$

$\boldsymbol{s} \cdot \boldsymbol{j}$ 计算如下：

$$\boldsymbol{j} - \boldsymbol{s} = \boldsymbol{l}$$

两边平方得

$$\boldsymbol{s} \cdot \boldsymbol{j} = \frac{\boldsymbol{j}^2 + \boldsymbol{s}^2 - \boldsymbol{l}^2}{2}$$

式(4.6.2)变为

$$\boldsymbol{\mu}_j = -\left(1 + \frac{\boldsymbol{j}^2 + \boldsymbol{s}^2 - \boldsymbol{l}^2}{2|\boldsymbol{j}|^2}\right)\frac{e}{2m_e}\boldsymbol{j} = -\left[1 + \frac{j(j+1) + s(s+1) - l(l+1)}{2j(j+1)}\right]\frac{e}{2m_e}\boldsymbol{j}$$

原子磁矩 $\boldsymbol{\mu}_j$ 写成矢量形式为

$$\boldsymbol{\mu}_j = -g_j\frac{e}{2m_e}\boldsymbol{j} = -g_j\frac{\mu_B}{\hbar}\boldsymbol{j} \tag{4.6.3}$$

这里的 $\mu_B \equiv \dfrac{e\hbar}{2m_e}$ 为 Bohr 磁子，式(4.6.3)中的 g_j 为 Landé 因子，即

$$g_j = 1 + \frac{j(j+1) + s(s+1) - l(l+1)}{2j(j+1)} \tag{4.6.4}$$

Landé 因子反映了原子磁矩和总角动量的比值,即旋磁比。由式(4.6.3)得原子磁矩的大小为

$$\mu_j = g_j \sqrt{j(j+1)} \frac{e\hbar}{2m_e} = g_j \sqrt{j(j+1)} \mu_B$$

原子磁矩在 z 方向的投影为

$$\mu_{jz} = -g_j \frac{e}{2m_e} m_j \hbar = -g_j m_j \mu_B \qquad m_j = j, j-1, \cdots, -j \tag{4.6.5}$$

电子轨道磁矩 $\boldsymbol{\mu}_l = -\frac{e}{2m_e}\boldsymbol{l}$,自旋磁矩 $\boldsymbol{\mu}_s = -\frac{e}{m_e}\boldsymbol{s}$,与式(4.6.3)比较得 $g_l = 1, g_s = 2$。

4.6.2 多电子原子磁矩

对于两个或两个以上电子的原子,可证明原子磁矩和总角动量的关系依然是

$$\boldsymbol{\mu}_J = -g_J \frac{e}{2m_e} \boldsymbol{J} \tag{4.6.6}$$

原子磁矩的大小

$$\mu_J = g_J \sqrt{J(J+1)} \frac{e\hbar}{2m_e} = g_J \sqrt{J(J+1)} \mu_B$$

$\boldsymbol{\mu}_J$ 在 z 方向的投影为

$$\mu_{Jz} = -g_J \frac{e}{2m_e} m_J \hbar = -g_J m_J \mu_B \qquad m_J = J, J-1, \cdots, -J \tag{4.6.7}$$

式(4.6.6)和式(4.6.7)中的 $\boldsymbol{J}$ 为原子总角动量,m_J 总磁量子数,共 $2J+1$ 个值;g_J 为原子的 Landé 因子。Landé 因子随着电子耦合类型的不同而不同。

(1)LS 耦合:

$$g_J = 1 + \frac{J(J+1) + S(S+1) - L(L+1)}{2J(J+1)} \tag{4.6.8}$$

式中,L、S、J 是各个电子耦合后的轨道角动量量子数、自旋角动量量子数、总角动量量子数。

(2)jj 耦合:

$$g_J = g_{j_1} \frac{J(J+1) + j_1(j_1+1) - j_2(j_2+1)}{2J(J+1)} + g_{j_2} \frac{J(J+1) + j_2(j_2+1) - j_1(j_1+1)}{2J(J+1)}$$

$$\tag{4.6.9}$$

上式是两个电子 jj 耦合后原子的 Landé 因子,g_j 为每个电子的 Landé 因子[如式(4.6.3)],J 为总角动量量子数。对于多电子原子中电的耦合方式会在第 5 章中详细讲解,这里预先知道它们 Landé 因子的表达式,了解其量子数的意义即可。

多电子原子 LS 耦合时的 Landé 因子式(4.6.8)和单电子原子 Landé 因子形式相同,物理内涵也一样;而多电子原子 jj 耦合时的 Landé 因子式(4.6.9)可以直接导出。事实上,多电子原子的总角动量是守恒量,总角动量量子数 J 是好量子数。jj 耦合时原子的总磁矩为

$$\boldsymbol{\mu} = -g_{j_1} \frac{e}{2m_e} \boldsymbol{j}_1 - g_{j_2} \frac{e}{2m_e} \boldsymbol{j}_2$$

在总角动量方向的总磁矩为

$$\boldsymbol{\mu}_J = \frac{\boldsymbol{\mu} \cdot \boldsymbol{J}}{|\boldsymbol{J}|^2}\boldsymbol{J} = -\boldsymbol{J}\frac{g_{j_1}\dfrac{e}{2m_e}\boldsymbol{j}_1 \cdot \boldsymbol{J} + g_{j_2}\dfrac{e}{2m_e}\boldsymbol{j}_2 \cdot \boldsymbol{J}}{|\boldsymbol{J}|^2} = -\frac{e}{2m_e}\boldsymbol{J}\frac{g_{j_1}\boldsymbol{j}_1 \cdot \boldsymbol{J} + g_{j_2}\boldsymbol{j}_2 \cdot \boldsymbol{J}}{|\boldsymbol{J}|^2}$$

$$= -\frac{e}{2m_e}\boldsymbol{J}\frac{g_{j_1}[J(J+1)+j_1(j_1+1)-j_2(j_2+1)]/2 + g_{j_2}[J(J+1)+j_2(j_2+1)-j_1(j_1+1)]/2}{J(J+1)}$$

由将此式和式(4.6.6)比较,即得到多电子原子 jj 耦合时的 Landé 因子式(4.6.9)。

例 4.4 氢原子和银原子基态原子态均为 $^2S_{1/2}$,氧原子基态 $^3P_2$,求其 Landé 因子。

解 原子态为 $^2S_{1/2}$,知 $s=1/2, l=0, j=1/2$,则

$$g_j = 1 + \frac{1/2 \times (1/2+1) + 1/2 \times (1/2+1)}{2 \times 1/2 \times (1/2+1)} = 2$$

由原子基态 $^3P_2$,得 $L=1, J=2, S=1$,则

$$g_J = 1 + \frac{2 \times (2+1) + 1 \times (1+1) - 1 \times (1+1)}{2 \times 2 \times (2+1)} = \frac{3}{2}$$

4.6.3 原子束 Stern-Gerlach 实验分裂

原子束 Stern-Gerlach 实验中分裂出几条原子沉积线取决于原子束所受的力,即

$$F = \mu_z \frac{\mathrm{d}B}{\mathrm{d}z}$$

式中,$\mu_z = -g_J m_J \mu_B$,原子束横向移动的位移为

$$s = \frac{1}{2}at^2 = \frac{1}{2}\frac{F}{m}\left(\frac{L}{v}\right)^2 = \frac{1}{2m}\left(\frac{L}{v}\right)^2 \mu_z \frac{\mathrm{d}B}{\mathrm{d}z} = \frac{1}{2m}\frac{\mathrm{d}B}{\mathrm{d}z}\left(\frac{L}{v}\right)^2(-g_J m_J \mu_B)$$

实验条件固定时,原子束横向移动的位移正比于 $g_J m_J$。例如,基态汞原子 $^1S_0$,$m_J=0$,汞原子束在 Stern-Gerlach 实验装置中不应发生分裂;基态银原子 $^2S_{1/2}$,$g_j=2, j=1/2, m_j=1/2$,$-1/2, g_j m_j = 1, -1$,因此在 Stern-Gerlach 实验中应分裂为 2 条沉积线;基态氧原子 $^3P_2$,$g_J=3/2$,$J=2, m_J=2, 1, 0, -1, -2$,$g_J m_J = 3, 3/2, 0, -3/2, -3$,因此基态氧原子在 Stern-Gerlach 实验中应会分裂为 5 条沉积线。实验结果完全证实了理论推断的正确。

4.7 磁场对原子的作用

4.7.1 Larmor 进动

我们知道原子中电子的轨道运动和自旋都有相应的磁矩,而原子磁矩是电子总磁矩的矢量和,原子磁矩在磁场中会受到力矩的作用。设原子磁矩为

$$\boldsymbol{\mu}_J = -g_J \frac{e}{2m_e}\boldsymbol{J} \equiv -\gamma \boldsymbol{J} \qquad (4.7.1)$$

式中,$\gamma = g_J \dfrac{e}{2m_e}$ 称为旋磁比。磁感应强度为 $\boldsymbol{B}$,则原子磁矩受到的磁力矩为

$$\boldsymbol{\tau} = \boldsymbol{\mu}_J \times \boldsymbol{B} \qquad (4.7.2)$$

由角动量定理 $\dfrac{\mathrm{d}\boldsymbol{J}}{\mathrm{d}t} = \boldsymbol{\tau} = \boldsymbol{\mu}_J \times \boldsymbol{B}$ 得

$$\frac{\mathrm{d}\boldsymbol{\mu}_J}{\mathrm{d}t} = -\gamma \frac{\mathrm{d}\boldsymbol{J}}{\mathrm{d}t} = -\gamma \boldsymbol{\mu}_J \times \boldsymbol{B} = \gamma \boldsymbol{B} \times \boldsymbol{\mu}_J \qquad (4.7.3)$$

由于 $\mathrm{d}\boldsymbol{\mu}_J \perp \boldsymbol{\mu}_J$,原子磁矩 $\boldsymbol{\mu}_J$ 只是绕着 $\boldsymbol{B}$ 旋转,只改变方向不改变大小,这个现象称为 Larmor 进动,如图 4.7.1 所示。

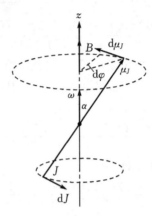

图 4.7.1　Larmor 进动

Larmor 进动的角速度为多少呢? 由图 4.7.1 所示,原子磁矩 $\boldsymbol{\mu}_J$ 端点半径为 $\mu_J \sin\alpha$,在 $\mathrm{d}t$ 时间内

$$| \mathrm{d}\boldsymbol{\mu}_J | = \mu_J \sin\alpha \mathrm{d}\varphi$$

两边除以 $\mathrm{d}t$ 得

$$\frac{| \mathrm{d}\boldsymbol{\mu}_J |}{\mathrm{d}t} = \mu_J \sin\alpha \frac{\mathrm{d}\varphi}{\mathrm{d}t} = \omega\mu_J \sin\alpha$$

上式写成矢量式:

$$\frac{\mathrm{d}\boldsymbol{\mu}_J}{\mathrm{d}t} = \boldsymbol{\omega} \times \boldsymbol{\mu}_J \tag{4.7.4}$$

比较式(4.7.3)和式(4.7.4)得

$$\boldsymbol{\omega} = \gamma\boldsymbol{B} \tag{4.7.5}$$

Larmor 进动的角速度等于旋磁比与磁感应强度的乘积,方向和磁感应强度方向相同,其量级为

$$\omega \sim \frac{e}{2m_{\mathrm{e}}} = \frac{1.6 \times 10^{-19}}{2 \times 9.11 \times 10^{-31}} \sim 10^{10}$$

即每秒钟可以转动 10^{10} 周。

4.7.2　原子能级在磁场中分裂

原子磁矩在磁场中作 Larmor 进动而引起的附加能量为

$$\Delta E = - \boldsymbol{\mu}_J \cdot \boldsymbol{B}$$

设定外磁场方向为 z 方向,则

$$\Delta E = -\mu_{Jz}B = -(-g_J m_J \mu_{\mathrm{B}})B = g_J m_J \mu_{\mathrm{B}} B \tag{4.7.6}$$

式中,g_J 为 Landé 因子,m_J 为总的磁量子数,$m_J = J, J-1, \cdots, -J$,共 $2J+1$ 个值。由式(4.7.6)知,原子在磁场中附加的能量正比于 $g_J m_J$,能级在磁场中会分裂为 $2J+1$ 个值,相邻两个能级间的间隔为 $\delta E = g_J \mu_{\mathrm{B}} B$。附加能级对应的光谱项为

$$-\Delta T = \frac{\Delta E}{hc} = \frac{m_J g_J B \mu_{\mathrm{B}}}{hc} = g_J m_J \frac{B\mu_{\mathrm{B}}}{hc} \equiv m_J g_J \widetilde{L}$$

式中：

$$\widetilde{L} = \frac{B\mu_B}{hc} = \frac{eB}{4\pi m_e c}$$

$$L \equiv c\widetilde{L} = \frac{B\mu_B}{h} = \frac{eB}{4\pi m_e}$$

上式为 Lorentz 单位。

例 4.5　$^2P_{3/2}$ 的能级在磁场中如何分裂？

解　$^2P_{3/2}$ 的量子数为

$$s = \frac{1}{2}; l = 1; j = \frac{3}{2}; m_J = \pm\frac{3}{2}, \pm\frac{1}{2}$$

代入 Landé 因子公式得 $g_J = \dfrac{4}{3}$，由式（4.7.6）知

$$\Delta E = \left[\pm\frac{2}{3}, \pm 2\right]\mu_B B$$

其能级分裂情况如图 4.7.2 所示。

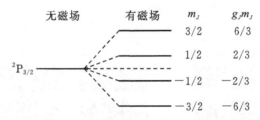

图 4.7.2　$^2P_{3/2}$ 能级在磁场中的分裂情况

4.8　Zeeman 效应

4.8.1　Zeeman 效应实验现象

　　1896 年 Zeeman 通过实验表明把光源放在磁场中，一条谱线就会分裂为三条，且分裂的三条谱线之间是等间隔的，这个现象就是 Zeeman 效应，后来人们称 Zeeman 观察到的谱线三等分现象为正常 Zeeman 效应。1897 年 Preston 发现磁场中许多原子谱线分裂的数目可以不是三个，分裂的谱线间隔也不尽相同，人们称之为反常 Zeeman 效应。无论是正常 Zeeman 效应还是反常 Zeeman 效应，分裂后的各条谱线都是偏振光。观察 Zeeman 效应的实验示意图如图 4.8.1 所示，镉原子 $^1D_2(5s5d) \rightarrow ^1P_1(5s5p)$ 643.85 nm 谱线，钠原子双线的 $3^2P_{1/2} \rightarrow 3^2S_{1/2}$ 589.6 nm 和 $3^2P_{3/2} \rightarrow 3^2S_{1/2}$ 589.0 nm 线及锌原子第二辅线系 Zeeman 效应分裂如图 4.8.2 所示。镉原子谱线是正常 Zeeman 效应，一条谱线分裂为三条，且等间距；钠原子双线都是反常 Zeeman 效应，分裂四条和六条，间距也不相等；锌原子第二辅线系的三条谱线都是反常 Zeeman 效应，虽然第三条谱线分裂为三条，也是等间距的，但并不符合正常 Zeeman 效应的间隔条件。Zeeman 效应分裂后的各条谱线都是偏振光，从垂直于磁场方向观察，分裂谱线都是线偏振的，而从平行于磁场方向观察，所有谱线都是左旋或右旋圆偏振光。

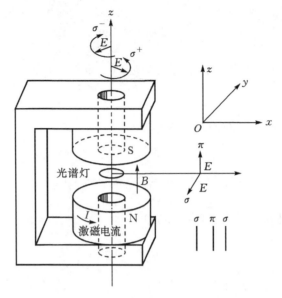

图 4.8.1　观察光谱的 Zeeman 效应

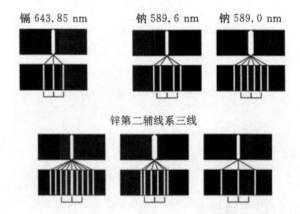

图 4.8.2　镉、钠、锌光谱的 Zeeman 效应分裂

4.8.2　Zeeman 效应理论解释

Lorentz 用经典物理解释了正常 Zeeman 效应,带电粒子在磁场中受 Lorentz 力的作用:

$$\boldsymbol{F}_L = q\boldsymbol{v} \times \boldsymbol{B}$$

电子在原子中的运动可以分解为平行于磁场和垂直于磁场的运动,平行于磁场的运动不受 Lorentz 力的作用,因此这样的原子发光不受磁场的影响;垂直于磁场的运动,则原子受 Lorentz 力的作用如图 4.8.3 所示。

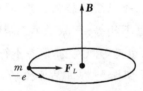

图 4.8.3　正常 Zeeman 效应的 Lorentz 解释

设电子在原子有心力场中做圆周运动,其角速度为 ω,达到力学平衡的条件如下。

(1)若 **B** 为零:

$$mr\omega^2 = F(r) \qquad (4.8.1)$$

(2)若 **B** 不为零:

$$mr\omega'^2 = F(r) \pm er\omega'B \qquad (4.8.2)$$

当将磁场开关时,产生的感应电动势在圆周切线,因此电子的轨道半径 r 保持不变。将式(4.8.2)和式(4.8.1)相减得

$$mr(\omega'^2 - \omega^2) = \pm er\omega'B$$

考虑到 $\omega' - \omega \ll \omega$,上式化为

$$m(\omega' + \omega)(\omega' - \omega) = \pm e\omega'B \Rightarrow 2m(\omega' - \omega) = \pm eB$$

即

$$\Delta\nu = \frac{\Delta\omega}{2\pi} = \pm\frac{eB}{4\pi m}$$

$$\nu = \nu_0 + \begin{cases} +\dfrac{eB}{4\pi m} \\ 0 \\ -\dfrac{eB}{4\pi m} \end{cases} \qquad (4.8.3)$$

上式和正常 Zeeman 效应完全吻合。在 Lorentz 看来,电子运动方向与磁场平行的原子发光不受磁场影响,保持原来的光谱,而电子运动方向与磁场垂直的原子的光谱将会发生移动分裂为两条谱线,分裂的三条谱线间的频率间隔 $\dfrac{eB}{4\pi m}$ 被定义为一个 Lorentz 单位:

$$L \equiv \frac{eB}{4\pi m}$$

对正常 Zeeman 效应,经典物理很巧合地能够给出解释,但是对于 1897 年发现的反常 Zeeman 效应,在 1925 年发现电子自旋之前,非但经典物理无法给出解释,就连 Bohr 的旧量子论也无能为力。借助于电子自旋的概念,反常 Zeeman 效应问题则迎刃而解。根据 Stern-Gerlach 实验结果,碱金属光谱精细结构也很快得到解释。

下面来看反常 Zeeman 效应的量子力学解释,设在无磁场时,跃迁发生在两个能级 E_1、E_2 间,由 Bohr 频率条件:

$$h\nu_0 = E_2 - E_1$$

在加上外磁场时,原子能级就会发生分裂,附加能量为

$$\Delta E = M_J g_J \mu_B B$$

于是加上磁场后电子在分裂后的两个能级间跃迁,即

$$h\nu' = E_2' - E_1' = (E_2 + g_{J2}M_{J2}\mu_B B) - (E_1 + g_{J1}M_{J1}\mu_B B)$$

$$= E_2 - E_1 + (g_{J2}M_{J2} - g_{J1}M_{J1})\mu_B B = h\nu_0 + (g_{J2}M_{J2} - g_{J1}M_{J1})\mu_B B$$

上式进一步化为

$$\nu' - \nu_0 = (g_{J2}M_{J2} - g_{J1}M_{J1})\frac{\mu_B B}{h}\left(\equiv L = \frac{eB}{4\pi m}\right) \qquad (4.8.4)$$

写成波数差为

$$\tilde{\nu}' - \tilde{\nu}_0 = (g_{J2}M_{J2} - g_{J1}M_{J1}) \frac{\mu_B B}{hc} (\equiv \tilde{L}) \tag{4.8.5}$$

要注意磁场中原子能级间的跃迁遵循选择定则 $\Delta M_J = 0, \pm 1$。Zeeman 效应的谱线分裂条数和间隔取决于差值 $g_{J2}M_{J2} - g_{J1}M_{J1}$ 和选择定则 $\Delta M_J = 0, \pm 1$。

由式(4.8.4)和跃迁选择定则,可以考察一下镉原子 $^1D_2 \to ^2P_1$ 643.85 nm 谱线的 Zeeman 效应分裂。激发态 $^1D_2$ 的相关物理量: $g_{J2} = 1$; $M_{J2} = 0, \pm 1, \pm 2$; $g_{J2}M_{J2} = 0, \pm 1, \pm 2$。$^1D_2$ 附加能量为

$$\Delta E_2 = M_{J2}g_{J2}B\mu_B = [0, \pm 1, \pm 2]B\mu_B$$

基态 $^1P_1$ 的相关物理量: $g_{J1} = 1$; $M_{J1} = 0, \pm 1$; $g_{J1}M_{J1} = 0, \pm 1$。基态 $^1P_1$ 的附加能量为

$$\Delta E_1 = M_{J1}g_{J1}B\mu_B = [0, \pm 1]B\mu_B$$

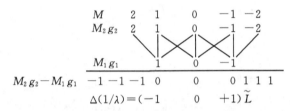

上述排列方法唯一的依据是选择定则,可以确定镉原子的谱线 $^1D_2 \to ^1P_1$ 在磁场中分裂的条数是三条,这个方法称为 Grotrain 图法。镉原子激发态、基态在磁场中原子能级的分裂及能级跃迁如图 4.8.4 所示。

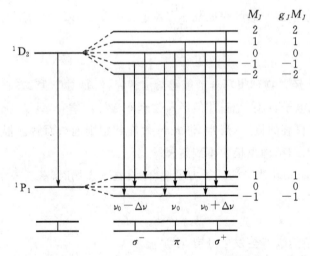

图 4.8.4　镉原子 $^1D_2 \to ^1P_1$ 643.85 nm 谱线的 Zeeman 效应

图 4.8.4 中有九条跃迁谱线,但每三条的频率一样,最后一条谱线只分裂为三条,相邻谱线的频率间隔为

$$\Delta\nu = [M_{J2}g_{J2} - M_{J1}g_{J1}]L = \Delta M_J L = [-1, 0, 1]L$$

恰好为一个 Lorentz 单位(L),因此是标准的正常 Zeeman 效应。这条谱线 $\lambda_0 = 643.85$ nm,$\nu_0 = 4.66 \times 10^5$ GHz,如果用 1 T 的外磁场,则 $\Delta\nu \approx 14$ GHz,相应的波长差为 $\Delta\lambda = \lambda_0\Delta\nu/\nu_0 \approx 0.$

019 nm。从式(4.8.4)和选择定则可以得到一个判断正常 Zeeman 效应的方法:基态和激发态的能级都是单重的 $S=0$,这条谱线的 Zeeman 分裂属于正常 Zeeman 效应,分裂为三条,相邻谱线频率间隔为一个 Lorentz 单位。事实上,基态和激发态都是单重的 $S=0$,则 $J=L$,因此 $g_{J2}=g_{J1}=1$,再由选择定则 $\Delta M_J=0,\pm 1$,可以得到

$$\Delta \nu = [M_{J2}g_{J2} - M_{J1}g_{J1}]L = \Delta M_J L = [-1,0,1]L$$

即 Zeeman 分裂为三条谱线,频率间隔为一个 Lorentz 单位。

基态或激发态只要有一个不是单态 $S\neq 0$,在外磁场中必然发生反常 Zeeman 效应分裂。用 Grotrain 图法还可对反常 Zeeman 效应作出分析,得出正确的结果。钠原子波长为 589.6 nm 的 $^2P_{1/2}\rightarrow{}^2S_{1/2}$ 跃迁,波长为 589.0 nm 的 $^2P_{3/2}\rightarrow{}^2S_{1/2}$ 跃迁,基态 $^2S_{1/2}$,$L=0,J=S=1/2,g_{J1}=2$,$M_{J1}=\pm 1/2$,附加能量 $\Delta E_1 = M_{J1}g_{J1}B\mu_B = \pm B\mu_B$;激发态 $^2P_{1/2}$,$L=1,J=S=1/2,g_{J2}=2/3$,$M_{J2}=\pm 1/2$,附加能量 $\Delta E_2 = M_{J2}g_{J2}B\mu_B = \pm \dfrac{B\mu_B}{3}$;激发态 $^2P_{3/2}$,$S=1/2,L=1,J=3/2$,$g_{J2}=4/3,M_{J2}=\pm 1/2,\pm 3/2$,附加能量 $\Delta E_2 = M_{J2}g_{J2}B\mu_B = \left[\pm \dfrac{2}{3},\pm 2\right]B\mu_B$。波长为 589.6 nm 的 $^2P_{1/2}\rightarrow{}^2S_{1/2}$ 跃迁的 Grotrain 图如下,由此可以判断,589.6 nm 谱线在外磁场中的反常 Zeeman效应将分裂为四条谱线,相邻谱线频率间隔不再是一个 Lorentz 单位了。

$$
\begin{array}{ccc}
 & {}^2P_{1/2} \longrightarrow {}^2S_{1/2} & \\
M & 1/2 \quad -1/2 & \\
M_2 g_2 & 1/3 \quad -1/3 & \\
\end{array}
$$

$$M_1 g_1 \qquad 1 \qquad -1$$

$$M_2 g_2 - M_1 g_1 \quad -4/3 \quad -2/3 \quad +2/3 \quad +4/3$$

$$\Delta(1/\lambda) = (-4/3 \; -2/3 \; +2/3 \; +4/3)\widetilde{L}$$

波长为 589.0 nm 的 $^2P_{3/2}\rightarrow{}^2S_{1/2}$ 跃迁 Grotrain 图如下,可以判断该谱线在外磁场中的反常 Zeeman 效应将分裂为六条,相邻谱线频率间隔为 $2L/3$。

$$
\begin{array}{c}
{}^2P_{3/2} \longrightarrow {}^2S_{1/2} \\
M \quad 3/2 \quad 1/2 \quad -1/2 \quad -3/2 \\
M_2 g_2 \quad 6/3 \quad 2/3 \quad -2/3 \quad -6/3 \\
\end{array}
$$

$$M_1 g_1 \qquad \qquad 1 \quad -1$$

$$M_2 g_2 - M_1 g_1 \quad -5/3 \; -3/3 \; -1/3 \; +1/3 \; +3/3 \; +5/3$$

$$\Delta(1/\lambda) = (-5/3 \; -3/3 \; -1/3 \; +1/3 \; +3/3 \; +5/3)\widetilde{L}$$

此处还是再强调一下选择定则的重要性,因为所有 Grotrain 短斜线表示的跃迁的主要依据就是选择定则 $\Delta M_J=0,\pm 1$。还可以画出钠原子 589.6 nm 和 589.0 nm 两条谱线对应能级在外磁场中的分裂及分裂后能级间的跃迁示意图,如图 4.8.5 所示。

应该说我们理论分析的镉原子、钠原子的 Zeeman 效应观察到的谱线都是在垂直于磁场方向观察的,这些谱线中的 π 表示其偏振方向平行于磁场方向,σ 表示其偏振方向垂直于磁场方向。沿着平行于磁场方向观察,所有的 π 线都看不到,而所有的 σ 线都变成左旋或右旋圆偏

振光。Zeeman 效应分裂的谱线的偏振情况,需要稍微分析一下。分析分裂谱线的偏振情况之前,首先要明白一点,光子电矢量旋转方向和光子角动量垂直,且与角动量的方向成右手螺旋定则,如图 4.8.6 所示。

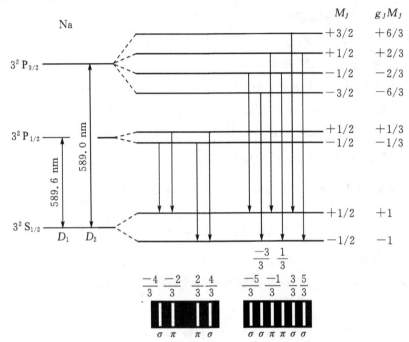

图 4.8.5   钠原子 589.6 nm 和 589.0 nm 谱线的反常 Zeeman 效应

图 4.8.6   光子电矢量转动方向和角动量方向的关系

原子在外磁场方向的角动量为 $M\hbar$,当 $\Delta M = M_初 - M_末 = 1$ 时,原子在外磁场方向的角动量减少 $1\hbar$,原子发出的光子的角动量 $1\hbar$ 必定在磁场方向上,因此在磁场方向观察,光子的偏振沿逆时针左旋圆偏振光 σ^+。类似地,$\Delta M = -1$,在磁场上观察到的光子顺时针方向的右旋圆偏振光 σ^-。无论左旋还是右旋圆偏振光,其电矢量旋转面都垂直于磁场,因此在垂直于磁场方向观察,都变为线偏振光,偏振方向垂直于磁场。光子由固有角动量 $\hbar$,$\Delta M = 0$ 时,原子角动量在外磁场方向不变,意味着光子的角动量在垂直于磁场的方向。光子电矢量旋转面平行于磁场,平均来看光子只有沿磁场 z 方向的偏振方向 xy 平面的电矢量为零。因此从垂直于磁场方向可以观察到平行于磁场的线偏振光 π,而沿着磁场方向观察看不到 π 线(因为光的横波)。

Zeeman 效应可以获取原子能级的分裂情况,得到有关初、末能级 J 和 g_J 的知识,这些是研究原子结构的重要途径之一。

例 4.6   一次正常 Zeeman 效应实验中,钙原子 422.6 nm 谱线在 3 T 磁场中分裂为 0.025 nm 的三条谱线,试测定电子 e/m。

解 正常 Zeeman 效应谱线间距为一个 Lorentz 单位：

$$\Delta\nu = L = \frac{eB}{4\pi m}$$

而 $\Delta\nu = c\dfrac{\Delta\lambda}{\lambda^2}$，所以

$$\frac{e}{m} = \frac{\Delta\lambda}{\lambda^2}\frac{4\pi c}{B} = \frac{0.025}{422.6^2} \times \frac{4\pi \times 3 \times 10^8}{3} \text{C/kg} = 1.76 \times 10^{11} \text{ C/kg}$$

4.8.3 Paschen-Back 效应

原子在外磁场环境中，能级会发生分裂，分裂能级间的跃迁使得原来一条谱线分裂为多条谱线，这便是 Zeeman 效应。现在的问题是 Zeeman 效应外磁场的磁感应强度算强场还是弱场？应该选什么标准来比较？上文在分析 Zeeman 效应时首先考虑到原子能级在磁场中的附加能量，这个附加能量为

$$\Delta E = g_J m_J \mu_B B$$

其中，m_J 表示总角动量磁量子数，这意味着讨论 Zeeman 效应时默认了原子内部轨道角动量和自旋角动量已经合成总的角动量了。轨道角动量和自旋角动量绕总角动量旋转，总角动量绕磁场旋转作 Larmor 进动，且轨道角动量绕总角动量旋转的角速度要大于总角动量绕磁场进动的角速度，如图 4.8.7 所示。因此衡量外磁场强弱，需要和电子自旋与轨道相互作用的原子内部磁场相比较。钠原子双黄线波长 589.6 nm 和 589.0 nm，对应的原子内部磁场可估算为 18.5 T，钾原子主线系第一条谱线的双线波长为 766.49 nm 和 769.898 nm，内部磁场估计为 61.8 T，实验室观察到 Zeeman 效应一般也就几特斯拉，因此 Zeeman 效应的外磁场磁感应强度和自旋与轨道相互作用的磁场比较算是弱磁场。锂原子 $2^2P_{3/2} \rightarrow 2^2S_{1/2}$ 和 $2^2P_{1/2} \rightarrow 2^2S_{1/2}$ 波长差 0.015 nm，波长为 670.78 nm，锂原子内部磁场为 0.36 T，因此用钠原子 Zeeman 效应的磁场去观察锂原子发生的现象，再用 Zeeman 效应的分析方法来分析锂原子的情况就变得不合适了，主要的问题是这时外磁场的强度已经大于自旋轨道相互作用的磁场强度了。那么会发生什么现象呢？

由于外磁场非常强，因此轨道角动量和自旋角动量就不会先合成总角动量了，而是直接绕磁场方向进动，如图 4.8.8 所示。

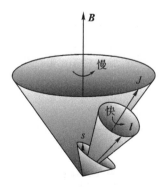

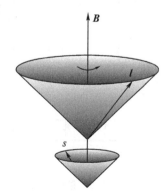

图 4.8.7 Zeeman 效应下角动量矢量模型　　图 4.8.8 强场时原子角动量矢量模型

由于不考虑电子自旋和轨道的耦合,原子磁矩为

$$\boldsymbol{\mu} = -\frac{e}{2m}(g_s \boldsymbol{s} + g_l \boldsymbol{l}) \qquad (4.8.6)$$

原子磁矩与外磁场之间的附加能量为

$$\Delta E = -\boldsymbol{\mu} \cdot \boldsymbol{B} = \frac{eB}{2m}(g_s m_s \hbar + g_l m_l \hbar)$$
$$= (g_s m_s + g_l m_l)\mu_B B = (m_l + 2m_s)\mu_B B \qquad (4.8.7)$$

强场下引起分裂能级间的跃迁使得光谱分裂为多条谱线的现象称为 Paschen-Back 效应。此时的选择定则为 $\Delta m_s = 0$;$\Delta m_l = 0, \pm 1$。

$$h\nu' = E'_2 - E'_1 = [E_2 + (m_{l2} + 2m_{s2})\mu_B B] - [E_1 + (m_{l1} + 2m_{s1})\mu_B B]$$
$$= E_2 - E_1 + (m_{l2} - m_{l1})\mu_B B = h\nu_0 + (m_{l2} - m_{l1})\mu_B B \qquad (4.8.8)$$

由于 $\Delta m_l = 0, \pm 1$,式(4.8.8)化为

$$\nu = \nu_0 + \begin{cases} \mu_B B/h \\ 0 \\ -\mu_B B/h \end{cases}$$

这个结果和正常 Zeeman 效应完全相同,即强场时反常 Zeeman 效应被 Paschen-Back 效应代替,趋于正常 Zeeman 效应的结果。对于钠原子 3^2P,$m_{l2} = 0, \pm 1$,$m_{s2} = \pm 1/2$,而对于 3^2S,$m_{l1} = 0$,$m_{s1} = \pm 1/2$,图 4.8.9 为 Paschen-Back 效应和反常 Zeeman 效应比较。需要说明的是,由于三条能级 $m_l \neq 0$,考虑到自旋与轨道相互作用对原子能量的影响,$m_l \neq 0$ 的能级将会发生微小的移动,因此此时 Paschen-Back 效应下的光谱不是分裂为三条线,而是分裂为五条线。

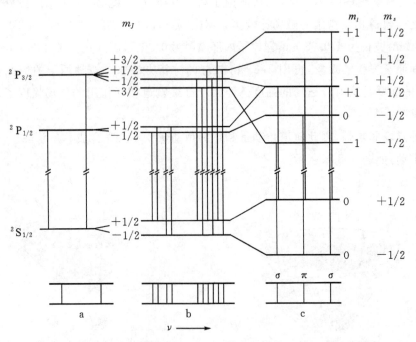

图 4.8.9　钠原子双黄线弱场 Zeeman 效应和强场 Paschen-Back 效应

4.8.4　Stark 效应

原子能级在磁场中会分裂,进而产生 Zeeman 效应或 Paschen-Back 效应,原子能级在电场中会不会发生分裂呢?其实早在 Zeeman 效应被发现不久后就有人企图研究电场对钠的双黄线光谱的影响,但没有成功,因为它需要一个很高但又不引起电离的电场。直到 1913 年 Stark 用氢原子的 Balmer 线系作为研究对象才发现了外电场对原子光谱的影响。原子能级在外电场作用下附加能量为

$$\Delta E_e = -\boldsymbol{d} \cdot \boldsymbol{\varepsilon} \tag{4.8.9}$$

式中,$\boldsymbol{d} = \boldsymbol{d_0} + \boldsymbol{d_1}$,为原子电偶极矩,是固有电偶极矩 $\boldsymbol{d_0}$ 与外场诱导电偶极矩 $\boldsymbol{d_1}$ 之和;$\boldsymbol{\varepsilon}$ 为外加电场强度。对于氢原子和类氢离子具有固有的电偶极矩 $-ea_0$,不需要考虑外场诱导电偶极矩 $\boldsymbol{d_1}$,$l \neq 0$ 的能级及相应的跃迁谱线的劈裂正比于电场强度,称为线性 Stark 效应。对于氢原子、类氢离子以外的原子,原子没有固有电偶极矩 $\boldsymbol{d_0}$,外电场 $\boldsymbol{\varepsilon}$ 在原子内部感应出一个电偶极矩 $\boldsymbol{d_1} = a\boldsymbol{\varepsilon}$,其中 a 为原子极化率。这样能级移动和劈裂正比于电场的二次方,因此称为二次 Stark 效应。图 4.8.10 为钠原子双黄线 Stark 效应分裂和光谱,原来的两条谱线将分裂为三条,电场强度为 10^7 V/m 时,Stark 分裂波长差为 0.005 nm,不过谱线分裂的间距随着主量子数 n 的增大而增大。Stark 效应在原子物理中的意义不及 Zeeman 效应那样明显,但自从人们开始积极研究高激发态的 Rydberg 原子(外层只有一个电子,主量子数 n 很大的原子)以来,Stark 效应获得了人们对它应有的关注,主要因为高激发态原子的 Stark 效应非常显著。另外二级 Stark 效应可以确定原子电极化率,从而使人们了解它的介电性质,而来源于原子间化学键的 Stark 效应对于理解分子光谱特别重要。Stark 效应还是高密度气体的谱线展宽最重要的因素之一。

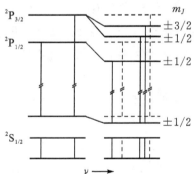

图 4.8.10　钠原子双黄线 $3^2P_{3/2,1/2} \to 3^2S_{1/2}$ 的 Stark 效应分裂

4.9　电子顺磁共振

1944 年 Zavoisky 发现了电子顺磁共振现象,其实验装置如图 4.9.1 所示。将由磁矩不为零的原子(顺磁原子)构成的样品放置在强磁场的微波谐振腔中,高频信号源的微波一定时,改变强磁场的磁感应强度,观察信号接收器的信号。设微波频率为 ν,磁矩不为零的原子的 Landé 因子为 g,调节磁场强度,当磁感应强度 B 满足下式的条件:

$$h\nu = g\mu_B B \tag{4.9.1}$$

可观察到微波的吸收信号,如图 4.9.2 所示。

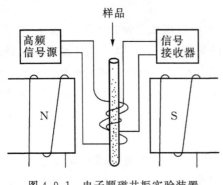

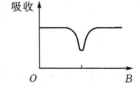

图 4.9.1　电子顺磁共振实验装置　　　　　图 4.9.2　顺磁共振的信号

由式(4.9.1)可以测得样品的 Landé 因子。样品的 Landé 因子取决于未成对电子的自旋磁矩和轨道磁矩的贡献,当然也包含环境对这些未成对电子的影响。自由基自旋磁矩贡献占99%以上,过渡原子金属离子及其化合物轨道磁矩贡献也很大。固体作样品时往往会出现多个共振峰,这些共振峰显示了固体中的顺磁原子受到周围原子的影响,磁场中出现了不等间隔的能级分裂。因此测量 Landé 因子可以反映出样品局部磁场的特性,为研究分子结构信息提供了重要的参数。由于原子核也具有磁矩,体现在顺磁共振的峰实际上是由 n 个靠得很近的共振峰构成的,因此顺磁共振也能提供原子核的有关数据,如原子核磁矩、原子核的角动量等。

问题

1. 原子处于 $^2D_{3/2}$ 态,求 Landé 因子、原子有效磁矩大小 $|\boldsymbol{\mu}_J|$ 和 z 方向投影 μ_{Jz} 的可能值。

2. 钠原子从 $3\,^2P_{1/2}$ 和 $3\,^2P_{3/2}$ 跃迁到 $3\,^2S_{1/2}$ 的两条精细结构谱线,波长分别为 589.6 nm 和589.0 nm,求能级 $^2P_{3/2}$ 在磁场中分裂后的最低能级与能级 $^2P_{1/2}$ 分裂后的最高能级并合时磁感应强度的大小。

3. 某状态的钒 ^4F、锰 ^6S、铁 ^5D 的原子束在 Stern-Gerlach 实验中分裂为 4、6、9 条原子束,求这些原子在磁场方向有效磁矩分量的最大值。

4. 在 Stern-Gerlach 实验中,基态的氢从温度为 400 K 的炉中射出,在接收屏上接收到两条原子沉积线,其间距为 0.60 cm,若把氢原子换成氯原子(基态为 $^2P_{3/2}$),其他实验条件不变,那么接收屏可以接收几条氯束线? 相邻两束的间距为多大?

5. 某元素放在 0.3 T 的磁场中发生正常 Zeeman 效应,求该元素 450 nm 谱线两侧的波长。

6. 钙原子 $4^1D_2 \rightarrow 4^1P_1$ 跃迁产生波长为 643.9 nm 的单线,如果把钙原子放在 1.40 T 的磁场中,求观察到的光谱线的波长。

7. 某元素在 1.0 T 磁场中发生正常 Zeeman 效应,该元素 500 nm 光谱两侧光谱的波长偏离原波长 0.0116 nm,求电子荷质比。

8. 将镉(Cd,$Z=48$)光源放入 8.6 mT 磁场中,在垂直于磁场方向测量光谱时观察到镉的红线 $^1D_2 \rightarrow {}^1P_1$ 分裂为三条谱线,相邻两条谱线的频率间隔为 120 MHz,求电子的荷质比(单位为 C/kg)。

9. 在弱磁场中碱金属原子光谱发生 Zeeman 效应,分析 3d→2p 跃迁光谱线的分裂情况。

10. 锂原子第一辅线系 $3^2D_{3/2}→2^2P_{1/2}$ 的第一条谱线在弱磁场中将分裂为几条光谱线？画出相应的能级跃迁图。

11. 氦原子波长为 667.8 nm($^1D_2→^1P_1$)和 706.5 nm($^3S_1→^3P_0$)的两条谱线在磁场中发生 Zeeman 效应时各分裂为几条？各属于正常还是反常 Zeeman 效应？分别作出能级跃迁图。

12. 锌($Z=30$)原子光谱的一条谱线 $^3S_1→^3P_0$ 在 1.00 T 的磁场中发生 Zeeman 分裂,问:

(1)从垂直于磁场方向观察,原谱线分裂为几条？

(2)相邻两谱线的波数差是多少？

(3)是否属于正常 Zeeman 效应？

(4)画出相应的能级跃迁图。

13. (1)已知氢原子 $3^2P_{1/2}$ 和 $3^2P_{3/2}$ 谱项之差为 0.108 cm^{-1},问氢原子在 4.5 T 的磁场中 Balmer 线系的 H$_\alpha$($n=3→n=2$)会发生 Zeeman 效应还是 Paschen-Back 效应？

(2)画出给定磁场下 H$_\alpha$ 能级分裂图,判断 H$_\alpha$ 线会分裂为几条谱线；

(3)给定磁场下分裂的光谱线,其相邻谱线的频率间隔为 $6.29×10^{10}$ Hz,求电子的荷质比；

(4)给定磁场下氢原子 Lyman 系第一条谱线($n=2→n=1$)波长的分裂情况是大于、小于还是等于 H$_\alpha$ 线？

人物简介

Otto Stern(施特恩,1888 - 02 - 17—1969 - 08 - 17),德国物理学家。1921 年他用 Stern-Gerlach 实验证实了电子自旋的存在,阐明了原子分子的波动性质,测量了原子磁矩,发现了质子磁矩,发展了分子射线法用于研究分子束取向附生。1943 年获诺贝尔物理学奖。

Willis Eugene Lamb(兰姆,1913 - 07 - 12—2008 - 05 - 15),美国物理学家。1947 年他和 Retherford 发现了氢原子的 Lamb 移位,推动了量子电动力学的发展。他在激光理论、量子光学也有很大贡献。学生有 Maiman、Scully 等。1955 年获诺贝尔物理学奖。

Joseph Larmor(拉莫尔,1857 - 07 - 11—1942 - 05 - 19),英国物理学家、数学家。1897 年他独立于 Lorentz 发现了狭义相对论中的 Lorentz 变换,预言了时间膨胀现象,证实了当物质的原子被电磁力聚集时会出现 FitzGerald-Lorentz 长度收缩,但反对 Einstein 相对论,认为电子是由以太中运动的粒子构成的。他发现了 Larmor 进动,计算了加速电子的能量辐射率,把 Zeeman 效应解释为电子的振动。1921 年获 Copley 奖。

Pieter Zeeman(塞曼,1865 - 05 - 25—1943 - 10 - 09),荷兰物理学家。1896 年,他发现了原子光谱在磁场中分裂的 Zeeman 效应,后来研究了运动介质光的传播现象,对磁光、质量谱仪都很感兴趣。1902 年获诺贝尔物理学奖。

Hendrik Antoon Lorentz(洛伦兹,1853 - 07 - 18—1928 - 02 - 04),荷兰物理学家。他创立了经典电子论解释物质电性,导出了运动电荷在磁场中受到 Lorentz 力,把物体发光归因于原子内部电子振动,以此很快解释了 1896 年发现的 Zeeman 效应,1904 年导出了狭义相对论基础的 Lorentz 变换。1902 年获诺贝尔物理学奖。

George Eugene Uhlenbeck(乌伦贝克,1900 - 12 - 06—1988 - 10 - 31),荷兰物理学家。1925 年和 Goudsmit 合作提出了电子自旋概念,二战中做雷达研究。1955 年获 Oersted 奖,1964 年获 Planck 奖,1970 年获 Lorentz 奖,1979 年获 Wolf 物理学奖。

Samuel Abraham Goudsmit(古德斯密特,1902 - 07 - 11—1978 - 12 - 04),荷兰物理学家。1925 年他和 Uhlenbeck 提出了电子自旋概念,是二战中盟军 Alsos 行动的科学顾问,对埃及生物学也有贡献。1964 年获 Planck 奖。

Alfred Landé(朗德,1888 - 12 - 13—1976 - 10 - 30),德国物理学家。1921 年他发现了 Landé 因子可以用来解释反常 Zeeman 效应;1923 年阐明了 Landé 间隔定则,是量子力学相位解释先驱;20 世纪 50 年代后反对量子力学哥本哈根解释。

Llewellyn Hilleth Thomas(托马斯,1903 - 10 - 21—1992 - 04 - 20),英国物理学家、应用数学家。1926 年他提出了 Thomas 进动,使得自旋轨道耦合理论与实验完全吻合;1927 年提出了原子的统计模型——Thomas-Fermi 模型,提出了 Gauss 消去法的简化形式——三对角矩阵 Thomas 算法。1925 年获 Smith 奖。

Johannes Stark(斯塔克,1874 - 04 - 15—1957 - 06 - 21),德国物理学家。1913 年他发现了原子光谱在电场中分裂的 Stark 效应。纳粹时期参与德国物理运动,反对 Einstein 相对论。1919 年获诺贝尔物理学奖。

Yevgeny Zavoisky(柴伏依斯基,1907 - 09 - 28—1976 - 10 - 09),苏联物理学家。1944 年他发现了电子顺磁共振;1952 年设计了检测核过程的发光相机;1958 年发现了等离子体中的磁声共振。获"社会主义劳动英雄"称号、劳动红旗勋章、列宁勋章。

第 5 章　多电子原子

对于单电子氢原子、类氢离子和单价碱金属原子,可以用 Bohr-Sommerfeld 理论和电子自旋假设较好地对其能级结构和光谱进行描述,原子在磁场中发生的 Zeeman 效应、Paschen-Back 效应甚至在电场中的 Stark 效应也都可以定量地讨论。自然界还有很多其他原子,这些多电子原子的确定描述需要新的物理原理,即 Pauli 不相容原理。

本章先介绍氦原子光谱和能级,归纳氦原子能级的特点。进一步在中心力场近似基础上引入多电子原子电子组态的概念,而后阐述近代物理中非常重要的 Pauli 不相容原理。在 Pauli 不相容原理和能量最低原理的基础上,介绍原子的壳层结构和元素周期律。在中心力场近似基础上,考虑到剩余非中心 Coulomb 相互作用和自旋轨道相互作用,讨论两种典型的耦合类型,LS 耦合和 jj 耦合、原子的原子态和能级、Hund 定则在确定多电子原子能级高低次序方面起到了重要作用。最后简单介绍多电子原子的光谱规律,作为原子激发和辐射跃迁的实例,同时阐明激光的构造和基本原理。

5.1　氦原子光谱和能级

1868 年在日珥光谱中首次观察到了波长为 587.5 nm 的黄色光谱,这条谱线与钠原子双线 D_1 波长 589.0 nm 和 D_2 波长 589.6 nm 非常接近,被称为 D_3 线。这条谱线不属于当时已知元素的谱线,人们认为这是新元素的谱线,这个元素被称为氦。用高分辨本领的仪器可以看到 D_3 线包含了三个成分,波长分别为 587.596 3 nm、587.564 3 nm 和 587.560 1 nm。

氦原子有两个电子,是最简单的多电子原子。实验观察发现氦原子光谱和碱金属原子类似,都有主线系、第一、第二辅线系等,但氦原子有两套这样的光谱系,一套谱线是单线,另一套谱线有着复杂的结构。这两套光谱系彼此好像没有关系,早期的观察者误认为有两种氦,光谱结构复杂的称为正氦,单线光谱的称为仲氦。现在知道并没有两种氦,而是氦原子有两套能级。事实上,元素周期表所有第二族的元素,如铍(Be)、镁(Mg)、钙(Ca)、锶(Sr)、镉(Cd)、钡(Ba)、汞(Hg)等原子的光谱均具有与氦原子相似的光谱结构。通过对光谱的分析,可以得到相应原子的能级图。氦原子的能级如图 5.1.1 所示。

氦原子能级图具有如下几个特点。

(1)有两套能级,左边一套是单层的,右侧一套大多数是三层的,三重态能级总是低于相应单态的能级,但基态能级却是单态 1^1S_0。每套能级都有主线系和第一、第二辅线系等,两套能级间没有相互跃迁。

(2)存在着几个亚稳态,图中 2^1S_0 和 2^3S_1 都是亚稳态,亚稳态的能级寿命比一般激发态寿命要长很多。2^1S_0 的寿命达 19.5 ms,2^3S_1 的寿命达到 7 870 s,而一般激发态寿命不过 10^{-8} s 的量级。

(3)三层结构的能级没有来自 $1s^2$ 的能级,基态 1^1S_0 与第一激发态 2^3S_1 之间能量相差很大,为 19.77 eV,电离能是所有元素中最大的,达 24.58 eV。一般的激发态的电子组态总是一个为 1s,而另一个电子被激发到 2s、2p、3s、3p 等,两个电子处于激发态需要很高的能量,观察也困难。

氦原子能级为什么有两套? 三重态能级为什么总低于相应的单态能级? 两套能级间为什么也没有跃迁? 亚稳态的成因是什么? 以下就逐步揭开这些问题的答案吧。

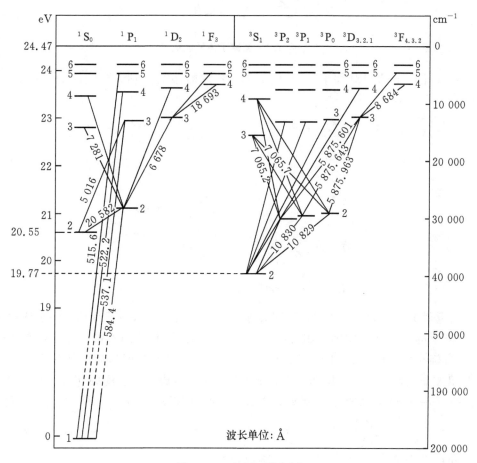

图 5.1.1　氦原子能级图

5.2　多电子原子的电子组态

5.2.1　中心力场近似

多电子原子由一个原子核 Ze 和核外 N 个电子组成,如图 5.2.1 所示,假设原子核静止时,原子系统的总能量用量子力学的 Hamilton 算符表示为

$$\hat{H} = \sum_{i=1}^{N} \left(-\frac{\hbar^2}{2m_i} \nabla_i^2 \right) - \sum_{i=1}^{N} \frac{Ze^2}{4\pi\varepsilon_0 r_i} + \sum_{i,j=1, i>j}^{N} \frac{e^2}{4\pi\varepsilon_0 r_{ij}} + \sum_{i=1}^{N} \zeta(r_i) \boldsymbol{l}_i \cdot \boldsymbol{s}_i + H_{其他} \quad (5.2.1)$$

式中,第一项为电子动能,第二项为电子与原子核之间的 Coulomb 势能,第三项为全部电子对之间斥力的总和($i>j$ 避免了重复求和),第四项为电子自旋与轨道相互作用能量之和,最后

一项包含电子之间的自旋与轨道相互作用、电子自旋磁矩之间的相互作用、相对论效应等。一般最后一项较前四项相比可以忽略。

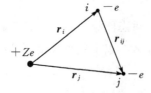

5.2.1　氦原子体系能量

设 $N-1$ 个电子的球对称平均势能为 $S(r_i)$，忽略最后一项，原子体系的 Hamilton 量可写为

$$\hat{H} = \sum_{i=1}^{N}\left[-\frac{\hbar^2}{2m_i}\nabla_i^2 - \frac{Ze^2}{4\pi\varepsilon_0 r_i} + S(r_i)\right] + \sum_{i,j=1,i>j}^{N}\frac{e^2}{4\pi\varepsilon_0 r_{ij}} - \sum_{i=1}^{N}S(r_i) + \sum_{i=1}^{N}\zeta(r_i)\boldsymbol{l}_i\cdot\boldsymbol{s}_i$$
$$= \hat{H}_0 + \hat{H}_1 + \hat{H}_2 \tag{5.2.2}$$

其中，

$$\hat{H}_0 = \sum_{i=1}^{N}\left[-\frac{\hbar^2}{2m_i}\nabla_i^2 - \frac{Ze^2}{4\pi\varepsilon_0 r_i} + S(r_i)\right]$$

$$\hat{H}_1 = \sum_{i,j=1,i>j}^{N}\frac{e^2}{4\pi\varepsilon_0 r_{ij}} - \sum_{i=1}^{N}S(r_i)$$

$$\hat{H}_2 = \sum_{i=1}^{N}\zeta(r_i)\boldsymbol{l}_i\cdot\boldsymbol{s}_i$$

$\hat{H}_0$ 为零级近似 Hamilton 量，显然具有球对称性；$\hat{H}_1$ 代表 Coulomb 排斥项中除去球对称平均部分后所剩下的部分，称为剩余非中心 Coulomb 相互作用，该作用不再具有球对称性；$\hat{H}_2$ 为每个电子自旋与轨道相互作用能。所谓中心力场近似，就是忽略掉剩余非中心 Coulomb 相互作用 $\hat{H}_1$ 和自旋与轨道相互作用 $\hat{H}_2$，将原子中每个电子看成在原子核 Coulomb 势和 $N-1$ 个电子的球对称平均势能为 $S(r_i)$ 中运动。中心力场近似下每个电子的 Schrödinger 方程为

$$\left[-\frac{\hbar^2}{2m}\nabla_i^2 - \frac{Ze^2}{4\pi\varepsilon_0 r_i} + S(r_i)\right]u_i(r_i,\theta_i,\varphi_i) = \varepsilon_i u_i(r_i,\theta_i,\varphi_i) \quad i=1,2,\cdots,N \tag{5.2.3}$$

式中，u_i 和 ε_i 分别是第 i 个电子能量本征函数和本征值。

5.2.2　多电子原子的电子组态

由于式(5.2.3)和氢原子的 Schrödinger 方程很相似，虽然势能不是 Coulomb 势但仍具有球对称性，可以证明式(5.2.3)的解 u_i 是径向波函数和球谐函数的乘积，即

$$u_i = R_{n_i l_i}(r_i)Y_{l_i m_i}(\theta_i,\varphi_i)$$

径向波函数 $R_{n_i l_i}(r_i)$ 依赖于主量子数 n_i 和轨道角动量量子数 l_i 两个量子数，球谐函数 $Y_{l_i m_i}(\theta_i,\varphi_i)$ 依赖于轨道角动量量子数 l_i 和轨道磁量子数 m_i 两个量子数。再加上自旋磁量子数 m_{si}，这样原子中每个电子的状态都需要四个量子数 n_i、l_i、m_i、m_{si} 来描述，四个量子数的物理意义同氢原子中的电子，分别表示能量粗值、轨道角动量大小、轨道角动量在空间 z 方向投影和自旋角动量在空间 z 方向投影。

原子中第 i 个电子的波函数为空间波函数和自旋波函数的乘积

$$u_i = u_{n_i l_i m_i}(r_i,\theta_i,\varphi_i)\chi_{m_{si}}(s_z)$$

第 i 个电子的能量 ε_i 取决于 n_i、l_i 两个量子数。中心力场近似下,原子波函数为各个电子波函数的乘积,即

$$u^{(0)}(1,2,3,\cdots,N) = \prod_{i=1}^{N} u_i$$

原子的能量为

$$E^{(0)} = \sum_{i=1}^{N} \varepsilon_{n_i l_i}$$

中心力场近似下,只要知道了每个电子的两个量子数 (n_i,l_i),整个原子的能量也就确定了。因此把每个电子的量子数 (n_i,l_i) 合起来称为原子的电子组态。例如,氦原子基态两个电子都处于 $n=1$,$l=0$ 的情形,其电子组态为 1s1s,通常也写为 $1s^2$,若一个电子仍然处于 $n=1$,$l=0$ 的情形,而另一个电子跑到 $n=2$,$l=1$ 的状态,则激发态的电子组态为 1s2p。原子光谱研究中,原子状态的变化只涉及价电子的变化,锂原子只有一个价电子,基态电子组态为 2s,第一激发态则为 2p,即 $n=2$,$l=1$。

5.3 Pauli 不相容原理

5.3.1 Pauli 不相容原理概述

中心力场近似下原子中每个电子都在原子核 Coulomb 势和 $N-1$ 个电子的球对称平均势能 $S(r_i)$ 中运动,求解每个电子的 Schrödinger 方程发现每个电子的状态可以用四个量子数 n_i、l_i、m_i、m_{si} 来描述,1925 年 Pauli 提出了 **Pauli 不相容原理**:在一个原子中不可能有两个或两个以上电子具有完全相同的四个量子数 (n,l,m_l,m_s),即原子中每个量子态只能容纳一个电子。

Pauli 不相容原理也是逐步建立起来的。在 20 世纪早期人们就发现偶数电子的原子和分子比奇数电子的原子和分子更加稳定。1916 年 Lewis 猜想原子壳层倾向于容纳偶数电子,特别是 8 个电子,因为 8 个电子可以对称地安排在立方体的 8 个角。1919 年 Langmuir 提出了用原子中电子具有相同的排布方式可以解释元素周期律。1922 年 Bohr 升级了他的原子模型,假设一定的电子数如 2、8、18 对应于稳定的闭壳层,同一主量子数 n 的闭壳层能容纳的电子数恰好等于 $2n^2$。Pauli 一直在寻求来自于经验的 Bohr 闭壳层电子数的理论解释,同时还试图解释 Zeeman 效应、光谱精细结构和铁磁性的实验结果。他从 1924 年 Stoner 的一篇文章中找到了重要线索。Stoner 指出对于给定的主量子数 n,在外磁场中碱金属价电子光谱简并的能级将分开,其分开能级的数目等于同样 n 值的惰性气体闭壳层的电子数,例如,$n=2$ 的锂原子电子组态有 2s(其原子态 $^2S_{1/2}$)和 2p(其原子态 $^2P_{3/2}$、$^2P_{1/2}$),在外磁场中 2s 能级和 2p 能级总共分裂的能级数为 $2+4+2=8$,惰性气体 $n=2$ 时的闭壳层所能容纳的电子数为 8,二者相等;$n=3$ 时钠原子光谱的电子组态有 3s(对应原子态 $^2S_{1/2}$),3p(对应原子态 $^2P_{3/2}$、$^2P_{1/2}$),3d(对应原子态 $^2D_{3/2}$、$^2D_{5/2}$),在外磁场中,简并的能级总共分裂为 $2+4+2+4+6=18$,惰性气体 $n=3$ 时的闭壳层所能容纳的电子数为 18,二者相等。Stoner 的发现使得 Pauli 意识到如果每个量子态最多只能容纳一个电子,那么闭壳层复杂的电子数就可以推算出来,而描述原子中每个电子的量子态要用四个量子数且第四个新的量子数一定是双值的。为什么第四个量子数要

求是双值的呢？因为当时已经知道电子的三个量子数 (n, l, m_l)，当 n 给定时，$l = 0, 1, 2, \cdots, n-1$ 共 n 个值，而 $m_l = 0, \pm 1, \pm 2, \cdots, \pm l$ 共 $2l+1$ 个值，因此闭壳层可容纳的电子数为

$$N_n = \sum_{l=0}^{n-1} (2l+1) = n^2$$

结合 Bohr 的发现，稀有气体同一主量子数 n 闭壳层能容纳的电子数恰好等于 $2n^2$，Pauli 预测第四个量子数一定是双值的。后来我们知道这个双值的第四量子数被 Goudsmit 和 Uhlenbeck 赋予了电子自旋的物理意义。

5.3.2 全同粒子波函数的交换对称性

世界上没有完全相同的两片树叶，树叶的大小用尺来测量，是在宏观尺度；微观世界中的粒子与宏观世界不太一样，如我们碰到的电子和光子。同一类型的粒子如电子具有完全相同的固有属性，如静止质量、电荷、自旋、磁矩等。任何电子都完全一样，我们称内禀属性完全相同的粒子为**全同粒子**。全同粒子没有办法分辨，因为当两个全同粒子在空间相互靠近时，它们的波函数发生交叠，分辨不清谁是一号谁是二号。多电子原子中的电子是全同粒子，由于无法分辨它们，因此原子中两个电子互换，原子体系的物理状态不会发生任何变化，这个性质称为**全同粒子的交换对称性**。

不失一般性，考虑由两个全同粒子组成的系统，用波函数 $\psi(r_1, s_{z_1}; r_2, s_{z_2})$ 描述它们的状态，为了叙述方便，将两个粒子的空间坐标和自旋用 q_1 和 q_2 表示，这样系统的波函数为 $\psi(q_1, q_2)$。由全同粒子的交换对称性，两个粒子交换后，体系的物理状态不发生变化，即两粒子交换前后的概率密度相同：

$$| \psi(q_1, q_2) |^2 = | \psi(q_2, q_1) |^2 \tag{5.3.1}$$

由上式得到两种情形：

$$\psi(q_1, q_2) = \psi(q_2, q_1) \tag{5.3.2}$$

$$\psi(q_1, q_2) = - \psi(q_2, q_1) \tag{5.3.3}$$

满足式(5.3.2)的波函数称为交换对称波函数，而满足式(5.3.3)的波函数称为交换反对称波函数。1940 年 Pauli 在狭义相对论和量子场论的基础上证明了**自旋统计定理**，该定理表明自旋量子数为整数的全同粒子，它们的系统波函数满足交换对称性式(5.3.2)，这类粒子称为 Bose(玻色)子，如光子、π 介子、胶子、引力子等；自旋量子数为半整数的全同粒子，它们的系统波函数满足交换反对称性式(5.3.3)，这类粒子称为 Fermi(费米)子，如电子、质子、中子、中微子等。Bose 子遵循 Bose-Einstein 统计，Fermi 子遵循 Fermi-Dirac 统计。

Pauli 不相容原理更为普遍的叙述如下：Fermi 子组成的系统中，不能有两个或者更多的粒子处于完全相同的量子态，即 Fermi 子必须遵循 Pauli 不相容原理。事实上，设体系有两个粒子，一个处于状态 α[用波函数 $\psi_\alpha(q_1)$ 表示]，一个处于状态 β[用波函数 $\psi_\beta(q_2)$ 表示]，Fermi 子全同粒子波函数满足交换反对称性式(5.3.3)，则两个粒子的波函数只能写为

$$\psi(q_1, q_2) = \frac{1}{\sqrt{2}} \begin{vmatrix} \psi_\alpha(q_1) & \psi_\alpha(q_2) \\ \psi_\beta(q_1) & \psi_\beta(q_2) \end{vmatrix} = \frac{1}{\sqrt{2}} [\psi_\alpha(q_1)\psi_\beta(q_2) - \psi_\beta(q_1)\psi_\alpha(q_2)] \tag{5.3.4}$$

如果两个粒子都处于相同的状态 α，则式(5.3.4)变为

$$\psi(q_1, q_2) = \frac{1}{\sqrt{2}} [\psi_\alpha(q_1)\psi_\alpha(q_2) - \psi_\alpha(q_1)\psi_\alpha(q_2)] = 0$$

由此得系统波函数

$$\psi(q_1, q_2) = 0$$

即系统处于这种状态的概率为 0，实际上不允许两个 Fermi 子占据同一量子态，这正是 Pauli 不相容原理的内容。

Bose 子全同粒子波函数满足式（5.3.2）对称性，因此两个 Bose 子的波函数可写为

$$\psi(q_1, q_2) = \frac{1}{\sqrt{2}} \left[\psi_\alpha(q_1)\psi_\beta(q_2) + \psi_\beta(q_1)\psi_\alpha(q_2) \right]$$

若两个粒子的状态都处于 α，则上式变为

$$\psi(q_1, q_2) = \sqrt{2}\,\psi_\alpha(q_1)\psi_\alpha(q_2) \neq 0$$

波函数不为零，即允许系统的两个粒子都有相同的状态，Bose 子全同粒子系统不遵循 Pauli 不相容原理。Bose 子原子气体温度足够低时，所有的原子都聚集到尽可能低的能量状态，此即 Bose-Einstein 凝聚。Fermi 子系统不会出现这种独特的凝聚现象。

5.4 原子的壳层结构和元素周期律

5.4.1 壳层和支壳层

Bohr 很早就认识到元素性质的周期性变化必然有其内在的原因，1922 年他又进一步指出元素性质的周期性变化是原子内电子按一定壳层排列的结果，原子中主量子数 n 相同的那些电子构成一个壳层，电子按一定的次序排列在各个不同的壳层内，当电子填充新的壳层时，也就开始了一个新的周期。后来人们把 $n=1,2,3,4,5,6,\cdots$ 对应的壳层用 K、L、M、N、O、P、$\cdots$ 符号表示。电子在 Bohr 壳层的填充由电子能量的高低来决定，电子能量决定于主量子数 n 和轨道角动量量子数 l，n 比 l 更能决定能量的高低。一般 n 和 l 越小时，电子的能量越低，n 相同时，l 越小的电子能量越低。核外电子较多时，考虑电子间相互作用后，能级的次序会有所变动。例如，钠原子的 3d 能级比 4s 能级高，因为后者有较强的极化和贯穿效应。结合原子光谱数据，Bohr 就可以确定各壳层最多能容纳的电子数，例如，从碱金属原子光谱的实验数据发现锂原子（$Z=3$）、钠原子（$Z=11$）基态电子组态分别为 2s、3s，因此锂原子第 3 个电子、钠原子第 11 个电子分别在 2s、3s 能级上，由此可以推断 $n=1$ 的壳层最多只能容纳 2 个电子，而 $n=2$ 的壳层最多只能容纳 $10-2=8$ 个电子。Bohr 还经验地导出了 $n=3$ 时的壳层最多能容纳 18 个电子，Bohr 将这些填满的稳定壳层称为闭壳层。在 Bohr 的这种壳层结构中暗含了一个经验的事实，某个壳层最多只能容纳有限个电子，原子中电子也不可能都处在某个最低的能级上。Bohr 幽默地认为出现这种情况的原因是电子具有某种人格化，超过一定数目的电子不能和睦相处，必须跑到不同的壳层上去。

我们知道描述电子状态的四个量子数 (n, l, m_l, m_s) 中，m_l、m_s 为轨道和自旋磁量子数，表示轨道角动量和自旋角动量的空间量子化，电子能量的大小主要取决于 n 和 l，当 n 一定时，$l=0,1,2,\cdots,n-1$ 共 n 个取值，不同的 l 值用 s、p、d、f、g、h$\cdots$ 小写字母表示。这启示人们可以将 Bohr 的原子壳层进一步划分为不同的支壳层，事实上 1916 年 Kossel 在解释 X 射线的特征谱线时假定 Bohr 主壳层又划分为不同的支壳层，每个支壳层对应于不同的轨道角动量量子

数 l，很显然给定主量子数 n，主壳层可以划分 n 个支壳层。例如，$n=2$ 时，l 为 0 或 1，$n=2$ 的主壳层可以划分为 2s 和 2p 两个支壳层。借助于 Pauli 不相容原理，可以推断出各支壳层和主壳层最多能容纳的电子数目，和 Bohr 从光谱数据推测的结果完全一致。

描述电子状态的四个量子数 (n, l, m_l, m_s)，给定 n 时，$l=0, 1, 2, \cdots, n-1$ 共 n 个取值，而 $m_l = 0, \pm 1, \pm 2, \cdots, \pm l$ 共 $2l+1$ 个值，自旋磁量子数 $m_s = \pm 1/2$。由 Pauli 不相容原理，原子中不可能有两个或两个以上的电子具有完全相同的四个量子数，当 n 和 l 一定时支壳层最多能容纳的电子数为

$$N_l = 2(2l+1) \tag{5.4.1}$$

而当 n 给定时，n 主壳层最多能容纳的电子数为

$$N_n = \sum_{l=0}^{n-1} 2(2l+1) = 2n^2 \tag{5.4.2}$$

$n=1$ 时，$N_1 = 2 \times 1^2 = 2$；$n=2$ 时，$N_2 = 2 \times 2^2 = 8$；$n=3$ 时，$N_3 = 2 \times 3^2 = 18$，等等，和 Bohr 的经验结果完全一致。每一支壳层和主壳层最多能容纳的电子数如表 5.4.1 所示。

表 5.4.1　主壳层、支壳层所能容纳的最多的电子数

壳层 n	1 K	2 L		3 M			4 N				5 O					6 P			
支壳层 l	0	0	1	0	1	2	0	1	2	3	0	1	2	3	4	0	1	2	…
$2(2l+1)$	2	2	6	2	6	10	2	6	10	14	2	6	10	14	18	2	6	10	…
$2n^2$	2	8		18			32				50					72			

被填满的主壳层和支壳层称为闭合(主)壳层和闭合支壳层。闭合壳层有两个特点：总的电子电荷分布是球对称的，总的角动量和磁矩均为零。闭合壳层电子概率分布由其波函数的模平方决定

$$\rho(r, \theta, \phi) = 2 \sum_{m=-l}^{l} |u_{nlm}|^2 = 2 |R_{nl}(r)|^2 \sum_{m=-l}^{l} |Y_l^m(\theta, \phi)|^2 = \frac{1}{2\pi}(2l+1)|R_{nl}(r)|^2$$

$$\tag{5.4.3}$$

显然这个分布与角坐标 θ、ϕ 无关，自然是球对称的。闭合壳层所有的量子态都被电子占据，m_l 有 $(2l+1)$ 个取值，m_s 有两个值。由于 m_l、m_s 值的正负总是成对出现的，因此

$$M_L = \sum m_l = 0, \quad M_S = \sum m_s = 0$$

于是总轨道角动量 $L=0$，总自旋角动量 $S=0$，总角动量 $J=0$，由此可知所有闭合壳层的原子态为 $^1\mathrm{S}_0$。闭壳层的磁矩

$$\boldsymbol{\mu}_J = -g_J \frac{e}{2m} \boldsymbol{J}$$

也只能等于零。因此在考虑原子角动量、磁矩时，只要计及未闭合壳层中电子的角动量和磁矩就行了，如碱金属原子的角动量、磁矩只需要考虑最外层价电子的角动量和磁矩即可。

5.4.2　壳层填充次序

电子填充壳层的次序除了受到 Pauli 不相容原理的限制，还必须遵循能量最小原理，即电子先填充能量较低的支壳层，原子最稳定。各支壳层能量的高低取决于主量子数 n 和轨道角

动量量子数 l，一般 n 越小，支壳层能量越低，n 相同时，l 越小能量越低，但实际支壳层的能量与我们设想的并不完全一致。

　　不同支壳层的能量一般由实验决定，等电子体系光谱比较研究是个很好的确定支壳层能量的实验方法。所谓等电子体系，举例来说，钾原子有 19 个电子，Ca^+、Sc^{2+}、Ti^{3+}、V^{4+}、Cr^{5+}、Mn^{6+} 都只有 19 个电子，这些原子构成 K 原子的等电子体系，它们的结构相似，由一个原子核和 18 个电子构成原子实，还有一个单电子在原子实中运动。等电子体系的一般表示为：K I、Ca II、Sc III、Ti IV、V V、Cr VI、Mn VII。等电子体系的光谱项为

$$T = \frac{R(Z-\sigma)^2}{n^2} \qquad (5.4.4)$$

其中，$Z-\sigma$ 为有效电荷数；R 为 Rydberg 常数；n 为对应的主量子数；T 为光谱项，原子的能量 $E=-hcT$。可以将式(5.4.4)改写为

$$\sqrt{\frac{T}{R}} = \frac{1}{n}(Z-\sigma) \qquad (5.4.5)$$

由光谱数据得到的 $\sqrt{\dfrac{T}{R}}$ 与原子序数 Z 之间是线性关系，具有相同 n 值的点会落在同一条直线上，直线的斜率为 $1/n$，这样的线系图称为 Moseley 图。钾(K)原子的等电子体系的 Moseley 图如图 5.4.1 所示。

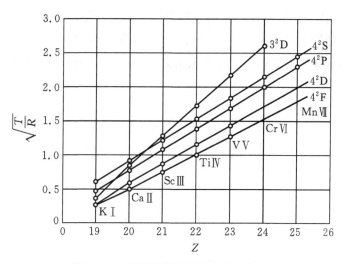

图 5.4.1　钾原子等电子体系 Moseley 图

　　从图中可以看到差不多平行的 $n=4$ 的直线，$n=3$ 的直线斜率大于 $n=4$ 的直线，3^2D 和 4^2S 交于 20 和 21 之间，$Z=19$ 和 20 时，4^2S 谱项大于 3^2D 谱项，因此 4s 支壳层能量低于 3d 支壳层能量，这就是 19 号钾原子和 20 号钙原子第 19 个电子填充在 4s 支壳层而非 3d 支壳层的原因，钙原子第 20 个电子也填充在 4s 支壳层。21 号钪原子以后的等电子体系离子的第 19 个电子会先填充 3d 支壳层，因为 3^2D 谱项最大，对应的 3d 的能量也最低。用等电子体系光谱比较法可以确定支壳层能级的高低，图 5.4.2 给出了支壳层结合能与原子序数的变化，纵坐标的能量单位 $R_y = 13.6$ eV。

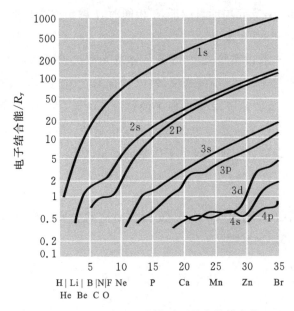

图 5.4.2 支壳层结合能随原子序数的变化

支壳层结合能越大表明该支壳层的能量越低,支壳层的能量可以通过量子力学的计算给出。由实验结果可以总结出支壳层能量的大小,$n+l$ 相同时,n 小的支壳层能量低,$n+l$ 不同,若 n 相同,l 小的支壳层能量低,若 n 不同,则 n 大的支壳层能量低。Slater 和徐光宪甚至给出了标记支壳层能级的经验公式 $n+0.7l$,由该公式算出的结果越小,支壳层的能量越低。可以将这些经验的规律用形象化的方式表示出来,如图 5.4.3 所示,图中箭头的方向表示电子填充支壳层的次序。

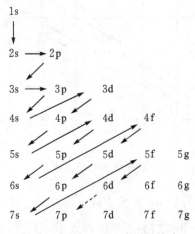

图 5.4.3 电子填入壳层的次序

由 Pauli 不相容原理和能量最低原理,几乎可以把所有元素周期表中原子的电子填入它们的壳层中,这里仅举一例。21 号钪原子有 21 个电子,$n=1$ 时只有一个支壳层容纳 2 个电子,$n=2$ 时支壳层有 2s 可以容纳 2 个电子,2p 可以容纳 6 个电子,$n=3$ 时支壳层有 3s 可容纳 2 个电子,3p 可容纳 6 个电子,这样 18 个电子壳层填充和氩原子一样,即

$$[Ar] = 1s^2 2s^2 2p^6 [Ne] 3s^2 3p^6$$

还剩下 3 个电子,这三个电子可以填充到 3d、4s 和 4p,到底怎样填充取决于三个支壳层能级的高低。

$$E_{4s} = 4 + 0.7 \times 0 = 4$$
$$E_{3d} = 3 + 0.7 \times 2 = 4.4$$
$$E_{4p} = 4 + 0.7 \times 1 = 4.7$$

因此三个支壳层能级的高低次序是 $E_{4s} < E_{3d} < E_{4p}$,2 个电子应先填充 4s 支壳层,剩下一个电子填充 3d 支壳层。21 号钪原子的壳层结构(电子组态)为[Ar]$3d4s^2$。元素周期表中其他原子的壳层结构参阅附录Ⅱ。

5.4.3　电子壳层排列与元素周期律

1869 年 Mendeleev 在深入研究当时知道的 62 种元素化学物理性质的基础上,发现了元素周期律,将元素按原子量递增的次序排列,它们的物理、化学性质会周期性地重复。但有三对例外,^{19}K(39.098)和^{18}Ar(39.94);^{28}Ni(58.7)和^{27}Co(58.9);^{63}I(126.9)和^{62}Te(127.6),1913 年发现的 Moseley 定律表明如果元素按原子序数 Z 递增的次序排列,Mendeleev 周期律中例外的三对元素就不会出现了。图 5.4.4 是元素周期表。元素周期表的一个作用就是指导发现新的元素,按元素的周期性排列会不连续而出现一些空位,预示着期间的元素尚未被发现。在元素周期性前后特征的指导下,1874 年人们发现了钪(Sc),它处于钙和钛之间;1886 年发现的锗(Ge)、1875 年发现的镓(Ga),填补了锌与砷之间的空位。

虽然元素周期律是一个伟大的发现,但对元素周期律的形成原因却一直没有一个满意的解释。第一个对元素周期律基于物理解释的是 Bohr,他认为可以用原子内电子按一定壳层排列的观点来解释元素周期律,具有相同主量子数的元素处于一个周期,每个新的周期从电子填充新的主壳层开始,元素的物理、化学性质取决于原子最外层的电子的数目。1925 年发现的 Pauli 不相容原理使 Bohr 对元素周期律的解释有了坚实的理论基础。

第一周期为 $n=1$ 的 K 主壳层,只有一个 1s 支壳层,最多只能容纳 2 个电子,因此只有氢元素和氦元素,到氦原子时已经是闭壳层 $1s^2$ 了。

第二周期为 $n=2$ 的 L 壳层,有两个支壳层,2s 可容纳 2 个电子,2p 可容纳 6 个电子,因此第二周期从锂原子 $1s^2 2s^1$ 开始,随着原子序数 Z 的增大至氖 $1s^2 2s^2 2p^6$ 结束。

第三周期 $Z=11$ 的钠原子[Ne]3s 开始了对 $n=3$ 的 M 壳层的填充,从 $Z=11$ 到 $Z=18$ 的氩原子[Ne]$3s^2 3p^6$ 共 8 种元素逐一在 3s 和 3p 支壳层上排列,3d 还没有填充第三周期就已经结束了,这是因为 3d 的能量高于 4s 的能量,19 号钾原子的最外层电子排在 4s 的支壳层上而成为第四周期的开始。

元素周期表

原子序数 → 19
元素符号(红色指放射性元素) → K
元素名称(注*的是人造元素) → 钾
稳定同位素的质量数(底线指丰度最大的同位素) → 39
放射性同位素的质量数 → 40 41
外围电子的构型(括号指可能的构型) → $4s^1$
相对原子质量(括号内数据为放射性元素最长寿命同位素的质量数) → 39.0983(1)

注：
1. 相对原子质量录自1999年国际相对原子质量表，以$^{12}C=12$为基准，元素的相对原子质量末位数的准确度加注在其后括弧内。
2. 商品Li的相对原子质量范围为6.939~6.996。
3. 稳定元素列有天然丰度的同位素；天然放射性元素和人造元素同位素的选列与国际相对原子质量标的有关文献一致。

族 / 周期	1	2	3	4	5	6	7	8	9	10	11	12	13	14	15	16	17	18	电子层	18族电子数
	IA	ⅡA	ⅢB	ⅣB	VB	ⅥB	ⅦB	ⅧB			IB	ⅡB	ⅢA	ⅣA	VA	ⅥA	ⅦA	ⅧA		
1	1 H 氢 1 2 3 $1s^1$ 1.00794(7)																	2 He 氦 3 4 $1s^2$ 4.002602(2)	K	2
2	3 Li 锂 6 7 $2s^1$ 6.941(2)	4 Be 铍 9 $2s^2$ 9.012182(3)											5 B 硼 10 11 $2s^2 2p^1$ 10.811(7)	6 C 碳 12 13 14 $2s^2 2p^2$ 12.0107(8)	7 N 氮 14 15 $2s^2 2p^3$ 14.0067(2)	8 O 氧 16 17 18 $2s^2 2p^4$ 15.9994(3)	9 F 氟 19 $2s^2 2p^5$ 18.9984032(5)	10 Ne 氖 20 21 22 $2s^2 2p^6$ 20.1797(6)	L K	8 2
3	11 Na 钠 23 $3s^1$ 22.989770(2)	12 Mg 镁 24 25 26 $3s^2$ 24.3050(6)											13 Al 铝 27 $3s^2 3p^1$ 26.981538(2)	14 Si 硅 28 29 30 $3s^2 3p^2$ 28.0855(3)	15 P 磷 31 $3s^2 3p^3$ 30.973761(2)	16 S 硫 32 33 34 36 $3s^2 3p^4$ 32.065(5)	17 Cl 氯 35 37 $3s^2 3p^5$ 35.453(2)	18 Ar 氩 36 38 40 $3s^2 3p^6$ 39.948(1)	M L K	8 8 2
4	19 K 钾 39 40 41 $4s^1$ 39.0983(1)	20 Ca 钙 40 41 42 44 46 48 $4s^2$ 40.078(4)	21 Sc 钪 45 $3d^1 4s^2$ 44.955910(8)	22 Ti 钛 46 47 48 49 50 $3d^2 4s^2$ 47.867(1)	23 V 钒 50 51 $3d^3 4s^2$ 50.9415(1)	24 Cr 铬 50 52 53 54 $3d^5 4s^1$ 51.9961(6)	25 Mn 锰 55 $3d^5 4s^2$ 54.938049(9)	26 Fe 铁 54 56 57 58 $3d^6 4s^2$ 55.845(2)	27 Co 钴 59 $3d^7 4s^2$ 58.933200(9)	28 Ni 镍 58 60 61 62 64 $3d^8 4s^2$ 58.6934(2)	29 Cu 铜 63 65 $3d^{10} 4s^1$ 63.546(3)	30 Zn 锌 64 66 67 68 70 $3d^{10} 4s^2$ 65.39(2)	31 Ga 镓 69 71 $4s^2 4p^1$ 69.723(1)	32 Ge 锗 70 72 73 74 76 $4s^2 4p^2$ 72.64(1)	33 As 砷 75 $4s^2 4p^3$ 74.92160(2)	34 Se 硒 74 76 77 78 80 82 $4s^2 4p^4$ 78.96(3)	35 Br 溴 79 81 $4s^2 4p^5$ 79.904(1)	36 Kr 氪 78 80 82 83 84 86 $4s^2 4p^6$ 83.80(1)	N M L K	8 18 8 2
5	37 Rb 铷 85 87 $5s^1$ 85.4678(3)	38 Sr 锶 84 86 87 88 $5s^2$ 87.62(1)	39 Y 钇 89 $4d^1 5s^2$ 88.90585(2)	40 Zr 锆 90 91 92 94 96 $4d^2 5s^2$ 91.224(2)	41 Nb 铌 93 94 $4d^4 5s^1$ 92.90638(2)	42 Mo 钼 92 94 95 96 97 98 100 $4d^5 5s^1$ 95.94(1)	43 Tc 锝 97 98 99 $4d^5 5s^2$ (98)	44 Ru 钌 96 98 99 100 101 102 104 $4d^7 5s^1$ 101.07(2)	45 Rh 铑 103 $4d^8 5s^1$ 102.90550(2)	46 Pd 钯 102 104 105 106 108 110 $4d^{10}$ 106.42(1)	47 Ag 银 107 109 $4d^{10} 5s^1$ 107.8682(2)	48 Cd 镉 106 108 110 111 112 113 114 116 $4d^{10} 5s^2$ 112.411(8)	49 In 铟 113 115 $5s^2 5p^1$ 114.818(3)	50 Sn 锡 112 114 115 116 117 118 119 120 122 124 $5s^2 5p^2$ 118.710(7)	51 Sb 锑 121 123 $5s^2 5p^3$ 121.760(1)	52 Te 碲 120 122 123 124 125 126 128 130 $5s^2 5p^4$ 127.60(3)	53 I 碘 127 129 $5s^2 5p^5$ 126.90447(3)	54 Xe 氙 124 126 128 129 130 131 132 134 136 $5s^2 5p^6$ 131.293(6)	O N M L K	8 18 18 8 2
6	55 Cs 铯 133 $6s^1$ 132.90545(2)	56 Ba 钡 130 132 134 135 136 137 138 $6s^2$ 137.327(7)	71 Lu 镥 175 176 $4f^{14} 5d^1 6s^2$ 174.967(1)	72 Hf 铪 174 176 177 178 179 180 $5d^2 6s^2$ 178.49(2)	73 Ta 钽 180 181 $5d^3 6s^2$ 180.9479(1)	74 W 钨 180 182 183 184 186 $5d^4 6s^2$ 183.84(1)	75 Re 铼 185 187 $5d^5 6s^2$ 186.207(1)	76 Os 锇 184 186 187 188 189 190 192 $5d^6 6s^2$ 190.23(3)	77 Ir 铱 191 193 $5d^7 6s^2$ 192.217(3)	78 Pt 铂 190 192 194 195 196 198 $5d^9 6s^1$ 195.078(2)	79 Au 金 197 $5d^{10} 6s^1$ 196.96655(2)	80 Hg 汞 196 198 199 200 201 202 204 $5d^{10} 6s^2$ 200.59(2)	81 Tl 铊 203 205 $6s^2 6p^1$ 204.3833(2)	82 Pb 铅 204 206 207 208 $6s^2 6p^2$ 207.2(1)	83 Bi 铋 209 $6s^2 6p^3$ 208.98038(2)	84 Po 钋 209 210 $6s^2 6p^4$ (210)	85 At 砹 210 211 $6s^2 6p^5$ (210)	86 Rn 氡 211 220 222 $6s^2 6p^6$ (222)	P O N M L K	8 18 32 18 8 2
7	87 Fr 钫 223 $7s^1$ (223)	88 Ra 镭 223 224 226 228 $7s^2$ (226)	103 Lr 铹* 260 $(5f^{14} 6d^1 7s^2)$ (260)	104 Rf 𬬻* 261 $(6d^2 7s^2)$ (261)	105 Db 𬭊* 262 $(6d^3 7s^2)$ (262)	106 Sg 𬭳* 263 (263)	107 Bh 𬭛* 264 (264)	108 Hs 𬭶* 265 (265)	109 Mt 鿏* 268 (268)	110 Uun * 269 (269)	111 Uuu * 272 (272)	112 Uub * 277 (277)	……							

镧系	57 La 镧 138 139 $5d^1 6s^2$ 138.9055(2)	58 Ce 铈 136 138 140 142 $4f^1 5d^1 6s^2$ 140.116(1)	59 Pr 镨 141 $4f^3 6s^2$ 140.90765(2)	60 Nd 钕 142 143 144 145 146 148 150 $4f^4 6s^2$ 144.24(3)	61 Pm 钷 145 147 $4f^5 6s^2$ (145)	62 Sm 钐 144 147 148 149 150 152 154 $4f^6 6s^2$ 150.36(3)	63 Eu 铕 151 153 $4f^7 6s^2$ 151.964(1)	64 Gd 钆 152 154 155 156 157 158 160 $4f^7 5d^1 6s^2$ 157.25(3)	65 Tb 铽 159 $4f^9 6s^2$ 158.92534(2)	66 Dy 镝 156 158 160 161 162 163 164 $4f^{10} 6s^2$ 162.50(3)	67 Ho 钬 165 $4f^{11} 6s^2$ 164.93032(2)	68 Er 铒 162 164 166 167 168 170 $4f^{12} 6s^2$ 167.259(3)	69 Tm 铥 169 $4f^{13} 6s^2$ 168.93421(2)	70 Yb 镱 168 170 171 172 173 174 176 $4f^{14} 6s^2$ 173.04(3)
锕系	89 Ac 锕 227 $6d^1 7s^2$ (227)	90 Th 钍 230 232 $6d^2 7s^2$ 232.0381(1)	91 Pa 镤 231 $5f^2 6d^1 7s^2$ 231.03588(2)	92 U 铀 233 234 235 236 238 $5f^3 6d^1 7s^2$ 238.02891(3)	93 Np 镎 237 239 $5f^4 6d^1 7s^2$ (237)	94 Pu 钚 238 239 240 241 242 244 $5f^6 7s^2$ (244)	95 Am 镅* 241 243 $5f^7 7s^2$ (243)	96 Cm 锔* 243 244 245 246 247 248 $5f^7 6d^1 7s^2$ (247)	97 Bk 锫* 247 249 $5f^9 7s^2$ (247)	98 Cf 锎* 249 250 251 252 $5f^{10} 7s^2$ (251)	99 Es 锿* 252 $5f^{11} 7s^2$ (252)	100 Fm 镄* 257 $5f^{12} 7s^2$ (257)	101 Md 钔* 256 258 $(5f^{13} 7s^2)$ (258)	102 No 锘* 259 $(5f^{14} 7s^2)$ (259)

图 5.4.4 元素周期表

第四周期的支壳层填充次序出现复杂的情况,该周期始于 $Z=19$ 的钾原子[Ar]4s,18 个电子填满 K、L 壳层,填满 M 壳层中 3s 和 3p 支壳层,构成原子实。由于 4s 支壳层能量低于 3d 支壳层能量,因此 $Z=20$ 的钙原子也将填充 4s 支壳层。从 $Z=21$ 的钪原子开始到 $Z=30$,3d 支壳层也被填满了,这 10 种元素被称为第一组过渡元素。由于 3d 和 4s 能量接近,两个支壳层的填充出现竞争,如 29 号铜原子[Ar]3d^{10}4s^1。从 31 号元素起填满 4p 支壳层至 36 号元素氪 Kr,[Ar]3d^{10}4s^{2}4p^6。

第五周期和第四周期类似,从 $Z=37$ 开始至 $Z=54$ 结束,各元素依次填充 5s、4d 和 5p 支壳层。$Z=39\sim48$ 元素填充 4d 支壳层构成第二组过渡元素。49 号元素至 54 号元素氙 5p 支壳层被填满。

第六周期从 $Z=55$ 的铯原子开始分别填充 6s、4f、5d 和 6p 支壳层,到 $Z=86$ 的氡原子结束。57 号元素到 71 号元素具有未满 4f 支壳层为镧系(稀土)元素。由于 4f 和 5d 能量相差很小,两个支壳层互相竞争,57 号镧原子和 64 号钆原子基态电子组态各有一个电子进入 5d 支壳层而少一个 4f 电子,从 81 号铊原子填充 6p 至 86 号氡原子结束第六周期。

第七周期从 $Z=87$ 的钫原子开始,88 号镭原子将 7s 填满,从 90 号元素到 103 号元素主要填充 5f 支壳层构成锕系元素。第七周期从自然界存在的元素到 92 号元素铀结束,比铀重的元素都是人工合成的。

每个 p 支壳层和下一壳层 s 支壳层的能量相差很大,而惰性气体正好将 p 支壳层填满(氦例外),这些元素的激发态比基态低很多,化学性质不活泼,电离能也特别大。碱金属元素原子容易失去一个电子成为满 p 支壳层,碱金属元素电离能最小,化学性质很活泼。元素电离能随 Z 的变化如图 5.4.5 所示,其周期性很明显。卤素原子很容易从其他元素原子获得一个电子构成满 p 支壳层,因此卤素元素也很活泼,电子亲和能也是最大,电子亲和能随 Z 增大的变化曲线见图 5.4.5。过渡元素和稀土元素都有未满的内壳层,因此它们具有非常独特的磁学和光学性质。特别是稀土元素,最后一个电子填充在能量高空间紧凑的支壳层,它们的颜色和顺磁性主要是由内层的 4f 电子引起的,由于外部 6s 电子对 4f 电子的屏蔽,稀土元素光谱出现清晰的谱线,很适合做激光材料。

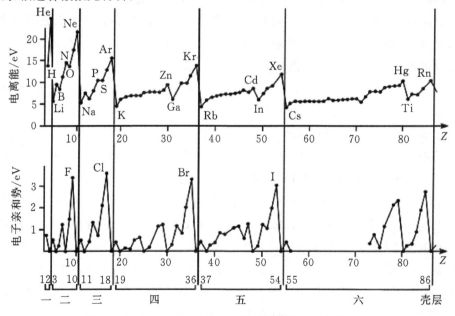

图 5.4.5　原子电离能、电子亲和能随原子序数 Z 的变化

　　元素周期表各周期的元素数分别为 $2,8,8,18,18,32,\cdots$,各主壳层最多容纳的电子数为 $2,8,18,32,50,72$,这个差别在于电子填充各支壳层的顺序是按能量最低原理要求的,这个原理只适用于最外层填充电子的能量次序,对于内层电子而言,其支壳层能量次序主要还是由主量子数决定来进行排列的。

　　从上面的讨论看出,电子结构的周期性导致了元素性质的周期性,反之元素周期律证实了原子内部电子壳层结构的存在。

5.5　多电子原子的原子态和能级

5.5.1　剩余非中心 Coulomb 相互作用和自旋与轨道相互作用

　　多电子原子系统的能量用 Hamilton 量写出就是式(5.2.2),包含了三项之和

$$\hat{H} = \hat{H}_0 + \hat{H}_1 + \hat{H}_2$$

第一项

$$\hat{H}_0 = \sum_{i=1}^{N} \left[-\frac{\hbar^2}{2m_i} \nabla_i^2 - \frac{Ze^2}{4\pi\varepsilon_0 r_i} + S(r_i) \right]$$

为原子核的 Coulomb 势和其他 $N-1$ 电子产生的球对称的中心势,第二项

$$\hat{H}_1 = \sum_{i,j=1,i>j}^{N} \frac{e^2}{4\pi\varepsilon_0 r_{ij}} - \sum_{i=1}^{N} S(r_i)$$

是原子的剩余非中心 Coulomb 势,第三项

$$\hat{H}_2 = \sum_{i=1}^{N} \zeta(r_i) \boldsymbol{l}_i \cdot \boldsymbol{s}_i$$

为电子自旋与轨道相互作用能。当我们采取中心力场近似实际上只考虑了第一项,把剩余非中心 Coulomb 势和自旋与轨道相互作用都忽略掉了,中心力场近似下原子的电子状态用四个量子数 (n,l,m_l,m_s) 表示,原子的能量只和 (n,l) 两个量子数有关,因此可以用原子的电子组态标记能级高低,例如,氦原子的基态的电子组态为 $1s^2$,而激发态为 $1s2p$。借助于 Pauli 不相容原理和能量最低原理,我们说明了原子的壳层结构,进而粗浅地解释了元素周期律的物理原因。然而中心力场近似过于简化,如果想得到原子更多的信息,必须要考虑剩余非中心 Coulomb相互作用和电子自旋与轨道相互作用。

　　由于闭壳层电荷分布是球对称的,闭壳层产生的势场必然也是球对称的,因此闭壳层电荷对于剩余非中心 Coulomb 相互作用没有贡献。可以把电子自旋与轨道相互作用分成两部分:一部分是闭壳层电子的累加,一部分是未满壳层电子的累加。由于与闭壳层中电子轨道角动量 l_i 相同,自旋角动量相反,则 $l_i \cdot s_i$ 正好抵消,考虑电子自旋与轨道相互作用时也无需考虑闭壳层的影响。分析剩余非中心 Coulomb 相互作用 $\hat{H}_1$ 和自旋与轨道相互作用 $\hat{H}_2$ 时,仅考虑未满壳层的电子(价电子)的影响就可以了。原子序数小($Z<30$)的轻原子,Coulomb 排斥作用可以达 1 eV 量级,自旋与轨道相互作用的量级 10^{-3} eV,按照量子力学微扰论的思想,应该在中心近似的基础上先考虑剩余非中心 Coulomb 相互作用 $\hat{H}_1$,然后进一步考虑自旋与轨道相互作用 $\hat{H}_2$ 的影响。电子自旋与轨道相互作用同原子序数 Z^4 成正比,因此 Z 大的重原子

自旋与轨道相互作用大于剩余非中心 Coulomb 相互作用,这时先考虑自旋与轨道相互作用,然后再进一步考虑剩余非中心 Coulomb 相互作用的影响。本书限于讨论剩余非中心 Coulomb 相互作用和自旋与轨道相互作用起主导作用的两种极端情形。

5.5.2　LS 耦合

1. 角动量合成

中心力场近似进一步考虑剩余非中心 Coulomb 相互作用首先是 Russell 和 Saunders 提出的,在剩余非中心 Coulomb 相互作用大于自旋与轨道相互作用的情况下,中心力场近似基础上仅考虑剩余非中心 Coulomb 相互作用时,电子的自旋运动和轨道运动相互独立。由于 Coulomb 排斥作用,每个电子的轨道角动量 l_i 不再是守恒的,但电子间的 Coulomb 排斥是内力,成对出现保证了电子的总力矩为零,电子的总轨道角动量 $\boldsymbol{L}$ 是守恒量,同样电子之间磁的相互作用改变着电子的自旋取向,但由于电子间成对的磁的相互作用属于内力,电子的总磁力矩为零,电子总自旋角动量 $\boldsymbol{S}$ 自然也是守恒量。从前面的分析可以看出,处理剩余非中心 Coulomb 相互作用,需要将各电子的轨道角动量耦合成总轨道角动量,把自旋角动量耦合成总自旋角动量。

量子力学中两个角动量的合成是有规则的,设第一个电子的轨道角动量为 $\boldsymbol{L}_1$,其大小用轨道角动量量子数 l_1 表示为

$$L_1 = \sqrt{l_1(l_1+1)}\,\hbar$$

第二个电子的轨道角动量为 $\boldsymbol{L}_2$,其大小为

$$L_2 = \sqrt{l_2(l_2+1)}\,\hbar$$

式中,l_2 为其轨道角动量量子数。总的轨道角动量是二者的矢量和

$$\boldsymbol{L} = \boldsymbol{L}_1 + \boldsymbol{L}_2$$

总轨道角动量的大小也可以写成如下形式:

$$|\boldsymbol{L}| = \sqrt{L(L+1)}\,\hbar \tag{5.5.1}$$

其中,L 为总轨道角动量量子数。L 与 l_1 和 l_2 关系为

$$L = l_1 + l_2, l_1 + l_2 - 1, \cdots, |l_1 - l_2| \tag{5.5.2}$$

总轨道角动量在 z 方向的投影

$$L_z = M_L \hbar \qquad M_L = L, L-1, \cdots, -L \tag{5.5.3}$$

M_L 为总轨道磁量子数。同样规则,两个电子自旋角动量 $\boldsymbol{s}_1$ 和 $\boldsymbol{s}_2$ 耦合成总自旋角动量 $\boldsymbol{S}$ 时,$\boldsymbol{S}$ 的大小为

$$|\boldsymbol{S}| = \sqrt{S(S+1)}\,\hbar \qquad S = s_1 + s_2, \cdots, |s_1 - s_2| \tag{5.5.4}$$

$\boldsymbol{S}$ 在 z 方向的分量为

$$S_z = M_S \hbar \qquad M_S = S, S-1, \cdots, -S \tag{5.5.5}$$

式中,M_S 为总自旋磁量子数。两个电子的轨道角动量、自旋角动量的合成如图 5.5.1 所示。总轨道角动量 $\boldsymbol{L}$ 决定着电子云分布,从而影响着 Coulomb 排斥能,Pauli 不相容原理使得多个电子系统的波函数是反对称性的,电子的自旋 $\boldsymbol{S}$ 取向影响电子空间的分布,电子空间分布影响着电子间 Coulomb 排斥能。由于电子总轨道角动量 $\boldsymbol{L}$ 和总自旋角动量 $\boldsymbol{S}$ 都对原子能量有影

响,因此可以用原子态(光谱项)^{2S+1}L 来标记 LS 耦合下原子的能级,M_L 有 $2L+1$ 个值,M_S 有 $2S+1$ 个值,因此^{2S+1}L 能级的简并度为$(2L+1)(2S+1)$。

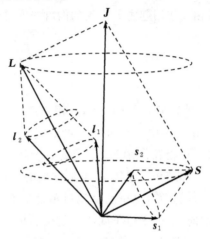

图 5.5.1　LS 耦合矢量模型

在中心力场和剩余非中心 Coulomb 相互作用下,自旋与轨道相互作用可以写成

$$\hat{H}_2' = \zeta(L,S)\boldsymbol{L} \cdot \boldsymbol{S}$$

要计算自旋与轨道相互作用引起的附加能量,需要将总轨道角动量 $\boldsymbol{L}$ 和总自旋角动量 $\boldsymbol{S}$ 耦合成总角动量 $\boldsymbol{J}=\boldsymbol{L}+\boldsymbol{S}$,见图 5.5.1,总角动量的大小为

$$|\boldsymbol{J}| = \sqrt{J(J+1)}\hbar \qquad J = L+S, L+S-1, \cdots, |L-S| \qquad (5.5.6)$$

如果 $S \leqslant L$,则 J 共$(2S+1)$个取值,如果 $L < S$,则 J 共$(2L+1)$个取值。自旋与轨道相互作用引起的附加能量为

$$\Delta E_{LS} = \langle \alpha LSJM \mid \zeta(L,S)\boldsymbol{L} \cdot \boldsymbol{S} \mid \alpha LSJM \rangle$$

$$= \frac{1}{2}\zeta(L,S)[J(J+1) - L(L+1) - S(S+1)]\hbar^2 \qquad (5.5.7)$$

此时原子体系的能量与量子数 L、S 和 J 都有关系,用原子态$^{2S+1}L_J$ 来标记原子的能级。在中心力场下进一步考虑了剩余非中心 Coulomb 相互作用和自旋与轨道相互作用后,原子守恒量有($\boldsymbol{L}^2, \boldsymbol{S}^2, \boldsymbol{J}^2, \boldsymbol{J}_z$),对应的量子数$(L,S,J,M_J)$称为好量子数。

2. 由电子组态到原子态

中心力场近似下,用电子组态来标记原子的能级,例如,氦离子的激发态能量用 1s2s 表示,指氦原子一个电子跑到了 L 壳层的 2s 支壳层上,LS 耦合的情况下,电子组态表示的这个原子能级将会进一步分裂为多个能级,每个能级用原子态$^{2S+1}L_J$ 表示,$2S+1$ 表示能级分裂的重数,L 为总轨道角动量量子数,$L=0,1,2,3,4,\cdots$,用对应的 S,P,D,F,G,$\cdots$ 表示,J 为总角动量量子数。由电子组态得到原子态完全遵循量子力学中角动量的合成法则表达式(5.5.1)、式(5.5.4)、式(5.5.6)。ν 个非同科电子形成的总量子态的数目为

$$\prod_{i=1}^{\nu} 2(2l_i+1)$$

例 5.1　14 号硅(Si)原子基态电子组态为$[Ne]3s^2 3p^2$,激发态的硅原子电子组态可以是$[Ne]3s^2 3p4d$,也可以是$[Ne]3s^2 3p4p$,试求 LS 耦合下 3p4d、3p4p 电子组态的原子态。

解　硅原子中 12 个电子$[Ne]3s^2$ 可看成原子实,对原子能量没有贡献不用考虑。3p4d

电子组态 $l_1=1, l_2=2$,得 $L=3,2,1$;$s_1=s_2=1/2$,得 $S=1,0$。

当 $S=0$ 时,$L=3,2,1$,对应的 $J=3,2,1$,相应的原子态为 $^1F_3$、$^1D_2$、$^1P_1$。

当 $S=1$ 时,$L=3, J=4,3,2$;$L=2, J=3,2,1$;$L=1, J=2,1,0$,相应原子态为 $^3F_{4,3,2}$、$^3D_{3,2,1}$、$^3P_{2,1,0}$。

3p4p 的原子可以如法炮制,$l_1=l_2=1$,得 $L=2,1,0$;$s_1=s_2=1/2$,得 $S=1,0$。

当 $S=0$ 时,$L=2,1,0$,对应的 $J=2,1,0$,相应原子态为 $^1D_2$、$^1P_1$、$^1S_0$。

当 $S=1$ 时,$L=2, J=3,2,1$;$L=1, J=2,1,0$;$L=0, J=1$,相应原子态为 $^3D_{3,2,1}$、$^3P_{2,1,0}$、$^3S_1$。

由角动量合成法则不难写出给定电子组态的 LS 耦合下的原子态,但遇到求同科电子的原子态,需要注意 Pauli 不相容原理的限制。由于 Pauli 不相容原理的限制,ν 个同科电子形成的总量子态的数目为 $C_{2(2l+1)}^{\nu}$,同科电子的原子态比非同科电子的原子态要少很多。什么是同科电子呢?主量子数 n 和轨道角动量量子数 l 完全相同的电子是**同科电子**,拿硅原子基态来说,两个价电子的电子组态为 $3p^2$,这两个电子就是同科电子,下面用 Slater 图解法来求解 $3p^2$ 的原子态。

由于量子数 n 和 l 是相同的,电子的量子态需要用 (m_l, m_s) 来标记,两个电子的状态用 $(m_{l1}m_{s1}, m_{l2}m_{s2})$ 表示。用 ↑ 和 ↓ 分别表示 $m_s=1/2$ 和 $m_s=-1/2$,如 $(1↑, -1↓)$ 代表 $m_1=1, m_{s1}=1/2$ 和 $m_2=-1, m_{s2}=-1/2$,$3p^2$ 两个电子 $m_{l1}=0, \pm 1, m_{l2}=0, \pm 1, M_L=m_{l1}+m_{l2}$,变化范围为 $2,1,0,-1,-2$。同样地,$m_{s1}=\pm 1/2, m_{s2}=\pm 1/2, M_S=m_{s1}+m_{s2}$,变化范围为 $1,0,-1$。受 Pauli 不相容原理的限制,$3p^2$ 两个电子可能的量子态如表 5.5.1 所示。

表 5.5.1　3p² 可能的量子态

$(np)^2$		M_S		
		1	0	-1
M_L	2		$(1↑, 1↓)$	
	1	$(1↑, 0↑)$	$(1↑, 0↓)(1↓, 0↑)$	$(1↓, 0↓)$
	0	$(1↑, -1↑)$	$(1↑, -1↓)(1↓, -1↑)(0↑, 0↓)$	$(1↓, -1↓)$
	-1	$(0↑, -1↑)$	$(0↑, -1↓)(0↓, -1↑)$	$(0↓, -1↓)$
	-2		$(-1↑, -1↓)$	

Slater 提出将表 5.5.1 所示的量子态画在 M_S-M_L 坐标平面上,每个圈代表不同的 M_S-M_L 值,圈里面的数字表示 M_S-M_L 值的数目,显然可以将表 5.5.1 转换到如图 5.5.2 所示的 Slater 图中。

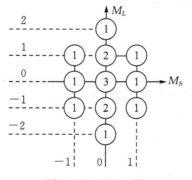

图 5.5.2　Slater 图

为求出原子态,需要将 Slater 图拆分成三个小 Slater 图,如图 5.5.3 所示,拆分的原则是使小 Slater 图的每个圈里面只有一个 $M_S - M_L$ 值,总的状态数不变。显然这三个小Slater图各代表的原子态分别为$^1D_2$、$^3P_{2,1,0}$、$^1S_0$。

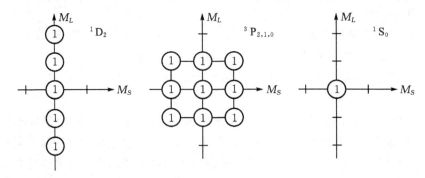

图 5.5.3   Slater 图拆分成 3 个图

采用 Slater 图表法可以求出任意同科电子的原子态,但是列出 Pauli 不相容原理允许的同科电子的量子态是非常麻烦的。表 5.5.2 给出了同科电子的原子态,由于闭壳层角动量为零,p 支壳层可容纳 6 个电子,p^2 和 p^4 具有相等的量子态数目和相同的原子态,其他类似。

表 5.5.2   同科电子的原子态

电子组态	态 项	电子组态	态 项
s	^2S	d,d^9	^2D
s^2	^1S	d^2,d^8	$^1S,^1D,^1G,^3P,^3F$
p,p^5	^2P	d^3,d^7	$^2P,^2D,^2F,^2G,^2H,^4P,^4F$
p^2,p^4	$^1S,^1D,^3P$	d^4,d^6	$^1S,^1D,^1F,^1G,^1I,^3P,^3D,^3F,^3G,^3H,^5D$
p^3	$^4S,^2P,^2D$	d^5	$^2S,^2P,^2D,^2F,^2G,^2H,^2I,^4P,^4F,^4D,^4G,^6S$

对于仅两个同科电子的特殊情况,可以采用 $L+S$ 偶数法求得。下面仍以 $3p^2$ 电子组态为例分别来加以说明。

$L+S$ 偶数法利用 Pauli 不相容原理限制下多电子波函数具有的反对称性得到,该方法直接求出同科电子的原子态,但也只对两个同科电子有效。$3p^2$ 同科电子的总轨道角动量和总自旋角动量分别为 $L=2,1,0,S=1,0$。当 $S=0$ 时,由 $L+S$ 是偶数的限制,$L=2,0,J=2,0$,对应的原子态为$^1D_2$ 和$^1S_0$;而当 $S=1$ 时,$L+S$ 为偶数,$L=1,J=2,1,0$,对应的原子态为$^3P_{2,1,0}$。np^2 同科电子的原子态有$^1D_2$、$^1S_0$、$^3P_{2,1,0}$共 5 个,而非同科电子$npn'p$的原子态有$^1D_2$、$^1P_1$、$^1S_0$、$^3D_{3,2,1}$、$^3P_{2,1,0}$、$^3S_1$ 共 10 个,原子态数目减少一半。

3. Hund 定则和 Landé 间隔定则

中心力场近似下得到原子的电子组态,LS 耦合下由电子组态(非同科、同科)可以求出原子态$^{2S+1}L_J$,不同的原子态对应于不同的原子能级,那么由原子态如何确定对应能级的高低呢?1925 年 Hund 提出了一个关于原子态能量次序的经验规则。

Hund 定则:对于一个给定电子组态形成的一组原子态,①S 大的原子态对应的能级最低,②对于同一 S,L 值大的能级低。

1927 年 Hund 又提出了针对同科电子成立的附加规则:③关于同一 L 值而 J 值不同的能

级次序,当同科电子数小于等于闭壳层占有数一半时,J 值最小的能级最低,这个次序为正常次序;当同科电子数大于闭壳层占有数一半时,J 值最大的能级最低,这个次序为倒转次序。

3p4d 形成的原子态有$^1F_3$、$^1D_2$、$^1P_1$、$^3F_{4,3,2}$、$^3D_{3,2,1}$、$^3P_{2,1,0}$,按 Hund 定则可以将它们的能级排列如图 5.5.4 所示。单态能级高于三重态,$^1F_3$、$^1D_2$、$^1P_1$ 分别在$^3F_{4,3,2}$、$^3D_{3,2,1}$、$^3P_{2,1,0}$ 上面,$S=0$的三个态为$^1F_3$、$^1D_2$、$^1P_1$,L 越大,能级越低,因此三能级的高低次序为$^1P_1 > {}^1D_2 > {}^1F_3$。$S=1$时,$L$ 越大能级越低,因此$^3F_{4,3,2}$、$^3D_{3,2,1}$、$^3P_{2,1,0}$ 的能级高低次序为$^3P_{2,1,0} > {}^3D_{3,2,1} > {}^3F_{4,3,2}$。由自旋与轨道相互作用式(5.5.7),同一 L 的三重态的能级高低一般 J 越大能级越高,因此$^3P_{2,1,0}$的能级高低次序为$^3P_2 > {}^3P_1 > {}^3P_0 > {}^3D_{3,2,1}$。$^3F_{4,3,2}$能级高低次序类同。

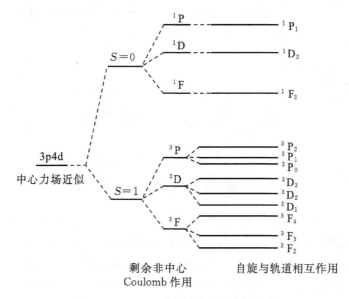

图 5.5.4　Hund 定则决定原子能级高低

同一 L 的三重态,相邻的能级间隔不同,这个能级间隔有什么规律呢? 这就是 Landé 间隔定则。

Landé 间隔定则:在三重态中,一对相邻的能级之间的间隔与两个 J 之中较大的那个值成正比。

由式(5.5.7)得,J 和 $J+1$ 的附加能量为

$$E_J = \frac{1}{2}\zeta(L,S)\big[J(J+1) - L(L+1) - S(S+1)\big]\hbar^2$$

$$E_{J+1} = \frac{1}{2}\zeta(L,S)\big[(J+1)(J+2) - L(L+1) - S(S+1)\big]\hbar^2$$

于是得到

$$E_{J+1} - E_J = \zeta(L,S)(J+1)\hbar^2 \propto (J+1) \tag{5.5.8}$$

上式即为 Landé 间隔定则。

由 Landé 间隔定则知道

$$\frac{E(^3P_2) - E(^3P_1)}{E(^3P_1) - E(^3P_0)} = \frac{2}{1}$$

$$\frac{E(^3D_3) - E(^3D_2)}{E(^3D_2) - E(^3D_1)} = \frac{3}{2}$$

$$\frac{E(^3\text{F}_4) - E(^3\text{F}_3)}{E(^3\text{F}_3) - E(^3\text{F}_2)} = \frac{4}{3}$$

图 5.5.4 显示得十分清楚。

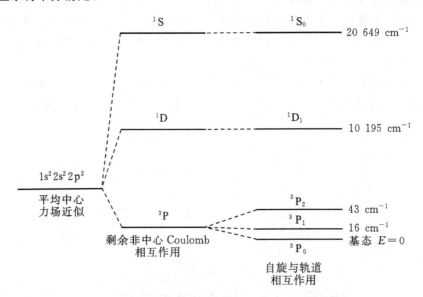

图 5.5.5　碳原子基态电子组态 2p^2 的能级图

对于同科电子也是一样的分析,比如 $n\text{p}^2$ 同科电子的原子态有 $^1\text{D}_2$、$^1\text{S}_0$、$^3\text{P}_{2,1,0}$,它们能级高低的排列次序如图 5.5.5 所示。中心力场近似只能给出电子组态 $1\text{s}^2 2\text{s}^2 2\text{p}^2$,考虑到剩余非中心 Coulomb 相互作用后能级分裂为 ^1D、^1S、^3P,再进一步考虑到自旋与轨道相互作用,三重态能级 ^3P 进一步分裂为 $^3\text{P}_{2,1,0}$。$S=0$ 的单态能级 $^1\text{D}_2$、$^1\text{S}_0$ 高于 $S=1$ 的三重态能级 $^3\text{P}_{2,1,0}$,同样 $S=0$,L 大的能级低,$^1\text{S}_0$ 能级高于 $^1\text{D}_2$ 能级。由于 2p^2 是正常次序排列(p 支壳层最多可容纳 6 个电子),同一 $L=1$ 的三重态 $^3\text{P}_{2,1,0}$ 能级的高低排列为 $^3\text{P}_2 > {}^3\text{P}_1 > {}^3\text{P}_0$。相邻能级间隔由 Landé 间隔定则得

$$\frac{E(^3\text{P}_2) - E(^3\text{P}_1)}{E(^3\text{P}_1) - E(^3\text{P}_0)} = \frac{2}{1}$$

应当指出的是,Hund 定则和 Lande 间隔定则都只适用于 LS 耦合,对另一种极端情况的 jj 耦合并不适用。

由于元素周期表中绝大多数原子的基态电子组态都可以用 LS 耦合来描述,而 Hund 定则能给出 LS 耦合下原子能级的排列次序,自然也能给出原子的基态,即能量最低的能级。一般的做法是由基态电子组态求出原子态,然后利用 Hund 定则找出能量最低的基态。例如,列举出碳原子的基态电子组态 2p^2 的原子态 $^1\text{D}_2$、$^1\text{S}_0$、$^3\text{P}_{2,1,0}$;S 大的能级最低,因此较低的能级在 $^3\text{P}_{2,1,0}$ 中找。由于电子组态 2p^2 属于正常次序,因此碳原子基态为 $^3\text{P}_0$。下面介绍一种确定原子基态的简便方法,这种方法不用列出原子态就可以用 Hund 定则确定原子的基态。

例 5.2　由 Hund 定则确定氧原子($Z=8$)的基态原子态。

解　氧原子的基态电子组态为 $1\text{s}^2 2\text{s}^2 2\text{p}^4$,据此当然能求出同科 2p^4 的原子态,因为它的原子态和 2p^2 的原子态相同,但如果直接用 Slater 图解法求 2p^4 的原子态可能会有些麻烦。

2p^4 的 $l=1$,则 $m_l=1,0,-1$,画出三个方格如下:

$$m_l = 1, \quad 0, \quad -1$$

由 Hund 定则，S 越大的原子态对应的能级越低，因此先让 $2p^4$ 中的三个电子自旋向上 m_s $=1/2$ 占据这三个格子：

$$m_l = 1, \quad 0, \quad -1$$

按 Hund 定则，同一 S 的值，L 越大的原子态能级越低，因此剩下一个电子必须填充 $m_l=$ 1 的格子：

$$m_l = 1, \quad 0, \quad -1$$

这样可求得

$$M_L = \sum m_l = 1+1+0-1 = 1, L = 1$$

$$M_S = \sum m_s = \frac{1}{2} - \frac{1}{2} + \frac{1}{2} + \frac{1}{2} = 1, S = 1$$

由角动量耦合规则，$J=2,1,0$，得到符合 Hund 定则的原子态为 $^3P_{2,1,0}$，很明显氧原子基态电子组态属于倒转次序，因此氧原子基态的原子态为 $^3P_2$。

这种简便的求基态的原子态的方法，总结为以下五个步骤：

(1)由原子基态电子组态得到 m_l，画出相应的方格；

(2)尽可能让自旋向上 $m_s=1/2$ 的电子占据全部方格；

(3)让自旋向下 $m_s=-1/2$ 的电子占据 m_l 较大的方格与自旋向上的电子配对，第(2)步和第(3)步被形象地称为"先占位，后配对"；

(4)由 $M_L=\sum m_l$ 确定 L，由 $M_S=\sum m_s$ 确定 S，进一步求出 J，注意到基态电子组态的正常，倒转次序，最终写出基态的原子态；

(5)如果价电子在两个支壳层，则分别重复(1)~(4)步，$M_{L_1}+M_{L_2}=M_L$，$M_{S_1}+M_{S_2}=M_S$，然后综合考虑。

用这种办法可以求出绝大多数原子的基态，但有时也会出现例外，如 Ce$(Z=58)$，该方法给出了基态为 $^3H_4$，实际上为 $^1G_4$；Bk$(Z=97)$，该方法给出基态为 $^6H_{15/2}$，实际为 $^8H_{17/2}$；Lr$(Z=103)$，该方法给出基态为 $^2D_{3/2}$，实际为 $^2D_{5/2}$。这些多是过渡元素，Hund 定则失效的原因是该定则是有限的经验总结，偶尔会有例外。

5.5.3　jj 耦合

当原子序数 Z 增大时，电子自旋与轨道相互作用越来越大，当大于剩余非中心 Coulomb 相互作用时，可以把原子中的电子看成在中心力场中彼此独立的运动，这种情形和单电子原子类似。按照量子力学微扰论精神，应该在中心力场的基础上，首先考虑自旋与轨道相互作用，而后进一步考虑剩余非中心 Coulomb 相互作用。为了得出自旋与轨道相互作用

$$\hat{H}_2 = \sum_{i=1}^{N} \zeta(r_i) \boldsymbol{l}_i \cdot \boldsymbol{s}_i$$

需要将每个电子的自旋角动量 s_i 和轨道角动量 l_i 合成电子的总角动量 j_i，即

$$j_i = l_i + s_i$$

此时每个 j_i 为守恒量。如果进一步考虑到剩余非中心 Coulomb 相互作用，此时将每个电子的总角动量 j_i 合成原子的总角动量

$$J = j_1 + j_2$$

jj 耦合下的角动量矢量图如图 5.5.6 所示。

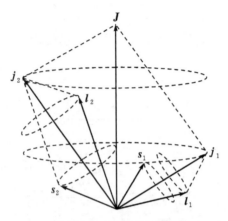

图 5.5.6　jj 耦合矢量图

jj 耦合下的角动量的合成同样遵循量子力学的角动量合成法则

$$| j_1 | = \sqrt{j_1(j_1+1)}\,\hbar$$
$$| j_2 | = \sqrt{j_2(j_2+1)}\,\hbar$$

其中，j_1 和 j_2 为每个电子的总角动量量子数，即

$$j_{1,2} = l_{1,2} + s_{1,2}, l_{1,2} + s_{1,2} - 1, \cdots, | l_{1,2} - s_{1,2} |$$

电子总角动量 z 方向的分量为

$$j_{1,2z} = m_{j_{1,2}}\hbar$$

其中，$m_{j_{1,2}} = j_{1,2}, j_{1,2} - 1, \cdots, -j_{1,2}$。两个电子的总角动量合成原子的总角动量 $J = j_1 + j_2$，

$$| J | = \sqrt{J(J+1)}\,\hbar \qquad J = j_1 + j_2, j_1 + j_2 - 1, \cdots, | j_1 - j_2 | \qquad (5.5.9)$$

J 为原子的总角动量量子数。原子总角动量在 z 方向的分量为

$$J_z = M_J\hbar \qquad M_J = J, J - 1, J - 2, \cdots, -J \qquad (5.5.10)$$

jj 耦合下的守恒量有 (j_1^2, j_2^2, J^2, J_z)，由电子自旋与轨道相互作用表示式知 jj 耦合下原子的能量与角动量量子数 j_1, j_2, J 都有关系，因此原子态 $(j_1, j_2)_J$ 标记原子能级。

碳族元素铅原子激发态电子组态 6p7s 的 jj 耦合原子态可以这样来求，$l_1 = 1, l_2 = 0, s_1 = s_2 = 1/2$，因此 $j_1 = 1/2, 3/2, j_2 = 1/2$。

$j_1 = 1/2, j_2 = 1/2, J = 1, 0$ 的原子态为 $\left(\dfrac{1}{2}, \dfrac{1}{2}\right)_{1,0}$；

$j_1 = 3/2, j_2 = 1/2, J = 2, 1$ 的原子态为 $\left(\dfrac{3}{2}, \dfrac{1}{2}\right)_{2,0}$。

共有 4 个原子态，如图 5.5.7 所示，可以证明 jj 耦合下的原子态的数目和 LS 耦合下原子态的数目是一样的。事实上 LS 耦合下 6p7s 的原子态也有 4 个，$^1P_1$、$^3P_{2,1,0}$。中心力场近似下

只有电子组态表示能级 $nsn'p$,考虑到自旋与轨道相互作用能级分裂为$(1/2,3/2)$和$(1/2,1/2)$,进一步考虑剩余非中心 Coulomb 相互作用,能级进一步地分裂为$(1/2,3/2)_{1,2}$和$(1/2,1/2)_{1,0}$。

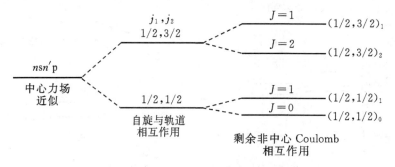

图 5.5.7　$nsn'p$ 电子组态 jj 耦合后的能级

同科电子的 jj 耦合的原子态,仍然需要考虑到 Pauli 不相容原理的限制,例如,求 $nd^2\ LS$ 耦合下的原子态有$^1S_0$、$^1D_2$、$^1G_4$ 和$^3P_{210}$,$^3F_{432}$ 共 9 个原子态,jj 耦合原子态,$l_1=l_2=2,s_1=s_2=1/2$,因此 $j_1=5/2,3/2,j_2=5/2,3/2$。原子态为$(5/2,5/2)$、$(5/2,3/2)$、$(3/2,3/2)$,其中 $(5/2,3/2)_{4321}$,但是在计算$(5/2,5/2)$、$(3/2,3/2)$原子态时,由于 $j_1=j_2$,则 $m_{j_1}\neq m_{j_2}$。先看 $(5/2,5/2)$,将 m_{j_1}、m_{j_2} 列表,如图 5.5.8 所示,由于 Pauli 不相容原理的限制,表中对角线的 $J=5,3,1$ 都被禁止了,方框中 $J=4,2,0$ 是 Pauli 原理允许的原子态,因此$(5/2,5/2)_{420}$,同理 $(3/2,3/2)_{20}$,同科电子 nd^2 的原子态为$(5/2,3/2)_{4321}$、$(5/2,5/2)_{420}$、$(3/2,3/2)_{20}$共 9 个态,和 LS 耦合原子态数目相同。

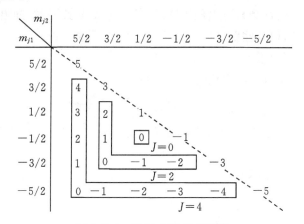

图 5.5.8　$(5/2,5/2)$的原子态

一般情况下很少发现纯粹的 jj 耦合形式的原子能级,jj 耦合和 LS 耦合都是两种极端情况。同一电子组态不论是 jj 耦合还是 LS 耦合,所构成的原子态数目都相同,两种耦合原子态的 J 值也一一对应,所不同的仅仅是能级分裂的间隔不同。由 jj 耦合与 LS 耦合的关系,可知 jj 耦合下的原子态对应的能级排序可以借助 LS 耦合来确定。例如,碳族元素 $npn's$ 电子组态能级的比较如图 5.5.9 所示。

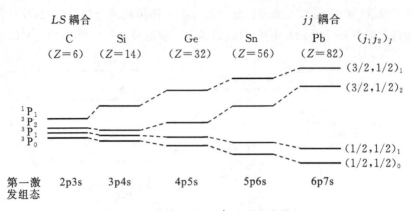

图 5.5.9　碳族元素 $npn's$ 电子组态能级

　　C、Si 比较好地遵循了 LS 耦合,能量间隔服从 Landé 间隔定则,Ge、Sn 和 Pb 不再遵循 LS 耦合,而 Pb 基本上就是 jj 耦合的典型了,从图 5.5.9 中也能看到 jj 耦合的原子态与 LS 耦合的原子一一对应。

5.6　多电子原子光谱

5.6.1　选择定则

　　我们所说的选择定则都是只对电偶极跃迁,其他电磁多极辐射,如电四极、磁偶极辐射的规律不同于电偶极跃迁,但这些跃迁的概率很小。多电子原子的选择定则可由量子力学严格导出,这里不加证明地列出多电子原子的选择定则。

　　首先发生跃迁的两个电子组态满足以下关系

$$\sum l_i = 偶数 \rightleftharpoons \sum l_i = 奇数 \tag{5.6.1}$$

一个显然的推论是同一电子组态的原子态的跃迁是不允许的,这一规则保证了跃迁前后体系的宇称守恒。

　　满足了式(5.6.1)后,LS 耦合下的选择定则还有

$$\begin{cases} \Delta S = 0 \\ \Delta L = 0, \pm 1 \\ \Delta J = 0, \pm 1(0 \rightarrow 0 \text{ 除外}) \\ \Delta M_J = 0, \pm 1 \end{cases} \tag{5.6.2}$$

jj 耦合下的选择定则为

$$\begin{cases} \Delta j_1 = 0, \Delta j_2 = 0, \pm 1 \quad 或 \quad \Delta j_1 = 0, \pm 1, \Delta j_2 = 0 \\ \Delta J = 0, \pm 1(0 \rightarrow 0 \text{ 除外}) \\ \Delta M_J = 0, \pm 1 \end{cases} \tag{5.6.3}$$

上面的选择定则意义都很清楚,其中 $\Delta M_J = 0, \pm 1$ 是分析原子的 Zeeman 效应的理论依据。

　　事实上,光子的宇称为 -1,原子宇称由原子的轨道角动量量子数决定 $(-1)^{\sum l}$,原子发光之前和发光之后宇称守恒

$$(-1)^{\sum l_i} = (-1)(-1)^{\sum l_f}$$

于是得 $\sum l_i =$ 偶数 $\leftrightarrows \sum l_i =$ 奇数。光子的角动量量子数 $s_光 = 1$,原子发光之前和发光之后角动量守恒

$$\boldsymbol{J}_i = \boldsymbol{J}_f + \boldsymbol{s}_光$$

由角动量耦合规则得 $\Delta J = J_i - J_f = 0, \pm 1$。原子发光是电子的空间运动产生的,与自旋无关,$LS$ 耦合时有 $\Delta S = 0$。LS 耦合选择定则中 $\Delta L = 0$ 也是可以的,例如,基态碳 C 原子 $2p^2$ 形成的原子态 $^1S_0$、$^1D_2$、$^3P_{210}$,激发态 $2p3s$ 形成的原子态 $^1P_1$、$^3P_{210}$、$^3P_{210}(2p3s) \to {}^3P_{210}(2p^2)$ 就满足 $\Delta S = 0$、$\Delta L = 0$ 的选择定则。

5.6.2 氦原子光谱分析

有了 LS 耦合下的选择定则,就可以很好地揭晓氦原子光谱中的种种问题的答案了。氦原子的能级图如图 5.1.1 所示,起先人们从氦原子的光谱规律认为发射复杂光谱的是正氦,而发射单线光谱的是仲氦。从现有的知识来看,并不是存在两种氦,而是 LS 耦合下,氦原子具有两套能级,单态 $S = 0$ 和三重态 $S = 1$。氦原子基态电子组态为 $1s^2$,是同科电子,由 Pauli 不相容原理的限制,基态电子组态为 $1s^2$,只有一个原子态 $^1S_0$。氦原子还有两个亚稳态 2^1S_0 和 2^3S_1,这两个原子态是由激发态的电子组态 $1s2s$ 形成的,由于选择定则的限制[式(5.6.1)和 $\Delta S = 0$],这两个能级都不能往氦原子基态 1^1S_0 跃迁,因此原子处在这两个能级上时无法自发地往基态跃迁,寿命较长,形成亚稳态。同一激发态的电子组态形成的单态和三重态中,由 Hund 定则,单态 $S = 0$ 的能级总高于三重态 $S = 1$ 的能级。

氦原子单态之间、三重态之间跃迁遵循选择定则,可以产生类似于碱金属原子光谱的四个线系,单态和三重态之间没有跃迁。单态的四个线系跃迁分别如下:

主线系:

$$\tilde{\nu} = n^1P_1 \to 1^1S_0, n \geqslant 2$$

第二辅线系:

$$\tilde{\nu} = n^1S_0 \to 2^1P_1, n \geqslant 3$$

第一辅线系:

$$\tilde{\nu} = n^1D_2 \to 2^1P_1, n \geqslant 3$$

Bergmann 系:

$$\tilde{\nu} = n^1F_3 \to 3^1D_2, n \geqslant 4$$

三重态主线系和第二辅线系每条光谱都是由三线组成的,而第一辅线系的六条线靠得很近,它们的波数可写为:

主线系:

$$\tilde{\nu} = n^3P_{2,1,0} \to 2^2S_1, n \geqslant 2$$

第二辅线系:

$$\tilde{\nu} = n^3S_1 \to 2^3P_{2,1,0}, n \geqslant 3$$

第一辅线系:

$$\tilde{\nu} = n^3D_{3,2,1} \to 2^3P_{2,1,0}, n \geqslant 3 \quad (\Delta J = 0, \pm 1)$$

Bergmann 系:

$$\widetilde{\nu} = n^3F_{4,3,2} \to 3^3D_{3,2,1}, n \geqslant 4 \quad (\Delta J = 0, \pm 1)$$

本章开头提到的 D_3 线,实际上是三重态中的第一辅线系,即

$$^3D_1 \to {}^3P_0, 587.596\ 3\ \text{nm}$$

$$^3D_{1,2} \to {}^3P_1, 587.564\ 3\ \text{nm}$$

$$^3D_{1,2,3} \to {}^3P_2, 587.560\ 1\ \text{nm}$$

由于 $^3D_{1,2,3}$ 三条能级靠得很近,因此由 D_3 线知道 $^3P_{2,1,0}$ 之间的能级高低次序为 $E(^3P_0) > E(^3P_1) > E(^3P_2)$。这个结果实际与 LS 耦合的预期不太一样,因为一般非同科电子组态形成的三重态能级的高低是自旋与轨道相互作用的结果,J 的值越大能量越高,但氦原子 1s2p 形成的三重态 $^3P_{2,1,0}$ 能级次序正好相反,这说明电子很少时的原子,LS 耦合的描述也不是很准确。

氦原子基态 $1s^2{}^1S_0$ 到第一激发态 $1s2s^3S_1$ 的能量相当大,为 19.77 eV,电离能为 24.57 eV,是所有元素中最大的。从氦原子的电子壳层结构能看出来,基态电子组态 $1s^2$ 为闭壳层,十分稳定,再加上两个电子又靠原子核很近,基态到第一激发态的能量和电离能都很大也就不难理解了。

5.6.3　复杂原子光谱的一般规律

多个价电子的原子光谱很复杂,这里陈述一般规律而不再对具体原子作详细讨论。

Sommerfeld-Kossel 位移定律:具有原子序数 Z 的中性原子的光谱和能级,同具有原子序数 $Z+1$ 的原子一次电离后的光谱和能级相似,如碳原子 C I 光谱和一价氮离子 N II、二价氧离子 O III 的光谱相似。

多重性交替率:元素周期表中相邻原子的能级多重数呈奇偶交替变化,如 20 号钙原子呈单态和三重态,21 号钪原子呈二重态和四重态,22 号钛原子呈单态、三重态和五重态,23 号矾原子呈二重态、四重态、六重态,等等。

多价电子的原子态:任何原子态都可以看作它的一次电离加一个电子形成,它的一次电离状态和周期表顺序前的一个元素的状态相似,所以由前一个元素的状态可以推知后继元素状态。这里仅以 LS 耦合为例。氦原子的基态原子态为 $^1S_0$,$S=0$,$L=0$,$J=0$。锂原子的原子态又如何呢? 锂原子相当于氦原子加一个 2s 电子,$l=0$,$s=1/2$,这样锂原子的 $L'=0$,$S'=1/2$,$J'=1/2$,锂原子基态原子态为 $^2S_{1/2}$。对于多个电子的原子,LS 耦合时 Hund 定则、Landé 间隔定则依然有效,对同科电子仍然需要考虑 Pauli 不相容原理的限制。

5.7　激光原理

激光的理论基础可追溯到 1917 年 Einstein 提出的吸收、自发辐射、受激辐射的概念。1928 年 Ladenburg 确认了受激辐射的存在,提出了负吸收的概念。1947 年 Lamb 和 Retherford 在氢原子光谱中发现了明显的受激辐射。1950 年 Kastler 提出了光泵的思想,两年后被证实可行。1953 年 Townes 制造了第一个微波放大器,同时 Basov 和 Prokhorov 用多于两个能级的办法解决了系统的连续输出问题。1960 年 Maiman 制造出第一个激光器——红宝石激光器。

5.7.1　激光器的构成

激光器的构成包括三个基本的部分：激活介质、激励能源和谐振腔，如图 5.7.1 所示。激活介质在外界能源的激励下发光，并且光在激活介质中传播光强非但不会减弱而且还会越来越大，光强随着传播距离的变化为指数增加：

$$I = I_0 \, e^{Gz}$$

其中，G 为增益系数，其原因下面将重点介绍。

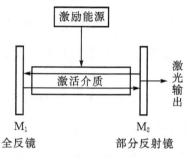

图 5.7.1　激光器构成示意图

激励能源将工作物质从基态激发到所需要的激发态，激光器发出的光就是激励能源转化的。谐振腔是两块镜子围成的空间，其中一块镜子是全反射镜，反射率 100%，另一个镜子是部分反射镜，反射率达 99%。谐振腔的作用有三个。

(1)限定光的传播方向，使光只能沿轴线来回反射，其他方向的光会逃逸出谐振腔无法继续放大。

(2)选择光振荡的频率，入射光和反射光在谐振腔中叠加形成驻波，驻波条件 $L = k \dfrac{\lambda_k}{2}$，$k = 1, 2, 3, \cdots$，谐振腔的长度 L 固定，一定频率的光才可以得到放大。

(3)光在谐振腔中来回反射，自然光的传播距离增大，使得增益介质的长度变相延长了，设 r_1 和 r_2 为全反射镜和部分反射镜的反射系数，激光产生的阈值条件是 $r_1 r_2 e^{2GL} \geqslant 1$。

光束在谐振腔内来回震荡，激活介质中传播的光的光强不断变大，最后从部分反射镜就可输出激光了。为什么激光器激活介质具有使光的强度增大的性质呢，可以从构成激活介质的原子辐射和吸收说起。

5.7.2　原子辐射和吸收

Bohr 理论告诉我们原子发光是电子从原子高能级往低能级跃迁的结果，Einstein 考虑黑体空腔许多两能级原子的辐射和吸收现象提出自发辐射、受激辐射、受激吸收的概念，其图像如图 5.7.2 所示。

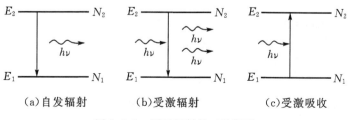

图 5.7.2　原子辐射的三种类型

自发辐射就是起先原子处在高能级 E_2,电子从高能级往基态 E_1 跃迁时,原子发射光子,其频率满足 Bohr 跃迁条件 $\nu = (E_2 - E)/h$;受激吸收指原子处于基态,当原子吸收一个满足 Bohr 频率条件的光子时,原子被激发到激发态;受激辐射指原子起先在高能级,当有一个满足频率条件的光子被吸收后,原子放出两个光子,这两个光子的具有很好的相干性,频率相同,相位恒定,偏振方向相同。

设 dt 时间内,自发辐射的原子数 $dN_{21} = -dN_2$ 显然正比于激发态的原子数 N_2 和时间间隔,$dN_{21} \propto N_2 dt$,于是单位时间自发辐射的原子数为

$$\left(\frac{dN_{21}}{dt}\right)_{\text{自发辐射}} = -\frac{dN_2}{dt} = A_{21} N_2 \tag{5.7.1}$$

式中,A_{21} 为 Einstein 自发辐射 A 系数。由式(5.7.1)易得激发态原子数随时间的变化关系为

$$N_2 = N_{20} e^{-A_{21} t} \tag{5.7.2}$$

自发辐射系数具有特定的物理意义,它是原子平均寿命的倒数。事实上,原子的平均寿命为

$$\tau = \frac{1}{N_{20}} \int_{N_{20}}^{0} t(-dN_2) = \frac{A_{21} N_{20}}{N_{20}} \int_{0}^{\infty} t e^{-A_{21} t} dt = \frac{1}{A_{21}}$$

受激吸收的原子数与基态原子数 N_1、时间间隔 dt 均成成正比,与光的谱能量密度 ρ_ν 成正比

$$dN_{12} = -dN_1 \propto \rho_\nu N_1 dt$$

于是有

$$\left(\frac{dN_{12}}{dt}\right)_{\text{受激吸收}} = -\left(\frac{dN_1}{dt}\right)_{\text{受激吸收}} = B_{12} \rho_\nu N_1 \tag{5.7.3}$$

式中,B_{12} 为 Einstein 受激吸收系数。对受激辐射,受激辐射原子数与激发态原子数 N_2、光的谱能量密度 ρ_ν、时间间隔 dt 成正比,即

$$dN_{21} \propto \rho_\nu N_2 dt$$

于是有

$$\left(\frac{dN_{21}}{dt}\right)_{\text{受激辐射}} = -\left(\frac{dN_2}{dt}\right)_{\text{受激辐射}} = B_{21} \rho_\nu N_2 \tag{5.7.4}$$

式中,B_{21} 为 Einstein 受激辐射系数。系统的自发辐射和受激辐射的原子数与受激吸收的原子数应该相等,即

$$B_{12} \rho_\nu N_1 = (A_{21} + B_{21} \rho_\nu) N_2 \tag{5.7.5}$$

热平衡条件下原子数按能量的 Boltzmann 分布

$$\frac{N_2}{N_1} = e^{-(E_2 - E_1)/(kT)} \tag{5.7.6}$$

式中,k 为 Boltzmann 常数;T 为热力学温度。由式(5.7.6)得到式(5.7.5)为

$$\rho_\nu = \frac{A_{21} N_2}{B_{12} N_1 - B_{21} N_2} = \frac{A_{21}}{B_{12} e^{-(E_1 - E_2)/(kT)} - B_{21}} = \frac{A_{21}/B_{21}}{\frac{B_{12}}{B_{21}} e^{h\nu/(kT)} - 1} \tag{5.7.7}$$

上式和黑体辐射的 Planck 公式

$$\rho_\nu = \frac{8\pi h \nu^3}{c^3} \frac{1}{e^{h\nu/(kT)} - 1}$$

比较得到

$$B_{12} = B_{21}, \frac{A_{21}}{B_{21}} = \frac{8\pi h \nu^3}{c^3} = \frac{8\pi h}{\lambda^3} \tag{5.7.8}$$

常温可见光的热平衡状态下,如 $T = 300$ K,$\nu = 5 \times 10^{14}$ Hz,单位时间自发辐射的原子数比单位时间受激辐射的原子数大得多,则

$$\frac{A_{21} N_2}{B_{21} \rho_\nu N_2} = e^{h\nu/(k_B T)} - 1 \approx 10^{35}$$

Planck 公式的正确性必然预示着自发辐射、受激辐射和受激吸收的存在。

5.7.3 粒子数反转态实现激光

忽略自发辐射的影响,单位时间受激辐射和受激吸收的原子数分别正比于激发态原子数目和基态原子数目。在热平衡下激发态能量 E_2 大于基态能量 E_1,由 Boltzmann 分布 $N_2/N_1 = e^{-\frac{E_2 - E_1}{kT}}$,可知激发态上的原子数小于基态原子数 $N_2 < N_1$,原子系统吸收光子比发射光子还要多,还没有实现激活介质的功能。一个很好的办法就是 Kastler 提出的用光泵使原子系统处于粒子数反转态,即虽然激发态能量 E_2 大于基态能量 E_1,但激发态上的原子数要大于基态原子数 $N_2 > N_1$。在粒子数反转状态中,单位时间自发辐射原子数量与单位时间受激辐射原子数量比为

$$\frac{A_{21} N_2}{B_{21} \rho_\nu N_2} = \frac{8\pi h}{\lambda^3 \rho_\nu}$$

随着光与原子相互作用的进行(激活介质中光子的谱密度 ρ_ν 越来越大),自发辐射的原子数量被受激辐射原子数量超过,直至忽略不计。由于激发态原子数目大于基态原子数目,单位时间受激发射的原子数 $B_{21} \rho_\nu N_2$ 将多于受激吸收的原子数 $B_{12} \rho_\nu N_1$,从而光在激活介质中传播时,光的强度会越来越大。通过光泵的办法实现激活介质粒子数反转,只有两个能级是不够的,至少涉及三个能级。下面以氦氖激光为例来说明光泵使得粒子数反转和激光的形成过程。

氦和氖按 $5:1$ 或 $10:1$ 的比例混合,就构成了氦氖激光的激活介质。氦和氖的能级图如图 5.7.3 所示。氦原子基态电子组态为 $1s^2$,氖原子基态电子组态为 $1s^2 2s^2 2p^6$,氦的激发态电子组态 $1s2s$ 形成的亚稳态 $^1S_0$ 和 $^3S_1$ 寿命较长。氖原子激发态可以是 $2p^5 3s$、$2p^5 3p$、$2p^5 4s$、$2p^5 4p$、$2p^5 5s$,每个电子组态对应着间隔很近的一组能级,读者可用 LS 耦合试求各对应几个能级。氦原子 $^1S_0$ 能级和氖原子 $2p^5 5s$ 能级接近,$^3S_1$ 能级和 $2p^5 4s$ 能级很接近。对 He - Ne 激光管加电压,管中电子被电场加速,具有较大动能,电子与氦原子、氖原子碰撞,但碰撞氦原子使之处于激发态 $1s2s$ 并形成 $^1S_0$ 和 $^3S_1$ 两个亚稳态的概率大于使氖原子激发的概率。这样 $^1S_0$ 和 $^3S_1$ 两个能级聚集很多的原子,由于 $^1S_0$ 和 $^3S_1$ 两个能级与氖原子 $5s$ 和 $4s$ 能级接近,亚稳态的氦原子与氖原子碰撞发生共振能量转移,即亚稳态的氦原子回到基态,而氖原子由基态被激发到 $5s$ 和 $4s$ 的激发态。氖原子 $4p$ 和 $3p$ 能级的寿命比 $5s$ 和 $4s$ 寿命短很多,这样 $5s$ 和 $4s$ 对比 $4p$ 和 $3p$ 即形成粒子数反转,$5s$ 能级高于 $4p$,同时 $5s$ 能级的原子数目比 $4p$ 能级的原子数目多,同样 $4s$ 与 $3p$ 也形成粒子数反转。$5s$、$4s$ 原子向 $4p$ 和 $3p$ 能级跃迁发出激光,其波长有 3.39 μm、1.15 μm、632.8 nm,而 632.8 nm 的光正是红光。处于 $4p$、$3p$ 的氖原子迅速往 $3s$ 跃迁,由于 $3s$ 是亚稳态,$3s$ 上便聚集了大量的氖原子。为了能让光泵持续进行,氖原子应该回到基态,$3s$ 能级不能通过发光回到基态,但可以将放电管做得很细,增大 $3s$ 氖原子与管壁碰撞的概率进而回到基态,这个过程称为无辐射跃迁。

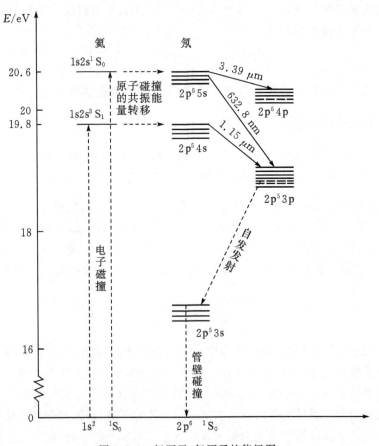

图 5.7.3　氦原子、氖原子的能级图

下面来概括一下光泵产生粒子数反转的过程：

(1)电子碰撞氦原子被激发到$^1S_0$和$^3S_1$两个亚稳态；

(2)氦原子和氖原子碰撞发生共振能量转移，氦原子回到基态，氖原子被激发到 5s 和4s 态；

(3)5s、4s 态向 4p、3p 跃迁形成激光；

(4)4p、3p 态自发辐射到 3s 态；

(5)3s 态的氖原子通过管壁碰撞回到基态；

(6)基态氖原子回到(1)参与下一个粒子数反转过程。

由粒子数反转循环可以看到，最终从激光器发射的光(能量)是激励能源通过电子碰撞氦原子实现氖原子粒子数反转而转化的，符合能量守恒的原理，粒子数反转态的实现保证了光在激光管内传播时增益系数大于零，产生了受激辐射的光放大。

激光由于高准直、高单色、高相干、高亮度等特性，所以在基础科学研究、工业、农业、医学、通信、能源、军事方面的影响都十分巨大，激光也被誉为照亮 21 世纪之光。

附录 G　Pauli 不相容原理的发现

经过 Bohr 和 Sommerfeld 等人的努力，原子中电子的四个量子数(n,k_1,k_2,m_1)都被提出来了。主量子数 n 取自然数,表示原子的粗能级,方位角量子数 k_1 取值为 $k_1=1,2,3,\cdots,n$,表示电子轨道角动量的大小,由碱金属原子确定的内部量子数 k_2,只能取 k_1,k_1-1,表示原子的总角动量的大小,总磁量子数 m_1 有 $2k_2$ 个取值,表示总角动量在外磁场方向的空间量子化。四个量子数的现代符号为 (n,l,j,m_j),它们的取值不完全相同。具体来说,主量子数 n 和现代值一样;方位角量子数 k_1 和现代的轨道角动量量子数 l 的关系为 $l=k_1-1$;由碱金属原子确定的内部量子数 k_2 和总角动量量子数 j 的关系为 $j=k_2-1/2$,碱金属原子可以取两个值 $j=k_1-1/2$ 或 $k_1-3/2$;总磁量子数 m_1 有 $2k_2$ 个取值,将 $k_2=j+1/2$ 代入 $2k_2$,就得到现代总磁量子数 m_j 有 $2j+1$ 个取值。

1922 年 Bohr 提出了多电子原子的电子壳层结构,为元素周期律提供了物理解释,元素的周期律来源于原子核外电子在不同壳层填充的周期性。根据原子光谱的数据,Bohr 给出了主量子数 n 所在的(主)壳层最多能容纳的电子数为 $2n^2$。例如,从碱金属原子光谱的实验数据发现锂原子($Z=3$)、钠原子($Z=11$)基态电子组态分别为 2s、3s,因此锂原子第 3 个电子、钠原子第 11 个电子分别在 2s、3s 能级上,由此可以推断 $n=1$ 的壳层最多只能容纳 2 个电子,而 $n=2$ 的壳层最多只能容纳 $10-2=8$ 个电子,Bohr 还经验地导出了 $n=3$ 时的壳层最多能容纳 18 个电子,Bohr 将这些填满的稳定壳层称为闭壳层。而每个方位量子数 k_1 对应 n 个不同的值表示轨道的形状,电子在每个椭圆轨道(支壳层)k_1 如何填充呢?Bohr 相当主观地认定将填充 $2n$ 个电子,这样闭壳层总共容纳的电子数就是 $2n\times n=2n^2$,表 G.1 是 Bohr 给出的原子轨道能容纳的电子数。电子填充壳层方式,Bohr 只考虑了两个量子数 (n,k_1),主观认定支壳层容纳的电子数依赖于主量子数 n。

表 G.1　Bohr 提出的占有数

元素	原子序数	n_{k_1} 电子数														
		1_1	2_1	2_2	3_1	3_2	3_3	4_1	4_2	4_3	4_4	5_1	5_2	5_3	6_1	6_2
He	2	2														
Ne	10	2	4	4												
Ar	18	2	4	4	4	4										
Kr	36	2	4	4	6	6	6	4	4							
Xe	54	2	4	4	6	6	6	6	6	6	—	4	4			
Rn	86	2	4	4	6	6	6	8	8	8	8	6	6	6	4	4

表中数据和 $2n^2$ 不完全符合的原因是原子中外层电子感受到的场与 Coulomb 场不完全相同,3d、4d、5d、$\cdots$、4f、5f 轨道对电子束缚松弛,能量较大,外层电子 4s 之后才能先填充 3d、5s 再填充 4d、6s 和 5d 之后才是 4f,实验测得结果也与 Bohr 直觉给出的填充规则一致。Bohr 从他的原子的电子壳层结构预测了 72 号元素铪应和锆矿石共存,这为实验发现铪元素指明了方向;另外 Bohr 对稀土族元素的解释今天还在使用,这些都是 Bohr 原子的电子壳层结构成功的地方,也是他的理论被人们接受的原因。

1924 年 Stoner 采用了元素特征 X 射线量子数的标记方法,对 Bohr 的壳层填充电子的方式进行了重新划分。由于特征 X 射线发射谱和碱金属原子光谱的类似之处,Stoner 对特征 X

射线光谱的分析方法也适用于碱金属原子。描述特征 X 射线的量子数有三个 (n, k_1, k_2)，其中 n 为主量子数，k_1 为方位角量子数，k_2 为内部量子数，用来标记类似于碱金属的特征 X 射线的双线结构[三个量子数的现在的符号为 (n, l, j)]。Stoner 的划分方法使得轨道容纳的电子数不再依赖于 n，而只依赖于方位量子数 k_1，其轨道容纳电子数如表 G.2 所示。

表 G.2　Stoner 提出的占有数

元素	原子序数	n_{k_1} 电子数														
		1_1	2_1	2_2 (1+2)	3_1	3_2 (1+2)	3_3 (2+3)	4_1	4_2 (1+2)	4_3 (2+3)	4_4 (3+4)	5_1	5_2 (1+2)	5_3 (2+3)	6_1	6_2 (1+2)
He	2	2														
Ne	10	2	2	2+4												
Ar	18	2	2	2+4	2	2+4										
Kr	36	2	2	2+4	2	2+4	4+6	2	2+4							
Xe	54	2	2	2+4	2	2+4	4+6	2	2+4	4+6	—	2	2+4			
Rn	86	2	2	2+4	2	2+4	4+6	2	2+4	4+6	6+8	2	2+4	4+6	2	2+4

Stoner 的划分方法是给定 k_1，k_2 将有两个值 k_1、k_1-1，每个 k_2 可以填充的电子数为 $2k_2$，从而在 k_1 确定时，可填充的电子数为

$$2(k_1 - 1) + 2k_1 = 2(2k_1 - 1)$$

为什么每个 k_2 可填充的电子数都为 $2k_2$ 呢，这是 Stoner 从碱金属原子磁场中的光谱能推测出来的，即 $2k_2$ 能给出简并的碱金属原子态在外磁场中分裂的能级数，如果每个分裂后的能级最多容纳一个电子，$2k_2$ 能给出同样主量子数的惰性气体闭壳层的电子数。举例来说，当锂原子 $n=2$ 的能级有 2s 和 2p，2s 对应的 $k_1=1$、$k_2=1$，2p 对应的 $k_1=2$、$k_2=1$ 或 2，磁场中分裂的能级数是 k_2 的两倍，则 2s 分裂为 2 个能级，2p 分裂为 2+4=6 个能级，$n=2$ 能级共分裂为 2+(2+4)=8 个能级(即 2s 和 sp 的原子态为 $^2S_{1/2}$ 和 $^2P_{1/2}$、$^2P_{3/2}$，在外磁场中能级开裂数为 2+2+4=8)，总共容纳的电子数量也是 8，恰好等于氖原子 L 壳层的电子数 8。对确定的 n，k_1 的范围从 1 到 n，故对同一主量子数 n 的主壳层，最多容纳的电子数为

$$\sum_1^n 2(2k_1 - 1) = 2n^2$$

和 Bohr 从原子光谱数据得到的结果相同。Stoner 的电子填充支壳层的方式使用了三个量子数 (n, k_1, k_2)，k_2 取 k_1、k_1-1，而 k_1 固定时支壳层容纳电子的数量借鉴了经验的惰性气体原子闭壳层的电子数量，支壳层容纳电子的数量仅依赖于 k_1。Stoner 电子填充壳层的方式很快得到了 Sommerfeld 的认同，Sommerfeld 认为 Stoner 的电子填充壳层的方式优于 Bohr 的方式。

从碱金属双线结构(特征 X 射线双线结构)出发，Stoner 将 k_2 的值设定为 k_1-1、k_1，认定这种非单值性来自于原子实的某种特性(磁性原子实假说)，原子实非单值性导出了磁反常(反常 Zeeman 效应中与原子能级 Lorentz 正常 3 分裂的偏差)。1925 年 Pauli 的一篇重要文章将磁反常归因为电子的一种非单值性，对碱金属而言采用 Sommerfeld 的做法定义总角动量为

$$j = k_2 - \frac{1}{2}$$

则

$$2j + 1 = 2k_2$$

此时的 j 和现代总角动量量子数 j 的符号完全一致，j 表示角动量在外磁场中分量 m_1 的最大值，m_1 共有 $2j+1$ 个取值。这样电子的量子态用四个量子数 (n, k_1, k_2, m_1) 表示。

　　Pauli 提出了不相容原理：原子中不可能有两个或两个以上电子具有完全相同的四个量子数 (n, k_1, k_2, m_1) [现在的符号为 (n, l, j, m_j)]，电子具有某组四个量子数，这个量子态就被占据了。对于给定的 k_1, k_2 可取 $k_1 - 1$ 和 k_1，当 $k_2 = k_1 - 1$ 时，m_1 最大值为 $j = k_1 - 3/2$，当 $k_2 = k_1$ 时，m_1 最大值为 $j = k_1 - 1/2$，所以 m_1 总共的取值为

$$2\left(k_1 - \frac{3}{2}\right) + 1 + 2\left(k_1 - \frac{1}{2}\right) + 1 = 2(2k_1 - 1)$$

给定 n 的值，k_1 的取值范围从 1 到 n，于是有

$$\sum_1^n 2(2k_1 - 1) = 2n^2$$

由此得到了 Bohr 和 Stoner 的结果。

　　Pauli 的电子填充支壳层的方式使用了四个量子数 (n, k_1, k_2, m_1)，k_2 取 k_1、$k_1 - 1$，m_1 共有 $2k_2$ 个取值，最后得到支壳层容纳电子的数量也仅依赖于 k_1。Pauli 的电子填充支壳层的方式和 Stoner 的结果一致，但 Pauli 的方法更基本，因为它不依赖于经验数据。

　　在强磁场（Paschen-Back 效应）情况下，Pauli 还用了另一组量子数描述原子中电子的状态，即 (n, k_1, m_1, m_2) [类似于现代符号 (n, l, m_j, m_s)]。m_2 表示价电子磁矩在外磁场方向的分量，它决定了电子在磁场中附加的能量，m_2 的值只能取 $m_1 + 1/2$ 和 $m_1 - 1/2$。事实上强磁场中原子附加的能量为

$$\Delta E = -\boldsymbol{\mu} \cdot \boldsymbol{B} = (m_l + 2m_s)\mu_B B = (m_j + m_s)\mu_B B$$

以 $\mu_B B$ 为单位量子数，即为 $m_j + m_s = m_j \pm 1/2$，和 Pauli 的结果一致。由于强磁场情况下电子轨道角动量和自旋角动量不再耦合，m_j 或 m_1 并不意味着轨道角动量和自旋角动量真正地合成。磁反常和碱金属原子光谱的双线结构预示着表征电子自身磁矩的第四自由度的出现，区别于电子轨道角动量磁矩的量子数。Pauli 预测表征电子的第四自由度的量子数应该是半整数，由第四自由度的量子数计算出的碱金属 s 谱项的 Landé 因子等于 2，第四自由度的磁量子数应该是双值的，电子的第四自由度应该是经典物理无法描述的。Pauli 几乎预测了电子自旋的所有特征，就是没提自旋两个字。后来 Uhlenbeck 和 Goudsmit 提出：Pauli 预测的电子的第四自由度就是电子自旋角动量。

　　典型的碱土金属 Mg 的电子组态为 [Ne]$3s^2$，电子的四个量子数为 $(3, 1, 1, \pm 1/2)$，$n = 3$ 时，显然地，s 轨道 $k_1 = 1$，对应的 k_2 也只能等于 1，m_1 的最大值为 $k_2 - 1/2 = 1/2$，这样 m_1 的取值只能是 $\pm 1/2$。根据 Pauli 的一般规律，前三个量子数相同，Mg 的两个价电子的 m_1 的值只能一个为 $1/2$，另一个为 $-1/2$，即

$$\sum m_1 = \frac{1}{2} - \frac{1}{2} = 0$$

即基态不可能出现 $^3S_1$，只可能是 $^1S_0$。如果对两个等效的 p^2 电子呢？电子的四个量子数 (n, k_1, k_2, m_1) 应为 $k_1 = 2$，$k_2 = 1$ 或 2，当 $k_2 = 1$ 时，$j = 1/2$，$m_1 = \pm 1/2$；当 $k_2 = 2$ 时，$j = 3/2$，$m_1 =$

±1/2, ±3/2。由 Pauli 一般规则可求得原子态的总角动量量子数,如表 G.3 所示。由此可以得到两个 p^2 同科电子的原子态只有 5 个,对应的 J 值分别为 2,0 和 2,1,0,远少于非等效电子原子态的数目。

表 G.3 两个同科电子 p^2 的总角动量量子数 J

j	m_1	$\sum m_1$	J
1/2 1/2	+1/2 −1/2	0	0
3/2 1/2	±3/2 ±1/2; ±1/2 ±1/2	2 1 −1 −2; 1 0 0 −1	2,1
3/2 3/2	+3/2 −3/2; ±3/2 ±1/2; +1/2 −1/2	0; 2 1 −1 −2; 0	2,0

Stoner 没有提出不相容原理而 Pauli 能提出不相容原理,主要的原因是 Stoner 仅研究具体问题——原子的电子壳层结构,没有进一步把电子壳层结构和电子的量子态(四个量子数)联系起来,很可能 Stoner 没有意识到角动量空间量子化存在的事实,因而 Stoner 的工作没有普适性。Pauli 敏锐地意识到并且使用了四个量子数来描述电子的量子态,特别是 Stoner 忽略的角动量空间量子化的总磁量子数,这样不但能得到 Bohr 和 Stoner 的占有数,还解决了其他的问题,如能给出多电子原子态的相关信息、碱土金属最低的原子态是 $^1S_0$ 而非 $^3S_1$、两个等效电子 p^2 的原子态数目。Pauli 不相容原理还预测了电子自旋的存在,而后来 Fermi - Dirac 统计也是基于 Pauli 不相容原理导出来的,使 Pauli 不相容原理一下子上升到了原理的地位。在量子力学建立前,由于没有可遵循的范式,物理学家使用旧量子论探索新规律时具有相当的主观猜测性,Pauli 能发现不相容原理是十分难得和可贵的。

附录 H Hund 定则的理论解释

Hund 定则:对于一个给定电子组态形成的一组原子态,①S 大的原子态对应的能级最低;②如果 S 相同,L 值大的能级低。

这个经验定律可以从多电子体系波函数的反对称性来加以说明。

由于电子是 Fermi 子,遵循 Pauli 不相容原理,因此多电子体系的波函数具有反对称性。多电子体系波函数应包括空间部分 $\varphi(r_1, r_2)$ 和自旋部分 $\chi(s_z)$ 的乘积,

$$\psi = \varphi(r_1, r_2)\chi(s_z) \tag{h1}$$

如果自旋波函数 $\chi(s_z)$ 是对称的,则空间波函数 $\varphi(r_1, r_2)$ 必然是反对称的,反之亦然。两个电子对称的自旋波函数为

$$\chi_S = \begin{cases} \chi_{1,1} = \chi_\uparrow(1)\,\chi_\uparrow(2) \\ \chi_{1,0} = \dfrac{1}{\sqrt{2}}[\chi_\uparrow(1)\,\chi_\downarrow(2) + \chi_\downarrow(1)\,\chi_\uparrow(2)] \\ \chi_{1,-1} = \chi_\downarrow(1)\,\chi_\downarrow(2) \end{cases} \tag{h2}$$

对称自旋波函数的两电子总自旋量子数 $S=1$,总自旋磁量子数 $M_S=1,0,-1$。

反对称的自旋波函数为

$$\chi_A = \frac{1}{\sqrt{2}}\left[\chi_\uparrow(1)\,\chi_\downarrow(2) - \chi_\downarrow(1)\,\chi_\uparrow(2)\right] \tag{h3}$$

反对称自旋波函数的两电子总自旋量子数 $S=0$，总自旋磁量子数 $M_S=0$。

对称的空间波函数为

$$\varphi_S = \frac{1}{\sqrt{2}}\left[\varphi_{nl}(r_1)\varphi_{n'l'}(r_2) + \varphi_{nl}(r_1)\varphi_{n'l'}(r_2)\right] \tag{h4}$$

反对称的空间波函数为

$$\varphi_A = \frac{1}{\sqrt{2}}\left[\varphi_{nl}(r_1)\varphi_{n'l'}(r_2) - \varphi_{nl}(r_1)\varphi_{n'l'}(r_2)\right] \tag{h5}$$

电子体系的波函数应该是

$$\psi = \frac{1}{\sqrt{2}}\left[\varphi_{nl}(r_1)\varphi_{n'l'}(r_2) + \varphi_{nl}(r_1)\varphi_{n'l'}(r_2)\right]\chi_A \tag{h6}$$

或者

$$\psi = \frac{1}{\sqrt{2}}\left[\varphi_{nl}(r_1)\varphi_{n'l'}(r_2) - \varphi_{nl}(r_1)\varphi_{n'l'}(r_2)\right]\chi_S \tag{h7}$$

电子自旋波函数是反对称的，则空间波函数是对称的，体系波函数为式(h6)，此时电子之间靠得很近，电子之间的排斥能 $\frac{e^2}{|r_1-r_2|}$ 就很大。当电子自旋波函数对称时，则空间波函数必然为反对称的，体系波函数为式(h7)，两个电子不能靠得很近，如果靠得很近，取一个极端，$r_1=r_2$，则体系的波函数为零。于是自旋波函数对称性要求两个电子在空间必然有一定的距离，这就导致电子之间的排斥能为 $\frac{e^2}{|r_1-r_2|}$，会比自旋波函数为反对称时减小，实际上说明了 Hund 定则的第一部分内容。处于高 L 态的电子比处于低 L 态的电子分得更开，电子之间的排斥能为 $\frac{e^2}{|r_1-r_2|}$，自然要减小，这是 Hund 定则的第二部分内容。

对两个电子而言，空间波函数正比于球谐函数 $Y_{l,m}$，而 $Y_{l,m}$ 的正负取决于 $(-1)^L$，当 L 为偶数时，电子的空间波函数是对称的，电子的自旋波函数是反对称的，$S=0$；当 L 为奇数时，电子的空间波函数是反对称的，电子的自旋波函数是对称的，$S=1$。由电子系统的波函数具反对称的性质，可知同科电子的原子态要求 $L+S$ 一定为偶数才行，事实上就是用 $L+S$ 偶数法来方便地求出两个同科电子的原子态的。

问题

1. 氦原子基态电子组态为 $1s^2$。

(1)假定两个电子在基态的 Bohr 轨道相互独立，则氦原子电离能多大？

(2)实验测得氦原子的电离能为 24.6 eV，第一问算得的电离能与实验值之差是由电子间相互排斥引起的，估算两电子间的 Coulomb 排斥能。

(3)由电子间 Coulomb 排斥能估算两电子间平均距离，并与它们的轨道半径作比较。

2. 碱金属原子 Li、Na、K、Rb、Cs 的电离能分别为 5.4 eV、5.1 eV、4.3 eV、4.2 eV 和 3.9 eV，解释其原因。

3. 类氢离子中一个电子处于基态($n=1$),另一个电子处于激发态($n>1$)的能级公式可表为 $E=-RhcZ^2-Rhc(z-1)^2/n^2$,此公式基本假定基态电子完全屏蔽了一个核电荷,计算 $n=2,3,4$ 的类氢离子的能级,说明激发态能级准确度随 n 增大而增加的原因。

4. 下列情况原子各有多少电子,它们各是什么元素?

(1)K、L 填满,3s 填满,3p 填一半;

(2)K、L、M 填满,4s、4p 和 4d 填满。

5. 氦原子两个电子分别被激发到 2p 和 3d 态,求 LS 耦合下形成的原子态。

6. 找出下列各原子态量子数 S、L 和 J 的值:${}^1S_0$,${}^3P_2$,${}^2D_{3/2}$,${}^5F_5$,${}^6H_{5/2}$。

7. 求原子态 ${}^4D_{3/2}$ 的 $\boldsymbol{L} \cdot \boldsymbol{S}$ 值,总角动量和自旋角动量、轨道角动量的夹角。

8. 氯原子基态为 ${}^2P_{3/2}$,求:

(1)氯原子磁矩的大小;

(2)在弱磁场中基态分裂的能级数。

9. 证明对于给定 L 和 S,对所有 J 的求和为 $\sum\limits_J (2J+1) = (2L+1)(2S+1)$,并说明 $\sum\limits_J (2J+1)$ 的物理意义。

10. 锌($Z=30$)的最外层有两个电子,其基态电子组态为 $4s^2$,当一个电子被激发到 5s 态,在 LS 耦合下锌原子向低能态跃迁有几种可能?

11. 铅($Z=82$)基态电子组态为 $6p^2$,其中一个电子被激发到 7s 态而形成的激发态电子组态为 6p7s,按 jj 耦合,6p7s 形成的原子态有哪些?

12. 求两个等效 d 电子在 LS 耦合和 jj 耦合情况下的总角动量量子数 J 的值,比较两种情况下相同 J 的值出现的次数是否相同。

13. 确定氟、硅、氯、砷、镁原子的基态电子组态和基态原子态。

14. 写出钛 Ti 原子基态电子组态、基态原子态和第一激发态原子态。

15. 求电子组态 $1s^2 2s^2 2p^6 3s^2 3p^6 4s^2 3d^3$ 基态和原子的有效磁矩。

人物简介

Wolfgang Ernst Pauli(泡利,1900 - 04 - 25——1958 - 12 - 15),奥地利物理学家。1921 年他为德国《数学科学百科全书》撰写了相对论词条并受到 Einstein 的称赞;1925 年发现了 Pauli 不相容原理;1926 年用 Heisenberg 等创立的矩阵力学解出了氢原子的能级和光谱,引入了 Pauli 矩阵描述电子自旋;1929 年和 Heisenberg 合作创立了量子场论;1930 年考虑 β 衰变问题时提出了中微子假说(1956 年被实验证实);1940 年证明了自旋统计定理;1949 年和 Villars 提出了 Pauli-Villars 正规化;1953 年将 Kaluza、Klein、Fock 五维理论前后一致地一般化到更高维内部空间(Yang - Mills 理论),但因没有办法赋予规范 Bose 子质量而没有发表;1954 年独立于 Lüders 证明 CPT 定理。1945 年获诺贝尔物理学奖。

Satyendra Nath Bose(玻色,1894 - 01 - 01—1974 - 02 - 04),印度物理学家、数学家。1924 年他提出的 Bose 统计适用于所有自旋为整数的微观粒子,后即被 Einstein 推广到粒子数守恒的原子系统并预言了 Bose-Einstein 凝聚现象。后来他在 X 射线结晶学、统一场论、生物化学、化学、地质学、动物学、人类学、工程等领域都作出了贡献。

Enrico Fermi(费米,1901 - 09 - 29—1954 - 11 - 28),意大利物理学家。1926 年他提出了 Fermi-Dirac 统计;在 Pauli 提出中微子假说的基础上于 1934 年提出了 β 衰变理论,同年发现了核反应中的慢中子效应;1942 年成功建造了世界上第一座原子反应堆,二战时是 Manhattan 计划的主要领导之一。学生有 Chamberlain、Friedman、李政道、Majorana、Rainwater、Segrè、Steinberger 等。1938 年获诺贝尔物理学奖,1947 年获 Franklin 奖,1954 年获 Planck 奖。

Dmitri Ivanovich Mendeleev(门捷列夫,1834 - 02 - 08—1907 - 02 - 02),俄国化学家、发明家。1869 年他发现了元素周期律,将当时已知 63 种元素制成元素周期表还在表中留下了空位,这些空位是未被发现的新元素钪、镓、锗。他还研究过气体定律、气象学、石油工业、农业化学、无烟火药、度量衡等。1882 年获 Davy 奖,1905 年获 Copley 奖。

Friedrich Hund(洪德,1896 - 02 - 04—1997 - 03 - 31),德国物理学家。1925 年他提出了 Hund 定则;1926 年提出了量子隧穿效应。他对 Hund-Mulliken 分子轨道理论有贡献。1943 年获 Planck 奖。

Walther Ludwig Julius Kossel(科塞尔,1888 - 01 - 04—1956 - 05 - 22),德国物理学家。1916 年他提出了离子化学键理论;1919 年发现了原子光谱的 Sommerfeld-Kossel 位移定律;1920 年提出了 X 射线吸收限理论;1928 年提出了晶体生长理论;1934 年在用高能电子束轰击单晶铜时发现了晶体中球面波的 X 射线晶格干涉。1944 年获 Planck 奖。

John Clarke Slater(斯莱特,1900 - 12 - 22——1976 - 07 - 25),美国物理学家、理论化学家。1924 年他和 Bohr、Kramers 提出了 BKS 理论;1929 年提出了 Slater 行列式来表示 Fermi 子波函数反对称性;1930 年提出了 Slater 型原子轨道;1954 年和 Koster 合作提出了固体能带理论的紧束缚模型。学生有 Shockley 和 Rosen。1967 年获 Langmuir 奖。

第 6 章　X 射线

1895 年 Röntgen 发现的 X 射线和放射性、电子并称为 19 世纪末 20 世纪初的三大发现。X 射线波长很短,一般范围为 0.001~1 nm,波长为 0.1~1 nm 的 X 射线称为软 X 射线,而波长为 0.001~0.1 nm 的 X 射线称为硬 X 射线。X 射线穿透能力很强,因而很快就被用于医疗诊断。元素特征 X 射线还有助于人们理解原子的壳层结构,因此研究 X 射线具有十分重要的意义。

本章先介绍 X 射线的发现及其波动性的证实,然后介绍 X 射线的发射谱,并讲述 X 射线产生的两种机制:韧致辐射和原子内壳层电子跃迁。之后介绍 X 射线被物质散射的 Compton 散射现象,该现象使得 Einstein 光量子理论得到了人们普遍的承认。最后介绍 X 射线被物质吸收的现象,吸收限的存在有力地证实了原子壳层结构的正确性。

6.1　X 射线的发现和波动性

6.1.1　X 射线的发现

19 世纪末阴极射线的研究是个热门课题,Röntgen 也用他的放电管研究阴极射线,如图 6.1.1 所示,管内真空在 10^{-4}~10^{-6} Pa,K 为阴极,A 为阳极,阳极可用钨、钼、铂、铬、铁、铜等金属制成,阴极和阳极间加几万到十几万伏,甚至更高的电压,Röntgen 使用的电压只有几千伏。1895 年 11 月 8 日,Röntgen 又到他的实验室,一个偶然的事件吸引了他的注意。一片漆黑的房间里面,放电管用黑纸包严,Röntgen 发现在不超过 1 m 远的小桌上放着由亚铂氰化钡做成的荧光屏发出闪光。他很奇怪,就将荧光屏放得远一点继续实验,荧光屏的闪光仍随着放电过程的节拍断续出现。他又取来各种不同的物品,书本、木板、铝片等,放在放电管和荧光屏之间,发现不同物品的效果不一样,有的起到了阻挡作用,有的起不到阻挡作用。显然放电管在发射一种看不见的射线。为了确定新射线的存在,并尽可能了解它的特性,Röntgen 花费了 6 个星期研究这一现象。他发现这一新射线具有强大的穿透能力,可以透过人体显示骨骼和薄金属中的缺陷。新射线的这种能力在医疗和金属探测上具有重大的应用价值,吸引了人们极大的兴趣。图 6.1.2 是 Röntgen 夫人手骨的 X 射线照片。三个月以后维也纳医院在外科治疗中首次应用 X 射线来拍片。Röntgen 在他的文章中将这一新的射线命名为 X 射线,因为它的性质还无法确定。

Röntgen 发现 X 射线和他一贯的严谨作风和客观的科学态度是分不开的。事实上,之前也有别的科学家曾发现类似的现象,但错过了发现 X 射线的机会。1880 年拥护以太学说的 Goldstein 注意到阴极射线管壁发出一种特殊的辐射,使管内荧光屏发光,当时他在为阴极射线是以太波动的观点辩护,认为他发现的现象证明了他的观点,没有进一步追查根源。1887

年 Crookes 曾碰到过类似的事件,但他认为是底片质量有问题,把变黑的底片退还给了厂家。

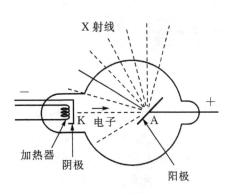

图 6.1.1　X 射线管示意图

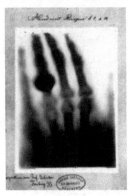

图 6.1.2　Röntgen 夫人手骨的 X 射线照片

1890 年 Goodspeed 在演示阴极射线管时注意到照相底片特别黑,随手把底片扔到废片堆里,在得知 Röntgen 发现 X 射线后才重新加以研究。1894 年 Thomson 测量阴极射线的速度时,也观察到了 X 射线的记录,但他没有功夫专门研究这一现象,只是在文章中提到离放电管几英尺的玻璃管会发出荧光。1895 年以前许多人都知道照相底片不要放在阴极射线装置旁,否则可能变黑,牛津大学的 Smith 就发现保存在盒中的底片变黑了,他只是叫助手以后把照相底片保存到别处,没有认真追究原因。Lenard 是研究阴极射线的权威之一,他在研究物质对阴极射线的吸收时,肯定也遇到了 X 射线,他在 1906 年诺贝尔演说词中说:"我曾做过好几次观测,当时解释不了,准备留待以后研究,不幸没有及时开始。"他也错过了发现 X 射线的机会。他们都是"当真理碰到鼻尖的时候还是没有得到真理"的人。

6.1.2　X 射线的波动性

Röntgen 之所以将他发现的新射线命名为 X 射线,是因为对它的性质还不清楚,Röntgen 发现 X 射线后没有观察到它的折射、反射和衍射,错误地认为 X 射线与光无关,直到 1906 年 Barkla 证实了 X 射线的偏振。1912 年 von Laue 提出了 X 射线是一种波长极短的电磁波,建议用晶体做光栅观察 X 射线的衍射特性,von Laue 的建议由 Friedrich 和 Knipping 实验所证实,他们测量了 X 射线的波长。至此,X 射线的本性便十分清楚了,它就是波长极短的电磁波,波长范围在 0.001~1 nm,一般波长比 0.1 nm 长的 X 射线称为软 X 射线,波长比 0.1 nm 短的 X 射线称为硬 X 射线。

1. X 射线的偏振

偏振的概念只对横波存在。横波指电磁波的电矢量 E 振动方向和传播方向 k 垂直。若电矢量 E 恒定在一个方向,则称为线偏振;若电矢量 E 在垂直于传播方向 k 的平面上转动,且电矢量末端的轨迹为圆的,则称为圆偏振;若轨迹为椭圆的,则称为椭圆偏振;电矢量方向无规则变化,则电磁波是不偏振的。Barkla 采用晶体双散射的办法证实了 X 射线偏振的存在,其实验示意图如图 6.1.3 所示。

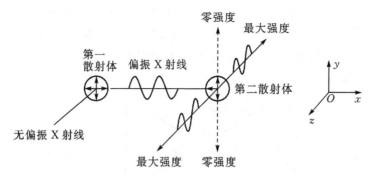

图 6.1.3　晶体双散射实验证实 X 射线偏振性

　　无偏振的 X 射线沿 z 方向打在第一个散射体上,设 X 射线为横波,在 x 方向上将观察不到 z 和 x 方向的电矢量振动,只有沿 y 方向的电矢量的振动,这个沿 y 方向线偏振的 X 射线打在第二散射体后,散射光也只有 y 方向的线偏振,这时 z 方向可以观察到最强散射光,而 y 方向将看不到散射光。实验的结果也证实了这个预想,第一散射体扮演起偏器的角色。第二散射体扮演检偏器的角色。Barkla 的双散射实验证实了 X 射线横波特性的存在,但还没有从本质上证明 X 射线波动的特性,衍射才是波动性的真正的试金石。

2. X 射线的衍射

　　晶体是原子有规则地排列起来的结构,这种有规则的排列沿各方向等间隔地重复,而间隔的尺度正好是 X 射线波长的范围,因此晶体是天然的 X 射线光栅。以下较详细地讨论 X 射线在晶体中的衍射现象。

　　取固体的格点 O 为坐标原点,晶格中任一格点 A 的位矢为

$$\boldsymbol{R}_l = l_1 \boldsymbol{a}_1 + l_2 \boldsymbol{a}_2 + l_3 \boldsymbol{a}_3 \qquad (6.1.1)$$

设 $\boldsymbol{S}_0$、$\boldsymbol{S}$ 分别为 X 射线入射线和衍射线的方向,如图 6.1.4 所示,从 A 作 $AC \perp \boldsymbol{S}_0$ 和 $AD \perp \boldsymbol{S}$,两条光线的光程差为 $OC + OD$。令

$$OC = -\boldsymbol{R}_l \cdot \boldsymbol{S}_0$$

$$OD = \boldsymbol{R}_l \cdot \boldsymbol{S}$$

X 射线衍射加强的条件为

$$\boldsymbol{R}_l \cdot (\boldsymbol{S} - \boldsymbol{S}_0) = \mu\lambda \qquad (6.1.2)$$

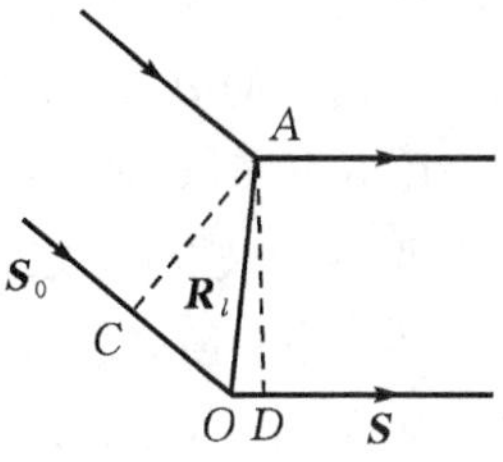

图 6.1.4　X 射线衍射 Laue 公式

上式为 **Laue 方程**,是包含基矢方向的三个方程,式中 μ 为整数。若 X 射线入射,衍射方向用波矢 $\boldsymbol{k}_0 = \dfrac{2\pi}{\lambda}\boldsymbol{S}_0$ 和 $\boldsymbol{k} = \dfrac{2\pi}{\lambda}\boldsymbol{S}$ 表示,则 Laue 方程变为

$$\boldsymbol{R}_l \cdot (\boldsymbol{k} - \boldsymbol{k}_0) = 2\pi\mu \qquad (6.1.3)$$

可见 $\boldsymbol{k} - \boldsymbol{k}_0$ 相当于倒格矢。与式(6.1.3)等价的衍射加强条件为

$$\boldsymbol{k} - \boldsymbol{k}_0 = n\boldsymbol{K}_h \qquad (6.1.4)$$

其中,n 为整数,即衍射级次;$\boldsymbol{K}_h$ 为一组密勒指数为 (h_1, h_2, h_3) 晶面的倒格矢,其大小和这组晶面之间的距离关系为

$$|\boldsymbol{K}_h| = \frac{2\pi}{d_{h_1 h_2 h_3}}$$

反射情形的 Laue 公式有着明晰的物理意义,由于不考虑 Compton 散射,入射波矢和衍射波矢的大小总相等$|\mathbf{k}|=|\mathbf{k}_0|$,因此 $\mathbf{k}$、$\mathbf{k}_0$、$\mathbf{K}_h$ 构成等腰三角形,如图 6.1.5 所示,$\mathbf{K}_h$ 的垂直平分线平分 $\mathbf{k}$、$\mathbf{k}_0$ 的夹角,衍射线的波矢 $\mathbf{k}$ 可认为由晶面(h_1,h_2,h_3)反射而得,衍射加强的条件转化为晶面的反射条件。

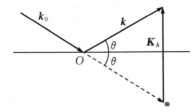

图 6.1.5　Bragg 反射

由波矢和 X 射线方向的关系 $\mathbf{k}=\dfrac{2\pi}{\lambda}\mathbf{S}$ 可得衍射入射方向差值的大小为

$$|\mathbf{S}-\mathbf{S}_0|=2\sin\theta$$

衍射入射的波矢之差为

$$|\mathbf{k}-\mathbf{k}_0|=\frac{2\pi|\mathbf{S}-\mathbf{S}_0|}{\lambda}=\frac{4\pi\sin\theta}{\lambda}$$

由倒格矢大小$|\mathbf{K}_h|=\dfrac{2\pi}{d_{h_1h_2h_3}}$,衍射加强条件式(6.1.4)可化为

$$\frac{4\pi\sin\theta}{\lambda}=\frac{2\pi n}{d_{h_1h_2h_3}}$$

上式写为

$$2d_{h_1h_2h_3}\sin\theta=n\lambda \tag{6.1.5}$$

一般将式(6.1.5)称为 X 射线在晶体中衍射的 Bragg 公式,该公式是 Bragg 父子在 1912 年发现的。式中的 $d_{h_1h_2h_3}$ 为两个晶面之间的距离,θ 表示入射线、出射线和晶面夹角,n 为衍射级次。由式(6.1.5)的 Bragg 公式知,如果知道晶体晶格常数 $d_{h_1h_2h_3}$,从衍射加强的夹角可以测出 X 射线的波长,反之,由标准 X 射线也可以测出晶体方面的信息。

实验中一般先取已知 d 的标准晶体测量 X 射线的波长,然后用这个波长去测定未知晶体的晶格常数。由 Avogadro 常数 N_A 可算出 NaCl 晶体的晶格常数,NaCl 晶体的密度为 2.163 g/cm³,分子量为 58.8,1 cm³ 的 NaCl 晶体中的原子数为 $2\times 6\times10^{23}\times 2.163/58.5$。设晶格常数为 d,1 cm³ 的原子数也可以等于 $1/d^3$,则

$$\left(\frac{1}{d}\right)^3=2\times\frac{6\times10^{23}}{58.5}\times2.163$$

算得 $d=0.282$ nm。

实际的晶体对 X 射线的衍射有 Laue 照相法和 Debye-Scherrer 粉末法,Laue 照相法是利用连续波长的 X 射线对单晶作的衍射,示意图如图 6.1.6 所示,每个 Laue 斑点对应一组晶面,斑点的位置反应晶面的方向。图 6.1.7 所示的 Debye-Scherrer 粉末法,用到的样品只有多晶粉末,一般用单色 X 射线,照片的每一同心圆对应于一组晶面,环的强弱反映了晶面原子密度,由同心圆所对应的角度就可以算出相应晶面的间距 d。由于 Debye-Scherrer 法分析方便,因此在工业上有很广泛的用途。

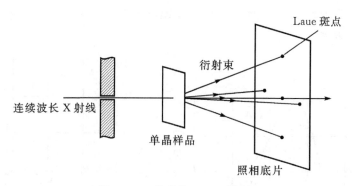

图 6.1.6　单晶的 Laue 照相法

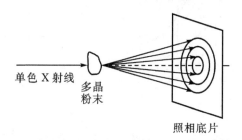

图 6.1.7　多晶 Debye-Scherrer 粉末法实验示意图

6.2　X 射线发射谱

Laue 实验证实了 X 射线也是电磁波,不过是波长极短的电磁波,X 射线谱的测量和可见光谱测量的装置原理是一样的,也由三部分构成,实验示意图如图 6.2.1 所示。X 射线管发出 X 射线,相当于光源;由于 X 射线的波长极短,一般的光栅起不到色散作用,因而色散作用的元件是标准晶体而不是通常的光栅或三棱镜;记录仪用相片或者探测器。

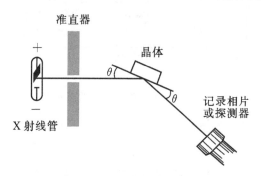

图 6.2.1　X 射线谱的测量

用 X 射线测量装置得到 74 号钨原子 W 靶(钨原子 K 壳层的结合能为 69.53 keV,钼原子 K 壳层的结合能为 20.00 keV)的 X 射线谱如图 6.2.2 所示;45 号铑原子 Rh(铑原子 K 壳层的结合能为 23.22 keV,其中有 44 号钌原子 Ru 的杂质)靶的典型的 X 射线谱如图 6.2.3 所示,从图中可以看到 X 射线谱由两部分构成,一部分是波长连续变化的部分,称为连续谱;另一部分具有分立波长的谱线,这部分谱线要么不出现,一旦出现它的峰值对应波长的位置就完全由靶材料决定,称为特征谱,又称标识谱。标识谱由 Barkla 在 1906 年发现,叠加在连续谱上,犹如山丘上的宝塔。

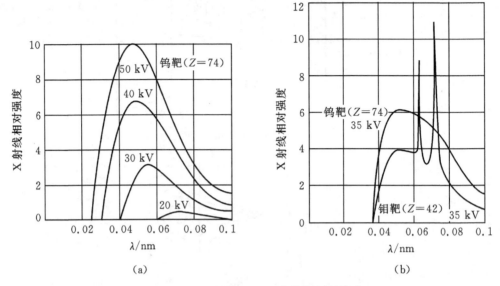

(a)　　　　　　　　　　　　　　　　　(b)

图 6.2.2　不同加速电压下的钨靶 X 射线谱

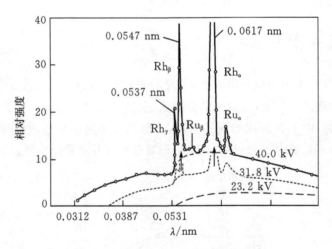

图 6.2.3　铑(Rh,$Z=45$)靶的 X 射线谱

6.2.1　连续谱

连续谱的产生容易理解,由经典电动力学,带电粒子在加速运动时会辐射电磁波,X 射线管中高速运动的电子与靶碰撞时,速度迅速减小,其一部分动能转化为辐射能放出 X 射线。这种机制的辐射形象地被称为轫致辐射(刹车辐射),轫致辐射强度反比于入射带电粒子质量平方,正比于靶核电荷的平方,因此常用电子撞击重核材料(如钨)产生 X 射线。

连续谱产生的原因虽然可以用经典电动力学解释,但也有难以理解的地方。连续谱面积随着靶核原子序数的增大而增大,这是因为辐射的强度正比于靶核电荷的二次方。连续谱的形状与靶材料无关,存在一个最小波长 λ_{min},这个最小波长的数值只与外加电压有关,与靶核无关,图 6.2.2(b)很好地显示出这一点。这一事实无法用经典电动力学解释,经典电动力学认为任何短的波长均可发射。1915 年 Duane 和 Hunt 的实验结果表明这个最短波长与外加电压的关系为

$$\lambda_{min} = \frac{1.24}{V} \text{ nm} \qquad (6.2.1)$$

其中,电压 V 单位为 kV,得到的波长单位为 nm。式(6.2.1)称为 Duane-Hunt 定律。

要解释 Duane-Hunt 的结果,需要 Einstein 的光量子理论。由光量子理论,每个光子的能量为 $\frac{hc}{\lambda}$,假设被加速的电子全部能量 Ve 完全转化为 X 射线的光子,由能量守恒得

$$\frac{hc}{\lambda_{min}} = Ve \qquad (6.2.2)$$

由此易得

$$\lambda_{min} = \frac{hc}{Ve} = \frac{1.2398}{V}\text{nm}$$

上式即为 Duane-Hunt 定律式(6.2.1)。X 射线连续谱这个 λ_{min} 称为**量子极限**,从实验测得不同加速电压对应的 X 射线的最短波长,由式(6.2.2)便可方便地得到 Planck 常数。事实上 Duane 和 Hunt 就是用这种方法首次测量 Planck 常数的,结果和光电效应测得的结果完全一致,这也进一步说明了 Planck 常数的普适性。1920 年我国学者叶企孙也进行了这项研究。

6.2.2 标识谱

1906 年 Barkla 发现当外加电压大于某个定值的时候,连续谱上出现离散的线状谱线,谱线的波长与入射电子的能量无关,只决定于靶材料的化学元素,称为 X 射线标识谱。钼靶的 X 射线标识谱如图 6.2.2(b)所示,铑的 X 射线标识谱 K_α、K_β、K_γ 如图 6.2.3 所示,按贯穿能力递减的次序可以标记为 K,L,M,… 字母,不从 A、B 等字母排起是因为 Barkla 当时不能肯定是否还存在更硬的谱线系列,首个标识谱取在 A 和 Z 之间算留有余地。后来又发现 K 系列谱线中包含有 K_α、K_β、K_γ,L 系列中也包含 L_α、L_β、L_γ 等谱线,K_α 线最强,实际上由线 α_1、α_2 组成。为什么标识谱与电子的能量无关,只与靶元素有关? 标识谱又是如何产生的?

联想到原子的壳层结构,意识到 X 射线标识谱可能来源于原子内层电子的跃迁。但由于 Pauli 不相容原理,原子内壳层已填满无法再容纳别的电子。如果内壳层有电子空位的存在,就会实现原子内层电子跃迁。在 X 射线管中高能电子撞击靶元素,原子内壳层电子撞击出来,留下一个电子空位。由此 X 射线标识谱便得到合理的解释,要产生 K 系标识谱,要求 $n=1$ 的壳层存在一个电子空位,L 系标识谱需要 $n=2$ 的壳层存在空位。当然,原子壳层空位的产生除了高能电子撞击靶元素以外,质子束、离子束甚至 X 射线也能产生空位。K 系标识谱是由 L 壳层、M 壳层、N 壳层等电子往 K 壳层空位跃迁的结果,L 系、M 系标识谱的产生机制类似。图 6.2.4 是内层电子跃迁产生 X 射线标识谱的示意图。

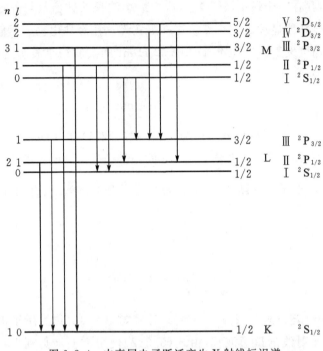

图 6.2.4　内壳层电子跃迁产生 X 射线标识谱

　　图 6.2.4 考虑了支壳层后的电子跃迁,K 壳层的 1s 支壳层被电子撞击出一个空位,此时原子态为 $^2S_{1/2}$;L 壳层 2s 支壳层出现一个空位,原子态为 $^2S_{1/2}$。若 2p 支壳层出现空位,则原子态为 $^2P_{1/2}$ 和 $^2P_{3/2}$,其余类推。容易理解 $n=3$ 时的能级结构。内层支壳层一个电子往别的支壳层的跃迁和单电子原子跃迁一样,因此它们遵循同样的跃迁选择定则,即 $\Delta l=\pm1,\Delta j=0$, ±1。L、M 等壳层电子往 K 壳层空位的跃迁就会产生 X 射线 K 系标识谱,由跃迁选择定则考察 K_α 标识谱,显然它是由 L 壳层电子往 K 壳层空位跃迁产生的,处于 2s 上但状态为 $^2S_{1/2}$ 的电子不能跃迁到 1s 的空位,而 2p 上状态为 $^2P_{1/2}$ 和 $^2P_{3/2}$ 的电子可以跃迁到状态 $1^2S_{1/2}$ 的空位,因此 K_α 标识谱由两个成分构成,记为 $K_{\alpha1}$ 和 $K_{\alpha2}$。同理 $n=3$ 的 M 壳层虽然有三个支壳层 3s、3p、3d,但只有 3p 支壳层状态为 $3^2P_{1/2}$ 和 $3^2P_{3/2}$ 的电子允许跃迁到 1s 空位 $1^2S_{1/2}$,K_β 标识谱也只由两个成分构成。L 系标识谱虽然复杂一些,但由跃迁选择定则也可以作出分析。由此分析,产生元素 K 系标识谱的必要条件就是元素 K 壳层电子被电离。如图 6.2.2(b)所示,由于钨原子 K 壳层结合能为 69.52 keV,钼原子壳层结合能为 20.00 keV,在 35 kV 的加速电压下可以观察到钼原子的 X 射线标识谱,却观察不到钨原子的 X 射线标识谱。同理如图 6.2.3 所示,铑原子 K 壳层结合能为 23.22 keV,在 23.2 kV 电压下观察不到铑原子的标识谱,在 31.8 kV 和 40.0 kV 条件下观察到了铑原子的标识谱。

　　由于 Pauli 不相容原理,原子内壳层已填满,若内壳层被撞出一个空位,则这个空位可看成带一个单位正电荷的电子。于是元素 X 射线标识谱除了从电子跃迁角度分析以外,还可以从空位的角度分析,例如,2p 支壳层电子向 1s 支壳层跃迁,可以看成 1s 的空位向 2p 支壳层跃迁。类似于单电子能级,可以用三个量子数 (n,l,j) 描述空位的能量高低,用空位描述原子的状态时注意空位所在支壳层能量正好和电子的情况相反,n 越大,空位的能量越小;l 越大,空位的能量越小;j 越大,空位能量也越小,因为原子壳层有一个空位时的原子态和只有一个电子的原子态相同，由 Hund 定则多重态为倒转次序。如 2p 支壳层中电子$^2P_{3/2}$能量高于$^2P_{1/2}$，对空位而言，2p 支壳层中$^2P_{1/2}$能量高于$^2P_{3/2}$。空位跃迁的选择定则也和单电子原子跃迁选择定则一样，$\Delta l = \pm 1$，$\Delta j = 0, \pm 1$。

用空位所在支壳层能级描述靶原子恰好反应出原子内壳层电子电离能，典型的镉原子（Cd，$Z = 48$）X 射线能级图如图 6.2.5 所示。镉原子的基态电子组态为 $1s^2 2s^2 2p^6 3s^2 3p^6 3d^{10} 4s^2 4p^6 4d^{10} 5s^2$，支壳层全部填满，基态原子态为$^1S_0$，将基态能量设定为势能零点。显然最外层 5s 支壳层的电子最容易电离，激发态为 5s，对应的原子态为$^2S_{1/2}$。再高一点的能级应该是 $n=4$ 的壳层，镉原子 $n=4$ 共有三个支壳层，4s、4p 和 4d，显然 4d 支壳层电离能较小，4d 的原子态有$^2D_{3/2}$ 和$^2D_{5/2}$，由前面的分析知道$^2D_{5/2}$的电离能小一些，其他 X 射线能级的分析如法炮制。

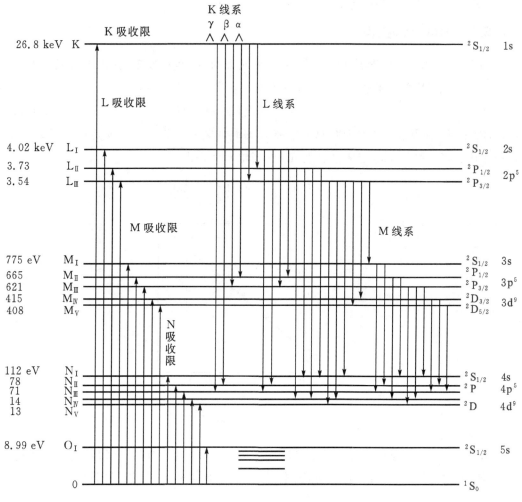

图 6.2.5　镉原子 X 射线能级示意图

由氢原子能图可以类比多电子空位能级规律，粗略地说，$n=2$ 和 $n=1$ 之间的能级差大于 $n=3$ 和 $n=2$ 之间的能级差，$n=3$ 和 $n=2$ 之间的能级差大于 $n=4$ 和 $n=3$ 之间的能级差，相应的 X 射线标识谱 K 线波长小于 L 系波长，L 系波长小于 M 系波长，30 keV 电子撞击银原子靶时的 X 射线标识谱示意图如图 6.2.6 所示。不同元素的标识谱不显示周期性变化，与元素的化合状态也无关，它只和元素的原子序数有关，因此元素标识谱作为元素的指纹而成为分析元素的工具。

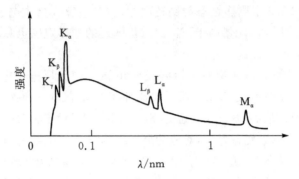

图 6.2.6　银原子 X 射线标识谱示意图

6.2.3　Moseley 定律

1913 年 Moseley 在测量了从铝到金共 38 种元素的 K_α 线后发现，如果把各元素 K_α 线频率的平方根对原子序数 Z 作图，会得到如图 6.2.7 所示的线性关系：

$$\nu_{K_\alpha} = 0.248 \times 10^{16} (Z-1)^2 \text{ Hz} \tag{6.2.3}$$

式(6.2.3)中 K_α 线频率的平方根对原子序数 Z 的线性关系称为 Moseley 定律。后人对 L 系也进行了研究，发现 Moseley 定律也成立，$L_{\beta1}$ 线列出一个公式为

$$\nu_{L_{\beta1}} = Rc(Z-7.4)^2 \left(\frac{1}{2^2} - \frac{1}{3^2} \right)$$

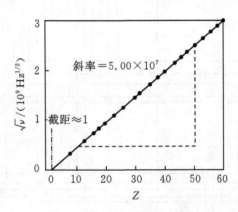

图 6.2.7　K 系 Moseley 定律

同年 Bohr 发表了原子的量子学说，Moseley 看到 Bohr 的文章后，立即发现他的经验定律可以从 Bohr 理论中导出。由 Bohr 理论，电子从 $n=2$ 能级向 $n=1$ 能级跃迁的频率为

$$\nu_{k_\alpha} = \frac{c}{\lambda} = RcZ^2 \left(1 - \frac{1}{2^2} \right) \tag{6.2.4}$$

式中，ν_{K_α} 为元素 K_α 线的频率；R 为 Rydberg 常数；Z 为原子序数。考虑到元素 K_α 线是原子内壳层电子的跃迁，$n=1$ 壳层出现空位，$n=2$ 壳层中的电子感受到的是 $Z-1$ 个正电荷的吸引，因此应将式(6.2.4)中的 Z 替换为 $Z-1$ 得

$$\nu_{K_\alpha} = Rc(Z-1)^2 \left(\frac{1}{1^2} - \frac{1}{2^2} \right) \approx 0.246 \times 10^{16} (Z-1)^2 \text{ Hz}$$

上式即为 Moseley 定律。

　　Moseley 定律的发现,是理解元素周期表的一个重要的里程碑,事实上 Moseley 定律第一次提供了精确测量原子序数 Z 的方法。例如,实验测得钴原子 Co 和镍原子 Ni 的 K_α 线的波长分别为0.179 nm 和 0.166 nm,由 Moseley 定律知 Co 和 Ni 的原子序数分别为 27 和 28,但原子量分别为 58.93 和 58.69,按原子量排列元素周期表,Ni 排在 Co 的前面会出现元素性质的矛盾,若按原子序数排列元素周期表,则 Co 排在 Ni 的前面,所有矛盾都消除了。用 Moseley 定律还纠正了 52 号碲原子 Te 和 53 号碘原子 I,90 号钍原子 Th 和 91 号镤原子 Pa 的元素周期表中的次序。巴黎的 Urbain 带了自己的稀土制品去牛津请求检验,Moseley 便把 68 号铒原子 Er、69 号铥原子 Tm、70 号镱原子 Yb、71 号镥原子 Lu 的各种 K_α 线一一给他看,使得Urbain 费了 20 多年苦心研究的结论数日之内都完全被证明。Moseley 发现经验定律时显示元素周期表上尚有 7 个空位,原子序数分别为 43、61、72、75、85、87 和 91,预示着当时尚有 7 种元素没有被发现。43 号元素锝 Tc 为人造元素,在 1937 年由 Segrè 和 Perrier 发现;61 号元素钷Pm 也是人造元素,在 1947 年由 Glendenin 等发现;Bohr 根据他的原子理论,认为原子的化学性质主要由最外层电子数目和排列决定,72 号元素的化学性质和 40 号元素锆 Zr 相似,果然 1923 年Coster 和 Hevesy 在锆矿石中找到了 72 号元素,他们把它命名为铪 Hf,来纪念新元素的发现地哥本哈根;75 号元素铼 Re 由 Noddack 等在 1925 年发现;85 号元素砹 At 由 Corson 在 1940 年发现;87 号元素钫 Fr 由 Perey 于 1939 年发现;91 号元素镤 Pa 为放射性元素,在 1917 年由 Hahn 和Meitner 发现。寻找和确认这些元素时,Moseley 定律起到了十分重要的作用。

　　例 6.1　已知钼(Mo,$Z=42$)作为阳极靶材料的 X 射线管产生的 X 射线连续谱短波极限为0.040 nm。

　　(1)求从阴极发出的电子到达靶时的动能。

　　(2)能否观察到钼原子的 X 射线标识谱 K_α 线?

　　解　(1)电子到达靶时的动能全部转化为光子的能量,有

$$E = \frac{hc}{\lambda_{\min}} = \frac{1\ 240\ \text{eV} \cdot \text{nm}}{0.04\ \text{nm}} = 31\ \text{keV}$$

　　(2)若要观察到 K_α 线,前提条件是 K 壳层出现空位。由 Moseley 定律估算 K 层电子的电离能为

$$E_K \approx hcR(Z-1)^2\left(1-\frac{1}{\infty^2}\right) = hcR(Z-1)^2$$

$$= 1\ 240\ \text{eV} \cdot \text{nm} \times 1.097 \times 10^7\ \text{m}^{-1} \times 41^2 = 23\ \text{keV}$$

显然入射电子的能量 31 keV 大于 K 壳层电子的电离能 23 keV,因此会出现钼原子的 X 射线标识谱 K_α 线。

6.2.4　Auger 电子

　　原子内壳层电子跃迁,产生 X 射线标识谱仅为释放能量的一种途径,另一种途径是内壳层跃迁产生的能量直接传给另一壳层的电子,这个壳层的一个电子得到能量可以脱离该原子,这个现象是 Auger 在 1925 年发现的,脱离原子的那个电子称为 Auger

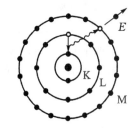

图 6.2.8　Auger 电子的产生

电子。图 6.2.8 为 Auger 电子产生的示意图。L 壳层的电子往 K 壳层的空穴跃迁,原子体系能量降低,释放出来的能量直接交给 M 壳层的电子,由于 L 壳层向 K 壳层跃迁的能量大于 M 壳层的电离能,因此 M 壳层的电子脱离原子成为自由电子。

设 K 壳层、L 壳层、M 壳层的结合能分别为 E_K、E_L、E_M,则 Auger 电子的动能为

$$E_A = E_K - E_L - E_M \tag{6.2.5}$$

元素 Auger 电子的动能像元素 X 射线标识谱一样,完全取决于元素本身,因此 Auger 电子也可以视为元素的指纹,测量 Auger 电子也可用来作元素分析。一般对于轻元素,Auger 电子的概率较大,外层电子(非最外层)束缚得不紧;而对于重元素,外层电子束缚得紧,X 射线发射的概率较大。原子内壳层中电子的跃迁释放的能量除了产生 X 射线标识谱和 Auger 电子以外,还有可能使得原子核激发,使原子核处于激发态。

6.3 Compton 效应

1905 年 Einstein 提出了光量子理论,认为光是由一束光子流构成的,每个光子的能量为 $h\nu$,光与物质相互作用时,光子不能再分割,只能整个地被吸收或被发射,从而轻而易举地解释了光电效应。1917 年 Einstein 又进一步提出了光子还具有动量 $\dfrac{h\nu}{c}$ 的假设。尽管光量子理论能够解释经典物理难以解释的实验现象,但仍有不少人怀疑光量子理论的正确性。直到 1923 年 Compton 的 X 射线的物质散射实验才扫除了人们对光量子理论的怀疑。

6.3.1 实验现象

Compton 散射实验装置如图 6.3.1 所示,X 射线源为钼原子发出波长为 $\lambda_0 = 0.071\,1$ nm 的 K_α 线,经准直后打在石墨靶上,不同散射角 θ 的散射线通过 X 射线晶体谱仪(由标准晶体和探测器构成)测出散射线的波长和强度。

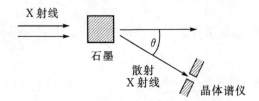

图 6.3.1 Compton 散射实验装置示意图

实验的结果如下。

(1)散射线除了原波长 λ_0 的散射线以外,还有波长变长 $\lambda > \lambda_0$ 的散射线,$\Delta\lambda = \lambda - \lambda_0$。与散射物质无关,而且 $\Delta\lambda$ 随散射角的增大而增大,如图 6.3.2 所示,这个现象称为 Compton 效应。

(2)散射物不同,则 λ_0 和 λ 的强度比不同,轻的物质 λ 波长变长的成分强度较大。银原子的 K_α 线被各种元素散射的 X 射线能谱如图 6.3.3 所示。

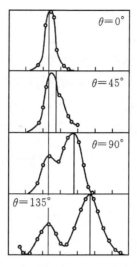

图 6.3.2　钼原子的 K_α 线经石墨不同散射角散射的 X 射线谱

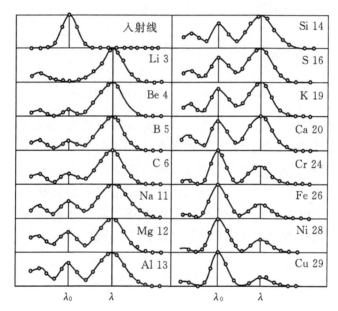

图 6.3.3　银原子的 K_α 线被各种元素散射的 X 射线能谱(散射角 120°)

6.3.2　光子解释

对 Compton 效应的解释,经典理论是无能为力的。因为单色电磁波照射在石墨样品上,样品中的电子将做受迫振动,做受迫振动的电子会发射同频率的电磁波,因此经典理论只能预言散射线中同频率的成分,而无法解释散射线中波长变长的部分。此时想到 Einstein 光量子理论,而借助于光量子理论,Compton 效应可以得到圆满的解释。

先看看原子外层电子的特性,外层电子受到的原子核的束缚相对于钼原子的 K_α 线能量较弱,因为钼特征 X 射线 $\lambda=0.07$ nm,能量为 17 keV,超过所有元素的外层电子的束缚能,可以把外层电子看成是近似自由的电子;外层电子动能粗略地估计和束缚能的绝对值相等,对比

X 射线的能量小很多,又可以把外层电子看成是近似静止的。总的来看,X 射线光子和外层电子发生弹性碰撞,外层电子可近似视为静止而自由的电子。X 射线光子和外层电子的弹性碰撞就会导致 X 射线波长变长的散射成分出现,如图 6.3.4 所示。显然光子和近似自由静止电子的弹性碰撞,能量守恒,动量守恒。设碰撞前光子频率为 ν_0,碰撞后频率为 ν,由能量守恒得

$$h\nu_0 + m_0c^2 = h\nu + mc^2 \tag{6.3.1}$$

式中,h 为 Planck 常数,m_0 为静止电子质量,m 为运动电子质量。水平方向动量守恒得

$$\frac{h\nu_0}{c} = \frac{h\nu}{c}\cos\theta + mv\cos\varphi \tag{6.3.2}$$

竖直方向动量守恒得

$$\frac{h\nu}{c}\sin\theta = mv\sin\varphi \tag{6.3.3}$$

由式(6.3.2)和式(6.3.3),消去 φ 得

$$m^2v^2c^2 = h^2(\nu_0^2 + \nu^2 - 2\nu_0\nu\cos\theta)$$

上式结合式(6.3.1)和 $m = m_0/\sqrt{1-v^2/c^2}$ 得到

$$\Delta\lambda \equiv \lambda - \lambda_0 = \frac{c}{\nu} - \frac{c}{\nu_0} = \frac{h}{m_0c}(1-\cos\theta) \tag{6.3.4}$$

其中

$$\lambda_c \equiv \frac{h}{m_0c} = \frac{hc}{m_0c^2} = 0.002\ 426\ \text{nm}$$

上式定义为 Compton 波长。式(6.3.4)称为 Compton 散射公式,波长差只和散射角有关,与散射物质无关,而且 $\Delta\lambda$ 随散射角 θ 的增大而增大,和实验符合得很好。Compton 效应中波长变长的成分来源于 X 射线光子和原子外层电子弹性散射的结果,反冲电子的动能和动量也可以很好地被计算出来。1925 年 Bohte 和 Geiger 采用符合法不但测量了反冲电子的动能和动量,还证实了反冲电子和散射光子同时发射出来,从而否定了 Bohr 的猜想,即能量守恒定律在宏观尺度的统计结果在微观尺度粒子散射过程不成立,同年 Compton 和 Simon 也得到了类似的实验结果。

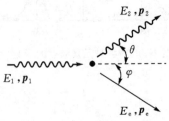

图 6.3.4　X 射线光子和原子外层电子碰撞

原子内层电子受到核的束缚很强,X 射线光子和原子内层电子弹性碰撞等效于光子和整个原子碰撞,此时式(6.3.4)中的 m_0 趋于整个原子的质量,可视为无穷大,因此 $\Delta\lambda=0$ 光子的波长不变。讨论结果圆满地解释了 Compton 效应的第一个现象,即 X 射线光子和外层电子弹性碰撞会导致波长变长的散射成分,波长的变化 $\Delta\lambda$ 只和散射角有关,光子和内层电子碰撞,散射光的波长不变。X 射线光子当然也会和原子核作用,只是由于 X 射线光子能量不是很大,原子核质量又很大,光子和核的作用等同于和原子内壳层电子作用,弹性散射导致了波长

不变的散射光成分。

至于 Compton 效应的第二个现象即散射物不同,λ_0 和 λ 的强度比不同,轻的物质 λ 波长变长的成分强度较大。其主要原因在于轻的物质多数电子处于弱束缚状态,因此散射光中波长变长的成分比波长不变的成分强一些;重物质多数电子被原子核束缚得很紧,使得 Compton 效应中波长不变的成分比波长变长的成分强一些。

例 6.2 波长为 0.02 nm 的 X 射线与静止的自由电子碰撞,若从与入射线呈 $90°$ 的方向观察散射线。求:

(1)散射线的波长;

(2)反冲电子的动能;

(3)反冲电子的动量。

解 (1)由 Compton 公式(6.3.4)得 $\Delta\lambda = 0.0024$ nm,于是散射线波长为

$$\lambda = \lambda_0 + \Delta\lambda = 0.0224 \text{ nm}$$

(2)由能量守恒得反冲电子动能为

$$E_k = h\nu_0 - h\nu = \frac{hc}{\lambda_0} - \frac{hc}{\lambda} = 6.8 \times 10^2 \text{ eV}$$

(3)由弹性碰撞的动量守恒 $\boldsymbol{p}_{x0} = \boldsymbol{p}_{x1} + \boldsymbol{p}_e$ 得

$$p_e = h\sqrt{\frac{1}{\lambda_0^2} + \frac{1}{\lambda^2}} = 4.5 \times 10^{-23} (\text{kg} \cdot \text{m})/\text{s}$$

$$\varphi = \arctan\frac{\lambda_0}{\lambda} = 42°18'$$

X 射线波长越长,电子的反冲动能和反冲动量都越小。

由 Compton 公式(6.3.4)知,$\Delta\lambda$ 与散射物质无关,与入射光子波长也无关,只与散射角有关系,那么可见光能否观察到 Compton 效应呢?原则上可见光也会产生 Compton 效应,结合例题知道对波长为 0.02 nm 的 X 射线,$\Delta\lambda/\lambda_0 = 0.12$,若用波长为 500 nm 的可见光入射物质,则 $\Delta\lambda/\lambda_0 \to 0$,探测器无法观察到这么微弱的 Compton 效应。

Compton 效应直接证实了 X 射线的粒子性,X 射线的波动性早已被 Laue 晶体衍射实验证实,因此 X 射线像光一样具有波粒二象性。事实上,1923 年 Compton 效应被发现后,怀疑 Einstein 光量子理论的人已经寥寥无几了。

6.4 X 射线吸收

X 射线通过物质也像光通过物质一样,会部分地被吸收掉,透射强度小于入射强度。但由于 X 射线是能量较高的电磁波,会与物质作用发生光电效应、Compton 效应、相干散射等,因此 X 射线的吸收现象也不完全和可见光被物质的吸收规律相同。

6.4.1 Lambert-Beer 定律

一束光光强为 I,被厚度为 $\mathrm{d}x$ 的物质吸收,吸收后光强变为 $I - \mathrm{d}I$,整个过程如图 6.4.1 所示。被物质吸收的光强 $-\mathrm{d}I$ 正比于入射光强 I,也正比于物质的厚度 $\mathrm{d}x$,得

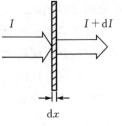

$$-\mathrm{d}I = \alpha I\,\mathrm{d}x \qquad (6.4.1)$$

其中,α 称为吸收系数。容易将式(6.4.1)积分,得

$$I = I_0\mathrm{e}^{-\alpha x} \qquad (6.4.2)$$

上式表示光强为 I_0 的一束光,通过厚度为 x 的物质后的光强大小。式 (6.4.2)称为 Lambert-Beer 定律。引入质量衰减系数 $\mu = \dfrac{\alpha}{\rho}$,其单位 为 cm^2/mg,则 Lambert-Beer 定律记为

图 6.4.1　光被物质吸收

$$I = I_0\mathrm{e}^{-\mu(\rho x)} \qquad (6.4.3)$$

式中,ρx 的单位为 mg/cm^2,称为质量厚度。式(6.4.3)更能反应吸收体的本质,同时也给测量 工作带来了方便。很明显,如果某种物质的质量衰减系数 μ 越大,那么说明该物质对光的吸收 越厉害。X 射线的吸收并不是简单地遵循式(6.4.3)的 Lambert-Beer 定律,在讨论 X 射线的 吸收之前,还要交待一下光子与物质相互作用的知识。

6.4.2　光子与物质相互作用

　　光通过物质被吸收后光强变弱,通常情况下光强的变化遵循式(6.4.3)的 Lambert-Beer 定律,光被吸收的部分参与了哪些物理过程呢? 实验发现光和物质的作用主要三个过程:光电 效应,光子和束缚电子作用;Compton 效应,光子和近似自由静止电子作用;电子偶效应,能量 大于 1.02 MeV 的光子在原子核附近转化为电子-正电子对。三种效应中到底哪种作用为主,主 要依赖于光子能量,一般来说能量低的光如紫外线,以光电效应为主;高能光子如 γ 射线,以电子 偶效应为主;介于二者的光子如 X 射线,以 Compton 效应为主。三种效应的作用区间如图 6.4.2 所示。

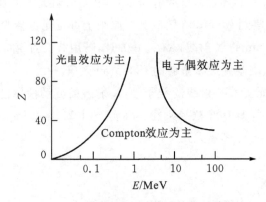

图 6.4.2　光和物质相互作用的相对重要性

　　X 射线的能量一般不会超过 150 keV,属于低能光子,不会出现电子偶效应,但在某些情 况下 X 射线和整个原子会发生弹性散射(Rayleigh 散射)。Rayleigh 散射导致 X 射线偏离原 来的方向,进不到探测器,故也认为是被物质吸收掉了。这样对 X 射线与物质的作用而言,质 量衰减系数 μ 为光电效应、Compton 效应、Rayleigh 散射之和,即

$$\mu = \mu_{光电} + \mu_C + \mu_R \qquad (6.4.4)$$

例如,铜原子的 $K_{\alpha 1}$ 特征 X 射线能量(8.046 keV)被碳吸收时,总的质量衰减系数为 4.51 cm^2/g,

其中 $\mu_{光电}$ 为 4.15 cm²/g,占 92%;μ_C 为 0.133 cm²/g,占 2.9%;而 μ_R 为 0.231 cm²/g,占 5.1%。由此可以看到碳原子对铜原子的 K_α 线的吸收主要是光电吸收。理论和实验表明 X 射线的光电效应和 Compton 效应的吸收与原子序数 Z 和 X 射线的波长满足如下关系:

$$\mu_{光电} + \mu_C = CZ^4\lambda^3 \tag{6.4.5}$$

上式表明,波长越短,吸收越少,X 射线的穿透能力也就越强;原子序数 Z 越大,X 射线被吸收得越多,这也说明了 X 射线的实验中多用重金属如铅(Z=82)防护的原因。

6.4.3　X 射线吸收限

铅(Z=82)的 X 射线吸收如图 6.4.3 所示。纵坐标为质量衰减系数 μ,显然 μ 越大说明吸收得越厉害,透射的 X 射线越少;横坐标为 X 射线的能量 E。

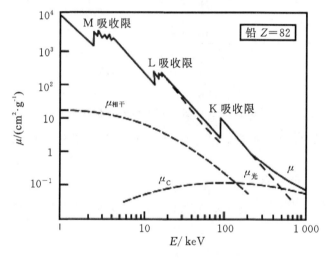

图 6.4.3　铅的质量吸收系数随入射光子能量的变化

从图 6.4.3 上看到了这样的趋势,随着 X 射线能量的增大,铅对 X 射线的质量吸收系数逐渐减小,吸收逐渐减少,透过的 X 射线逐渐增多,这和式(6.4.5)的结果定性地吻合,也说明了随着 X 射线能量的增大,Rayleigh 散射的比重越来越低。不过在图 6.4.3 中也看到了很多的"锯齿",即随着 X 射线能量的增大,某个能量的 X 射线忽然被吸收得很厉害,这种现象称为 X 射线的**吸收限**,铅的三大吸收限分别标记 K 吸收限、L 吸收限、M 吸收限。在 L 吸收限中又含有三个小的起伏 L_I、L_{II}、L_{III},M 吸收限则含有五个小的起伏 M_I、M_{II}、M_{III}、M_{IV}、M_V。

对比图 6.2.4 X 射线标识谱就立刻明白吸收限产生的物理原因。K 吸收限表示光子的能量足以使 1s 壳层的电子电离,从而引起原子的共振吸收,由于 1s 壳层只有一个原子态,因此 K 吸收限也只有一个"锯齿";如果光子的能量使得 2s、2p 壳层电子电离,那么就会产生 L 吸收限,2s 和 2p 共有三个原子态 $^2S_{1/2}$ 和 $^2P_{1/2}$、$^2P_{3/2}$,每个原子态对应不同的电离能,因此 L 吸收限会出现三个"锯齿";对于 M 吸收限的分析如法炮制,会出现五个"锯齿"。

铅的 K、L 吸收限对应于光子的能量,括号中对应 X 射线的波长,如图 6.4.4 所示。K 吸收限对应 K 壳层 $^2S_{1/2}$ 原子态,L_I 吸收限对应 L 壳层 $^2S_{1/2}$ 原子态,L_{II} 和 L_{III} 吸收限分别对应 L 壳层 $2P_{1/2}$ 和 $^2P_{3/2}$ 原子态。X 射线吸收限的存在,给原子的壳层模型提供了有力的证据,通过对 X 射线的观测可以把原子壳层的能量求出来,这是研究原子内层结构一个很好的途径。

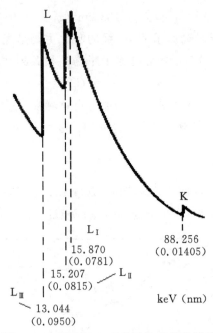

图 6.4.4　铅的 K、L 吸收限的 X 射线能量

例 6.3　铀$(U, Z=92)$的 K 吸收限为 $0.010\,7$ nm，K_α 线波长为 $0.012\,6$ nm，求铀的 L 吸收限。

解　L 壳层电子的电离能为

$$E_L = \frac{hc}{\lambda_K} - \frac{hc}{\lambda_{K_\alpha}} = 1\,240 \times (1/0.010\,7 - 1/0.012\,6)\,eV = 17.48\ keV$$

相应的 L 吸收限为

$$\lambda_L = \frac{hc}{E_L} = \frac{1.24}{17.48} = 0.071\ nm$$

用高分辨的观察仪器观察 X 射线吸收谱时发现在吸收限附近能量高的一侧吸收截面并不是简单的单调下降，而是具有精细结构，称为**广延 X 射线吸收精细结构**（extended X-ray absorption fine structure，EXAFS），这是由吸收 X 射线后电离的内层电子的向外的 de Broglie 波与被临近原子散射形成的向内的 de Broglie 波相互干涉而产生的。图 6.4.5 显示出这种精细结构。利用 EXAFS 可以研究原子周围的结构特征，而 EXAFS 也成为结构研究的一种重要手段。

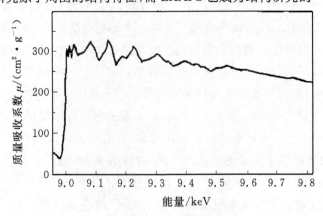

图 6.4.5　铜的 K 吸收限的 EXAFS

问题

1. 波长为 0.3 nm 的 X 射线被氯化钾(KCl)晶体衍射,最小衍射角(出射 X 射线与晶面的夹角)为 28.4°,求氯化钾晶体晶面之间的距离。

2. X 射线管加速电压为 10 kV、40 kV 和 50 kV 时,求 X 射线连续谱的量子极限和对应的频率。

3. 实验测得一些元素的 K_α 线如下:

原子	镁	硫	钙	铬	钴	铜	铷	钨
波长/nm	0.987	0.536	0.335	0.229	0.179	0.154	0.093	0.021

画出 K_α 线频率的平方根和元素原子序数的曲线,依此曲线验证 Moseley 定律 $\sqrt{\nu} = A(Z - \sigma_K)$,拟合出参数 A 和 σ_K 的值。

4. X 射线的 K_α 线波长分别为 0.18 nm、0.144 nm 和 0.216 nm,它们各是什么元素?

5. 当 X 射线管加速电压由 10 kV 增加到 20 kV 时,K_α 线与量子极限的波长差增加了两倍,问阳极靶由什么元素组成?

6. 高速电子打在铑($Z = 45$)靶上,产生 X 射线连续谱的短波极限 $\lambda_{min} = 0.062$ nm,铑原子 K 壳层电离能为 23.22 keV,试问此时能否观察到铑的特征 X 射线的 K 系列谱线。

7. 钴原子 K_α 线波长为 0.178 5 nm,则钴 1s 和 2p 能级的能量差为多少? 和氢原子 1s 和 2p 能量差比较,哪个更大? 原因是什么?

8. 波长为 0.1 nm 的 X 射线被石墨散射,在垂直于入射方向上观察散射的 X 射线,求:

(1)Compton 波长差 $\Delta\lambda$;

(2)反冲电子的动能;

(3)光子失去的能量占原光子能量的百分比;

(4)如果波长为 0.01 nm 的光子被石墨散射,在垂直入射方向观察散射线,光子失去的能量占原来能量的百分比。

9. 波长为 0.030 0 nm 的 X 射线被一电子产生 60° 的 Compton 散射,求散射光子的波长和散射后电子的动能。

10. 波长为 0.08 nm 的 X 射线被靶散射到 120° 方向上,求:

(1)散射光的波长;

(2)反冲电子与入射光的夹角;

(3)反冲电子动能。

11. 在一单光子为 0.500 MeV 的 X 射线经可近似为静止的电子散射实验中,测得散射后电子获得了 0.100 MeV 的动能,求散射出的 X 射线与入射的 X 射线之间的夹角。

12. X 射线通过铝箔,每片铝箔厚度为 4×10^{-3} m,当 X 射线通过 0、1、2、3、4 片铝箔后 Geiger 计数率分别为 8×10^3、4.7×10^3、2.8×10^3、1.65×10^3 和 9.7×10^2,求铝的吸收系数。

13. 镍原子的 K_α 线波长为 0.166 nm,K 吸收限为 0.149 nm。

(1)确定镍的原子序数。

(2)若要观察到 K_α 线,则 X 射线管的电压为多大?

14. 钨原子的 K 吸收限为 0.017 8 nm,K 线系的 K_α 线波长为 0.021 0 nm,K_β 线波长为 0.018 4 nm,K_γ 线波长为 0.017 9 nm。

(1)画出钨原子的 X 射线跃迁能级图,标出 K、L、M、N 的能量。

(2)要产生 L 系需要的激发能量多大? 对应的 L 吸收限波长为多少?

15. (1)计算银原子特征 X 射线 K_α 线波长。

(2)银原子 K 壳层电离能为 25.4 keV,钨原子的 K_α 线(59.1 keV)照射到银靶上,能否产生银原子的 K_α 线? 若 K 壳层电子被撞出,则该电子的能量为多少?

(3)银原子的 L 壳层电子跃迁到 K 壳层上,产生 L 壳层的 Auger 电子的能量是多少?

16. 钨原子的 L_1 吸收限为 0.102 nm,一个 K_α 光子被 2s 电子吸收发生 Auger 过程,求 Auger 电子的动能和速度。

17. 钕原子 Nd($Z=60$)L 吸收限为 0.19 nm,求:

(1)钕原子 Nd 标识谱的 K_α 线的波长;

(2)电离钕原子 Nd 一个 K 壳层的电子需要的能量。

人物简介

Wihelm Conrad Röntgen(伦琴,1845 - 03 - 27—1923 - 02 - 10),德国物理学家。1895 年他发现了 X 射线,在电介质在充电电容器中运动时磁效应、气体比热容、晶体导热性、热释电、压电现象、光的偏振面在气体中旋转、光与电的关系、物质弹性、毛细现象等诸多方面都有一定的贡献,发现 X 射线赢得的巨大的荣誉使人们没有注意到这些贡献。学生有 Ioffe、Wagner 等。1901 年获诺贝尔物理学奖。111 号元素 Rontgenium 就是为了纪念 Röntgen 而命名的。

Max Theodor Felix von Laue(劳厄,1879 - 10 - 09—1960 - 04 - 24),德国物理学家。1912 年他提出了 X 射线通过晶体衍射的可行性,旋即被 Friedrich 和 Knipping 实现。1916 年起他从事军事电话和无线电通讯用途的真空管研究;1921 年出版了相对论专著;1932 年发现了破坏超导性的外磁场阈值随超导体形状的不同而不同。他强烈地反对国家社会主义,二战后为重建德国科学做出了巨大贡献。学生有 Szilárd、London 等。1914 年获诺贝尔物理学奖。

William Henry Bragg（威廉·亨利·布拉格，1862 - 07 - 02—1942 - 03 - 10），英国物理学家、化学家、数学家、运动员。他和他的儿子 W. L. Bragg 合作发明了 X 射线谱仪。1915 年他和 W. L. Bragg 一起因用 X 射线谱仪对 X 射线谱、X 射线衍射和晶体结构的研究获诺贝尔物理学奖。

William Lawrence Bragg（威廉·劳伦斯·布拉格，1890 - 03 - 31—1971 - 07 - 01），英国物理学家。1912 年和其父 W. H. Bragg 发现了 Bragg 定律；1948 年他的研究组对蛋白质结构感兴趣，对 DNA 结构的发现给予了支持。1915 年获诺贝尔物理学奖。

Henry Gwyn Jeffreys Moseley（莫塞莱，1887 - 11 - 23—1915 - 08 - 10），英国物理学家。1913 年他研究 X 射线标识谱与元素原子序数之间的关系时发现了 Moseley 定律，即 K_α 线频率的平方根和原子序数成线性关系，依次预言了尚未被发现的第 43、61、72、75、85、87、91 号元素的存在，这些元素后被陆续发现。第一次世界大战爆发，Moseley 参加了英国军队并担任军中信号员，在 1915 年 8 月 10 日的 Gallipoli 战役中被土耳其狙击手击中头部死亡。由于 Moseley 的阵亡，英国政府制定了一个政策，不允许杰出的和有前途的科学家参军执行战斗任务。

Arthur Holly Compton（康普顿，1892 - 09 - 10—1962 - 03 - 15），美国物理学家。1923 年他研究 X 射线被物质散射时发现了 Compton 效应；1924 年独立于 Bothe 发明了符合法同时测量 Compton 效应中反冲电子和散射 X 光子。二战时他参与了发展原子弹的 Manhattan 计划。1927 年获诺贝尔物理学奖。

Charles Glover Barkla(巴克拉,1877 - 06 - 27—1944410 - 23),英国物理学家。1906 年他发现了元素的 X 射线标识谱。1917 年获诺贝尔物理学奖。

Pierre Victor Auger(俄歇,1899 - 05 - 14—1993 - 12 - 24),法国物理学家。1925 年他独立于 Meitner 发现了 Auger 电子。在原子物理、核物理、宇宙射线物理学方面都有贡献。

William Duane(杜安,1872 - 02 - 17—1935 - 03 - 07),美国物理学家。1915 年他发现了元素 X 射线连续谱量子极限的 Duane-Hunt 定律。作为 Curie 的同事,他发展了一种方法用于产生一定量的元素氡(Rn)。

第7章　原子核

　　1911 年 Rutherford 的核式原子模型奠定了原子物理的基础,原子物理甚至物质的化学规律主要归因于原子核外电子的运动,而原子核本身的规律相对独立于原子物理,属于原子核物理的研究范围。

　　本章首先概括介绍原子核的基础知识,先介绍原子核的概况,如组成、大小、质量、结合能等,再介绍原子核的量子性质,如自旋、磁矩、统计、宇称等;然后介绍核力和核模型,包括核力的特征、核壳层模型和集体运动模型;再次详细地阐述原子核放射性衰变,包括放射性衰变的一般规律,α、β、γ 衰变;最后介绍核反应的相关知识和原子核的裂变和聚变。

7.1　原子核概况

7.1.1　原子核的组成和大小

　　1911 年 Rutherford 通过 α 粒子散射实验结果确定了原子核的存在,建立了核式原子模型。1919 年 Rutherford 用 α 粒子轰击氮气,在产物中发现了一种新的粒子。根据它在电场和磁场中的偏转测定新粒子的荷质比,确定新粒子就是氢离子,Rutherford 称之为质子。由于质子是 α 粒子击碎氮原子核而释放出来的,因此质子应当是其他原子核的一种组成成分。早在 1897 年 Thomson 就发现了电子,当时人们错误地认为原子核是由质子和电子的构成的,但用不确定关系的估算发现这是不可能的。原子核的尺度 $d=10^{-14}$ m,由不确定关系知粒子的动量为 $p_x \sim \dfrac{h}{4\pi d}$,用相对论公式估算 $E_k \sim pc = \dfrac{\sqrt{3}\,hc}{4\pi d}$,电子的动能约为 17 MeV,电子如果具有这么大的能量,足以从原子核尺度范围内逃脱出去了(β 射线的最大能量约为 1 MeV)。还有一个现象预示着原子核由质子和电子构成的矛盾,那就是氮 14 核的自旋之谜,实验测得氮 14 核的自旋是 $1\hbar$,氮核中应该存在 14 个质子和 7 个电子,这样才能给出原子序数 7 和质量数 14,但质子和电子的自旋都是 $1/2\hbar$,无论如何也不能得到氮核的自旋为 $1\hbar$。1920 年 Rutherford 考虑了原子序数和原子质量数不相等,猜想原子核中除了质子外还可能存在不带电的中子。1930 年 Ambartsumian 和 Ivanenko 证明了原子核中除了质子外还必然存在中性粒子。1930 年 Bothe,1931 年 Frédéric 和 Irène Joliot-Curie 用钋发出的 α 粒子轰击铍后都发现了一种穿透力极强的中性射线,但他们都把中性粒子误认为是 γ 射线。Bothe 根据它在铅中的穿透厚度估计出中性粒子的能量约为 5 MeV,Joliot Curie 夫妇用中性射线轰击石蜡还观察到了从石蜡飞出的质子,并且测出了反冲质子的能量为 5.2 MeV,设想 γ 射线打出石蜡中的质子,他们推出中性粒子的能量约为 50 MeV,与 Bothe 的估计矛盾。1932 年 Chadwick 将用钋发出的 α 粒子轰击铍后放出的辐射打在氢、氦和氮等元素做成的靶上,测量各种靶核的反冲速度,证实这种辐射是一种新的、质量和质子相近的中性粒子，这个中性粒子就是 Rutherford 预言的中子。机遇偏爱有准备的头脑，此前 Chadwick 听到 Rutherford 中子的预言后，曾设计各种实验寻找中子都一无所获，当 Chadwick 知道 Joliot Curie 夫妇的实验实验结果时，猜想可能就是中子，更为深入的实验研究使他终于找到了 Rutherford 预言的中子。

中子发现后同年，Heisenberg 和 Ivanenko 立刻提出了原子核就是由质子和中子构成的理论。质子和中子统称为核子，原子核中质量数、质子数和中子数分别用 A、Z 和 N 表示，它们满足关系 $A=Z+N$，原子核就用符号 $_Z^A$X 来表示，如 $_8^{16}$O、$_{15}^{32}$P，有时也可以用 ^{A}X 来表示。一个处于基态中性 $_6^{12}$C 原子质量的 1/12，采用原子质量单位 u(1 u=1.660 539 040×10^{-27} kg) 来表示，质子的质量为 1.007 276 u，而中子的质量为 1.008 665 u，比质子质量稍大。原子核的质量并不严格等于质量数 A 乘以原子质量单位 u。由于质子带一个单位正电荷，中子不带电，因此原子核所带的电荷数就等于所有质子数 Z，有时 Z 也称为核电荷数或者原子序数。原子核还有同位素的概念，表示质子数 Z 相同，但中子数 N 不同的一类核子，如 $_{92}^{235}$U 和 $_{92}^{238}$U；同量异位素指具有相同质量数的一类核子，如 $_{18}^{40}$Ar、$_{19}^{40}$K、$_{20}^{40}$Ca；同中子数异位素指，中子数 N 相同、质子数 Z 不同的核素，如 $_{15}^{31}$P、$_{16}^{32}$S。

人们可以把核素排在一张图上，即核素图，如图 7.1.1 所示。核素图显示了天然存在和人工制造的核素区，纵坐标为质子数 Z，横坐标为中子数 N。天然核素中有 300 多个是稳定核素，其中包括 280 个稳定核素和 60 多个寿命很长的天然放射性核素。自 1934 年以来人们已能制备 1600 多个放射性核素，其中的 ^{202}Pt(半衰期 43.6±15.2 h) 是在中科院上海应用物理研究所发现的，而 ^{185}Hf(半衰期 3.5±0.6 min) 是在中科院兰州近代物理研究所发现的。稳定核素几乎全部落在一条光滑的曲线上（β 稳定线）。对于轻核，稳定线和直线 $N=Z$ 重合；当 N 和 Z 增大到一定数值后，稳定线逐渐向 $N>Z$ 的方向重合，主要的原因是随着质子数增多，质子间 Coulomb 排斥增长比核力快，为了维持稳定，必须靠中子数的增加来抵消 Coulomb 力的破坏作用。

如果把不稳定核区比作不稳定海洋，那么核素存在的区域就像是个半岛，目前已经发现的 2000 多个核素就在这个半岛上。理论预言在远离半岛的不稳定海洋中在 $Z\approx114$ 附近应该有一个超重元素稳定岛，李政道进一步预言，在离不稳定海洋更遥远的地方存在着一个比岛大得多的"稳定洲"，那里有成千上万的稳定核素。人们想尽办法渡海登岛，至今尚未真正登上去，各种尝试还在不断进行。

可以把原子核近似看成球形，核的半径一般通过原子核与其他粒子相互作用间接测得，如 α 粒子散射实验就可估算出原子核的量级 10^{-15} m(飞米，用符号 fm 表示)的量级，原子核半径和质量数 A 之间有如下的经验公式：

$$R = r_0 A^{1/3} \tag{7.1.1}$$

式中，$r_0=1.4\sim1.5$ fm，一般的估算可取 $r_0=1.2$ fm。公式(7.1.1)表明原子核的密度是相同的，事实上，以 u 表示每个核子的质量，即

$$\rho = \frac{M}{V} = \frac{Au}{\frac{4}{3}\pi r_0^3 A} = \frac{3u}{4\pi r_0^3} = \frac{3\times1.66\times10^{-27}\ \text{kg}}{4\pi\times1.2^3\times10^{-45}\ \text{m}^3} = 2.3\times10^{17}\ \text{kg}\cdot\text{m}^{-3}$$

原子核密度几乎是常量。地球上铁的密度仅为 7.9×10^3 kg/m^3，白矮星的密度为 $10^9\sim10^{11}$ kg/m^3，中子星的密度可以达到 10^{18} kg/m^3。

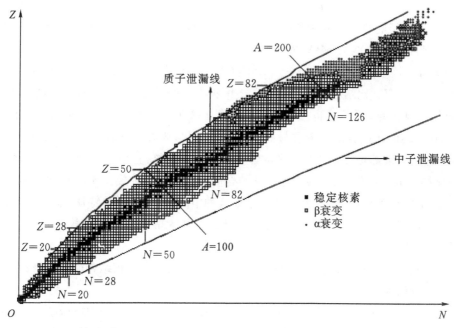

图 7.1.1　核素图

7.1.2　原子核质量和结合能

原子核是由质子和中子构成的,原子核的质量是不是就等于核中所有质子的质量和所有中子的质量之和呢? 实际不是这样的,原子核的质量小于核中所有质子的质量和所有中子的质量之和,这个差值称为原子核的**质量亏损**,是核能释放的来源。其实原子核和电子质量之和也不等于原子的质量,但是这个差值往往比原子核的情况要小很多,时常被忽略。例如,质子和电子形成氢原子时释放的能量为 13.6 eV,即氢原子质量要比质子质量和电子质量和小 13.6 eV/c^2(约为 10^{-35} kg),完全可以忽略不计。

对于原子核 $_Z^A X$ 来说,设 m 为核的质量,原子核质量亏损释放的能量称为原子核的结合能,其表达式为

$$B = [Zm_p + (A-Z)m_n - m]c^2 \qquad (7.1.2)$$

即 Z 个质子,$A-Z$ 个中子形成原子核 $_Z^A X$ 后释放的能量。相对于原子情况,原子核的结合能往往十分巨大,如一个质子 1.007 276 u 和一个中子 1.008 665 u 形成氘核 2.013 552 u(938 MeV/c^2)时,释放的能量为

$$B = (m_p + m_n - m_d)c^2 = 0.002\,390\ u \cdot c^2 = 2.225\ MeV$$

氘核的结合能相对于质子静止能量 938 MeV 的百分比为 2.225/938≈0.2%,可见核能的巨大。物质的结合能量级是这样的:形成夸克释放能量大于 10^3 GeV(1 GeV=10^9 eV),夸克形成核子释放能量为 10^3 GeV 量级,核子形成原子核释放能量(原子核结合能)为 MeV 量级,原子核和电子形成原子释放能量为 10 eV 量级,原子形成分子释放能量为 eV 量级,分子形成物质的释放能量为 10^{-2} eV 量级。一般的数据中给出的都是原子质量 M 而不是原子核质量 m。可以把原子核的结合能用原子质量表示:

$$B = [ZM_H + (A - Z)m_n - M]c^2 \qquad (7.1.3)$$

式中，M_H 为氢原子的质量。其中忽略了电子与原子核形成原子的结合能，因为原子结合能是 eV 量级，而原子核结合能为 MeV 量级。

原子核每个核子贡献的结合能 $\varepsilon = B/A$ 称为平均结合能或比结合能，氘核的比结合能为 $2.225/2 \approx 1.1$ MeV。比结合能表示从原子核中拉出一个核子需要做的功，比结合能越大，从核中拉出核子越困难，原子核也就越稳定。图 7.1.2 为原子核比结合能曲线，从图中可以看到，轻核($A<30$)的比结合能随着质量数呈周期性变化，放大了来看，峰值位置都是在 A 为 4 的倍数处，这些核素都是质子数和中子数都为偶数的偶偶核，且质子数和中子数都相等；中间 ($A>30$)比结合能近似为常数，表明原子核结合能近似和质量数成正比，^{56}Fe 核附近比结合能最大；重核($A>200$)比结合能较小。比结合能这种中间高、两头低的特征，说明两头的核素都没有中间核素稳定，当比结合能小的核素变成比结合能大的核素时就会放出能量。重核裂变和轻核聚变都是释放核能的途径。

1935 年 Weizsäcker 根据核的液滴模型提出了一个关于原子核结合能的半经验公式，与实验符合得相当好，即

$$B = a_V A - a_S A^{2/3} - a_C Z^2 A^{-1/3} - a_{Sym}(Z - N)^2 A^{-1} + B_P + B_{壳} \qquad (7.1.4)$$

式中参数一般由实验确定，第一项为体积能，$a_V = 15.8$ MeV；第二项为表面能，$a_S = 18.3$ MeV；第三项为 Coulomb 能，$a_C = 0.72$ MeV；第四项为对称能，是一种量子效应，$a_{Sym} = 23.2$ MeV；第五项是对能项，也是一种量子效应，表示质子中子成对结合对核稳定性的影响，即

$$B_P = \begin{cases} 11.2A^{-1/2} \text{ MeV} & \text{偶偶核} \\ 0 & \text{奇 } A \text{ 核} \\ -11.2A^{-1/2} \text{ MeV} & \text{奇奇核} \end{cases}$$

最后一项是壳效应引起的修正。

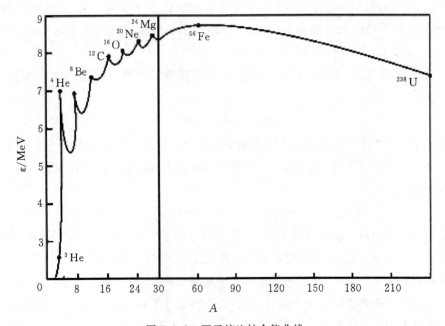

图 7.1.2 原子核比结合能曲线

依据原子核和宏观的液滴相似的性质：①核密度为常数，体积正比于核子数，核不可压缩；②平均结合能几乎为常数，核力具有饱和性。1929 年，Gamow 提出了原子核的液滴模型，他将原子核看成一个不可压缩的核液滴，核子间通过强相互作用的核力束缚，核子类似液滴内的分子，核的激发类似液滴被加热，单个核子的结合能类似于液体的汽化热，核的自发发射类似于液滴的蒸发，核能类似于液滴分子的热运动能量。这个模型不能解释原子核的所有性质，但能解释大多数球形核的性质。1935 年 Weizsäcker 根据核液滴模型导出了原子核的结合能的半经验公式，1939 年 Bohr 和 Wheeler 合作用核液滴模型和复合核反应解释了核裂变，指出慢中子轰击下丰度小 0.72% 的 ^{235}U 产生裂变而非丰度大 99.28% 的 ^{238}U 发生裂变。

7.2　原子核自旋与磁矩

7.2.1　原子核自旋

原子核是由质子和中子构成的，称质子和中子为核子。质子和中子都有内禀的自旋角动量，它们的自旋角动量量子数都是 1/2，质子和中子在原子核中还有轨道角动量。所有核子轨道角动量、自旋角动量矢量和构成原子核的总角动量，习惯称为原子核的自旋（角动量）。核自旋是原子核的一个重要性质，当原子核被激发时，激发态的自旋不一定等于基态的角动量。核自旋和通常的角动量一样可以用自旋角动量量子数 I 表示，其大小为

$$I = \sqrt{I(I+1)}\,\hbar \tag{7.2.1}$$

式中，I 称为原子核自旋角动量量子数。核自旋在外磁场方向也会有投影，其值为

$$I_z = m_I \hbar \tag{7.2.2}$$

式中，$m_I = I, I-1, \cdots, -I$。

实验发现，基态原子核的自旋有这样的规律，所有偶偶核（中子和质子数都是偶数的原子核）的自旋都是零；所有奇偶核（中子和质子数有一个是奇数的原子核）的自旋都是 $\hbar$ 的半整数倍；所有奇奇核（中子和质子数都是奇数的原子核）的自旋都是 $\hbar$ 的整数倍。激发态原子核的自旋不同于基态原子核自旋，如偶偶核激发态自旋就不一定等于零。

7.2.2　原子核磁矩

原子的磁矩和总角动量的关系为

$$\boldsymbol{\mu}_J = -g_J \frac{e}{2m_e} \boldsymbol{J}$$

式中的负号是由于电子带负电，g_J 为 Landé 因子，由原子总角动量大小

$$|\boldsymbol{J}| = \sqrt{J(J+1)}\,\hbar$$

得到原子磁矩的大小为

$$|\boldsymbol{\mu}_J| = g_J \sqrt{J(J+1)}\, \frac{e\hbar}{2m_e}$$

式中，$\dfrac{e\hbar}{2m_e} \equiv \mu_B$ 为 Bohr 磁子。由于原子总角动量在 z 方向是量子化的，则

$$J_z = m_J \hbar \qquad m_J = J, J-1, \cdots, -J$$

得到原子磁矩在 z 方向也是量子化的,即

$$\mu_{Jz} = -g_J m_J \mu_B \qquad m_J = J, J-1, \cdots, -J$$

原子核的磁矩表达式和原子磁矩表达式类似,与原子核自旋的关系的矢量形式为

$$\boldsymbol{\mu}_I = g_I \frac{e}{2m_p} \boldsymbol{I} \tag{7.2.3}$$

注意,与原子磁矩不同的是,g_I 为原子核的 g 因子,m_p 为质子质量,$\boldsymbol{I}$ 为核自旋角动量,表达式中不出现负号。原子核磁矩的大小为

$$\mu_I = g_I \sqrt{I(I+1)} \frac{e\hbar}{2m_p} \equiv g_I \sqrt{I(I+1)} \mu_N \tag{7.2.4}$$

式中

$$\mu_N \equiv \frac{e\hbar}{2m_p} = 3.152 \times 10^{-8} \text{ eV/T}$$

为核的 Bohr 磁子,简称核磁子。由于质子质量大约是电子质量的 1 836 倍,因而核磁子大约是 Bohr 磁子的 1/1 836。核自旋在 z 方向投影是量子化的,原子核磁矩在 z 方向投影也是量子化的,即

$$\mu_{Iz} = g_I \frac{e\hbar}{2m_p} m_I \hbar = g_I m_I \mu_N \tag{7.2.5}$$

式中,$m_I = I, I-1, \cdots, -I$。

可以将式(7.2.5)用到核子上,质子自旋是 $1/2$,$m_I = \pm 1/2$,于是质子自旋磁矩在 z 方向投影的最大值为

$$\mu_p = \frac{1}{2} g_{p,s} \mu_N \tag{7.2.6}$$

起先理论物理学家类比于电子自旋,依据 Dirac 方程预言质子的 g 因子为 2,但 Stern 实验测量的结果为 $g_{p,s} = 5.6$,现代较精确的结果为 5.586,实验值和理论值的差别让人们非常吃惊。更令人吃惊的是中子自旋磁矩,由于中子不带电,人们预想中子的自旋磁矩应该为零。但实验发现中子自旋磁矩 z 方向投影的最大值表达式为

$$\mu_n = \frac{1}{2} g_{n,s} \mu_N \tag{7.2.7}$$

中子 g 因子 $g_{n,s} = -3.826$,是个负值。由式(7.2.6)和式(7.2.7)知道质子和中子的**磁矩大小**(通常用自旋磁矩 z 方向投影的最大值)分别为 $\mu_p = 2.793\mu_N$ 和 $\mu_n = -1.913\mu_N$,这些实验数据表明不能把质子和中子看成点粒子,它们还有内部电荷(夸克)分布。

在外磁场中核磁矩和磁场的相互作用会产生附加能量,这个附加能量为

$$U = -\boldsymbol{\mu}_I \cdot \boldsymbol{B} = -g_I m_I \mu_N B \tag{7.2.8}$$

原子核的能量会有 $2I+1$ 个不同的附加能量,相邻两条分裂能级间隔为 $\Delta U = g_I \mu_N B$,附加能量式(7.2.8)是核磁共振和磁偶极超精细相互作用的理论基础。

7.2.3 核磁矩测量

核自旋已知时,核磁矩可以通过实验测量出来。由核磁矩 z 方向投影式(7.2.5),测量核磁矩就是测量原子核的 g 因子 g_I,一个准确而重要的方法是 Rabi 在 1937 年发展的原子束或分子束核磁共振法,它是磁共振和 Stern-Gerlach 实验巧妙的结合。Rabi 的方法要求电子壳

层上的场在原子核处消失,电子壳层的磁矩加起来为零,满足条件的原子有 Hg、Cu、C、S,分子有 H_2O、CaO、LiCl、CO_2、H_2、NH_3 等。这里以总角动量 $J=0$,$I=1/2$ 的中性原子束为例来说明原子束核磁共振法的工作原理。由式(7.2.8)知,在外加磁场 $\boldsymbol{B}_0$ 中,原子核将会有两个附加能量,分别对应于 $m_I=1/2$ 核自旋和外加磁场 $\boldsymbol{B}_0$ 平行及 $m_I=-1/2$ 核自旋和外加磁场 $\boldsymbol{B}_0$ 反平行。两个能级间隔为

$$\Delta E = g_I \mu_N B_0 \tag{7.2.9}$$

用垂直于 $\boldsymbol{B}_0$ 且频率为 ν 的交变电磁场与此原子束作用,当频率满足如下条件:

$$h\nu = g_I \mu_N B_0 \tag{7.2.10}$$

就会使大量原子在附加的两能级间跃迁。实验中测出了交变电磁场的频率 ν 和外磁场的磁感应强度 B_0,由式(7.2.10)自然得到了原子核的 g 因子 g_I。

Rabi 原子束核磁共振法就能识别满足式(7.2.10)的共振的发生,从而准确地测出原子核的 g 因子,其实验装置示意图如图 7.2.1 所示。装置中 A、B、C 都是磁铁,其中 A 和 B 都是 Stern-Gerlach 实验中的非均匀磁铁,A、B 磁铁的磁场方向都是朝上,二者的磁感应强度梯度 $\dfrac{\mathrm{d}\boldsymbol{B}}{\mathrm{d}z}$ 相反,A 磁铁梯度方向朝下,B 磁铁梯度方向朝上。A、B 非均匀磁铁使原子束轨道偏转,C 磁铁产生均匀磁感应强度 $\boldsymbol{B}_0$,使得原子核附加两个分立的能量。

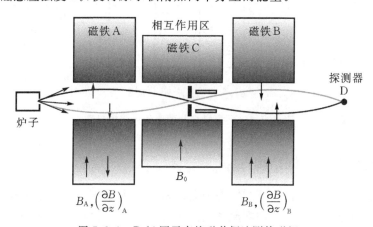

图 7.2.1　Rabi 原子束核磁共振法测核磁矩

如图 7.2.1 所示,C 磁铁不工作时,从炉子喷射方向斜向上的原子束经过 A 磁铁时受力 $F=\mu_{Iz}\dfrac{\mathrm{d}B}{\mathrm{d}z}$,A 磁铁梯度 $\dfrac{\mathrm{d}B}{\mathrm{d}z}$ 朝下,核自旋 μ_{Iz} 朝上($m_I=1/2$)的原子受到向下的力可以继续前进,而核自旋 μ_{Iz} 朝下($m_I=-1/2$)的原子受到向上的力撞到 A 磁铁上不能继续前进。核自旋 μ_{Iz} 朝上的原子束经过 C 磁铁继续前进进入 B 磁铁的作用范围,由于 B 磁铁的磁场梯度 $\dfrac{\mathrm{d}B}{\mathrm{d}z}$ 方向朝上,原来核自旋 μ_{Iz} 朝上的原子束则受到向上的作用力,很顺利地进入探测器 D。从炉子喷射方向斜向下的原子束经过 A 磁铁时受力 $F=\mu_{Iz}\dfrac{\mathrm{d}B}{\mathrm{d}z}$,A 磁铁梯度 $\dfrac{\mathrm{d}B}{\mathrm{d}z}$ 朝下,核自旋 μ_{Iz} 朝下($m_I=-1/2$)的原子受到向上的力可以继续前进,而核自旋 μ_{Iz} 朝上($m_I=1/2$)的原子受到向下的力撞到 A 磁铁上不能继续前进。核自旋 μ_{Iz} 朝下的原子束经过 C 磁铁继续前进进入 B 磁铁的作用范围,由于 B 磁铁的磁场梯度 $\dfrac{\mathrm{d}B}{\mathrm{d}z}$ 方向朝上,原来核自旋 μ_{Iz} 朝下的原子束则受到向下

的作用力，很顺利地进入探测器 D。

　　Rabi 原子束核磁共振方法实际对原子束的核自旋作了筛选，斜向上入射的原子束核自旋朝上才能进入探测器，斜向下入射的原子束核自旋朝下也能进入探测器 D。当 C 磁铁工作时，原子核附加两个分立的能级如式(7.2.8)，两个分立能级间隔如式(7.2.9)，垂直于 $\boldsymbol{B}_0$ 且频率为 ν 满足式(7.2.10)的交变电磁场与此原子束作用时，共振的射频场将使斜向上入射的核自旋朝上的原子束往核自旋朝下能级跃迁，也会使斜向下入射的核自旋朝下的原子束往核自旋朝上能级跃迁，核自旋方向改变的原子受到 B 磁铁的力都不能进入探测器 D，从而探测器 D 探测到的原子数目(原子束强度)将迅速减小，如图 7.2.2 所示。这样 Rabi 原子束核磁共振法就能识别满足式(7.2.10)的核磁共振的发生。由实验已知条件射频频率 ν 和 C 磁铁均匀磁感应强度 B_0，由式(7.2.10)就可以准确地测出原子核 g 因子 g_I 了，原子核的自旋磁矩也就知道了。

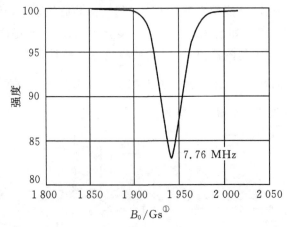

图 7.2.2　原子束核磁共振时探测的原子束强度迅速减小（氟核）

7.2.4　磁偶极超精细结构

　　原子光谱的超精细结构指在精细结构分裂的基础上因为还会进一步分裂成更小的光谱。造成超精细结构的原因有电子运动在原子核产生磁场引起磁偶极相互作用，以及原子核电四极矩在电子产生的电场梯度下的电四极相互作用等，而同一元素的不同同位素的光谱位置恰好分布在超精细结构范围内，也需要考虑到。

　　原子的核外电子的运动(轨道和自旋)在原子核处产生磁场 $\boldsymbol{B}_\mathrm{e}$，原子核有自旋磁矩

$$\boldsymbol{\mu}_I = g_I \frac{e}{2m_\mathrm{p}} \boldsymbol{I}$$

由于电子磁场的作用，原子核会附加一个能量

$$H_m = -\boldsymbol{\mu}_I \cdot \boldsymbol{B}_\mathrm{e}$$

电子在原子核处产生的磁场磁感应强度和电子总角动量 $\boldsymbol{J}$ 成正比，因此原子核附加的能量可以表示为

$$H_m = A\boldsymbol{I} \cdot \boldsymbol{J} \tag{7.2.11}$$

式中，A 一般称为磁超精细相互作用常数。类似于碱金属原子精细结构情况，可以将电子总角

---

① 1 Gs＝10^{-4} T。

动量 J 和核自旋角动量 I 合成原子体系总角动量 F,即

$$\boldsymbol{F} = \boldsymbol{I} + \boldsymbol{J} \tag{7.2.12}$$

设 $\boldsymbol{F}$、$\boldsymbol{I}$、$\boldsymbol{J}$ 量子数分别为 F、I 和 J,由量子力学角动量合成规则知道 F 的大小为

$$F = \sqrt{F(F+1)}\,\hbar$$

角动量量子数取值范围为

$$F = I+J, I+J-1, \cdots, |I-J|$$

由式(7.2.12)得到

$$\boldsymbol{I} \cdot \boldsymbol{J} = \frac{1}{2}(\boldsymbol{F}^2 - \boldsymbol{I}^2 - \boldsymbol{J}^2) \tag{7.2.13}$$

超精细相互作用下,$\boldsymbol{I}$,$\boldsymbol{J}$ 分别绕着 $\boldsymbol{F}$ 旋转,方向改变但大小不变。式(7.2.13)的平均值为

$$\langle \boldsymbol{I} \cdot \boldsymbol{J} \rangle = \frac{\hbar}{2}[F(F+1) - I(I+1) - J(J+1)]$$

于是由于电子运动在原子核处产生的磁场,原子核附加的能量为

$$H_m = \frac{a}{2}[F(F+1) - I(I+1) - J(J+1)] \tag{7.2.14}$$

由上式得到相邻超精细结构能量间隔类似于 Landé 间隔定则

$$H_m(F+1) - H_m(F) = a(F+1) \tag{7.2.15}$$

式中,系数 a 可以通过实验测量出来,简单原子的系数 a 也可以通过量子力学求出。不同超精细结构能级间电偶极跃迁满足选择定则

$$\Delta F = 0, \pm 1 \qquad \Delta M_F = 0, \pm 1 \tag{7.2.16}$$

且 F 的 $0 \rightarrow 0$ 跃迁为禁戒跃迁。基态的铯原子、氢原子的超精细能级间隔往往作为时间标准制造原子钟。事实上,基态氢原子 $^2S_{1/2}$ 的总角动量为 $J=1/2$,质子的自旋为 $I=1/2$,氢原子基态能级进一步分裂为 $F=1$ 和 $F=0$ 两个能级。两个能级之间的间隔为 1420.41 MHz,对应的波长就是射电天文中著名的氢原子 21 cm 线,观测星系的 21 cm 线就可知道该星系氢原子的分布。

下面看一个实例,核自旋为 3/2 的 ^{23}Na 的双黄线 $3^2P_{3/2}$、$3^2P_{1/2} \rightarrow 3^2S_{1/2}$ 跃迁的超精细结构分裂如图 7.2.3 所示。$3^2P_{1/2}$ 和 $3^2S_{1/2}$ 各分裂为两条能级,$3^2P_{3/2}$ 分裂为 4 条能级,$3^2P_{3/2}$、$3^2P_{1/2}$ 电子离原子核较远,分裂的两条能级间隔太小,只是 $3^2S_{1/2}$ 能级间隔的 3‰ 和 10‰ 左右,按跃迁选择定则,会有六条和四条谱线产生,一般能观察到各有两条谱线。

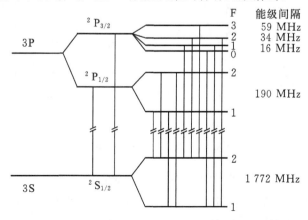

图 7.2.3 ^{23}Na 的 D_1、D_2 线 $3^2P_{1/2}$、$3^2P_{3/2} \rightarrow 3^2S_{1/2}$ 跃迁的超精细结构分裂

原子光谱的磁偶极超精细结构是由原子核自旋引起的,因此通过原子光谱的超精细结构可以测量原子核的自旋。如 ^{23}Na 的 D_1 线超精细结构分裂为双线,它们的相对强度比为 5∶3,如何确定钠核的自旋呢? 超精细结构分裂的双线取决于 $3^2S_{1/2}$ 的超精细结构能级分裂,设钠核的自旋量子数为 I,则 $3^2S_{1/2}$ 的超精细结构上能级 $F_1 = I + 1/2$,下能级 $F_2 = I - 1/2$,双线的强度比为

$$\frac{2F_1 + 1}{2F_2 + 1} = \frac{2(I + 1/2) + 1}{2(I - 1/2) + 1} = \frac{5}{3}$$

得到钠核的自旋为 $3/2$。

7.2.5 核磁共振

1937 年 Rabi 已经观察到了原子、分子束核磁共振,并用此法测量原子核磁矩,1946 年 Bloch 和 Purcell 观察到了液体和固体的核磁共振。核磁共振的实验装置类似于电子顺磁共振,如图 7.2.4 所示。样品放在均匀磁铁中原子核能级发生分裂:

$$U = - g_I m_I \mu_N B$$

两相邻能级差为

$$\Delta U = g_I \mu_N B$$

射频源产生的频率为 ν 的射频场经由射频桥路作用在样品上,均匀磁铁通以锯齿波励磁电流,当均匀磁场的大小满足

$$h\nu = g_I \mu_N B$$

就会发生核磁共振。显然发生核磁共振时,射频功率接收器会出现一个强烈的吸收信号。原子核处在固体或液体中,由于原子核和周围环境的各种相互作用,会造成共振谱线的位置、强度、线型和精细结构的微小变化。反过来由固体或液体的核磁共振谱,可以分析得到特定核周围的局部情况。核磁共振可用于很精确地测定磁场大小,精确测量核磁矩,制造原子钟,在化学、凝聚态物理和医学中也具有广泛的应用。

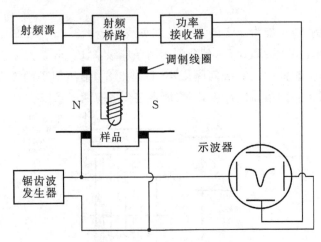

图 7.2.4   固体、液体的核磁共振

人体软组织中的水、血液、脂肪和肌肉都含有大量的氢原子,各点的质子密度及质子周围环境不同,使核磁共振信号的强度和宽度等特征不同。若按空间位置逐点提取人体中各点的共振信号,就能反映人体组织结构的特征。为了快速提取信号,实际上会逐层扫描。将病人的

分析部位置于一个高度均匀的磁场内,然后再加一个强度随空间位置均匀变化的梯度磁场进行扫描。当分析部位某一截面上磁场值达到与质子核磁共振的条件时,就产生共振信号。这些信号被送至计算机,由功能强大的计算机软件进行处理后,可建立由许多断层叠合成的三维图像。

7.2.6　电四极矩

原子核有一个确定的方向就是原子核自旋角动量方向,原子核电荷分布一般不具有球对称性,可认为原子核电荷分布均匀,但原子核的形状不再是完美的球形,而是以核自旋方向为对称轴的旋转椭球,即圆球沿核自旋方向拉长或压缩了一些。定量描述原子核偏离球形的量就是电四极矩,设原子核自旋方向为 z,如图 7.2.5 所示,则电四极矩的定义为

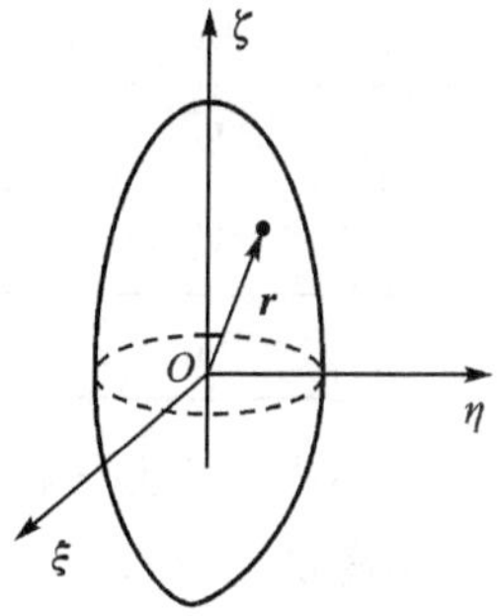

$$Q = \frac{1}{e} \int_{\tau} (3\zeta^2 - r^2)\rho(r)\mathrm{d}\tau \qquad (7.2.17)$$

式中,$\rho(r)$ 为电荷密度,积分遍及整个带电体,单位为靶 b（1 b$=10^{-24}$ cm^2）。椭球体的电四极矩为

$$Q = \frac{2}{5} Z(c^2 - a^2) \qquad (7.2.18)$$

图 7.2.5　椭球电四极矩

其中,c 为核自旋方向 z 半轴长度;a 为与核自旋垂直的半轴长度。原子核的电四极矩如图 7.2.6所示,一些核素磁偶极矩和电四极矩如表 7.2.1 所示。

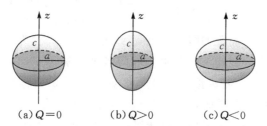

$(a) Q=0 \qquad\qquad (b) Q>0 \qquad\qquad (c) Q<0$

图 7.2.6　原子核形状和电四极矩

表 7.2.1　一些核素的磁偶极矩和电四极矩

核素	自旋($\hbar$)	磁矩(μ_N)	电四极矩(b)
n	1/2	-1.9131	0
^{1}H	1/2	2.7927	0
^{2}H	1	0.8547	0.00282
^{3}H	1/2	2.9789	0
^{3}He	1/2	-2.1275	0
^{4}He	0	0	0

核素	自旋($\hbar$)	磁矩(μ_N)	电四极矩(b)
^{7}Li	3/2	3.256 3	−0.045
^{12}C	0	0	0
^{13}C	1/2	0.702 4	0
^{176}Lu	7	3.180 0	8.000
^{235}U	7/2	−0.35	4.1
^{238}U	0	0	0
^{241}Pu	5/2	−0.730	5.600

1935 年 Schüler 和 Schmidt 研究铕^{151}Eu 和^{153}Eu 原子光谱的超精细结构发现,其光谱间距并不满足式(7.2.15),说明仅仅考虑磁偶极相互作用不足以完全解释原子的超精细结构,如果将核电四极矩在电子产生的电场梯度下的电四极相互作用也考虑进去,就能完整地解释原子超精细结构了。此处直接给出电四极相互作用

$$E_Q = \frac{3/4C(C+1) - I(I+1)J(J+1)}{2I(2I-1)J(2J-1)} \frac{eQ}{4\pi\varepsilon_0} \frac{\partial^2 V}{\partial z^2} (\equiv b) \qquad (7.2.19)$$

式中,V 为电子在核处产生的电势;$C = F(F+1) - I(I+1) - J(J+1)$。可以看到核电四极矩相互作用并不会引起原子超精细结构分裂,但会引起超精细能级的移动。完整的原子超精细结构能级为式(7.2.14)和式(7.2.19)之和,即

$$U_{\text{hfs}} = \frac{a}{2}C + b\frac{3/4C(C+1) - I(I+1)J(J+1)}{2I(2I-1)J(2J-1)} \qquad (7.2.20)$$

一个典型的原子超精细结构能级如图 7.2.7 所示,电子总角动量为 $J=1$,核自旋为 $I=3/2$,仅考虑磁偶极精细相互作用分裂的三个能级相邻两能级间隔为 5:3,实际情况并非如此,考虑到电四极矩相互作用后,每个能级都有一定的移动,如 $F=5/2$ 的能级还要加上 $b/4$,$F=3/2$ 的能级要减 b,$F=1/2$ 的能级要加 $5b/4$,完全和实验结果吻合。磁偶极超精细相互作用和电四极矩超精细相互作用还都会引起原子核能级的分裂,分裂能级间隔有 $10^{-7} \sim 10^{-8}$ eV,这在 Mössbauer 效应被发现(1958 年)后才有可能进行实验的测量,这里不再叙述。

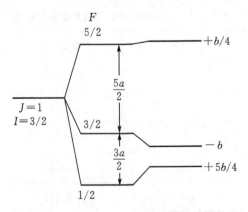

图 7.2.7 $J=1$、$I=3/2$ 原子超精细结构能级

7.2.7　原子核统计特性

原子核也只有两种,自旋量子数为整数的 Bose 子和半整数的 Fermi 子。1940 年 Pauli 证明了自旋–统计定理,所有自旋角动量为 $\hbar$ 整数倍的 Bose 子波函数满足交换对称性,都遵循 Bose-Einstein 统计,即

$$\bar{n}_{\text{B-E}} = \frac{1}{\mathrm{e}^{\frac{\varepsilon_i - \mu}{k_\mathrm{B} T}} - 1}$$

式中,μ 为化学势;k_B 为 Boltzmann 常数;T 为温度,$\bar{n}_{\text{B-E}}$ 表示在能级 ε_i 上的平均粒子数;所有自旋角动量为 $\hbar$ 的半整数倍的 Fermi 子波函数满足交换反对称性,都遵循 Fermi-Dirac 统计,

$$\bar{n}_{\text{F-D}} = \frac{1}{\mathrm{e}^{\frac{\varepsilon_i - \mu}{k_\mathrm{B} T}} + 1}$$

式中,μ 为化学势;k_B 为 Boltzmann 常数;T 为温度,$\bar{n}_{\text{F-D}}$ 表示在能级 ε_i 上的平均粒子数。

全同粒子波函数交换两个粒子的状态后变为

$$\psi(x_1, \cdots, x_i, \cdots, x_j, \cdots, x_n) = \pm\, \psi(x_1, \cdots, x_j, \cdots, x_i, \cdots, x_n) \tag{7.2.21}$$

式中,每个脚标 x_i 表示位置和自旋,前后 x_i 和 x_j 互换表示两个粒子的位置和自旋互换,正号对应 Bose 子,负号对应于 Fermi 子。由于核子的自旋为 $1/2$,都是 Fermi 子,全部交换核子后波函数改变符号 $(-1)^A$ 次,由此推得质量数 A 为奇数的原子核是 Fermi 子,而质量数 A 为偶数的原子核是 Bose 子。原子核的这个性质通过观测同核双原子分子光谱线强度得以证实。

7.2.8　原子核宇称

宇称是波函数空间反演一种特性,可以是奇宇称也可以是偶宇称。奇、偶宇称的波函数分别满足如下的关系:

$$\psi(\boldsymbol{r}, t) = +\, \psi(-\boldsymbol{r}, t) \quad \text{偶宇称}$$
$$\psi(\boldsymbol{r}, t) = -\, \psi(-\boldsymbol{r}, t) \quad \text{奇宇称}$$

原子核的宇称是描述原子核状态的一个参量,它由近似在某中心力场中各核子轨道宇称的乘积决定,即

$$P = (-1)^{\sum\limits_{i=1}^{A} l_i} \tag{7.2.22}$$

原子核的状态具有确定的宇称,状态改变时,宇称也会改变。通常用 $I^\pm$ 表示核自旋与宇称,$+$ 为偶宇称,$-$ 为奇宇称,如 $^4\mathrm{He}$ 的核自旋为 0,宇称为正,则表示为 0^+。

7.3　核力与核结构

7.3.1　核力

原子核由质子和中子构成,质子带正电,中子不带电,原子核的尺度在 10^{-15} m 的量级。且不说中子,在原子核尺度内,为什么质子之间强烈的静电排斥作用都不能使质子脱离原子核呢?假如中子不带电,不与质子和中子相互作用,那么原子核中的中子将是自由的,不会被束缚在原子核这么小的空间内。早在 1932 年 Heisenberg 就假定质子与质子有相互吸引的核力

F_{pp},中子与中子之间也有相互吸引的核力 F_{nn},中子和质子之间也有核力 F_{np}。后来的实验表明核力是自然界四种基本相互作用的一种,是一种强相互作用。核力作用范围 10^{-15} m,属于短程力,设相对强度为 1;电磁相互作用的作用范围无穷大,属长程力,相对强度为 10^{-2};弱相互作用的作用范围 10^{-18} m,属短程力,相对强度为 10^{-5};万有引力作用范围无穷大,属长程力,相对强度为 10^{-39}。下面介绍核力的一些特点。

1. 核力是短程强相互作用力

对比于其他的三种基本相互作用,核力的强度比最大,力程为 1 fm(10^{-15} m)时,属短程力,4~5 fm 时核力消失。当力程小于 0.48 fm 时,核力变为巨大的斥力,0.8~2 fm 时为较强的吸引力。在 10^{-15} m 的距离内 Coulomb 静电排斥力都不能使核子拆开,由此可以看出核力的强度之大。而距离为 2.4 fm 的两个质子 Coulomb 斥力达 40 N。

2. 核力是具有饱和性的交换力

原子核结合能近似和质量数 A 成正比,比结合能 B/A 不随着 A 的增加而增加,说明核子仅和相邻核子作用,核力具有饱和性也说明核力是短程力。如果核力是长程力,一个核子可以和所有的核子都有相互作用,则原子核的结合能应正比于 $A(A-1)$ 而非近似正比于 A。

3. 核力与核子的电荷无关

1946—1955 年实验证明:质子与质子的核力 F_{pp}、中子与中子的核力 F_{nn}、质子与中子的核力 F_{np} 相等($F_{pp}=F_{nn}=F_{np}$)的可信度大于 98%,$F_{pp}=F_{nn}$ 的可信度在 99% 以上。还有一个例子,^{3}H 结合能为 8.48 MeV,^{3}He 结合能为 7.72 MeV,如图 7.3.1 所示。^{3}H 结合能比 ^{3}He 结合能大 0.72 MeV,因为 ^{3}He 核的两个质子有静电排斥能。设两质子间距离为 2 fm,它们之间的 Coulomb 排斥能为 0.72 MeV,^{3}He 结合能为 8.84−0.72=7.72 MeV,这正好说明了核力的电荷无关性。

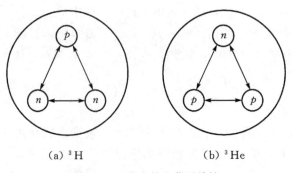

(a) ^{3}H   (b) ^{3}He

图 7.3.1 核力的电荷无关性

4. 核力与自旋有关

氘核 ^{2}H 的自旋为 $1\hbar$,而只有质子和中子自旋平行,氘核 ^{2}H 的自旋才能为 $1\hbar$,这说明质子和中子自旋平行时的核力一定比自旋其他选择时的核力要大,从而得知核力与自旋取向有关。

核力还有其他一些性质,如含有非中心力成分、自旋轨道耦合力成分等。

仿照电磁场量子理论中两个电荷粒子通过交换光子而产生电磁力,1935 年 Yukawa 提出了核力的介子理论,认为核子间相互作用是通过交换介子而产生的。这个介子的质量应该有多大呢？设一个核子发射一个介子经过 Δx 距离被另一个核子接收，花费的时间为 Δt，介子以光速前进，有 $\Delta x \sim c\Delta t$。由 Heisenberg 不确定关系，假定在 Δt 时间内能量的不确定值为

$$mc^2 \equiv \Delta E = \frac{\hbar}{\Delta t} = \frac{\hbar c}{c\Delta t} = \frac{\hbar c}{\Delta x}$$

即介子的能量，设核力的力程为 2 fm，得介子的能量为

$$mc^2 = \frac{\hbar c}{\Delta x} = \frac{197 \text{ MeV} \cdot \text{fm}}{2 \text{ fm}} \approx 100 \text{ MeV}$$

1947 年 Powell 在宇宙射线中找到了 Yukawa 预言的 π 介子，其质量为 140 MeV/c^2。电磁力和引力的力程均为无穷大，由此模型知光子和引力子的静止质量都为零。

7.3.2　壳层模型

我们知道了原子核的组成成分是质子和中子，还需要知道核子在原子核内是如何运动的，这个问题就是原子核的结构模型。自 1932 年以来人们提出了很多核模型，比较有名的核模型有液滴模型、Fermi 气体模型、壳层模型和集体运动模型。液滴模型基于原子核比结合能基本为一常数，把原子核当成一个高密度不可压缩的荷电的液滴，液滴模型可以给出原子核结合能的经验公式、核反应截面计算及核裂变机制等。Fermi 气体模型把原子核看成是由一群同气体分子相仿的核子组成的，核子间没有相互作用，对核内核子运动起束缚作用的只有 Pauli 不相容原理，Fermi 气体模型可以说明轻核的一些性质，但不能说明中、重核的主要性质。液滴模型抓住了核力短程性和饱和性，比 Fermi 气体模型更接近原子核真实情况，因此较 Fermi 气体模型更为有用，但两个模型都有一个共同的弱点，都把原子核当作一个整体，不能说明原子核内部的结构，无法解释原子核能级、角动量、宇称等性质。下面主要介绍的是Mayer和Jensen在 1949 年提出的壳层模型和 Bohr 与 Mottelson 在 1952 年提出的集体运动模型。

1. 幻数的存在

什么是原子核的幻数呢？当组成原子核质子数或中子数为 2、8、20、28、50、82 和中子数为126 时，原子核特别稳定，这些特殊的数目称为幻数。

原子核幻数的存在需要从实验现象上确定，第一个例证就是核素的丰度。所谓核素丰度是指核素在自然界中的含量，核素丰度大的核素显然要比核素丰度小的核素更稳定。地球、陨石和其他星球的化学成分表明，含有幻数的核素明显比临近核素丰度要大很多，如$_2^4$He$_2$、$_8^{16}$O$_8$、$_{20}^{40}$Ca$_{20}$、$_{28}^{60}$Ni$_{32}$、$_{50}^{88}$Sr$_{50}$、$_{40}^{90}$Zr$_{50}$、$_{50}^{120}$Sn$_{70}$、$_{56}^{138}$Ba$_{82}$、$_{58}^{140}$Ce$_{82}$、$_{82}^{208}$Pb$_{126}$，核素右下角的数字表示中子的数目。另一个实验事实是，在所有稳定核素中，中子数 N 为 20、28、50、82 的同中子素最多，$N=50$ 的有 6 个，$N=82$ 的有 7 个之多。第二个例证是幻数核的结合能特别大，比幻数核多一个核子的核的结合能则特别小，例如，幻数核$_8^{16}$O$_8$ 最后一个中子的结合能达 15.5 MeV，而$_8^{17}$O$_9$ 最后一个中子的结合能只有 4.2 MeV。第三个例证是核衰变，$N=128$ 到 $N=$126 的核 α 衰变的衰变能特别大，如$_{83}^{211}$Bi、$_{84}^{212}$Po、$_{85}^{213}$At 的中子数均为 128，经过 α 衰变后中子数变为 126 而成为结合能特别大的幻数核，衰变能就特别大。第四个例证是 $N=50,82,126$ 的核素快中子俘获截面小，说明幻数核不易再结合中子，加一个中子后的新核素稳定性差，幻数核第一激发态能量约 2 MeV，一般核素为 0.1 MeV，幻数核不容易激发。上述例证都极大地支持了原子核幻数存在的设想。

2. 原子核的壳层模型

原子核幻数和原子中电子数为某些特殊数目(如 2,8,18,36,…),很相似,当原子中的电子数目为这些"幻数"时,原子成为惰性气体原子,也特别稳定。为了解释原子核幻数的存在,Mayer 和 Jensen 提出了类似于原子壳层结构的原子核的壳层模型。原子核的特殊构造也可以用壳层模型来描述,原因如下。

(1)核子都是 Fermi 子,每个能级上容纳核子的数目受到 Pauli 不相容原理的限制,只能是有限值。

(2)原子核中每一个核子都可以看作在一个平均场中运动,这个平均场是其余 $A-1$ 个核子对这个核子作用的总和。

(3)Pauli 不相容原理不但限制了每个能级所能容纳核子的数目,也限制了核子的碰撞,基态时,低能态填满了核子,若两个核子碰撞改变核子的状态,两核子只能占据未满能级,这种概率很小,单个核子只能保持原来的运动状态,单个核子在核中独立运动。

单个核子的势阱可选直角势阱、三维谐振子势,当然能比较真实地描述原子核平均势能的是 Woods-Saxon 势阱,理论计算表明不同势阱对核的能级次序影响不大。类似于原子物理中需要考虑电子自旋-轨道耦合作用,壳层模型计算核子在平均力场时运动时也必须要考虑核子自旋-轨道耦合作用,这个耦合附加能量为

$$\Delta E_j = C(r)\boldsymbol{s} \cdot \boldsymbol{l} = \frac{1}{2}C(r)[j(j+1) - l(l+1) - s(s+1)]$$

$$= \frac{1}{2}C(r)\begin{cases} l & j = l+1/2 \\ -(l+1) & j = l-1/2 \end{cases} \qquad (7.3.1)$$

式中,耦合系数 $C = -24A^{-2/3}$ MeV,原子核中核子自旋-轨道耦合作用相当强。由式(7.3.1)还可以得到 $j=l-1/2$ 和 $j=l+1/2$ 两能级间的间隔为

$$\Delta E = \Delta E_{j-1/2} - \Delta E_{j+1/2} = -\frac{(2l+1)C}{2} \qquad (7.3.2)$$

从上式可以看出核子轨道角动量量子数 l 越大,其自旋-轨道耦合作用引起的分裂能级的间隔就越大。由于耦合系数 C 为负数,因此总角动量量子数 j 越大,其能级就越低。核的能级只需用 (n,l,j) 三个量子数就可以描述出来,通常用 (ν,l,j) 这三个量子数表示核能级,其中 $2(\nu-1)=n-l$,对应不同的 l 用不同的小写字母 s,p,d,f,… 表示。壳层模型给出的核子能级图如图 7.3.2 所示。第二列是 ν、l。

图 7.3.2 所示的能级是每个核子的能级,即质子和中子各有一套这样的能级。对小于 50 的核子数,质子和中子能级次序大致相同,核子数大于 50 后排列才有所不同。质子带正电,质子间除了吸引的核力还有相互排斥的 Coulomb 力,对应于核子数较多时,需要更多的中子抵消质子 Coulomb 排斥作用,因此重核的中子数多于质子数。由前面提到的幻数,质子数为 82 的能级大致和中子数为 126 的能级相同。

图 7.3.2 左边是三维谐振子势中没有考虑核子自旋-轨道耦合作用的结果,原因如前所述,解释不了幻数的存在。右边是考虑到核子自旋与轨道相互作用后的结果,每个能级都会分裂为 $j=l-1/2$ 和 $j=l+1/2$ 两能级,由于耦合系数很大且为负值,分裂的能级相互交叉,如 $1d_{3/2}$ 能级高于 $2s$,$1d_{3/2}$ 能级高于 $1d_{5/2}$。同样的交叉还有很多,如 $1f_{5/2}$ 高于 $2p_{3/2}$,而 $2p_{1/2}$ 又高

于 $1f_{5/2}$。考虑到自旋-轨道耦合作用,每个标记(ν,l,j)能级可容纳 $2j+1$ 个核子,如 $1p_{3/2}$ 可容 4 个核子,$2d_{5/2}$ 可容 6 个核子。这样幻数问题就解决了,如图 7.3.2 所示,$1s_{1/2}$ 能级容纳 2 个核子(中子或质子),1p 能级(包括 $1p_{1/2}$、$1p_{3/2}$ 和 1s 三个能级)容纳 8 个核子,$1d_{3/2}$ 能级容纳 20 个核子等,所有的原子核的幻数都出现了。

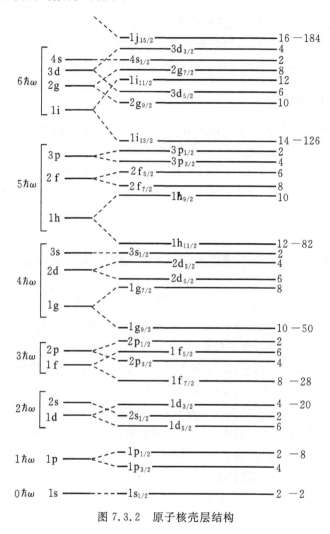

图 7.3.2　原子核壳层结构

核的壳层模型还可以解释原子核基态的自旋和宇称,核子按图 7.3.2 能级填满最低一些能级时,就是原子核的基态,当原子核处于较高能级而下面的能级为填满状态时,原子核处于激发态。和原子物理一样,闭壳层核子对角动量的贡献为零,闭壳层的核子数总是偶数,同一能级的核子宇称都相同,同一能级所有核子的宇称总为正,原子核的宇称为正,原子核基态自旋和宇称完全由闭壳层外的核子决定。对于质子数和中子数都为偶数的偶偶核,自旋为零,宇称为正。奇 A 核的状态由单个非成对的核子状态决定,如 $^{27}_{13}\text{Al}_{14}$ 由 13 个质子和 14 个中子组成,自旋和宇称都由 13 个质子决定。由壳层能级图 10 个质子填满 1s、$1p_{3/2}$、$1p_{1/2}$ 能级,三个质子填充 $1d_{5/2}$,核的情况当中子或质子两两成对即自旋反平行时,能量最低,两个质子成对核自旋,对宇称都没有贡献,$^{27}_{13}\text{Al}_{14}$ 基态自旋和宇称取决于最后一个在 $1d_{5/2}$ 能级上的质子,显然核自旋为 5/2,$l=2$,宇称$(-1)^l=1$ 为正,$^{27}_{13}\text{Al}_{14}$ 基态自旋和宇称为 $5/2^+$。对于奇奇核,核的自旋与宇称取决于最后一个质子和中子,质子和中子的自旋均为 $1/2$,又中子和质子的轨道角动量量子数都是整数,因此奇奇核的自旋总是整数,和实验现象符合得很好。至于宇称则取决于 $(-1)^{l_p+l_n}$,即质子和中子的轨道角动量量子数。

3. 局限

壳层模型在解释原子核幻数、基态自旋和宇称、同质异能素岛、β 衰变等方面取得了很大成功,但也存在很多问题,如远离双幻数核区域的磁矩、电四极矩和 γ 跃迁概率等理论预测和实验观测符合得不好,这些不足导致了原子核集体运动模型的诞生。

7.3.3   集体运动模型

实验上发现偶偶核的低激发能级规律有三类:第一类是在双幻数核附近,壳层模型可以很好地描述现象;第二类是离双幻数核稍远的原子核($60<A<150,190<A<220$),其低激发能级之间间距大致相等,如 ^{64}Zn、^{92}Zr、^{214}Po 等,这类能级和谐振子能级特点相符;第三类能级远离双幻数核($150<A<190,A>220$),这类核自旋依次为 $0,2,4,6,\cdots$,能量之比为 $E_2:E_4:E_6:\cdots=3:10:21:\cdots$,如 ^{156}Gd、^{176}Hf、^{232}U、^{238}Pu 等,这类能级和双原子分子转动能级 $E_I\sim I(I+1)$ 相符。

壳层模型无法解释原子核振动能级和转动能级,因为壳层模型只关注原子核中核子的独立运动,没考虑核的集体运动。

集体运动模型的基础是壳层模型,依然认为核子在平均核场中独立运动并形成壳层结构,但它认为原子核集体可以发生形变,并产生转动和振动形式的集体运动。由于原子核可以发生形变,平均核场不一定是球对称的,原子核集体运动,核场也不是静止的。这样单个核子在变化的核场中运动受到核集体运动的影响,反过来,单个核子的运动又会影响集体运动。这样几种运动相互影响,情况非常复杂。但原子核集体运动周期比核内单个核子运动的周期长,集体运动模型就可以先研究平衡形状和某一方向核场中的单粒子运动,再考虑原子核的集体运动。

外层未满壳核子与封闭壳层形成的“壳心”的相互作用,原子核将发生形变。大量事实表明,满壳层核具有球对称的形状,说明壳心的核子间的相互作用使它们的分布为球对称的。当外层未满壳核子数不为零时,即使其壳心核子的分布是球对称的,但由于壳心外核子的分布并非是球对称的,故整个原子核也不再是球对称的;更重要的是壳心外核子对壳心的“极化”作用将使壳心发生形变,壳心核子的分布也呈非球对称,原子核出现了形变。原子核的转动不同于刚体转动也不同于流体的转动,形变的原子核势场不是球对称的,而是具有一定的方向,当势场方向在空间变化时,我们就说原子核进行了转动。球形核的势场是球对称的,没有集体转动可言。原子核振动是指原子核在平衡形状附近振荡,一般是体积不变、形状变化的表面振动,图 7.3.3 是几种振动模式。

  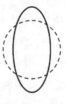

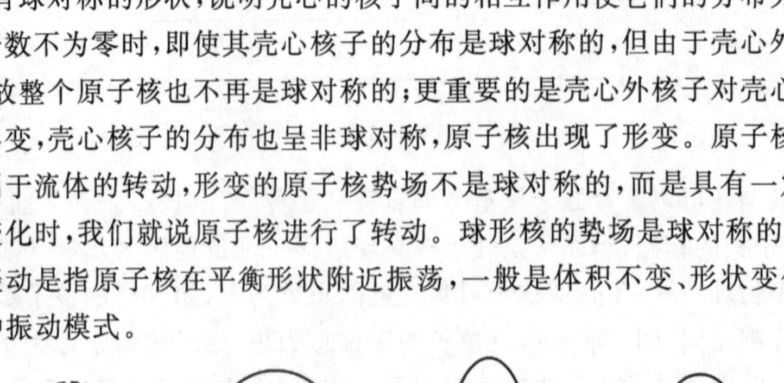

(a) 单极振动   (b) 偶极振动   (c) 四极振动   (d) 八极振动

图 7.3.3   几种振动形式

设形变核平衡形状为一旋转椭球,对称轴为 S,如图 7.3.4 所示,则原子核只有绕垂直于 S 的轴转动才有意义。设转动角动量为 $\boldsymbol{R}$,核子角动量 $\boldsymbol{j}$ 不再是运动常量,只有 $\boldsymbol{j}$ 在 S 上的投影 $\boldsymbol{Q}$ 才是运动常量。转动时原子核的总角动量为 $\boldsymbol{I}=\boldsymbol{R}+\boldsymbol{Q}$。轴对称的原子核可以用三个量子数描述,总角动量量子数 I、总角动量在 S 轴上的分量 K 和总角动量在空间固定轴 Z 的投影 M。对于偶偶核,由于 $Q=0$,则转动能级为

$$E_I = \frac{\hbar^2}{2J}I(I+1) \qquad I = 0,2,4,6,\cdots \tag{7.3.3}$$

式中,J 为转动惯量;$\boldsymbol{I}=\boldsymbol{R}$,椭球形核垂直于对称轴的中央平面也是对称的,因此核自旋 I 只能为偶数,宇称为正。转动能级的比例有如下简单的关系:

$$E_2 : E_4 : E_6 : \cdots = 1 : 10/3 : 7 : \cdots$$

这些关系在低激发态($I\leqslant 10$)时,和实验基本符合,如图 7.3.5 所示。较高的能级考虑了核集体转动与内部运动相互干扰的修正后也与实验符合得很好。

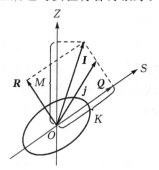

图 7.3.4　形变大的原子核的转动

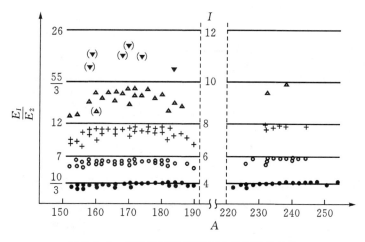

图 7.3.5　偶偶核转动能级理论和实验的比较

对于形变的奇 A 核,因其基态自旋 $I_0\neq 0$,故其转动能级的自旋量子数为 $I_0+1,I_0+2,\cdots$,相应地,其转动能级的能量与基态能级的差有如下关系:

$$(E_{I_0}-E_{I_0}) : (E_{I_0+1}-E_{I_0}) : (E_{I_0+2}-E_{I_0}) : \cdots = 0 : (2I_0+2) : (4I_0+6) : \cdots$$
$$= 0 : (I_0+1) : (2I_0+3) : \cdots$$

这些规律与实验符合得也很好。图 7.3.6 是 $^{181}_{73}\mathrm{Ta}$(钽)核的一个转动能级,$I_0=3.5$,它与上述

规律符合得很好,即理论预言能级间隔之比为 $\dfrac{I_0+2}{I_0+1}=\dfrac{5.5}{4.5}\approx1.222$,实验 $167/136\approx1.228$。

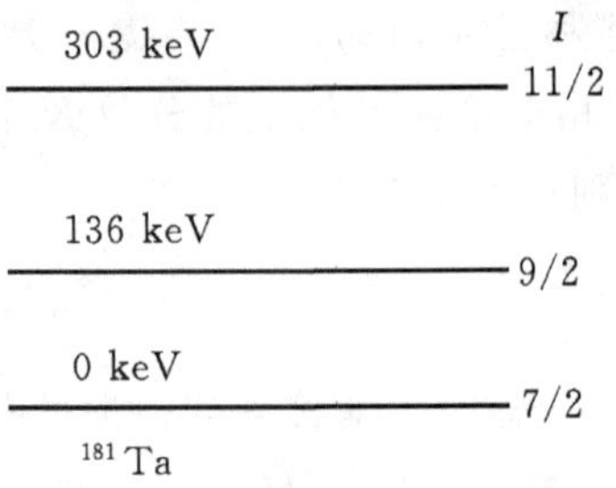

303 keV I
————— 11/2

136 keV
————— 9/2

0 keV
————— 7/2
^{181}Ta

图 7.3.6　$^{181}_{73}$Ta(钽)核的转动能级

当满壳层外核子数不多时,原子核形变尚不能发生,平衡形状为球形,这种原子核主要出现在 $60<A<150$ 和 $190<A<220$。这个区域的原子核主要在球形附近做四极振动,理论给出偶偶核振动能量为

$$E=(N+5/2)\hbar\omega \qquad N=0,1,2,3,\cdots \tag{7.3.4}$$

上式描述了 N 个声子的运动状态,每个声子具有 2 个单位的角动量,能级的宇称均为正。实验观察到偶偶核的振动能谱和上式相符,基本上等间距的 $686:564\approx1.2$。第一激发态能级总是 2^+(2^+ 表示能级的自旋和宇称),第二激发态具有 0^+、2^+ 或 4^+,图 7.3.7 所示是 $^{122}_{52}$Te 的能级,能级单位 keV。

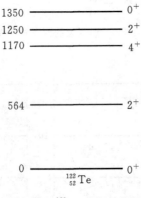

1350 ————— 0^+
1250 ————— 2^+
1170 ————— 4^+

564 ————— 2^+

0 ————— 0^+
$^{122}_{52}$Te

图 7.3.7　$^{122}_{52}$Te 的振动能级

对于形变核,八极振动也常被发现,但主要还是四极振动。形变核振动的同时也可以转动,在振动能级上出现一组转动能级。原子核存在振动是毫无疑问的,而且几乎所有原子核普遍存在振动,深入研究核的振动是十分必要的。考虑了原子核的集体运动后,核的电四极矩、核磁矩、跃迁概率都能得到很好的解释,但集体运动模型也只是近似理论,不能全面描绘原子核的运动,如高自旋转动态的实验数据出现奇异现象、集体运动模型尚不能很好地解释。

7.4　原子核放射性衰变

7.4.1　放射性的发现

1895 年 Röntgen 将他的第一篇 X 射线的文章寄给各国知名的科学家,其中的一位是法国科学院院士 Poincaré。1896 年 1 月 20 日 Poincaré 参加了每周一次的例会,会上他将 Röntgen 关于 X 射线的文章拿给与会者看。X 射线的发现大大刺激了 Becquerel,Becquerel 问 X 射线如何产生的,Poincaré 不太有把握地回答说也许是从阴极对面发荧光的那部分管壁发出的,X 射线和荧光可能具有相同的机理。第二天 Becquerel 就开始实验检测 Poincaré 的论断,即荧光物质在发射荧光的同时会不会发射 X 射线。经过多次尝试却进展不大,后来他继续坚持,终于得到了一些结果。Becquerel 在 1896 年 2 月 24 日科学院报告会上说,用两张黑纸包住一张感光底片,底片即使在太阳光下晒一天也不变色,而在黑纸上放一层磷光物质(铀盐),拿到太阳光下晒几小时,显影后他发现了上磷光物质的黑影。他又在磷光物质和黑纸之间放一层玻璃,做了同样的实验,目的是排除因太阳光的热致使磷光物质发射蒸气而产生化学作用的可能性。Becquerel 的结论:磷光物质会发射一种辐射,能贯穿对光不透明的纸而使底片的银盐还原。Becquerel 坚信 Poincaré 的论断,误以为太阳光照射铀盐(磷光物质)后,铀盐发出荧光和 X 射线是同一机理。

一个星期以后,法国科学院于 3 月 2 日再次开例会时,Becquerel 找到了正确的答案。在第二次报告时他写道,由于好几天没有太阳,3 月 1 日的照片冲出来了,预想会得到非常微弱的影子,结果相反,底片的廓影十分强烈,他意识到铀盐的作用很可能在黑暗中也能进行,而且铀盐发射的是一种新射线。Becquerel 的发现说明了荧光和 X 射线并不属于同一机理,因为原来设想没有太阳光铀盐不会产生荧光也不会产生 X 射线,结果底片依然廓影强烈,一定是黑暗中铀盐发射出的新的辐射使底片显影。他就放弃了 Poincaré 的观点,转而试验各种因素,如铀盐是固体还是液体、温度、放电等对铀盐辐射的影响,证明了新射线确与磷光效应无关。他还发现纯金属铀的辐射比铀化合物的辐射强得多,新射线不仅能使底片感光,还能使气体电离变成导体。同年 5 月 8 日,Becquerel 证实了这种贯穿辐射是自发现象,只要有铀盐的存在,就会产生新射线。

1896 年 Becquerel 发现了铀元素的放射性,是人类历史上第一次在实验室观察到的原子核的现象,其意义十分重大。1898—1902 年 Pierre Curie 和 Marie Curie 发现了放射性元素钋和镭,1899 年 Rutherford 以贯穿能力为标准把 Becquerel 的射线分为两类,α 射线和 β 射线。居里夫妇从 Becquerel 射线在磁场中的偏转方向证明 β 射线带负电,而 α 射线不受磁场偏转。1900 年 Becquerel 从电场和磁场的偏转确定了 β 射线的荷质比和电子的荷质比完全相同,肯定了 β 射线就是高速的电子,速度约为 2×10^8 m/s。1900 年 Villard 发现了镭发射中穿透能力更强的 γ 射线。1902 年 11 月,Rutherford 对镭放射性进行了全面的分类,辐射会放出三种不同类型的射线,α 射线容易被薄的物质吸收,β 射线由高速带负电的电子组成,γ 射线在磁场中不受偏折,具有极强的穿透力。此时 α 射线的本质依旧是个谜。

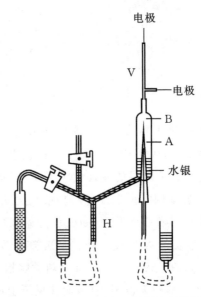

图 7.4.1　Rutherford 确定 α 射线为氦的原子核

1900 年 Pierre Curie 从 α 射线对空气的电离作用出发发现了不同放射性元素放出的 α 射线在空气中的穿过的距离不一样,钋放出的 α 射线可以走 4 cm,镭放出的 α 射线可以走 6.7 cm。Marie Curie 发现 α 射线穿越空气的衰减率随距离的增大而增大,由此她认为 α 射线的行为像弹丸那样,在前进中会由于克服阻力而失去动能。Rayleigh 勋爵的儿子 Strutt 认为不可偏转的 α 射线可能是某种带正电的快速粒子,其质量大到和原子一样,正是由于质量远大于电子,因此在磁场中运动方向不显示偏折。1902 年 Rutherford 成功地在电场、磁场中使 α 射线偏转,由此确定 α 射线带两个单位正电荷。1909 年 Rutherford 很精巧地对 α 射线的气体进行放电实验,其实验装置如图 7.4.1 所示。极薄的玻璃管 A(α 射线能穿过,其他普通分子不能穿过)密封着镭射气,α 射线穿过玻璃管 A 进入用水银密闭的玻璃管 B 中。经过几天的积累后,提升 H 用水银驱赶含 α 射线的气体进入玻璃管 B 的顶端,然后在电极两端加上高压使气体放电。在 α 射线气体的放电光谱中找到了氦的特征谱线,由此判断玻璃管 B 中积累的就是氦气,是 A 管中的 α 射线穿过玻璃管进入 B 后从环境获得电子变成了氦原子。将 A 中充满氦气,同样的积累在容器中 B 中没有发现氦气,说明 α 射线能穿过 A 管而氦气不能。实验做出了判决性证明,α 射线就是高速运动的带有两个单位正电荷的氦原子的原子核。确立了 α 射线的本质后,Rutherford 和他的学生们开始用 α 射线轰击各种原子的原子核,获得了一系列具有重大意义的成果。

迄今为止,人们发现的放射性衰变模式有以下几种。

(1)α 衰变,放出氦的原子核。

(2)β⁻ 衰变,放出电子和反中微子;β⁺ 衰变,放出正电子和中微子;电子俘获(electron capture, EC),原子核俘获一个核外电子。β⁻、β⁺、EC 统称为 β 衰变。

(3)γ 衰变,激发态的原子核往基态跃迁是发射波长极短(一般小于 0.01 nm)的电磁波。内转换(internal conversion, IC),原子核从激发态往基态跃迁,辐射能直接交给核外电子,使之电离。IC 属于 γ 衰变。

（4）自发裂变（spontaneous fission，SF），原子核自发分裂为两个或几个质量相近的原子核。

（5）其他模式，如放出质子的 p 放射性，放出 ^{14}C 核的 ^{14}C 放射性，β 延迟 p 发射（β 衰变后放出质子），β 延迟 n 发射（β 衰变后放出中子），双 $β^-$ 衰变（同时放出两个电子和两个反中微子），等等。

7.4.2　放射性衰变的一般规律

1. 指数衰变率

原子核经过放射性 α 衰变、β 衰变等衰变模式后会变为另一种原子核，原有的放射性核素的数量将随时间的推移变得越来越少。对于任何原子核，它衰变的时刻都不能准确地预测，对于足够多的原子核组成的放射物质，它的衰变服从统计规律。

设在 dt 时间内衰变的原子核数目为 $-dN$，dN 为原子核的增加，$-dN$ 自然表示衰变的原子核数目。显然 $-dN$ 和时间间隔 dt 成正比，和当时存在的原子核数 N 也成正比，即 $-dN \propto Ndt$，将正比符号改成等号，就要添一系数，即

$$-dN = \lambda N dt \tag{7.4.1}$$

设 t_0 时刻的原子核数为 N_0，对式（7.4.1）两边积分得

$$N = N_0 e^{-\lambda t} \tag{7.4.2}$$

由式（7.4.1），知道式（7.4.2）中的系数 $\lambda = \dfrac{-dN/N}{dt}$，表示单位时间内衰变的原子核占原来原子核的百分比，因此 λ 被称为衰变常数。实验表明衰变常数 λ 几乎与外界环境没有任何关系，因此可以把它作为放射性核素的特征量，根据测量的 λ 判断它属于哪种核素。

2. 半衰期 $T_{1/2}$ 和平均寿命 τ

放射性核素衰变其原有核数的一半时所需时间称为半衰期，用 $T_{1/2}$ 表示。由式（7.4.2）很容易导出半衰期和衰变常数的关系，事实上

$$N_0/2 = N_0 e^{-\lambda T_{1/2}}$$

$$T_{1/2} = \frac{\ln 2}{\lambda} = \frac{0.693}{\lambda} \tag{7.4.3}$$

以 ^{222}Rn 的 α 衰变为例，把一定量的氡单独存放，在大约 4 d 后，氡的数量减小一半，^{222}Rn 的半衰期大约就是 4 d，经过 8 d，氡将减少到原来的四分之一。

平均寿命 τ 是指放射性原子核平均生存的时间，对大量的放射性原子核而言，有的核先衰变，有的核后衰变，各个核的寿命长短一般是不同的。对某一核素而言，平均寿命却只有一个。由式（7.4.1）知，在 $t \to t+dt$ 很短时间内，发生衰变的原子核数目为 $-dN = \lambda N dt$，这些核的总寿命为 $t\lambda N dt$，在时间 t 从 $0 \to \infty$ 的范围内，所有的原子核都将衰变掉，因此平均寿命为

$$\tau = \frac{\int_{N_0}^{0} t(-dN)}{N_0} \frac{\int_{0}^{\infty} t\lambda N dt}{N_0} = \int_{0}^{\infty} t\lambda e^{-\lambda t} dt = \frac{1}{\lambda} = \frac{T_{1/2}}{\ln 2} \tag{7.4.4}$$

衰变常数 λ 为放射性核素的特征量，由式（7.4.4），平均寿命 τ 和半衰期 $T_{1/2}$ 都可以作为放射性核素的特征量，也就是说每一种放射性核素都有它特有的 λ、τ、$T_{1/2}$，一些核素的 λ、$T_{1/2}$ 见附表Ⅲ。

3. 放射性活度

由式(7.4.2)描述的核数目随时间的衰减,在测量放射性核数目时很不方便,引入放射性活度概念后就没有必要测量放射性核的数目了。所谓放射性活度,是指在单位时间内有多少原子核发生衰变

$$A \equiv \frac{-\,\mathrm{d}N}{\mathrm{d}t}$$

放射性活度可以通过测量射线的数目来决定。

$$A = \frac{-\,\mathrm{d}N}{\mathrm{d}t} = \lambda N = A_0 \mathrm{e}^{-\lambda t} \tag{7.4.5}$$

式中,$A_0 = \lambda N_0$,为 $t = 0$ 时的放射性活度,由式(7.4.5)知放射性活度和放射性核数具有相同的指数衰减率。放射性活度单位为 Bq(Becquerel),1 Bq = 1 次核衰变/s。历史上,放射性活度还有一个单位 Ci(M Curie),1 Ci = 3.7×10^{10} 次核衰变/s。放射性活度区别于放射性强度 I,后者表示放射源在单位时间内发生衰变而放出的粒子数,$I = nA$,n 为一次衰变发出的粒子数。

借助于放射性活度,可以方便测量长半衰期核素的半衰期,例如,^{238}U 每次衰变放出一个 α 粒子,1 mg 的 ^{238}U,容易测得它的放射性活度 $A = 740$ 个 α 粒子/min,^{238}U 的衰变常数为

$$\lambda = \frac{A}{N} = \frac{740/60}{6.02 \times 10^{23} \times 10^{-3}/238} = 4.87 \times 10^{-18}~\mathrm{s}^{-1}$$

由式(7.4.3),^{238}U 的半衰期为

$$T_{1/2} = \frac{0.693}{\lambda} = 4.5 \times 10^9~\mathrm{a}$$

在关于 2011 年 3 月 11 日日本仙台港以东海域 9.0 级地震、海啸、核辐射的新闻报道中能听到"泄漏量为……居里""空气浓度达到……贝克勒尔每立方米""辐射量高达……希沃特"等信息,现在我们知道居里和贝克勒尔都是放射性活度的单位,表征放射源衰变的快慢程度。1 Ci = 3.7×10^{10} 次核衰变/s,370 亿这个奇怪的数字实为 1 g 镭的同位素 ^{226}Ra(半衰期 1600 a)每秒大致衰变次数,即

$$\frac{\ln 2}{1600 \times 365 \times 24 \times 3600} \cdot \frac{6.02 \times 10^{23}}{226} \approx 3.7 \times 10^{10}~\mathrm{Bq/s}$$

人们除了关心泄漏总量外,还要了解受沾染地区单位面积土地、单位体积空气或单位质量土壤中辐射源的数量,因此就有了"空气浓度达到……贝克勒尔每立方米"之类的报道。希沃特(Sievert 或 Sv)则是描述辐射对人体的危害程度,不仅与电离电荷数量有关,还和辐射类型有关。为了弄明白希沃特的表示的意义,还需要介绍戈瑞(Gray 或 Gy)。戈瑞以能量为指标描述辐射对吸收体的影响,人们把单位质量吸收体所吸收的辐射能量称为吸收剂量(absorbed dose),吸收剂量的单位就是戈瑞,即每千克吸收体吸收 1 J 的能量为 1 Gy。与戈瑞有关的还有一个单位拉德(rad),它是"辐射吸收剂量"(radiation absorbed dose)的英文缩写,1 rad = 10^{-2} Gy。

戈瑞和拉德都是描述辐射对吸收体影响的单位,人们最关心的是辐射对人体的危害程度,此时戈瑞或拉德都不能很好地进行描述了,原因是辐射对人体的危害不单纯取决于电离电荷或吸收能量的数量,还与辐射类型有关。辐射类型对人体健康的相对危害的差异可以用"辐射权重因子 w_R"来描述,辐射权重因子的数值是依据辐射在低剂量率时诱发随机效应的相对生物效应值选取的,主要辐射的辐射权重因子如表 7.4.1 所示。考虑了辐射权重因子的修正后的吸收剂量称为剂量当量(dose equivalent),剂量当量 $H_{T,R}$ 定义为以戈瑞为单位的平均吸收

剂量 $D_{T,R}$ 乘辐射权重因子,即

$$H_{T,R} = w_R \cdot D_{T,R}$$

剂量当量的单位就是希沃特(Sv)。如果辐射场由具有不同辐射权重因子的不同辐射类型或不同辐射能量所构成,则剂量当量为

$$H_T = \sum_R w_R \cdot D_{T,R}$$

希沃特不仅是剂量当量的单位,还是描述辐射对人体危害的另一个指标——有效剂量(effective dose)的单位。有效剂量表示在非均匀照射下随机性效应发生率与均匀照射下发生率相同时所对应的全身均匀照射的剂量当量,对人体而言,有效剂量为身体各器官或组织双叠加权的吸收剂量之和,即

$$E = \sum_T w_T \cdot H_T = \sum_T w_T \sum_R w_R \cdot D_{T,R}$$

式中,w_T 为组织权重因子,组织权重因子表示组织或器官接受的照射所导致的随机效应的危险度与全身受到均匀照射时的总危险度的比值,它表征组织或器官对辐射敏感性,反应了在全身均匀受照下各该组织或器官对总危害的相对贡献。人体各组织或器官的权重因子如表7.4.2所示。

表 7.4.1　主要辐射的辐射权重因子

辐射类型	辐射权重因子
X、γ、β 射线	1
能量小于 10 keV 的中子	5
能量在 10～100 keV 的中子	10
能量在 100～2000 keV 的中子	20
能量在 2～20 MeV 的中子	10
能量大于 20 MeV 的中子	5
α 粒子、质子、重核和碎片	20

表 7.4.2　人体组织权重因子

组织或器官	组织权重因子 W_T
性腺	0.20
红骨髓	0.12
结肠	0.12
肺	0.12
胃	0.12
膀胱	0.05
乳腺	0.05
肝	0.05

组织或器官	组织权重因子 W_T
脑	0.05
食道	0.05
甲状腺	0.05
肌肉	0.05
皮肤	0.01
骨表面	0.01
其余组织或器官	0.05

有效剂量是平均到全身后的剂量当量,在使用时不必指定具体的器官或组织。日本核泄漏事故环境中的辐射是持续的,人体所受辐射的有效剂量与暴露在辐射中的时间成正比,因此谈论辐射的有效剂量时必须给出时间的长短,笼统地说福岛核电站内最新核辐射量为 400 mSv 是没有意义的。剂量当量和有效剂量使得辐射防护定量化,它们可以粗略地评价辐射危险度,但只能在远低于确定性效应阈值的吸收剂量下提供估计随机性效应概率的依据。

希沃特是个很大的单位,实际应用时常常用到毫希沃特(mSv)或微希沃特(μSv)。描述剂量当量或有效剂量时还有一个常用的单位雷姆(rem),雷姆是"人体伦琴当量"(Röntgen equivalent in man)的英文缩写,1 rem = 10^{-2} Sv。

例 7.1 活的有机体中 ^{14}C 与 ^{12}C 的比和大气中的是相同的,约为 1.3×10^{-12},有机体死后,由于 ^{14}C 的放射性衰变,^{14}C 含量就不断减小,因此测量碳的衰变率就可以计算有机体的死亡时间。现测得某一有机体 100 g 中碳的 β 衰变率为 300 次/min,试问该有机体有多久历史?(^{14}C 半衰期为 5 730 a。)

解 ^{14}C 的衰变常数为

$$\lambda = \frac{\ln 2}{T_{1/2}} = \frac{0.693}{5\ 730 \times 365 \times 24 \times 3\ 600} = 3.835 \times 10^{-12}\ \text{s}^{-1}$$

100g ^{14}C 的原子核数为

$$N_0 = \frac{100}{12} \times 6.02 \times 10^{23} \times 1.3 \times 10^{-12} = 6.52 \times 10^{12}$$

有机体中 ^{14}C 的放射性活度为 $A = 300$ 次/min = 5 次/s,由 $A = A_0 e^{-\lambda t}$ 得

$$t = \frac{1}{\lambda} \ln \frac{A_0}{A} = \frac{5\ 730}{0.693} \ln \frac{6.52 \times 10^{12} \times 3.835 \times 10^{-12}}{5} = 1.33 \times 10^4\ \text{a}$$

4. 简单的级联衰变

原子核衰变往往是一代接一代地连续进行,直到最后稳定为止。例如,^{232}Th 经过 α 衰变至 ^{228}Ra,然后接连二次 β^- 衰变至 ^{228}Th,再通过若干次 α 和 β^- 衰变最后到稳定核 ^{208}Pb 为止,用如下式子表示:

$$^{232}\text{Th} \xrightarrow[1.41 \times 10^{10}\ \text{a}]{\alpha} {}^{228}\text{Ra} \xrightarrow[5.76\ \text{a}]{\beta^-} {}^{228}\text{Ac} \xrightarrow[6.13\ \text{h}]{\beta^-} {}^{228}\text{Th} \xrightarrow[1.913\ \text{a}]{\alpha} \cdots \rightarrow {}^{208}\text{Pb}$$

箭头上面表示衰变类型,下面对应的是半衰期。考虑一个简单的级联衰变模型,A→B→C,母体 A 核的衰变服从指数衰减率,子体 B 核的衰变服从什么规律呢?B 核单位时间的增量为

$$\frac{\mathrm{d}N_\mathrm{B}}{\mathrm{d}t} = \lambda_\mathrm{A} N_\mathrm{A} - \lambda_\mathrm{B} N_\mathrm{B} \tag{7.4.6}$$

式中,λ_A 为母体的衰变常数,λ_B 为子体的衰变常数。将母核数 $N_\mathrm{A} = N_{\mathrm{A}_0} \mathrm{e}^{-\lambda_\mathrm{A} t}$ 代入式(7.4.6),解微分方程得

$$N_\mathrm{B} = N_{\mathrm{A}_0} \frac{\lambda_\mathrm{A}}{\lambda_\mathrm{B} - \lambda_\mathrm{A}} (\mathrm{e}^{-\lambda_\mathrm{A} t} - \mathrm{e}^{-\lambda_\mathrm{B} t}) \tag{7.4.7}$$

由上式知道子核的衰变规律不再是简单的指数衰减率。子核的衰减规律有一个非常重要的应用,指导人们如何保存短寿命的放射性核素。当子核的平均寿命远小于母核的平均寿命,即 $\lambda_\mathrm{A} \ll \lambda_\mathrm{B}$ 时,式(7.4.7)化为

$$N_\mathrm{B} = N_{\mathrm{A}_0} \frac{\lambda_\mathrm{A}}{\lambda_\mathrm{B} - \lambda_\mathrm{A}} \mathrm{e}^{-\lambda_\mathrm{A} t} \tag{7.4.8}$$

上式即为 $\lambda_\mathrm{A} N_\mathrm{A} \approx \lambda_\mathrm{B} N_\mathrm{B}$,母体和子体放射性活度相等,二者处于平衡状态。由式(7.4.8)发现子核的衰变规律和母核的衰变规律一样。

医用放射性核素 ^{113}In 由半衰期为 118 d 的 ^{113}Sn 经过电子俘获的 β 衰变而得到,但 ^{113}In 的半衰期只有 104 min,当把它从工厂运到医院时,它就所剩无几了。如果将 ^{113}In 和母体 ^{113}Sn 放在一起时,^{113}In 将按母体 ^{113}Sn 的规律衰变,半衰期也变为 118 d 了,可以保存较长的时间。当临床需要 ^{113}In 时便用化学方法将 ^{113}In 从母体 ^{113}Sn 中淋洗出来,这情况类似母牛挤乳,因此 ^{113}Sn 俗称"母牛"。

5. 放射系

自然界一些放射性核素发生衰变后其产物仍不稳定,还要衰变,直到达到稳定为止。地壳中存在的放射性核素形成的三个放射系,它们的母体半衰期都很长,和地球年龄($\sim 10^9$ a)相近或者更长,经过漫长的地质年代还能保存下来。放射系的成员多具有 α 放射性,少数具有 β^- 放射性,一般都伴随有 γ 辐射,但没有 β^+ 衰变或轨道电子俘获。

1)钍系

从 ^{232}Th 开始,经过 10 次连续衰变,到达稳定核素 ^{208}Pb,钍系成员的质量数都满足 $A = 4n$,母体 ^{232}Th 的半衰期为 1.41×10^{10} a。

2)铀系

从 ^{238}U 开始,经过 14 次连续衰变,到达稳定核素 ^{206}Pb,铀系成员质量数都满足 $A = 4n+2$,母体 ^{238}U 的半衰期为 4.468×10^9 a,成员 ^{234}U 半衰期为 2.45×10^5 a,铀系建立长期平衡需要几百万年的时间。

3)锕系

从 ^{235}U 开始经过 11 次连续衰变,到达稳定核素 ^{207}Pb,锕系成员质量数满足 $A = 4n+3$,母体 ^{235}U 的半衰期为 7.038×10^8 a,子体半衰期最长的是 ^{231}Pa,达 3.28×10^4 a,锕系建立长期平衡需要几十万年的时间。

4)镎系

地壳中不存在成员质量数满足 $A = 4n+1$ 的天然的放射系,用人工的方法合成了 $4n+1$ 系。把 ^{238}U 放在反应堆中照射,连续俘获三个中子变成 ^{241}U,经过两次 β^- 衰变成了具有较长寿命($T_{1/2} = 14.4$ a)的 ^{241}Pu,^{241}Pu 经过一系列衰变到达稳定核素 ^{209}Bi。镎系成员中 ^{237}Np 的半衰期最长达 2.14×10^6 a,比地球的年龄(4.5×10^9 a)小很多,所以不存在天然的镎系。四个放射系的衰变图如图 7.4.2 所示。

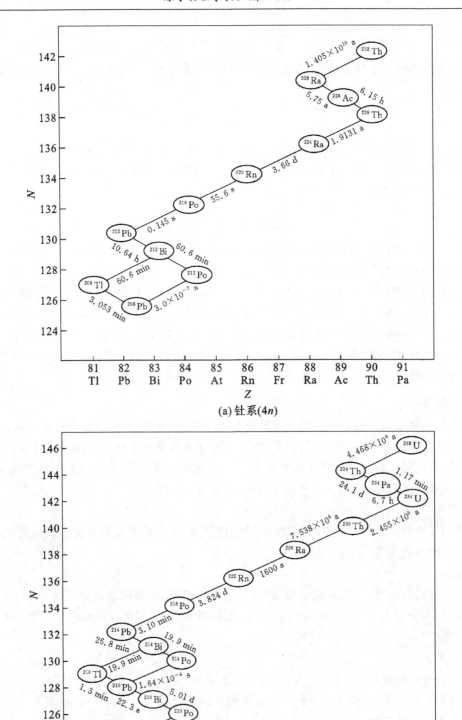

(a) 钍系(4n)

(b) 铀系(4n+2)

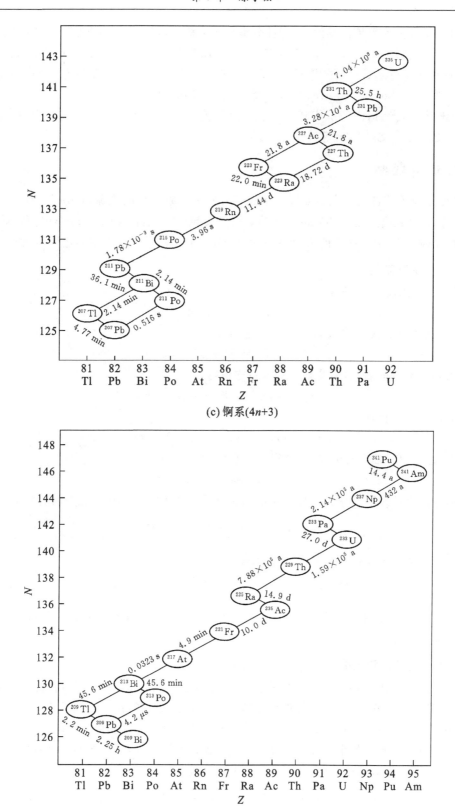

(c) 锕系(4n+3)

(d) 铀系(4n+1)

图 7.4.2　衰变图

放射性核素多数都是剧毒的,按毒性分类可分为极毒、高毒、中毒和低毒,它们的毒性修正因子分别为 10、1、0.1、0.01。极毒组有 ^{210}Po、^{226}Ra、^{233}U、^{234}U、^{238}Pu、^{239}Pu、^{241}Am、^{242}Cm 和 ^{252}Cf,高毒组有 ^{32}Si、^{60}Co、^{90}Sr、^{144}Ce、^{152}Eu、^{210}Pb、^{210}Bi 和 ^{237}Np,中毒组有 ^{22}Na、^{32}P、^{35}S(无机)、^{45}Ca、^{55}Fe、^{57}Co、^{63}Ni、^{65}Zn、^{67}Ga、^{89}Sr、^{90}Y、^{99}Mo、^{124}Sb、^{125}I、^{131}I、^{137}Cs、^{133}Ba、^{147}Pm、^{153}Sm、^{192}Ir、^{198}Au、^{204}Tl、^{214}Pb、^{214}Bi、U$_{天然}$、^{14}C(气态)、^{125}I(气态)、^{131}I(气态),低毒组有 ^{7}Be、^{18}F、^{31}Si、^{38}Cl、^{43}K、^{41}Ca、^{49}Cr,等等。

7.4.3 α 衰变

α 衰变是原子核自发地发射 α 粒子后转变为另一种原子核的现象,1909 年 Rutherford 最终确认 α 粒子就是高速运动的氦的原子核。由于 α 粒子带电,因 Coulomb 作用使物质发生强烈的电离,因此 α 粒子的穿透能力很差,一般 5 MeV 的 α 粒子在空气中的运动距离不到 4 cm。

1. α 衰变的衰变能

可以用下面的反应式表示 α 衰变的过程:

$$_Z^A X \rightarrow _{Z-2}^{A-4} Y + _2^4 He \tag{7.4.9}$$

α 衰变能定义为反冲核 Y 和 α 粒子的动能之和,即

$$E_d \equiv E_\alpha + E_Y$$

设母核 X 在 α 衰变前静止,衰变前后的能量守恒得

$$m_X c^2 = m_\alpha c^2 + E_\alpha + m_Y c^2 + E_Y$$

由上式得到 α 衰变能为

$$E_d = [m_X - (m_Y + m_\alpha)]c^2 \equiv Q \tag{7.4.10}$$

衰变能是动能之和,必定大于零,由此得到 α 衰变的条件为

$$m_X > m_Y + m_\alpha$$

即母核的静止质量大于反冲核的静止质量和 α 粒子的静止能量之和。衰变前后的动量守恒得

$$m_Y v_Y = m_\alpha v_\alpha \Rightarrow E_Y = \frac{m_\alpha}{m_Y} E_\alpha$$

由上式得到衰变能和 α 粒子动能之间的关系:

$$E_d = E_Y + E_\alpha = \left(1 + \frac{m_\alpha}{m_Y}\right) E_\alpha \approx \frac{A}{A-4} E_\alpha \tag{7.4.11}$$

上式告诉我们,通过测量衰变后的 α 粒子动能(用磁谱仪、半导体探测器或气体探测器等),就可以知道 α 衰变能。

2. α 粒子的能量和核能级

α 衰变能可以通过式(7.4.10)理论算出,也可以通过测量 α 粒子动能借助式(7.4.11)计算出来,二者应该相等,但实际测量的结果表明二者不总是相等的。α 粒子的能量并不单一,而是有不同的几组数值,图 7.4.3 是 ^{228}Th 核 α 粒子的能谱,由图可见整个能谱是由四组单一谱线组成的复杂分布。如果反冲核 ^{222}Ra 的能量也不是单一的,α 粒子的能谱就容易解决了。设 ^{222}Ra 的激发能为 E^*,由式(7.4.10)和(7.4.11),得到

$$Q = E_Y + E_\alpha + E^* = \frac{A}{A-4} E_\alpha + E^* \tag{7.4.12}$$

由上式得:α 粒子的能量越大,^{222}Ra 的激发能就越小;α 粒子的能量越小,^{222}Ra 的激发能就越大,最大的 α 粒子的能量对应于 $E^* = 0$。通过测量 α 粒子的能谱,人们实际上发现了原子核激

发态的存在。

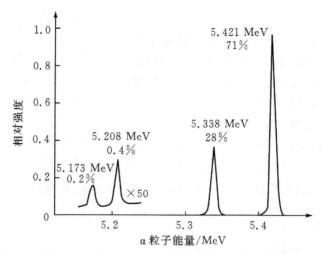

图 7.4.3　^{228}Th 的 α 粒子的能谱(^{228}Th→^{224}Ra＋α)

　　α 衰变的过程,常用衰变纲图表示,图 7.4.4 为^{226}Th 的衰变纲图。通常把原子序数大的核素画在右边,箭头指向左下表示 α、β$^+$ 衰变,箭头指向右下为 β$^-$ 衰变,箭头垂直向下为 γ 衰变;在跃迁线的旁边注明衰变类型、α 粒子动能和相对强度(分支比);在每条能级旁注明能量、半衰期和状态量子数。读者可自行从图 7.4.4 中给出的 α 粒子动能求出 α 衰变的衰变能,验证衰变能和核激发态能级之和为一常量,即 α 衰变前后的质量亏损对应的能量。

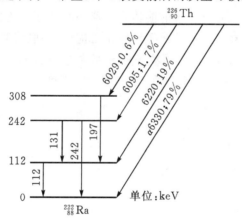

图 7.4.4　^{226}Th→^{222}Ra＋α 的衰变纲图

3. α 衰变机制

　　核内 α 粒子与其他核子主要存在两种力,吸引的核力和排斥的 Coulomb 力,核力是短程力,可以认为 α 粒子在核内受到的力近似平衡,α 粒子在核内做自由运动。当 α 粒子跑到核的边界时,会受到 Coulomb 势垒的阻挡,被子核的核力拉回去。一旦 α 粒子脱离原子核,它和子核之间就只有 Coulomb 力了。图 7.4.5 表示 α 粒子衰变的势能曲线,R 为子核与 α 粒子的半径之和,α 粒子在核内的核力势能用$-V_0$ 表示,当 α 粒子在边界时,势能曲线忽然变得很陡,当 α 粒子离开原子核时,势能曲线就是 Coulomb 排斥势,E_α 为 α 粒子在核内的动能。α 粒子的能量一般为 4~9 MeV,边界处 Coulomb 排斥势为

$$V_c = \frac{2Ze^2}{4\pi\varepsilon_0 r_0 A^{1/3}}$$

高度可达 22 MeV,比 α 粒子的动能大得多。α 粒子怎么会从原子核跑出来呢? 经典物理无法回答,如果从量子物理的观点看,就没有问题了。在量子力学里,微观粒子具有一定的概率穿透势垒,这种现象为隧道贯穿效应。1928 年 Gamow 用 α 粒子贯穿 Coulomb 势垒模型,得到了放射系核素的衰变常量 λ 与衰变能量 E_d 的关系为

$$\lg\lambda = B - AE_d^{-1/2} \qquad (7.4.13)$$

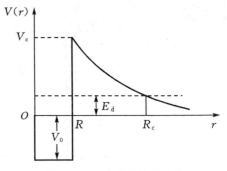

图 7.4.5　α 衰变的势能曲线

成功地解释了 α 衰变的机理,并且估算出原子核的半径在 10^{-14} m 的量级,和其他方法(如 Rutherford 散射理论)得到的结果一致。

7.4.4　β 衰变

β 衰变是原子核自发放出 β 粒子或者俘获一个轨道电子而发生的原子核的转变,主要包括 β^- 衰变、β^+ 衰变和轨道电子俘获三种类型。β^- 粒子被证明为高速运动的电子流,β^+ 粒子则是 Dirac 预言的电子的反物质正电子,1932 年首次由 Anderson 在宇宙射线中发现。

1. β 能谱的困惑

通过探测原子核 α 衰变发射出来的 α 粒子的能谱,得到原子核的能级是分立的,也就是说,原子核可以处于基态,也可能处于激发态。类似地,研究原子核 β 衰变,必须从它发射出来的 β 粒子获取相关的信息,测量 β 粒子的能谱也就必不可少了。无数的实验表明 β 粒子的能谱不是分立的而是连续的,图 7.4.6 给出了 ^{210}Bi 的 β 能谱,一般情形的 β 能谱和 ^{210}Bi 的 β 能谱相似。从能谱图上看,有三个特点:①β 粒子的能量是连续分布的;②有一个确定的最大值 $E_{\beta m}$,约为 1 MeV;③曲线有一极大值,即在某一能量处,强度最大。

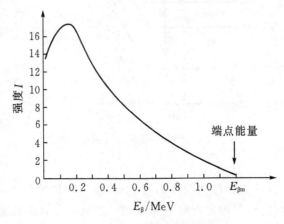

图 7.4.6　^{210}Bi 的 β 能谱

β 能谱的三个特征与当时已有的知识相矛盾,大量事实证明原子核具有基态和激发态,假如静止的母核发生 β 衰变,由于子核可能处于分立的激发态,β 粒子的能量也应该是分立的,这与观察到 β 能谱的特点①相矛盾。β 衰变过程能量是守恒的,即 β 粒子的动能和子核的动能之和(子核质量远大于 β 粒子,可近似忽略子核动能)应该等于衰变前后静止质量之差,但只有 β 粒子最大的动能 $E_{\beta m}$ 对应于静止质量之差,β 粒子也只有在最大动能 $E_{\beta m}$ 处才满足动量守恒。

如果 β 粒子不处在最大动能处,β 能谱的特点②似乎与能量守恒、动量守恒都相矛盾。还有一个矛盾,β 衰变过程原子核的质量数不变,原子核自旋为 $\hbar$ 的整数倍或半整数倍的情况不变,而衰变后的 β 粒子的自旋为 $\hbar/2$,这似乎预示着衰变过程的角动量也不守恒了。问题出来了,解决问题的出路在哪里呢?

2. 中微子假说

为了解决 β 衰变能谱的矛盾,1930 年 Pauli 提出了中微子假说,认为原子核在 β 衰变过程中,不仅放出一个 β 粒子,还放出一个不带电的中性粒子,这个中性粒子的自旋为 1/2,质量(2022 年德国卡尔斯鲁厄理工学院的国际氚中微子实验测得中微子静止质量上限为 0.8 eV)和磁矩(不超过 $10^{-6} \mu_N$)小到几乎为零,所以叫中微子,用符号 ν 表示。有了中微子假说,β 能谱的困惑便迎刃而解了。在 β 衰变过程中,能量守恒和动量守恒都涉及三个物体(β 粒子、子核 R 和中微子 ν)而不是两个物体。三个物体从一点分离后它们之间的角度关系可以出现各种情况,都满足动量守恒,三者之间的能量分配也可以出现各种情况,β 粒子的能量范围在零到 $E_{\beta m}$ 都有可能,因此实验上观察到的 β 粒子能谱为连续谱,这样前两个困惑就解决了。由于 β 粒子和中微子的自旋都是 1/2,β 衰变前后的角量量守恒也没有任何矛盾了。

按现在的理解,β^- 衰变放出的是电子和反中微子,而 β^+ 衰变放出的则是正电子和中微子,电子俘获过程放出的是中微子,例如

$$\begin{cases} {}^3\text{H} \rightarrow {}^3\text{He} + \text{e}^- + \bar{\nu}_e \\ {}^{13}\text{N} \rightarrow {}^{13}\text{C} + \text{e}^+ + \nu_e \\ {}^7\text{Be} + \text{e}_K^- \rightarrow {}^7\text{Li} + \nu_e \end{cases} \tag{7.4.14}$$

中微子假说解释了很多的现象,很快就被物理学家接受了。但中微子不带电,质量和磁矩都几乎为零,非常难以观察到。中微子与物质作用截面 σ 约为 10^{-44} cm^2,物质的原子数密度 n 约为 10^{23} cm^{-3},中微子在普通物质中的平均自由程 $l = 1/(n\sigma)$ 约为 10^{16} km,形象而准确地说一个中微子可以在 100 光年后的钢板中穿过而不发生碰撞。大部分用来证明中微子存在的实验都是间接的,如 K 电子俘获反应式(7.4.14)的衰变能(子核和中微子的动能之和)为 0.86 MeV,产物只有中微子和 ^{7}Li,是个两体问题,子核和中微子的能量都是单一的。1942 年我国学者王淦昌指出 K 电子俘获的反应式(7.4.14),若确实存在中微子,那么子核的反冲动能为 56 eV,1952 年 Davis 实验确实测量了这一结果。1956 年 Reines 和 Cowan 让美国萨瓦纳河电厂 700 MW 的反应堆产生的反中微子入射到氯化镉($CdCl_2$)水溶液做了质子靶,通量约为 1.2×10^{13} cm^{-2}/s 的反中微子被质子俘获,则产生正电子和中子:$\bar{\nu} + p \rightarrow n + e^+$。正电子在水中损失全部动能后和水中的电子湮灭产生一对能量为 0.511 MeV 的 γ 光子对,γ 光子对分别同时在两个闪烁体中产生闪光被光电倍增管探测到,这一过程持续约 10^{-10} s。中子在水中慢化后(过程约 15 μs)被镉吸收,放出的几个 γ 光子在两个闪烁体中产生闪光被光电倍增管探测到。由延迟信号直接观测到反中微子的存在,测得反中微子的反应截面为 $(1.10 \pm 0.26) \times 10^{-43}$ cm^2。1965 年 Davis 用 615 t 四氯化碳探测来自太阳的通量为 10^{11} cm^{-2}/s 的中微子,经过近 30 年至 1998 年测得中微子流量为 2.56 个太阳中微子单位,实验值是标准太阳模型预言的 (7.5 ± 3) 个太阳中微子单位的 1/3。1989 年 Koshiba 领导的超级神冈探测器进一步确认了太阳中微子缺失。应该指出的是 Pauli 所预言的是电子中微子,1962 年和 2000 年人们又发现了 μ 子中微子和 τ 子中微子。太阳中微子实验、大气中微子实验、2012 年王贻芳领导的中国大亚湾中微子实验、加速器中微子实验都证实三种中微子在传播过程中会发生振荡。

1934 年 Fermi 基于中微子假说和实验事实建立了 β 衰变理论,Fermi 的理论揭示了 β 衰变的本质。中子和质子视为核子的两个不同的状态,中子和质子之间的转变相当于一个量子态到另一个量子态的跃迁,在跃迁过程中放出电子和中微子,导致产生电子和中微子的是一种新的相互作用:弱相互作用。Fermi 的 β 衰变理论还成功地解释了实验上观察到的 β 能谱的形状(β 能谱的特点③)、半衰期和能量的关系。依 Fermi 的理论,β 衰变的三种形式的实质如下:

$$\beta^-: \qquad n \to p + e^- + \bar{\nu}$$
$$\beta^+: \qquad p \to n + e^+ + \nu$$
$$EC: \qquad p + e_K^- \to n + \nu_e$$

3. β 衰变的衰变能

β 衰变能等于衰变前后静止质量能量之差。β 衰变的方式有三种,这三种衰变的反应式如下。

β⁻ 衰变:

$$_Z^A X \to_{Z+1}^A Y + e^- + \bar{\nu}_e \tag{7.4.15}$$

β⁺ 衰变:

$$_Z^A X \to_{Z-1}^A Y + e^+ + \nu_e \tag{7.4.16}$$

轨道俘获 EC:

$$_Z^A X + e^- \to_{Z-1}^A Y + \nu_e \tag{7.4.17}$$

β⁻ 衰变的衰变能为

$$E_d(\beta^-) = m_X(Z,A)c^2 - [m_Y(Z+1,A) + m_e]c^2$$
$$= [M_X(Z,A) - M_Y(Z+1,A)]c^2 \tag{7.4.18}$$

其中,M_X 和 M_Y 分别为母核和子核对应原子的质量。衰变能的表达式中忽略了电子在原子中结合能的差异。很显然 β⁻ 衰变能够发生,则衰变能一定大于零。于是发生 β⁻ 衰变的条件为

$$M_X(Z,A) > M_Y(Z+1,A) \tag{7.4.19}$$

例如,氚³H 的质量为 3.016 049 7 u,而³He 的质量为 3.016 029 7 u,氚的 β⁻ 衰变可以进行,其反应表示式为

$$^3H \to ^3He + e^- + \bar{\nu}_e$$

相应的 β⁻ 衰变纲图如图 7.4.7 所示,一般把 Z 小的核素画左边,Z 大的核素画右下,12.33 a 为³H 的半衰期,跃迁线标注衰变类型 β⁻、衰变能(即 β 粒子的最大能量)、分支比,β⁻ 衰变跃迁箭头朝右下。

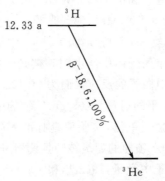

图 7.4.7 ³H 的 β⁻ 衰变纲图(单位:keV)

β^+ 衰变的衰变能为

$$E_d(\beta^+) = m_X(Z,A)c^2 - [m_Y(Z-1,A) + m_e]c^2$$
$$= [M_X(Z,A) - M_Y(Z-1,A) - 2m_e]c^2 \qquad (7.4.20)$$

其中,M_X 和 M_Y 分别为母核和子核对应原子的质量。衰变能的表达式中忽略了电子在原子中结合能的差异。很显然 β^+ 衰变能够发生,则衰变能一定大于零。于是发生 β^+ 衰变的条件为

$$M_X(Z,A) > M_Y(Z-1,A) + 2m_e \qquad (7.4.21)$$

母核静止质量大于子核静止质量和两个电子静止质量之和。一个 ^{64}Cu 的 β 衰变纲图如图 7.4.8所示,图中标 ^{64}Cu 右下 β^- 衰变成 ^{64}Zn,分支比为 40%;标 EC 的为下面讲的电子轨道俘获,分支比为 41%;β^+ 衰变为 ^{64}Ni,衰变能为 0.66 MeV,分支比为 19%。β^+ 衰变纲图和 β^- 衰变纲图类似,Z 大的核素在上面,Z 小的核素在左下,跃迁线标出衰变类型、衰变能、分支比。

母核往往会俘获外轨道上的一个电子,母核中的一个质子变为一个中子,同时放出一个中微子。由于 K 壳层电子离原子核最近,因而 K 电子俘获最容易发生。

轨道电子俘获(EC)的衰变能为

$$E_d(i) = [m_X(Z,A) + m_e - m_Y(Z-1,A)]c^2 - W_i$$
$$= [M_X(Z,A) - M_Y(Z-1,A)]c^2 - W_i \qquad (7.4.22)$$

式中,M_X 和 M_Y 分别为母核和子核对应原子的质量;W_i 为 i 壳层电子在原子中的结合能,衰变能的表达式中忽略了电子在原子中结合能的差异。很显然 EC 能够发生,则衰变能一定大于零。于是发生 EC 的条件为

$$M_X(Z,A) - M_Y(Z-1,A) > \frac{W_i}{c^2} \qquad (7.4.23)$$

^{64}Cu 经过 β 衰变至 ^{64}Ni,有 0.6% 的 EC 过程使得 ^{64}Ni 处于激发态,而 40.4% 的 EC 过程衰变至 ^{64}Ni 的基态,激发态的核向基态跃迁就会发出 1.34 MeV 的 γ 射线。EC 过程所形成的子核原子的内层缺少了一个电子,子核原子处于不稳定的激发态,邻近壳层电子就会跳到空位发射出特征 X 射线或 Auger 电子。

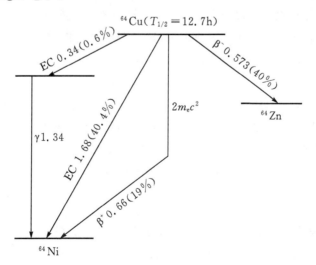

图 7.4.8　^{64}Cu 的 β 衰变(单位:MeV)

7.4.5 γ衰变

1. γ衰变和内转换电子

原子核经过 α 衰变和 β 衰变后,子核往往处于激发态,原子核由激发态退激到较低激发态或基态时,就会发射 γ 光子,这个过程称为 γ 衰变或 γ 跃迁。例如,图 7.4.9 所示的 ^{60}Co 经过 β$^-$ 衰变后到 ^{60}Ni 的高激发态,高激发态退激到基态时会发射两个 γ 光子,^{60}Co 的半衰期为 5.27 a,^{60}Ni 激发态寿命极短,为 10^{-10} s 量级。多数激发态原子核仅有非常短的寿命,典型寿命为 10^{-14} s。但也有数小时寿命的激发态原子核,如锶的激发态核 $^{87}_{38}$Sr* 半衰期可达 2.8 h,再如镤的激发态核 $^{234}_{91}$Pa* 半衰期达 1.22 min,^{60}Co* 的半衰期达 10.5 min,半衰期较长的激发态原子核称为同核异能素。同核异能素发生 γ 跃迁的概率比较小。一般 γ 光子的能量在 keV 量级到 MeV 量级,比 X 射线的能量还要大。γ 跃迁遵守总能量守恒、总角动量守恒、宇称守恒,研究 γ 跃迁可以得到原子核能级、角动量和平均寿命等知识。

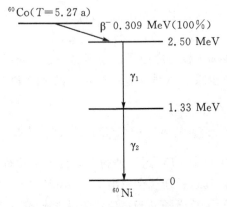

图 7.4.9 ^{60}Co 衰变纲图

在某些情况下,原子核从激发态向较低能态跃迁时不一定放出 γ 光子,而是把这部分能量直接交给核外电子,使电子从原子中释放出来,这种现象称为**内转换**,释放出的电子称为内转换电子。忽略母核反冲能,内转换电子的能量 E_e 为

$$E_e = \Delta E - B_i - E_R \tag{7.4.24}$$

式中,ΔE 为原子核激发态到基态的能量差;B_i 为内转换电子在原子中的结合能;E_R 为子核的反冲动能。图 7.4.10 为内转换电子的产生示意图,内转换电子逃出原子后其轨道留下一个空位,其他壳层电子往这个空位跃迁就会发出特征 X 射线或发出 Anger 电子。用内转换系数描述原子核处于激发态发生内转换和 γ 跃迁相对概率的大小,即

$$\alpha = \frac{N_e}{N_\gamma} \tag{7.4.25}$$

式中,N_e 为内转换电子数;N_γ 为 γ 光子数。理论表明 α 约为 Z^3/n^3,即重核的 K 壳层最容易发生内转换电子发射的现象,因为 Z 大的重核,K 壳层离原子核近,K 层上的电子受到核的影响最大。

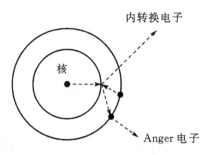

图 7.4.10　内转换电子和 Anger 电子

2. Mössbauer 效应

钠原子 D 线是处于激发态的钠原子回到基态时发生的,如果用 D 线去激发基态的钠原子,就会引起共振吸收,钠原子就会从基态跃迁到激发态。如果一个激发态的原子核退激到基态原子核就会发射 γ 光子,用这个 γ 光子去激发相同的原子核,则原子核不会像原子那样从基态被激发到相同的激发态。为什么出现这样的情况呢? 必须要考虑到 γ 射线的发射和吸收对原子核的反冲作用。

一个静止的质量为 m 的自由核,从激发态 E_2 跃迁到基态 E_1,发射一个能量为 E_γ、动量为 $\boldsymbol{p}_\gamma$ 的光子,按动量守恒,原子核反冲动量等于 γ 光子的动量,即

$$\boldsymbol{p}_\gamma = \boldsymbol{p}_R \tag{7.4.26}$$

原子核的反冲能为

$$E_R = \frac{p_\gamma^2}{2m} = \frac{E_\gamma^2}{2mc^2} \tag{7.4.27}$$

由能量守恒定律,发射的 γ 光子的能量为

$$E_\gamma = E_0 - E_R = E_0 - \frac{E_\gamma^2}{2mc^2} \tag{7.4.28}$$

式中,E_0 为原子核激发态到基态的能级间隔。一般核发射 γ 射线的能量为 MeV 量级,实际上 $E_R = \frac{E_\gamma}{2mc^2}E_\gamma$,又 $\frac{E_\gamma}{2mc^2} \ll 1$,因此 $E_R \ll E_\gamma$,式(7.4.28)可写为

$$E_\gamma = E_0 - \frac{E_0^2}{2mc^2} \tag{7.4.29}$$

同理,要激发质量为 m、能级间隔为 E_0 的原子核,γ 光子需要提供的能量为

$$E'_\gamma = E_0 + \frac{E_0^2}{2mc^2} \tag{7.4.30}$$

这样吸收的 γ 光子能量和发射 γ 光子能量相差

$$\Delta E = 2 \times \frac{E_0^2}{2mc^2}$$

对这个能量差做一个估算。^{57}Co 经过轨道电子俘获后变为激发态的 ^{57}Fe*,^{57}Fe* 的第一激发态跃迁到基态释放的 γ 光子能量为 14.4 keV,由式(7.4.29)得到 ^{57}Fe 的反冲动能为

$$E_R = \frac{(14.4 \text{ keV})^2}{2 \times 57 \times 931 \text{ MeV}} = 2 \times 10^{-3} \text{ eV}$$

^{57}Fe* 的半衰期为 9.8×10^{-8} s,平均寿命 $\tau = T_{1/2}/\ln 2 = 1.4 \times 10^{-7}$ s,由 Heisenberg 不确定关系,激发态能级宽度为

$$\Gamma \approx \frac{\hbar}{\tau} \approx 4.7 \times 10^{-9} \text{ eV}$$

显然 $E_R \gg \Gamma$,如图 7.4.11 所示,原子核不可能对发射的 γ 光子产生共振吸收。

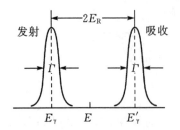 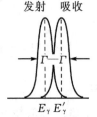

（a）原子核发射和吸收 γ 光子 　　　　（b）原子发射和吸收光子

图 7.4.11　原子核与原子发射和吸收光子的比较

原子的情况则不同,例如,钠原子激发态能级宽度为 $\Gamma \approx 10^{-8}$ eV,发射和吸收波长为 $\lambda = 589.0$ nm 的光子引起原子的反冲能为

$$E_R = \frac{E_\gamma^2}{2mc^2} \approx 10^{-10} \text{ eV}$$

$E_R \ll \Gamma$ 则完全能实现光子的共振吸收。

许多研究人员都在研究原子核对 γ 射线的共振吸收,1958 年 Mössbauer 最初的工作是测量 ^{191}Ir(铱)的 129 keV 的 γ 射线的共振吸收。^{191}Ir 的激发态是由 ^{191}Os(锇)通过 β^- 衰变形成的,其衰变纲图如图 7.4.12 所示,每个能级的自旋和宇称也标记在图中。在室温下 ^{191}Ir 的热运动引起的谱线 Doppler 增宽使两谱之间有较显著的重叠,Mössbauer 就把 ^{191}Ir 的发射源和吸收体同时冷却,此时谱线由于热运动引起的 Doppler 增宽减小,共振吸收也应该减小,相应的 γ 射线的透射率将增加,但实验的结果与预料的正好相反。Mössbauer 实验装置示意图如图 7.4.13 所示,铅块包围放射源、吸收体和探测器,放射源 ^{191}Os 被固定在转盘 A 上,吸收体是 ^{191}Ir,放射源和吸收体都被冷却至 88 K 以减小热运动的影响,转盘转动的 Doppler 效应来调节 γ 射线的能量,即

$$E = E_0 \left(1 + \frac{v}{c}\right) \tag{7.4.31}$$

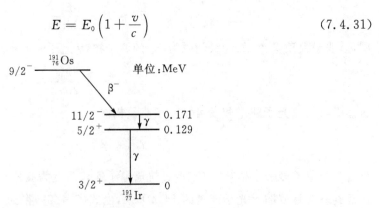

图 7.4.12　^{191}Ir 激发态的产生

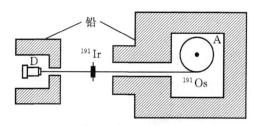

图 7.4.13　Mössbauer 实验装置示意

实验发现当转盘不动时,计数器的计数降到零,吸收体共振吸收最强,当转盘转速增大时,计数器迅速上升,共振吸收减小,结果如图 7.4.14 所示。Mössbauer 对这个意想不到的结果进行了分析,发现了其中的原因。束缚在晶体中的原子核在发射和吸收 γ 时,遭受到的反冲不是单个原子核,而是整块晶体,由于晶体的质量很大,这样反冲核的动能趋于零,因此实现了原子核无反冲的共振吸收,这就是 Mössbauer 效应。用一句话描述 Mössbauer 效应,那就是**无反冲 γ 共振吸收**。

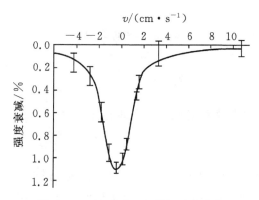

图 7.4.14　Mössbauer 共振吸收谱线

Mössbauer 效应把能谱的测量精度提到了空前的高度,例如,^{57}Fe* 的 14.4 keV 的 γ 射线,人们可以测量到与 $\Gamma/E_0 \sim 3 \times 10^{-13}$ 量级相应的任何微小扰动。Mössbauer 效应被广泛应用到物理、化学、冶金、生物、医学等领域,下面仅举一例,测定广义相对论预言的重力下的光线的红移。

质量为 M、半径为 R 的发光星球表面发出能量为 $h\nu_0$ 的光子(质量为 $h\nu_0/c^2$),由机械能守恒,得光子远离星球的能量为

$$h\nu = h\nu_0 - \frac{GMh\nu_0/c^2}{R} = h\nu_0\left(1 - \frac{GM}{Rc^2}\right) \tag{7.4.32}$$

在地球表面附近 H 处,式(7.4.32)变为

$$h\nu_0\left(1 - \frac{GM}{Rc^2}\right) = h\nu\left[1 - \frac{GM}{(R+H)c^2}\right]$$

式中,R 为地球半径,又 $\dfrac{GM}{Rc^2}$,$\dfrac{GM}{(R+H)c^2} \ll 1$,于是上式变为

$$h\nu = h\nu_0\left(1 - \frac{GM}{Rc^2}\right)\left[1 + \frac{GM}{(R+H)c^2}\right] = h\nu_0\left[1 + \frac{GM}{(R+H)c^2} - \frac{GM}{Rc^2}\right]$$

$$= h\nu_0 \left(1 - \frac{GMH}{R^2 c^2}\right) = h\nu_0 \left(1 - \frac{gH}{c^2}\right) \tag{7.4.33}$$

式中，$g = \dfrac{GM}{R^2}$ 为地球的重力加速度，地球向太空发射的光子，其频率将会变小，这个现象在广义相对论里成为引力红移，如图7.4.15所示。

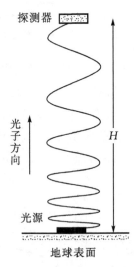

图 7.4.15 引力红移

由式(7.4.33)得到光子频率相对原来频率的变化值为

$$\frac{\nu_0 - \nu}{\nu_0} = \frac{gH}{c^2}$$

高度差 $H = 20$ m，相对频率变化约 2×10^{-15}。1960 年 Pound 和 Rebka 合作利用 Mössbauer 效应测量出这个及其微小的变化，他们的实验装置如图 7.4.16 所示。实验用的 $^{57}Fe^*$ 的激发态是由 ^{57}Co 经过轨道电子俘获产生的，研究引力红移实验用到的是 $^{57}Fe^*$ 第一激发态到基态跃迁产生的 14.4 keV 的 γ 射线，发射源在一座高 22.6 m 的塔顶，吸收体和探测器在塔底，此时光子从外空间射向地球，因此会发生蓝移（频率增大），蓝移量为 2.5×10^{-15}。为了测量这个蓝移量，需要利用速度调节法，通过放射源的相对移动使得 γ 射线能量在共振曲线最陡部分内往返运动。实验注意消除引起频移的其他效应，特别是由于放射源和吸收体的温度差而引起的频移，所以他们在塔中通以流动的氦气保证发射源和吸收体之间的温度差不超过 1℃。比较式(7.4.33)和式(7.4.31)，需要放射源的速度 $v = gH/c = 0.74$ μm/s 来抵消蓝移使得基态 ^{57}Fe 核实现共振吸收，实验得到的频移差与理论值之比为 1.05 ± 0.10，五年后他们又将实验精度提高到 1%。这是人们首次在地面上直接验证引力红移，精度高于以往的天文观测。

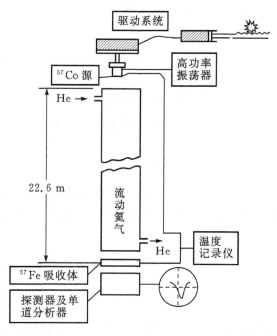

图 7.4.16　引力红移测量装置

7.5　原子核反应

7.5.1　核反应概述

核反应是用人工方法使原子核发生转变的过程,具体的说是粒子(中子、γ 光子、原子核等)和原子核之间的相互作用所引起的各种核变化的过程。一般核反应用下面的方程表示:

$$X+a \rightarrow Y+b+c+\cdots+Q \tag{7.5.1}$$

其中,a 代表入射粒子;X 为靶核;Y 为剩余核;b、c 等为出射粒子;Q 表示反应中释放的能量,称为反应能,$Q>0$ 为放能反应,$Q<0$ 为吸能反应。入射粒子的能量可以低到 1 eV 以下,也可以高到几百 GeV,能量在 140 MeV 以下为低能核反应,140 MeV~1 GeV 为中能核反应,1 GeV 以上的则为高能核反应,一般的原子核物理只涉及低能核反应。一个粒子打在靶核上,可能发生的反应不止一种,随着入射能量的增加,反应方式增多,每一种核反应过程称为一个反应道。能量为 2.5 MeV 的氘核轰击锂靶时可以产生下面的反应:

$$^6\text{Li}+\text{d} \rightarrow \begin{cases} \alpha+\alpha \\ ^7\text{Li}+\text{p}_0 \\ ^7\text{Li}^*(\text{第一激发态})+\text{p}_1 \\ ^7\text{Li}^{**}(\text{第二激发态})+\text{p}_2 \\ ^6\text{Li}+\text{d} \\ \vdots \end{cases}$$

式中,p_0、p_1 和 p_2 表示相应反应中放出的质子氢原子核$_1^1$H;α 代表氦原子核$_2^4$He;d 代表氘核$_1^2$H。每个过程都是一个反应道。

人类历史上第一个核反应是在 1919 年 Rutherford 利用^{212}Po 放出的 7.68 MeV 的 α 粒子轰击氮气,结果发现有五万分之一的概率发生如下反应:

$$\alpha + {}^{14}N \rightarrow p + {}^{17}O$$

这个反应可以简写为^{14}N$(\alpha, p)^{17}$O。最早发现中子的核反应是在 1930 年由 Bothe 和 Becker 用 α 粒子轰击^{9}Be,即

$$\alpha + {}^9Be \rightarrow n + {}^{12}C$$

式中,n 代表中子$_0^1$n,简写为^{9}Be$(\alpha, n)^{12}$C。第一个在加速器上产生的核反应是 1932 年由 Cockcroft 和 Walton 用高压倍加速器加速质子到 500 keV 实现的核反应,即

$$p + {}^7Li \rightarrow \alpha + \alpha$$

简写为^{7}Li$(p, \alpha)^4$He。第一个人工放射性核素的反应是 1934 年由 Frédéric & Irène Joliot-Curie(约里奥·居里夫妇)发现的,即

$$\alpha + {}^{27}Al \rightarrow n + {}^{30}P$$

简写为^{27}Al$(\alpha, n)^{30}$P,^{30}P 是 β^+ 放射性核素,半衰期为 2.5 min,其衰变为

$$^{30}P \rightarrow {}^{30}Si + e^+ + \nu$$

人工放射性的发现,拓展了放射性同位素的应用范围,此后科研人员不再只依靠自然界的天然放射性物质来研究问题了。大量的实验表明核反应过程遵循:

(1)电荷守恒,反应前后总电荷数不变;

(2)质量数守恒;

(3)能量守恒,反应前后总能量不变;

(4)动量守恒;

(5)角动量守恒;

(6)宇称守恒。

7.5.2　反应能和 Q 方程

现在来看一看核反应中的能量释放问题,一般的核反应的形式为

$$X + a \rightarrow Y + b + Q \tag{7.5.2}$$

设 m_a、m_X、m_Y、m_b、M_a、M_X、M_Y、M_b 分别为入射粒子、靶核、剩余核、出射粒子的静止质量和相应原子的质量,E_a、E_X、E_b、E_Y 分别为入射粒子、靶核、出射粒子、剩余核的动能,不论其内部如何,由能量守恒得

$$m_a c^2 + E_a + m_X c^2 + E_X = m_b c^2 + E_b + m_Y c^2 + E_Y \tag{7.5.3}$$

定义反应能 Q

$$\begin{aligned}
Q &\equiv (E_b + E_Y) - (E_a + E_X) \\
&= (m_a + m_X - m_b - m_Y)c^2 \\
&= (M_a + M_X - M_b - M_Y)c^2
\end{aligned} \tag{7.5.4}$$

一般靶核可视为静止的,$E_X = 0$,则反应能为

$$Q = E_b + E_Y - E_a \tag{7.5.5}$$

$Q>0$ 为放能反应，$Q<0$ 为吸能反应。

对于反应 $^7\text{Li}(p,\alpha)^4\text{He}$，$M_a=1.007\,825$ u，$M_X=7.016\,004$ u，$M_b=M_Y=4.002\,603$ u，由式(7.5.4)算出 $Q=17.35$ MeV，该反应为放能反应。

利用反应中的动量守恒，反应能可以用入射粒子和出射粒子的动能表示出来，核反应中的动量关系如图 7.5.1 所示，反应前后动量守恒得

$$\boldsymbol{p}_a = \boldsymbol{p}_b + \boldsymbol{p}_Y$$

两边平方后得

$$p_Y^2 = p_b^2 + p_a^2 - 2p_a p_b \cos\theta \tag{7.5.6}$$

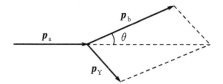

图 7.5.1　核反应中的动量守恒

由动量和动能的关系 $p^2 = 2mE_k$，式(7.5.6)可化为

$$m_Y E_Y = m_b E_b + m_a E_a - 2\sqrt{m_a m_b E_a E_b}\cos\theta$$

将上式代入式(7.5.5)得

$$Q = \left(1 + \frac{m_b}{m_Y}\right)E_b + \left(\frac{m_a}{m_Y} - 1\right)E_a - 2\frac{\sqrt{m_a m_b E_a E_b}}{m_Y}\cos\theta \tag{7.5.7}$$

式中，θ 为出射粒子和入射粒子的夹角。式(7.5.7)即为核反应中的 Q 方程。剩余核往往处于不同的激发态。设激发态的能量为 E_Y^*，则反应能应写为

$$Q' = Q - E_Y^*$$

若反应前后的质量都已知，由式(7.5.4)可求出反应能；而由 Q 方程(7.5.7)，通过测量出射粒子动能和夹角也可以测出反应能 Q，再由式(7.5.4)可以确定未知核的质量 m_Y。

对于吸能反应 $Q<0$，核反应的发生需要一定的条件，即入射粒子的动能要大于某个值，这个值称为吸能反应的阈能。由式(7.5.7)解出出射粒子的动能 E_b 为

$$(E_b)^{1/2} = \frac{(m_a m_b E_a)^{1/2}\cos\theta \pm \sqrt{m_a m_b E_a \cos^2\theta + (m_Y + m_b)[(m_Y - m_a)E_a + m_Y Q]}}{m_Y + m_b}$$

显然 $(E_b)^{1/2}$ 大于零的实数，对于放能反应 $Q>0$，只要 $m_Y>m_a$ 即可；对吸能反应 $Q<0$，则要求入射粒子的能量要大于某个值才能保证 $(E_b)^{1/2}>0$，即

$$E_a > \frac{-Q(m_Y + m_b)}{m_Y + m_b - m_a + m_a m_b (\cos^2\theta - 1)/m_Y}$$

若 $\theta=0$，E_a 有最小值，即吸能反应的阈能：

$$E_{th} = \frac{-Q(m_Y + m_b)}{m_Y + m_b - m_a} \tag{7.5.8}$$

由反应能 Q 的定义式(7.5.4)，并注意到 $m_X \gg Q/c^2$，式(7.5.8)也可近似写为

$$E_{th} = \frac{-Q(m_X + m_a)}{m_X} \tag{7.5.9}$$

用质量数代替原子核质量不会带来千分之一的误差,式(7.5.8)可化为

$$E_{th} = \frac{-Q(A_Y + A_b)}{A_Y + A_b - A_a}$$

阈能大于$-Q$是核反应过程动量守恒定律的要求,因为实验室系中入射粒子的动能用于提供吸能反应的吸收能和由动量守恒决定的反应产物的动能。

对于反应$^{14}N(\alpha,p)^{17}O$,$M_a = 4.002\,603$ u,$M_X = 14.003\,074$ u,$M_b = 1.007\,825$ u,$M_Y = 16.999\,131$ u,由式(7.5.4)算出 $Q = -1.191$ MeV,该反应为吸能反应。再由式(7.5.9)得到该反应的阈能为

$$E_{th} = 1.191 \times \frac{4 + 14}{14} \text{MeV} = 1.531 \text{ MeV}$$

7.5.3　反应截面

和 α 粒子散射实验一样,核反应也引入反应截面 σ 来表示一个入射粒子和一个靶核发生反应的概率。设单位体积的靶原子核数目为 N,和靶核发生反应的粒子数 n' 与入射粒子的数目 n 和单位面积靶核的数目 $N\mathrm{d}x$ 成正比,因此有

$$n' = \sigma n N \mathrm{d}x \equiv -\mathrm{d}n \tag{7.5.10}$$

反应截面 σ 的定义如下:

$$\sigma = \frac{n'}{nN\mathrm{d}x} = \frac{\text{发生反应的粒子数}}{\text{入射的粒子数} \times \text{单位面积的靶核数}} \tag{7.5.11}$$

反应截面 σ 实际上是一个原子核占有的有效面积,如果入射粒子打在 σ 内就会发生核反应,反应截面 σ 具有面积的量纲,单位为靶,$1\text{ b} = 10^{-24}\text{ cm}^2$。对于有限厚度 x 的靶样品,式(7.5.10)要进行积分,即

$$\int_{n_0}^{n} -\frac{\mathrm{d}n}{n} = \sigma N \int_0^x \mathrm{d}x$$

容易得到 $n = n_0 \mathrm{e}^{-\sigma Nx}$。由于 $\mathrm{e}^{-\sigma Nx}\mathrm{d}x$ 表示入射粒子在 x 处 $\mathrm{d}x$ 间隔内与靶核的相互作用概率,因此可以定义入射粒子的平均自由程 λ 表示入射粒子在与靶核发生相互作用前行走的平均距离,即

$$\lambda = \frac{\int_0^\infty x\mathrm{e}^{-\sigma Nx}\mathrm{d}x}{\int_0^\infty \mathrm{e}^{-\sigma Nx}\mathrm{d}x} = \frac{1}{N\sigma} \tag{7.5.12}$$

当然大多数的核反应截面依赖于入射粒子的能量,图 7.5.2 显示的是 $^{113}_{48}Cd$ 俘获中子的截面随中子能量的变化,$^{113}_{48}Cd$ 俘获中子后变成 $^{114}_{48}Cd$ 同时释放一个 γ 光子,这一反应也可简写为 $^{113}_{48}Cd(n,\gamma)^{114}_{48}Cd$。在热中子 $0.01 \sim 0.1$ eV 区间吸收截面达 10^4 b 的量级,而吸收随着中子能量的增大迅速减小,很窄(宽度 0.115 eV)的共振吸收截面峰对应的中子的能量为 0.176 eV,此时 $^{113}_{48}Cd$ 吸收一个中子后恰好嬗变成 $^{114}_{48}Cd$ 的激发态,激发态的 $^{114}_{48}Cd$ 的寿命可通过不确定关系 $\tau = \frac{\hbar}{2\Delta E}$ 得出,代入共振峰的宽度得到激发态寿命为 2.86×10^{-15} s。热中子的截面很大也容

易理解,因为热中子能量较小,对应的 de Broglie 波长较大,进而热中子与靶核的相互作用范围增大。$^{113}_{48}$Cd 对热中子的俘获截面如此之大,以至于镉棒广泛用于核反应堆中的控制棒控制核反应的速度。

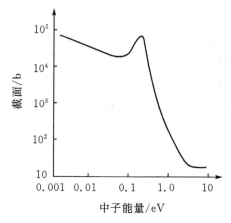

图 7.5.2 $^{113}_{48}$Cd 俘获中子截面随中子能量的变化

例 7.2 室温时热中子的平均能量为 $3kT/2=0.04$ eV,镉元素平均原子质量为 112 u,镉元素中$^{113}_{48}$Cd 的丰度为 12%,镉$^{113}_{48}$Cd 俘获热中子的截面为 2×10^4 b,密度为 8.64 g/cm³,求:

(1)热中子通过 0.1 mm 厚的镉层后被吸收的中子占入射中子的百分比;

(2)吸收中子占入射中子的 99% 时镉层的厚度;

(3)热中子在镉$^{113}_{48}$Cd 中的平均自由程。

解 镉层中镉原子的数密度为

$$N = \frac{8.64}{112} \times 6.02 \times 10^{23} \times 10^6 \times 0.12 \text{ 个 /m}^3 = 5.57 \times 10^{27} \text{ 个 /m}^3$$

因此

$$N\sigma = 5.58 \times 10^{27} \times 2 \times 10^{-24} \text{ m}^{-1} = 1.12 \times 10^4 \text{ m}^{-1}$$

(1)被吸收热中子占入射中子的百分比为

$$\frac{n_0 - n}{n_0} = 1 - e^{-\sigma N x}$$

当 $x = 10^{-4}$ m 时,对应的百分比为

$$\frac{n_0 - n}{n_0} = 1 - e^{-1.12\times10^4\times10^{-4}} = 0.67 = 67\%$$

(2)99% 的中子被吸收意味着 1% 的中子通过镉层,于是有

$$\frac{n}{n_0} = 0.01 = e^{-\sigma N x} = e^{-1.12\times10^4 x}$$

由上式得到镉层的厚度为 0.41 mm。

(3)热中子在镉层中的平均自由程为

$$\lambda = \frac{1}{N\sigma} = \frac{1}{1.12 \times 10^4} = 0.089\ 3 \text{ mm}$$

通过本例看到镉$^{113}_{48}$Cd 对热中子的吸收是非常有效的,仅 0.41 mm 的镉层就能吸收 99% 的热

中子,一个热中子在镉层中仅飞行 0.089 3 mm 的距离即会和镉 $^{113}_{48}$Cd 发生相互作用。

理论上要计算核反应需要对核反应的机制有清楚全面的了解,但现在还没有一个完整的理论。事实上,根据事实用一些唯象的方法得到反应截面,来建立核反应模型,如核反应的复合核理论就是一个非常成功的理论。Bohr 在 1936 年提出的核反应的复合核理论认为入射粒子先于原子核形成一个复合核,一定时间后某粒子或粒子团获得足够的能量逃出复合核发生衰变,复合核的形成和衰变相互独立。用复合核理论可以解释共振反应,如 $^{113}_{48}$Cd$(n, \gamma)^{114}_{48}$Cd 中的共振峰,在该理论看来,当入射粒子能量加上靶核结合能正好等于复合核内某一激发能时,核反应截面特别大。当然有些核反应复合核无法解释。核反应现象丰富多彩,尚有许多新的内容等待研究和发现。

7.6 裂变和聚变

7.6.1 核裂变的发现

1934 年 Fermi 及其同事用慢中子辐照天然铀,产生了很多放射性核素,这些核素大多具有 β^- 放射性,Fermi 猜测由此可以造出比铀元素更重的物质超铀元素。同年 Noddack 猜测中子辐照天然铀不是产生超铀元素,很可能产生一些大的碎片,但 Noddack 的猜测没有引起大家的注意。1938 年 Hahn 和 Strassmann 也做了中子轰击铀元素的实验,Hahn 用化学方法证实铀被中子轰击的产物是钡(Ba, $Z=56$)和镧(La, $Z=57$)的放射性同位素。Meitner 和 Frish 认为这是重核分裂为质量相近的过程,简称重核裂变。^{238}U 和 ^{235}U 裂变条件不同,前者需要 1.4 MeV 以上的快中子才能发生裂变,后者只需要能量在 0.03 eV 量级的慢中子就可发生裂变,效率比快中子还高。在裂变的过程中重核先吸收中子形成复核,然后再裂成两块,慢中子轰击 ^{235}U 的反应式如下:

$$n + {}^{235}U \rightarrow {}^{236}U^* \rightarrow X + Y + 2.5n \qquad (7.6.1)$$

式中,X 和 Y 代表二裂块,质量一般不等,分布在一个宽的范围,如 X 和 Y 可以是 ^{144}Ba 和 ^{89}Kr,也可以是 ^{140}Xe 和 ^{94}Sr,都具有 β^- 放射性。^{235}U 裂变产物的质量数分布如图 7.6.1 所示,最高量在 $A=96$ 和 140 左右,对分核的量很低。1947 年我国学者钱三强和何泽慧首先观察到了中子轰击铀元素时的三分裂现象(产物中有三个碎片,其中一块是 α 粒子),三分裂发生的概率很低,约是二分裂的 0.3%。^{235}U 裂变释放出比一般的放能反应大很多的能量,平均每个 ^{235}U 裂变释放的能量约 200 MeV,其大致分配:碎片动能 170 MeV,裂变中子动能 5 MeV,β^- 粒子和 γ 能量 15 MeV,β^- 相伴的中微子动能 10 MeV。除了某 γ 射线和中微子逃离外,其余 185 MeV 的能量均可利用。^{235}U 裂变后平均放出 2.5 个中子,新一代中子继续和 ^{235}U 发生反应,这样就会发生自持链式反应,链式反应的发生为大规模原子能的利用提供了必要的条件。

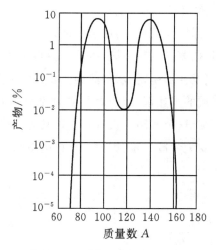

图 7.6.1　^{235}U 裂变产物分布

其实早在 1933 年 Szilárd 就意识到了裂变可能用于产生链式反应,即如果每次裂变核产生的二次中子数大于 1,理论上裂变就会发生大于二次的核反应,铀核裂变的这样一个指数增长系统可以产生巨大的能量,可用于核反应堆发电或军事目的的原子弹,^{235}U 被中子轰击的链式反应如图 7.6.2 所示。二战时,Szilárd 劝说 Fermi 和 Joliot-Curie 不要发表链式反应的实验结果以免让纳粹知道链式反应的可能性而制造原子弹,Fermi 犹豫了一下同意了,但 1939年 4 月 Joliot-Curie 将他们的链式反应结果向 Nature 报导了一下。该反应结果是被中子轰击的 ^{235}U 将发射出 3.5 个中子,后来修正到 2.6 个中子,Szilárd 和 Zinn 证实了 Joliot-Curie 的结果。假设每次裂变产生的 2 个中子在 10^{-8} s 诱发进一步的核裂变,那么在 10^{-6} s 内一次链式反应将会放出 2×10^{13} J 的能量。

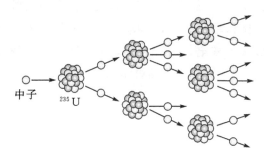

图 7.6.2　^{235}U 链式反应示意图

链式反应的存在使得建造核反应堆成为可能,核反应堆中的燃料有 ^{235}U 和 ^{238}U,^{235}U 的慢中子反应截面很大,^{238}U 对能量在 6.5～200 MeV 的中子有大的共振吸收截面,导致 ^{239}Pu 的积累,其反应过程如下

$$^{238}_{92}\text{U} + ^1_0\text{n} \rightarrow ^{239}_{92}\text{U} \xrightarrow{\beta^-} ^{239}_{93}\text{Np} \xrightarrow{\beta^-} ^{239}_{94}\text{Pu} \tag{7.6.2}$$

$^{239}_{94}$Pu 的半衰期为 24 400 a,是一种有用的核燃料。核反应堆也是很强的热中子源,用来进行多种科学研究。原子弹就是把 ^{235}U 或 ^{239}Pu 集合在一起,原子弹内没有减速剂,裂变出来的快中子也能激发链式反应,裂变能量极短时间释放出来,形成极大的杀伤力。我国于 1958 年开

始运用核反应堆,1964年第一次引爆了原子弹。

核裂变除了用于制造原子弹以外,更大的用途是制造核电站。图7.6.3是核电站的示意图,包含两个回路系统,一路是核蒸汽供热系统,将核反应堆中燃料发生裂变反应放出的热能由冷却剂(水或液钠)带至蒸汽发生器中,把水加热为蒸汽,相当于常规火电站的锅炉系统,核反应堆由铀燃料元件、石墨制成的减速剂、镉或硼制成的控制棒组成;另一个回路是蒸汽驱动汽轮-发电机组进行发电的系统,这个回路和火电站汽轮发电机的系统基本相同。发电后汽轮机的蒸汽再被冷却,核电站需要大量冷却水,因此一般核电站都建在海边或河边。

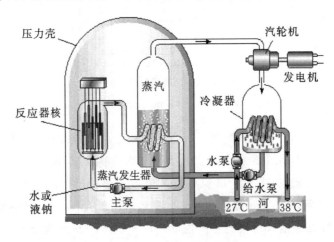

图7.6.3 核电站示意图

1954年苏联建成第一座核电站,功率为5000 kW;1957年美国建造了第一座实用的核电站,功率为60 MW。据国际原子能机构统计,至2021年世界核电站总数达到440座,目前核电站发电占世界发电总量的11%,截至2020年,核电站发电量占各国发电总量的比重:法国70.6%,斯洛伐克53.1%,比利时39%,瑞士32.9%,瑞典29.8%,美国20%,德国11%,日本5.1%。我国1991年建成秦山核电站,截至2020年,我国投入商业运行的核电站包括秦山(1~3期)、大亚湾、岭澳(1~2期)、田湾等核电站,总装机容量已达4 988万 kW,所发电量占我国总发电量约5%。

7.6.2 裂变的液滴模型理论

在裂变现象发现后,1939年Bohr和Wheeler立刻用核的液滴模型和复合核反应机制来解释裂变过程。^{235}U、^{238}U吸收中子后形成复合核^{236}U、^{239}U,其基态可看成一个球形大液滴。复合核内部表面张力和Coulomb排斥力相互竞争,表面张力力图使原子核恢复球形,Coulomb斥力使核形变增大。两种力竞争的结果是复合核由球形变为椭球形,随着形变的进一步增大,液滴中间出现蜂腰,断裂为两块,最后形成两个较小的球形液滴,即裂变为两个中等核。裂变能否发生取决于复合核的激发能大小及Coulomb能和表面能之比,即

$$\chi \sim \frac{E_{\mathrm{C}}}{E_{\mathrm{S}}} = \frac{Z^2}{A} \tag{7.6.3}$$

式中,比值χ称为可裂变率。Z^2/A越大,裂变的可能性越大,当Z^2/A超过50时,Coulomb排

斥使得原子核无法形成了。液滴模型的核裂变图像如图 7.6.4 所示,图中核基态为势能零点,原点为裂变起始态,很小的形变相当于核由球形变成椭球形,势能随着形变增大而升高,势能达到极大值后转而降低形成势垒,E_b 为势垒高度,称为激活能,在达到势垒最高处之前,短程的核力起主要作用。当核裂为两部分时,核力迅速变小,Coulomb 斥力起主要作用,排斥力使得两个核距离增大。^{236}U 的激活能约为 6.0 MeV,^{239}U 的激活能为 6.3 MeV,^{235}U 吸收一个中子形成 ^{236}U 核放出的能量为 6.8 MeV,大于 ^{236}U 激活能,这样 ^{236}U 发生裂变就很容易了。中子被 ^{238}U 吸收形成 ^{239}U 放出的能量为 5.3 MeV,不足以供给激活能,所以 ^{239}U 直接发生裂变的难度要大一些,从反应截面也能看出这一点,慢中子和 ^{235}U 的反应截面为 582.2b,与 ^{238}U 的反应截面为 4.18b,但经过两次 β^- 衰变形成的 ^{239}Pu 却是很好的核燃料,可用于反应堆或制造原子弹。

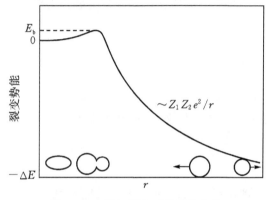

图 7.6.4 ^{235}U 裂变时的势能变化

7.6.3 轻核聚变

本章开头介绍原子核结合能时给出了原子核比结合能的曲线图 7.1.2,原子核比结合能的特点是中间高两头低,这启示人们除了利用重核裂变来获取核能,利用轻核聚变也有可能获取核能。^{4}He 的比结合能是一个峰值,^{2}H、^{3}H、^{3}He、^{6}Li 和 ^{7}Li 的比结合能都比它小,如果这些核能合成 ^{4}He,将会放出大量能量。最容易实现核聚变的反应有以下几种:

$$\begin{cases} ^2_1\text{H} + ^2_1\text{H} \rightarrow ^3_2\text{He} + ^1_0\text{n} + 3.25 \text{ MeV} \\ ^2_1\text{H} + ^2_1\text{H} \rightarrow ^3_1\text{H} + ^1_1\text{H} + 4.0 \text{ MeV} \\ ^2_1\text{H} + ^3_1\text{H} \rightarrow ^4_2\text{He} + ^1_0\text{n} + 17.6 \text{ MeV} \\ ^2_1\text{H} + ^3_2\text{He} \rightarrow ^4_2\text{He} + ^1_1\text{H} + 18.3 \text{ MeV} \end{cases} \tag{7.6.4}$$

这四个反应的总的结果归纳为

$$6^2_1\text{H} \rightarrow 2^4_2\text{He} + 2^1_1\text{H} + 2^1_0\text{n} + 43 \text{ MeV} \tag{7.6.5}$$

自然界中氘和氢的含量比为 1 : 6 700,由于海水中含有氘,因而聚变燃料是非常充裕的,可以说是取之不尽用之不竭。按现有的能源消耗,地球上的氘足可以用 10^{11} a,而地球的年龄只有 10^9 a。由反应式(7.6.5),每个核子可以产生的能量为 3.6 MeV;^{235}U 裂变每个核子产生的能量为 0.85 MeV;煤或石油燃烧,平均每个原子的放能为 eV 量级。同样质量的物质,聚变放能是裂变的 4 倍,是化学燃烧放能的 10^8 倍。聚变基本上没有放射性产物,相对安全,因而聚变能的前景非常的诱人。当然实现起来也是非常困难的,首先必须使得两个核靠近到核力作用的力程内,而靠近过程需要克服 Coulomb 势垒的阻挡而做功,入射核需要足够的起始动能。

例如,为了让两个氘核聚合在一起,需要克服 Coulomb 排斥力,在 10 fm 时核力才会出现,那时 Coulomb 势垒的高度为

$$V = \frac{e^2}{4\pi\varepsilon_0 \cdot r} = 1.44 \times 10^{-15} \times \frac{1}{10 \times 10^{-15}} \text{ keV} = 144 \text{ keV}$$

每个核子至少需要 72 keV 的动能。用能均分定理估算,核的平均能为 $3k_B T/2$,$k_B T = 48$ keV,相应的温度为 $T = 5.6 \times 10^8$ K。考虑到势垒贯穿,粒子动能分布,聚变温度降为 10 keV,T 约为 10^8 K,这是非常高的温度,所有的原子将电离形成等离子体态。除了温度 T 很高外,还要求等离子体密度 n 必须足够大,高密度需要维持足够长的时间 τ,1957 年 Lawson 把三个条件定量地写为

$$\begin{cases} n\tau = 10^{20} \text{ s/m}^3 \\ k_B T = 10 \text{ keV} \end{cases} \tag{7.6.6}$$

上面的关系为 **Lawson 判据**。

宇宙中的能量来源主要靠原子核聚变,太阳和其他恒星不断发光就是引力约束下核聚变的结果,太阳中主要的反应有以下几种。

1. 碳循环

碳循环是 Bethe 在 1938 年提出来的,用下面的反应式表示:

$$\begin{cases} p + {}^{12}C \rightarrow {}^{13}N + \gamma \\ \qquad {}^{13}N \rightarrow {}^{13}C + e^+ + \nu \\ p + {}^{13}C \rightarrow {}^{14}N + \gamma \\ p + {}^{14}N \rightarrow {}^{15}O + \gamma \\ \qquad {}^{15}O \rightarrow {}^{15}N + e^+ + \nu \\ p + {}^{15}N \rightarrow {}^{12}C + \alpha + \gamma \end{cases} \tag{7.6.7}$$

总的结果为

$$4p \rightarrow \alpha + 2e^+ + 2\nu + 26.7 \text{ MeV} \tag{7.6.8}$$

碳核在反应中起催化作用,不增也不减。

2. 质子-质子循环

质子-质子循环又称 Critchfield 循环,用下面的反应式表示:

$$\begin{cases} p + p \rightarrow {}^2H + e^+ + \nu \\ p + {}^2H \rightarrow {}^3He + \gamma \\ {}^3He + {}^3He \rightarrow \alpha + 2p \end{cases} \tag{7.6.9}$$

总的结果表示为

$$4p \rightarrow \alpha + 2e^+ + 2\nu + 26.7 \text{ MeV}$$

和 Bethe 循环具有同样的效果。两个循环的比重取决于反应温度,温度低于 1.8×10^7 K 时,以质子-质子循环为主,太阳中心的温度为 1.5×10^7 K,质子-质子循环占 95% 以上,而比较年

轻的热星体中情况相反,碳循环较为主要。图 7.6.5 显示了恒星质子-质子循环和碳循环的相对输出功率随恒星温度的变化,在 1.8×10^7 K 时二者相等,而输出功率随温度的变化也不是线性的。太阳的辐射功率为 4×10^{26} W,意味着太阳每秒发生 10^{38} 次质子-质子循环反应,太阳中含 70% 的氢、28% 的氦和 2% 的其他元素,因此有足够的氢用来产生质子-质子循环反应。太阳耗尽了燃料后会变成一个白矮星。

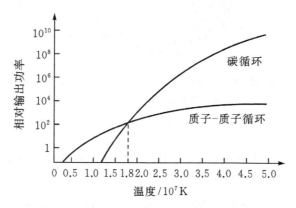

图 7.6.5　恒星两种循环的相对输出功率随温度的变化

不同于太阳核聚变机制,氢弹靠惯性约束实现聚变,$^6\mathrm{Li}^2\mathrm{H}$ 为氢弹燃料,混有 $^{238}\mathrm{U}$,反应方式为

$$\begin{cases} ^6\mathrm{Li} + \mathrm{n} \rightarrow ^3\mathrm{H} + ^4\mathrm{He} + 4.9 \text{ MeV} \\ ^2\mathrm{H} + ^3\mathrm{H} \rightarrow ^4\mathrm{He} + \mathrm{n} + 17.6 \text{ MeV} \end{cases} \tag{7.6.10}$$

高爆炸药爆炸使分散的裂变材料 $^{235}\mathrm{U}$ 或 $^{239}\mathrm{Pu}$ 合并达临近,发生链式反应,释放的能量产生高温高压,释放大量中子,中子和 $^6\mathrm{Li}$ 实现聚变产生氚 $^3\mathrm{H}$,氘 $^2\mathrm{H}$ 和氚在高温高压下发生聚变反应,又产生 14 MeV 的高能中子(氘和氚的反应能约 4/5 为中子所得),高能中子又能使 $^{238}\mathrm{U}$ 裂变。氢弹爆炸的过程简写为裂变—聚变—裂变,整个过程在极短时间内完成,造成比原子弹更大的杀伤力。我国 1967 年第一次引爆氢弹。

7.6.4　受控热核反应

氢弹是一种人工实现的、不可控的热核反应,释放能量的时间极短,无法为人类利用,能否制造类似于原子反应堆的可控聚变反应堆呢? 人们提出了激光、电子束、重离子束惯性约束方案和磁约束方案。激光惯性约束是利用激光作为驱动源,将核料压缩到高温、高密度,并在燃料飞散之前进行点火和热核燃烧,从而获取聚变能。从目前的研究进展来看,最有希望的途径是磁约束,在磁约束实验中,带电粒子(等离子体)在磁场中受到 Lorentz 力的作用绕磁力线运动,在与磁力线垂直的方向上就被束缚住了,等离子体也被电磁场加热了。磁约束实验装置种类很多,最有希望的可能是环流电流器(Tokamak),其示意图如图 7.6.6 所示。

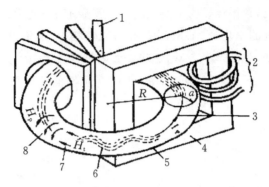

1—产生环流线圈盘;2—变压器线圈;3—等离子体电流;4—变压器铁心;
5—金属外壳;6—螺旋场;7—环场 H_t;8—角场 H_p。

图 7.6.6　Tokamak 装置示意图

　　激光惯性约束方面,目前国际上运行高功率纳秒激光系统有美国国家点火装置 NIF、美国 OMEGA 装置、英国 Vulcan 装置、法国 LMJ 装置、日本 Gekko - XⅡ 装置、中国神光Ⅱ和中国神光Ⅲ装置。2021 年 8 月美国 NIF 用 192 束激光束(440 万亿瓦激光功率)照射靶丸实现了 Lawson 点火判据,编号 N210808 内爆实验从 1.9 MJ 的激光能产生了 1.35 MJ 的聚变能量,并且几个点火指标似乎已经越过了热力学不稳定性的临界点,说明离真正意义上实现聚变增益大于 1 的目标更近了一步。2018 年至今,我国科学家在神光Ⅱ升级激光装置做了 6 轮验证实验,通过 1 万焦激光实验证实了激光聚变快点火方案中分解物理过程的可行性。美日欧等发达国家的大型常规 Tokamak 在短脉冲运行条件下作出了很多成果,1993 年美国托卡马克核聚变反应堆(Tokamak fusion test reactor, TFTR)实现 D - T 反应,产生 6 MW 功率,1997 年欧洲 JET 等离子体温度超过 3 亿摄氏度,脉冲聚变输出功率超过 16 MW,输出功率和输入功率比为 0.65。中国科学院等离子体物理研究所 HT - 7 超导 Tokamak 最高电子温度超过 3000 万摄氏度,法国超导 Tokamak 体积是 HT - 7 的 17.5 倍,是世界上第一个真正实现高参数准稳态运行的装置,放电时间达 3.5 min,产生 600 MJ 的能量。我国 2006 年正式签约加入国际热核聚变实验堆(international thermonuclear experimental reactor, ITER),通过深度参加 ITER 计划已建立最广泛的共享互惠国际合作网络。2021 年 12 月全超导托卡马克核聚变实验装置(EAST,俗称人造太阳)在注入能量为 1.73 GJ 的条件下,实现了 1 056 s 长脉冲高参数等离子体运行,其间电子温度近 7 000 万摄氏度,是目前世界上托卡马克装置高温等离子体运行的最长时间记录。EAST 装置阐明了长脉冲高参数运行的基本要求和关键物理过程,为 ITER 及未来聚变堆发展提供了强有力的工程技术和科学理论支持。这些都证明了在 Tokamak 上产生聚变能是可行的。聚变反应给原子能利用以更好的前景,自持的可控聚变反应能够解决人类能源危机,但真正建立工业可用聚变反应堆还有许多工作要做,需要在各个方面继续努力。

7.7 强流离子束驱动的高能量密度物质的物理研究[①]

高能量密度物质是处于能量密度超过 10^{11} J/m^3 或压强超过 100 GPa 极端状态的物质。对于温度大致在 0.1~10 eV、密度在 0.1~10 倍固体密度的高能量密度物质,其内部原子或分子处于高压高密度条件下,相互耦合作用极强,原子结构表现出与通常凝聚态或孤立态的原子分子截然不同的复杂特性,电子屏蔽作用导致内部原子/离子的电离势降低,出现非金属与金属之间的相变、室温超导等一系列奇异的新现象。这一区域的物质被称为温稠密物质,还有其他不同称谓,如部分简并态物质、非理想等离子体或强耦合等离子体等。温稠密物质广泛存在于恒星和大质量行星内部(如地球内部地幔物质主要成分就是温稠密态的铁),同时也短暂存在于核武器、激光聚变以及 Z 箍缩等过程中。

温稠密物质研究面临着高精密物理建模和高精度实验的双重挑战。一方面,凝聚态物质中,简并系数远小于 1,耦合系数远大于 1,粒子服从 Fermi - Dirac 统计;理想等离子体中,简并系数远大于 1,耦合系数远小于 1,粒子服从 Maxwell - Boltzmann 统计;然而在温稠密物质中,简并系数和耦合系数均接近于 1,物质内部压强极大,体系中分子部分离解,原子部分电离,各种粒子(包括电子、离子、原子、分子、团簇以及光子等)之间的相互耦合作用极强,所有微扰方法均已失效,量子效应也必须考虑,微观作用过程十分复杂。目前还没有任何一种理论能够比较准确地描述温稠密物质的微观作用机制和相变与状态方程等宏观性质。另一方面,当前实验室制备的温稠密物质往往处于一种极端非平衡状态,样品的存在时间极短,密度、温度和压力等参数空间梯度很大,样品状态及其演化过程极为复杂,实验上很难给出某一特定状态下温稠密物质的高精度物理参数,亟需发展新的驱动技术和实验方法,把该项研究从半定量推进到定量甚至精细定量的程度。

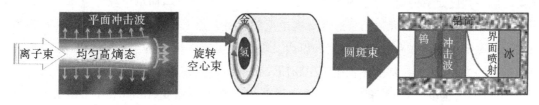

图 7.7.1 强流离子束直接打靶可以产生均匀高熵态(左),利用空心束"内聚压缩"(中),
或圆斑得到体积大、状态均匀、"喷射压缩"(右)的方式可以产生温稠密物态

新一代加速器提供的高功率离子束作为一种全新的驱动方式,将可能揭开高能量密度科学研究崭新的一页。如图 7.7.1 所示,高功率高能离子束可以准等容高熵加热任何高密度的样品,有冲击波、能量密度参数可以精确计算和控制的高熵态;被离子束加热的样品可以等熵膨胀进入宽的温稠密区,同时利用环形束结合柱状靶产生的径向冲击波或圆斑束结合筒状靶产生的前向冲击波对样品进行低熵内聚压缩或者界面喷射等熵压缩,从而将物态研究区域拓

---

① 赵永涛,张子民,程锐,等.基于 HIAF 装置的高能量密度物理研究[J].中国科学:物理,力学,天文学,2020,50(11):112004,该处引用。

展至温度较低但密度和压强极高的温稠密物态区域。

7.7.1 离子束驱动的高能量密度物质的基本原理与关键的科学、技术问题

重离子束加热靶物质能够达到的能量密度 E_ρ 和相应的功率密度 P_ρ 主要由下式决定:

$$P_\rho = \frac{E_\rho}{t_b} = 1.6 \times 10^{-19} \cdot \frac{(dE/dx) \cdot N}{\pi r_b{}^2} \cdot \frac{1}{t_b} \quad (t_b \leqslant t_h) \tag{7.7.1}$$

式中,dE/dx 为单离子能损,单位为 $eV/(g \cdot cm^2)$;N 为单脉冲包含的离子数;r_b 为束斑半径;t_b 为束流脉冲宽度;t_h 为束流有效加热时间,用于表征样品中心物质受热膨胀飞出离子束加热区域所需的时间。

由此可见,提高离子束驱动高能量密度物质的状态参数需要考虑多种物理过程,涉及多个参数的优化。式(7.7.1)忽略了散射造成的束斑扩散。据 SRIM(模拟计算离子在靶材中能量损失和分布的程序)模拟,数百 MeV/u 的高能铀离子作用在铅固体样品时,坪区(布拉格峰前的区域)的单离子能损几乎保持不变,对于高能重离子来说,经过毫米尺度引起的横向散射不到 5 μm,因此忽略高能重离子在样品中的散射是合理的。式(7.7.1)中单离子能损 dE/dx 与入射离子核电荷数的平方近似成正比,而一般情况下,离子越重,加速器提供的单脉冲粒子数就越小。此外还需要考虑空间电荷效应因素,通常离子能量越高、质量越高、电荷质量比越低,空间电荷效应就越弱,单脉冲粒子数的空间电荷极限(单位体积里能够容纳的粒子数极限)就越高。因此,最终的选择需要综合多个因素,大型加速器能够提供的质子束的单脉冲粒子数比 Xe、U 等重离子束的单脉冲粒子数高 2~3 个量级,但是综合考虑其单粒子能损、散射问题以及空间电荷效应等因素,通常是越重的离子束对高能量密度物质制备越有利。因此驱动离子束一般选择离子质量比较大的铀束或铋束等。为了制备体积足够大(如 mm 量级)且状态均匀的高能量密度物质,离子束的能量一般在 100 MeV/u 量级。从式(7.7.1)也可以看出,当离子束的脉冲宽度足够短时,样品的能量密度与离子束的流强密度,即单个脉冲里单位面积的离子数 $N/(\pi r^2)$ 成正比,因此离子束脉冲宽度也至关重要。为了有效利用离子束团,必须将离子束的脉冲宽度 t_b 压缩在有效加热时间 t_h 以内。提高束团流强密度 $N/(\pi r^2)$ 的同时,必须压缩束流的脉冲宽度,减少在加热过程中因靶物质飞散导致的束流损耗。当单脉冲离子束流强密度为 $10^{12}\,mm^{-2}$ 量级时,如果束斑直径[通常近似为束流半高宽度(full width half maximum, FWHM)]为 1 mm,束流脉冲宽度压缩为 100 ns 就可以有效利用束流,然而如果束斑直径聚焦到 0.5 mm,脉冲宽度就必须压缩到 50 ns 以内。

目前国际上正在运行的以高能量密度科学为重要科学目标的强流重离子加速器主要包括德国重离子研究中心(Gesellschaft für Schwerionenforschung, GSI)的 SIS 18 加速器、俄罗斯理论与实验物理研究所(Institute for Theoretical and Experimental Physics, ITEP)的同步重离子加速器、美国劳伦斯伯克利国家实验室(Lawrence Berkeley National Laboratory, LBNL)的感应加速器压缩实验装置(neutralized drift compression experiment, NDCX)以及我国重离子加速器冷却储存环(heavy ion research facility in Lanzhou - cooler storage ring, HIRFL - CSR)等。我国"十二五"规划重大科技基础设施强流重离子加速器装置(high intensity heavy - ion accelerator facility, HIAF)也于 2018 年正式开工建设。HIAF 装置采用了全新的注入器

和多种新技术,将进一步提高离子束的打靶功率,从而进入强冲击波区域、制备出更大范围的极端条件新物态。

离子束驱动高能量密度物质的物理研究涉及以下三个关键科学和技术问题。

(1)核心科学问题(宏观):离子束驱动高能量密度物质的产生及发展规律。由于加速器提供的高功率离子束往往在 ns 量级,样品在加热过程中有一定程度的电离和膨胀,宏观上需要掌握温稠密物质的电离特性、状态方程和流体性质,相关物理过程的模拟和诊断则需要满足大时空跨度和大动态范围等特殊需求。

(2)关键科学问题(微观):离子束在稠密物质中的碰撞、能损和输运过程。随着离子束流强密度增加,空间电荷效应显著增强,离子束将会在等离子体里激发极强的尾流场和自由电子回流场,这些电磁场将显著影响强流离子束的能量沉积和输运行为。相关高精度实验数据缺乏,不同理论数据之间差距较大,亟待深入研究。

(3)关键技术问题(诊断):离子束驱动高能量密度物质状态参数精确诊断。离子束驱动的高能量密度物质的样品尺度通常在 0.1~10 mm 量级,体密度接近固体密度,面密度在 0.01~1 g/cm^2 量级,界面或冲击波运动速度在 1~100 km/s 量级,亟待有针对性地发展具有高穿透力、大动态范围、高时空分辨能力的诊断技术。

7.7.2　离子束驱动高能量密度物质的产生及其发展规律

目前,德国 GSI 提供的高能重离子束打靶功率极高,作为反质子与离子研究装置(facility for antiprotonand ion research,FAIR)的注入器,升级后铀离子束流强已经从原来的 2×10^9 ppp(particle per pulse,单脉冲离子数)提高到了 1×10^{10} ppp。在 2×10^9 ppp 离子束流强和 0.35 mm 束斑半径的加载条件下,钨样品的能量沉积可以达到约 1.7 kJ/g。在 3700 K 附近有一个明显的固液相变过程,这一加热过程与理论估算值符合得很好。当离子束功率进一步提高,被加热的样品会迅速气化,引起加速器束流传输线和储存环的真空度降低,当束流引出口真空度低于 10^{-6} Pa 时,就会严重影响加速器的正常运行,这个问题也被称为动态真空问题。GSI 针对 FAIR 高能量密度物理终端的动态真空问题开展了模拟和测试实验。模拟和测试实验结果表明,在束线远离靶室的一端 10 m 之外安装一个微秒量级响应速度的快阀即可对加速器真空系统进行有效保护。此外在束流输运线上安装多级差分系统也可以在一定程度上降低压强。联合 GSI 相关人员提出利用高功率重离子束准等容加热铁或二氧化硅固体薄膜材料,获得与地球地幔内部物质条件相近的温稠密物态,利用超快多路温度计和背景成像等方法诊断样品温度和密度参数,并通过测量样品的 X 射线吸收谱以及紫外和软 X 射线辐射谱,研究其辐射电离特性,检验和完善基于第一性原理的有限温度密度泛函理论。

依托星光装置,利用高功率 ps 激光结合质谱法得到能量为 3.36 MeV 的准单能强流质子束,利用 ns 激光结合空腔泡沫靶得到温度为 17 eV 的均匀稠密等离子体,进而精确测量了强流质子束在稠密等离子体中的能损[①]。如图 7.7.2 所示,实验发现激光加速质子束在稠密等

---

① REN J R, DENG Z G, QI W, et al. Observation of a high degree of stopping for laser-accelerated intense proton beams in dense ionized matter[J]. Nature Commun, 2020, 11(1): 5157.

离子体中的能损比通常使用的两体碰撞理论的预期值高一个量级；数值模拟显示，超短超强离子束引起的回流电子可以产生高达 10^9 V/m 的超强阻止电场，该阻止电场引起的欧姆能损远远超过了两体碰撞能损，成为强流离子束能损的主导因素。这项工作揭示了一种极端强流条件下可能起主导作用的欧姆能损新机制，从而促使人们重新认识和思考惯性约束聚变的相关物理设计。

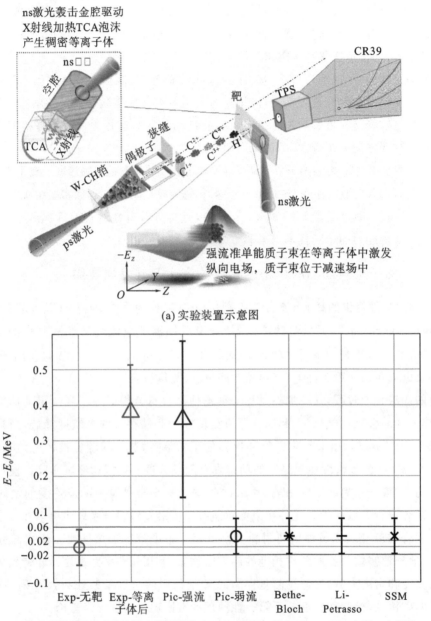

(a) 实验装置示意图

(b) 实验观测到质子束的能损比理论预期（Bethe-Bloch, Li-Petrasso, SSM）高一个量级

图 7.7.2　实验设计 1

白矮星是中低质量恒星演化的最终产物，银河系中近 97％ 的恒星都会以白矮星的方式终结一生。宇宙中大部分白矮星内核主要由碳元素和氧元素组成，外层大气为氢和氦的混合物，表面温度约为 1 万 K。然而编号为 H1504＋65 的白矮星却极为特殊，根据美国航空航天局

NASA 的 Chandra X 射线望远镜和远紫外线天文望远镜的观测数据推断,白矮星 H1504＋65 的表面温度约 20 万 K,是目前发现的温度最高的白矮星,其外壳大气中的氢和氦在形成过程中全部被驱散,内核却完整保留,主要成分为碳和氧,同时可能含有少量的氖和镁,而造成其大气富碳和富氧的具体原因至今尚无定论。白矮星 H1504＋65 大气成分以及基本状态参数均基于天文观测光谱分析确定,然而部分观测谱线尚未被准确识别,部分波段受天文观测条件限制处于空白状态。与中物院激光聚变研究中心、深圳技术大学、中科院近代物理研究所、中科院物理所以及中国科学院大学等单位合作,利用星光Ⅲ强激光大科学装置制备了类白矮星 H1504＋65 大气状态的均匀稠密等离子体,获得了软 X 射线及极紫外波段的上百条高分辨光谱,标识了若干新谱线[①],如图 7.7.3 所示。该工作填补了 15～90 nm 波段的天文观测空白,为其基本状态参数的确定以及相关理论建模和参数优化提供了数据支持,同时也为更广泛条件下实验室天体物理研究提供了一种新方案。

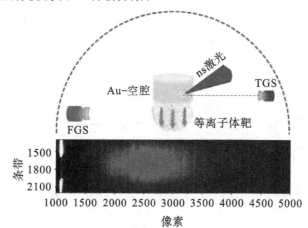

(a) 实验室制备类白矮星H1504+65大气状态物质的实验设计以及诊断排布示意图

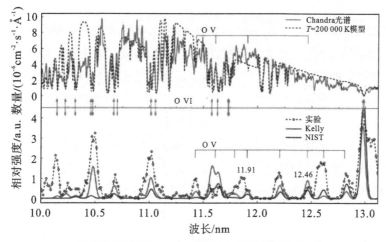

(b) 实验室观测Chandra光谱天文观测数据的对比

图 7.7.3 实验设计 2

① MA B B, REN J R, WANG S Y, et al. Laboratory observation of C and O Emission Lines of the White Dwarf H1504＋65 – like Atmosphere model[J]. The Astrophysical Journal, 2021. 920:106.

　　离子束驱动高能量密度物质动态过程的数值模拟是一项极具挑战性的工作,目前比较流行的模拟工具主要有二维流体模拟程序 BIG2(其源代码和数据库均未公开)、FLUKA、ME-DUSA 以及自己开发的量子流体动力学(quatum hydrody - namics,QHD)模型以及二维粒子模拟模型(particle in cell,PIC)等。MEDUSA 程序将整个等离子体系统分为电子和离子两个子系统,每个子系统有独立的等离子体参数,如密度、温度、压强和速度等,两个子系统通过能量交换和电荷守恒耦合在一起。所有物理量的描述都基于拉格朗日网格点。在系统中等离子体的运动由 Navier - Stokes 方程决定。等离子体运动过程涉及的物理过程主要包括热传导、电子与离子之间的能量交换、轫致辐射和入射重离子束的能量沉积等。整个系统满足能量守恒方程。利用 MEDUSA 程序,模拟研究了在 HIAF 设计参数下,强流重离子束加热圆柱形固体靶的动力学行为。靶的构型为实验室天体物理(laboratory planetary science,LAPLAS)构型,离子束为 800 MeV/u 的铀离子束,束流强度为 1.5×10^{11}。考察了外壳材料的选取对内层的铁材料的物态的影响,如图 7.7.4 所示,计算结果表明当选取密度与质量数比值高(如铂)的外壳材料时,内芯材料能获得更强的压缩。

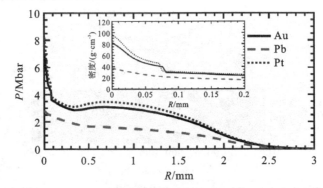

图 7.7.4　内芯材料铁达到最大压缩时,外壳材料压强 P 沿径向的分布

　　利用 MEDUSA 程序模拟了在 HIAF 参数条件下,圆斑束或空心束加热内芯材料为氙,外围材料为铅的 LAPLAS 靶时,样品的温度、压强等参数的演化。研究结果表明,外围的高 Z 材料可以显著减小被加热材料的膨胀,从而大幅度提高样品所能达到的压强和密度,而空心束由于避免对芯部样品的加热,研究对象的温度可以显著降低,与此同时压强也有比较明显的增加。强流离子束与金属或固体材料相互作用,靶材电子密度达到 $10^{22} \sim 10^{24}\ cm^{-3}$,可以视为强耦合的量子等离子体,此时需要考虑量子等离子体的量子效应。由于 Wigner - Poisson 系统在数值计算时需要对整个相空间进行离散,计算量很大。Hass 对 Wigner - Poisson 方程在整个速度空间积分得到与经典流体守恒方程类似的自洽的 QHD 方程组,其形式与经典流体模型类似,主要的不同在于压强项两部分贡献:从粒子所处的所有状态波函数具有相同的振幅可导出量子压强项,而经典压强项满足的状态方程是典型的流体方程组封闭的条件。该模型已经成为离子束与物质相互作用过程的一个有力工具。使用基于二维量子流体模型,研究了强流质子束与不同金属靶材之间的相互作用,考察了靶材料的选取对样品最终状态的影响。图 7.7.5 展示了强流质子束(质子能量为 10 MeV,单脉冲质子数目为 7.9×10^{7},脉冲周期为 10 ps)轰击固体铜时,样品电子密度在作用过程中的演化图像。结果表明,样品最终的物态由

样品的 Wigner – Seitz 半径 R_s（取决于初始电子密度）决定，呈单调递增关系。

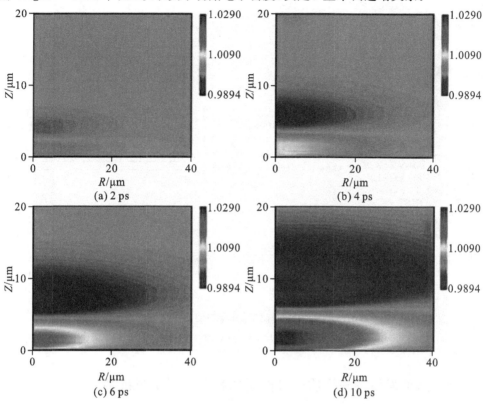

图 7.7.5　质子束轰击铜靶时铜靶电子密度的二维分布演化图像

基于第一性原理的 PIC 模拟则具有得天独厚的优势，但是同时也面临以下更大的挑战。

（1）如何不依赖于数据拟合，而通过第一性原理的方法计算能量沉积。

（2）如何计算固体靶的电离（非平衡态碰撞电离）过程。

（3）如何优化 PIC 算法使其能在几十皮秒时间尺度内模拟百微米尺度温稠密固体。这也是课题组当下的研究聚焦点。

2017 年吴栋等人建立了非平衡态电离模型并植入了 PIC 程序。该非平衡态电离模型包含了碰撞电离过程，电子-离子复合过程以及等离子体对电离势的压低效应。同时，还建立了碰撞模型，并植入了 PIC 程序，该碰撞模型既包含了自由电子弹性碰撞还包含了束缚电子的非弹性碰撞，用于计算强流离子束在等离子体中输运过程非常有效。图 7.7.6 是利用该程序研究了质子束在不同温度铝靶中的能量沉积和穿透深度。其中，图 7.7.6(a)和(b)为不同能量的质子在不同温度 Al 靶中的能量沉积，(a)图中实线为美国国家标准与技术研究院（NIST）数据库计算结果，方块分别是电离度为 3.0 和 0.3 时的 PIC 计算结果；(b)图中黑色线为 NIST 数据库计算结果，方块分别是温度为 100 eV、500 eV 和 1500 eV 时的 PIC 计算结果，其中不同温度下的电离度由文献计算得到或由 EOS 数据库得到。图 7.7.6(c)~(g)为 3 MeV 和 5 MeV 质子束（脉冲宽度 1 ps，密度 10^{18} cm^{-3}）在不同温度 Al 靶中的射程。研究表明，当温度小于 100 eV 时，随着等离子温度升高，自由电子密度增大，质子束的能损变大、射程变短。温度大于 100 eV 时，靶物质为全电离等离子体，随着温度升高，电子密度不变，碰撞频率降低，进而引起能损逐渐变小,射程变大。

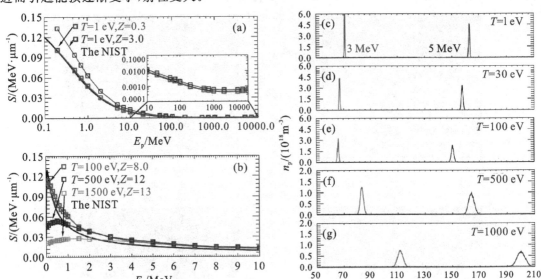

图 7.7.6 (a)～(b) 质子束在不同温度 Al 靶中的能量沉积随质子束能量的变化;
(c)～(g) 3 MeV 和 5 MeV 的质子束(脉冲宽度 1 ps,密度 10^{18} cm^{-3})在不同温度 Al 靶中的射程

7.7.3 离子束与稠密物质或等离子体相互作用微观机制

由于加速器提供的高功率离子束的脉冲宽度通常在 $10\sim100$ ns 量级,在离子束轰击固体的过程中,离子束在等离子体中的电荷交换、能量沉积与输运过程是重离子束驱动高能量密度物质研究中最关键的物理问题之一。

在天体物理与聚变等离子体研究中,由于涉及的原子往往处于较高的离化态和复杂的等离子体环境中,相关研究不仅需要考虑高电荷态离子内部电子的强关联效应和相对论效应,而且必须重视等离子体环境对离子-原子以及离子-电子碰撞过程可能造成的显著影响。离子与中性物质以及等离子体作用中的电荷交换过程除了碰撞电离和电子俘获之外,还存在两个关键的共振过程,即双电子复合(dielectric recombination,DR)过程和准分子共振转移过程。双电子复合过程[见图 7.7.7(a)]是指一个电荷态为 q 的离子俘获等离子体中一个动能为 E_e 的自由电子至能级 E_3,与此同时,一个处于 E_1 能级的内壳层电子激发到 E_2 能级上,形成一个电荷态为 $(q-1)$ 的双激发态离子;当满足能量守恒条件(也称共振条件:$E_e-E_3=E_2-E_1$)时,双电子复合的反应速率可能远远超过其他复合速率,成为电荷交换过程的一个主导因素。准分子共振转移过程[见图 7.7.7(b)]是指入射离子与靶原子/离子碰撞中有可能形成分子轨道,当二者外层电子束缚能级匹配时,靶原子中的电子则有一定的概率通过分子轨道转移至入射离子中,完成电荷交换。高电荷态离子在物质中传输时,其电荷态、运动速度、能级结构、靶物质的能级结构、等离子体中自由电子温度及密度都会影响其电荷交换过程,进而影响离子在物质中的能量沉积和射程等。

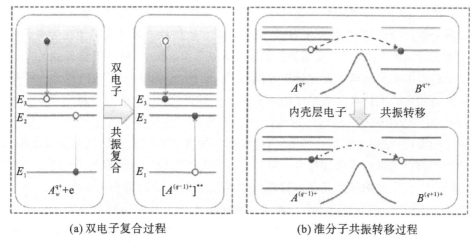

(a) 双电子复合过程　　　　　　　　(b) 准分子共振转移过程

图 7.7.7　高电荷态离子与原子碰撞中电荷交换共振过程

　　1991 年 Peter 等在 Nardi 等工作的基础上对离子在等离子体中的电荷交换过程作了详细的理论计算,表明了双电子复合过程对电荷态的依赖性以及对电荷交换过程的重要性。中国北京应用物理与计算数学研究所、中国科学技术大学、复旦大学及西北师范大学等研究组在双电子复合理论计算中取得了很多重要成果。中国科学院近代物理研究所(近物所)及其合作团队,基于 HIRFL - CSR 提供的离子束作用于电子冷却器中的电子束,通过扫描电子束的能量,获得了极高分辨的 DR 速率系数。除此之外,也可以对入射离子束的能量和电荷态进行扫描,直接在等离子体环境中研究双电子复合过程。准分子共振转移截面与入射离子的电荷态、入射离子能量、入射离子与靶离子/原子的能级差等密切相关,已在离子-原子碰撞实验中被验证。研究人员基于近物所 320 kV 高压平台通过测量高电荷态 Xe 离子与固体($Z = 14 \sim 79$)相互作用过程中的 X 射线发射,研究了离子与中性物质作用中的电荷交换过程。分析发现,炮弹离子 X 射线发射产额随靶原子序数变化呈周期性振荡结构,在能级匹配区域(K - L 能级匹配及 L - L 能级匹配)碰撞系统中 X 射线发射会明显增加,这些都表明了能级匹配区域离子-原子碰撞中的准分子共振转移重要性。图 7.7.8 为 Xe 离子与 Fe 碰撞中的准分子共振转移概率随入射离子电荷态与入射离子能量的变化关系,即随着电荷态的上升,Xe 离子 L 壳层与 Fe 原子 K 壳层的能级间隔先缩小进而增大,转移概率也随之先增大后减小,在两个壳层能级完全重合时转移概率达到最大值;对于固定电荷态,准分子共振转移概率随着能量的增加而增加。

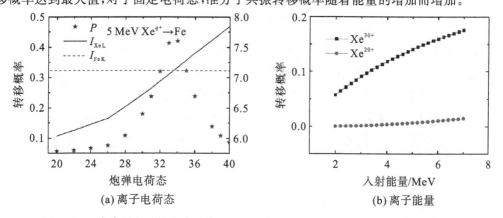

(a) 离子电荷态　　　　　　　　　(b) 离子能量

图 7.7.8　内壳层电子的准分子共振转移概率与离子电荷态及离子能量的变化关系

人们通过大量的实验和理论研究,目前对离子在冷物质中的能损有非常深入的理解。但是对于等离子体,目前相关实验非常有限,理论解析和数值计算是研究离子在等离子体中能量沉积的主要手段。其中,被广泛使用的一种方法是基于 Coulomb 碰撞理论分别计算等离子体中束缚电子和自由电子对离子束能量损失的贡献,即 Bethe 理论。BPS 模型是一种基于微扰方法的可以更加自洽地计算带电粒子能损的方法。除此之外,介电响应理论、Standard Stopping Model、Li - Petrosso 理论、T - Matrix 理论以及 PIC 数值模拟程序也可以计算离子在等离子体中的能损,但每种方法都有局限性,并没有一种方法在很宽的密度和温度范围内有效,需要高精度实验对其进行检验和校准。离子束在等离子中的能量沉积与等离子体内部的电子分布、电荷交换、自生电磁场及相关碰撞动力学机制等因素等密切相关。20 世纪 90 年代,德国 GSI 的 Jacoby 等利用加速器提供的离子束测量了离子束在气体放电等离子体中的能量沉积,在实验上证实了离子在等离子体中的能量沉积远大于离子在同等量冷气体中的能量。开展了低能区离子束与等离子体相互作用的系列实验研究,实验装置如图 7.7.9 所示,实验所需要的等离子体通过气体放电装置产生。近物所 ECR 离子源产生的 He^{2+} 离子通过部分电离等离子体后,其能量有所降低。不同能量的离子经过图中后半部分 45° 偏转磁铁后的轨迹不同,通过放置在在磁铁口的探测装置,可以测量离子的横向偏移量从而确定离子穿过后的能量损失。400 keV 氦离子在气体放电氢等离子体中,只有充分考虑相互作用中离子的所有电子组态,才能得到符合实验探测的理论结果。该实验结果表明了氦离子在等离子体中的电离、激发、辐射退激发等过程会对氦离子的电子组态分布造成重要影响,进而影响离子的能量沉积。离子束在等离子体中传输时,可在等离子体内部激发尾波场,该尾波场的结构和强度取决于离子束的强度、速度、脉冲宽度以及等离子体密度等,从而对离子束本身产生加速亦或是减速作用。

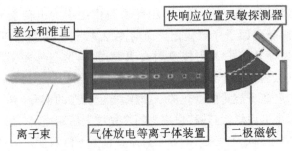

图 7.7.9 　离子束与等离子体相互作用实验装置示意图

随着离子束流强增大或者等离子体密度增加,束靶相互作用的非线性效应随之增强,相关理论模型和参数可靠性亟待高精度实验检验。2015 年 Frenje 等及 Zylstra 等利用聚变反应产生了 MeV 量级的质子、氦离子以及氚离子,测量了离子束穿过稠密等离子体后的能量损失,首次对稠密等离子体的能量沉积理论进行了实验验证。2018 年 Cayzac 等利用加速器提供的 0.5 MeV/u 的离子束对在激光驱动的固体密度等离子体中的能损进行了实验测量。离子束在稠密等离子体中有可能激发较强电磁场,集体效应可能会影响离子束的能量沉积与传输过程。为此联合中国工程物理研究院激光聚变研究中心以及近物所等单位,利用星光装置,开展了激光加速离子束在稠密等离子体中的能损实验。实验装置示意图如图 7.7.10 所示,离子束由高功率 ps 激光加速产生,等离子体由 ns 激光加热金腔的 X 射线辐射准等容加热 TAC 碳氢泡沫靶产生,这样的等离子体状态均匀,维持时间在 10 ns 量级,温度约 17 eV。利用磁谱仪对 ps 激光加速产生的离子束进行选能,获得了一个序列的准单能离子束脉冲串,其中质子束的能量为 3.4 MeV,对应能量分散约为 0.1 MeV。质子束穿过等离子体后发生了明显的能量移动。经分析,其能损超出碰撞理论一个量级。原因在于强流离子束在等离子体中驱动大量回流电子,从而激发了较强的纵向电场,该电场对离子束有很强的阻止作用。

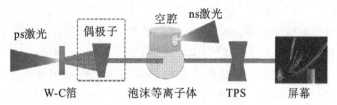

图 7.7.10　激光加速离子束在稠密等离子体中的能损实验装置示意图,
在第二轮实验中增添了磁谱仪选能系统

近日,联合中国科学院近代物理研究所、北京应用物理与计算数学研究所、咸阳师范学院、俄罗斯理论与实验物理研究所、俄罗斯国立核研究大学等合作团队依托兰州重离子加速器大科学装置(HIRFL),在离子束与等离子体相互作用基础研究领域取得进展[①],实验方案和主要数据如图 7.7.11 所示。借助 HIRFL 大科学装置提供的低能强流离子束,突破均匀放电等离子体的制备及其真空对接、高本底离子信号超快获取、高精度能损测量等关键实验难题,获得了 100 keV/u 量级离子束在等离子体中的高精度能损数据(测量精度好于 5%),推翻了等离子体领域长期使用的有效电荷理论模型(低估 20% 左右);另外,实验中采用氦离子束和氢等离子体的组合,使得理论计算涉及的激发态和作用过程大幅简化,从而验证了基于第一性原理的量子物理模型。该工作通过高精度实验使人们对复杂等离子体过程认识迈出了坚实的一步,证明了离子激发态对离子在等离子体中电荷交换和能损过程的重要影响,这种影响往往被人们所忽略。

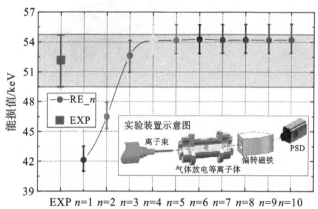

图 7.7.11　实验测量的能损值(EXP)与考虑不同原子态(包括基态 $n=1$ 与不同激发态
$n=2\sim10$)以及所有重要原子过程的理论计算能损值(RE_n)的对比

① ZHAO Y T,ZHANG Y N,CHENG R, et al. Benchmark experiment to prove the role of projectile excited states upon the Ion stopping in plasmas [J]. Phys. Rev. Lett. , 2021,126:115001.

　　短脉冲、强聚焦、高功率重离子束团的产生及其精确调控是离子束驱动高能量密度物理研究面临的一个核心问题。离子束驱动的等离子体尾场为解决上述问题提供了一种全新的思路。一方面,等离子体尾场不受传统电磁元件放电极限的限制,电磁场梯度可以比后者高 2～3 个量级;另一方面,尾场的构型可以通过调节离子束与等离子体参数等进行操控。近期欧洲核子中心 AWAKE 项目团队人员首次在实验上验证了高能质子束在等离子体中激发的尾场对质子束的自调制效应以及对电子束的加速效应。实验发现质子束在等离子体中传输时,受横向尾场的作用,质子束横向发散逐渐变小,纵向被调制为间距为毫米量级的质子束团,这些束团在等离子体中激发约 10 m 长的纵向电场,可将电子加速至 2 GeV。采用三维的静电粒子模拟程序研究了双流不稳定性对低能质子束的调制效应。模拟中等离子体密度设定为 $2 \times 10^{17}\,\mathrm{m}^{-3}$,温度设定为 4 eV,束的初始密度设置为 $1.5 \times 10^{17}\,\mathrm{m}^{-3}$,径向密度为均匀分布,能量设置为 330 keV,纵向上为连续束。经过一段传输距离后,质子束的密度如图 7.7.12 所示。图中质子束从 z 轴的左边界入射,沿 z 轴正方向传播。从图中可以明显看出穿行一段距离后质子束的头部被调制成周期性脉冲束。通过分析等离子体中的纵向电场可以看出,随着质子束注入到等离子体中,质子束在等离子体中激发周期性的振荡尾波场,如图 7.7.13(a)所示,这种振荡的尾波场能够对质子束进行压缩和解压缩,使得质子束密度出现周期性的增大和减小。进一步这种被调制的质子束能够激发更大强度的纵向电场[见图 7.7.13(b)和(c)],如此循环,最后质子束被调制成周期性的束脉冲。脉冲形成所需的传播距离与离子束的种类、束密度以及等离子体密度有关。束离子越重,所需的传播距离越长。

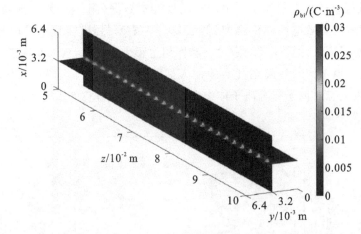

图 7.7.12　质子束密度分布的三维 PIC 模拟结果,图中质子束沿着 z 轴正方向传播

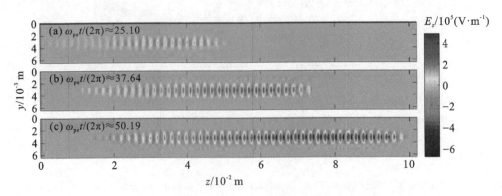

图 7.7.13　不同时刻等离子体中纵向电场分布情况

7.7.4　离子束驱动高能量密度物质的瞬态诊断技术

高能离子束(质子和重离子)因其在物质中具有很长的射程,可以实现对大体积物质的诊断,同时离子束辐射成像具有超宽的动态范围、高成像效率、对样品密度和元素组成均敏感等多种特性,愈来愈获得人们的重视。并且由于离子束对材料密度具有非常高的敏感性,在医学应用领域也同样获得人们的关注。结合近些年发展起来的超快成像技术,许多物质的瞬态过程可利用该成像技术进行观测,从而掌握整个动力学变化过程。利用近物所 CSR 引出的高能碳离子束对不同的目标进行了辐射成像的研究,利用离子束射程末端成像法获得了多种样品的透射成像结果。典型实验结果如图 7.7.14 所示,不仅观测到了清晰的 IMP 标志和手表的辐射图像结果,空间分辨能力达到 50 μm,同时还利用切片式方法,通过不断微调入射离子能量,对同一样品的辐射图像进行分析比对,提高了辐射图像的质量,甚至观察到了样品内部的一些特殊结构信息。

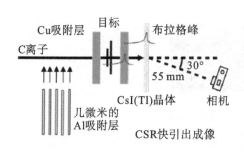

图 7.7.14　CSR 高能碳离子对 IMP 标志的辐射成像

由于高能量密度物质具有很高的辐射不透明性,磁透镜法高能带电粒子(如质子、电子等)照相则具有穿透力强、时间空间分辨率高、对靶密度及其元素成分敏感等特点和优势,是高能量密度样品内部物质状态诊断最直接、最有效的手段之一。由于受到样品中原子和电子的散射作用,穿过样品的电子束携带着样品结构的空间信息,利用后续的具有消色差功能的点对点透镜组,可以获得样品内部物质密度分布的高分辨率图像。新型电子加速技术可以提供脉宽在纳秒量级,重复周期在几十纳秒量级的高能电子脉冲串。图 7.7.15 为其原理设计图,利用超快激光光阴极电子枪的射频电子直线加速器可以产生高能电子脉冲串,其脉宽为 ps 量级,单脉冲电荷量为 nC～μC 量级,重复周期为 ps～ns 量级。再结合最新的偏转腔技术,可以得到高能量密度物质的超高时间分辨立体显微图像和超快分幅图像。

2013 年研究人员在清华大学电子直线加速器上开展了首次 HEER 测试实验,束流能量为 46.3 MeV,束团电荷量为 100 pC,束斑直径为 3 mm,束团长度为 2 ps,成像透镜组由束线上原有的两个相隔 2.16 m 的三组合透镜组成,成像样品为 TEM 网格。首次成像典型实验结果如图 7.7.16 所示,当透镜放大倍数为 32 倍时,成像空间分辨率达到 2.5 μm。

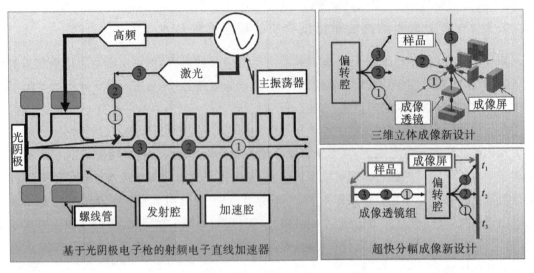

图 7.7.15　高能电子成像技术示意图

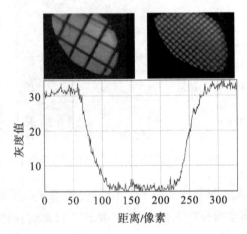

图 7.7.16　高能电子透射成像典型结果(上)及小区域的灰度值空间分布(下)

　　在多路温度计的研制中,研究人员提出了利用分辨较低的成像光谱仪替代滤光片的新型分光方式,其原理如图 7.7.17 所示。靶物质所发射的光经点对点成像系统输入到光纤阵列上,然后导入具有分辨较低的成像光谱仪中进行分光,不同频率的光将呈现于光谱仪焦平面上的不同位置处,两维的光纤阵列放置在此焦平面上,横向得到靶物质的光谱信息,纵向得到靶物质的位置信息。除此之外,借助于此光谱仪设计的多路温度计将可以实现对多个位置的同时测量,非常适合于离子束驱动产生的"大体积"高能量密度物质诊断工作需要。这种新设计的优势具体体现在,较低的光谱分辨可以增宽采谱范围,并且保证光通量足够大,不仅有利于测温的精确性,同时还兼顾其灵敏度。此外,该设计具有多点同时测量的能力。利用 CSR 快引出的高能 C 离子束对光纤阵列及光电探测器的响应进行了测试,初步验证了超快多路温度计新设计的可行性,目前研究人员正在利用标准色温源进行刻度,并将其用于等离子体的温度诊断。

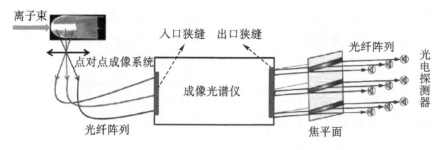

图 7.7.17　基于成像光谱仪分光设计的多路温度计

高能离子束入射到 CsI 晶体上，在离子径迹上使得晶体发光，利用照相机拍照的方法，可实现对入射束流能量、位置和束流剖面进行在线分析，利用 CSR 提供的高能 C 离子束轰击 CsI 晶体，对离子束的位置、束流刨面和能量的参数进行了测量，图 7.7.18 显示了不同能量的离子束在 CsI 晶体中具有不同的射程位置。通过测量其射程，能够反推出离子束的入射能量值，与 LISE 程序计算结果相比，该实验值误差不超过 4%。

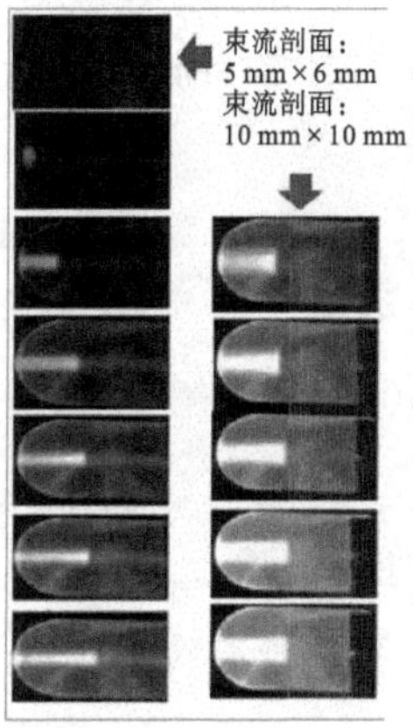

能量 /(MeV·u⁻¹)	理论射程 /mm	实验射程1 /mm	实验射程2 /mm
154.1	21.7	21.7	21.7
152.5	21.3	—	21.3
145.9	19.8	19.7	19.8
137.3	17.9	18.0	17.5
128.3	15.9	16.1	15.6
98.1	10.0	10.4	—

图 7.7.18　不同能量离子束在 CsI 晶体中的图像，以及 LISE 理论与实验测量射程对比

高能量密度物理是科技强国在国防安全、天体物理及聚变科学等基础前沿领域竞相追逐的研究热点，孕育着丰富的新概念和新发现。国家"十二五"重大基础科研设施 HIAF 对于高能量密度科学研究具有重要意义。此 HIAF 将可以把离子束驱动高能量密度物理研究拓展到强冲击波区域，进而可以利用冲击波内聚缩或界面喷射压缩等方式拓展物态至极端高压的温稠密物态，制备和研究木星内部稳定存在的金属氢、地球内部的温稠密铁以及天王星内部的超电离态水等。HIAF 加速器集群及其升级装置将拥有交叉束和对撞束设计方案，该方案既有利于高能量密度物质状态参数的高精度诊断，又有利于带电粒子与温稠密物质相互作用的微观机制以及离子束对撞间接驱动聚变的关键科学技术问题研究。离子束在等离子体中的平均电荷态和能损显著高于其在等量中性物质中的平均电荷态和能损，而且随着离子束流强升高，空间电荷效应将会显著增强，离子束将会引起极强自由电子回流现象，从而显著影响强流离子束的能量沉积。另外，利用离子束在等离子体激发的自生电磁场，还可以用于离子束的自聚焦、压缩、脉冲化或者环形束调制，经过调制的离子束十分有利于离子束驱动高能量密度物理实验研究。围绕离子束驱动高能量密度物质的瞬态诊断技术也取得了重要进展。新提出的

高能电子透射成像技术具有穿透力强、时间空间分辨率高、动态范围大等特点和优势,目前已经实现了 2.5 μm 的空间分辨能力,单幅曝光时间也达到了 1 ps。

问题

1. γ 射线打出石蜡中的质子,测得质子的动能为 5.2 MeV,以 Compton 散射模型估算 γ 射线的能量。

2. 用粒子轰击铍产生的辐射照射氮和氢时,分别测出反冲氮核和氢核的反冲速度为 4.7×10^6 m/s 和 3.3×10^7 m/s,按 Rutherford 预言的中子概念,确定中子的质量。氢核即质子,氮核质量约为 14 u。

3. 质子在 1.0 T 的磁场中,求自旋平行和反平行于磁场时的能量差。质子从反平行到平行于磁场状态改变发射出光子的频率是多少?

4. ^{209}Bi 的激发态^{2}D$_{5/2}$有 6 条超精细结构能级,相邻能级间间隔分别为 0.236 cm^{-1}、0.312 cm^{-1}、0.391 cm^{-1}、0.471 cm^{-1}、0.551 cm^{-1},求^{209}Bi 原子核自旋量子数和超精细结构常数 a,画出以 a 为单位^{2}D$_{5/2}$能级超精细结构分裂图。

5. ^{25}Mg 原子束基态^{1}S$_0$在 0.332 T 磁场中实现共振,共振频率为 3.5 MHz,^{25}Mg 的核自旋为 5/2,求核的旋磁比、g 因子和核磁矩在磁场方向最大分量。

6. 在 NaF 分子束核磁共振实验中,均匀磁场 1408 G(1 G$=10^{-4}$ T),对^{19}F 核共振频率为 5.643×10^6 Hz,求^{19}F 的核磁矩(用 μ_N 表示)。

7. 氖的同位素$^{20}_{10}$Ne 的结合能为 160.647 MeV,求氖原子的质量。

8. 求从钙的同位素$^{42}_{20}$Ca 拉出一个中子和一个质子分别需要多少能量。为什么二者的能量不同?

9. 锌同位素$^{64}_{30}$Zn 的原子质量为 63.929 u,比较该同位素结合能和用 Weizsäcker 公式预测的结合能。

10. 质量数相等且满足 $Z_1 = N_2$,$Z_2 = N_1$,原子序数相差 1 的两个原子核称为镜像同重核,如$^{15}_7$N 和$^{15}_8$O。原子核结合能 Weizsäcker 公式中 Coulomb 能系数 a_c 可以通过两镜像同重核质量之差估算出来。

(1)用两核质量之差、核的质量数 A、较小原子序数 Z、氢原子质量和中子质量来表示 Coulomb 能的系数 a_c;

(2)计算镜像同重核$^{15}_7$N 和$^{15}_8$O 的 Coulomb 能系数 a_c,且与公认的拟合系数 a_c 比较。

11. 球形核内质子数平均分布的结合能中 Coulomb 能用核半径 R 表示为 $E_c = \dfrac{3}{5} \dfrac{Z(Z-1)e^2}{4\pi\varepsilon_0 R}$。

(1)假定镜像同重核质量之差 ΔM 完全是由氢原子质量和中子质量差 Δm 及 Coulomb 能之差引起的,用 ΔM、Δm 和镜像同重核原子序数较小的 Z 表示原子核半径 R;

(2)计算镜像同重核$^{15}_7$N 和$^{15}_8$O 的原子核半径。

12. 室温下热中子最可几能量为 0.025 eV,中子会衰变为质子、电子和反中微子,其半衰期为 10.3 min,求中子衰变一半时飞行的距离。

13. ^{60}Co 是重要的医用放射性同位素,半衰期为 5.27 a,计算 1 g ^{60}Co 的放射性活度。

14. (1)求 1 mg 氡$^{222}_{86}$Rn 的放射性活度;

(2)求一星期后$^{222}_{86}$Rn 的放射性活度。

15. 放射性核素^{24}Na 的半衰期为 15 h,含 0.05 μCi 的 ^{24}Na 的溶液被注射到病人血液中,4.5 h 后病人血样放射性活度为 8.0 pCi/ cm^3,估计病人血液的体积。

16. 地球上的重核素^{235}U 和 ^{238}U 可能是由于一次超新星爆发形成的,当时它们的原子数目相等,相对丰度为 1:1,现在它们的相对丰度为 0.007 和 0.993。已知 ^{235}U 的半衰期为 7.0×10^8 a,^{238}U 的半衰期为 4.5 ×10^9 a,试估算它们形成时距今多少年。

17. 某放射性核素的放射性活度每小时测量一次,结果分别为 80.5 MBq、36.2 MBq、16.3 MBq、7.3 MBq 和3.3 MBq,求该核素的半衰期。

18. 一个人的甲状腺受到 20 keV 吸收剂量为 2 mGy 的中子辐射照射,胃部受到吸收剂量为 3 mGy 的 X 射线照射,此人所受辐射的有效剂量为多少 mSv?

19. 矿石样品中^{238}U 和^{234}U 原子数之比为 1.8×10^4,^{234}U 半衰期为 2.5×10^5 a,求^{238}U 的半衰期。

20. 放射性核素$^{238}_{94}$Pu 是一种重要的宇宙飞行用能源,半衰期为 87.7 a,放射的 α 射线动能约为 5.5 MeV。某宇宙飞船配有 238 g 的$^{238}_{94}$Pu。求:

(1)放射性活度;

(2)释放的功率。

21. $^{210}_{84}$Po 不稳定放出 5.3 MeV 的 α 粒子,$^{210}_{84}$Po 的原子质量为 209.982 9 u,$^4_2$He 原子质量为 4.002 6 u,求衰变能和子核的原子质量。

22. ^{232}U 经过 α 衰变后变为 ^{228}Th。已知^{231}U 和^{231}Pa 的原子质量为 231.036 270 u 和 231.035 880 u,^{232}U 和^{228}Th 原子质量为 232.037 168 u 和 228.028 750 u。

(1)求衰变能;

(2)^{232}U 会放出一个中子变成^{231}U 吗?

(3)^{232}U 会放出一个质子变成^{231}Pa 吗?

23. K 电子俘获过程^{7}Be+e^-_K→^{7}Li+ν_e 的衰变能为 0.86 MeV。

(1)证明^{7}Li 的反冲动能为 56 eV;

(2)^{7}Be 为什么不发生放出正电子的 β 衰变?

24. 中微子在钢板中飞行 100 光年而不会和铁核发生碰撞,计算中微子与物质相互作用的截面。已知铁的密度为 7.8×10^3 kg/m^3,铁的原子质量为 55.9 u。

25. Davis 探测太阳中微子实验反应为 ν+^{37}Cl→^{37}Ar+e$^-$,求该反应发生中微子具有的最小的能量。已知^{37}Cl 和^{37}Ar 的原子质量分别为 36.965 903 u 和 36.966 776 u。

26. 激发态原子核激发能有一部分转变为反冲核的动能。

(1)求质量为 200 u 的核放出 2.0 MeV 的 γ 光子后反冲动能和 γ 光子能量的比值;

(2)核激发态寿命为 10^{-14} s,则反冲核激发态能量的宽度为多少?并与反冲核动能比较。

27. 已知 ^{238}U 裂变为两个中等质量的原子核时,平均每个核子放出约 1 MeV 的能量,煤的燃烧值约为 2.5×10^7 J/kg。则 1 kg 的 ^{238}U 裂变放出的能量相等于多少吨煤燃烧的热量。

28. 1930 年德国物理学家 Bothe 等利用钋发出的 α 粒子轰击铍等轻核素,实现了后来导致中子发现的核反应 ^{9}Be$(\alpha,n)^{12}$C。已知 $M_X = 9.012\ 183$ u,$M_a = 4.002\ 603$ u,$M_b = 1.008\ 665$ u,$M_Y = 12.000\ 000$ u,求反应能 Q。

29. 为了发生 $^1_0$n$+^{16}_8$O$+2.2$ MeV$\rightarrow^{13}_6$C$+^4_2$He 核反应,则中子具有的最小动能为多少?

30. 实验测得原子核 ^{24}Mg 和 ^{23}Mg 的静止质量的准确值分别为 23.985 04 u,22.994 12 u,求光核反应 ^{24}Mg$(\gamma,n)^{23}$Mg 的光子阈能。

人物简介

James Chadwick(查德威克,1891 - 10 - 20—1974 - 07 - 24),英国物理学家。1932 年他发现了原子核里的中子;1940 年代表英国参加了美国的 Manhattan 计划。学生有 Goldhaber、Pollard、Ellis、戴传曾。1935 年获诺贝尔物理学奖。

Carl Friedrich Freiherr von Weizsäcker(魏茨泽克,1912 - 06 - 28—2007 - 04 - 28),德国物理学家、哲学家。1935 年他基于核液滴模型提出了原子核结合能的 Weizsäcker 公式;1937 年和 Bethe 合作发现了描述恒星核过程的 Bethe-Weizsäcker 公式和恒星聚变的 Bethe-Weizsäcker 碳循环;二战时是德国铀核俱乐部的骨干成员。1957 年获 Planck 奖。

Isidor Issac Rabi(拉比,1898 - 07 - 29—1988 - 01 - 11),美国物理学家。1937 年他利用发明的分子束核磁共振方法测量了核磁矩;1945 年提出了原子束核磁共振法可用于研制原子钟;是二战中 Manhattan 计划的领导人之一,是 Brookhaven 国家实验室和 CERN(欧洲核子研究中心)的建造者之一。学生有 Schwinger、Ramsey 和 Perl。1944 年获诺贝尔物理学奖。

Pierre & Marie Curie(居里夫妇,Pierre 1859 - 05 - 15—1906 - 04 - 19;Marie 1867 - 11 - 07—1934 - 07 - 04)Pierre 的博士论文研究了物质的铁磁性、顺磁性和抗磁性,发现了顺磁物质磁化率随温度之间关系的 Curie 定律,发现了铁磁物质的温度超过某一临界值时就会变成顺磁物质,这一临界温度称为 Curie 点。1897 年居里夫妇发现了放射性元素镭(Ra)和钋(Po)。Pierre 用磁场来辨别放射性物质辐射粒子的电性,Marie 开创了放射性理论,发明了分离放射性同位素技术,第一次将放射性同位素用质量治疗癌症。居里夫妇 1903 年获诺贝尔物理学奖,Marie Curie 1911 年获诺贝尔化学奖。

Frédéric & Irène Joliot-Curie(约里奥·居里夫妇,Frédéric 1900 - 03 - 19—1958 - 08 - 14;Irène 1897 - 09 - 12—1956 - 03 - 17)约里奥·居里夫妇 1931 年用 α 粒子轰击 ^{27}Al 时观察到穿透力很强的辐射,误认为是 γ 射线,错失了发现中子的机会,1934 年约里奥·居里夫妇用 α 粒子轰击 ^{27}Al 时发现了放射性元素 ^{30}P,第一次发现了人工放射性。1939 年 Frédéric Joliot-Curie 研究组独立于 Fermi 研究组发现了铀核裂变链式反应的可行性,为原子能的利用奠定基础。钱三强夫妇是他们的学生。约里奥·居里夫妇于 1935 年获诺贝尔化学奖。

Antoine Henri Becquerel(贝可勒尔,1852 - 12 - 15—1908 - 08 - 25),法国物理学家。1896 年他研究铀盐的磷光现象时发现了原子核的放射性,这是人类历史上第一次在实验室发现的核现象。1903 年获诺贝尔物理学奖。

Otto Hahn(哈恩,1879 - 03 - 08—1968 - 07 - 28),德国化学家。1906 年他从镭盐中分离出了放射性钍(^{228}Th),发现了镭的同位素(^{228}Ra);1917 年和 Meitner 一起发现了元素镤(Pa);1938 年和 Strassmann 一起用中子轰击铀核时,在产物中发现了钡(Ba)这样的中等质量的核素,被 Meitner 和 Frisch 解释为铀核裂变,开辟了原子能时代;二战时是纳粹德国铀核俱乐部主要成员,战后为重建德国科学作出了巨大贡献,是 1957 年反对西德装备核武器的顶尖核物理学家(哥廷根18 人)之一。1944 年获诺贝尔化学奖。

Lise Meitner(迈特纳,1878 - 11 - 17—1968 - 10 - 27),奥地利物理学家。1917 年她和 Hahn 合作发现了 91 号元素镤(Pa);1923 年发现了 Auger 电子(比 Auger 的发现早两年,但被命名为 Auger 电子);1939 年和 Frisch 合作确认了 Hahn 和 Strassmann 的发现,即中子轰击铀核裂为两个碎片而不是产生超铀元素。109 号人造元素䥑(Mt)命名为 Meitnerium 就是为纪念她。学生有 Riehl、王淦昌等。1949 年获 Planck 奖,1966 年获 Fermi 奖。

Rudolf Ludwig Mössbauer(穆斯堡尔,1929 - 01 - 31—2011 - 09 - 14),德国物理学家。1958 年他观察 γ 射线被物质吸收时发现了 Mössbauer 效应,后从事中微子研究。1961 年获诺贝尔物理学奖。

Walther Wilhelm Georg Bothe(博特,1891 - 01 - 08—1957 - 02 - 08),德国核物理学家。1924 年他发明了符合法并用来研究核反应、Compton 效应、宇宙射线、辐射的波粒二象性;1927 年开始用 α 粒子轰击轻元素研究元素嬗变;1928 年将核反应产物和核能级联系起来;1930 年用 α 粒子轰击铍(Be)、硼(B)和锂(Li)元素时,观察到了穿透力很强的中性射线,误认为是穿透力很强的 γ 射线,错失了发现中子的机会;1938 年发现了偶极矩磁共振效应;二战时是德国铀核俱乐部的骨干成员,战后积极参与德国科学的重建。1954 年获诺贝尔物理学奖。

Felix Bloch(布洛赫,1905 - 10 - 23—1983 - 09 - 10),瑞士物理学家。1928 年他提出了固体能带理论;1946 年观察到了固体和液体的核磁共振现象,同年提出了 Bloch 方程描述核磁矩随时间的演化;二战时从事核能研究,后参加雷达项目。1952 年获诺贝尔物理学奖。

Edward Mills Purcell(珀塞尔,1912 - 08 - 30—1997 - 03 - 07),美国物理学家。1946 年他观察到了固体和液体的核磁共振现象,第一次探测到了银河系中心的电磁辐射,在固体物理中也有重要贡献,质疑粒子物理中 CP 对称性。学生有 Bloembergen。1952 年获诺贝尔物理学奖。

George Gamow(伽莫夫,1904 - 03 - 04—1968 - 08 - 20),俄国物理学家、宇宙学家。1928 年他用量子力学中的隧穿效应解决了原子核的 α 衰变的原因;1929 年提出了原子核的液滴模型;1948 年和 Alpher、Bethe 合作提出了大爆炸时期的核聚变理论,在此基础上 Alpher 和 Herman 预言了数十亿年后宇宙冷却充斥着 5 K 左右的宇宙微波背景辐射(1964 年 Penzias 和 Wilson 实验证实了这个预言测量值为 2.7 K)。他还是一个很成功的科普作家。

Maria Goeppert-Mayer(梅耶夫人,1906 - 06 - 28—1972 - 02 - 20),美国物理学家。1931 年她提出了原子可能吸收双光子的理论;1949 年独立于 Jensen 提出了原子核的壳层模型;20 世纪 40 至 50 年代早期解出了有助于设计氢弹的 optical opacity 方程。1963 年获诺贝尔物理学奖。

Johannes Hans Daniel Jensen(延森,1907 - 06 - 25—1973 - 02 - 11),德国物理学家。1949 年他独立于 Goeppert-Mayer 提出了原子核的壳层模型;二战时参与纳粹德国铀核俱乐部,并在铀同位素分离方面作出了贡献。1963 年获诺贝尔物理学奖。

Aage Niels Bohr(奥格·尼尔斯·玻尔,1922 - 06 - 19—2009 - 09 - 08),丹麦物理学家。Niels Bohr 的儿子。1952 年他和 Mottelson 合作提出了核的集体运动模型;二战时参与了 Manhattan 计划。1975 年获诺贝尔物理学奖。

Frederick Reines(莱因斯,1918 - 03 - 16—1998 - 08 - 26),美国物理学家。他和 Cowan 于 1956 年探测到了 Pauli 预言的中微子,此后主要研究中微子性质及和物质的相互作用。1995 年获诺贝尔物理学奖。

John Douglas Cockcroft(考克饶夫,1897 - 05 - 27—1967 - 09 - 18),英国物理学家。1932 年他和 Walton 合作用加速的高能质子轰击锂(Li)元素使锂嬗变为氦(He);二战时从事雷达研究,后负责加拿大核能计划。1951 年获诺贝尔物理学奖。

Ernest Thomas Sinton Walton(沃尔顿,1903 - 10 - 06—1995 - 06 - 25),爱尔兰物理学家。1932 年和 Cockcroft 合作用加速的高能质子轰击锂(Li)元素使锂嬗变为氦(He)。1951 年获诺贝尔物理学奖。

John David Lawson(劳森,1923 - 04 - 04—2008 - 01 - 15),英国物理学家、工程师。他二战时研究雷达的微波天线设计,1955 年提出了 Lawson 判据。

第8章 分子

分子是物质保持其化学性质的最小单元,分子是由两个或两个以上的原子结合在一起形成稳定的结构。几个原子如何结合成分子,分子内部是如何运动的,是本章主要讲述的内容。本章先介绍分子形成的两种类型,离子键和共价键,然后以双原子分子的能级和光谱为例阐述分子内部运动的情况,包括分子的纯转动、纯振动、振动-转动和分子中电子的运动,最后简单介绍 Raman 散射及 Raman 光谱。

8.1 化学键

原子由于相互结合力从而形成分子,原子间的相互作用在化学上常称为化学键,原子最外层的电子最容易受到其他原子的影响,因此化学键主要是原子的价电子参与而形成的。类似于原子核的结合能,分子形成时也会放出能量,称为键能。化学键按原子间不同类型的结合分为离子键、共价键、氢键、van der Waals 键和金属键,离子键和共价键是最常见的化学键。

8.1.1 离子键

两个原子组成分子时,电子由一个原子转移到另一个原子,两个原子都变成闭壳层原子了,此时变成正负离子对,通过静电吸引力而聚结在一起形成离子键。碱金属原子与卤素原子组成的金属卤化物晶体由离子键形成。Na 原子最外层 3s 上有一个价电子,失去后使得 Na 原子电离成 Na^+ 离子,需要提供的电离能为 5.14 eV;Cl 原子最外层 3p 上已有 5 个电子,吸收一个电子变为稳定的闭壳层 Cl^- 离子,放出能量 3.61 eV。这个能量称为电子亲和能。Na 和 Cl 原子结合成 NaCl 晶体需要外界提供能量为

$$\Delta E = 5.14 - 3.61 = 1.53 \text{ eV} \tag{8.1.1}$$

当离子系统的两个离子缓慢地接近时,势能 $-\dfrac{e^2}{4\pi\varepsilon_0 R}$ 的作用越来越明显,系统的总能量为

$$E(R) = \Delta E - \frac{e^2}{4\pi\varepsilon_0 R}$$

当 R 等于临界值 R_c 后,离子系统的能量等于零,临界距离等于

$$R_c = \frac{e^2}{4\pi\varepsilon_0 \Delta E} \tag{8.1.2}$$

对 NaCl 分子,$\Delta E = 1.53$ eV,临界距离为

$$R_c = \frac{e^2}{4\pi\varepsilon_0 \Delta E} = \frac{1.44}{1.53} \text{ nm} = 0.94 \text{ nm}$$

钠离子和氯离子继续靠近,$r < R_c$,离子体系的能量小于零,意味着 Coulomb 吸引力起主要作用,倾向于形成 NaCl 晶体。图 8.1.1 为钠离子和氯离子间势能随距离的变化曲线。当两个离子的距离继续减小时,离子系统的能量减小达到一个极小值后,又开始增大,这一方面是由

于两个原子核之间的 Coulomb 斥力随距离减小而增加,另一方面则是 Pauli 不相容原理的作用,Na$^+$ 离子 2p 壳层和 Cl$^-$ 离子 3p 壳层的电子云开始重叠后,电子不能处于相同的量子态,因此一些电子必须处在更高的量子态,这个最小的能量就是离子键的键能 -4.26 eV,键能也称离子键的结合能,要解离 NaCl 为 Na$^+$ 和 Cl$^-$ 则需要提供 4.26 eV 的能量。实际情况下键能是电离能、电子亲和势、静电 Coulomb 势和 Pauli 排斥能之和,这里忽略原子核的排斥作用,即

$$E_b = E^+ + E^- - \frac{e^2}{4\pi\varepsilon_0 R_0} + E_{Pauli}$$

对 NaCl 晶体,$E_b = -4.26$ eV,$E^+ = 5.14$ eV,$E^- = -3.61$ eV,平衡时 Pauli 排斥能由实验数据测定 $E_{Pauli} = 0.31$ eV。由上式得到键能对应的平衡距离 R_0 为 0.236 nm。一些典型离子键型分子碱金属卤化物分子的性质如表 8.1.1 所示。

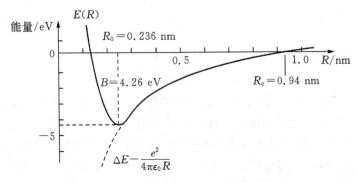

图 8.1.1　Na 离子和氯离子势能随距离的变化

表 8.1.1　一些碱金属卤化物分子的平衡距离和键能

分子	平衡距离 R_0/nm	键能 B/eV
LiF	0.16	5.9
NaF	0.19	5.4
NaCl	0.24	4.2
NaBr	0.25	3.7
KCl	0.27	4.5
KBr	0.28	3.9

　　离子键的双原子分子是正离子和负离子的结合态,整个分子正负电荷中心不重合,分子必定具有一定的电偶极矩,离子键的双原子分子也必然是极性分子。

8.1.2　共价键

　　除了离子键分子外,还有一类常见的分子,原子的价电子为两个原子所共有,而内壳层电子则仍属于原来的原子,这类分子称为共价键分子,如 HCl、CO、H_2、N_2、Cl_2 分子等。共价键中也有不成对的,如氢气离子 H_2^+。下面讨论共价键最简单的分子 H_2^+ 和 H_2。

1. 氢分子离子 H_2^+

在氢气的放电管中,会产生 H_2^+,它是中性氢分子被电离一个电子形成的。一个单电子在两个质子的静电场中运动。由于质子的质量远大于电子的质量,在考虑电子的运动时,Born 和 Oppenheimer 近似地认为(BO 近似)两个质子是静止不动的,从而把分子中电子运动和原子核运动分开。在 BO 近似下解

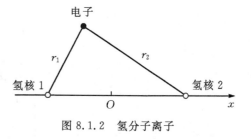

图 8.1.2　氢分子离子

氢分子离子 H_2^+ 的定态 Schrödinger 方程,得到 H_2^+ 的基态的能量。由于核子间斥力势能不影响电子能量,解 Schrödinger 方程可以暂不考虑。

氢分子离子的结构如图 8.1.2 所示,H_2^+ 的 Hamilton 算符为

$$\hat{H} = -\frac{\hbar^2}{2m}\nabla^2 - \frac{e^2}{4\pi\varepsilon_0 r_1} - \frac{e^2}{4\pi\varepsilon_0 r_2} \tag{8.1.3}$$

定态 Schrödinger 方程为

$$\hat{H}\psi(\boldsymbol{r}) = E\psi(\boldsymbol{r}) \tag{8.1.4}$$

方程(8.1.4)可用量子力学的微扰论解出,这里直接给出其结果。其能量的值为

$$\begin{cases} E_+ = E_0 - \dfrac{C+D}{1+S},\text{对应波函数 } \psi_+ = \dfrac{1}{\sqrt{2}}(\psi_1 + \psi_2) \\[3mm] E_- = E_0 - \dfrac{C-D}{1-S},\text{对应波函数 } \psi_- = \dfrac{1}{\sqrt{2}}(\psi_1 - \psi_2) \end{cases}$$

式中的波函数满足 Schrödinger 方程

$$\left(-\frac{\hbar^2}{2m}\nabla^2 - \frac{e^2}{4\pi\varepsilon_0 r_{1,2}}\right)\psi_{1,2}(r_{1,2}) = E_0\psi_{1,2}(r_{1,2})$$

$$S = \int \psi_1 \psi_2 \,\mathrm{d}\tau$$

$$C = \int \psi_1(r_1)\frac{e^2}{4\pi\varepsilon_0 r_2}\psi_1(r_1)\,\mathrm{d}\tau$$

$$D = \int \psi_1(r_1)\frac{e^2}{4\pi\varepsilon_0 r_1}\psi_2(r_2)\,\mathrm{d}\tau$$

两个氢核距离不太远时,氢分子离子的波函数和概率密度如图 8.1.3 所示。

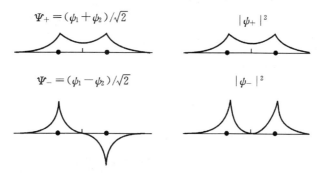

图 8.1.3　对称波函数和反对称波函数及其对应概率密度

参数 S、C、D 还取决于两个氢核之间的距离,考虑了核的排斥能后的体系的总能量如图 8.1.4 所示。

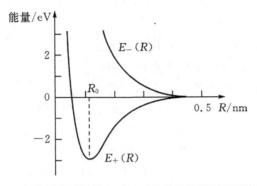

图 8.1.4 氢分子离子成键和反键时的总能量随两核距离的变化

当两氢核的距离变小时,对称波函数的情形体系能量减小,是成键态,在 $R_0 = 0.106$ nm 处,体系的能量为 $E = -2.65$ eV;波函数反对称时体系的能量总是正值不稳定,是反键态。成键轨道 ψ_+ 的电子集中在两核之间的概率较大,容易形成分子;反键轨道 ψ_- 的电子集中在两核之间的概率较小,不容易形成分子。

2. H₂ 分子

氢分子涉及两个氢核和两个电子,系统总能量可用图 8.1.5 给予说明。氢核 a 和 b 之间的距离为 R,r_{a1} 和 r_{b1} 分别是电子 1 到核 a、b 的距离,r_{a2} 和 r_{b2} 是电子 2 到核 a、b 的距离。当两个氢核靠得较近时,由于电子的全同性,因此分子轨道必然反对称。分两种情况,自旋波函数对称时,空间波函数一定是反对称的 $\psi_u(\uparrow\uparrow)$;自旋波函数反对称时,空间波函数一定是对称的 $\psi_g(\uparrow\downarrow)$。当电子处在 $\psi_g(\uparrow\downarrow)$ 轨道时,空间波函数是对称的,即

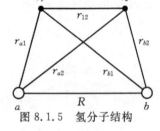

图 8.1.5 氢分子结构

$$\psi_{\uparrow\downarrow} \approx \psi_a(1)\psi_b(2) + \psi_a(2)\psi_b(1)$$

计算结果表明随着两质子距离减小能量减小,在两个质子之间距离为 $R_0 = 0.074\ 2$ nm 处,能量达极小值 -4.52 eV,如果继续减小两质子间距离,此时质子间排斥作用越来越大,H_2 分子能量迅速增大。分子能量的变化使得系统形成稳定的束缚态,$\psi_g(\uparrow\downarrow)$ 轨道为成键轨道,氢分子的能量随核距离的变化如图 8.1.6 所示。电子处在 $\psi_u(\uparrow\uparrow)$ 态时,空间波函数反对称,即

$$\psi_{\uparrow\uparrow} \approx \psi_a(1)\psi_b(2) - \psi_a(2)\psi_b(1)$$

计算结果表明随着两质子距离的减小,H_2 分子能量一直增大,不存在能量极小值,导致两个 H 原子不可能键合在一起,$\psi_u(\uparrow\uparrow)$ 轨道为反键轨道。

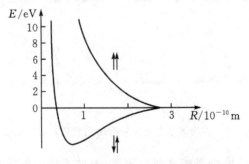

图 8.1.6 氢分子能量和氢核间距的关系

3. 共价键的饱和性和方向性

　　两个 H 原子能键合成一个稳定的 H_2 分子,但是三个 H 原子不可能通过共价键形成稳定的分子。一个原子通过共价键只能和一定数目的其他原子结合形成稳定的分子,这个性质称为共价键的饱和性,饱和性是 Pauli 不相容原理的反映。原子在它价电子波函数最大方向上形成共价键,电子波函数交叠得就厉害,分子轨道波函数的方向性决定了共价键成键有明显的方向性。同类原子形成的共价键如 H_2、O_2,分子具有对称性,正负电荷中心重合,分子是非极性的;不同类原子组成的分子如 HCl、CO,总电荷自然为零,但电荷分布不对称,正负电荷中心不重合,就会产生永久的电偶极矩,成键为极性键,分子也是极性分子。

8.1.3　其他结合类型

1. 金属键

　　金属键存在于金属中原子结合的情况,原子核和它周围束缚的电子好像沉浸在自由电子气中。金属键不存在于分立的分子中。

2. van der Waals 键

　　van der Waals 键是由 van der Waals 力而产生的很弱的结合,van der Waals 键的结合能在 $0.01 \sim 0.1$ eV,原子平衡间距也较大,如 Hg_2。

3. 氢键

　　氢原子可以同时和两个负性很大而原子半径较小的原子如 O、F、N 结合,形成氢键。冰就是一种氢键晶体,氢原子不但与一个氧原子相结合成 O—H 共价键,而且还和另一个氧原子微弱地结合,只是键较长,这样就形成了氢键 O—H⋯O。

8.2　分子的能级和光谱

　　分子中的电子和原子核的运动可看成它们随质心的运动和相对质心的运动。前者导致分子的整体运动,在分子运动论中占据主要地位;后者是分子的内部运动,与分子的结构密切相关。

8.2.1　分子内部运动

　　从分子光谱可以研究分子的内部运动,就波长范围来说,分子光谱划分为以下几种。

　　(1)远红外光谱,波长是厘米或毫米量级,是原子实绕质心的分子整体转动能量改变所产生的,称为纯转动光谱。

　　(2)近红外光谱,波长在微米量级。近红外光谱的产生既有分子的原子实间距变动产生的分子振动的贡献,又有分子整体转动的贡献。由于转动能级的跃迁,两个振动能级之间跃迁形成的光谱是一个光谱带。

　　(3)可见和紫外光谱,一般是一个复杂的光谱系,是分子的电子在原子核的电场中能级的改变。电子能级和原子中电子的能级具有相同的量级,而每一个电子能级上还有振动能级及转动能级,因此会形成多个光谱带。

　　在 BO 近似下可以把分子的内部运动分为电子在多个原子核中的运动和原子实的振动及转动,分子能量即为这三个项能量之和,即

$$E = E_e + E_v + E_J \tag{8.2.1}$$

分子的电子能量 E_e、振动能 E_v 和转动能 E_J 的比值约是

$$E_e : E_v : E_J = 1 : \sqrt{\frac{m}{M}} : \frac{m}{M}$$

式中,m 为电子质量;M 为分子质量。电子能量量级 E_e 约为 1 eV,而振动能和转动能的量级分别为 E_v 约 0.1 eV,E_J 约 0.001 eV。

　　图 8.2.1 所示的是分子能量随原子核间距的变化,电子能级跃迁所产生的光谱一般在可见和紫外光谱范围;如果只有振动和转动能级跃迁而没有电子能级的跃迁,则所产生的光谱在近红外区,波长是几微米量级;纯转动跃迁产生的光谱在远红外区和微波区域,波长是毫米或厘米量级。E_0^{el} 表示基态电子能级,E_1^{el} 表示激发态电子能级。电子能级内包含许多振动能级 E_v,它们分别由振动量子数 $v=0,1,2,\cdots$ 表示;振动能级又包含若干转动能级 E_J,它们分别用 $J=0,1,2,\cdots$ 表示。电子能级要比分子振动能级和转动能级大得多。下面先讨论分子的振动能级和转动能级。

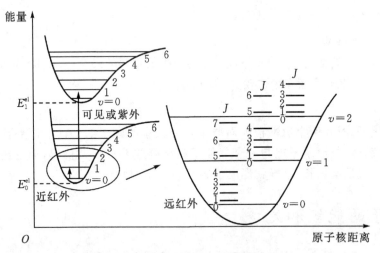

图 8.2.1　分子能量随原子核间距的变化

8.2.2　双原子分子能级和光谱

1.转动能级和光谱

　　刚性双原子分子中两个原子的质量分别为 m_1 和 m_2,它们距质心 C 的距离分别为 r_1 和 r_2,记 $R_0 = r_1 + r_2$,分子可以绕通过质心 C 并且垂直于分子轴的轴线转动,如图 8.2.2 所示。

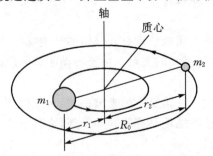

图 8.2.2　双原子分子绕通过质心的轴旋转

由 $m_1 r_1 = m_2 r_2$,得分子绕质心的转动惯量为

$$I = m_1 r_1^2 + m_2 r_2^2 = \frac{m_1 m_2}{m_1 + m_2} R_0^2 \equiv \mu R_0^2 \tag{8.2.2}$$

式中,μ 为双原子分子的约化质量;R_0 为两原子间距离。设 ω 为分子转动角速度,则转动能量等于

$$E_J = \frac{(I\omega)^2}{2I} = \frac{J^2}{2I} \tag{8.2.3}$$

按照量子力学,角动量的本征值为 $J(J+1)\hbar^2$,分子转动能量的本征值为

$$E_J = \frac{\hbar^2}{2I} J(J+1) \equiv BhcJ(J+1) \qquad J = 0,1,2,\cdots \tag{8.2.4}$$

式中,$B = \frac{h}{8\pi^2 Ic}$,为分子的转动常数;J 为分子的转动量子数。由式(8.2.4)知,分子的转动量子数越大,其转动能越大。且能级间间隔也不是等间距的,双原子分子的转动能级如图 8.2.3 所示。

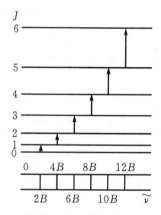

图 8.2.3　极性双原子分子能级及吸收谱线

具有电偶极矩的异核组成的极性双原子分子,如 HCl 和 CO 等,可以在外部空间产生电磁场,也可以吸收外界的电磁波;而非极性同核双原子分子,如 H_2、O_2、N_2、CO_2 和 CH_4 等,不具有固有的电偶极矩,不可能发生转动能级之间的跃迁,但这些非极性分子激发态能级间的跃迁可以通过碰撞来实现。双原子极性分子转动能级跃迁的选择定则为

$$\Delta J = \pm 1 \quad \Delta M_J = 0, \pm 1 \tag{8.2.5}$$

相邻的两个转动能级才能发生辐射跃迁,从 J 到 $J+1$ 的跃迁谱线的波数为

$$\tilde{\nu} = \frac{1}{hc}(E_{J+1} - E_J) = B[(J+1)(J+2) - J(J+1)] = 2B(J+1) \tag{8.2.6}$$

式中,转动量子数 $J = 0,1,2,\cdots$。由式(8.2.6)知刚性双原子分子转动跃迁光谱线按波数排列是等间距的,分别为 $\tilde{\nu} = 2B, 4B, 6B, \cdots$,相邻谱线的波数差为 $2B$。在一般实验室中,转动跃迁的发射谱很难观测到,通常只观测到吸收谱,如图 8.2.4 所示。由谱线间的波数差可以测定分子转动常数 B,从而可确定分子的转动惯量 I 及平衡距离 R_0。分子转动能的量级为 10^{-3} eV,室温时气体分子热运动量级 $k_B T$ 约为 0.026 eV,热运动足以激发分子的转动能,因此热平衡下分子按转动能的分布服从 Boltzmann 分布。

对 J 值一定的能级,有 $2J+1$ 的简并度。因此 J 能级与 $J=0$ 能级上分子布居数之比为

$$\frac{N_J}{N_0} = \frac{g_J}{g_0}\mathrm{e}^{-E_J/(k_\mathrm{B}T)} = (2J+1)\mathrm{e}^{-E_J/(k_\mathrm{B}T)} = (2J+1)\mathrm{e}^{-BhcJ(J+1)/(k_\mathrm{B}T)}$$

对应于最大相对布居数能级的 J 值为

$$J_{\max} = \sqrt{\frac{k_\mathrm{B}T}{2hcB}} - \frac{1}{2} \tag{8.2.7}$$

在 300 K 时,HCl 分子的转动常数 $B=10.6\ \mathrm{cm}^{-1}$,容易得到 $J_{\max}=2.7$,在 $J=2$ 和 $J=3$ 的两个转动能级跃迁产生的谱线将最强。

上面讨论的刚性双原子分子转动能和实验结果大致符合,但分子的转动能量增大时,离心力增大,导致平衡距离 R_0 增大,转动惯量 I 也不再是常数,刚性双原子分子不再是刚性的,非刚性双原子分子能量公式修正为

$$E_J = hc[BJ(J+1) - DJ^2(J+1)^2] \tag{8.2.8}$$

式中的常数 B 和 D 可由分子的转动光谱来测定。图 8.2.4 所示的是 HCl 气体实际测量纯转动吸收谱。

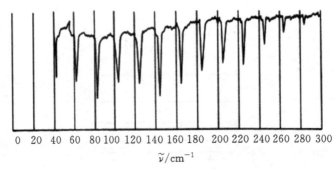

0 20 40 60 80 100 120 140 160 180 200 220 240 260 280 300
$\tilde{\nu}/\mathrm{cm}^{-1}$

图 8.2.4   HCl 气体实际测量纯转动吸收谱

2. 振动能级和光谱

双原子分子的振动是指原子实在平衡距离附近沿分子轴线的往复运动。双原子分子的势能曲线在平衡距离 R_0 附近区域非常接近于抛物线,此区域内分子的势能函数近似地为

$$V(R) \approx V(R_0) + \frac{1}{2}k(R - R_0)^2$$

式中,k 为相应化学键的力常数。双原子分子的振动可看成简谐振动。按照量子力学,双原子分子系统简谐振动的能量是量子化的,它等于

$$E_v = \left(v + \frac{1}{2}\right)\hbar\omega_0 \qquad v = 0,1,2,\cdots \tag{8.2.9}$$

式中,$\omega_0 = \sqrt{\dfrac{k}{\mu}}$,$\mu = \dfrac{m_1 m_2}{m_1 + m_2}$ 是双原子分子的约化质量;v 为振动量子数。振动能级是等间距的,相邻能级的能量间隔为 $\hbar\omega_0$,$v=0$ 时,$E_0 = \dfrac{1}{2}\hbar\omega$ 是最低的振动能级,称为零点能,由 Heisenberg 不确定关系确定。

同核双原子分子如 H_2、O_2 等,由于没有固有电偶极矩,不存在振动谱线,极性异核双原子分子如 HCl、CO 等与外界电磁场作用时,才会引起振动能级之间的跃迁,产生振动光谱。简谐振动能级之间的辐射跃迁选择定则为

$$\Delta v = \pm 1 \tag{8.2.10}$$

由于振动能级是等间距的,因此观测到的振动谱线只有 1 条。而纯振动能谱仅在样品是液态时才能观察到,因为液态使得样品不能发生转动。振动能级间隔比转动能级间隔大得多,而且有 $\Delta E_v > k_B T$。室温下,绝大多数分子处在 $v=0$ 的振动基态能级上。

振动量子数 v 很大时,双原子分子振动不再严格地遵守简谐振动规律,分子势能曲线上部明显偏离抛物线,考虑到非简谐性修正后的分子振动能量为

$$E_v = \left(v+\frac{1}{2}\right)h\nu_0 - \left(v+\frac{1}{2}\right)^2 \chi_e h\nu_0 \qquad v=0,1,2,\cdots \tag{8.2.11}$$

式中,χ_e 为非谐系数,对不同的分子其值不同,约在 0.01 量级。对非简谐振动,能级跃迁的选择定则为

$$\Delta v = \pm 1, \pm 2, \pm 3, \cdots \tag{8.2.12}$$

3. 振动-转动能级和振动-转动光谱

一般分子不可能以纯振动能级的面貌出现,事实上,用高分辨率的红外光谱仪观测时,同一电子态中 $\Delta v = \pm 1, \pm 2, \pm 3, \cdots$ 振动能级的跃迁给出的是振动-转动光谱带。每条振动谱线都是由一些密集的转动谱线组成的。振动能级跃迁决定谱线波长的区域,满足选择定则 $\Delta J = \pm 1$ 转动能级决定着谱线的间距,由于转动能级的谱线间隔很小,便形成了光谱带,HCl 分子近红外吸收谱带($v=0 \rightarrow 1$)如图 8.2.5 所示。

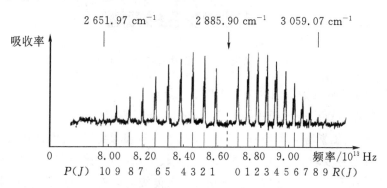

图 8.2.5 HCl 分子在近红外区振动-转动吸收谱($v=0 \rightarrow 1$)

为了能很好地理解图中的结构,需要定量地考查分子的转动振动能级表达式。在给定的电子能级下,分子能级是振动-转动能级的为

$$E_{v,J} = h\nu_0\left(v+\frac{1}{2}\right) - h\nu_0\chi_e\left(v+\frac{1}{2}\right)^2 + hc\left[BJ(J+1) - DJ^2(J+1)^2\right] \tag{8.2.13}$$

仅考虑 $v=0 \rightarrow v'=1$ 情况下的振转谱,略去上式中影响较小的两个修正项。振动能级跃迁谱线的波数为

$$\tilde{\nu}_{v,J} = \frac{E'_{v,J} - E_{v,J}}{hc} = \frac{E'_v - E_v}{hc} + \frac{E'_J - E_J}{hc}$$

$$= \left(\frac{v'-v}{c}\right)\nu_0 + B[J'(J'+1) - J(J+1)] \tag{8.2.14}$$

由振动-转动能级之间跃迁的选择定则 $\Delta v = \pm 1, \Delta J = \pm 1$,得

$$\tilde{\nu}_{v,r} = \tilde{\nu}_0 + B[J'(J'+1) - J(J+1)] \tag{8.2.15}$$

$J' = J+1$ 即 $\Delta J = 1$ 时产生的谱线系,称为 R 支,其波数表示式为

$$\tilde{\nu} = \tilde{\nu}_0 + 2B(J+1) \qquad J = 0,1,2,\cdots$$

上式也可以改写为下面的形式：

$$\tilde{\nu} = \tilde{\nu}_0 + 2BJ \qquad J = 1, 2, 3, \cdots \qquad (8.2.16)$$

$J' = J - 1$ 即 $\Delta J = -1$ 时产生的谱线系，称为 P 支，其波数表示式为

$$\tilde{\nu} = \tilde{\nu}_0 - 2BJ, \quad J = 1, 2, 3, \cdots \qquad (8.2.17)$$

由式(8.2.16)和式(8.2.17)给出了双原子分子 $v = 0 \to v' = 1$ 的振转能级和光谱带，如图 8.2.6 所示，谱带是由分布在 $\tilde{\nu}_0$ 两侧等间距的谱线组成的，中心处相应的波数 ν_0 称为谱带的基线。由于 $\Delta J = 0$ 的跃迁是禁戒的，因此基线 $\tilde{\nu}_0$ 实际上是空缺的，基线左边为 P 支，右边为 R 支。只有异核双原子分子才有振转光谱，比较图 8.2.6 和实际的 HCl 的吸收谱带图 8.2.5，发现理论分析和实验结果符合得很好。

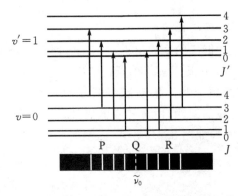

图 8.2.6　双原子分子振动-转动能级和光谱

还需要对 HCl 的吸收谱带图 8.2.5 作以下几点说明。

(1)由谱线间距可以求得分子中两个原子核的平衡间距 R_0。

(2)由于 Cl 的同位素有 ^{35}Cl(丰度 75.5%)和 ^{37}Cl(丰度 24.5%)，因此谱线的吸收呈双峰结构。由丰度判断，强度较大的对应 ^{35}Cl。^{37}Cl 质量较大，转动常数 B 较小，波数较小。

(3)光谱的最强不在中心，强度取决于跃迁中下能级转动能的布居数，反过来，由吸收谱也能得到转动能布居数方面的信息。

(4)谱带中转动谱线并不是等间距的，而且 P 支的间距大于 R 支的间距，说明简单的分子谐振和刚性假设不能完全描述实验现象，经过非简谐势和非刚性修正后，更加和实验吻合。

表 8.2.1 给出了由分子光谱研究而测定的某些双原子分子基态的数据。

表 8.2.1　一些双原子分子的基态数据

分子	转动常数 B_e / cm^{-1}	核间距离 $r_e / 10^{-8}\,\mathrm{cm}$	振动基频 $\tilde{\nu}_0 / \mathrm{cm}^{-1}$	离解能 D_e / eV
H_2	68.809	0.741 66	4 395.24	4.476 3
H_2^+	29.8	1.06	2 297	2.648 1
O_2	1.445 666	1.207 398	1 580.361	5.080
N_2	2.010	1.094	2 359.61	9.756
Cl_2	0.243 8	1.988	564.9	2.475
I_2	0.037 36	2.666 0	214.57	1.541 7

续表

分子	转动常数 B_e/cm^{-1}	核间距离 $r_e/10^{-8}\,\mathrm{cm}$	振动基频 $\tilde{\nu}_0/\mathrm{cm}^{-1}$	离解能 D_e/eV
HF	20.939	0.917 1	4 138.52	6.40
HCl	10.590 9	1.274 60	2 889.74	4.430
HI	6.551	1.604 1	2 309.53	3.056 4
CO	1.931 4	1.128 2	2 170.21	11.108
SO	0.708 9	1.493 3	1 123.73	5.146

例 8.1　实验测得 HCl 分子的一个近红外光谱带，其相邻的几条谱线的波数是 $\tilde{\nu}_1 = 2\,925.78\ \mathrm{cm}^{-1}$，$\tilde{\nu}_2 = 2\,906.25\ \mathrm{cm}^{-1}$，$\tilde{\nu}_3 = 2\,865.09\ \mathrm{cm}^{-1}$，$\tilde{\nu}_4 = 2\,843.56\ \mathrm{cm}^{-1}$，$\tilde{\nu}_5 = 2\,821.49\ \mathrm{cm}^{-1}$。已知 H 和 Cl 的原子质量分别为 $1.008\ \mathrm{u}$ 和 $35.45\ \mathrm{u}$，忽略分子的非简谐修正和非刚性修正，求这个谱带的基线波数 $\tilde{\nu}_0$ 及分子的力常数 k 和平衡距离 R_0。

解　HCl 分子的约化质量为

$$\mu = 0.980\ \mathrm{u} = 913\ \mathrm{MeV}/c^2$$

波数差 $\tilde{\nu}_2 - \tilde{\nu}_3$ 约等于其他相邻谱线波数差的两倍，因此它为振转光谱带，谱带的基线在 $\tilde{\nu}_2$ 和 $\tilde{\nu}_3$ 之间，即

$$\tilde{\nu}_0 = \frac{1}{2}(\tilde{\nu}_2 + \tilde{\nu}_3) = 2\,885.67\ \mathrm{cm}^{-1}$$

由 $\nu_0 = \dfrac{1}{2\pi c}\sqrt{\dfrac{k}{\mu}}$ 可得

$$k = 4\pi^2 c^2 \mu \tilde{\nu}_0^2 = 481.8\ \mathrm{N/m}$$

上述五条谱线中，$\tilde{\nu}_1$ 和 $\tilde{\nu}_2$ 属于 R 支，$\tilde{\nu}_3$、$\tilde{\nu}_4$、$\tilde{\nu}_5$ 属于 P 支，$\tilde{\nu}_2$ 和 $\tilde{\nu}_3$ 之间的波数相差为 $4B$，其他相邻谱线波数相差 $2B$，取平均值为

$$2B = \frac{2\,925.78 - 2\,821.49}{5}\ \mathrm{cm}^{-1} = 20.86\ \mathrm{cm}^{-1}$$

即 $B = 10.43\ \mathrm{cm}^{-1}$，由

$$B = \frac{h}{8\pi^2 I c} = \frac{h}{8\pi^2 \mu R_0^2 c}$$

求得

$$R_0 = \sqrt{\frac{h}{8\pi^2 \mu c B}} = 0.128\ \mathrm{nm}$$

8.2.3　双原子分子的电子态

分子的能量除了原子核转动和振动形成的能级外，还有分子中电子运动形成的电子能级，在三类能量中，电子能级的量级最大，达到 eV 量级。前面讨论的原子核转动和振动能级都是限于分子中价电子处于基态分子轨道的情况，显然分子中电子能级也可以处在激发态，电子能级间跃迁的光谱在可见和紫外区。电子能级取决于分子中电子的状态，因此搞清楚分子中电子组态是研究分子的电子能级的前提。

对双原子分子而言，电子所受到的平均力场不是球对称的，而是关于分子轴旋转对称的。

双原子分子中分子轴向电场很强,电子的轨道角动量 **L** 绕分子轴快速进动,其不再是守恒量。由于联合轴对称电场作用在轴对称分布电子云的力是轴对称的,平均通过 z 轴,因此轨道角动量 **L** 在对称轴上的分量 L_z 是守恒量,$L_z = m\hbar$。单个电子的轨道磁量子数为 m,又在电场对称轴 z 相反的两个方向的能量相同,引入新的量子数 λ 表示单个电子的状态,即

$$L_z = \lambda\hbar \qquad \lambda = |m| \tag{8.2.18}$$

称 $\lambda = 0,1,2,3,\cdots$ 的电子状态为 $\sigma,\pi,\delta,\varphi,\cdots$,原子轨道决定了 λ 的最大值为 l。在分子中不用电子的轨道角动量 **L** 描述电子,而用轨道角动量在轴向 z 方向分量 L_z 描述电子。分子中有多个电子,使用独立电子近似,把分子中每一个电子看成在其他电子和核的平均 Coulomb 场中独立运动,把多电子问题转化为单电子问题。

分子轨道是指分子中的单电子波函数,通常的近似方法是用适当的原子轨道波函数线性组合给出分子轨道波函数,即 LCAO 方法。例如,处于基态的 AB 分子,可用两个 1s 轨道组合成分子轨道:$\varphi = a(1s_A \pm 1s_B)$,从而得到两个分子轨道 $\sigma 1s_A$ 和 $\sigma 1s_B$。实际双原子分子的核间距既不是 0,也不是 ∞,由双原子分子的两个极端原子模型能够大致确定分子轨道的能级,这两个极端原子模型是 $R \to 0$ 的联合原子模型和 $R \to \infty$ 的分离原子模型。

联合原子模型把双原子分子当成一个原子来处理,如把 H_2 当成 He 原子,把 N_2 当成 Si 原子等。联合原子模型中单电子的分子轨道用三个量子数 n、l、λ 表示,n、l 写在 λ 的前面,如 $1s\sigma$、$2p\pi$、$3d\delta$ 等。核间距离较小的分子,如 H_2、CH、NaH,联合原子模型是很好的近似。联合原子模型的分子轨道的能级由低到高的排列为 $1s\sigma,2s\sigma,2p\sigma,2p\pi,3s\sigma,3p\sigma,3p\pi,3d\sigma,3d\pi,3d\delta,\cdots$。

分离原子模型把双原子分子完全等同于两个原子处理,每个原子都有自己的量子数 n、l、m_l,分离原子模型中总存在沿分子轴向的电场,这使得 $|m_l|$ 在分子轴向有确定的取值。分离原子模型中单电子的分子轨道也可以用三个量子数 n、l、λ 表示,一般把 n、l 写在 λ 的后面,用右下角的原子符号来区分量子数的来源,如对 AB 分子,其分子轨道有 $\sigma 1s_A,\sigma 1s_B,\pi 2p_A,\pi 2p_B,\cdots$。对同核双原子分子,分子轨道右下角不用标注原子符号,但需要标注轨道的中心对称性。如果轨道波函数关于中心反演不变号,称为偶态(以 g 表示),反之则称为奇态(以 u 表示)。例如,对 A＝B 即 A_2 或 B_2 分子,其分子轨道有 $\sigma_g 1s,\sigma_u 1s,\pi_g 2p,\pi_u 2p,\cdots$。联合原子模型近似下的分子轨道也具有这种对称性,不过分子轨道的 g 和 u 的特性与量子数 l 一一对应,可以不用在分子轨道中专门标出。核间距离较大的分子,如 CO、O_2、N_2,分离原子模型是很好的近似。异核($A \neq B$)的分离原子模型的分子轨道的能级由低到高的排列为 $\sigma 1s_A,\sigma 1s_B,\sigma 2s_A,\sigma 2s_B,\sigma 2p_A,\pi 2p_A,\sigma 2p_B,\pi 2p_B,\cdots$;同核的分离原子模型的分子轨道的能级由低到高的排列为 $\sigma_g 1s,\sigma_u 1s,\sigma_g 2s,\sigma_u 2s,\sigma_g 2p,\pi_u 2p,\pi_g 2p,\sigma_u 2p,\cdots$。

真实双原子分子核间距介于 0 和 ∞,实际分子轨道的能量排列既不按联合原子模型的能量次序,也不按分离原子模型的能量次序,而是在二者之间。把联合原子模型的分子轨道和分离原子模型的分子轨道关联起来,可大致给出分子核间距由小到大情况下分子轨道能量的高低次序,这就是分子轨道关联图,异核和同核双原子分子的轨道相关图如图 8.2.7 所示。两种极端轨道之间的连线要遵循以下规则。

(1)由于分子中电子的 λ 值是一定的,因此由下往上只能同左右的 σ 轨道或左右的 π 轨道相连,其他轨道也类似处理。

(2)相同类型的轨道线不能相交。

(3)对同核双原子分子,只有相同奇偶性的分子轨道才能相连,如 l 为偶数的轨道具有 g

对称,1sσ、2sσ、3dσ 只能和 $\sigma_g 1s$、$\sigma_g 2s$、$\sigma_g 3s$ 相连,l 为奇数的轨道具有 u 对称,2pσ、2pπ 只能和 $\sigma_u 1s$、$\pi_u 2p$ 相连,依此类推。

分子轨道相关图中使用了 1σ,2σ,1π,1δ,$\cdots$,$1\sigma_g$,$1\sigma_u$,$2\sigma_g$,$2\sigma_u$,$1\pi_g$,$1\pi_u$,$1\delta_g$,$\cdots$ 等符号,这里没有了分离原子轨道符号,因为现在的分子轨道已经是原子轨道的线性组合,不再与特定原子轨道相一致。

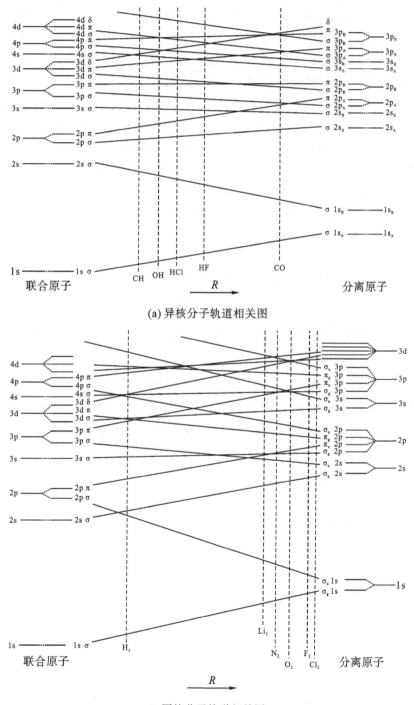

(a) 异核分子轨道相关图

(b) 同核分子轨道相关图

图 8.2.7　异核和同核双原子分子的轨道相关图

形成分子基态时,原来分立的各原子轨道上的电子将按以下原则移入分子轨道。

(1)Pauli 不相容原理,如 σ 轨道可容 2 个电子,π、δ 轨道可容纳 4 个电子。

(2)能量最低原理,不违背 Pauli 不相容原理条件下,电子将先占据能量最低的分子轨道。

(3)Hund 定则,在简并的轨道上,电子将先占据不同的轨道,自旋方向相同,这个定则是近似的、成立的。

分别看几个例子,分子 H_2^+ 只有一个电子,成键轨道为 $1\sigma_g$,氢分子 H_2 基态电子组态为 $(1\sigma_g)^2$,氢分子 H_2 第一激发态电子组态为 $(1\sigma_g)(2\sigma_g)$。He_2^+ 分子的基态电子组态为 $(1\sigma_g)^2$ $(1\sigma_u)$,两个电子占据成键轨道 σ_g,一个电子占据非成键轨道 σ_u,可形成稳定的分子,但 He_2 分子的基态电子组态为 $(1\sigma_g)^2$ $(1\sigma_u)^2$,反键电子将成键的引力抵消,不会形成 He_2 分子。BH 分子基态电子组态为 $(1\sigma)^2$ $(2\sigma)^2$ $(3\sigma)^2$,第一激发态电子组态为 $(1\sigma)^2$ $(2\sigma)^2$ $(3\sigma)(1\pi)$。HF 基态电子组态为 $(1\sigma)^2$ $(2\sigma)^2$ $(3\sigma)^2$ $(1\pi)^4$,这个基态电子组态涉及轨道杂化,稍微复杂一点。CO 分子基态电子组态为 $(1\sigma)^2$ $(2\sigma)^2$ $(3\sigma)^2$ $(4\sigma)^2$ $(1\pi)^4$ $(5\sigma)^2$,1σ 和 2σ 是 C 和 O 内层 1s 电子形成的轨道,其他是价电子轨道线性组合而成的,其中 3σ 和 5σ 是孤对电子轨道。CO 分子第一激发态电子组态为 $(1\sigma)^2$ $(2\sigma)^2$ $(3\sigma)^2$ $(4\sigma)^2$ $(1\pi)^4(5\sigma)(2\pi)$。

在独立电子近似下,分子中各个电子在对称轴方向上的轨道角动量合成的沿对称轴方向的总轨道角动量是守恒的,即

$$L_z = \Lambda \hbar$$

式中的总轨道角动量量子数 Λ 为好量子数,取值为

$$\Lambda = \left| \sum_i m_i \right| \tag{8.2.19}$$

注意式(8.2.19)中 $\sum_i m_i$ 为代数和,分子的电子态 $\Lambda=0,1,2,\cdots$,对应于符号 $\Sigma,\Pi,\Delta,\cdots$。多电子分子的情况下,电子轨道运动和自旋运动之间的相互作用在基态或低激发态时一般比较小,人们近似地把轨道运动和自旋运动分开,分子的总电子波函数写成轨道波函数和自旋波函数的乘积,而自旋轨道相互作用是微扰项。分子中电子自旋一般不受电场的影响,由独立电子近似,总自旋角动量 S 是分子中各电子自旋角动量 s 矢量合成:

$$S = \sum_i s_i$$

式中,S 在分子轴方向的分量为

$$S_z = \Sigma \hbar \qquad \Sigma = S, S-1, \cdots\cdots, -S+1, -S$$

共 $2S+1$ 个值。由于自旋与轨道相互作用,分子轴电子总角动量为总轨道角动量和总自旋角动量之和:

$$J = L + S$$

总角动量量子数 Ω 和总轨道角动量量子数 Λ、总自旋角动量量子数 Σ 之间的关系是

$$\Omega = |\Lambda + \Sigma| \tag{8.2.20}$$

式中,Ω 和 Σ 一样,共有 $2S+1$ 个值。分子态的重数为 $2S+1$,类似于原子情况,分子光谱项符号为 $^{2S+1}\Lambda_{\Lambda+\Sigma}$,而不是 $^{2S+1}\Lambda_{|\Lambda+\Sigma|}$。

氢分子离子 H_2^+ 基态电子组态为 $1\sigma_g$,由此得到 $\Lambda=0$、$S=1/2$,分子谱项为 $X^2\Sigma_g^+$,实际为单态。氢分子 H_2 基态电子组态为 $(1\sigma_g)^2$,受 Pauli 原理限制得到 $\Lambda=0$、$\Sigma=0$,对应的分子谱项为 $X^1\Sigma_g^+$,第一激发态电子组态为 $1\sigma_g 2\sigma_g$,易得对应的分子谱项为 $A^1\Sigma_g^+$,$a^3\Sigma_g^+$。满支壳层电子

组态给出 $\Lambda=0$、$\Sigma=0$,当满支壳层电子与其他电子耦合时,不用考虑满支壳层的贡献。CO 分子基态谱项为 $X^1\Sigma^+$,第一激发态电子组态为 $(1\sigma)^2 (2\sigma)^2 (3\sigma)^2 (4\sigma)^2 (1\pi)^4 (2\pi)(5\sigma)$,$\Lambda=1$,$S=1,0$,激发态的分子谱项为 $A^1\Pi,a^3\Pi$。

分子谱项相关符号的说明:同核双原子分子谱项的右下标 g 或 u 表示电子波函数的偶或奇宇称,即电子波函数在对称中心反演下不变号或变号;谱项前面的字母 X 表示分子基态,与基态有相同多重性的谱项前面用 A,B,C,… 表示,与基态多重性不同的谱项前面用 a,b,c,… 表示。对双原子分子的 Σ 谱项而言,关于平面 σ_{xz} 操作时电子波函数或改变符号(谱项右上角用一表示),或不改变符号(谱项右上角用+表示),谱项 Σ^+、Σ^- 的能量不同,也要分别标出来。

双原子分子电子能级之间的跃迁的选择定则为

$$\begin{cases} \Delta S = 0 \\ \Delta\Lambda = 0, \pm 1 \\ \Delta\Omega = 0, \pm 1 \\ \Delta\Sigma = 0 \\ g \leftrightarrow u (\text{对同核双原子分子有效}) \\ \Sigma^+ \leftrightarrow \Sigma^+, \Sigma^- \leftrightarrow \Sigma^-, \Sigma^+ \not\leftrightarrow \Sigma^- (\text{对 } \Sigma \leftrightarrow \Sigma \text{ 跃迁}) \\ \Delta v = 0, \pm 1, \pm 2, \pm 3, \cdots \\ \Delta J = 0, \pm 1 (0 \rightarrow 0 \text{ 禁戒}) \end{cases} \tag{8.2.21}$$

事实上,包括电子能级、振动能级和转动能级的分子能级公式为

$$E = E_e + E_v + hcBJ(J+1)$$

电子在不同能级上跃迁的波数为

$$\begin{aligned} \tilde{\nu} &= \frac{1}{hc}[(E'_e - E_e) + (E'_v - E_v)] + B'J'(J'+1) - BJ(J+1) \\ &= \tilde{\nu}_{ev} + B'J'(J'+1) - BJ(J+1) \end{aligned} \tag{8.2.22}$$

由于不同势能曲线的核平衡间距也不同,式中的转动常数也不同,$B \neq B'$。由于电子跃迁时包含电子状态的变化,因此非极性分子也出现振动转动光谱。考虑到转动能级式(8.2.21)的选择定则,电子振动转动谱带分为三支,R 支($\Delta J=1$)、P 支($\Delta J=-1$)和 Q 支($\Delta J=0$),三支谱线的波数如下。

R 支($\Delta J = J'-J = 1$):

$$\tilde{\nu} = \tilde{\nu}_{ev} + (B'+B)J' + (B'-B)J'^2 \qquad J' = 1,2,3,\cdots \tag{8.2.23}$$

P 支($\Delta J = J'-J = -1$):

$$\tilde{\nu} = \tilde{\nu}_{ev} - (B'+B)(J'+1) + (B'-B)(J'+1)^2 \qquad J' = 0,1,2,\cdots \tag{8.2.24}$$

Q 支($\Delta J = J'-J = 0$)

$$\tilde{\nu} = \tilde{\nu}_{ev} + (B'-B)J' + (B'-B)J'^2 \qquad J' = 1,2,3,\cdots \tag{8.2.25}$$

三支谱线在 $\tilde{\nu} - J'$ 图上都是抛物线,如图 8.2.8 所示,图中的数字标注相应的转动谱线,由于 $J'=0 \rightarrow J=0$ 为禁戒跃迁,因此 $\tilde{\nu} = \tilde{\nu}_{ev}$ 谱线空缺。如果 $B' > B$,则 P 支顶端谱线密集;如果 $B' < B$,则 R 支顶端谱线密集,密集处形成谱带的边界。分析谱带时先试着把谱带各线分为三组,再在 $\tilde{\nu} - J'$ 图上联成光滑的抛物线,分子光谱的各支就全清楚了,进而可以得到 B、B' 的数值。

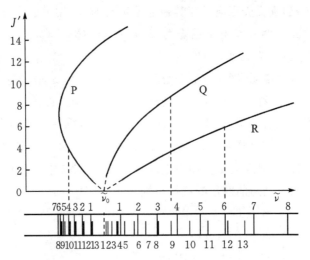

图 8.2.8   双原子分子电子振转光谱带分析

8.3   Raman 散射和光谱

8.3.1   Raman 散射现象

早在 1923 年 Smekal 等提出:如果被照射的分子处于振动状态,那么除了观察到和入射光频率相同的散射光外,还应该观察到频率分别为入射光频率和分子振动频率的和及差的散射光。1928 年 Raman 发现,当光束被溶液中的分子散射时,在散射光谱中,除了有原来的频率 ν_0 外,还有较弱的 $\nu_0 \pm \nu'$ 的新频率出现,波长不变的散射称为 Rayleigh 散射,波长发生散射的现象称为 Raman 散射,Raman 散射实验装置示意如图 8.3.1 所示。从光源发出的单色光照射在样品上,垂直于入射光方向上的散射光,经透镜聚焦后,进入光谱仪。Raman 光谱对所用光源波长没有严格限制,一般使用可见光或紫外光的激光光源。Raman散射光强很弱,大约只有入射光强的百万分之一,因此在激光光源没有出现以前,Raman光谱是较难观测的,但 Raman 还是成功地观察到很弱的散射光。

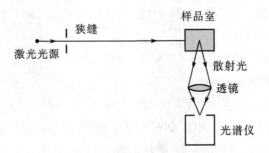

图 8.3.1   Raman 散射实验示意图

下面将 Raman 散射的主要实验结果总结如下：

(1)对于频率为 ν_0 的入射光,观察到有频率为 $\nu_1 = \nu_0 - \nu'$ 和 $\nu_2 = \nu_0 + \nu'$ 的散射光。其中频率较小的 $\nu_0 - \nu'$ 线称为 Stokes 线,又称红伴线;而频率较大的 $\nu_0 + \nu'$ 线称为 anti-Stokes 线(反 Stokes 线),又称紫伴线,散射光频率与入射光频率相同的谱线则称为 Rayleigh 线。

(2)频率改变的成分 ν' 与入射光的频率 ν_0 的差称为 Raman 位移,Raman 位移与入射光频率 ν_0 无关,只与散射样品分子的振动和转动能级有关。与分子转动能级跃迁相联系的 Raman 光谱称为纯转动 Raman 光谱,与分子振动-转动能级跃迁相联系的 Raman 光谱称为振动-转动 Raman 光谱。

(3)振动-转动 Raman 光谱中的反 Stokes 线要比 Stokes 线强度弱得多,但随着温度的升高,反 Stokes 线强度迅速增加,而 Stokes 线强度则变化不大。转动 Raman 光谱线几乎以相同强度分布在 Rayleigh 线、振动-转动光谱中 Stokes 线和反 Stokes 线的两侧,设转动 Raman 线的波数为 $\tilde{\nu}'$,Rayleigh 线、振动-转动 Stokes 线和反 Stokes 线的波数为 $\tilde{\nu}$,则有关系

$$\Delta\tilde{\nu} = \tilde{\nu}' - \tilde{\nu} = \pm(4n+6)B \qquad n = 0,1,2,\cdots \tag{8.3.1}$$

式中,B 为分子的转动常数。HCl 分子纯转动 Raman 光谱和振动-转动 Raman 光谱如图 8.3.2 所示。

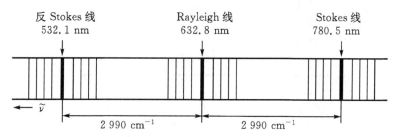

图 8.3.2　HCl 分子纯转动 Raman 光谱和振动-转动 Raman 光谱

8.3.2　Raman 效应的量子解释

Raman 散射中观察到的波数不变的 Rayleigh 线、Stokes 线和反 Stokes 线都可以从经典物理得到解释,但 Rayleigh 线、Stokes 线和反 Stokes 线两侧的间隔很小的转动 Raman 散射线却得不到解释,Stokes 线和反 Stokes 线的强度也解释不了。这里先介绍一下 Raman 散射的经典解释,然后再介绍 Raman 散射的量子解释。

从经典物理的角度来看,一个分子在外界光波交变电场 $E = E_0\cos 2\pi\nu_0 t$ 的作用下,会产生受迫振动,出现感生电偶极矩

$$P = \varepsilon_0 \chi_e E_0 \cos 2\pi\nu_0 t$$

式中,χ_e 为分子极化率。由于分子同时在做振动和转动,使得极化率 χ_e 受到振动和转动的调制,变为

$$\chi_{e0} + \chi'_e \cos 2\pi\nu' t$$

式中,ν' 为分子的振动或转动频率,于是

$$P = \varepsilon_0 (\chi_{e0} + \chi'_e \cos 2\pi\nu' t)(E_0 \cos 2\pi\nu_0 t)$$

$$= \varepsilon_0 \chi_{e0} E_0 \cos 2\pi\nu_0 t + \frac{1}{2}\varepsilon_0 \chi'_e E_0 [\cos 2\pi(\nu_0 + \nu')t + \cos 2\pi(\nu_0 - \nu')t] \tag{8.3.2}$$

感生电偶极矩出现了新的频率成分 $\nu_0 \pm \nu'$，散射光中也就出现了同样的频率成分，这样就解释了 Raman 散射中观察到的 Rayleigh 线、Stokes 线和反 Stokes 线。经典理论预言 Stokes 线和反 Stokes 线强度之间的关系为

$$\frac{I_S}{I_{anti\text{-}S}} = \frac{(\nu - \nu_0)^4}{(\nu + \nu_0)^4}$$

由此得出 Stokes 线强度比反 Stokes 线强度弱，和实验观测矛盾。

完全的 Raman 散射现象需要量子力学的解释，从量子力学的角度看，分子有许多的振动-转动能级的存在，入射光子与样品分子之间产生非弹性散射，分子的量子态可能改变也可能不变。如果分子量子态不发生改变，则会出现波数不变的 Rayleigh 线，如果分子的量子态改变，则散射光就可能出现 Stokes 线和反 Stokes 线。具体来说，处于定态 E_i 的分子吸收一个能量为 $h\nu_0$ 的光子后被激发到一个能量为 $E_i + h\nu_0$ 的虚能态，如图 8.3.3 所示。

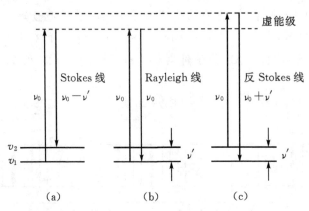

图 8.3.3　Raman 散射的产生

所谓虚能态是 Heisenberg 不确定关系允许下的极短时间内存在的一种中间态。分子由虚态自发辐射到较低的分子能级 E_f 时放出一个散射光子 $h\nu$，即

$$E_i + h\nu_0 = E_f + h\nu \tag{8.3.3}$$

由上式得到散射光子的频率为

$$\nu = \nu_0 + \frac{E_i - E_f}{h} \tag{8.3.4}$$

令 $E_i - E_f = h\nu'$，如果 $E_i > E_f$，则 $\nu = \nu_0 + \nu'$，散射光为反 Stokes 线，如图 8.3.3(c)所示；如果 $E_i < E_f$，则 $\nu = \nu_0 - \nu'$，散射光为 Stokes 线，如图 8.3.3(a)所示；如果 $E_i = E_f$，则 $\nu = \nu_0$，观察到的散射光为 Rayleigh 线，如图 8.3.3(b)所示。从式(8.3.4)可以看出散射光和入射光的频率差完全取决于分子中的振动能级和转动能级，与入射光的频率无关。处于不同振动-转动能级下的分子都可以与入射光子发生上述非弹性散射过程，因此 Raman 散射的现象(1)和(2)都得到很好的解释。下面来探讨现象(3)的物理原因。

由 Raman 散射线中 Stokes 线和反 Stokes 线的形成原因，能十分清楚 Stokes 线和反 Stokes 线的强度随温度的变化关系。无论是 Stokes 线还是反 Stokes 线，它们的强度取决于被激发到虚能级的分子数，被激发到虚能级的分子数越多，对应的散射线强度越大。Stokes 线是从分子较低态被激发到虚能态，而反 Stokes 线是从分子较高态激发到虚能态，如图8.3.3

所示。根据粒子数按能量的 Boltzmann 分布率为

$$N_2 = N_1 \frac{g_2}{g_1} e^{-(E_2 - E_1)/(k_B T)} \tag{8.3.5}$$

可知常温下，激发能级 v_2 上的分子布居数远小于基态能级 v_1 上的分子布居数，因此 Stokes 线比反 Stokes 线强得多。但随着温度的增加，激发能级 v_2 上分子数会明显增多，而基态能级 v_1 上分子数的相对变化并不明显，所以反 Stokes 线随温度增加明显，而 Stokes 线强度变化不大。

忽略双原子分子的振动-转动能级公式(8.2.13)中的转动能级非刚性和振动能级非简谐性的修正后，振动-转动能级写为

$$E_{v,J} = h\nu_i \left(v + \frac{1}{2}\right) + hcBJ(J+1)$$

式中 ν_i 表示振动频率。由(8.3.4)式得 Raman 散射的光谱

$$\tilde{\nu} = \tilde{\nu}_0 + (v' - v)\tilde{\nu}_i + B[J'(J'+1) - J(J+1)] \tag{8.3.6}$$

根据量子力学，双原子分子 Raman 效应跃迁的选择定则为

$$\Delta v = \pm 1; \Delta J = 0, \pm 2 \tag{8.3.7}$$

由式(8.3.7)和式(8.3.6)知，Rayleigh 线、Stoke 线和反 Stokes 线是振动能级和涉及转动的 $\Delta J = J' - J = 0$ 的能级跃迁产生的：

当 $\Delta v = v' - v = 0$ 时，得 Rayleigh 线 $\tilde{\nu} = \tilde{\nu}_0$；

当 $\Delta v = v' - v = -1$ 时，得 Stokes 线 $\tilde{\nu} = \tilde{\nu}_0 - \tilde{\nu}_i$；

当 $\Delta v = v' - v = 1$ 时，得反 Stokes 线 $\tilde{\nu} = \tilde{\nu}_0 + \tilde{\nu}_i$。

如图 8.3.2 所示的 HCl 分子的转动 Raman 光谱和振动转动 Raman 光谱。激光发出的入射光波长 $\lambda_0 = 632.8$ nm 的可见光，观察到的 $\lambda_0 = 632.8$ nm 的 Rayleigh 线，对应 $v' = 0 \rightarrow v = 0, \Delta J = 0$；观察到的 $\lambda_S = 780.5$ nm 的 Stokes 线，对应 $v' = 0 \rightarrow v = 1, \Delta J = 0$；另一条 $\lambda_{anti-S} = 532.1$ nm 的反 Stokes 线，对应 $v' = 1 \rightarrow v = 0, \Delta J = 0$。它们与入射光波长 $\lambda_0 = 632.8$ nm 的关系为 $\tilde{\nu}_0 - \tilde{\nu}_S = \tilde{\nu}_{anti-S} - \tilde{\nu}_0 = 2\,990$ cm^{-1}，正好与 HCl 分子振动基线的频率($2\,885.67$ cm^{-1})相符。应该说明的是，$\lambda_S = 780.5$ nm 的 Stokes 线包含了对应 $v = 0$ 振动能级下许多不同 J 的转动能级向 $v = 1$ 振动能级下许多不同 J 的转动能级，满足选择定则 $\Delta J = 0$ 的多条转动能级的跃迁，但由于转动能级跃迁频率非常接近，只形成波长为 $\lambda_0 = 632.8$ nm 的一条谱线。对 $\lambda_S = 780.5$ nm，$\lambda_{anti-S} = 532.1$ nm 的反 Stokes 线也是如此，参考图 8.2.6 双原子分子振-转能级图立刻就明白了。

在 Rayleigh 线、Stoke 线和反 Stokes 线的两侧频率间隔很小的谱线是涉及转动的 $\Delta J = \pm 2$ 的能级跃迁产生的：

当 $\Delta J = 2$ 时，有

$$\Delta\tilde{\nu} = B[J'(J'+1) - J(J+1)] = B(4J+6) \qquad J = 0,1,2,\cdots \tag{8.3.8}$$

当 $\Delta J = -2$ 时，有

$$\Delta\tilde{\nu} = B[J'(J'+1) - J(J+1)] = -B(4J'+6) \qquad J' = 0,1,2,\cdots \tag{8.3.9}$$

式(8.3.8)和式(8.3.9)可合写为

$$\Delta\tilde{\nu} = \pm B(4J+6) \qquad J = 0,1,2,\cdots \tag{8.3.10}$$

当 $\Delta v = 0$ 时，得 Rayleigh 线两侧频率间隔很小的谱线

$$\tilde{\nu} = \tilde{\nu}_0 \pm B(4J + 6) \qquad (8.3.11)$$

是 $v' = v$ 同一振动能级的 $\Delta J = \pm 2$ 的转动能级跃迁产生的。

当 $\Delta v = -1$ 时,得 Stokes 线两侧频率间隔很小的谱线

$$\tilde{\nu} = \tilde{\nu}_0 - \tilde{\nu}_i \pm B(4J + 6) \qquad (8.3.12)$$

是 $\Delta v = v' - v = -1$ 的 $\Delta J = \pm 2$ 的振动—转动能级跃迁产生的。

当 $\Delta v = 1$ 时,得反 Stokes 线两侧频率间隔很小的谱线

$$\tilde{\nu} = \tilde{\nu}_0 + \tilde{\nu}_i \pm B(4J + 6) \qquad (8.3.13)$$

是 $\Delta v = v' - v = 1$ 的 $\Delta J = \pm 2$ 的振动—转动能级跃迁产生的。

式(8.3.11)～式(8.3.13)解释了 Rayleigh 线、Stokes 线和反 Stokes 线两边 Raman 散射线产生的原因,这些 Raman 散射线是 $\Delta J = \pm 2$ 的转动 Raman 光谱带。由于两个转动能级之间的能量间隔比振动能级间隔小得多,因此转动 Raman 谱分布在 Rayleigh 线、Stoke 线和反 Stokes 线的两侧,其能级间跃迁如图 8.3.4 所示,对应的光谱如图 8.3.5 所示。以 λ_S 和 λ_{anti-S} 线为中心,在它们两侧形成的谱带,是由 $\Delta J = 0, \pm 2$ 的各跃迁谱线所形成的;在 Rayleigh 线 $\lambda_0 = 632.8$ nm 的两侧也有一个谱带,是由 $\Delta v = 0$(实际上没有发生振动能级间的跃迁),$\Delta J = 0, \pm 2$ 的转动各种跃迁谱线形成的。在 Rayleigh 线、Stokes 线和反 Stokes 线两侧的转动 Raman 光谱线来自于振动能级里的转动能级,这些转动能级的分子数目几乎相同,所以转动 Raman 光谱的强度也几乎相同。

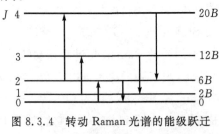

图 8.3.4   转动 Raman 光谱的能级跃迁

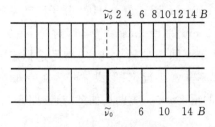

图 8.3.5   双原子分子振动-转动吸收谱和转动 Raman 谱带结构比较

双原子分子满足式(8.3.10)的纯转动 Raman 谱带(下)和红外波段振动-转动吸收谱(上)的结构对比如图 8.3.5 所示。$\Delta J = 0$ 的跃迁的 Rayleigh 线的两边是 $\Delta J = \pm 2$ 转动跃迁谱线,相邻紫伴线或相邻红伴线的波数差为 $4B$,红伴线谱和紫伴线谱的第一条谱线波数间隔为 $12B$。而振动-转动能级吸收谱的谱带,P 支或 R 支相邻两条谱线的波数差为 $2B$,见式(8.2.16)和式(8.2.17),P 支第一条谱线和 R 支第一条谱线的波数差为 $4B$,二者的差别明显。需要说明的是,图中标的振动-转动吸收谱和转动 Raman 谱带的 $\tilde{\nu}_0$ 具有完全不同的意义,振动-转动吸收谱中的 $\tilde{\nu}_0$ 是双原子分子振动基频率对应的波数(由于 $\Delta J = 0$ 的跃迁是禁戒的,基线 $\tilde{\nu}_0$ 实际上是空缺的),而转动 Raman 谱带的 $\tilde{\nu}_0$ 则是实验中出现的 Rayleigh 线、Stokes 线或

反 Stokes 线的波数。

在红外或者远红外波段观察分子的吸收,在紫外或可见波段观察分子的 Raman 散射,都可以了解分子的振动和转动信息,但后者在实验技术上更为便利。对于同核的双原子分子,如 H_2、O_2、N_2 等,没有固有的电偶极矩,通常观察不到这些分子的吸收谱,而这类分子可以被电磁辐射诱导出电偶极矩,观察这些分子的 Raman 散射谱却可以很好地获取这些分子内部振动、转动能级的信息。有时在 Raman 散射中不显示的情况,红外吸收谱却显示出来。两种实验手段对分子内部运动的反映各有独到的方面,对分子能级的研究可以相互补充。Raman 散射在分子物理、核物理、化学、分子生物学、医学领域都有广泛的应用。

8.4 电子与原子、分子、团簇的碰撞电离及应用

原子分子的碰撞动力学研究是获得原子分子结构及动力学信息的重要手段。它能帮助人们进一步了解入射粒子与原子分子相互作用的动力学机制,包括微分截面、电离激发截面、角关联机制、动量转移和能量转移等作用机制;它的发展还促进了粒子加速器、同步辐射加速器等实验技术以及符合探测技术的发展,推动了新的理论和计算方法的形成。

8.4.1 原子分子碰撞电离过程

碰撞过程研究的范围非常广,包含的类型多样,如两体碰撞过程、三体碰撞过程直至多体碰撞过程,入射的粒子可以是光子、电子、离子、原子或分子,碰撞的对象可以是单个原子或分子,也可以是多个原子或分子组成的团簇。入射粒子与原子分子发生碰撞之后,在碰撞诱导的反应中会发生电离、激发或电荷能量交换等过程。在碰撞过程中系统遵循能量守恒定律、动量守恒定律。而碰撞结果与入射粒子的电荷、质量、速度、粒子之间的相互作用以及原子或者分子的结构有关。碰撞过程涉及的"电离辐射"、能量在物质中淀积等过程的各种微观机理,能为辐射物理、空间物理、天文物理、化学动力学、凝聚态物理和等离子体物理等领域提供不可缺少的物理知识。

由于电子性质比较简单,且质量轻,其碰撞过程与光子碰撞相比,不会存在任何跃迁禁戒;与离子碰撞过程相比,其反应通道单一,不会存在离子碰撞过程中的俘获电离或转移电离等通道,因此电子常被选作最基本的碰撞体系去研究量子多体问题。与靶电子的轨道速度相比,按入射电子的能量的大小,可以把入射电子分为慢电子和快电子。慢电子是指速度可以与所研究的原子分子壳层的电子速度相接近的电子,其能量范围在几十 eV 以下;速度远大于壳层电子速度的电子称为快电子,快电子包括中能电子与高能电子,这里讨论的是能量在 100 eV~10 keV 的中能电子。低能慢电子碰撞实验主要用来研究原子分子的价壳层电子激发态;快电子碰撞除了可用于快电子激发,得到绝对的振子强度之外,还用于研究原子分子内壳层激发和电离。

电子与靶分子碰撞主要包括弹性散射和非弹性散射两种过程。弹性散射即为在电子与靶分子的碰撞过程中只发生了简单的动量交换过程,并未影响或改变靶分子的状态与内部结构。在入射电子能量从低能到高能区,弹性散射过程都是主要过程。如果除动能交换外,粒子内部状态在碰撞过程中有所改变或转化为其他粒子,则称为非弹性散射,如解离过程、电离过程以及激发过程等都是非弹性散射过程。解离过程为炮弹电子将其部分的能量转移至靶分子,并

使得靶分子达到排斥态,而后解离成碎片离子或者中性产物。当电子与靶分子碰撞过程中其转移至靶分子的能量高于靶分子的电离能时,即可发生电离过程。被电离的靶分子若处在激发态,则该过程即为电离激发过程。类似地,被电离的靶分子若达到排斥态,则称其为电离解离过程。如果炮弹电子的入射能较低,约几个 eV 至十几个 eV 时,电子有概率会吸附在靶分子上从而产生一个处于亚稳态的负离子,而后负离子发生解离,该过程即为电子吸附解离。总结来说,若考虑电子与双原子分子 AB 碰撞,可能会发生以下反应过程:

$$e + AB \rightarrow e + AB \text{(弹性散射)}$$
$$\rightarrow e + AB^* \text{(激发)}$$
$$\rightarrow 2e + AB^{*+} \text{(电离激发)}$$
$$\rightarrow 2e + AB^+ \text{(单电离)}$$
$$\rightarrow e + A^+ + B^- \text{(解离)}$$
$$\rightarrow 2e + A + B^+ \text{(电离解离)}$$
$$\rightarrow A + B^- \text{(电子贴附解离)}$$
$$\rightarrow A^{p+} + B^{q+} + (p+q+1)e \text{(Coulomb 爆炸)}$$

8.4.2　反应成像谱仪

反应成像谱仪综合了超快脉冲入射粒子束技术、超音速气体冷靶技术、飞行时间谱仪技术以及二维位置和时间灵敏多击探测器和多粒子符合探测技术,实现了对原子分子碰撞动力学过程的完全测量。在实验过程中,原子分子或团簇在与电子、离子或光相互作用后处于高电离激发态,由于母体离子不稳定并发生解离,从而产生多个碎片粒子,反应谱仪能够实现对反应后所有的带电粒子进行全空间、高分辨率的探测。利用匀强电场、匀强磁场以及位置-时间灵敏探测器,其能够在 4π 立体角内探测反应后的碎片离子和电子的三维动量、动能以及角分布等信息,从而可对整个动力学过程深入研究。

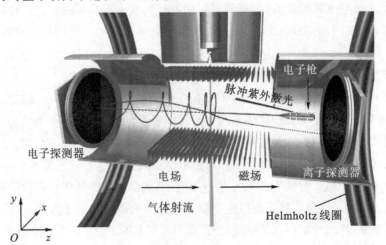

图 8.4.1　电子动量反应谱仪装置示意图[1]

---

① REN X G, AMAMI S, ZATSARINNY O, et al. Kinematically complete study of low-energy electron impact ionization of argon: internormalized cross sections in three-dimensional kinematics[J]. Physical Review A, 2016, 93(6):062704.

电子碰撞反应成像谱仪示意图如图 8.4.1 所示,光电子源沿 $-z$ 轴方向出射脉冲化的电子束,该电子束在谱仪的反应区与超音速气体冷靶产生的沿 $-y$ 轴方向的气体靶发生交叉碰撞,碰撞后参与反应的电子(电离电子与散射电子)在匀强电场和匀强磁场的作用下经过电场加速区与无场漂移区后打在中心带孔的电子六角延迟线阳极二维位置灵敏探测器上,一方面,其从碰撞点到探测器的飞行时间信息(time of flight,TOF)与到达探测器瞬间的位置信息 (x,y) 被探测器所记录,未经反应的电子束主束将继续沿 $-z$ 轴出射并通过电子探测器中心的小孔后被收集。另一方面,反应中产生的阳离子在匀强电场的作用下被引向另外一端(z 方向)的离子延迟线阳极二维位置灵敏探探测器,与电子不同的是,由于离子质量较大,因此可忽略磁场对其运动轨迹造成的影响。同样地,其飞行时间与位置信息被记录。匀强电场 E 由一系列相互平行的电极片产生,其方向与电子束出射方向相反(沿 z 方向)。匀强磁场 B 由一对 Helmholtz 线圈产生,其方向朝 z 轴的正方向,主要作用是有效地约束参与反应电子的飞行路径,增大电子的收集立体角,从而提升数据采集效率。谱仪采用反冲离子、散射电子与电离电子三重符合测量技术,将探测器获得的离子与电子的时间(t)和位置(x,y)信息传入电子学系统。对其进行放大、甄别、筛选以及符合处理,再将处理后的信号传入数据采集系统。最终可以实现 PC 端的在线实时监测与分析,并且能够将实验数据以逐事件(event – by – event)的形式进行保存,从而进行离线分析。

8.4.3 电子碰撞电离及解离反应

电子碰撞实验在研究动力学方面具有其重要性:一方面,从动力学完全测量层面探索量子物理中最基本的多体相互作用,揭示物质中重要的电子结构信息;另一方面,电子碰撞电离过程的研究为理解和解决大气及环境物理、等离子体科学、核聚变、辐射治疗等机理和关键问题提供了重要依据。其动力学过程主要可以分成两类:一类是碰撞动力学,本质上是量子力学的散射问题,主要的实验研究手段是测量带电粒子的微分散射截面,包括不同运动学条件下的散射截面以及分子框架下的散射截面;另一类是原子分子激发态或离子态的演化动力学,使用电子碰撞的手段制备演化初态。通过收集反应产物的能量、动量信息,分析退激发、电离、解离、分子键重构等过程的动力学机制。

1. 电子碰撞电离过程

1)(e,2e)反应过程及优势

20 世纪 50 至 60 年代,核物理学家利用(p,2p)核反应直接地从实验上得到核子在核内的动量分布,受此启发,McCarthy 和 Weigold、Amaldi 等考虑可以把(p,2p)核反应扩展到原子与分子结构研究上,即(e,2e)技术。随后 McCarthy 和 Weigold 讨论了(e,2e)反应分辨原子分子价态的可能性,并于 20 世纪 70 年代开始着手建立实验装置。利用(e,2e)反应既可获得轨道的电子能级或电子能带结构相关信息,还可以直接得到与电子云形状相关的动量谱信息(即电子波函数在动量表象下的模平方)。换言之,它可以同时并且直接地获取电子的以上二维信息,用来研究反应动力学和靶粒子结构学。反应动力学主要是研究(e,2e)反应的各种电离机制,即近似处理(e,2e)反应碰撞过程的各种理论模型或方法;结构学主要研究原子、分子、固体薄膜和表面的电子结构。

在电子碰撞电离过程中,具有一定能量的入射电子与靶分子碰撞后,自身被散射,敲出一

个束缚电子并使靶分子发生电离反应,从而产生两个末态出射电子(散射电子与电离电子)。反应的基本形式可以表示为

$$e + A \rightarrow A^+ + e + e'$$

其反应示意图如图 8.4.2 所示,在该过程中,入射粒子为一个电子,出射粒子为两个电子,分别是改变了能量和动量的入射电子自身和靶分子被电离的某个轨道的电子,由此称其为(e,2e)反应。

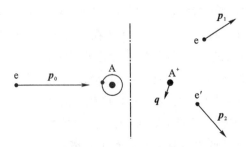

图 8.4.2　(e,2e)反应过程示意图[①]

　　电子动量谱学的测量就是基于电子碰撞靶原子或分子的单电离(e,2e)反应。其运动学几何条件如图 8.4.3 所示,该反应中在忽略靶粒子很小的热运动能量和动量的情况下,电子的动量转移 K 和离子的反冲动量 q 可写为

$$K = p_0 - p_1, \quad q = p_0 - p_1 - p_2$$

其中,p_0、p_1、p_2分别为入射、散射和电离电子的动量。若此时入射电子速度很快,且动量转移 K 也较大,所涉及的入射电子以及两个出射电子的能量很高。碰撞可以看作是两个自由电子间的强碰撞,此过程中离子来不及响应,起旁观者的作用,离子所获得的反冲动量 q 为碰撞前离子所具有的动量。由于碰撞前认为靶是静止的,原子分子的动量为零,在冲量近似下,碰撞前电子在原子中的动量 p 与 q 大小相等,方向相反。(e,2e)实验中通过对反冲离子动量的测量也就实现了原子分子中轨道电子的动量测量:

$$p = -q = p_1 + p_2 - p_0$$

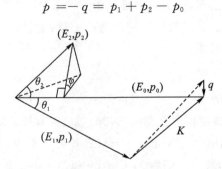

图 8.4.3　(e,2e)反应运动学

　　如果(e,2e)装置还能进行能量分辨,在测量动量的同时也确定了电子结合能。在一组不同角度(不同反冲动量)的电离能谱的测量中,一定结合能峰下的两出射电子的符合计数率(即微分散射截面)与反冲动量的变化关系,即为这一结合能的动量分布或电子动量谱。

　　电子动量谱学(electron momentum spectroscopy, EMS)以电子碰撞电离的(e,2e)反应为

①　王琦. Ne原子共面双对称条件下(e,2e)反应的理论分析和后碰撞相互作用的影响[D]. 安徽:安徽大学,2014.

基础,作为直接测量物质中电子能量-动量二维分布的方法,已发展成为研究物质的电子结构、电子关联和电离机制的强有力手段。它不仅可以获得原子分子的电离能谱,最重要的是可以在电子结构水平上获得特定轨道动量空间电子密度分布的实验技术,即电子轨道成像,能够得到单个轨道的电子密度分布。电子动量谱既有能量分辨又有动量分辨,给出的电子动量值是在从零开始的一定范围内获得原子分子不同轨道的动量空间电子密度分布的重要实验手段。

此外,原子或分子(e,2e)反应的三重微分截面(triple differential cross section, TDCS)可以提供碰撞动力学和结构学的相关知识,它能够给出原子分子中电子轨道、电子关联、化学环境对轨道电子密度影响和激发态与自电离态等极为丰富且有价值的信息。在最近的十多年里关于(e,2e)反应的成果已经相当丰富,研究的原子(如 H 、Li、Na、K、He、Ne、Ar、Kr、Xe、Mg、Ca 等)、分子(如 H_2、HF、N_2、O_2、H_2O、CO_2、CH_4、NH_3、HCOOH 等)和固体(如 C、Si、Ag 等)薄膜的种类越来越多。理论上,由于电子与原子分子碰撞是一个多体问题,无法利用量子力学方法进行严格精确的求解,通常在理论计算上需要进行不同程度的近似处理。自实验工作者开展了相关(e,2e)实验探索以来,经过几十年的不断努力,科研工作者已能基本解释特定实验条件下电子碰撞靶原子单电离的实验结果。

2)三重微分截面

三重微分散射截面 $d^3\sigma(E_0,E,\Omega)/(dEd\Omega)$ 是指具有确定入射能量 E_0 的电子与单位面积内一个原子分子作用并损失能量 E 后被散射到 Ω 方向的单位能量、单位立体角内的概率,其是包含所有碰撞参数 $(E_0,E_1,E_2,\theta_1,\theta_2)$ 的显函数,可以通过两个出射电子的符合实验来测量。如果取入射电子方向为 z 轴,三重微分截面是能量 E、极角 θ 和方位角 φ 的函数。双重微分散射截面不依赖于方位角 φ,实验上常常固定 φ 角,只改变 θ 角。实际的实验测量受到各种非理想条件的限制,在电子碰撞实验中,测得的是某一散射角下的电子能量损失谱 $N(E,\theta)$。$N(E,\theta)$ 与该角度下的双重微分散射截面的关系为

$$\frac{dN(E,\theta)}{dE} = In_0(p)C(E,\theta)G(r)\frac{d^2\sigma(E,\theta)}{dEd\Omega} \tag{8.4.1}$$

其中,I 为入射电子束的强度;n_0 为靶气体密度;p 为靶气体压强;$G(r)$ 为几何因子;$C(E,\theta)$ 为仪器响应函数。从上式可以看出,散射电子计数和微分散射截面成正比关系。

在电子碰撞电离研究中,通常测量末态的散射电子与电离电子,使用两个电子能量分析器测量散射电子和电离电子的符合计数率随两个出射电子 θ 和 φ 角及能量的变化关系,就得到三重微分散射截面。其普遍表达式为

$$\frac{d^3\sigma}{d\Omega_1 d\Omega_2 dE_1} = (2\pi)^4\frac{p_1 p_2}{p_0}\sum_{av}|T_{fi}(\varepsilon_f,p_1,p_2,p_0)|^2 \tag{8.4.2}$$

其中,p_0、p_1、p_2 分别为入射电子、散射电子和电离电子的动量;$\sum_{av}$ 表示对末态所有简并求和,对初态所有简并求平均;矩阵元 T_{fi} 是靶从原子基态 i 至离子终态 f 的(e,2e)反应振幅,或称电离振幅。

图 8.4.4(a)是实验上测量的 Ar 原子 3p 轨道单电离的三重微分截面,其中,炮弹电子的能量为 66 eV,其沿 p_0 方向入射,碰撞后被散射至偏角为 $\theta_1 = 15°$ 的 p_1 方向。此过程中的动量转移为 q,电离出的出射电子能量为 3 eV,从坐标原点到曲面的距离反映了能量为 3 eV 的电离电子沿该角度出射的概率大小,即截面。其形状为典型的双波瓣结构,其结构除了出射电子小角度时的两体碰撞波瓣(binary lobe)之外,还出现了电子大角度散射的反冲波瓣(recoil lobe),这对应于电离出的出射电子在散射过程中受到原子核势的作用,从而绕核发生背向散射的过程。实际分析过程中,常常将三维空间截面投影到三个正交的二维平面上,分别为散射平面(x-z平面)、垂直平面(y-z平面)以及全垂直平面(x-y平面)。同时,在理论模型上,非微扰的 B 样条 R 矩阵(BSR)方法和基于微扰理论的三体扭曲波(3DW)方法也被用来对截面进行计算。BSR 方法将靶态作为一个整体,通过将靶态波函数展开为一系列原子的本征态去考虑靶态与入射电子之间的相互作用,将复杂的多体问题进行了一定的简化。而 3DW 方法对整体的靶态描述相对简单,电子-电子相互作用则用包含末态波函数中的 Coulomb 关联因子 C 来描述。不同方法的计算结果常常与实验结果进行比较来检验理论模型对电子轨道描述的精确性,如图 8.4.4 所示,在 Ar 原子 3p 轨道的三重微分截面计算方面,基于 BSR 方法的计算结果与实验符合得更好。

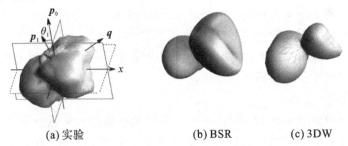

(a) 实验   (b) BSR   (c) 3DW

图 8.4.4   不同理论模型下的 Ar 原子 3p 轨道电离三重微分截面三维图

2. 电子碰撞解离过程

当多原子分子被入射电子束碰撞电离后,产生的带正电的母体离子通常是不稳定的,会发生解离。最简单的解离机制就是单步的 Coulomb 爆炸过程,在这个过程中,碎片离子间的化学键同时断裂,带电碎片通过 Coulomb 排斥作用相互分离。研究表明,多电荷分子离子的解离过程包含非常丰富的动力学信息,除 Coulomb 爆炸过程外,还存在其他解离机制。例如,次序解离,分子离子的一个化学键先断裂,经过一段时间后,另一个键再断裂;延迟解离,多原子分子被电离后并没有立即发生解离,而是经过百纳秒到微秒时间尺度的游离后再发生解离。这些解离机制在许多领域的应用中都有其重要价值。在天文学中,气体分子和离子,甚至尘埃,从 UV 光子、宇宙射线、氢离子和亚稳态的原子那里获得能量而成为多电荷态的分子离子是星际介质和行星大气中重要的物理化学过程。在生物学中,电磁辐射、电子、质子和重离子都会对生物系统产生损伤,其中的一个重要过程是辐射源将生物分子电离,产生分子离子,因此研究分子离子的解离行为对于理解辐射损伤机制也是至关重要的。实验上,随着支持多级响应的位置灵敏探测器及符合探测技术的发展,解离产生的碎片离子能够按照事件记录,并且可以重构碎片离子的三维动量矢量,这为研究碰撞动力学提供了强有力的工具。

关于碰撞解离的研究已经覆盖了多种原子分子,包括 CO_2、CS_2、OCS 等简单的三原子分子,C_2H_2、C_2H_4、C_4H_6 等有机分子,C_4H_8O(THF)[①]、$H_2O \cdot C_4H_8O$[②] 等生物大分子及其团

① REN X G, PFLUGER T, XU S Y, et al. Strong moleculr alignment dependence of H_2 electron impact ionization dynamics [J]. Physical Review Letters, 2012, 109(12):123202.

② REN X G, WANG E L, SKITNEVSKAYA A, et al. Experimental evidence for ultra fast intermolecular relaxation processes in hydrated biomolecules[J]. Nature Physics, 2018, 14(10):1062-1066.

簇。在众多的分子体系中,有机分子是组成生命体的重要分子,与生命起源息息相关。其中的烃类分子至少包含五个原子,极有可能在碰撞后发生多体解离,其解离机制往往比较复杂。三体解离是最简单的多体解离,选取该过程作为模型体系进行研究有助于进一步理解其他更复杂的多体过程。一次三体解离过程往往涉及两个化学键的断裂,根据两个化学键是否同时断裂可以分为直接解离过程和次序解离过程,如何区分两种解离机制是三体解离研究中的重要问题。随着三体解离研究的发展,区分解离机制的方法也取得了很多的进步,截止目前发展出来的区分直接解离和次序解离的手段包括牛顿图(Newton diagram)[1]、达里兹图(Dalitz plot)[2]和 Native frame[3] 等。

牛顿图和达里兹图是目前应用范围最广的两种判断解离机制的方法。牛顿图将某一击碎片离子表示成沿着横坐标正向分布的单位矢量,其他两个碎片的动量通过相对该动量的大小和夹角表示在一个坐标系下,能得到碎片离子之间的动量关系。图 8.4.5(c)所示为二氧化碳(CO_2)分子被电离为三价阳离子后的三体解离通道:$C^+ + O^+ + O^+$ 的牛顿图,图中箭头表示 O^+ 的动量矢量,定义为 1 个单位长度,方向沿 x 轴正方向,其余两个离子 C^+ 与 O^+ 的动量矢量以 O^+ 离子为基准分布在 O^+ 离子动量的上下两侧。牛顿图中事件密集区域形成了两个明显的岛状结构,这对应于母体离子解离时 C—C 键与 C—O 键同时发生断裂的直接解离过程。除此之外,还可以观察到两个半圆形的结构,该结构是次序解离过程的典型特征。这种结构表明,母体离子解离过程中会存在一个亚稳态的中间产物 CO^{2+} 离子,该中间体离子在发生进一步解离之前做旋转运动。这是由于电离后的 CO_2^{3+} 的结构不是线性的,中间体离子 CO^{2+} 会在第一步 Coulomb 爆炸中获得相应的角动量从而发生旋转,当第一步解离过程中的 O^+ 离子与中间体离子之间的相互作用几乎可以忽略时,发生第二步解离过程,CO^{2+} 离子解离为 C^+ 与 O^+。最终形成了牛顿图中上半部分与下半部分的两个半圆环结构。

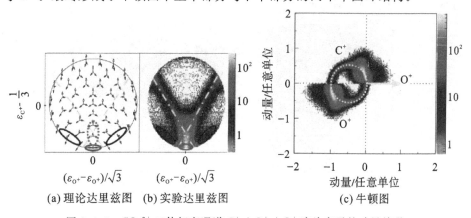

(a) 理论达里兹图　(b) 实验达里兹图　　　　(c) 牛顿图

图 8.4.5　CO_2^{3+} 三体解离通道 $C^+ + O^+ + O^+$ 碎片离子的动量关联

[1] HSIEH S, ELAND J H D. Reaction dynamics of three-body dissociations in triatomic molecules from single-photon double ionization studied by a time and position-sensitive coincidence method[J]. Journal of Physics B: Atomic Molecular and Optical Physics, 1997, 30(20): 4515-4534.

[2] DALITZ R H. On the analysis of τ-meson data and the nature of the τ-meson[J]. Philosophical Magazine and Journal of Science, 1953, 44(357): 1068-1080.

[3] RAJPUT J, SEVERT T, BERRY B, et al. Native frames: disentangling sequential from concerted three-body fragmentation[J]. Physical Review Letters, 2018, 120(10): 103001.

上述解离机制同样在图 8.4.5(a)、(b)中的达里兹图中可以得到印证。达里兹图横纵坐标定义为

$$X = \frac{p_b^2 - p_a^2}{\sqrt{3} \sum p_i^2}, Y = \frac{p_c^2}{\sum p_i^2} - \frac{1}{3}$$

其中,a、b、和 c 分别代表三个解离后的碎片离子;$p_i (i \in \{a, b, c\})$代表在母体离子质心下每个碎片离子的动量大小。所有的事件分布在一个半径为 1/3 的圆中,圆内每一点距其外切等边三角形三条边的距离分别表征三个碎片动量的大小,通过分析不同结构对应的动量关系的变化就可以得到解离机制,或者进一步将达里兹图中的结构对应在理论达里兹图中观察动量关联的变化。通过对图 8.4.5(a)、(b)中不同结构的分析,确定了该三体解离通道同时包含直接解离与次序解离两种不同的解离过程。

在牛顿图和达里兹图中,直接解离过程的结构中往往包含次序解离过程的贡献,无法将两种机制完全区分并得到各自在解离通道中的占比。为了得到两种机制在解离中的准确占比,2018 年 Rajput 等在研究 OCS 的三体解离通道时,介绍了 Native frame 方法。该方法通过给出 KER_{INT}-γ_{INT} 的二维关联谱准确地分离了次序解离过程和直接解离过程的贡献。他们得到 $O^+ + C^+ + S^+$ 的结果如图 8.4.6 所示,横坐标 KER_{CS} 代表第二步解离中的 KER(kinetic energy release),$\theta_{CS,O}$ 是两步解离过程之间的矢量夹角。从图中可以看出,在 $\theta_{CS,O} = 0 \sim 45°$ 范围内不包含直接解离过程的贡献,且次序解离事件均匀分布;通过将 $0 \sim 45°$ 范围内的事件计数推广到全空间,就能够得到解离通道中次序解离过程的总计数;再利用通道的总计数就能够得到次序过程和直接过程各自的占比。Native frame 方法相比牛顿图和达里兹图的优势在于能够定量得到不同解离机制的相对贡献。

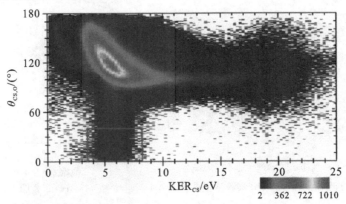

图 8.4.6   OCS³⁺ 解离成 $O^+ + C^+ + S^+$ 通道 KER_{CS} 和 $\theta_{CS,O}$ 的关联图,
KER_{CS} 是第二步过程中的动能释放值,$\theta_{CS,O}$ 是两步过程之间的夹角

此外,通过碎片离子间的动量关联谱也可以对解离机制进行判断。若其中某一离子的动量为常数,在动量关联谱中不随其余碎片离子动量的变化而变化,则说明这一离子是独立于其他两个离子出射的,对应的解离过程即为次序解离。这些分析方法是当前研究三体解离机制,区分直接和次序解离过程的有效手段。截至目前研究者们已经利用这些方法在 CO_2、CH_4、C_2H_2、C_6H_6 等分子中观察到了丰富的解离机制,但仍然有大量分子的三体解离机制亟待研究。

8.4.4　电子碰撞动力学研究进展

近年来,人们以电子束为入射粒子系统地研究了从单原子到简单双原子分子再到复杂生物分子及团簇的电离解离动力学,取得了很多重要的进展。在微分截面测量方面,利用反应显微成像谱仪实现了电离电子三维空间成像,图 8.4.7 为氦原子和氖原子实验与理论的三维空间全微分散射截面[1][2]。理论研究上,基于数学自洽的 ECS 方法和基于密耦合理论的 CCC(convergent close - coupling),TDCC(time - dependent close - coupling),BSR(B - spline R - matrix - with - pseudostates)方法已经能够几乎完美地对 H 原子、He 原子、Ne 原子和 H_2 分子的(e,2e)反应动力学过程进行描述。

近年来,实验研究表明,次级粒子,尤其是初级电离过程产生的二次电子在水、DNA 和 RNA 碱基等的电离辐射损伤中产生了重要的影响。为了全面地理解这些高度复杂生物分子的电离辐射损伤动力学,一种可能的方法是研究分离的气相单元分子的电子碰撞单电离过程,如分离的 DNA 和 RNA 碱基、糖和磷酸单元等。澳大利亚 Brunger 研究组开展了一系列生物分子(e,2e)电子碰撞电离动力学的实验研究,包括四氢呋喃(THF, C_4H_8O)、四氢吡喃(THP,$C_5H_{10}O$)、1,4 - 二恶烷($C_4H_8O_2$)、嘧啶($C_4H_4N_2$)、苯酚(C_6H_5OH)和四氢糖醇(THFA,$C_5H_{10}O_2$)等,测量了生物分子在(e,2e)共面几何条件下的全微分截面。后来的研究者们利用多重符合测量技术获得了四氢呋喃在 4π 立体角内的三重微分截面,与此同时基于分子三体扭曲波(M3DW)和分子多中心扭曲波(MCDW)近似的理论模型也逐渐发展起来,用于更精确地探究生物分子的电子轨道结构。特别地,Zhou 等利用 65 eV 的入射电子实验获得了水(H_2O)、四氢呋喃(C_4H_8O)以及水合四氢呋喃($H_2O \cdot C_4H_8O$)的绝对截面,同时发现了水环境对水合分子的电离动力学有显著影响。

(a) 氦原子全微分散射截面实验结果　　(b) 氦原子全微分散射截面CCC计算结果

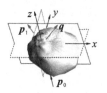

(c) 氖原子全微分散射截面实验结果　　(d) 氖原子全微分散射截面BSR计算结果

图 8.4.7　(e,2e)三维动力学研究的全微分散射截面

[1]　REN X G, SENFTLEBEN A, PFLÜGER T, et al. Electron - impact ionization of helium: a comprehensive experiment benchmarks theory[J]. Physical Review A, 2015, 92: 052707.

[2]　REN X G, AMAMI S, ZATSARINNY O, et al. Kinematically complete study of low - energy electron - impact ionization of argon: internormalized cross sections in three - dimensional kinematics[J]. Physical Review A, 2015, 91(3): 032707.

　　利用反应谱仪技术通过在实验上对多个末态带电粒子的符合探测,可以对电子碰撞电离过程中分子发生 Coulomb 爆炸的碎裂解离机理进行深入探究。如通过对电子碰撞诱导的 CO_2、OCS 与 CH_4 等小分子的三体碎裂解离,研究其次序解离与直接解离过程。随着多重符合探测技术的进步,可以对末态电子及多个碎片离子进行多重符合探测,从而使人们可以对分子碎裂解离机制有更为清晰的认识。随着气相分子团簇制备技术的进步,解离动力学的研究对象从单分子逐步扩展到了分子二聚体和分子团簇。1997 年,Cederbaum 等首次在理论上提出在团簇体系如 $(HF)_2$ 和 $(H_2O)_2$ 的电离解离过程中存在新的衰变机制,该机制被称为原子或分子间库仑衰变(intermolecular Coulombic decay,ICD)。ICD 过程是指在内价层轨道电子被电离后,其外壳层轨道电子跃迁至该内价层轨道空穴,跃迁释放的能量不足以使该单体本身再电离一个轨道电子,然而当处于团簇环境中时,跃迁释放的能量可以使近邻原子或分子中的外壳层电子电离。在稀有气体团簇(如 Ar 二聚体)中存在 ICD 过程[①],其过程主要分为三步,如图 8.4.8 所示。首先是电子碰撞电离过程,电子与 Ar 二聚体发生碰撞使得其中一个 Ar 原子发生电离激发反应,形成衰变初态。第二步是电离的 Ar 离子的 3p 电子填充到内壳层空穴中并释放出能量,能量传递到相邻的中性 Ar 原子中去,使得相邻 Ar 原子电离出 ICD 电子。第三步是二聚体中两个带正电的阳离子由于 Coulomb 排斥作用发生 Coulomb 爆炸解离为两个独立的 Ar^+。

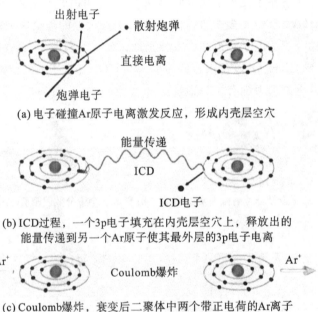

(a)电子碰撞Ar原子电离激发反应,形成内壳层空穴

(b)ICD过程,一个3p电子填充在内壳层空穴上,释放出的
能量传递到另一个Ar原子使其最外层的3p电子电离

(c)Coulomb爆炸,衰变后二聚体中两个带正电荷的Ar离子
因二者之间的Coulomb排斥发生Coulomb爆炸

图 8.4.8　Ar_2 的 ICD 过程图

　　此后,对于 ICD 过程的研究在理论和实验上得到了快速发展,在稀有气体二聚体甚至水团簇中都观察到了这类过程。研究还陆续发现了复杂分子间 Coulomb 衰变、辐射电荷转移

① 　REN X G, JABBOUR A l, MAALOUF, E, et al. Direct evidence of two interatomic relaxation mechanisms in argon di-
　　mers ionized by electron impact[J]. Nat Commun, 2016, 7: 11093.

(radiative charge transfer，RCT)、分子间质子转移(intermolecular proton transfer)等发生在团簇化学环境中的重要物理过程。在电子与团簇碰撞电离解离实验中也观察到了 ICD 过程。如利用反应谱仪的多粒子符合实验技术,对水合四氢呋喃($H_2O \cdot C_4H_8O$)的 ICD 过程进行了深入的研究①,如图 8.4.9 所示,观察到了 ICD 过程,以及进一步的辐射损伤机制。该过程主要涉及水环境中的 DNA 成分以及其他有机分子。以一个四氢呋喃分子(DNA 骨架中脱氧核糖的替代物)和一个水分子组成的团簇作为模型体系,通过基于反应显微成像谱仪技术的电子碰撞诱导的水合四氢呋喃($H_2O \cdot C_4H_8O$)电离解离实验可以发现,内价壳层中的水分子经电子碰撞电离后,形成的空穴被水分子外价层的电子填充,该过程释放的能量通过氢键传递至邻近的四氢呋喃分子,从而使其发生电离解离。并且,这种从水到四氢呋喃的能量转移过程比发生在分子间的质子转移过程要快。

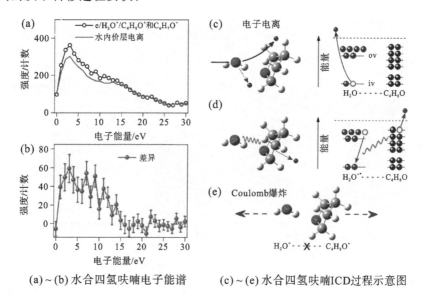

(a)~(b)水合四氢呋喃电子能谱   (c)~(e)水合四氢呋喃ICD过程示意图

图 8.4.9   四氢呋喃 ICD 过程

芳香环 π - π 堆叠相互作用广泛存在于生物大分子结构中,对于维持 DNA 结构稳定,蛋白质折叠等生命活动具有重要意义。在苯环二聚体研究中,实验发现了 ICD 过程,如图 8.4.10 所示,在该研究中,当电离掉苯分子 C2s 态的一个内价层电子,该分子的外价层电子会迅速填充产生的内价层空穴,释放的能量不足以再次电离分子自身的一个外价层电子,而是通过分子间能量转移电离邻近的中性苯分子,并释放一个低能二次电子,随后两个分子离子在 Coulomb 排斥作用下发生 Coulomb 爆炸,上述过程可以在超短时间(飞秒量级)内完成。此外,结合入射电子能损谱、电子能谱、ICD 电子能谱,通过比较苯分子单体及苯环二聚体相同电离轨道下的低能电子能谱,发现在苯环二聚体经历 ICD 过程后低能电子的产率显著增强。ICD 过程可能是生物体中二次低能电子的重要来源,低能电子侵袭生物组织可能导致不可修复的辐射损伤。该研究工作为解析生物大分子结构和动力学、揭示 DNA 辐照损伤机理开辟了新的途径,也将

① REN X G, WANG E, SKITNEVSKAYA A, et al. Experimental evidence for ultrafast intermolecular relaxation proces-ses in hydrated biomole cules[J]. Nature Physics, 2018, 14: 1062 - 1066.

为发展精准医疗技术提供有效指导,有望推动原子分子物理研究向复杂分子体系的拓展和应用。

最近十几年碰撞动力学的研究可以表明,研究对象由原子到分子,最近已经对团簇等大分子体系开展了相关研究,预计动力学研究在不久的将来会延伸到生物大分子、纳米分子、薄膜材料等领域,这对于探索生物分子的辐射损伤机制、材料的辐射损伤机制将有巨大的推动作用。除了气相生物分子单体的碰撞电离之外研究者们还发现了分子的电离动力学会受到其所处环境的影响,实际上生物分子的辐射损伤都发生在凝聚体的环境中,所有具有生物功能的分子都被其他分子所包围。团簇被认为是连接纯气相与发生辐射损伤的实际环境之间的桥梁系统,电子与生物分子水合团簇的研究也变得越来越重要。

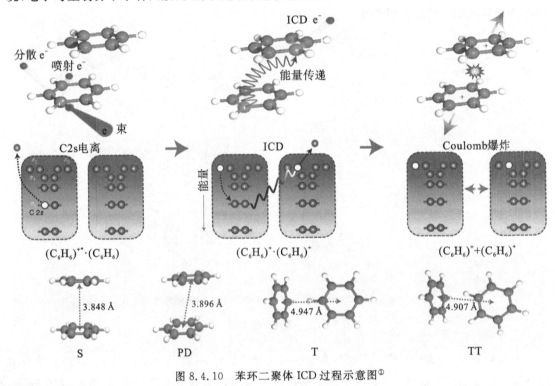

图 8.4.10　苯环二聚体 ICD 过程示意图[①]

附录Ⅰ　Born – Oppenheimer 近似

多原子分子的 Schrödinger 方程为

$$\left(-\frac{\hbar^2}{2m}\sum_i \nabla_i^2 - \frac{\hbar^2}{2}\sum_\alpha \frac{\nabla_\alpha^2}{M_\alpha} + \sum_{\alpha,\beta,\beta>\alpha}\frac{Z_\alpha Z_\beta e^2}{4\pi\varepsilon_0 R_{\alpha\beta}} - \sum_\alpha\sum_i\frac{Z_\alpha e^2}{4\pi\varepsilon_0 r_{\alpha i}} + \sum_{i,j,j>i}\frac{e^2}{4\pi\varepsilon_0 r_{ij}}\right)\psi(r_i,\boldsymbol{R}_\alpha) = E_i\psi(r_i,\boldsymbol{R}_\alpha)$$

(i1)

式中,第一项是电子动能,第二项是原子核的动能项,第三项和第五项是所有原子核之间和所

①　REN X G, ZHOU J Q, WANG E L, et al. Ultrafast energy transfer between pi-stacked aromatic rings upon inner-valence ionization [J]. Nature Chemistry, 2022, 14：232 – 238.

有电子之间的排斥能($\beta > \alpha$ 和 $j > i$ 表示求和不重复计算),第四项是所有电子和原子核之间的吸引能,E_t 为分子总能量。Born – Oppenheimer(BO)近似认为:讨论电子运动时,近似认为电子是在不运动的原子核力场中运动;而在讨论原子核运动时,由于电子运动速度很快,原子核之间可以用一个与电子坐标无关的等效势来表示。总的波函数是电子运动相关的部分 ψ_e 和原子核运动相关的部分 ψ_N 的乘积,即

$$\psi(\boldsymbol{r}_i, \boldsymbol{R}_\alpha) = \psi_e(\boldsymbol{r}_i, \boldsymbol{R}_\alpha)\psi_N(\boldsymbol{R}_\alpha) \tag{i2}$$

式中,ψ_e 在参数上依赖核坐标,但独立于核的量子态,仅决定于电子状态;ψ_N 描述在电子势场中核的振动和转动。

BO 近似下,原子核近似不动时电子的 Schrödinger 方程为

$$\left[-\frac{\hbar^2}{2m}\sum_i \nabla_i^2 + V(\boldsymbol{r}_i, \boldsymbol{R}_\alpha) \right]\psi_e = V(\boldsymbol{R}_\alpha)\psi_e \tag{i3}$$

$$V(\boldsymbol{r}_i, \boldsymbol{R}_\alpha) = \sum_{\alpha, \beta, \beta > \alpha} \frac{Z_\alpha Z_\beta e^2}{4\pi\varepsilon_0 R_{\alpha\beta}} - \sum_\alpha \sum_i \frac{Z_\alpha e^2}{4\pi\varepsilon_0 r_{\alpha i}} + \sum_{i,j,j>i} \frac{e^2}{4\pi\varepsilon_0 r_{ij}}$$

上式是式(i1)中第三、四、五项之和,是原子核固定时的电子的势能,$V(\boldsymbol{R}_\alpha)$ 是包含原子核排斥能 V_{NN}(可视为常数)和纯电子能量 E_e 的电子本征能量,即 $V(\boldsymbol{R}_\alpha) = E_e + V_{NN}$。当 $\boldsymbol{R}_\alpha$ 变化时,由 BO 近似知可以用 $\boldsymbol{R}_\alpha$ 为参量求解式(i3),得到 $\psi_e(\boldsymbol{r}_i, \boldsymbol{R}_\alpha)$、$V(\boldsymbol{R}_\alpha)$。

BO 近似下 ψ_e 随 $\boldsymbol{R}_\alpha$ 的变化缓慢,不同电子态之间原子核的微扰耦合作用可以忽略,则有 $\nabla_\alpha \psi_e = 0$。利用关系式:

$$\nabla_\alpha^2(\psi_e \psi_N) = \psi_e \nabla_\alpha^2 \psi_N + 2(\nabla_\alpha \psi_e) \cdot (\nabla_\alpha \psi_N) + \psi_N \nabla_\alpha^2 \psi_e = \psi_e \nabla_\alpha^2 \psi_N$$

式(i1)可以写为

$$\left[\left(-\frac{\hbar^2}{2m}\sum_i \nabla_i^2 + V(\boldsymbol{r}_i, \boldsymbol{R}_\alpha) \right)\psi_e \right]\psi_N + \psi_e \left(-\frac{\hbar^2}{2}\sum_\alpha \frac{\nabla_\alpha^2}{M_\alpha} \right)\psi_N = E_t \psi_e(\boldsymbol{r}_i, \boldsymbol{R}_\alpha)\psi_N(\boldsymbol{R}_\alpha) \tag{i4}$$

考虑到电子的 Schrödinger 方程式(i3),由式(i4)可得原子核运动的 Schrödinger 方程为

$$\left[-\frac{\hbar^2}{2}\sum_\alpha \frac{\nabla_\alpha^2}{M_\alpha} + V(\boldsymbol{R}_\alpha) \right]\psi_N = E_t \psi_N \tag{i5}$$

原子核是在分子势能函数 $V(\boldsymbol{R}_\alpha)$ 运动的,原子核运动的本征能量 E_t 是分子的总能量,包含电子运动能量和原子核运动能量。方程(i5)是研究分子振动能和转动能的基础,BO 近似将分子的电子运动式(i3)和原子核运动的式(i5)分开了。

双原子分子原子核的运动方程为

$$\left[-\frac{\hbar^2}{2M_A}\nabla_A^2 - \frac{\hbar^2}{2M_B}\nabla_B^2 + V(R) \right]\psi = E_t \psi \tag{i6}$$

式中,R 为原子核间距。两体问题通过坐标变换,即用它们的质心坐标和相对坐标代替各自的坐标,可将两体运动可化为质心的平动和约化质量 $\mu = M_A M_B / (M_A + M_B)$ 的单粒子在分子势能函数 $V(R)$ 下内部运动(转动和振动)。质心位矢和相对位矢与 A、B 两原子位矢的关系为

$$\begin{cases} \boldsymbol{R}_C = \dfrac{M_A \boldsymbol{r}_A}{M_A + M_B} + \dfrac{M_B \boldsymbol{r}_B}{M_A + M_B} \\ \boldsymbol{R} = \boldsymbol{r}_B - \boldsymbol{r}_A \end{cases} \tag{i7}$$

由式(i7)可得

$$\frac{\partial}{\partial x_A} = \frac{\partial}{\partial x_C}\frac{\partial x_C}{\partial x_A} + \frac{\partial}{\partial x}\frac{\partial x}{\partial x_A} = \frac{M_A}{M_A + M_B}\frac{\partial}{\partial x_C} - \frac{\partial}{\partial x} \tag{i8}$$

$$\frac{\partial}{\partial x_{\mathrm{B}}} = \frac{\partial}{\partial x_{\mathrm{C}}} \frac{\partial x_{\mathrm{C}}}{\partial x_{\mathrm{B}}} + \frac{\partial}{\partial x} \frac{\partial x}{\partial x_{\mathrm{B}}} = \frac{M_{\mathrm{B}}}{M_{\mathrm{A}} + M_{\mathrm{B}}} \frac{\partial}{\partial x_{\mathrm{C}}} + \frac{\partial}{\partial x} \tag{i9}$$

$\dfrac{\partial}{\partial y_{\mathrm{A}}}$、$\dfrac{\partial}{\partial y_{\mathrm{B}}}$、$\dfrac{\partial}{\partial z_{\mathrm{A}}}$、$\dfrac{\partial}{\partial z_{\mathrm{B}}}$ 具有类似的表达式。二阶导数为

$$\frac{\partial^2}{\partial x_{\mathrm{A}}^2} = \frac{\partial}{\partial x_{\mathrm{A}}} \frac{\partial}{\partial x_{\mathrm{A}}} = \left(\frac{M_{\mathrm{A}}}{M_{\mathrm{A}} + M_{\mathrm{B}}} \frac{\partial}{\partial x_{\mathrm{C}}} - \frac{\partial}{\partial x} \right) \left(\frac{M_{\mathrm{A}}}{M_{\mathrm{A}} + M_{\mathrm{B}}} \frac{\partial}{\partial x_{\mathrm{C}}} - \frac{\partial}{\partial x} \right)$$

$$= \left(\frac{M_{\mathrm{A}}}{M_{\mathrm{A}} + M_{\mathrm{B}}} \right)^2 \frac{\partial^2}{\partial x_{\mathrm{C}}^2} + \frac{\partial^2}{\partial x^2} - \frac{2M_{\mathrm{A}}}{M_{\mathrm{A}} + M_{\mathrm{B}}} \frac{\partial^2}{\partial x_{\mathrm{C}} \partial x} \tag{i10}$$

$$\frac{\partial^2}{\partial \mathbf{x}_{\mathrm{B}}^2} = \frac{\partial}{\partial \mathbf{x}_{\mathrm{B}}} \frac{\partial}{\partial \mathbf{x}_{\mathrm{B}}} = \left(\frac{M_{\mathrm{B}}}{M_{\mathrm{A}} + M_{\mathrm{B}}} \frac{\partial}{\partial \mathbf{x}_{\mathrm{C}}} + \frac{\partial}{\partial \mathbf{x}} \right) \left(\frac{M_{\mathrm{B}}}{M_{\mathrm{A}} + M_{\mathrm{B}}} \frac{\partial}{\partial \mathbf{x}_{\mathrm{C}}} + \frac{\partial}{\partial \mathbf{x}} \right)$$

$$= \left(\frac{M_{\mathrm{B}}}{M_{\mathrm{A}} + M_{\mathrm{B}}} \right)^2 \frac{\partial^2}{\partial \mathbf{x}_{\mathrm{C}}^2} + \frac{\partial^2}{\partial \mathbf{x}^2} + \frac{2M_{\mathrm{B}}}{M_{\mathrm{A}} + M_{\mathrm{B}}} \frac{\partial^2}{\partial \mathbf{x}_{\mathrm{C}} \partial \mathbf{x}} \tag{i11}$$

将二阶导数式(i10)和式(i11)代入 Hamilton 量得

$$-\frac{\hbar^2}{2M_{\mathrm{A}}} \nabla_{\mathrm{A}}^2 - \frac{\hbar^2}{2M_{\mathrm{B}}} \nabla_{\mathrm{B}}^2 + V(R) = -\frac{\hbar^2}{2} \Big[\frac{1}{M_{\mathrm{A}}} \Big(\frac{\partial^2}{\partial x_{\mathrm{A}}^2} + \frac{\partial^2}{\partial y_{\mathrm{A}}^2} + \frac{\partial^2}{\partial z_{\mathrm{A}}^2} \Big) +$$

$$\frac{1}{M_{\mathrm{B}}} \Big(\frac{\partial^2}{\partial x_{\mathrm{B}}^2} + \frac{\partial^2}{\partial y_{\mathrm{B}}^2} + \frac{\partial^2}{\partial z_{\mathrm{B}}^2} \Big) \Big] + V(R)$$

$$= -\frac{\hbar^2}{2} \Big[\frac{1}{M_{\mathrm{A}} + M_{\mathrm{B}}} \Big(\frac{\partial^2}{\partial x_{\mathrm{C}}^2} + \frac{\partial^2}{\partial y_{\mathrm{C}}^2} + \frac{\partial^2}{\partial z_{\mathrm{C}}^2} \Big) +$$

$$\Big(\frac{1}{M_{\mathrm{A}}} + \frac{1}{M_{\mathrm{B}}} \Big) \Big(\frac{\partial^2}{\partial x^2} + \frac{\partial^2}{\partial y^2} + \frac{\partial^2}{\partial z^2} \Big) \Big] + V(R)$$

$$= -\frac{\hbar^2}{2(M_{\mathrm{A}} + M_{\mathrm{B}})} \nabla_{\mathbf{R}_{\mathrm{C}}}^2 - \frac{\hbar^2}{2\mu} \nabla_{\mathbf{R}}^2 + V(R) \tag{i12}$$

考虑到式(i12),令 $\psi = \psi_{\mathrm{K}} \psi_{\mathrm{N}}$,式(i6)分离变量可得两个方程:

$$-\frac{\hbar^2}{2(M_{\mathrm{A}} + M_{\mathrm{B}})} \nabla_{\mathbf{R}_{\mathrm{C}}}^2 \psi_{\mathrm{K}} = E_{\mathrm{K}} \psi_{\mathrm{K}} \tag{i13}$$

$$\Big(-\frac{\hbar^2}{2\mu} \nabla_{\mathbf{R}}^2 + V(R) \Big) \psi_{\mathrm{N}} = (E_{\mathrm{t}} - E_{\mathrm{K}}) \psi_{\mathrm{N}} = E \psi_{\mathrm{N}} \tag{i14}$$

由式(i13)知,两原子质心平动动能 E_{K} 只影响总能量,不影响分子内部的转动振动。式(i14)描述分子内部的原子核在分子势能函数 $V(R)$ 中的运动,ψ_{N} 是原子核运动的波函数,原子核运动的能量 $E = E_{\mathrm{t}} - E_{\mathrm{K}}$ 是除平动能量 E_{K} 以外的分子能量,包括原子核振动能、转动能、原子核排斥能和电子能量。

分子势能函数 $V(R)$ 只依赖原子核间距 R,这在球坐标下是个中心力场问题,令

$$\psi_{\mathrm{N}} = F(R) \mathrm{Y}_{JM}(\theta, \varphi)$$

分离变量后 $F(R)$ 是只和 R 有关的径向函数,$\mathrm{Y}_{JM}(\theta, \varphi)$ 是球谐函数,与分子转动的角度 θ、φ 有关。在球坐标下式(i14)可化为

$$\frac{1}{F(R)} \Big[-\frac{\hbar^2}{2\mu} \frac{1}{R^2} \frac{\mathrm{d}}{\mathrm{d}R} \Big(R^2 \frac{\mathrm{d}F(R)}{\mathrm{d}R} \Big) + V(R)F(R) \Big] + \frac{1}{\mathrm{Y}_{JM}(\theta, \varphi)} \frac{\hat{L}^2 \mathrm{Y}_{JM}(\theta, \varphi)}{2\mu R_0^2} = E \tag{i15}$$

由式(i15)得到两个方程:

$$\frac{\hat{L}^2 \mathrm{Y}_{JM}(\theta, \varphi)}{2\mu R_0^2} = E_{\mathrm{r}} \mathrm{Y}_{JM}(\theta, \varphi) \tag{i16}$$

$$-\frac{\hbar^2}{2\mu}\frac{1}{R^2}\frac{\mathrm{d}}{\mathrm{d}R}\Big[R^2\frac{\mathrm{d}F(R)}{\mathrm{d}R}\Big]+V(R)F(R)=(E-E_r)F(R) \tag{i17}$$

式(i16)为刚性分子在平衡位置 $R=R_0$ 处的转动方程,分子的转动能量为

$$E_r=\frac{\hbar^2}{2\mu R_0^2}J(J+1)=hcBJ(J+1)\qquad J=0,1,2,\cdots \tag{i18}$$

本征函数为球谐函数 $Y_{JM}(\theta,\varphi)$,转动常数为 $B=\dfrac{h}{8\pi^2\mu R_0^2c}$。

分子势能函数 $V(R)$ 在平衡位置 R_0 附近展开为

$$V(R)=V(R_0)+\frac{k\,(R-R_0)^2}{2} \tag{i19}$$

分子的两个原子核沿着分子轴在平衡位置 R_0 附近很小的线度内做一维振动,将式(i19)代入式(i17),得到双原子分子的振动方程为

$$-\frac{\hbar^2}{2\mu}\frac{1}{R^2}\frac{\mathrm{d}}{\mathrm{d}R}\Big[R^2\frac{\mathrm{d}F(R)}{\mathrm{d}R}\Big]+\frac{k}{2}\,(R-R_0)^2F(R)=[E-E_r-V(R_0)]F(R)=E_vF(R)$$

$$\tag{i20}$$

令 $F=R^{-1}X$,式(i20)可化为熟知的一维谐振子的 Schrödinger 方程,即

$$-\frac{\hbar^2}{2\mu}\frac{\mathrm{d}^2X}{\mathrm{d}R^2}+\frac{k}{2}\,(R-R_0)^2X=E_vX \tag{i21}$$

因此式(i20)中双原子分子一维振动的能量为

$$E_v=\Big(v+\frac{1}{2}\Big)h\nu_0\qquad v=0,1,2,\cdots \tag{i22}$$

其中,本征频率为 $\nu_0=\dfrac{1}{2\pi}\sqrt{\dfrac{k}{\mu}}$。分子的总能量为

$$E_t=E_K+E=E_K+V(R_0)+E_r+E_v$$
$$=E_K+V(R_0)+\Big(v+\frac{1}{2}\Big)h\nu_0+hcBJ(J+1) \tag{i23}$$

问题

1. 实验测量 HCl 分子谱线的波数差 $2B$ 为 20.57 cm^{-1},估算 HCl 分子的平衡距离 R_0。

2. CO 分子键长 $R_0=0.113$ nm,^{12}C 和 ^{16}O 的质量分为 1.99×10^{-26} kg 和 2.66×10^{-26} kg,求:

(1)当 CO 分子在第一激发态的旋转态时的能量和角速度;

(2)转动能级 $J=0\rightarrow J=1$ 的吸收线频率。

3. 求 NO 分子转动能级 $J=1\rightarrow J=2$ 和 $J=2\rightarrow J=3$ 时的吸收谱频率,已知 NO 分子转动惯量为 1.65×10^{-46} kg·m^2。

4. $J=0\rightarrow J=1$ 转动能级吸收频率 ^{12}C^{16}O 为 1.153×10^{11} Hz,而 ^{x}C^{16}O 为 1.102×10^{11} Hz,求未知碳同位素的质量数。

5. HF 分子的振动能级间隔为 3 958.4 cm^{-1},计算 HF 分子的键力常数。

6. CO 溶解在 CCl$_4$ 溶液中,红外辐射的频率为 6.42×10^{13} Hz 的光线被吸收,CCl$_4$ 不吸收这一频率的辐射,该辐射为 CO 所吸收,求:

(1)CO 分子键力常数 k；

(2)两振动能级间隔的大小，判断室温能否出现激发态的振动能级。

7. H_2 分子的振动为力常数 573 N/m 的简谐振动，求：

(1)H_2 分子基态和第一激发态的振动能，单位 eV；

(2)振动能对应解离能 4.5 eV 时振动能级的量子数。

8. 实验测得 HBr 分子 $v=0 \rightarrow v=1$ 的振转吸收谱的基线对应的光子能量 $h\nu_0=0.317$ eV，振转谱 R 支和 P 支相邻谱线的能量间隔 $\Delta E=0.002\,0$ eV。求 HBr 分子的力常数及平衡距离。

9. 实验测得 CO 分子对应于 $v=0 \rightarrow v=1$ 的振动激发的振转吸收光谱带中的 R 支波数列表如下：

L	0	1	2	3	4	5
$\tilde{\nu}_R/\mathrm{cm}^{-1}$	2 147.084	2 150.858	2 154.599	2 158.301	2 161.971	2 165.602

(1)求形成 R 支光谱带的带头的角动量量子数 L_0 为多大。

(2)给出该 R 支光谱带波数一次差分的平均值，并由一次差分和角动量 L 的关系给出 CO 分子的转动惯量。

10. 光在 HF 分子上 Raman 散射产生的 Stokes 线和反 Stokes 线的波长分别为 343.0 nm 和 267.0 nm，求该分子振动基频率和分子间所作用的准弹性力的弹性系数 k。已知 H 和 F 的原子质量分别为 1.008 u 和 19.00 u。

11. 氧分子 $^{16}O_2$ 键长 120.75 pm，Raman 谱用 20 623 cm^{-1} 的入射光，求 Rayleigh 谱附近 2 条 Stokes 线和反 Stokes 线的波数。

人物简介

Julius Robert Oppenheimer(奥本海默，1904 - 04 - 22—1967 - 02 - 18)，美国物理学家。1927 年他提出了计算分子能量和波函数的 Born-Oppenheimer近似；1935 年提出了氘核诱导下的 Oppenheimer-Phillips 核反应过程；1939 年提出了中子星的 Tolman-Oppenheimer-Volkoff 质量上限；二战时是 Manhattan 计划的主要领导人之一，被称为美国"原子弹之父"。1963 年获 Fermi 奖。

Chandrasekhara Venkata Raman(拉曼，1888 - 11 - 07—1970 - 11 - 21)，印度物理学家。1928 年他发现了 Raman 散射现象；1937 年给出了声光效应的 Raman-Nath 解释。1930 年获诺贝尔物理学奖。

George Gabriel Stokes（斯托克斯，1819 - 08 - 13—1903 - 02 -
01），英国物理学家、数学家。1845 年他给出了黏性流体运动的 Navi-
er-Stokes 方程（Navier 在 1822 年发现）；1849 年关于光的衍射理论的
文章指出了光的偏振面垂直于光的传播方向；1850 年提出了数学中关
于线积分和面积分的 Stokes 公式；1851 年提出了球体在液体中缓慢
运动受到黏滞力的 Stokes 定律；1852 年研究荧光现象时发现了
Stokes 位移，即物质发出的荧光波长大于吸收的光的波长；1849—
1903 年任 Lucasian 讲座教授。1852 年获 Rumford 奖，1893 年获 Copley 奖。

附　表

Ⅰ　物理常量[①]

1. 基本物理常数

物理量	符号	数值	单位
阿伏加德罗常数	N_A	$6.022\ 140\ 857(74) \times 10^{23}$	mol^{-1}
真空中光速	c	$2.997\ 924\ 58 \times 10^{8}$	m/s
真空介电常量 $1/(\mu_0 c^2)$	ε_0	$8.854\ 187\ 817 \times 10^{-12}$	$\text{A} \cdot \text{s} \cdot \text{V}^{-1} \cdot \text{m}^{-1}$
真空磁导率	μ_0	$4\pi \times 10^{-7} = 12.566\ 370\ 614 \times 10^{-7}$	$\text{N} \cdot \text{A}^{-2}$
法拉第常数	F	$96\ 485.332\ 89(59)$	$\text{C} \cdot \text{mol}^{-1}$
电子电荷	e	$1.602\ 176\ 620\ 8(98) \times 10^{-19}$	C
普朗克常数	h	$6.626\ 070\ 040(81) \times 10^{-34}$	$\text{J} \cdot \text{s}$
		$4.135\ 667\ 662(25) \times 10^{-15}$	$\text{eV} \cdot \text{s}$
约化普朗克常数 $h/(2\pi)$	$\hbar$	$1.054\ 571\ 800(13) \times 10^{-34}$	$\text{J} \cdot \text{s}$
		$6.582\ 119\ 514(40) \times 10^{-16}$	$\text{eV} \cdot \text{s}$
精细结构常数 $e^2/(4\pi\varepsilon_0 \hbar c)$	α	$1/137.035\ 999\ 139(31)$ $= 7.297\ 352\ 566\ 4(17) \times 10^{-3}$	
玻尔兹曼常数 R/N_A	k_B	$1.380\ 648\ 52(79) \times 10^{-23}$	$\text{J} \cdot \text{K}^{-1}$
电子质量	m_e	$9.109\ 383\ 56(11) \times 10^{-31}$	kg
		$0.510\ 998\ 946\ 1(31)$	MeV/c^2
电子荷质比	$-e/m_e$	$-1.758\ 820\ 024(11) \times 10^{11}$	$\text{C} \cdot \text{kg}^{-1}$
原子质量单位 $m(^{12}\text{C})/12$	u	$1.660\ 539\ 040(20) \times 10^{-27}$	kg
		$931.494\ 095\ 4(57)$	MeV/c^2
质子质量	m_p	$1.672\ 621\ 898(21) \times 10^{-27}$	kg
		$938.272\ 081\ 3(58)$	MeV/c^2

[①]　国际科技数据委员会（CODATA）最新推荐值，Mohr P J，Newell D B，Taylor B N. Rev. Mod. Phys. 88，035009，2016.

物理量	符号	数值	单位
质子与电子质量比	m_p/m_e	1 836.152 673 89(17)	
中子质量	m_n	$1.674\ 927\ 471(21) \times 10^{-27}$	kg
		$939.565\ 413\ 3(58)$	MeV/c^2
摩尔气体常量	R	8.314 459 8(48)	$J \cdot mol^{-1} \cdot K^{-1}$
电子经典半径 $\alpha^2 a_0$	r_e	$2.817\ 940\ 322\ 7(19) \times 10^{-15}$	m
电子康普顿波长 $h/m_e c$	λ_C	$2.426\ 310\ 236\ 7(11) \times 10^{-12}$	m
玻尔半径	a_0	$0.529\ 177\ 210\ 67(12) \times 10^{-10}$	m
玻尔磁子 $e\hbar/(2m_e)$	μ_B	$927.400\ 999\ 4(57) \times 10^{-26}$	$J \cdot T^{-1}$
		$5.788\ 381\ 801\ 2(26) \times 10^{-5}$	$eV \cdot T^{-1}$
核磁子 $e\hbar/(2m_p)$	μ_N	$5.050\ 783\ 699(31) \times 10^{-27}$	$J \cdot T^{-1}$
		$3.152\ 451\ 255\ 0(15) \times 10^{-8}$	$eV \cdot T^{-1}$
电子磁矩	μ_e	$-928.476\ 462\ 0(57) \times 10^{-26}$	$J \cdot T^{-1}$
		$-1.001\ 159\ 652\ 180\ 91(26)$	μ_B
质子磁矩	μ_p	$1.410\ 606\ 787\ 3(97) \times 10^{-26}$	$J \cdot T^{-1}$
		$2.792\ 847\ 350\ 8(85)$	μ_N
中子磁矩	μ_n	$-0.966\ 236\ 50(23) \times 10^{-26}$	$J \cdot T^{-1}$
		$-1.913\ 042\ 73(45)$	μ_N
里德伯常数	R_∞	10 973 731.568 508(65)	m^{-1}
牛顿万有引力常数	G	$6.674\ 08(31) \times 10^{-11}$	$m^3 \cdot kg^{-1} \cdot s^{-2}$
电子伏	eV	$1.602\ 176\ 620\ 8(98) \times 10^{-19}$	J
斯特藩-玻尔兹曼常数	σ	$5.670\ 367(13) \times 10^{-8}$	$W \cdot m^{-2} \cdot K^{-4}$
维恩位移常数	b	$2.897\ 772\ 9(17) \times 10^{-3}$	$m \cdot K$
理想气体摩尔体积	V_m	$22.710\ 947(13) \times 10^{-3}$	$m^3 \cdot mol^{-1}$

2. 复合常数

复合物理量	数值	单位
$e^2/4\pi\varepsilon_0$	1.439 964 5(88)	$eV \cdot nm$
hc	1 239.841 973 9(75)	$eV \cdot nm$
$\hbar c$	197.326 978 8(12)	$eV \cdot nm$

Ⅱ 基态原子的电子组态、原子态和第一电离能[①②]

Z	化学符号	名称	电子组态	原子态 $^{2S+1}L_J$	第一电离能/eV
1	H	氢	1s	$^2S_{1/2}$	13.598 433
2	He	氦	$1s^2$	$^1S_0$	24.587 387
3	Li	锂	[He]2s	$^2S_{1/2}$	5.391 719
4	Be	铍	$2s^2$	$^1S_0$	9.322 70
5	B	硼	$2s^2 2p$	$^2P_{1/2}$	8.298 02
6	C	碳	$2s^2 2p^2$	$^3P_0$	11.260 30
7	N	氮	$2s^2 2p^3$	$^4S_{3/2}$	14.534 1
8	O	氧	$2s^2 2p^4$	$^3P_2$	13.618 05
9	F	氟	$2s^2 2p^5$	$^2P_{3/2}$	17.422 8
10	Ne	氖	$2s^2 2p^6$	$^1S_0$	21.564 54
11	Na	钠	[Ne]3s	$^2S_{1/2}$	5.139 076
12	Mg	镁	$3s^2$	$^1S_0$	7.646 235
13	Al	铝	$3s^2 3p$	$^2P_{1/2}$	5.985 768
14	Si	硅	$3s^2 3p^2$	$^3P_0$	8.151 68
15	P	磷	$3s^2 3p^3$	$^4S_{3/2}$	10.486 69
16	S	硫	$3s^2 3p^4$	$^3P_2$	10.360 01
17	Cl	氯	$3s^2 3p^5$	$^2P_{3/2}$	12.967 63
18	Ar	氩	$3s^2 3p^6$	$^1S_0$	15.759 610
19	K	钾	[Ar]4s	$^2S_{1/2}$	4.340 663 3
20	Ca	钙	$4s^2$	$^1S_0$	6.113 16
21	Sc	钪	$3d^4 s^2$	$^2D_{3/2}$	6.561 49
22	Ti	钛	$3d^2 4s^2$	$^3F_2$	6.828 12
23	V	钒	$3d^3 4s^2$	$^4F_{3/2}$	6.746 19
24	Cr	铬	$3d^5 4s$	$^7S_3$	6.766 51
25	Mn	锰	$3d^5 4s^2$	$^6S_{5/2}$	7.434 02
26	Fe	铁	$3d^6 4s^2$	$^5D_4$	7.902 4

① 徐克尊,陈向军,陈宏芳. 近代物理学[M]. 第 4 版. 合肥:中国科学技术大学出版社,2019.

② SANSONETTI J E, MARTIN W C, YOUNG S L. Handbook of basic atomic spectroscopic data[M]. Version 1.1.3. 2013.

Z	化学符号	名称	电子组态	原子态$^{2S+1}L_J$	第一电离能/eV
27	Co	钴	$[Ar]3d^7 4s^2$	$^4F_{9/2}$	7.881 01
28	Ni	镍	$3d^8 4s^2$	$^3F_4$	7.639 8
29	Cu	铜	$3d^{10} 4s$	$^2S_{1/2}$	7.726 38
30	Zn	锌	$3d^{10} 4s^2$	$^1S_0$	9.394 199
31	Ga	镓	$3d^{10} 4s^2 4p$	$^2P_{1/2}$	5.999 301
32	Ge	锗	$3d^{10} 4s^2 4p^2$	$^3P_0$	7.899 43
33	As	砷	$3d^{10} 4s^2 4p^3$	$^4S_{3/2}$	9.788 6
34	Se	硒	$3d^{10} 4s^2 4p^4$	$^3P_2$	9.752 39
35	Br	溴	$3d^{10} 4s^2 4p^5$	$^2P_{3/2}$	11.813 8
36	Kr	氪	$3d^{10} 4s^2 4p^6$	$^1S_0$	13.999 61
37	Rb	铷	$[Kr]5s$	$^2S_{1/2}$	4.177 128
38	Sr	锶	$5s^2$	$^1S_0$	5.694 85
39	Y	钇	$4d5s^2$	$^2D_{3/2}$	6.217 3
40	Zr	锆	$4d^2 5s^2$	$^3F_2$	6.633 90
41	Nb	铌	$4d^4 5s$	$^6D_{1/2}$	6.758 85
42	Mo	钼	$4d^5 5s$	$^7S_3$	7.092 43
43	Tc	锝	$4d^5 5s^2$	$^6S_{5/2}$	7.28
44	Ru	钌	$4d^7 5s$	$^5F_5$	7.360 50
45	Rh	铑	$4d^8 5s$	$^4F_{9/2}$	7.458 90
46	Pd	钯	$4d^{10}$	$^1S_0$	8.336 9
47	Ag	银	$4d^{10} 5s$	$^2S_{1/2}$	7.576 23
48	Cd	镉	$4d^{10} 5s^2$	$^1S_0$	8.993 82
49	In	铟	$4d^{10} 5s^2 5p$	$^2P_{1/2}$	5.786 36
50	Sn	锡	$4d^{10} 5s^2 5p^2$	$^3P_0$	7.343 92
51	Sb	锑	$4d^{10} 5s^2 5p^3$	$^4S_{3/2}$	8.608 39
52	Te	碲	$4d^{10} 5s^2 5p^4$	$^3P_2$	9.009 6
53	I	碘	$4d^{10} 5s^2 5p^5$	$^2P_{3/2}$	10.451 26
54	Xe	氙	$4d^{10} 5s^2 5p^6$	$^1S_0$	12.129 84
55	Cs	铯	$[Xe]6s$	$^2S_{1/2}$	3.893 905
56	Ba	钡	$6s^2$	$^1S_0$	5.211 664
57	La	镧	$5d6s^2$	$^2D_{3/2}$	5.576 9

Z	化学符号	名称	电子组态	原子态 $^{2S+1}L_J$	第一电离能/eV
58	Ce	铈	$[Xe]4f5d6s^2$	$^1G_4$	5.538 7
59	Pr	镨	$4f^36s^2$	$^4I_{9/2}$	5.473
60	Nd	钕	$4f^46s^2$	$^5I_4$	5.525 0
61	Pm	钷	$4f^56s^2$	$^6H_{5/2}$	5.582
62	Sm	钐	$4f^66s^2$	$^7F_0$	5.643 6
63	Eu	铕	$4f^76s^2$	$^8S_{7/2}$	5.670 38
64	Gd	钆	$4f^75d6s^2$	$^9D_2$	6.149 80
65	Tb	铽	$4f^96s^2$	$^6H_{15/2}$	5.863 8
66	Dy	镝	$4f^{10}6s^2$	$^5I_8$	5.938 9
67	Ho	钬	$4f^{11}6s^2$	$^4I_{15/2}$	6.021 5
68	Er	铒	$4f^{12}6s^2$	$^3H_6$	6.107 7
69	Tm	铥	$4f^{13}6s^2$	$^2F_{7/2}$	6.184 31
70	Yb	镱	$4f^{14}6s^2$	$^1S_0$	6.254 16
71	Lu	镥	$4f^{14}5d6s^2$	$^2D_{3/2}$	5.425 86
72	Hf	铪	$4f^{14}5d^26s^2$	$^3F_2$	6.825 07
73	Ta	钽	$4f^{14}5d^36s^2$	$^4F_{3/2}$	7.549 6
74	W	钨	$4f^{14}5d^46s^2$	$^5D_0$	7.864 03
75	Re	铼	$4f^{14}5d^56s^2$	$^6S_{5/2}$	7.833 52
76	Os	锇	$4f^{14}5d^66s^2$	$^5D_4$	8.438 23
77	Ir	铱	$4f^{14}5d^76s^2$	$^4F_{9/2}$	8.967 02
78	Pt	铂	$4f^{14}5d^96s$	$^3D_3$	8.958 7
79	Au	金	$4f^{14}5d^{10}6s$	$^2S_{1/2}$	9.225 53
80	Hg	汞	$4f^{14}5d^{10}6s^2$	$^1S_0$	10.437 5
81	Tl	铊	$[Hg]6p$	$^2P_{1/2}$	6.108 194
82	Pb	铅	$6p^2$	$^3P_0$	7.416 63
83	Bi	铋	$6p^3$	$^4S_{3/2}$	7.285 6
84	Po	钋	$6p^4$	$^3P_2$	8.414
85	At	砹	$6p^5$	$^2P_{3/2}$	9.350
86	Rn	氡	$6p^6$	$^1S_0$	10.748 5

Z	化学符号	名称	电子组态	原子态 $^{2S+1}L_J$	第一电离能/eV
87	Fr	钫	[Rn]7s	$^2S_{1/2}$	4.072 741
88	Ra	镭	$7s^2$	$^1S_0$	5.278 423
89	Ac	锕	$6d7s^2$	$^2D_{3/2}$	5.17
90	Th	钍	$6d^27s^2$	$^3F_2$	6.306 7
91	Pa	镤	$5f^26d7s^2$	$^4K_{11/2}$	5.89
92	U	铀	$5f^36d7s^2$	$^5L_6$	6.194 1
93	Np	镎	$5f^46d7s^2$	$^6L_{11/2}$	6.265 7
94	Pu	钚	$5f^67s^2$	$^7F_0$	6.026 0
95	Am	镅	$5f^77s^2$	$^8S_{7/2}$	5.973 8
96	Cm	锔	$5f^76d7s^2$	$^9D_2$	5.991 4
97	Bk	锫	$5f^97s^2$	$^6H_{15/2}$	6.197 9
98	Cf	锎	$5f^{10}7s^2$	$^5I_8$	6.281 7
99	Es	锿	$5f^{11}7s^2$	$^4I_{15/2}$	6.42
100	Fm	镄	$5f^{12}7s^2$	$^3H_6$	6.50
101	Md	钔	$5f^{13}7s^2$	$^2F_{7/2}$	6.58
102	No	锘	$5f^{14}7s^2$	$^1S_0$	6.65
103	Lr	铹	$5f^{14}7s^27p$	$^2P_{1/2}$	4.96
104	Rf	𬬻	$5f^{14}6d^27s^2$	$^3F_2$	6.01
105	Db	𬭊	$5f^{14}6d^37s^2$	$^4F_{3/2}$	6.8
106	Sg	𬭳	$5f^{14}6d^47s^2$		7.8
107	Bh	𬭛	$5f^{14}6d^57s^2$		7.7
108	Hs	𫟼	$5f^{14}6d^67s^2$		7.6
109	Mt	鿏			
110	Ds	𫟼			
111	Rg	𬬭			
112	Cn	鎶			
113	Nh	鉨			
114	Fl	𫓧			
115	Mc	镆			
116	Lv	𫟷			
117	Ts	鿬			
118	Og	鿫			

Ⅲ 一些核素的数据[①②③]

原子序数	化学符号	原子质量/u	英文基态自旋、宇称	基态磁偶极矩	基态电四极矩/b	丰度,半衰期,衰变类型
0	n	1.008 665	Neutron			
	1	1.008 665	1/2+	−1.913 042 7(5)		10.24 min(β⁻)
1	H	1.007 94	Hydrogen			
	1	1.007 825	1/2+	+2.792 847 34(3)		99.988 5%
	2	2.014 102	1+	+0.857 438 228(9)	+0.002 86(2)	0.011 5%
	3	3.016 049	1/2+	+2.978 962 44(4)		12.32 a(β⁻)
2	He	4.002 602	Helium			
	3	3.016 029	1/2+	−2.127 497 72(3)		0.000 134%
	4	4.002 603	0+			99.999 866%
3	Li	6.941	Lithium			
	6	6.015 123	1+	+0.822 047 3(6)	−0.000 83(8)	7.59%
	7	7.016 003	3/2−	+3.256 462 5(4)	−0.040 0(6)	92.41%
4	Be	9.012 18	Beryllium			
	9	9.012 183	3/2−	−1.177 49(2)	+0.052 9(4)	100%
5	B	10.811	Boron			
	10	10.012 937	3+	+1.800 644 78(6)	+0.084 7(6)	19.9%
	11	11.009 305	3/2−	+2.688 648 9(10)	+0.040 7(3)	80.1%
6	C	12.011	Carbon			
	12	12.000 00	0+			98.93%
	13	13.003 355	1/2−	+0.702 411 8(14)		1.07%
	14	14.003 242	0+			5730 a(β⁻)
7	N	14.006 74	Nitrogen			
	13	13.005 739	1/2−	0.322 2(4)		9.965 min(ε)
	14	13.003 074	1+	+0.403 761 00(6)	+0.019 3(8)	99.636%
	15	15.000 109	1/2−	−0.283 188 84(5)		0.364%

① WANG M, HUANG W J, KONDEV, F G, et al. The AME 2020 atomic mass evaluation[J]. 中国物理 C(英文版), 2021, 45(3):030002.

② TULI J K. Nuclear wallet cards[R]. 8th ed. National Nuclear Data Center, BNL, 2011.

③ STONE N J. Table of nuclear magnetic dipole and electric quadrupole moments[R]. IAEA Report, INDC(NDS)-0658, 2014.

原子序数	化学符号	原子质量/u	英文基态自旋、宇称	基态磁偶极矩	基态电四极矩/b	丰度,半衰期,衰变类型
8	O	15.999 4	Oxygen			
	16	15.994 915	0+			99.757%
	17	16.999 132	5/2+	−1.893 79(9)	−0.26(3)	0.038%
	18	17.999 159	0+			0.205%
9	F	18.998 403 2	Fluorine			
	18	18.000 937	1+			109.8 min(ε)
	19	18.998 403	1/2+	+2.628 868(8)		100%
10	Ne	20.1797	Neon			
	20	19.992 440	0+			90.48%
	21	20.993 847	3/2+	−0.661 797(5)	+0.102(8)	0.27%
	22	21.991 385	0+			9.25%
11	Na	22.989 768	Sodium			
	22	21.994 438	3+	+1.746(3)	+0.185(11)	2.60 a(ε)
	23	22.989 769	3/2+	+2.217 522(2)	+0.104(1)	100%
12	Mg	24.305 0	Magnesium			
	24	23.985 042	0+			78.99%
	25	24.985 837	5/2+	−0.855 45(8)	+0.199(2)	10.00%
	26	25.982 593	0+			11.01%
	27	26.984 341	1/2+	−0.411(2)		9.46 min(β⁻)
13	Al	26.982	Aluminum			
	27	26.981 539	5/2+	+3.641 506 9(7)	+0.1402(10)	100%
	29	28.980 453	5/2+			6.56min(β⁻)
14	Si	28.085 5	Silicon			
	28	27.976 927	0+			92.223%
	29	28.976 495	1/2+	−0.555 29(3)		4.685%
	30	29.973 770	0+		−0.05(6)	3.092%
15	P	30.973 762	Phosphorus			
	29	28.981 800	1/2+	1.234 9(3)		4.14 s(ε)
	30	29.978 313	1+			2.5(ε)
	31	30.973 762	1/2+	+1.131 60(3)		100%

原子序数	化学符号	原子质量/u	英文基态自旋、宇称	基态磁偶极矩	基态电四极矩/b	丰度,半衰期,衰变类型
16	S	32.066	Sulfur			
	32	31.972 071	0+			94.99%
	34	33.967 867	0+			4.25%
17	Cl	35.452 7	Chlorine			
	35	34.968 853	3/2+	+0.821 874 3(4)	−0.082 49(2)	75.76%
	37	36.965 903	3/2+	+0.684 123 6(4)	−0.064 93(2)	24.24%
18	Ar	39.948	Argon			
	39	38.964 313	7/2−	−1.588(15)	−0.12(2)	269a(β^-)
	40	39.962 383	0+			99.603 5%
19	K	39.098 3	Potassium			
	39	38.963 707	3/2+	+0.391 466 2(3)	+0.049(4)	93.2581%
	41	40.961 825	3/2+	+0.214 870 1(2)	+0.060(5)	6.730 2%
20	Ca	40.078	Calcium			
	40	39.962 591	0+			96.94%
	41	40.962 278	7/2−	−1.594 781(9)	−0.080(8)	1.02×10^5a(ϵ)
	42	41.958 618	0+			0.647%
	43	42.958 766	7/2−	−1.317 643(7)	−0.043(9)	0.135%
21	Sc	44.955 910	Scandium			
	45	44.955 907	7/2−	+4.756 487(2)	−0.22(1)	100%
22	Ti	47.88	Titanium			
	46	45.952 626	0+			8.25%
	48	47.947 941	0+			73.72%
23	V	50.941 5	Vanadium			
	51	50.943 958	7/2−	+5.148 705 7(2)	−0.052(10)	99.750%
24	Cr	51.996 1	Chromium			
	51	50.944 765	7/2−	−0.934(5)		27.7d(ϵ)
	52	51.940 505	0+			83.789%
	53	52.940 646	3/2−	−0.474 54(3)	−0.028(4)	9.501%

原子序数	化学符号	原子质量/u	英文基态自旋、宇称	基态磁偶极矩	基态电四极矩/b	丰度,半衰期,衰变类型
25	Mn	54.938 05	Manganese			
	54	53.940 356	3+	+3.281 9(13)	+0.33(3)	312 d(ε)
	55	54.938 043	5/2−	+3.468 717 90(9)	+0.31(2)	100%
26	Fe	55.847	Iron			
	54	53.939 608	0+			5.845%
	56	55.934 936	0+			91.754%
27	Co	58.933 20	Cobalt			
	59	58.933 194	7/2−	+4.627(9)	+0.41(1)	100%
	60	59.933 815	5+	+3.799(8)	+0.44(5)	5.27 a(β⁻)
28	Ni	58.69	Nickel			
	58	57.935 342	0+			68.077%
	60	59.930 785	0+			26.223%
	63	62.929 669	1/2−			101 a(β⁻)
29	Cu	63.546	Copper			
	63	62.929 597	3/2−	2.227 345 6(14)	0.220(15)	69.17%
	64	63.929 764	1+	−0.217(2)	+0.75(9)	ε61%,β⁻39%
30	Zn	65.39	Zinc			
	64	63.929 142	0+			49.17%
	66	65.926 034	0+			27.73%
31	Ga	69.723	Gallium			
	64	63.936 840	0+			2.627min(ε)
	69	68.925 574	3/2−	+2.016 59(5)	+0.168(5)	60.108%
32	Ge	72.61	Germanium			
	70	69.924 249	0+			20.57%
	72	71.922 076	0+			27.31%
	74	73.921 178	0+			36.50%
33	As	74.921 6	Arsenic			
	75	74.921 595	3/2−	+1.439 48(7)	+0.30(5)	100%

原子序数	化学符号	原子质量/u	英文基态自旋、宇称	基态磁偶极矩	基态电四极矩/b	丰度,半衰期,衰变类型
34	Se	78.96	Selenium			
	78	77.917 309	0+			23.77%
	80	79.916 522	0+			49.61%
35	Br	79.904	Bromine			
	79	78.918 338	3/2−	+2.106 400(4)	+0.305(5)	50.69%
	81	80.916 288	3/2−	+2.270 562(4)	+0.254(6)	49.31%
36	Kr	83.80	Krypton			
	84	83.911 498	0+			57.00%
	85	84.912 527	9/2+	−1.005(2)	+0.44(5)	10.7 a(β⁻)
37	Rb	85.467 8	Rubidium			
	85	84.911 790	5/2−	+1.352 98(10)	+0.274(2)	72.17%
	87	86.909 181	3/2−	+2.751 818(2)	+0.132(1)	27.83%,4.8×10¹⁰ a(β⁻)
38	Sr	87.62	Strontium			
	88	87.905 612	0+			82.58%
	90	89.907 728	0+			28.9 a(β⁻)
39	Y	88.905 85	Yttrium			
	89	88.905 838	1/2−	−0.137 420 8(4)		100%
40	Zr	91.224	Zirconium			
	90	89.904 699	0+			51.45%
	93	92.906 471	5/2+			1.61×10⁶ a(β⁻)
41	Nb	92.906 38	Niobium			
	93	92.906 373	9/2+	+6.170 5(3)	−0.37(2)	100%
42	Mo	95.94	Molybdenum			
	98	97.905 404	0+			24.39%
	99	98.907 707	1/2+	0.375(3)		66.0h(β⁻)
43	Tc	98.906 2	Technetium			
	97	96.906 361	9/2+			4.21×10⁶ a(ε)
	98	97.907 211	6+			4.2×10⁶ a(β⁻)

原子序数	化学符号	原子质量/u	英文基态自旋、宇称	基态磁偶极矩	基态电四极矩/b	丰度,半衰期,衰变类型
44	Ru 102	101.07 101.904 340	Ruthenium 0+			31.55%
45	Rh 103	102.905 50 102.905 494	Rhodium 1/2−	−0.884 0(2)		100%
46	Pd 106 109	106.42 105.903 480 108.905 951	Palladium 0+ 5/2+			27.33% 13.7h(β−)
47	Ag 107 109	107.868 2 106.905 092 108.904 756	Silver 1/2− 1/2−	−0.113 57(2) −0.130 690 6(2)		51.839% 48.161%
48	Cd 113 114	112.411 112.904 408 113.903 365	Cadmium 1/2+ 0+	−0.622 300 9(9)		12.22%,7.7×10^{15} a(β−) 28.73%,>2.1×10^{18} a(2β−)
49	In 115	114.82 114.903 879	Indium 9/2+	+5.540 8(2)	0.83(10)	95.71%,4.41×10^{14} a(β−)
50	Sn 120 121	118.710 119.902 203 120.904 244	Tin 0+ 3/2+	+0.697 8(10)	−0.02(2)	32.59% 27h(β−)
51	Sb 121 123	121.75 120.903 811 122.904 215	Antimony 5/2+ 7/2+	+3.363 4(3) +2.549 8(2)	−0.45(3) −0.49(5)	57.21% 42.79%
52	Te 130	127.60 129.906 223	Tellurium 0+			34.08%,>3×10^{24} a(2β−)
53	I 127 131	126.904 47 126.904 473 130.906 125	Iodine 5/2+ 7/2+	+2.813 27(8) +2.742(1)	0.689(15) −0.35(2)	100% 8.02 d(β−)

原子序数	化学符号	原子质量/u	英文基态自旋、宇称	基态磁偶极矩	基态电四极矩/b	丰度,半衰期,衰变类型
54	Xe	131.29	Xenon			
	132	131.904 155	0+			26.909%
55	Cs	132.905 4	Cesium			
	133	132.905 452	7/2+	+2.582 025(3)	−0.009(4)	100%
	137	136.907 089	7/2+	+2.838(7)	+0.06(2)	30.08 a(β⁻)
56	Ba	137.327	Barium			
	138	137.905247	0+			71.698%
57	La	138.905 5	Lanthanum			
	139	138.906 363	7/2+	+2.783 045 5(9)	+0.20(1)	99.910%
58	Ce	140.115	Cerium			
	140	139.905 448	0+			88.450%
	141	140.908 286	7/2−	0.89(9)		32.5d(β⁻)
59	Pr	140.907 65	Praseodymium			
	141	140.907 660	5/2+	+4.275 4(5)	−0.059(4)	100%
60	Nd	144.24	Neodymium			
	144	143.910 093	0+			23.80%,2.29× 10¹⁵ a(α)
	145	144.912 579	7/2−	−0.656(4)	−0.314(12)	8.30%
61	Pm	145	Promethium			
	146	145.914 702	3−			5.53 a,ε66%, β⁻ 34%
62	Sm	150.36	Samarium			
	152	151.919 739	0+			26.75%
	154	153.922 216	0+			22.75%
63	Eu	151.965	Europium			
	151	150.919 857	5/2+	+3.471 7(6)	+0.95(3)	47.81%
	153	152.921 237	5/2+	+1.532 4(3)	+2.41(2)	52.19%
64	Gd	157.25	Gadolinium			
	158	157.924 111	0+			24.84%

原子序数	化学符号	原子质量/u	英文基态自旋、宇称	基态磁偶极矩	基态电四极矩/b	丰度,半衰期,衰变类型
65	Tb	158.925 34	Terbium			
	159	158.925 354	3/2+	+2.014(4)	+1.432(8)	100%
66	Dy	162.50	Dysprosium			
	164	163.929 181	0+			28.26%
67	Ho	164.930 32	Holmium			
	165	164.930 329	7/2−	+4.17(3)	3.60(2)	100%
	166	165.932 291	0−			26.83 h(β⁻)
68	Er	167.26	Erbium			
	168	167.932 378	0+			26.978%
69	Tm	168.934 21	Thulium			
	169	168.934 219	1/2+	−0.231 0(15)		100%
70	Yb	173.04	Ytterbium			
	174	173.938 868	0+	0	0	32.03%
71	Lu	174.967	Lutetium			
	175	174.940 777	7/2+	+2.232 7(11)	+3.49(2)	97.41%
	176	175.942 692	7−	+3.169(5)	+4.97(3)	2.59% ,3.76× 10¹⁰ a(β⁻)
72	Hf	178.49	Hafnium			
	180	179.946 559	0+			35.08%
73	Ta	180.947 9	Tantalum			
	181	180.947 999	7/2+	+2.370 5(7)	+3.35(11)	99.988%
74	W	183.85	Tungsten			
	184	183.950 933	0+			30.64%
	186	185.954 365	0+			28.43%
75	Re	186.207	Rhenium			
	185	184.952 958	5/2+	+3.187 1(3)	+2.18(2)	37.40%
	187	186.955 752	5/2+	+3.219 7(3)	+2.07(2)	62.60% ,4.33× 10¹⁰ a(β⁻)
76	Os	190.2	Osmium			
	192	191.961 479	0+			40.78%

续表

原子序数	化学符号	原子质量/u	英文基态自旋、宇称	基态磁偶极矩	基态电四极矩/b	丰度,半衰期,衰变类型
77	Ir	192.22	Iridium			
	193	192.962 924	3/2+	+0.163 7(6)	+0.7(2)	62.7%
78	Pt	195.08	Platinum			
	195	194.964 794	1/2−	+0.609 52(6)		33.78%
79	Au	196.966 543	Gold			
	197	196.966 570	3/2+	+0.148 158(8)	+0.547(16)	100%
80	Hg	200.59	Mercury			
	202	201.970 644	0+			29.86%
81	Tl	204.383 3	Thallium			
	205	204.974 427	1/2+	+1.638 214 61(12)		70.48%
82	Pb	207.2	Lead			
	208	207.976 652	0+			52.4%
83	Bi	208.980 4	Bismuth			
	209	208.980 399	9/2−	+4.110 6(2)	−0.55(1)	100%
84	Po	209	Polonium			
	210	209.982 874	0+			138.4 d(α)
	211	210.986 653	9/2+			0.516 s(α)
	213	212.992 857	9/2+			3.72 s(α)
85	At	210	Astatine			
	217	217.004 718	9/2−	3.8(2)		32.3 ms(α99.99%, β⁻ 7.0×10⁻³%)
86	Rn	(222)	Radon			
	222	222.017 576	0+			3.82 d(α)
87	Fr	223	Francium			
	222	222.017 583	2−	+0.63(1)	+0.51(4)	14.2 min(β⁻)
88	Ra	226.025 4	Radium			
	226	226.025 408	0+			160 0 a(α)
89	Ac	(227)	Actinium			
	227	227.027 751	3/2−	+1.1(1)	+1.7(2)	21.77 a,β⁻98.62%, α1.38%

原子序数	化学符号	原子质量/u	英文基态自旋、宇称	基态磁偶极矩	基态电四极矩/b	丰度,半衰期,衰变类型
90	Th	232.038 1	Thorium			
	232	232.038 054	0+	g(av)=0.28(2)		100%,1.41×10^{10} a(α),1.1×10^{-9}(SF)
91	Pa	231.035 88	Protactinium			
	233	233.040 247	3/2−	+3.4(8)	−3.0(4)	26.975 d(β$^-$)
92	U	238.028 9	Uranium			
	233	233.039 634	5/2+	1.560 4(14)	0.746(2)	1.59×10^5 a(α)
	235	235.043 928	7/2−	−0.34(3)	4.55(9)	0.720 4%,7.04×10^8 a(α)
	238	238.050 787	0+	g(av)=0.37(2)		99.274 2%,4.47×10^9 a(α)
93	Np	237.048 2	Neptunium			
	237	237.048 172	5/2+	+3.14(4)	+3.866(6)	2.14×10^6 a(α)
	239	239.052 938	5/2+			2.36 d(β$^-$)
94	Pu	(244)	Plutonium			
	239	239.052 162	1/2+	+0.203(4)		2.41×10^4 a(α)
	241	241.056 850	5/2+	−0.683(15)	+6(2)	14.29 a(β$^-$),α2.5×10^{-3}%
95	Am	(243)	Americium			
	243	243.061 380	5/2−	+1.61(4)	+4.2(13)	7370 a(α)
96	Cm	(247)	Curium			
	247	247.070 353	9/2−	0.36(7)		1.56×10^7 a(α)
97	Bk	(247)	Berkelium			
	247	247.070 306	3/2−			1 380 a(α)
98	Cf	(251)	Californium			
	249	249.074 850	9/2−			351 a(α,SF5×10^{-7}%)
	252	252.081 627	0+			2.645 a,α96.91%,SF 3.09%
99	Es	(254)	Einsteinium			
	253	253.084 821	7/2+	+4.10(7)	6.7(8)	20.47 d,α,SF 8.7×10^{-6}%

原子 序数	化学 符号	原子质量 /u	英文 基态自旋、宇称	基态磁偶极矩	基态电四 极矩/b	丰度，半衰期， 衰变类型
100	Fm 253	253.085 181	Fermium 1/2+			3.00 d，ε88%， α12%
101	Md 255	255.091 082	Mendelevium 7/2+			27 min，ε92%， α8%
102	No 255	255.093 196	Nobelium 1/2+			3.5 min，α30%， ε70%
103	Lr 260	260.105 500	Lawrencium			180 s，α80%，ε< 40%，SF<10%
104	Rf 261	261.108 770	Rutherfordium			78 s，α>74%，SF <11%，ε<15%
105	Db 262	262.114 070	Dubnium			35 s，α67%，SF
106	Sg 265	265.121 090	Seaborgium			16 s，SF≤35%， α≥65%
107	Bh 262	262.122 650	Bohrium			83 ms，α≤100%
108	Hs 265	265.129 792	Hassium			1.9 ms，α<100%， SF≤1%
109	Mt 266	266.137 060	Meitnerium			1.7 ms，α≤100%

注：a 为年，d 为天，h 为时，min 为分，s 为秒，α 为 α 衰变，β⁻ 为 β⁻ 衰变，ε 为 ε 电子俘获、ε＋β⁺ 衰变或 β⁺ 衰变，SF 为自发裂变，2β⁻ 为双 β⁻ 衰变。

主要参考书目

[1] 杨福家.原子物理学[M].5 版.北京:高等教育出版社,2019.

[2] 褚圣麟.原子物理学[M].北京:高等教育出版社,1979.

[3] 陈宏芳.原子物理学[M].北京:科学出版社,2006.

[4] 苟清泉.原子物理学[M].3 版.北京:高等教育出版社,1961.

[5] 顾建中.原子物理学[M].北京:高等教育出版社,1986.

[6] 吴大猷.量子论与原子结构[M].北京:科学出版社,1983.

[7] 周尚文.原子物理学[M].兰州:兰州大学出版社,1995.

[8] 郭士堃,吴茂良,李继陶.原子物理[M].成都:四川教育出版社,1987.

[9] 胡镜寰,王忠烈.原子物理学[M].北京:北京师范大学出版社,1989.

[10] 史斌星.大学物理教程　原子物理学[M].北京:国防工业出版社,1997.

[11] 朱林繁,彭新华.原子物理学[M].合肥:中国科学技术大学出版社,2017.

[12] 崔宏滨.原子物理学[M].2 版.合肥:中国科学技术大学出版社,2012.

[13] 刘玉鑫.原子物理学[M].北京:高等教育出版社,2022.

[14] 徐克尊.高等原子分子物理学[M].3 版.北京:科学出版社,2012.

[15] 郑乐民,徐庚武.原子结构与原子光谱[M].北京:北京大学出版社,1988.

[16] 蔡建华.原子物理与量子力学[M].北京:人民教育出版社,1962.

[17] 徐克尊,陈向军,陈宏芳.近代物理学[M].4 版.合肥:中国科学技术大学出版社,2019.

[18] 王正行.近代物理学[M].2 版.北京:北京大学出版社,2010.

[19] 王永昌.近代物理学[M].北京:高等教育出版社,2006.

[20] 赵凯华,罗蔚茵.新概念物理教程 量子物理[M].北京:高等教育出版社,2001.

[21] 曾谨言.量子力学:卷 2[M].4 版.北京:科学出版社,2007.

[22] 杨福家,王炎森,陆福全.原子核物理[M].2 版.上海:复旦大学出版社,2002.

[23] 卢希庭,胡济民.原子核物理[M].北京:原子能出版社,1981.

[24] 徐四大.核物理学[M].北京:清华大学出版社,1992.

[25] 关洪.物理学史选讲[M].北京:高等教育出版社,1994.

[26] 郭奕玲,沈慧君.物理学史[M].北京:清华大学出版社,1993.

[27] 卢鹤绂.哥本哈根学派量子论考释[M].上海:复旦大学出版社,1984.

[28] 韦克思.化学元素的发现[M].黄素封,译.北京:商务印书馆,1965.

[29] 斯莱特.原子结构的量子理论:卷 1,卷 2[M].上海:上海科学出版社,1981.

[30] 威尔莫特.原子物理学[M].北京:高等教育出版社,1985.

[31] 洪特.原子与量子理论[M].北京:科学出版社,1958.

[32] 凯格纳克,裴贝-裴罗拉.近代原子物理学:上、下册[M].北京:科学出版社,1980.

[33] 玻尔.原子物理学和人类知识[M].郁韬,译.北京:商务印书馆,1964.

［34］玻尔.原子论和自然的描述［M］.郁韬,译.北京:商务印书馆,1964.

［35］克里亚乌斯,弗朗克福尔特,弗兰克.玻尔传［M］.王玉兰,李祖扬,李建珊,译.合肥:安徽科学技术出版社,1985.

［36］海森堡.物理学和哲学［M］.范岱年,译.北京:商务印书馆,1981.

［37］海森堡.量子论的物理原理［M］.北京:科学出版社,1983.

［38］薛定谔.关于波动力学的四次演讲［M］.代山,译.北京:商务印书馆,1965.

［39］费曼,莱登,桑兹.费曼物理学讲义:第三卷［M］.潘笃武,等译.上海:上海科学技术出版社,1989.

［40］爱因斯坦.爱因斯坦文集:第二卷［M］.范岱年,赵中立,许良英,编译.北京:商务印书馆,1977.

［41］塞格雷.从 X 射线到夸克［M］.夏孝勇,等译.上海:上海科学技术出版社,1984.

［42］洪特.量子理论的发展［M］.甄长荫,徐辅新,译.北京:高等教育出版社,1994

［43］HAKEN H,WOLF H C. The physics of atoms and quanta［M］. 7th ed. Berlin:Springer-Verlag,2005.

［44］LONGAIR M. Theoretical concepts in physics, an alternative view of theoretical reasoning in physics［M］. 3rd ed. New York:Cambridge University press, 2020.

［45］FOOT C J. Atomic physics［M］. Oxford:Oxford University Press,2005.

［46］BEISER A. Concepts of modern physics［M］. 6th ed. New York:Mc Graw-Hill,2003.

［47］BRANSDEN B H,JOACHAIN C J. Physics of atoms and molecules［M］. Hong Kong:Longman Group Limited,1983.

［48］WONG S SM. Introductory nuclear physics［M］. 2nd ed. NJ:Wiley – VCH Verlag GmbH & Co. KgaA,1999.

［49］MARTIN B. Nuclear and particle physics an introduction［M］. 2nd ed. NJ:Wiley,2006.